京津冀气候

王　冀　于长文　郭　军　主编

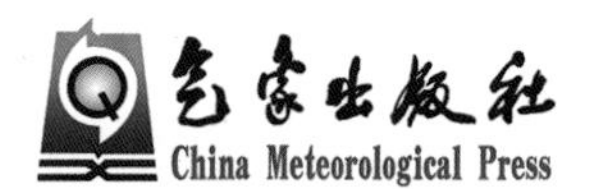

内容简介

本书以京津冀地区1961—2018年共180个气象站的地面观测资料为基础，利用数理统计、数值模拟及地理信息技术等方法，结合文献调研借鉴了最新研究成果，并经过专家论证后完成。主要内容包括：(1)全面描述了京津冀地区的气候特征、气候灾害等；(2)针对京津冀地区的经济发展，重点分析了农业气候、旅游气候等；(3)对于政府关心的城市气候和雄安新区的气候特征进行了重点分析。

本书具有较强的科学性、权威性，可以为开展京津冀气候研究、科学利用京津冀地区的气候资源及其他自然资源、减少和预防京津冀地区的气候灾害，以及京津冀协同发展提供客观依据和参考。

图书在版编目（CIP）数据

京津冀气候 / 王冀，于长文，郭军主编. -- 北京 : 气象出版社，2020.12
ISBN 978-7-5029-7365-0

Ⅰ. ①京… Ⅱ. ①王… ②于… ③郭… Ⅲ. ①区域—气候资料—华北地区 Ⅳ. ①P468.2

中国版本图书馆CIP数据核字(2020)第262769号

京津冀气候
JINGJINJI QIHOU
王　冀　于长文　郭　军　主编

出版发行：气象出版社
地　　址：北京市海淀区中关村南大街46号　　邮政编码：100081
电　　话：010-68407112(总编室)　010-68408042(发行部)
网　　址：http://www.qxcbs.com　　E-mail：qxcbs@cma.gov.cn
责任编辑：蔺学东　　终　　审：吴晓鹏
责任校对：张硕杰　　责任技编：赵相宁
封面设计：博雅锦
印　　刷：北京地大彩印有限公司
开　　本：787 mm×1092 mm　1/16　　印　　张：30
字　　数：790千字
版　　次：2020年12月第1版　　印　　次：2020年12月第1次印刷
定　　价：280.00元

《京津冀气候》
编 委 会

序

京津冀都市圈将成为引领中国经济未来发展的第三增长极。一个和谐的可持续发展的经济社会新区，是中国经济社会实现新一轮腾飞的客观要求，也是国家区域发展战略调整的必然选择。

国家“十一五”规划将京津冀都市圈列为重点规划区域。该区域位于西太平洋沿岸，隔海与日本、韩国、朝鲜相邻，具有政治、教育、科技、文化优势，是中国参与东北亚区域合作的前沿阵地，它的兴衰对中国政治稳定、教科文化发展和国际形象有着重要影响。振兴环渤海地区，关键也同样在于京津冀。从地理位置看，京津冀区域处在环渤海地区的中心位置，具有对内对外通达性优越，它的发展有利于最大限度地带动环渤海地区振兴。从发展条件来看，北京和天津是环渤海地区经济发达的城市，以北京和天津为双核、以河北为腹地的京津冀区域有能力带动环渤海的振兴。从地缘政治的角度来看，京津冀区域的发展，有利于巩固环渤海地区在东北亚区域合作中的地位，更大发挥中国在东北亚区域合作中的作用。

从来没有一个时代，京津冀区域在全国经济发展的战略地位像今天这样重要。这对于我们来讲，既是机遇，又是挑战。如何破解京津冀区域发展中的难题，创新、整合、协调各方资源，促进该区域整体发展和提升竞争力，是历史赋予我们的艰巨任务。

近年来，随着全球气候变化，极端气候事件频发，京津冀地区的气候条件也发生了很大变化。京津冀地区城市高速发展，城市居住条件、交通条件、居住人口都发生了重大的变化，这些变化对京津冀地区的城市气候产生怎样的影响？雄安新区的崛起引发各方的关注，该地区的气候条件如何？随着2022年冬奥会的临近，“三亿人上冰雪”，京津冀冬季的气候条件如何，均引发热议。京津冀地区正面临着城镇体系发展失衡、区域与城乡发展差距不断扩大等突出问题。京津冀协同发展国家重大战略的提出，不但要求对原有城市群布局和形态的完善，更重要的是为谋求现代城镇体系、区域空间、产业分工、重大基础设施的协同发展与布局，培育创新驱动发展新引擎，开辟了一条新路。作为一个重要的前提，在一定程度上就迫切需要对京津冀地区的气候基本状况有一个全面、深入的了解。

该书凝结了众多学者对于京津冀地区气候的研究成果，较系统地阐述了京津冀地区的基本特征，详细论述了京津冀城市群的气候特征以及与大气污染、城市规划、城市建设的关系，雄安新区的气候特点、灾害特征以及在雄安新区建设中的生态系统特征；同时也论述了京津冀冰雪旅游的气候条件，并对京津冀冰雪旅游的开展从气候角度提出了合理建议。本书的出版，可在有效应对气候变化、防灾减灾，探索生态文明建设有效路径、加快走出一条科学可持续的协同发展之路具有重要的科技支撑和现实意义。

丁一汇

2020年9月

前言

京津冀地区位于东北亚中国环渤海中心地带，是中国的“首都经济圈”，是中国北方经济规模最大、最具活力的地区，越来越引起中国乃至整个世界的瞩目。2019 年，京、津、冀三地国内生产总值合计 84580.08 亿元，占全国的 8.5%。京津冀地区包括北京市、天津市和河北省的保定、廊坊、唐山、石家庄、邯郸、秦皇岛、张家口、承德、沧州、邢台、衡水 11 个地级市以及定州和辛集 2 个省直管市。京津冀地区古为幽燕、燕赵，历元、明、清三朝，共 800 余年，本为一家，京津冀地缘相接、人缘相亲，地域一体、文化一脉，历史渊源深厚，能够相互融合、协同发展。

习近平总书记强调，实现京津冀协同发展，是面向未来打造新的首都经济圈、推进区域发展体制机制创新的需要，是探索完善城市群布局和形态、为优化开发区域发展提供示范和样板的需要，是探索生态文明建设有效路径、促进人口经济资源环境相协调的需要，是实现京津冀地区优势互补、促进环渤海经济区发展、带动北方腹地发展的需要，是一个重大国家战略。

京津冀地区海拔高度差别很大，高原在海拔 1000～1500 m，山峰在海拔 2000 m 以上，平原不足 50 m。境内既有巍巍的高山，又有山间盆地；既有起伏不平的高原、丘陵，又有广阔的平原；既有许多洼地，还有大量湿地，地貌类型比较齐全，类型特征也比较鲜明。京津冀地区属于大陆东部中纬度季风气候。冬季受大陆北部南下的冬季风控制，气候十分干燥寒冷，比同纬度其他地区温度低。夏季则受从低纬度洋面来的夏季风影响，潮湿多雨。比同纬度其他地区温度高。雨季和干季也很明显。

京津冀地区生态脆弱性十分突出，水资源问题成为京津冀地区最核心的生态性问题。京津冀地区大部分区域位于海河流域，由于农业发展、城镇发展、兴修大型水库蓄水、气候变化等原因大量开采地下水和截蓄地表水，致使京津冀地区地下水位持续下降、漏斗面积不断增加，地表河流干涸、断流，地表湖泊不断退化萎缩。京津冀地区是世界性雾/霾问题最突出的地区之一，区域的工业化、城镇化、机动化与华北地区大气环境变化相关联，形成了燃煤-机动车-工业废气排放多种污染物共生的局面。华北地区大气污染沿太行山前地带呈现面域扩展、转移和复合加重态势。

京津冀地区人口众多、经济发达、气候复杂，随着京津冀地区城市规模扩大、人口增多，灾害发生引发的社会影响越来越大。因此，开展京津冀气候研究对于科学利用京津冀地区的气候资源及其他自然资源，减少和预防气候灾害，为京津冀地区一体化建设提供助力是非常必要的。

经过编委会各位同志的共同努力，《京津冀气候》终于付梓。本书是一部区域性的气候专著，它尽可能地收集、总结了已有研究成果，广泛搜集了区内气象资料，全面分析和揭示了本区气候成因及其规律，着重分析了气候特征、灾害并涉及与本区环境、工农业生产有关的应用气候等主要内容，同时关注京津冀城市气候、雄安新区气候、冬季冰雪旅游气候等热点气候问题，为合理利用京津冀地区气候资源提供了依据。本书共9章，第1章由王冀编写，第2章由杨艳娟、冯婧编写，第3章由何丽烨、于波编写，第4章由司鹏、冯婧编写，第5章由王冀、冯婧、郭恒、刘湘雪编写，第6章由刘洪、李秋月、黄蕾编写，第7章由于长文、张金龙、匡文慧编写，第8章由郭军、王冀编写，第9章由王冀、娄德君编写。全书由王冀、于长文、郭军统稿。在此，对参加本书编撰工作的同志表示感谢！同时还须说明，由于京津冀气候的复杂性，有关的研究成果很多，限于篇幅，概括不够全面，疏漏在所难免，我们恳切希望读者多提宝贵意见，以便对京津冀气候的研究不断深入。

编　者

2020年3月

目录

第 1 章
京津冀地区自然环境

1.1 地理位置

京津冀地处亚欧大陆东岸，地理座标为 36°05′～42°47′N，113°11′～119°45′E，位于中国东部，南北最大距离 750 km，东西最大距离 650 km，总面积约 21.6 万 km²，是中国的“首都圈”，包括北京市、天津市以及河北省的保定、唐山、廊坊、石家庄、秦皇岛、张家口、承德、沧州、邯郸、邢台、衡水 11 个地级市以及定州和辛集 2 个省直管市。京津冀东邻渤海，东北部与辽宁省接壤，北部和西北部同内蒙古自治区相连，西部与山西省相邻，东南部和南部与河南、山东两省相接，具有“东出西联”之利，地理位置十分重要。

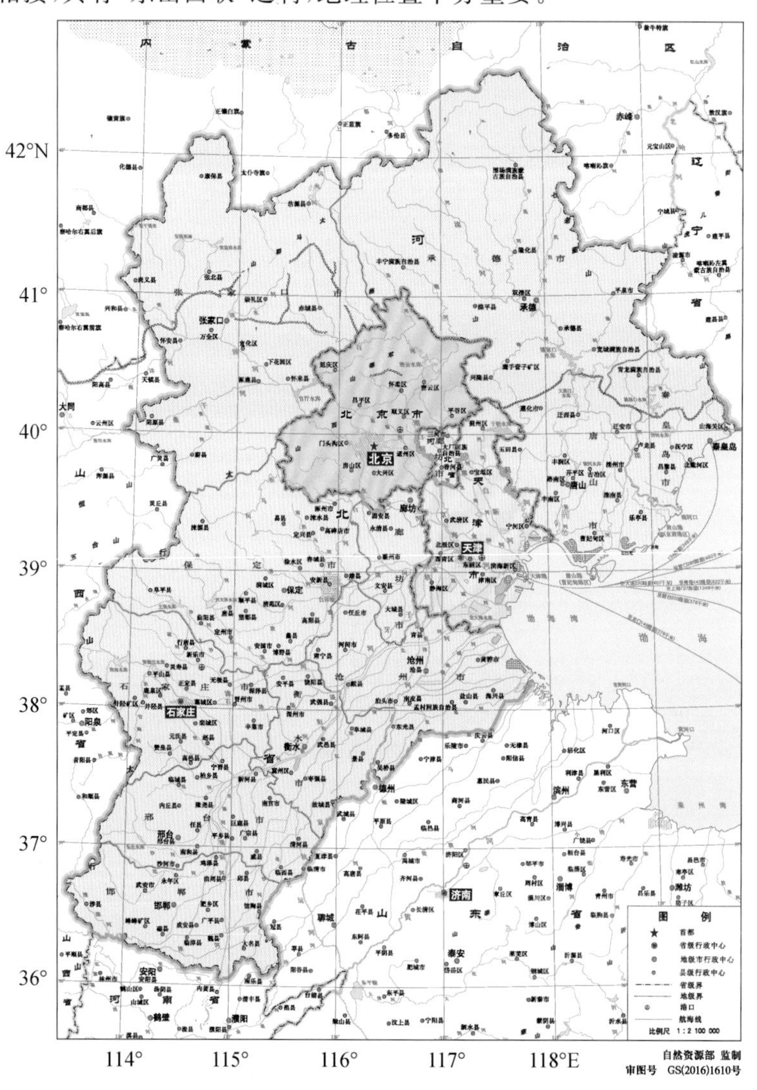

图 1.1 京津冀行政区划

1.2 地质溯源

京津冀地区在古生代之前，完全属于沉降地带，古生代志留纪后期，因加里东运动，大部分地区上升为陆地，不少地方仍为浅海，陆地上已有植物定居。中生代发生大的地壳运动——燕山运动，经过多次旋回而使地质构造复杂化，形成了地貌基本轮廓——燕山山脉及张家口一带的内陆盆地。晚第三纪，自渐新世后期，喜马拉雅运动加速了河北平原相对下降，北部、西北部山地相对上升，张家口、承德地区的北部火山活动频繁，形成了坝上厚而广泛的玄武岩层。

1.3 地形地貌

京津冀地区东邻渤海，北接内蒙古高原，西邻黄土高原，整体地势呈西北高、东南低，从西北向东南呈半环状逐级下降，自西北向东南依次分布坝上高原、燕山—太行山山地和东南部平原。其中，东南部平原又可分为冲洪积扇平原、冲积泛滥平原、黄泛平原、冲海积平原和海积平原 5 种类型。区内地面高程阶梯变化明显，自然地理要素齐全，包括山地、高原、丘陵、平原、盆地、湖泊洼淀、海洋等。

1.3.1 坝上高原

坝上高原总面积约 2.4×10^4 km^2，主要分布在张家口、承德地区的北部，是内蒙古高原的延伸部分，平均海拔 1400～1600 m，高原上的地貌以丘陵为主，滩梁相间，岗洼起伏，地势平缓低矮，被分成若干大小不一的盆地，盆地中部低洼，径流驻潴成湖，形成波状高原。

1.3.2 冀北山地

山地总面积约 6.65×10^4 km^2，主要由太行山和燕山两大山脉组成，海拔多在 2000 m 以下，超过 2000 m 的山峰主要有小五台山(2870 m)、东猴岭(2393 m)、灵山(2320 m)、大海坨山(2285 m)、百花山(2218 m)、雾灵山(2116 m)、雀梁山(2187 m)。海拔超过 1000 m 的山主要分布在赤城、丰宁、隆化一线以北和涞源、阜平一线以西，海拔 500～1000 m 的山主要分布在平泉、承德、滦平、阜平、涉县等地。山地经长期侵蚀切割，形态极为复杂，山坡和沟谷由多种成因的松散物质覆盖，在峰峦起伏的崇山峻岭间又常出现河流宽谷和广阔平坦的构造

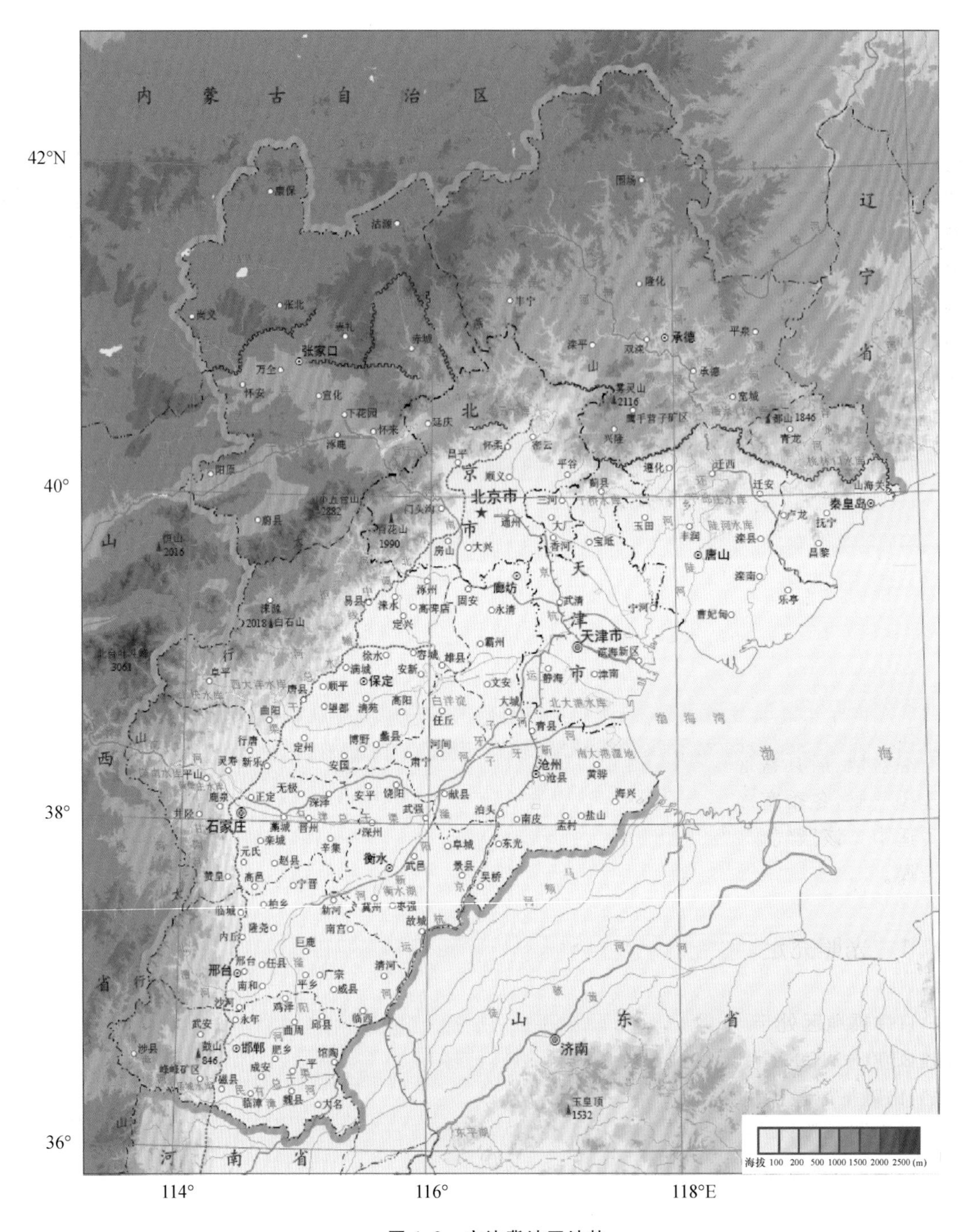

图 1.2　京津冀地区地势

盆地，沿桑干河、洋河两岸形成了串珠状的怀来—涿鹿、柴沟堡—宣化、阳原—蔚县等大小不一的山间盆地，以张家口、宣化、怀来诸盆地最大。低山、丘陵和盆地、谷地相间排列，构成著名的冀西北间山盆地地貌类型。

1.3.3 河北平原

河北平原是华北平原内位于黄河以北的地区，主要由黄河和海河等冲积而成，面积约 15×10^4 km^2，沉积层厚达数百米，部分地区可超千米，分为山麓平原、中部冲积平原和滨海平原三大地貌类型。山麓平原主要由燕山和太行山一系列河流的洪冲积扇联合而成，沿山麓分布，其中京广铁路沿线的山麓平原地带水资源丰富、土壤肥沃，为农业精华所在，但近山一带的坡度较大，排水流畅，易遭山洪威胁，不少地区水土流失严重。太行山山麓平原以东、运河以西的广大地区为中部冲积平原，主要由古黄河、海河等水系冲积而成，地势低洼，是河流汇集处，地表径流排水不畅，雨后积水，洼地较多，如黄庄洼、白洋淀、宁晋泊等。滨海平原沿渤海海岸呈半环状，由河流三角洲、滨海洼地、滨海沙堤等组成，海拔一般不足 5 m，成陆年限较短，洼地连片，土质黏重，矿化度高，土壤盐碱化严重。

1.4 气　候

京津冀地区地处中纬度，气候温暖，雨热同期，除西北坝上高原、围场山地、张家口、宣化河谷盆地、蔚县盆地、丰宁山地属于温带大陆性季风气候外，其余地区皆为暖温带大陆性季风气候，冬季寒冷、多风、干燥，夏季炎热、多雨，春季干旱、风沙盛行，秋季晴朗少风、寒暖适中。该区气候特征四季分明，春季干旱多风，夏季高温多雨，秋季天高气爽，冬季寒冷干燥。

1.4.1 光照充足、热量资源丰富

京津冀地区处于中纬度地带，南北纬差 6°32′，太阳高度角在一年中变化较大，实际日照时数 2500～3100 h，为可照时数的 57%～69%，其中东南部沿海地区最多，坝上及北部山区次之，山麓平原最少。年辐射总量比长江流域多 22～26 kcal①/cm^2，是全国光照较多的地区。无霜期天数自西北向东南递增，平原区无霜期均在 180 d 以上，是小麦、棉花、玉米等喜温作物的优良种植区。

1.4.2 气候温暖、气温年较差大、降水集中

京津冀地区年平均气温为 8.0～12.5 ℃，最冷月均在 1 月，渤海沿岸最热月发生在 7

① 1 kcal=4.186 kJ。

月，黄海沿岸最热月出现在 8 月，年极端最高气温为 34～44 ℃，年极端最低气温为－29～－13 ℃；降水主要集中在夏季（占全年的 60%～75%），黄海沿岸比较湿润，年降水量较大（700～1000 mm），而渤海沿岸较干燥，年降水量较小（600～700 mm）。

1.4.3 主要环流系统

京津冀地区受季风环流影响。春季蒸发量大、降水少、土壤干松，沙粒易被强上升气流带至高空，大风天气时常伴有风沙天气。蒙古高压、海上高压以及从河套东移的低压，三者相互消长，使天气多变。夏季主要受太平洋副热带高压外围气流控制，多东南风，与冷空气相遇时，常致大雨，7—8 月降水最多。秋季从 9 月中旬起，蒙古高压逐渐增强且向南移，太平洋副热带高压势力渐弱东退，各地西北风的次数增多，天气晴朗，降水减少，凉爽宜人。冬季易受蒙古高压控制，天气寒冷、干燥、晴朗，高空西风急流强大，导致西北向的大风频发。当蒙古高压东移与华北地区以东滞留的南北向冷高压脊相遇时，使较暖湿的气流上升，常致雨雪，但降水量甚小。

1.5 土　壤

1.5.1 土壤类型

京津冀地区土壤类型多样，分布较广、面积较大的主要土类有褐土、潮土、棕壤、栗钙土、灰色森林土等（表 1.1）。褐土是京津冀地区分布面积最大的一个土类，主要分布在太行山麓的京广铁路两侧，燕山南麓的通州至唐山一线以北，海拔 700～1000 m 以下的低山、丘陵及山麓平原、冲积扇上中部地带。潮土主要分布在京广铁路以东、津浦铁路以西，通州至唐山一线以南的平原地区。棕壤主要分布在太行山、燕山的中山和部分低山及冀东滨海丘陵上。栗钙土主要分布在张家口地区的坝上高原和坝下张宣、怀来、阳原、蔚县盆地的部分地区。灰色森林土主要分布在坝上高原东北部的低山丘至围场一带。粗骨土主要分布于石质山丘，土层浅薄，颗粒粗糙，砾石含量大于 30%。栗褐土广泛分布在冀西北坝下地区，处于褐土区和栗钙土区的过渡区。石质土主要分布于石质山丘，在极薄的 A 层土下直接与基岩接触，常与粗骨土镶嵌分布。其他土壤如盐土、黑土、水稻土、沼泽土、亚高山草甸土等也有分布。另外，风沙土主要分布在各大河流的下游沿岸、古河道附近及沙化严重的农田附近，草甸土主要分布在坝上高原湖滨下湿滩地以及山区地势平坦、地下水位 1～3 m 的河谷地带。

表1.1　京津冀地区土壤类型及主要特征

土壤名称	分布地区及分布高度	地貌概况	气候特点	植被类型	土壤特征	人为影响
亚高山草甸土	太行山、燕山、高山林线以上，海拔自2000 m至2500 m以上	地势平缓	高寒湿润，冰雪封冻6、7个月，年均温度0 ℃左右，年降水量700 mm左右	草甸，植物繁茂	有机质层较厚，潮湿多水，中层灰黑色，出现锈纹锈斑，微酸化	为天然牧场，适于放牧大牲畜，顶坡多风，不宜垦殖
棕壤	太行、燕山中低山、燕山滨海丘陵，海拔700～1000 m，2300～2500 m	山坡及山谷阴坡	湿润、中温、凉温。年降水量700～1000 mm，年均气温5～10 ℃，无霜期150～200 d	针叶林、针阔叶混交林及一部分天然次生林和喜湿喜酸灌丛	腐殖质层湿润，下层棕色，黏化，有较多铁锰黏膜。脱钙，微酸化	森林遭破坏后，水土流失，垦殖不当，沙化瘠化。应综合利用，以林果为主，实行林、牧、农统一规划
灰色森林土	坝上高原、东部山地，海拔1500～1900 m	山地、高原、阴坡	寒温性半湿润气候。年均温0.6～2 ℃，无霜期80～110 d，年降水量约460毫米	自然植被为针叶林、落叶林及森林草原，现为人工针叶林和天然落叶次生森林草原	表层黑灰色，下层由于淋溶，色浅，沉积层不明显，微酸化，土质沙性较重	高原森林基地，有大型牧场，垦殖后土壤沙化严重，今后应以林为主，林牧结合，以林护草，以草保牧，严格控制垦殖面积
黑土	坝上高原东部，介于灰色森林土与栗钙土之间，呈条带状分布，海拔1500～1600 m	平缓丘陵谷地	半湿润寒温性气候。年降水量450 mm左右，年均气温1 ℃左右，无霜期70～100 d	草甸草原	腐殖质较厚，灰黑色，过滤层色暗，脱钙，微酸化	土壤肥力不低，土层较薄，限制了利用，应以牧为主
栗钙土	坝上高原西部、中部，海拔1400～1700 m	山坡、坡梁	半干旱寒冷气候，年降水量350～400 mm，年均气温−0.5～3.5 ℃，无霜期70～100 d	干草原，以多年生禾本科草类为主	腐殖质层较厚，栗色，沉积层有菌丝状钙质，并有少量黏粒，微碱性	是重要畜牧基地，近年由于毁草开荒，导致沙化，滩地盐化，草场退化。今后应合理利用，以牧为主，建立农、林、牧综合发展的农业经济结构
褐土	海拔高度自50 m至数百米	山麓平原、低山丘陵	冬寒夏暖，年均气温8～14 ℃，无霜期150～220 d，年降水量为450～650 mm	自然植被以落叶林和旱生灌草丛为主，绝大部分自然植被已被垦殖，酸枣、荆条为褐土主要标志	腐殖质色淡，耕作后呈灰棕色，下层为褐色黏化层，钙积层有假菌丝和结石	为重要粮棉基地，应因土制宜，科学施肥，增加有机质含量，加强水土保持

续表

土壤名称	分布地区及分布高度	地貌概况	气候特点	植被类型	土壤特征	人为影响
潮土	冲积平原，海拔低于 50 m	地势低洼，平缓，中小地貌变化多端，排水不畅	年均气温 10～12 ℃，无霜期 180～220 d，年降水量 450～600 mm，多旱、涝灾害	自然植被为落叶林，皆已开垦为农田	耕作层及犁底层受地下水影响，暗灰棕色，微黏化，有锈斑	为粮、棉、油重要产区。排水不畅，地力较薄，要注意除涝防盐，培肥地力
盐土	冲积平原，渤海湾沿岸	地势低平，洼地周边	年均气温 10～12 ℃，无霜期200～220 d，年降水量 600～650 mm，多沥涝	盐生植被，作物不能生长	土壤积盐，含盐量超过 1%，地表有盐结皮，其下有盐晶层	粮棉产量低，主要问题是盐害，应治盐排盐，提高肥力
草甸土	坝上高原湖淖外围，湿地及山区河谷	地形平坦，地下水位 1～3 m	年降水量 350～400 mm，年平均温度 0.5～3.5 ℃，无霜期 70～100 d	草甸	表层暗灰，下层土色变浅，沉积层明显，底土多锈斑	土壤肥沃，山区谷地已开垦为农田，生产水平较高。草皮破坏，迅速盐化，应以牧为主

1.5.2 土壤分布规律

1.5.2.1 水平分布规律

京津冀气候条件变化的总趋势是自南向北热量递减，自东南向西北由湿润向干旱过渡，这决定了植被自东南向西北由森林植被向草原植被演变。与生物气候条件相适应，主要地带性土壤带也呈现自东南向西北方向的演替，即呈现棕壤—褐土—栗钙土的依次更替。棕壤作为水平地带性土壤，局部分布于冀东滨海丘陵等地。褐土为京津冀地区主要地带性土壤，广泛分布于低山丘陵和山麓平原。栗钙土分布在西北部的坝上高原和坝下间山盆地。

河北平原位于褐土地带，由于受地下水埋深、地下水化学和人类耕作活动的影响，土壤分布以非地带性因素为主，从山麓平原到滨海平原，土壤类型呈现褐土—潮褐土—潮土—盐化潮土—滨海盐土的分布格局。坝上高原在大尺度上受地带性因素的影响，从东向西呈黑土—栗钙土的分布格局，在小尺度上受地形和地下水埋深等非地带性因素的影响，由丘陵缓岗到湖淖滩地依次呈淡栗钙土—栗钙土—草甸栗钙土—盐化草甸栗钙土—盐化草甸土—草甸盐土的分布格局。

1.5.2.2 垂直地带性规律(以雾灵山为例)

随着地势起伏与生物、气候条件的变化，山地土壤的分布服从垂直地带性规律，而垂直带的结构与水平地带性有密切的联系。河北省兴隆县境内的雾灵山，基带土壤是淋溶褐土，垂直带谱依次由山地淋溶褐土—山地棕壤—山地生草棕壤—亚高山草甸土组成。

1.5.3 土地资源特点

京津冀地区位于温带暖温带半湿润半干旱地带，土壤有机质容易矿化而不易积累，因此土壤有机质缺乏。按照全国第二次土壤普查的结果，该区域耕种土壤的有机质含量平均为1.22%，在全国属于中等偏下水平。非耕种土壤为3.29%，与全国同类土壤接近。土壤有机质分布的总趋势为：非耕种土壤＞耕种土壤，山地土壤＞高原土壤＞平原土壤，在同一类型土壤中，北部、东部土壤＞南部、西部土壤。土壤以壤质土为主，占60.2%，其次为沙壤质，占20.5%，黏壤质占9.8%。

适宜农、林、牧的用地面积1453.61万 hm^2，其中宜农耕地面积723.04万 hm^2，主要分布在平原地区。京津冀平原区土壤质量总体很好，良好及以上等级土壤分布面积约占80.89%。优质等级土壤占比为1.72%，主要分布在河北省三河、鸡泽和天津市宁河等部分地区；优良等级土壤占比为67.10%，分布于全区；良好等级土壤占比为12.07%，主要分布于沿海滩涂和滦河流域地区。此外，受人类活动和工业污染影响，中等级别的土壤主要集中分布在工业发达和人口密集区，约占全区面积的19.11%。

京津冀平原适宜种植绿色农产品的土地面积为96363 km^2，占平原区面积的97.01%。其中，最适宜区即符合AA级绿色食品的土地面积为20603 km^2，占平原区面积的20.74%，主要分布在太行山山前冲洪积平原和天津市北部的蓟州、宝坻、武清地区；适宜区即符合A级绿色食品的土地面积为75760 km^2，占平原区面积的76.27%，广泛分布于大部分地区。不适宜区约占平原区面积的2.98%，分布于北京市、天津市、石家庄和唐山市等人口密集、人类活动频繁的地段。

京津冀平原区富硒耕(园)地面积为1894 km^2，其中富硒耕地面积为1853 km^2，富硒园地41 km^2。主要分布在天津市周边、唐山市东部、保定市周边、石家庄东南部的藁—赵县—宁晋—柏乡地区、邢台南部和邯郸西部地区。

1.6 植 被

1.6.1 植被分布规律

京津冀境内各地生态环境的差异较大，植被类型较多，其植被的纬向植被带、经向植被带和垂直植被带都与自然带的范围基本吻合。

从北到南植被的纬向分布分为温带植被带和暖温带植被带，每个植被带又包括两个亚带：前者包括温带干草原亚带和温带干性灌木草原带，后者包括北暖温带阔叶林亚带和南暖温带阔叶林亚带。

从东向西，随地势升高和水热条件的变化，植被分布呈现明显的经度地带性，同时也表现出垂直分布的规律性。滨海洼地及平原低洼地带分布有盐生草甸和沼泽草甸，平原大部分地区为农田，低山丘陵地带为旱生灌草丛，东部以荆条、黄背草为主，西北较耐寒的酸枣、白羊草(*Bothriochloa ischaemum*)增多，同时混入一些草原的旱生种类，如针茅属(*Stipa*)往往占有一定的比重。太行山中、北段的东麓位于迎风坡，降水较多，植被随气候带、地形等因素变化而呈垂直分布的特点，海拔 1200 m 以下多为落叶栎林，局部地带栎林可分布至海拔 2500 m，海拔 1200～1600 m 以桦木、山杨林为主，海拔 1600 m 以上为山地阔叶混交林或山地针叶林，海拔 1700 m 或 2500 m 以上的高山地区发育着亚高山草甸。

1.6.2 主要植被类型

1.6.2.1 亚高山草甸

小五台山海拔 2100 m 以上，东灵山、百花山海拔 1900 m 以上，太行山中部坨梁海拔 2000 m 以上，以及燕山主峰、雾灵山海拔 1700 m 以上皆分布有亚高山草甸。植被茂密，覆盖度超过 90%，植物种类繁多，以杂类草为主要成分，气候湿润，寒冷风大，植物耐寒、喜湿。小五台山顶部因冻融作用形成以嵩草(*Kobresia bellardii*)、高山嵩草(*Kobresia pygmaea*)、薹草(*Carex* spp.)为主的塔头草甸。其他山地亚高山草甸除基本草层仍以薹草为主外，杂类草很多，常见野罂粟(*Papaver nudicaule*)、达乌里秦艽(*Gentiana dahurica*)、穗花马先蒿(*Pedicularis spicata*)、百里香(*Thymus mongolicus*)、兰刺头(*Echinops sphaerocephalus*)、黄花萱草(*Hemerocallis fulva*)、紫草(*Lithospermum erythrorhizon*)等。百花山、东灵山、雾灵山山顶有不少华北落叶松树桩，证明亚高山草甸是次生性质的。在森林区连续受到破坏后，常有大片的林间草甸出现，以苔草属、早熟禾属(*Poa*)以及其他杂草类为主要优势种，破坏稍轻的地方常形成灌丛草甸。

1.6.2.2 针叶林

(1) 常绿针叶林

建群种是云杉属(*Picea*)、冷杉属(*Abies*)、松属(*Pinus*)，分布于小五台山、西灵山、雾灵山等山地海拔 1500 m 或 2700 m 的地区。气候湿冷，降水较多，土壤为山地棕壤。森林连遭破坏，林相不齐。

①白杄林。分布于小五台山阴坡海拔 2000～2400 m 地带，常与华北落叶松混交，间有臭冷杉(*Abies nephrolepis*)、杜松(*Juniperus rigida*)，郁闭度 0.9，密度较大，林内阴暗潮湿，常见蓝果忍冬(*Lonicera caerulea* var. *edulis*)、美蔷薇(*Rosa bella*)、花楸、鹿蹄草等。

②青杄林。分布于雾灵山海拔 1600 m 以上山地阴坡，环境阴湿，林下土壤为棕色森林土或灰化棕壤。常与白杄混生，伴生红桦(*Betula albosinensis*)、白桦(*Betula platyphylla*)、棘皮桦(*Betula dahurica*)等，生长较差，枝桠过多，郁闭度 0.7 左右。林下阴湿，植物较少，

灌木主要有金花忍冬(*Lonicera chrysantha*)、北京花楸(*Sorbus discolor*)、悬钩子(*Rubus* sp.)等。草本植物主要有糙苏(*Phlomoides umbrosa*)、华北乌头(*Aconitum jeholense*)、耧斗菜(*Aquilegia viridiflora*)、歪头菜(*Vicia unijuga*)等。

③油松林。分布范围很小,燕山、太行山海拔 200～1000 m 的阳坡和半阴坡有分布,现在的油松林大部分为天然次生林或人工营造林,而且多为中年林或幼年林。群落外貌比较整齐,生长发育良好,层次分明。郁闭度不大,一般多为纯林。但也有的混交一些其他树种,如太行山的油松林混交有锐齿槲栎(*Quercus aliena* var. *acutiserrata*)、坚桦(*Betula chinensis*)、山杨、栓皮栎(*Quercus variabilis*),偶见大叶白蜡(*Fraxinus rhynchophylla*)、大果榆(*Ulmus macrocarpa*)、山杏(*Prunus sibirica*)等。灌木层中荆条、三裂绣线菊(*Spiraea trilobata*)、胡枝子(*Lespedeza bicolor*)、照山白(*Rhododendron micranthum*)、虎榛子(*Ostryopsis davidiana*)等,蚂蚱腿子(*Pertya dioica*)在局部地区的林下也可为优势种。草本层种类不多,数量也少,常见黄背草、白羊草、野古草、薹草、香薷(*Elsholtzia ciliata*)以及早熟禾(*Poa* sp.)、针茅属、蒿属(*Artemisia*)等种类。

④侧柏林。分布于海拔 200～1000 m 的山地、丘陵。只在悬崖和岩石裸露的石质山坡上可以见到一些原生林。土壤为石灰岩或黄土母质上发育的褐土,具石灰性反应,偏碱性,在花岗岩所发育的棕色森林土上偶有分布。由于人为活动的影响,多为幼林,老林较少。优势种为侧柏,伴生种类少,常见山杏等耐旱成分;灌木种类很多,主要有荆条、酸枣、孩儿拳头、山楂、虎榛子、小花溲疏(*Deutzia parviflora*)等;草本层以黄背草、白羊草、薹草为主。侧柏生长缓慢,林木多扭曲,经济价值不高。

(2)落叶针叶林

华北落叶松林分布于海拔 1600 m 以上的山地阴坡。小五台山、京西山地、太行山坨梁地区、冀东青龙县老岭、承德坝上高原、雾灵山高山地带、冀西北崇礼、赤城山地等处均有分布,林下土壤为山地棕壤,林龄不齐,分布上限在小五台山与亚高山草甸相接。落叶松占绝对优势,超过 60%,间有臭冷杉、白杆、红桦、硕桦、五角槭(*Acer mono*)等,林冠郁闭,林下灌木种类少,常见花楸、六道木(*Zabelia biflora*)和柔毛绣线菊等;草本植物优势种为薹草,常见龙牙草(*Agrimonia pilosa*)、贝加尔唐松草(*Thalictrum baicalense*)、匍枝委陵菜(*Potentilla flagellaris*)、老鹳草(*Geranium wilfordii*)等。

1.6.2.3 针阔叶混交林

分布于燕山、京西山地、小五台山、太行山等山地的海拔 1100～2000 m 地带。小五台山的针阔叶混交林分布于海拔 1500～2100 m,以桦树为主,杂有 20%～30%的散生针叶树种,形成与上部针叶林过渡类型,针叶林主要有白杆,间有臭冷杉。林下植物有荚蒾(*Viburnum* sp.)、软枣猕猴桃(*Actinidia arguta*)、五味子(*Schisandra chinensis*)等。枯枝落叶层厚达 20 cm 左右。雾灵山的针阔叶混交林于海拔 1100～1400 m 处呈零星分布,林相不整齐,针叶树以油松、落叶松较多,偶见青杆,阔叶树种有山杨、白桦、棘皮桦、蒙古栎、五角槭、胡桃楸。更新层以山杨、桦树类占优势,大叶白蜡、油松、蒙古栎处于劣势。灌木层覆盖度为 50%～60%,常见短梗胡枝子(*Lespedeza cyrtobotrya*)、锦带花、土庄绣线菊、鼠李(*Rhamnus davurica*)等。草本层常见野古草、大油芒、龙牙草、北柴胡(*Bupleurum chinense*)、山蚂蚱草

(*Silene jenissensis*)等。太行山中部坨梁地区针阔叶混交林分布于海拔1500～2000 m的陡坡上，主要由华北落叶松、桦树组成。落叶松比较高大，胸径可达40 cm。林下常见六道木、升麻、歪头菜、糙苏、玉竹(*Polygonatum odoratum*)等。

1.6.2.4 阔叶林

阔叶林是京津冀地区主要的森林植被类型，分布于冀东北山地、燕山、冀西太行山海拔200～1800 m山地。组成落叶阔叶林群落的乔木树种以壳斗科中的落叶树种，如栎属(*Quercus*)辽东栎、槲栎、麻栎、栓皮栎、蒙古栎以及栗属植物为主，其次是桦木科中的桦属(*Betula*)、鹅耳枥属(*Carpinus*)，杨柳科的杨属(*Populus*)，榆科的榆属(*Ulmus*)、朴属(*Celtis*)，槭树科的槭属(*Acer*)，椴树科的椴属(*Tilia*)等，森林群落的优势种比较明显，有的情况又出现混交的类型，从而在不同地区生境中形成各种类型的群落。群落结构一般比较简单，由乔木层、灌木层、草本层组成，很少见藤本植物和附生植物，林下灌木、草本植物较多。土壤为山地棕壤、山地褐土，土层深厚而比较肥沃，排水、保水性良好。

(1)栎林

①辽东栎林。分布于北部燕山山地海拔800～1700 m的阳坡和700～1000 m的阴坡。其中以冀东北、冀西北山地分布较多。土壤为山地棕壤。辽东栎老时多为荫生林，在阳坡常呈疏林。乔木层辽东栎占优势，伴生蒙椴(*Tilia mongolica*)、地锦槭、大叶白蜡等。海拔高的阳坡还常见棘皮桦(*Betula dahurica*)，在石灰岩地区湿润阴坡可见鹅耳枥(*Carpinus turczaninowii*)。灌木以胡枝子、三裂绣线菊、土庄绣线菊、大花溲疏(*Deutzia grandiflora*)居多。草本层以薹草为主，其次有地榆、兔儿伞(*Syneilesis aconitifolia*)、早熟禾(*Poa annua*)、大油芒和蒿类植物。

②槲栎林。分布于燕山、太行山海拔200～1200 m的山脊及山坡地带，生于海拔较高处的阳坡或海拔较低处的阴坡。土壤为棕壤或褐土。冀东一带槲栎林分布于海拔较低的山地，如秦皇岛抚宁槲栎林生于海拔200 m地带，林相整齐，十分繁茂，混生有油松，林下植物除槲栎幼苗外，以荆条为多，还有榛(*Corylus heterophylla*)、孩儿拳头、狗娃花(*Aster hispidus*)、丹参(*Salvia miltiorrhiza*)、益母草(*Leonurus japonicus*)、地榆、委陵菜(*Potentilla chinensis*)、白头翁(*Pulsatilla chinensis*)等。小五台山、甸子梁、白石山、摩天岭等山地，槲栎林多分布在海拔500～1000 m，林下灌木种类很多，以北京丁香(*Syringa reticulata* subsp. *pekinensis*)、红丁香(*Syringa villosa*)、三裂绣线菊、胡枝子、榛、小花溲疏、毛黄栌、六道木、酸枣、荆条较多。草本植物常见黄花菜、铃兰、白羊草、点叶薹草(*Carex hancockiana*)、柄薹草(*Carex mollissima*)等。槲栎林是比较稳定的群落，能逐渐向林边空地发展。

③栓皮栎林。分布于太行山海拔100～500 m低山阴坡。土壤为褐土。栓皮栎生长稀疏，间有蒙桑(*Morus mongolica*)等。灌木层以耐旱植物为主，荆条占优势，其次有小叶鼠李(*Rhamnus parvifolia*)、筅子梢(*Campylotropis macrocarpa*)、酸枣、孩儿拳头、薄皮木、小叶白蜡等。草本层以旱中生植物为主，低矮薹草(*Carex humilis*)、大油芒、白羊草占优势，少见鸭跖草(*Commelina communis*)、狭叶珍珠菜(*Lysimachia pentapetala*)等。

④麻栎林。分布于燕山、太行山地南段、邢台灵霄山海拔300～1000 m地带，海拔900 m以上山地有麻栎纯林。林下土壤为褐土及棕色森林土。受人为影响较大，多为幼年体。伴

生树种有槲栎、栓皮栎等。林下灌木以荆条、胡枝子、毛黄栌、孩儿拳头、大花溲疏、绣线菊属、荚蒾属占优势。草本植物以白羊草、大油芒占优势,常见有野古草、铁杆蒿、黄背草、委陵菜、早熟禾属、羊胡子草、歪头菜等。

⑤蒙古栎林。分布于冀北山地,海拔800 m以上的地区,都是蒙古栎林集中分布的地区之一。基岩为花岗岩,林下土壤为山地棕壤。蒙古栎对生境条件要求并不严格,无论湿润的阴坡或是干燥瘠薄的阳坡和山脊均能成林,多为10～20 a生的次生林,林中偶见残留百年以上的大树,常见纯林,也有的伴生其他阔叶树种,如槲栎、辽东栎、山杨、黄檗(*Phellodendron amurense*)、棘皮桦、大叶朴(*Celtis koraiensis*)、大果榆(*Ulmus macrocarpa*)和糠椴等,在山脊或阳坡常混生油松。林下灌木和草本植物种类因土壤和水分条件的不同而有差别,大致在阳坡或山脊,土壤干燥,灌木稀少,优势种为土庄绣线菊(*Spiraea pubescens*)和三裂绣线菊。土壤稍厚处常见胡枝子和锦带花。草本层以亚柄薹草(*Carex subpediformis*)和低矮薹草较多,其次有兔儿草、穿龙薯蓣(*Dioscorea nipponica*)、桔梗、苍术、景天、三七、野古草及白莲蒿(*Artemisia gmelinii*)、唐松草等。在土壤湿润肥沃的阴坡,灌木优势种为毛榛。草本层常见薹草、唐松草、地榆、玉竹、独根草、狭叶沙参(*Adenophora coronopifolia*)等,药用植物较多。

⑥槲树林。分布于太行山海拔800～1000 m的山坡及山脊地带,在陡坡常呈小片分布,林下土壤比较瘠薄,为棕色森林土。槲树可多次萌发为矮生幼林,树干多弯曲,冠幅密集,群落组成近于纯林,伴有板栗、栓皮栎、槲栎、山荆子(*Malus baccata*)和黑榆(*Ulmus davidiana*)等。林下灌木优势种不明显,常见有胡枝子、细梗胡枝子、笐子梢、忍冬等。草本层种类较少,常见有羊胡子草、白莲蒿、白羊草等。

(2)山地杨桦林

①山杨林。山杨林是针叶林或海拔较高处的阔叶林破坏以后出现的次生植物,山杨是采伐迹地上的先锋树种,常发育成纯林,广泛生长于深山海拔800～1500 m的阴坡。土壤为山地棕壤。在土壤肥沃和水分充足的生境中生长良好,在土层瘠薄、排水不良或土壤干旱处生长不良。多为幼体,常呈小块或带状分布,树冠比较整齐,结构简单。山杨为建群种,常与白桦或栎类混交,栎类以槲栎、锐齿槲栎、辽东栎较多,油松、红桦次之,有的还杂有五角槭、大叶白蜡、黄花柳儿、蒙椴等。灌木种类较多,有土庄绣线菊、三裂绣线菊等。草本植物主要有唐进薹草(*Carex tangiana*)、短柄草(*Brachypodium sylvaticum*)、羊胡子草、宽叶薹草(*Carex siderosticta*)、大油芒、异叶败酱(*Patrinia heterophylla*)、龙牙草、蒿属、黄背草、蕨等。在干旱地带灌木中荆条、毛榛常占优势,结合成不同群落。

②白桦林。广泛分布于河北各山地较高处海拔1000～1800 m地带,在阴坡、半阴坡生长良好,阳坡也有分布。林下土壤为山地棕壤。白桦是一种喜光的树种,也能耐一定的荫蔽,白桦林是各种针叶林或落叶阔叶林破坏后发展起来的次生类型。白桦林外貌整齐,树干挺直,树皮白色,形成了特有的景观,种类组成和结构比较简单,白桦是建群种,常与棘皮桦、辽东栎、五角槭、山杨混交成不同群落。海拔1400 m以上山地常伴生花楸树、核桃树、蒙椴等。灌木层以毛榛、胡枝子、土庄绣线菊、六道木、毛叶丁香等占优势,伴生有接骨木(*Sambucus williamsii*)、沙梾(*Cornus bretschneideri*)、蒙古荚蒾、金花忍冬(*Lonicera chrysantha*)等。草本植物常见薹草、铃兰、地榆、辽藁木、舞鹤草、异叶败酱、歪头草等。

(3)阔叶杂木林

阔叶杂木林是京津冀地区分布面积和经济价值最大的阔叶林，具有多建群种，优势种不明显，种类组成因地而异。在冀东北、冀西北及太行山地都有蒙椴、五角槭杂木林分布于海拔 500～1300 m 山地阴坡。林下土壤为山地棕壤。林相整齐，建群种蒙椴生长良好，主要伴生种为五角槭、辽椴（*Tilia mandshurica*）、山杨、辽东栎，局部地区间有核桃楸、硕桦、春榆等。灌木层在郁闭、阴湿的高海拔林下，毛榛常占优势，多见锦带花、金花忍冬、红瑞木（*Cornus alba*）、刺五加（*Eleutherococcus senticosus*），在海拔较低的林下，常见土庄绣线菊、山荆子、六道木、大花溲疏、蚂蚱腿子。草本层常见舞鹤草、半钟铁线莲（*Clematis sibirica* var. *ochotensis*）。其次有华北耧斗菜（*Aquilegia yabeana*）、糙苏铃兰、升麻（*Cimicifuga foetida*）、宽叶薹草、披针薹草（*Carex lancifolia*）等。在海拔较低的杂木林下，披针薹草常占优势，华北风毛菊为伴生种。

1.6.2.5 落叶灌丛

分布于燕山、太行山低山丘陵、干旱荒山坡或山的顶部，由于所在地生态环境不同，群落有显著差异。常见由三裂绣线菊、榛、胡枝子、山杏、鬼箭锦鸡儿（*Caragana jubata*）、虎榛子、小叶鼠李、野皂荚（*Gleditsia microphylla*）为优势种组成的群落，多是森林破坏以后形成的次生植被类型，群落中生长着旱中生植物。

1.6.2.6 山地干性灌丛

(1)荆条、酸枣、黄背草灌丛

本群落在河北低山丘陵分布相当广泛，是大片森林破坏以后，在水分条件较差的地方出现的植被类型。群落的建群层片为草本层，生长茂密，以黄背草、白羊草为主，常见白莲蒿、委陵菜、白头翁、多花胡枝子、隐子草（*Cleistogenes* spp.）等。黄背草、白羊草也可单独组成群落，广布于居民点附近的山脚，是更为旱生的植被类型，破坏严重，种类贫乏，常见植物有多花胡枝子、委陵菜、野古草、漏芦等。

(2)荆条、酸枣、白羊草灌丛

在太行山丘陵地带，是森林屡遭破坏后形成的次生植被，由于水肥条件差，旱中生植物白羊草占优势，群落中灌木稀疏，以荆条、酸枣为主，常见杠柳、大油芒、委陵菜等。

1.6.2.7 草原、草甸草原

河北坝上草原是内蒙古草原的延伸部分，闪电河以西有栗钙土分布广泛，发育有草原，闪电河以东，外流水系地区发育着草甸草原。

(1)草原

由耐寒的旱生多年生草本植物为主组成的植物群落，优势种为长芒草（*Stipa bungeana*），灌木和半灌木很多，次要的有冷蒿、白莲蒿、百里香、黄芦木（*Berberis amurensis*）、红花锦鸡儿（*Caragana rosea*）、短花针茅（*Stipa breviflora*）、隐子草属等。多年生杂类草较多，主要有草木樨、黄耆、米口袋、砂珍棘豆、糙叶黄耆、茵陈蒿、苦荬菜等，在地势低洼处克氏针茅（*Stipa krylovii*）、短花针茅、大针茅、西伯利亚针茅为优势种，羊草也有一定的分布，常

见赖草、冷蒿、翻白草、百里香等。

(2)草甸草原

分布于围场、丰宁坝上、张北高原南部。羊草、兔毛蒿占优势，间有针茅、菭草(*Koeleria macrantha*)、无芒雀麦、披碱草(*Elymus dahuricus*)等，在水分条件较好的地区，拂子茅占优势。

1.6.2.8 盐生草甸

分布于黑龙港流域及冀东滨海地势低洼的地区。植物喜湿、耐盐。土壤为不同程度的盐渍土，建群种有小獐毛(*Aeluropus pungens*)、碱茅(*Puccinellia distans*)、芦苇(*Phragmites communis*)等。常见薹草、草木樨(*Melilotus suaveolens*)、海滨山黧豆(*Lathyrus maritimus*)、罗布麻(*Apocynum venetum*)、柽柳、猪毛蒿(*Artemisia scoparia*)、翅碱蓬、灰绿碱蓬、茵陈蒿(*Artemisia capillaris*)、盐蒿(*Artemisia halodendron*)。在坝上闪电河以西地区地势低洼地带也有盐生草甸——披碱草、碱茅组成的不同群落，常见马蔺(*Iris lactea* var. *Chinensis*)、旋覆花(*Inula japonica*)、剪刀股(*Ixeris japonica*)、滨藜(*Atriplex littoralis*)、灰绿碱蓬、翅碱蓬、碱毛茛(*Halerpestes sarmentosa*)、风毛菊(*Saussurea japonica*)、海乳草(*Glaux maritima*)、散穗早熟禾(*Poa subfastigiata*)等。

1.6.2.9 沼泽及水生植被

(1)沼泽

草本沼泽是隐域性的湿生植被之一，生于过湿的环境。植物以莎草科、禾本科为主。

白洋淀潮湿的岸边主要有荆三棱(*Scirpus yagara*)、湖瓜草(*Lipocarpha microcephala*)、獐毛(*Aeluropus littoralis*)、水芹(*Oenanthe javanica*)、旋覆花等。在海滨洼地和河岸堤地，植物种类组成依积水的深浅而不同，多为芦苇，常见荆三棱、稗(*Echinochloa crusgalli*)、水葱(*Schoenoplectus tabernaemontani*)、香蒲(*Typha orientalis*)、菖蒲(*Acorus calamus*)、鸭舌草(*Monochoria vaginalis*)。在洼地边缘，常见碱茅。

(2)水生植被

由水生植物组成，典型的区域如白洋淀，水生植物按生态类型可分为挺水植物、浮叶植物、漂浮植物和沉水植物。前两类主要有芦苇、菰(*Zizania caduciflora*)、菖蒲、慈姑(*Sagittaria sagittifolia*)、酸模叶蓼(*Ploygonum lapathifolium*)、两栖蓼(*Persicaria amphibia*)、盒子草(*Actinostemma tenerum*)、稗。漂浮植物有菱(*Trapa* spp.)、芡(*Euryale ferox*)、睡莲(*Nymphaea tetragona*)、荇菜(*Nymphoides peltata*)、蘋(*Marsilea quadrifolia*)、槐叶蘋(*Salvinia natans*)、紫萍(*Spirodela polyrhiza*)、浮萍(*Lemna minor*)等。沉水植物主要有狐尾藻(*Myriophyllum verticillatum*)、黑藻(*Hydrilla verticillata*)、菹草(*Potamogeton crispus*)等。

1.6.3 作物种类和分布

京津冀地区农业发展历史悠久，栽培植物种类丰富，以温带和暖温带种类为主，是粮食

作物较复杂的地区之一。主要粮食作物有小麦、水稻、玉米、谷子、高粱、豆类、薯类(甘薯、马铃薯)、莜麦、春麦等。经济作物以棉花、油料、麻类为主,近年甜菜种植发展很快,烟草也占一定比重。

京津冀不同区域的气候生态条件不同,作物生长条件不同,坝上适宜种植春小麦、谷子、莜麦、胡麻。冀东、燕山南麓平原地带以种植玉米、水稻、高粱为主,兼有小麦、棉花、花生、芝麻等。冀中南是小麦、棉花主要产区。长城以南广大地区中,3 ℃以上的持续天数和积温适于冬小麦生长。除坝上地区以外,平原和山区都可广泛种植中温作物(玉米、谷子、高粱、大豆)。燕山以南、太行山以东的广大地区分布着喜温作物水稻、棉花、花生。

1.7 水资源

1.7.1 水系与流域

京津冀地区河流较多,长度在 10 km 以上的河流大约有 300 条,以外流河为主。内流河流域仅主要分布在坝上高原,外流河以海河和滦河为代表。

海河是京津冀地区最大的河流,也是华北地区主要的大河之一。海河支流众多,由北运河、永定河、大清河、子牙河、南运河五条河流组成。五条河流分别自北、西、南三面汇流至天津,构成典型的扇状水系,其干流自金钢桥以下长 73 km,河道狭窄多弯。海河流域东邻渤海,南界黄河,西起太行山,北倚内蒙古高原南缘,地跨京、津、冀、晋、鲁、豫、辽、内蒙古 8 省(区、市),流域面积为 31.78 万 km^2。

滦河是京津冀地区第二大河流,主要流经河北省东北部,其次是内蒙古自治区南部以及辽宁省西北部。流域的北部及东部邻西拉木伦河、老哈河、大凌河等流域,以苏克斜鲁山、努鲁儿虎山及松岭为分水岭,西南邻潮白河,以燕山山脉为分水岭,南邻渤海。整个流域西北高、东南低,流域面积 4.49 万 km^2。

京津冀地区水系受人类干预明显,表现为下游多人工河道,如永定新河、子牙新河、滏阳新河、漳卫新河、滏东排河等。上游多水库,如岳城水库、岗南水库、黄壁庄水库、朱庄水库、王快水库、西大洋水库、潘家口水库、大黑汀水库、陡骇水库、桃林口水库等。京津冀地下水分布广泛,资源丰富。受地形地貌、水文气象、地质及水文地质条件的综合影响,地下水资源区域分布差别较大,山区地下水分布自北向南逐渐增加,地下水资源模数在 5 万～10 万 $m^3/(km^2 \cdot a)$。西北及燕山腹地发育着众多盆地,储存有较丰富的地下水,水资源模数在 10 万～20 万 $m^3/(km^2 \cdot a)$。坝上地区因降水少,含水层薄,水资源模数一般小于 5 万 $m^3/(km^2 \cdot a)$。河北平原地下水含水层厚,是京津冀地区重要的水源地,水资源模数在 10 万～20 万 $m^3/(km^2 \cdot a)$。

1.7.2 水文区划

根据水量多少和地貌对径流形成的影响以及其他水文特征，将京津冀地区划分为6个水文区。

(1)坝上缺水地区(Ⅰ)

位于河北省最北部，境内水网不发育，具有湖多河少的特点。河流除滦河、辽河和东洋河以外，均为内陆河，水量不丰，年平均径流深75 mm以下。60%～70%的径流量集中于夏季，冬季水量小，多数河流封冻或干涸。春季因积雪冻冰融化，形成春汛，水量占年水量的5%～25%。

(2)背山少水区(Ⅱ)

主要河流有桑干河、洋河、潮白河上游和滦河中上游等。湿度较迎风坡小得多，年径流比迎风坡少，但比坝上丰富，年平均径流深50～100 mm，水质良好，矿化度0.3～0.5 g/L。由于气候原因，各河每年出现两次汛期，夏汛期(6—9月)水量占年径流量的50%，洪水峰高浪大，水位暴涨暴落。3、4月由于冰雪消融，常形成明显的春汛，春汛径流量可占年径流量的10%～25%。

(3)深山地区(Ⅲ)

海拔500～1000 m，地势陡峻，山脉中丘陵密布，谷地、盆地交错。多年平均降水量500～700 mm，年径流深80～200 mm。河川径流年内分配不均，主要集中于夏季，占年径流的50%～70%，其次为秋季，占20%～25%。

(4)浅山丰水地区(Ⅳ)

主要河流有洋河、滦河、大清河各支流以及滹沱河中游等，是主要产流区，多年平均降水量600～800 mm，年径流深100～400 mm。境内河网发育，支流众多，水资源丰富，已建水库多处。受降水季节分配的影响，径流的年内分配较集中，年径流的70%左右集中于汛期，洪水峰高浪大，水位暴涨暴落，其他季节水量很小，冬、春两季各占年径流量的10%左右。

(5)坡水地区(Ⅴ)

主要河流有滦河、拒马河、滹沱河等。本区包括丘陵及坡地两部分，各河冲积扇都位于本区，河网密度大，河床多变迁。多年平均降水量500～700 mm，年径流深25～100 mm。河川径流年内分配不均，西部丘陵汛期水量占全年水量的80%以上，春季水量不足10%，东部坡地全年水量集中在汛期。

(6)平原缓水地区(Ⅵ)

主要河流有滦河、永定河、大清河等，境内为广阔的冲积平原，地势低平，河流流入本区后，流缓沙沉，河床淤高，形成“地上河”或“半地上河”，汛期洪水猛涨，易形成灾害。区内洼淀众多，有白洋淀、大陆泽、宁晋泊等，起到滞洪蓄洪的作用。本区濒临渤海，部分地区地下水矿化度高。

第2章
京津冀地区气候要素特征

2.1 气 温

2.1.1 平均气温

2.1.1.1 平均气温的年际变化特征

(1)年平均气温的年际变化

1961—2018 年京津冀地区多年平均气温为 11.3 ℃,呈显著的上升趋势(汪宏宇 等,2005;谭方颖 等,2010;张一弛 等,2011),升温速度为 0.27 ℃/10 a。其中 20 世纪 60 年代平均气温略有下降趋势,之后呈明显上升趋势。1961 年以来,年平均气温最低为 9.7 ℃,出现在 1969 年,最高为 12.6 ℃,出现在 2014 年和 2017 年。近 20 年是京津冀地区最暖时段,其中,2010—2013 年为气温相对较低的时段,2014 年以后,年平均气温跃升,并稳定维持在 12 ℃以上(图 2.1)。

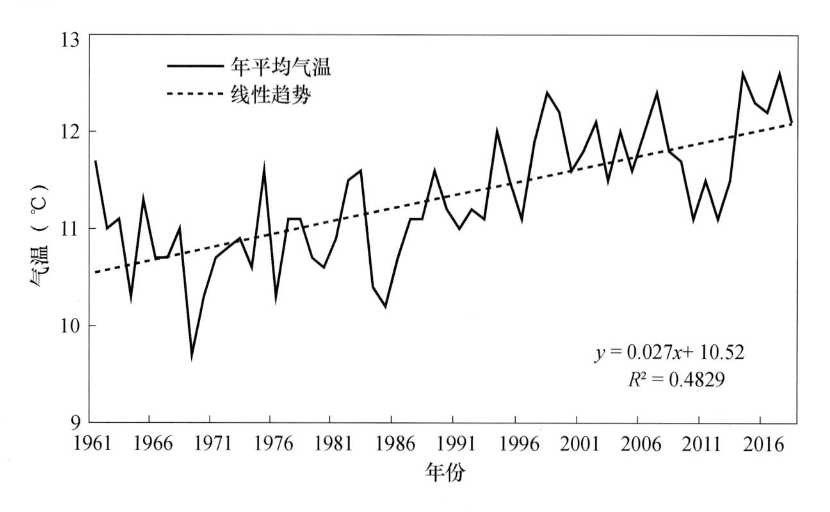

图 2.1 1961—2018 年京津冀地区年平均气温变化

(2)季平均气温的年际变化

1961—2018 年京津冀地区四季平均气温均呈上升趋势,其中,冬、春季升温最为明显,夏、秋季次之(汪宏宇 等,2005;谭方颖 等,2010)。春季平均气温为 12.6 ℃,升温速度为 0.37 ℃/10 a。春季平均气温最高为 14.9 ℃,出现在 2014 年,2014—2018 年春季平均气温均高于 14 ℃,为京津冀地区春季气温最高的 5 a;最低为 10.7 ℃,出现在 1969 年。夏季平均气温为 24.6 ℃,升温速度为0.17 ℃/10 a。夏季平均气温最高为 26.3 ℃,出现在 2018 年;最低为 22.9 ℃,出现在 1976 年。秋季平均气温为 11.7 ℃,升温速度与夏季相近,为 0.16 ℃/10 a。秋季平均气温最高为 13.4 ℃,出现在 1998 年;最低为 10.2 ℃,出现在 1981

年。冬季平均气温为−3.5 ℃，升温幅度为0.42 ℃/10 a，是四季中升温速度最大的季节。冬季平均气温最高为−0.9 ℃，出现在2002年；最低为−6.7 ℃，出现在1968年(图2.2)。

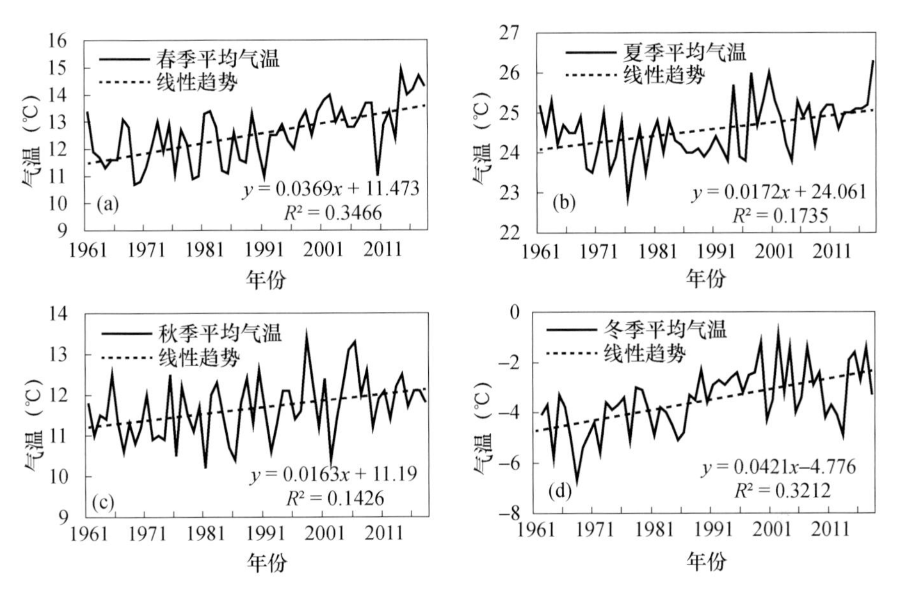

图2.2 1961—2018年京津冀地区四季平均气温的变化

(a)春季；(b)夏季；(c)秋季；(d)冬季

2.1.1.2 平均气温空间分布特征

(1)年平均气温空间分布

燕山山脉呈东西走向横亘在北部，太行山脉大致呈东北—西南向屹立在西缘，燕山以南、太行山以东的广大地区是平原。因此，海拔高度总体上从西北向东南递减。受地形和纬度的共同影响，京津冀地区的气温空间分布等值线与地形等高线基本一致，高纬度、高海拔地区气温低，低纬度、低海拔地区气温高，即南部平原地区气温高，且气温差别不大，北部山区气温低，南北梯度较大(郝立生 等，2015)。

京津冀地区年平均气温为11.3 ℃，呈从西北向东南递增的格局，西北部地区受地形影响，气温变化幅度较大，东南部平原地区气温变化幅度较小(图2.3)。受地理纬度和海拔高度共同影响，南北温差较大，最大温差达12.5 ℃。其中，高纬度地区温度较低，年平均气温的最低值出现在张家口市康保县，仅为1.9 ℃。年平均气温向东南方向不断升高，平原地区年平均气温多在12～13 ℃以上，最高值出现在邯郸市的峰峰矿区，年平均气温达14.4 ℃。

(2)季平均气温空间分布

京津冀地区季平均气温与年平均气温的空间分布特点一致，京津冀地区各季平均气温均呈自东南向西北递减的分布规律。西北部地区受地形影响，气温变化幅度较大，东南部平原地区气温变化幅度较小(图2.4)。

春季平均气温为3.4～15.4 ℃，其中，平原地区平均气温多在13 ℃以上，最高值出现在邯郸市的峰峰矿区，平均气温达15.4 ℃，随着海拔高度及纬度的升高，春季平均气温向西北方向不断降低，最低值出现在张家口市康保县，仅有3.4 ℃(图2.4a)。

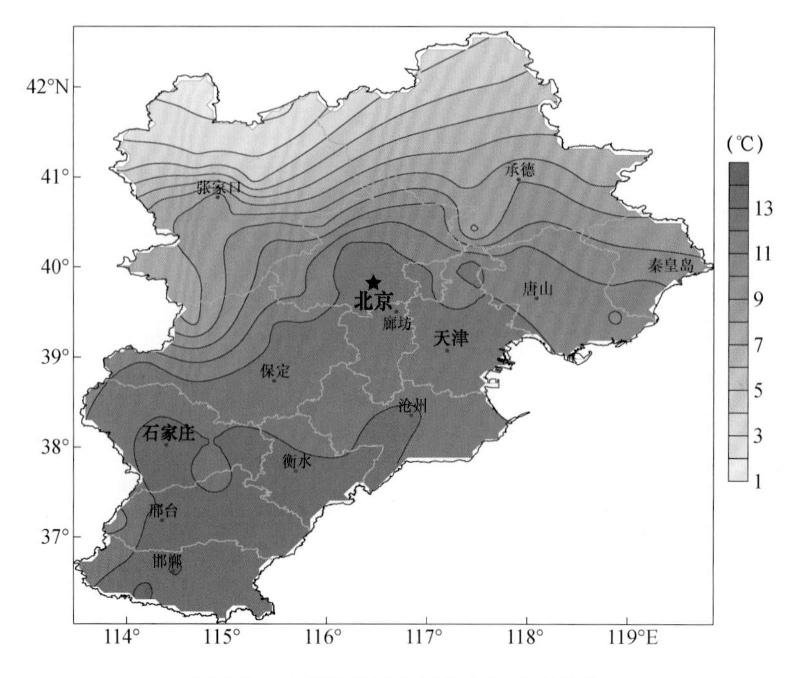

图 2.3　京津冀地区年平均气温空间分布

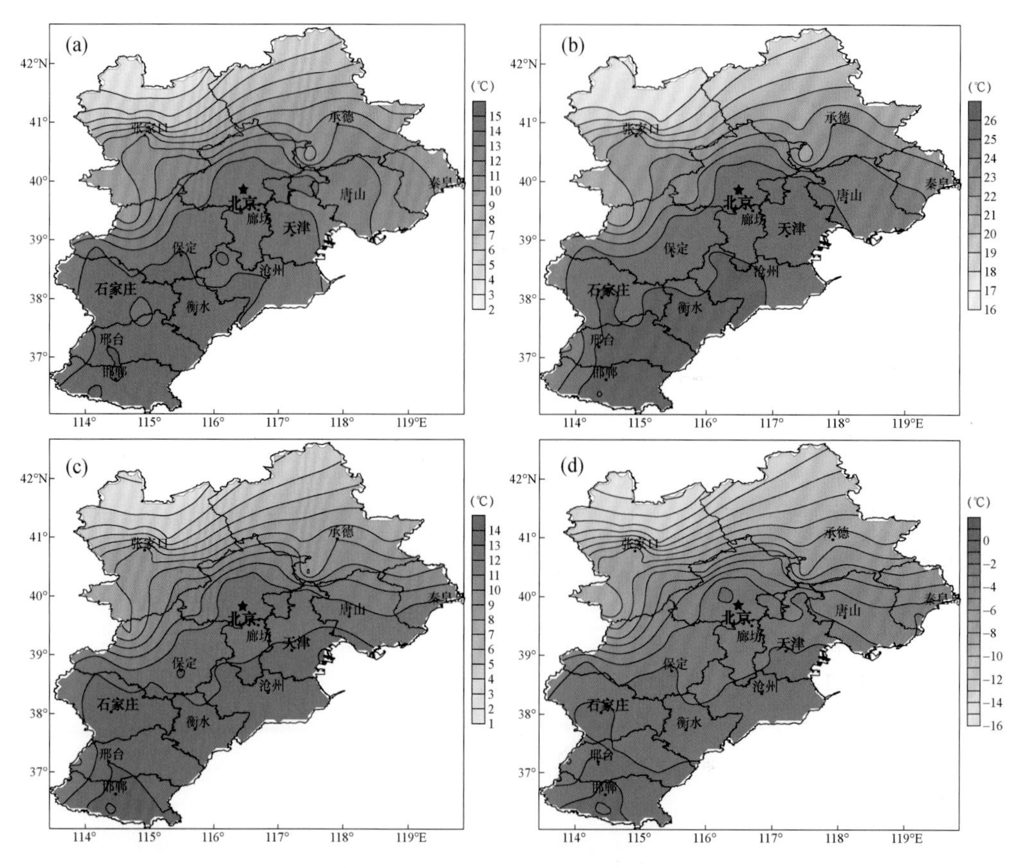

图 2.4　京津冀地区春(a)、夏(b)、秋(c)、冬(d)平均气温空间分布

夏季平均气温为17.2～26.5 ℃，其中，平原地区平均气温多在25 ℃以上，最高值出现在邯郸市的峰峰矿区，平均气温达26.5 ℃，随着海拔高度及纬度的升高，夏季平均气温向西北方向不断降低，最低值出现在张家口市沽源县，仅有17.2 ℃(图2.4b)。

秋季各地平均气温为2.2～14.6 ℃，其中，平原地区平均气温多在12 ℃以上，最高值出现在邯郸市的峰峰矿区，平均气温达14.6 ℃，随着海拔高度及纬度的升高，秋季平均气温向西北方向不断降低，最低值出现在张家口市康保县，仅为2.2 ℃(图2.4c)。

冬季各地平均气温为－15.4～1.0 ℃，其中，平原地区平均气温多在－3 ℃以上，最高值出现在邯郸市的峰峰矿区，平均气温达1.0 ℃，随着海拔高度及纬度的升高，冬季平均气温向西北方向不断降低，最低值出现在张家口市康保县，为－15.4 ℃(图2.4d)。

1961—2018年京津冀地区主要城市代表站年际平均气温见表2.1。

表2.1 1961—2018年京津冀地区主要城市代表站年、季平均气温(℃)

站名	年均	春季	夏季	秋季	冬季
北京	12.5	13.7	25.5	12.7	－2.0
天津	12.8	13.7	25.8	13.5	－1.7
石家庄	13.6	14.9	26.2	13.8	－0.4
唐山	11.6	12.5	24.8	12.3	－3.3
秦皇岛	10.7	10.5	23.5	12.3	－3.6
邯郸	14.1	15.1	26.4	14.3	0.4
邢台	14.0	15.2	26.4	14.1	0.1
保定	12.9	14.2	25.9	13.1	－1.7
张家口	8.8	10.3	22.7	8.9	－6.8
承德	9.0	10.9	23.1	9.0	－7.2
沧州	13.1	14.0	26.1	13.7	－1.5
廊坊	12.1	13.4	25.4	12.4	－2.6
衡水	13.2	14.3	26.2	13.6	－1.3

2.1.1.3 平均气温的年内变化

京津冀地区平均气温的年内变化呈单峰型分布。夏季各月气温较高，均超过23 ℃，最高值出现在7月，平均气温为25.6 ℃，8月次之，平均气温为24.2 ℃；冬季气温较低，均低于0 ℃，最低值出现在1月，平均气温为－5.3 ℃。气温年较差(年最高气温与年最低气温之差)超过30 ℃。春、秋季是过渡季节，春季升温和秋季降温都很快。3月气温刚升至5 ℃左右，4月即跃升到13.1 ℃，但有时仍有较强冷空气侵袭。盛夏一过，9月平均气温就降至19.1 ℃，10月气温下降就更显著，月平均气温只有12 ℃左右。11月，西北风渐盛，月平均气温降至3.6 ℃(图2.5)。1961—2018年京津冀地区主要城市代表站各月平均气温见表2.2。

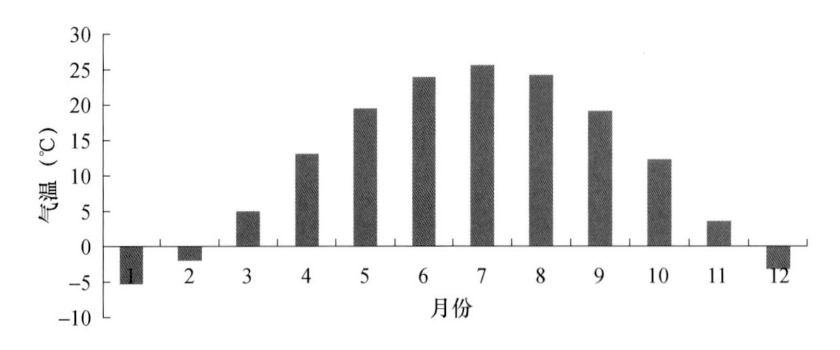

图 2.5 1961—2018 年京津冀地区气温的年内变化

表 2.2 1961—2018 年京津冀地区主要城市代表站各月平均气温(℃)

站名	1 月	2 月	3 月	4 月	5 月	6 月	7 月	8 月	9 月	10 月	11 月	12 月
北京	−3.6	−0.7	6.2	14.3	20.6	24.7	26.5	25.3	20.3	13.2	4.7	−1.6
天津	−3.4	−0.6	6.2	14.3	20.6	24.8	26.8	25.9	21.1	14.0	5.4	−1.2
石家庄	−2.1	1.0	7.9	15.4	21.5	26.0	27.1	25.6	20.8	14.4	6.1	−0.1
唐山	−5.1	−2.0	4.9	13.1	19.5	23.6	25.9	25.0	20.1	12.9	4.0	−2.8
秦皇岛	−5.4	−2.9	3.3	10.9	17.3	21.4	24.6	24.6	19.9	12.8	4.2	−2.6
邯郸	−1.3	1.9	8.3	15.5	21.5	26.2	27.2	25.9	21.1	15.0	6.9	0.7
邢台	−1.6	1.6	8.3	15.7	21.7	26.2	27.2	25.8	21.0	14.8	6.6	0.3
保定	−3.4	−0.2	6.8	14.8	20.9	25.4	26.9	25.5	20.6	13.6	5.1	−1.4
张家口	−8.6	−5.1	2.2	10.9	17.9	22.0	23.9	22.2	16.7	9.5	0.4	−6.6
承德	−9.1	−5.1	2.7	11.7	18.4	22.3	24.3	22.8	17.1	9.7	0.2	−7.3
沧州	−3.2	−0.2	6.6	14.5	20.9	25.4	27.0	25.8	21.0	14.3	5.7	−1.1
廊坊	−4.3	−1.3	5.7	14.0	20.4	24.6	26.4	25.1	20.1	13.0	4.2	−2.3
衡水	−3.1	0.1	7.1	14.8	21.1	25.8	27.1	25.7	20.8	14.2	5.7	−1.0

2.1.2 最高气温和最低气温

2.1.2.1 平均最高气温

(1)年际变化

1961—2018 年京津冀地区年平均最高气温为 17.5 ℃，呈显著的上升趋势(刘学锋 等，2007)，升温速度为 0.20 ℃/10 a，升温速度低于平均气温。其中，20 世纪 60—80 年代变化比较平稳，80 年代后升温趋势明显。1961 年以来，年平均最高气温最低为 15.9 ℃，出现在 1969 年，最高为 18.9 ℃，出现在 2017 年(图 2.6)。

(2)空间分布

年平均最高气温的空间分布与平均气温较为一致，呈从南向北递减的格局，西北部地区受地形影响，气温变化幅度较大，东南部平原地区气温变化幅度较小(图 2.7)。其中，平原地

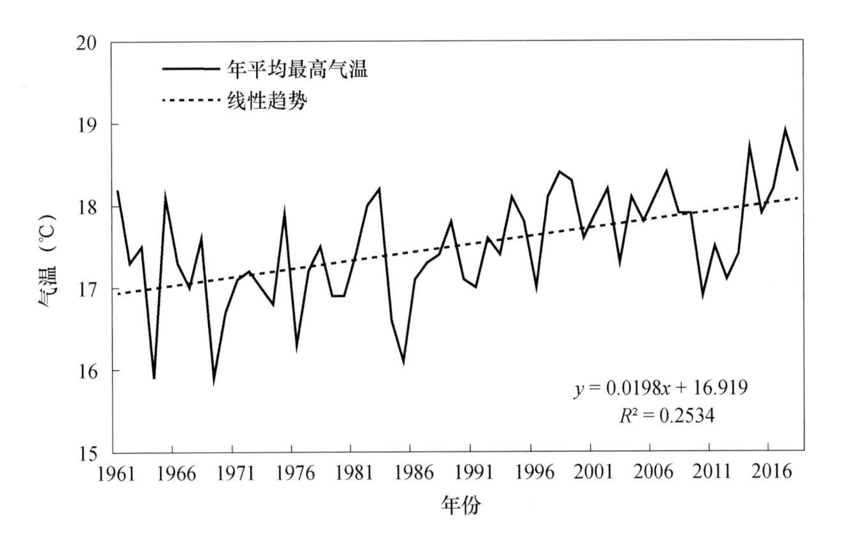

图 2.6　1961—2018 年京津冀地区年平均最高气温的年际变化

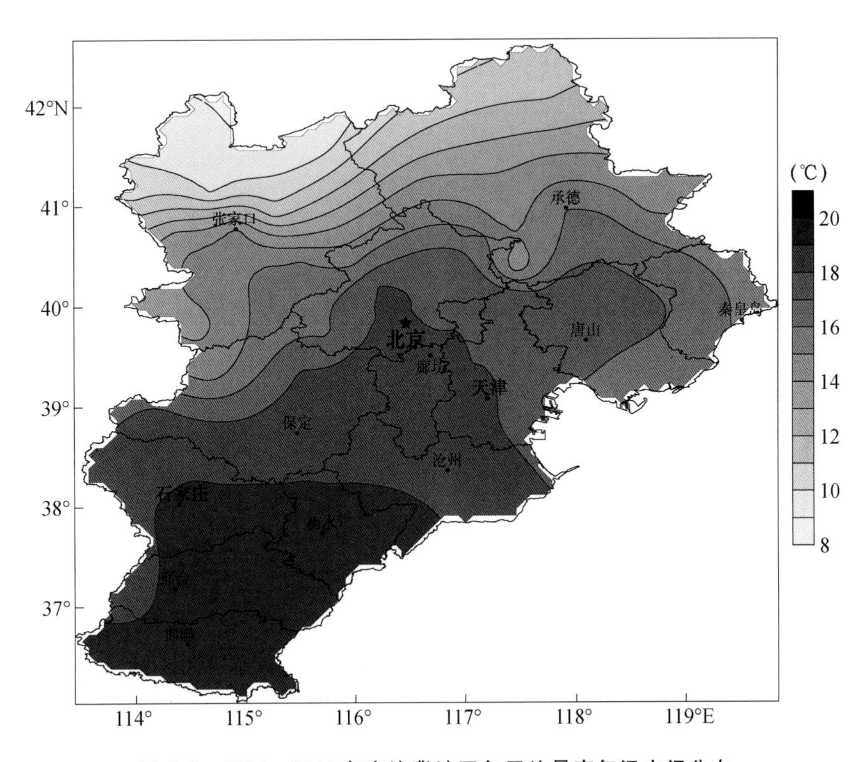

图 2.7　1961—2018 年京津冀地区年平均最高气温空间分布

区年平均最高气温多在 17 ℃以上，最高出现在邯郸市的峰峰矿区，年平均最高气温达 19.9 ℃，随着海拔高度及纬度的升高，年平均最高气温向西北方向不断降低，最低出现在张家口市沽源县，仅有 9.2 ℃。

(3)年内变化

1961—2018 年京津冀地区平均最高气温的年变化与平均气温一致，均呈单峰型分布。

5—9 月平均最高气温较高，均超过 30 ℃，最高值出现在 6 月，平均最高气温为 36.2 ℃，7 月次之，平均最高气温为 35.8 ℃；冬季平均最高气温较低，最低出现在 1 月，平均最高气温为 8.4 ℃(图 2.8)。

1961—2018 年京津冀地区主要城市代表站各月及年平均最高气温见表 2.3。

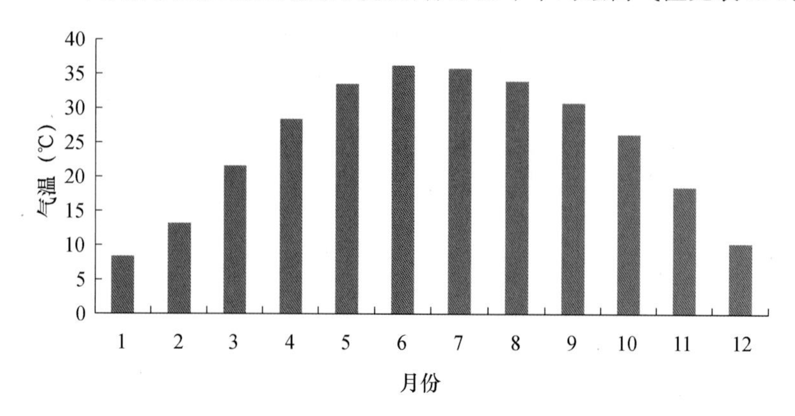

图 2.8　1961—2018 年京津冀地区平均最高气温的年内变化

表 2.3　1961—2018 年京津冀地区主要城市代表站各月及年平均最高气温(℃)

站名	1月	2月	3月	4月	5月	6月	7月	8月	9月	10月	11月	12月	年均
北京	1.9	5.0	12.1	20.4	26.7	30.5	31.3	30.1	26.1	19.1	10.1	3.5	18.1
天津	1.9	5.1	12.2	20.7	26.9	30.4	31.3	30.4	26.5	19.8	10.6	3.7	18.3
石家庄	3.5	6.7	13.9	21.5	27.6	32.1	32.1	30.4	26.6	20.5	11.8	5.2	19.3
唐山	1.0	4.3	11.2	19.6	25.9	29.4	30.5	29.8	26.0	19.1	9.9	2.8	17.5
秦皇岛	0.0	2.4	8.5	16.0	22.3	25.5	28.1	28.6	25.1	18.4	9.6	2.5	15.6
邯郸	4.2	7.7	14.5	21.8	27.7	32.3	32.1	30.7	26.8	21.2	12.9	6.0	19.8
邢台	3.9	7.3	14.3	21.7	27.7	32.2	32.0	30.5	26.7	21.0	12.4	5.6	19.6
保定	2.4	5.9	13.1	21.2	27.3	31.8	31.9	30.3	26.5	20.0	10.8	4.0	18.8
张家口	−2.5	1.5	9.0	17.9	24.9	28.6	29.7	28.1	23.4	16.3	6.5	−0.8	15.2
承德	−2.0	2.4	10.1	19.1	25.8	29.1	30.2	29.0	24.4	17.2	7.3	−0.5	16.0
沧州	2.4	5.8	12.9	21.0	27.3	31.5	31.9	30.5	26.8	20.3	11.3	4.2	18.8
廊坊	1.8	5.1	12.3	20.8	27.1	31.0	31.5	30.3	26.4	19.6	10.2	3.4	18.3
衡水	3.1	6.5	13.7	21.6	27.8	32.2	32.1	30.6	26.8	20.8	11.8	4.8	19.3

2.1.2.2　平均最低气温

(1)年际变化

1961—2018 年京津冀地区年平均最低气温为 5.8 ℃，呈显著的上升趋势，升温速度为 0.39 ℃/10 a，升温速度高于平均气温和平均最高气温(史岚 等，2003；郭志梅 等，2005；王冀 等，2012)。其中，20 世纪 80 年代后升温趋势明显。1961 年以来，年平均最低气温最低为 4.0 ℃，出现在 1969 年，最高为 7.3 ℃，出现在 2014 年(图 2.9)。

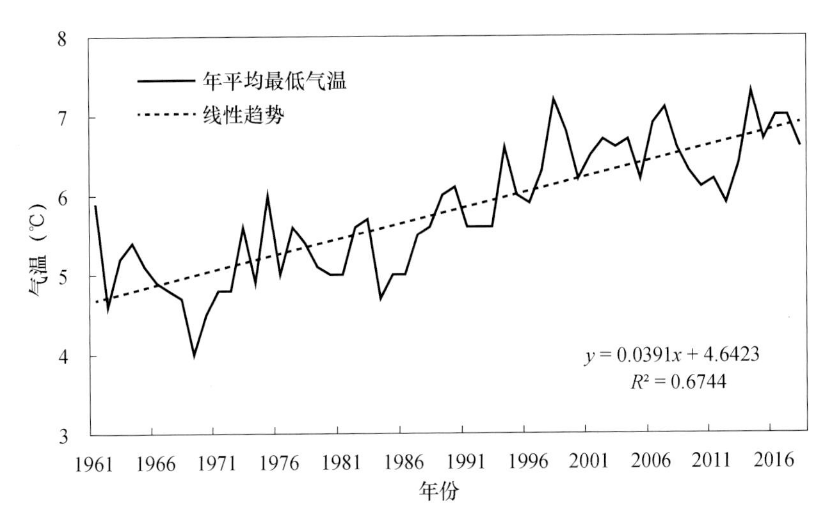

图 2.9　1961—2018 年京津冀地区年平均最低气温的变化

(2)空间分布

平均最低气温的空间分布与平均气温和最高气温基本一致，呈从东南向西北递减的格局。北京、石家庄、天津市区及滨海新区出现明显的大值区(图 2.10)，华北地区城市化对最低气温的影响最大，尤其以大城市最为明显，因此这些大值区应该与城市化影响有关(周雅清 等，2009)。其中，平原地区年平均最低气温多在 8 ℃以上，最高出现在邯郸市的峰峰矿区，平均最低气温为 9.8 ℃，随着海拔高度及纬度的升高，年平均最低气温向西北方向不断降低，最低出现在张家口市康保县，仅为－5.0 ℃。

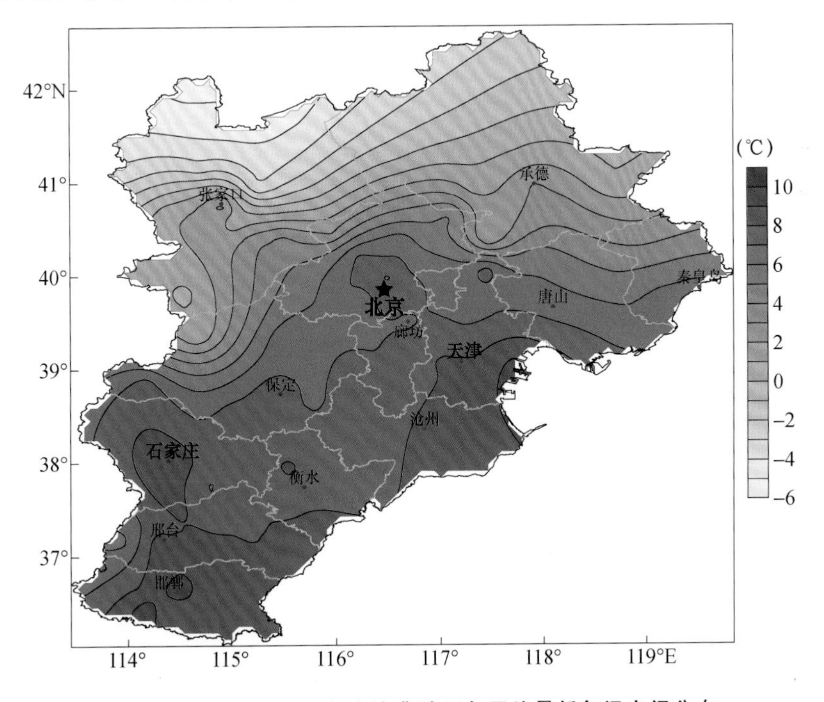

图 2.10　1961—2018 年京津冀地区年平均最低气温空间分布

(3)年内变化

1961—2018年京津冀地区平均最低气温的年变化与平均气温和平均最高气温一致，均呈单峰型分布。夏季平均最低气温较高，最高出现在7月，平均最低气温为22.6 ℃，8月次之，平均最低气温为20.4 ℃；1、2、3、11月和12月平均最低气温均低于0 ℃，最低值出现在1月，平均最低气温为−8.5 ℃。

1961—2018年京津冀地区主要城市代表站各月及年平均最低气温见表2.4。

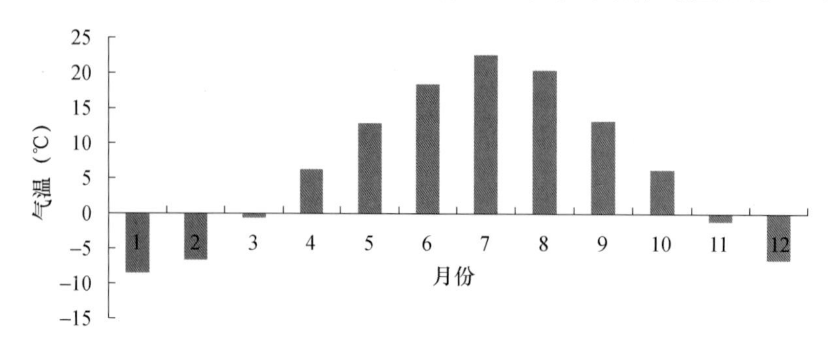

图2.11　1961—2018年京津冀地区平均最低气温的年内变化

表2.4　1961—2018年京津冀地区主要城市代表站各月及年平均最低气温(℃)

站名	1月	2月	3月	4月	5月	6月	7月	8月	9月	10月	11月	12月	年均
北京	−8.2	−5.6	0.6	8.1	14.1	19.0	22.3	21.1	15.2	8.0	0.1	−5.9	7.4
天津	−7.6	−5.0	1.2	8.7	14.9	19.7	23.0	22.1	16.5	9.2	1.2	−5.0	8.2
石家庄	−6.4	−3.5	2.6	9.5	15.4	20.1	22.8	21.7	16.2	9.4	1.7	−4.1	8.8
唐山	−10.1	−7.0	−0.6	7.2	13.4	18.4	22.0	20.8	14.9	7.5	−0.7	−7.3	6.5
秦皇岛	−9.8	−7.2	−1.1	6.4	12.7	17.6	21.5	20.8	15.0	7.7	−0.2	−6.7	6.4
邯郸	−5.5	−2.7	3.1	9.8	15.4	20.4	23.0	22.0	16.5	10.0	2.5	−3.4	9.3
邢台	−5.9	−3.0	3.0	9.9	15.6	20.4	22.9	21.8	16.2	9.7	2.1	−3.8	9.1
保定	−7.9	−4.9	1.4	8.7	14.6	19.6	22.6	21.5	15.7	8.7	0.8	−5.5	7.9
张家口	−13.2	−10.2	−3.5	4.4	11.2	15.9	18.8	17.2	11.1	4.1	−4.2	−11.0	3.4
承德	−14.5	−11.0	−3.7	4.6	11.2	16.0	19.4	17.8	11.1	3.6	−4.9	−12.2	3.1
沧州	−7.6	−4.7	1.5	8.7	14.8	19.8	22.8	21.8	16.2	9.3	1.3	−5.1	8.2
廊坊	−9.3	−6.3	0.0	7.6	13.7	18.6	22.0	20.9	14.9	7.6	−0.5	−6.7	6.9
衡水	−7.8	−4.9	1.5	8.7	14.7	19.8	22.7	21.5	15.7	8.9	0.9	−5.2	8.0

2.1.2.3　极端最高气温和极端最低气温

(1)极端最高气温

从1961—2018年京津冀地区年极端最高气温的空间分布来看，所有地区均出现过35 ℃以上的高温，海拔高度低于500 m的大部分地区(除唐山、秦皇岛沿海部分地区外)均出现过高于40 ℃的高温天气(图2.12a)。京津冀地区年极端最高气温达43.9 ℃，于2009年6月25日出现在邯郸市的峰峰矿区。超过35 ℃高温日数的空间分布(图2.12b)为由北向南递增，北部平原地区和山区高温日数较少，高温日数最少地区为张家口市沽源县，1961年以来仅出现1次高温天气，出现在2010年7月29日(36.1 ℃)。南部平原地区高温日数基本在10 d以上，最大值出现在邢台南宫市，高温日数为19 d。

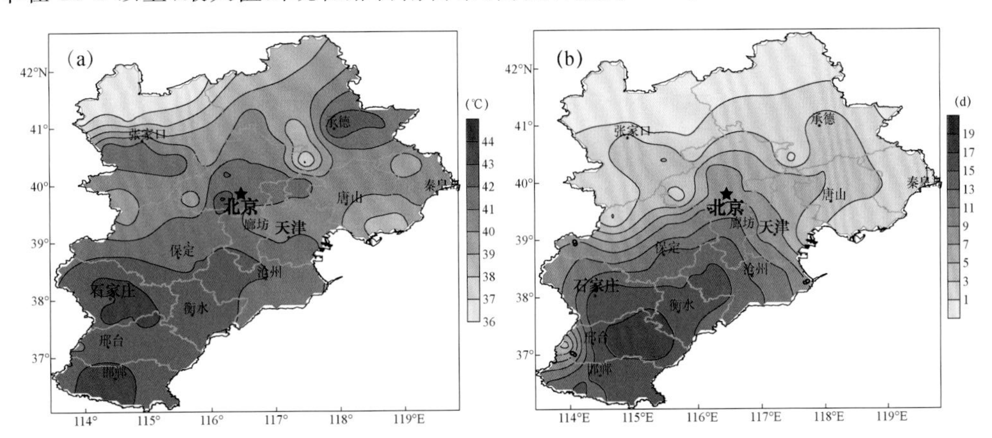

图2.12 1961—2018年京津冀地区年极端最高气温(a)和高于35 ℃的高温日数(b)空间分布

京津冀地区平均高温日数为9 d，从高温日数的历年变化来看，1961年以来呈微弱上升趋势(周雅清 等，2010；李艳 等，2014)，并存在"增加—减少—增加"的阶段变化特征(刘学锋 等，2007；高荣 等，2008)。其中，20世纪60年代高温日数较多，平均高温日数达11 d，之后明显减少，70年代中期至90年代中期为高温日数较少的时段，90年代中期后，高温日数增加，平均高温日数达10 d(图2.13)。

1961—2018年京津冀地区主要城市代表站各月及年极端最高气温见表2.5。

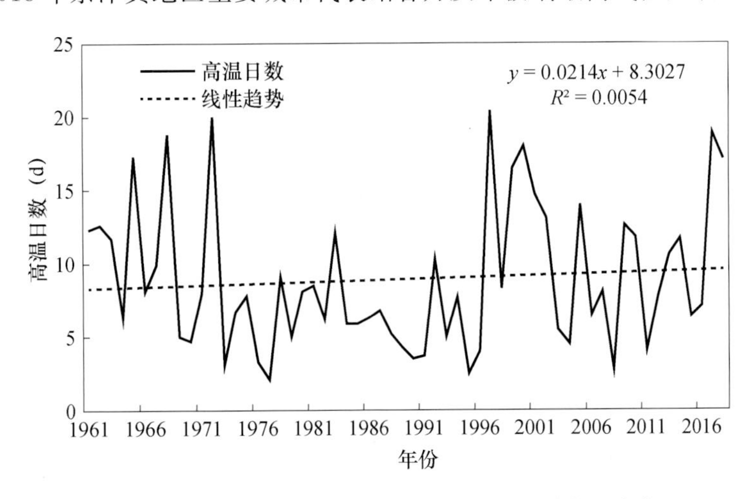

图2.13 1961—2018年高于35 ℃高温日数的年际变化

表2.5 1961—2018年京津冀地区主要城市代表站各月及年极端最高气温(℃)

站名	1月	2月	3月	4月	5月	6月	7月	8月	9月	10月	11月	12月	年均
北京	14.3	19.8	29.5	33.5	41.1	40.6	41.9	38.2	35.0	31.0	22.0	19.5	41.9
天津	13.4	20.0	30.8	34.4	40.0	40.5	41.0	38.1	35.2	31.1	23.0	14.4	41.0

续表

站名	1月	2月	3月	4月	5月	6月	7月	8月	9月	10月	11月	12月	年均
石家庄	18.0	25.8	33.5	34.9	42.8	42.7	42.9	38.6	39.7	34.1	26.8	24.5	42.9
唐山	12.9	19.5	28.3	33.2	39.3	39.6	40.1	36.2	35.3	31.4	22.7	13.7	40.1
秦皇岛	12.7	18.3	25.9	33.4	37.1	40.0	39.2	36.3	34.2	29.5	21.6	14.6	40.0
邯郸	19.9	25.3	31.9	37.9	40.7	43.6	42.0	38.0	40.1	36.1	28.6	26.4	43.6
邢台	20.9	27.4	34.1	36.5	41.4	42.4	41.7	38.7	39.0	37.0	27.8	27.6	42.4
保定	17.5	23.1	31.2	33.8	39.2	41.6	41.6	37.7	36.2	31.1	23.9	17.1	41.6
张家口	9.8	18.2	27.0	33.3	36.8	39.4	41.1	37.6	35.9	27.7	20.8	14.0	41.1
承德	8.8	18.9	28.4	34.2	39.3	41.3	43.3	38.9	35.4	30.1	22.3	12.3	43.3
沧州	15.1	22.0	30.9	33.9	41.0	40.3	42.0	37.7	36.1	31.6	24.2	17.4	42.0
廊坊	14.4	19.8	30.4	33.6	40.3	40.3	40.3	38.8	35.0	31.1	22.4	14.4	40.3
衡水	16.8	23.3	31.5	34.6	40.6	42.7	42.8	38.3	37.2	32.2	26.2	18.6	42.8

(2)极端最低气温

从 1961—2018 年京津冀地区年极端最低气温的空间分布来看,低于－30 ℃的地区基本位于海拔高于 500 m 的山区(图 2.14a)。京津冀地区年极端最低气温达－39.9 ℃,于 2000 年 2 月 1 日出现在张家口市沽源县。低于－10 ℃低温日数的空间分布由北向南递减。最大值出现在北部山区,低温日数在 60 d 以上,其中低温日数最多为 134 d,出现在张家口市康保县,南部平原地区低温日数基本少于 30 d(图 2.14b),其中邯郸市的峰峰矿区低温日数最少,仅为 2 d。

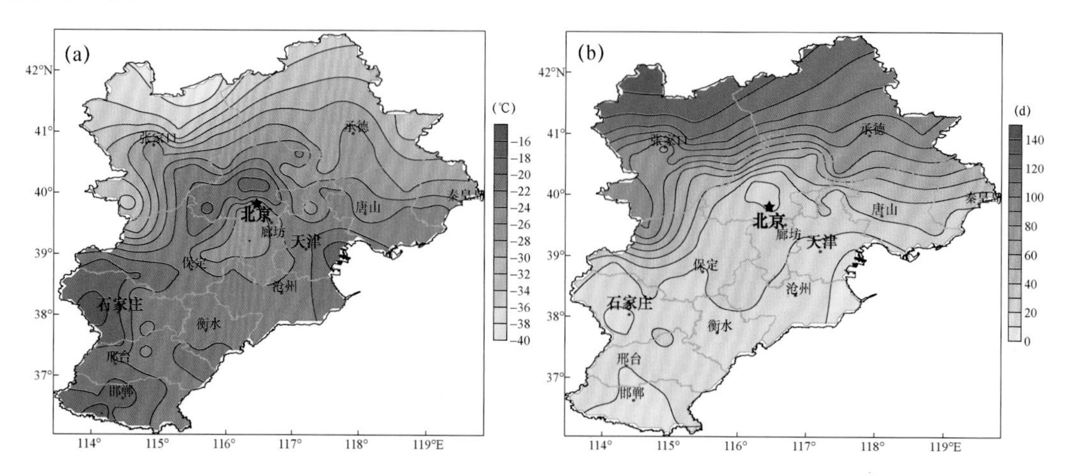

图 2.14 1961—2018 年京津冀地区年极端最低气温(a)和低于－10 ℃的低温日数(b)空间分布

1961—2018 年京津冀地区平均低温日数为 37 d,从低温日数的历年变化(图 2.15)来看,1961 年以来呈显著减少趋势,为－3.9 d/10 a。其中,20 世纪 60 年代低温日数最多,达 48 d,2000 年后低温日数减少至 30 d 左右(图 2.13)(马柱国 等,2003;周雅清 等,2010)。

1961—2018 年京津冀地区主要城市代表站各月及年极端最低气温见表 2.6,日最高气温、最低气温区间天数统计见表 2.7。

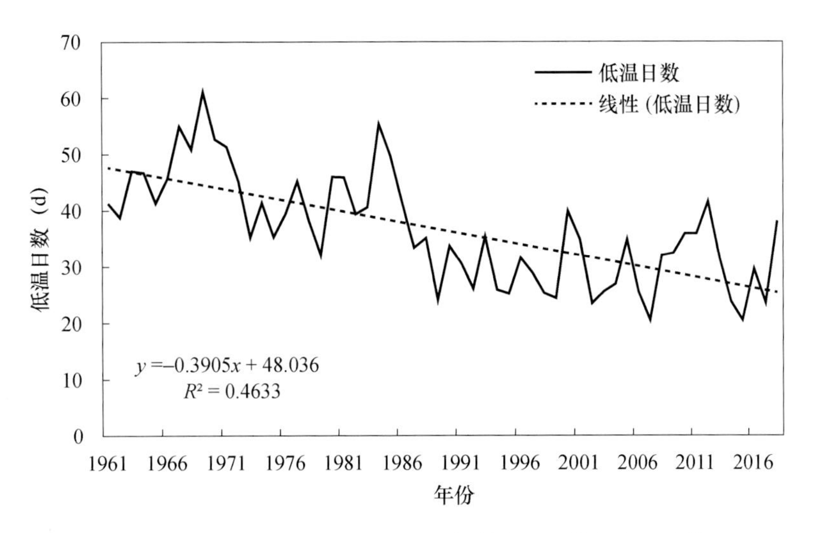

图 2.15　1961—2018 年低于－10 ℃的低温日数的年际变化

表 2.6　1961—2018 年京津冀地区主要城市代表站各月及年极端最低气温(℃)

站名	1月	2月	3月	4月	5月	6月	7月	8月	9月	10月	11月	12月	年均
北京	－18.3	－27.4	－15.0	－3.2	2.5	9.8	15.3	11.4	3.7	－3.5	－12.3	－18.3	－27.4
天津	－20.5	－24.2	－21.2	－3.9	1.9	9.7	14.3	12.2	2.3	－4.0	－11.5	－17.8	－24.2
石家庄	－19.3	－19.8	－17.3	－5.3	4.2	10.6	16.2	11.1	4.2	－2.4	－11.3	－18.5	－19.8
唐山	－25.2	－19.8	－15.7	－4.7	3.5	9.0	14.6	10.7	3.8	－5.6	－14.5	－19.5	－25.2
秦皇岛	－26.0	－19.3	－16.3	－5.0	3.0	7.3	14.2	11.4	2.7	－6.4	－14.1	－18.8	－26.0
邯郸	－18.3	－18.3	－11.1	－3.3	4.4	10.4	16.4	13.7	5.4	－1.0	－11.4	－17.2	－18.3
邢台	－20.2	－20.0	－13.3	－4.9	4.4	9.9	15.7	13.2	4.8	－1.7	－11.6	－17.4	－20.2
保定	－22.0	－20.9	－14.8	－4.3	2.7	9.7	13.4	12.5	4.2	－2.3	－15.6	－18.1	－22.0
张家口	－25.8	－23.2	－16.5	－9.5	－1.3	4.2	11.0	7.2	－1.7	－9.4	－20.7	－23.9	－25.8
承德	－27.0	－23.7	－19.8	－8.7	0.8	6.6	11.5	6.4	－0.1	－10.6	－18.8	－24.7	－27.0
沧州	－22.1	－20.6	－16.8	－3.4	4.8	9.8	14.9	13.4	4.3	－2.9	－12.1	－19.2	－22.1
廊坊	－21.8	－25.5	－20.8	－5.1	1.2	9.5	14.6	9.9	3.6	－5.5	－13.7	－19.5	－25.5
衡水	－22.5	－23.0	－16.7	－2.9	3.1	9.6	15.0	12.7	2.5	－3.4	－16.4	－20.6	－23.0

表 2.7　1961—2018 年京津冀地区主要城市代表站日最高(低)气温各种界值日数(d)

站名	≥35 ℃	≥30 ℃	≤0 ℃	≤－10 ℃
北京	8.1	65.7	118.6	17.8
天津	9.0	69.3	109.9	16.5
石家庄	16.0	78.7	101.3	8.1
唐山	4.2	55.8	125.3	32.0
秦皇岛	1.0	20.6	126.0	30.2
邯郸	16.3	83.7	94.3	5.3

续表

站名	≥35 ℃	≥30 ℃	≤0 ℃	≤−10 ℃
邢台	15.6	81.6	96.0	7.8
保定	13.7	75.8	111.4	15.9
张家口	3.9	41.0	148.8	63.9
承德	4.6	49.3	152.1	73.8
沧州	12.7	77.4	109.3	14.4
廊坊	10.6	71.5	122.9	24.8
衡水	15.8	82.3	111.0	15.3

2.1.3 气温日较差和年较差

京津冀地区作为中国城市化最快和经济高速发展的区域之一，其气候变化问题倍受关注。气温日较差是衡量该区域气候变化的重要指标之一，与最高、最低气温都有密切关系，能够反映区域性的温度变化幅度。

1961—2018 年京津冀地区年平均气温日较差主要集中在 9～15 ℃（图 2.16），在京津冀的北部和西部山区以及高原较大，北京年平均气温日较差最大为平谷（12.88 ℃），天津年平

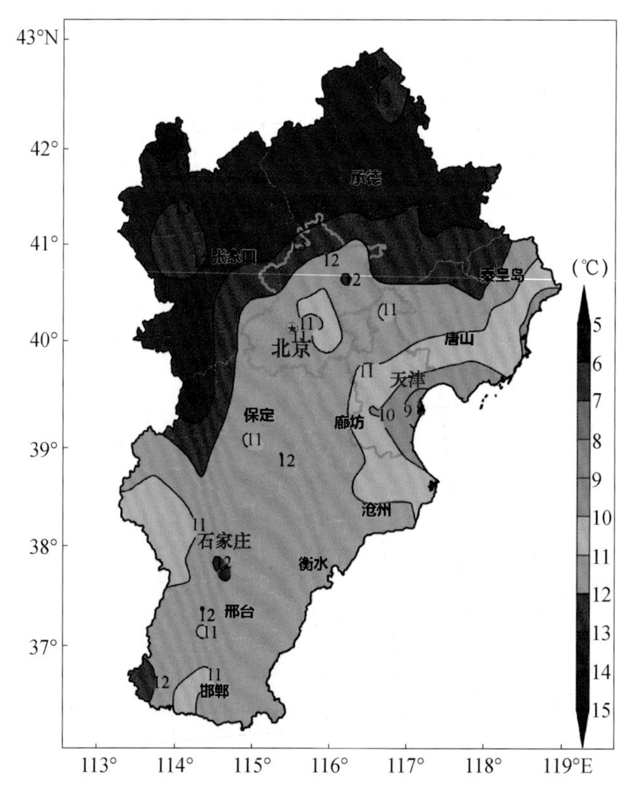

图 2.16　1961—2018 年京津冀地区年平均气温日较差空间分布

均气温日较差最大为宝坻(11.70 ℃),河北年平均气温日较差最大为赤城(14.55 ℃)。年平均气温日较差在中部和东部的平原、沿海地区和大城市区域以及相对孤立的山区相对较小,北京年平均气温日较差最小为通州站(9.73 ℃),天津年平均气温日较差最小为塘沽(7.54 ℃),河北年平均气温日较差最小为唐海(9.25 ℃)。山区与平原交界处气温日较差梯度较大,总体上呈由西北到东南逐渐减小趋势。对于大尺度地形,气温日较差与高度呈正比,海拔越高,日较差越大(如北部、西部较大)。对于中小尺度地形,山顶山脊气温日较差较小,而河谷盆地日较差较大。在大尺度地形条件下,由于海拔高、空气密度小以及受大气热力状况的影响,白天大气对太阳辐射的削弱作用低,晚上大气对地面辐射的保温作用差,因此白天升温快,夜晚降温快,气温日较差较大。在中小尺度地形条件下,山地受周围大气影响,空气利于与周围大气进行交换,山地气温日较差小于附近平原。同时,土地覆被变化也使观测到的气温日较差存在差异,如农田、林地、乡村的气温日较差比城市的要大。而伴随城市化过程,大气气溶胶浓度和人为释放热增加,也会对辐射产生较大的影响,导致城市夜间气温较高,日较差较小。

季平均气温日较差分布特点与年平均气温日较差分布相似,高值区主要出现于西部和北部高原和山区,而在平原、大城市及其沿海地区相对较小(图 2.17)。总体而言,春季日较差最大,夏季日较差最小,其次为秋季和冬季,春、夏、秋、冬季的日较差分别为 12.97 ℃、10.66 ℃、11.87 ℃和 11.54 ℃。各季节平均日较差的差异主要体现在两方面:各季节平均气温日较差较大区域均位于中小尺度地形下的山区,气温日较差较小区域则位于海拔较低的沿海城市,春季气温日较差不同站点最大相差 7.29 ℃,夏季相差 6.67 ℃,秋季相差 7.58 ℃,冬季相差 8.02 ℃,冬季区域内站点气温日较差的差异最大,夏季差异最小;各季节平均气温日较差分布的梯度不一样,冬季梯度最大,春、秋季次之,夏季较小。气温日较差分布特征与地形条件及海陆分布有关,远离(靠近)海洋的地区气温日较差较大(小)。这主要是因为海水热容量大,升温和降温都比较慢,导致沿海地区气温日较差较小,而内陆地区陆地热容量较小,升温和降温都比较快,内陆的气温日较差较大。

京津冀地区年平均气温日较差在不同站点呈不同变化趋势,总体呈速率为 0.21 ℃/10 a 的下降趋势(图 2.18)。总体看来,在华北平原以及南部区域下降趋势最明显,但也存在一些站点气温日较差呈上升趋势。北京延庆地区下降趋势最大(−0.36 ℃/10 a),天津下降趋势最大是天津市气候监测站,为 −0.46 ℃/10 a,河北下降趋势最大是河北霸州地区,达 −0.61 ℃/10 a。北京上升趋势最明显的是霞云岭站(0.28 ℃/10 a),天津上升趋势最明显为塘沽,达 0.1 ℃/10 a,河北上升趋势最明显的为滦平(0.31 ℃/10 a)。导致京津冀地区气温日较差分布差异的原因有许多,包括自然因素,如太阳辐射、云、降水、水汽含量等的变化都会对最高、最低气温的变化产生影响;人为因素,如城市化的发展、下垫面的改变和大气污染物的排放也会使得最高、最低气温的变化出现差异。因此,京津冀地区的年平均气温日较差变化趋势空间分布成因也较为复杂。

京津冀地区春、夏、秋、冬各季大部分站点气温日较差呈明显下降趋势(图 2.19),冬季最明显,其次为春、夏、秋季。秋季大部分站点呈下降趋势,但下降趋势不明显,且有较多站点呈上升趋势。冬季除个别站点呈上升趋势外,其余站点均呈明显下降趋势。春、夏季日较差变化趋势与冬季类似。各季节呈上升与下降趋势的站点分布也有一定的规律性,如北京的霞

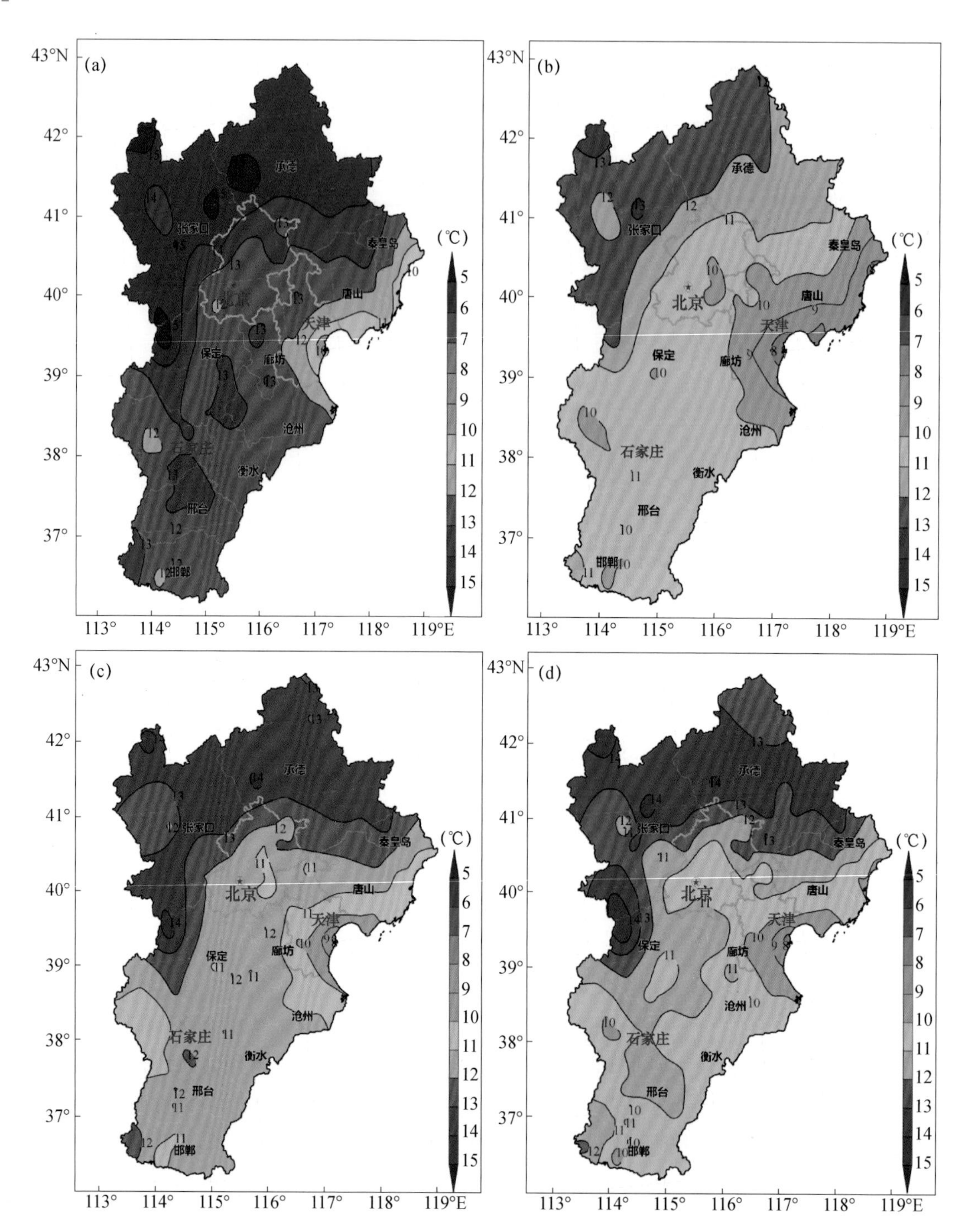

图 2.17　1961—2018 年京津冀地区春季(a)、夏季(b)、秋季(c)和冬季(d)气温日较差分布

云岭，站 4 个季节均呈上升趋势，此外，东北部和西南部部分站点也呈上升趋势。所有季节中河北邢台在整个区域内下降趋势最明显，春、夏、秋、冬季的下降趋势分别为−0.63 ℃/10 a、−0.43 ℃/10 a、−0.61 ℃/10 a 和−0.88 ℃/10 a，春季上升趋势最明显的是北京霞云岭站，为 0.32 ℃/10 a。

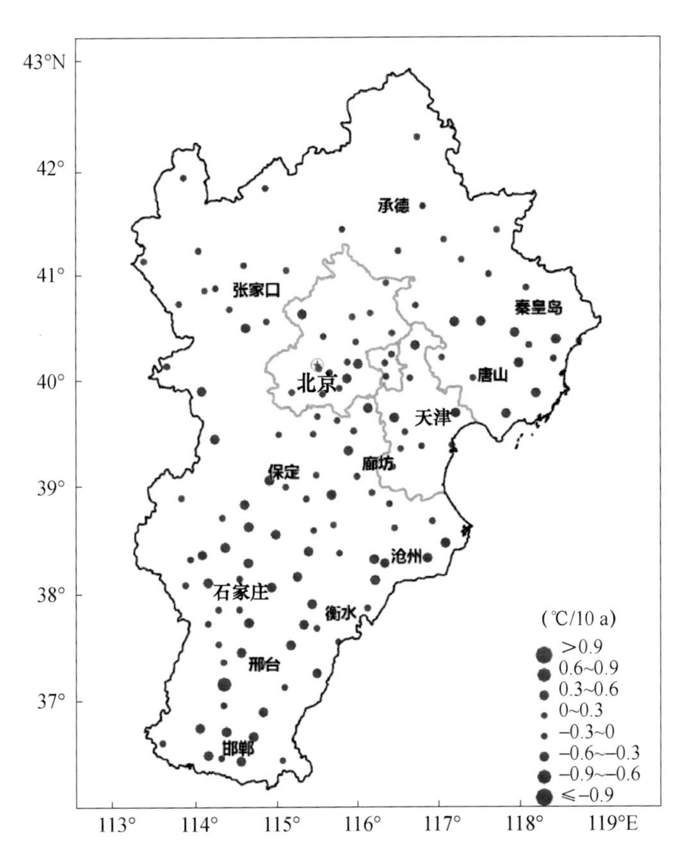

图 2.18　1961—2018 年京津冀地区年平均气温日较差变化趋势分布

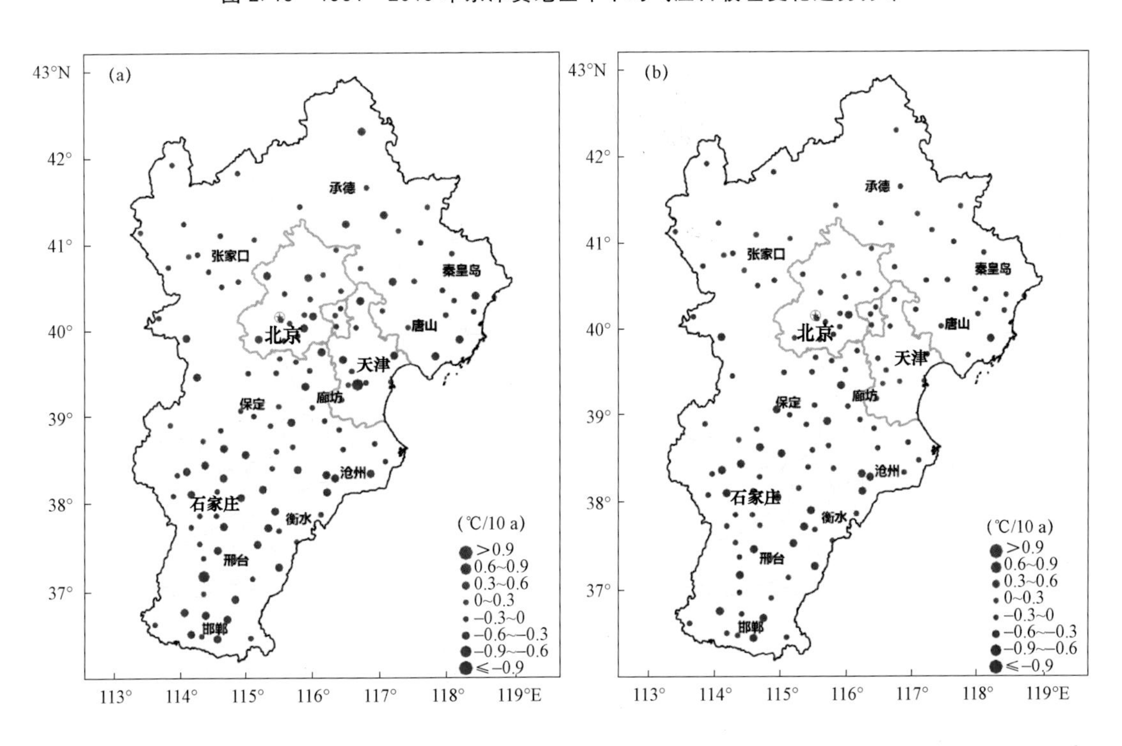

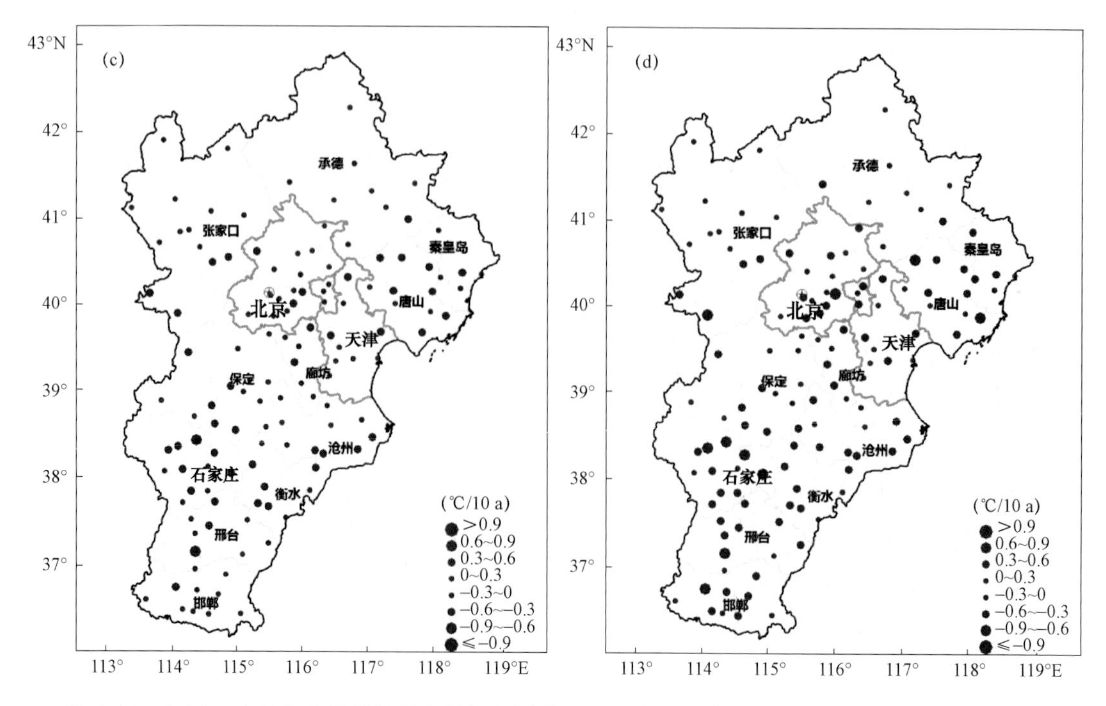

图 2.19 1961—2018 年京津冀地区春季(a)、夏季(b)、秋季(c)和冬季(d)气温日较差变化趋势分布

京津冀地区夏季炎热，冬季寒冷。气温年较差是最热月(7 月)与最冷月(1 月)平均气温之差。气温年较差大小是反映一个地区气候大陆度的指标，年较差愈大，气候大陆性愈强。长城以北山区、冀西北年较差为 33～35 ℃，冀北高原为 35～36.6 ℃，为京津冀地区最大；冀东、冀中、冀南平原中北部为 29～31 ℃，太行山区和冀南平原南部为 27～29 ℃(图 2.20)。

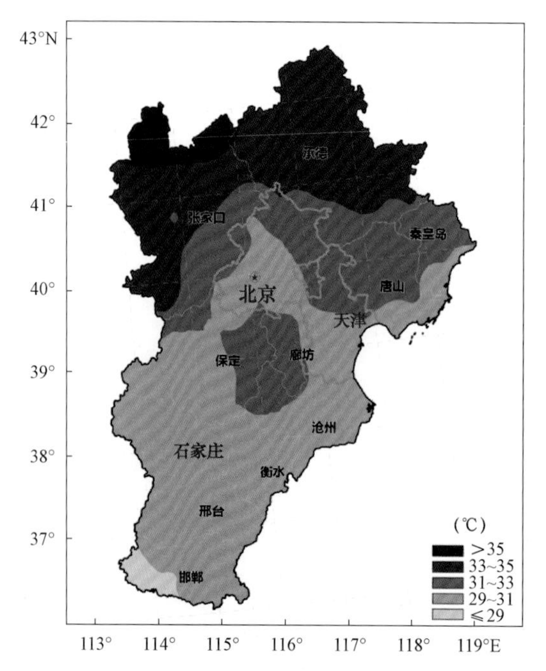

图 2.20 1961—2018 年京津冀地区气温年较差空间分布

2.1.4 北京市气温

北京地区气温年、日变化大，冬季寒冷、夏季炎热、春（秋）季升（降）温快，而且南北气温差较大。

2.1.4.1 气温的空间分布

由于地理因素的影响，北京地区气温的空间变化较大。年平均气温与各季气温随海拔高度的升高而降低，即平原高、山区低。气温等值线与地形等高线的走向基本一致，坡度大的高山区等温线较为密集。

平原地区的年平均气温为 11～12 ℃（图 2.21），城区略高于 12.5 ℃；海拔 300～500 m 的丘陵、缓坡、低山区的年平均气温为 9～11 ℃，海拔 500 m 以上的山区年平均气温在 8 ℃以下，海拔高度最高的佛爷顶气象站年平均气温仅为 5.5 ℃。

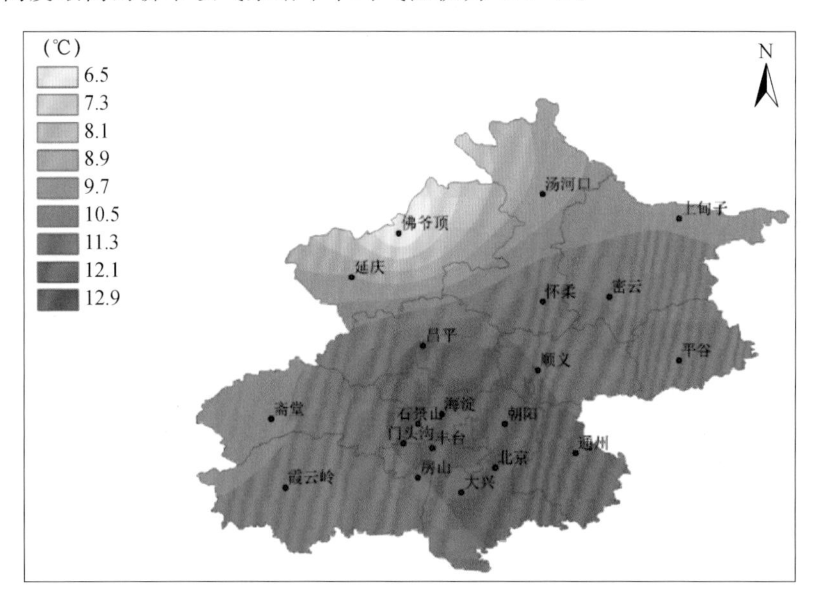

图 2.21　1961—2018 年北京地区年平均气温空间分布

1 月是全年最冷月，平原地区 1 月平均气温在－5 ℃左右（图 2.22），城区有个高于－4 ℃的暖中心；海拔 300～500 m 的丘陵、缓坡、低山区的平均气温为－8～－6 ℃。

7 月是全年最热月，平原地区 7 月平均气温在 26 ℃左右（图 2.23）；海拔 300～500 m 的丘陵、缓坡、低山区的平均气温在 24 ℃左右；海拔高度最高的佛爷顶气象站 7 月平均气温低于 20 ℃，为 19.2 ℃。

2.1.4.2 气温的时间分布

由北京市观象台气温年变化曲线图可看出，1 月平均气温最低（－3.1 ℃），1—7 月逐月升高，7 月气温升至全年最高（26.7 ℃），7—12 月逐月降低，曲线呈单峰型变化，气温年较差（最热月与最冷月平均气温之差）达 30 ℃左右。表现出大陆性气候的基本特征（图 2.24）。

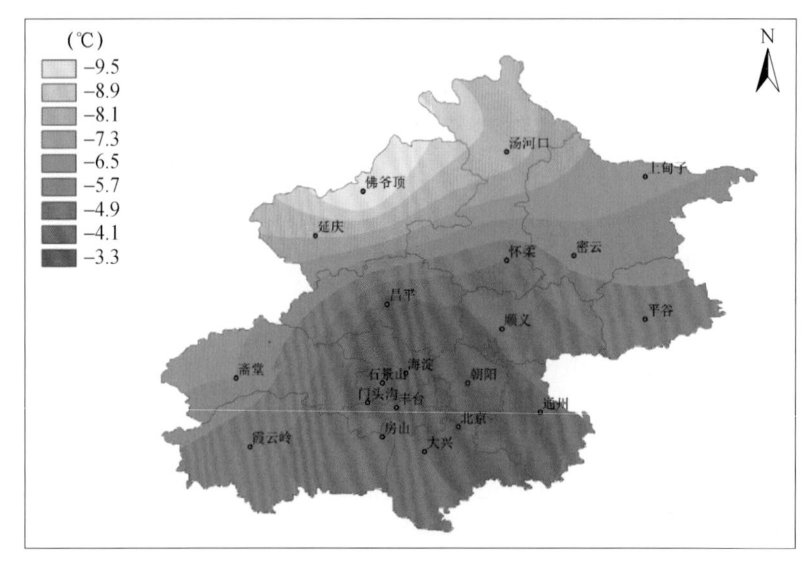

图 2.22　1961—2018 年北京地区 1 月平均气温空间分布

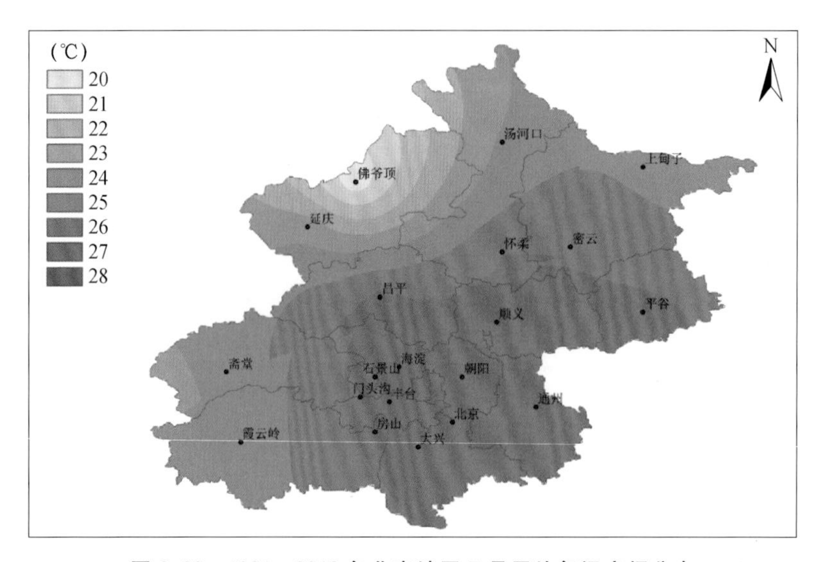

图 2.23　1961—2018 年北京地区 7 月平均气温空间分布

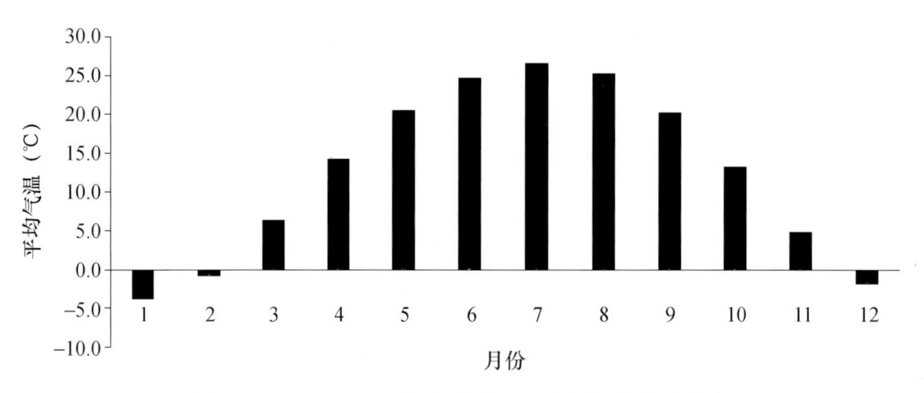

图 2.24　1961—2018 年北京地区平均气温的年内变化

春、秋季是冬、夏季的过渡季节，春季升温和秋季降温都很快，例如，3 月气温刚升至 6 ℃左右，4 月即跃升到近 15 ℃，但有时仍有较强冷空气侵袭。秋季短暂，盛夏一过，9 月平均气温就降到 20 ℃左右，10 月气温下降就更显著，月平均气温只有 13 ℃左右。11 月，西北风渐盛，冬季来临。

一年中，年极端最高气温一般出现在雨季到来之前的 6 月中旬至 7 月上旬，这时，天气晴朗，空气湿度较小，白天太阳辐射强，故气温可升得很高。平原地区年极端最高气温可飙升至 41 ℃以上。

日最高气温≥30 ℃日数的多少可以表明一地夏季的炎热程度。如表 2.8 所示，北京大部分地区常年日最高气温≥30 ℃的日数年平均为 65 d 左右，最早可出现在 4 月下旬，主要出现在 6—8 月。

日最高气温≥35 ℃的酷热日数，大部分地区年平均为 6～8 d，主要出现在主汛期到来之前的 6 月中旬至 7 月中旬，最早出现在 5 月上旬。

表 2.8　北京市部分台站各级高温日数(1981—2010 年)及年极端最高气温(建站至 2010 年)统计表

站名	≥30 ℃日数(d)	≥35 ℃日数(d)	≥40 ℃日数(d)	年极端最高气温(℃)
观象台	66.1	8.2	0.1	41.9(1999-07-24)
密云	60.0	5.6	0.1	40.8(2010-07-05)
海淀	61.5	8.0	0.2	41.7(1999-07-24)
平谷	61.5	5.6	0.1	41.3(1999-07-24)
房山	64.0	7.2	0.1	43.5(1961-06-10)
延庆	33.9	1.9	0.0	39.2(2009-06-24)
佛爷顶	1.2	0.0	0.0	33.8(1997-07-13)

北京地区年极端最低气温一般出现在 1 月或 2 月的上、中旬，个别年份也可出现在 2 月下旬，佛爷顶曾在 1980 年 1 月 30 日出现过－33.2 ℃的极端最低气温。平原地区年极端最低气温一般为－20～－15 ℃，西部和北部山区在－22 ℃以下。

日最低气温≤0 ℃以下的日数是一地冬季寒冷程度的表征，表 2.9 列出了北京地区部分台站各级低温日数。北京日最低气温≤0 ℃的日数，平原地区为 120～130 d；西、北部浅山区为 135 d 左右；延庆长达 150 d 左右；深山区则多于 155 d。日最低气温低于 0 ℃的天气主要集中在 12 月、1 月、2 月，最早可在 10 月下旬就出现，最晚曾出现在 4 月上旬。

表 2.9　北京地区部分台站各级低温日数(1981—2010 年)及年极端最低气温(建站至 2010 年)统计表

站名	≤0 ℃日数(d)	≤－15 ℃日数(d)	年极端最低气温(℃)
观象台	118.6	1.4	－27.4(1966-02-22)
密云	136.7	9.0	－27.3(1968-12-31)
海淀	103.1	0.7	－20.2(2010-01-06)
平谷	131.6	6.5	－26.6(1966-02-22)
房山	124.7	3.7	－26.0(1966-02-22)
延庆	152.8	26.2	－27.3(1973-01-26)
佛爷顶	158.4	28.7	－33.2(1980-01-30)

2.1.4.3　气温的年际变化

由图 2.25 可知，1961—2018 年北京观象台气温呈上升趋势，升温速率为 0.45 ℃/10 a，其中 20 世纪 80 年代升温最快。1961 年以来，年平均气温最低为 10.5 ℃，出现在 1969 年；年平均气温最高出现在 2017 年，为 14.2 ℃。1997—2018 年北京地区年平均气温基本维持在 12.8 ℃以上。

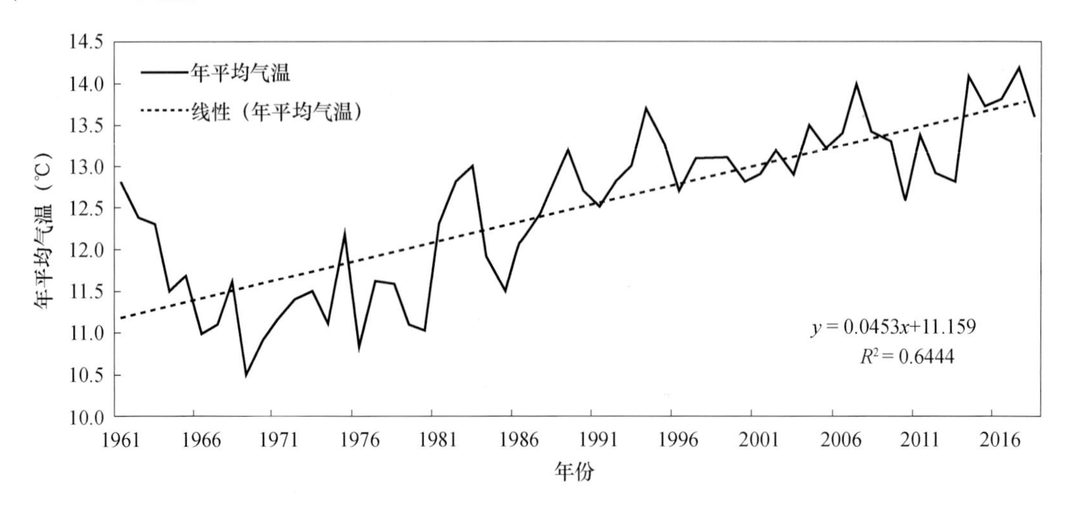

图 2.25　1961—2018 年北京观象台年平均气温变化

由图 2.26 可知，1961—2018 年北京地区气温呈上升趋势，升温速率为 0.17 ℃/10 a，其中 20 世纪 80 年代升温最快。1961 年以来，年平均气温最低为 9.9 ℃，出现在 1969 年；年平均气温最高出现在 2017 年，为 12.5 ℃。其中，1997—2018 年北京地区年平均气温基本维持在 10.8 ℃以上。

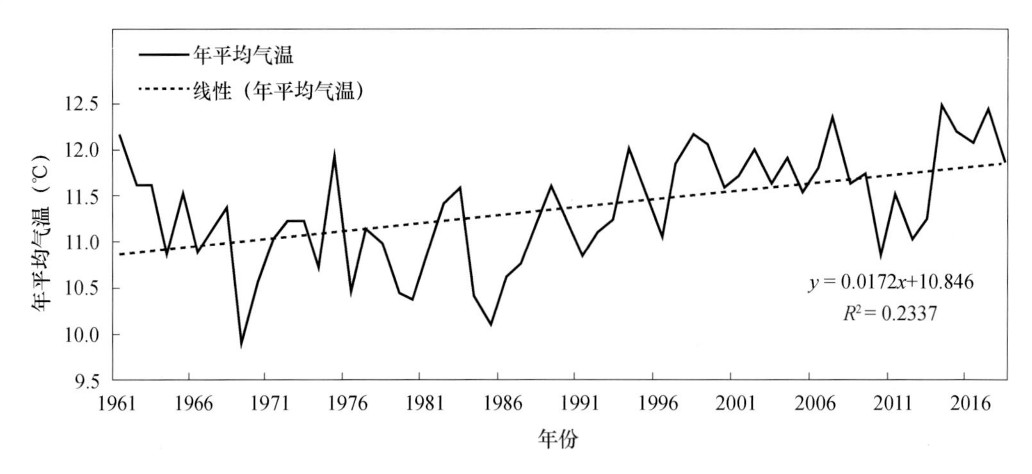

图 2.26　1961—2018 年北京地区年平均气温变化

2.1.5 天津市气温

天津属于暖温带半湿润半干旱季风气候区，四季分明。春季多风，干旱少雨；夏季炎热，雨水集中；秋高气爽，冷暖适宜；冬季严寒，降水稀少。天津市总体温度适宜，全市年平均气温为12.6 ℃；年平均最高气温为17.9 ℃；年平均最低气温为8.1 ℃；无霜期较长，为279 d。

天津地区的气温空间分布变化不大，年平均气温为11.6～12.8 ℃，从北向南递增，市区最高，宝坻最低。1月是全年最冷月，全市平均气温为－4.0 ℃，从北向南递增，市区和滨海新区中部存在两个暖中心。7月是全年最热月，平均气温为26.6 ℃，各地平均气温空间差异不大，在26.0～27.0 ℃，基本上从北向南递增，市区最高。

2.1.5.1 气温年内变化

天津气温年变化呈单峰型，1月平均气温最低，为－4.0 ℃，7月气温升至全年最高，为26.6 ℃，气温年较差(最热月与最冷月平均气温之差)超过30 ℃。

天津市春季平均气温为13.4 ℃，气候特点是升温迅速，但气温波动大。从3月平均气温5.8 ℃至5月平均气温20.3 ℃，气温升高14.5 ℃。虽然总体升温迅速，但气温波动很大，如1998年4月21日平均气温为25.2 ℃，而4月24日平均气温为12.1 ℃，3 d的气温降幅达13.1 ℃。升温快有利于农作物的播种及生长，但气温波动大，尤其是“倒春寒”又给农作物生长带来了不利的影响。

夏季受西北太平洋副热带高压西侧气流影响，天津多偏南风，且高温高湿，雨热同季。季平均气温为25.6 ℃，其中7月最高。高温天气多出现在夏季。天津地区日最高气温≥30 ℃的平均日数为64 d，空间分布差异较大。超过30 ℃的天气主要出现在6—8月，最早可出现在4月下旬，最晚出现在10月上旬。日最高气温≥35 ℃的日数，各地区年平均为3～10 d，主要出现在主汛期到来之前的6月中旬至7月中旬，最早出现在5月上旬，最晚出现在9月中旬。天津地区年极端最高气温为41.7 ℃，1999年7月24日出现在蓟州。

天津的秋天秋高气爽，风和日丽，是天津最舒适的一个季节。俗话说“一场秋雨一场寒”，秋季气温逐步降低，季平均气温为13.1 ℃，气温下降最快的是10月至11月，10月平均气温为13.7 ℃，11月则降至5.0 ℃，降幅达8.7 ℃，是全年降温最快的时段。

天津冬季受蒙古冷高压控制，盛行西北风，天气寒冷干燥，季平均气温为－2.2 ℃，1月最低。日最低气温≤0 ℃的日数表征冬季的寒冷程度，各地日数为111～130 d；日最低气温低于0 ℃的天气主要集中在12月、1月、2月，最早出现在10月中旬，最晚结束在4月上旬。天津地区年极端最低气温一般出现在1月或2月上、中旬，个别年份也可出现在2月下旬，宝坻曾在1966年2月22日出现过－27.4 ℃的低温(表2.10)。

2.1.5.2 气温年际变化

1961—2018年天津地区气温呈上升趋势，升温速率为0.38 ℃/10 a。20世纪80年代前，平均气温基本上呈平稳的波动状态，自20世纪80年代起，气温呈显著升高趋势，2000年初,气温升高趋势放缓,然而,2014—2018 年,天津市平均气温迅速升高,持续 5 a 处于历史最高位。

表 2.10 1961—2018 年天津市部分气象台站日最高(低)气温各种界值日数及极端最高(低)气温统计

站名	≥35 ℃日数(d)	≥30 ℃日数(d)	≤0 ℃日数(d)	≤−10 ℃日数(d)	≤−15 ℃日数(d)	极端最高气温(℃)	极端最低气温(℃)
市区	9	69.3	109.9	16.5	1.7	41.0(2002-07-04)	−24.2(1966-02-22)
塘沽	3.3	44.3	101.8	7.2	0.2	40.9(1999-07-24)	−18.4(2010-01-06)
蓟州	6.5	64	119.1	23	3	41.7(1999-07-24)	−23.3(1969-02-24)
武清	7.8	66.4	121	21.8	2.4	40.6(2000-07-01)	−22.0(1966-02-22)
宝坻	6.2	62.7	130.3	32.4	5.1	40.8(1999-07-24,2000-07-01)	−27.4(1966-02-22)
东丽	6.8	59.9	112.6	14.5	0.8	41.1(2000-07-01)	−20.7(1966-02-22)
西青	7.4	67	110	11.4	0.6	40.5(2000-07-01,2014-05-29)	−22.9(1966-02-22)
北辰	9	69.6	120.3	19.7	1.5	40.5(2000-07-01)	−22.7(1966-02-22)
静海	10.3	70.8	114.7	17	1.4	41.6(2000-07-01)	−24.9(1986-12-28)

2.2 降　水

2.2.1 降水量

2.2.1.1 降水量的年际变化

(1)年降水量

1961—2018 年京津冀地区年平均降水量为 533.4 mm,没有显著的趋势性变化(谭方颖等,2010;张一弛 等,2011),但是具有明显的年际振荡(图 2.27)。降水量的年际变化反映一个地方降水的稳定程度。一般而言,一个地区常年风调雨顺,则降水的年际变化一定比较小。若一个地区降水量年际变化比较大,则发生旱、涝的可能性就比较大。京津冀地区降水年际变化较大,最大为 812.9 mm,出现在 1964 年,最小为 351.0 mm,出现在 1965 年,最大值与最小值之比在 2 倍以上。京津冀地区降水具有阶段性变化特征,其中,20 世纪 60、70、90 年代基本属于降水偏多时段(王绍武,1994),而 20 世纪 80 年代及 21 世纪初属于降水偏少时段。

(2)季降水量

京津冀地区位于季风气候带,降水的季节分配极不均匀(表 2.11)。全年降水量的 70%左右集中在夏季(6—8 月),尤其是 7、8 月这两个月的降水量要占全年降水量的 55%左右。夏季平均降水量为 367.4 mm,最少为 200.5 mm,出现在 1997 年,最多为 532.9 mm,出现在

1963年。冬季(12月至翌年2月)降水稀少,降水量为10.9 mm,仅占全年降水量的2%左右;春、秋两季的降水量分别为67.9 mm和88.0 mm,占全年降水量的12.7%和16.5%。

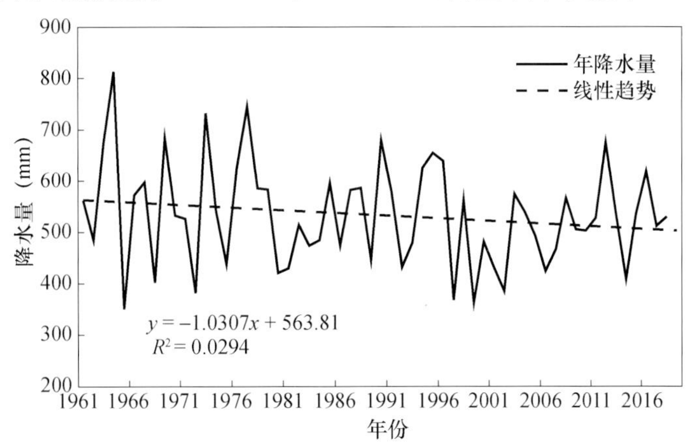

图2.27 1961—2018年京津冀地区年平均降水量的年际变化

表2.11 1961—2018年京津冀地区各季节降水量统计表

	年均	春季	夏季	秋季	冬季
降水量(mm)	533.4	67.9	367.4	88.0	10.9
占年降水量的百分比(%)	/	12.7	68.9	16.5	2.0

1961—2018年,京津冀地区四季(春、夏、秋、冬季)平均降水量的变化趋势并不相同(图2.28)。其中,春、秋季降水量呈上升趋势,夏、冬季降水量呈下降趋势,仅夏季减少趋势可通过显著性检验(张一弛 等,2011;郝立生 等,2011)。夏季降水量占全年降水量的百分比高,因此,夏季降水量的多寡基本就决定了全年降水量的丰枯,夏季降水量的显著减少导致了年降水量的减少。

1961—2018年京津冀地区主要城市代表站各季、年平均降水量见表2.12。

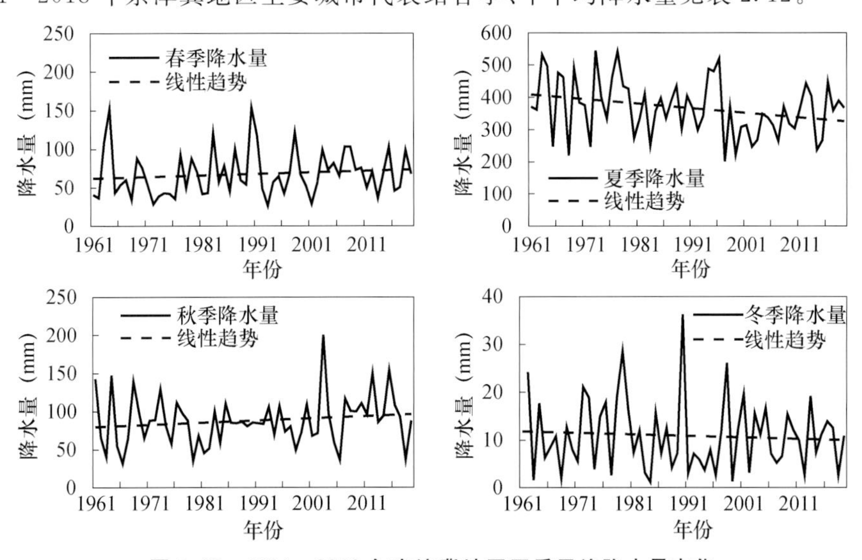

图2.28 1961—2018年京津冀地区四季平均降水量变化

表 2.12　1961—2018 年京津冀地区主要城市代表站各季、年平均降水量(mm)

站名	年均	春季	夏季	秋季	冬季
北京	555.6	64.6	397.4	83.7	9.9
天津	557.9	67.1	390.0	88.9	11.9
石家庄	537.1	72.4	346.3	103.3	15.1
唐山	616.0	73.1	439.2	90.8	12.9
秦皇岛	652.9	82.9	462.3	96.3	11.4
邯郸	535.2	76.1	347.4	97.1	14.6
邢台	531.7	75.1	342.2	99.6	14.8
保定	527.5	63.1	368.1	85.5	10.8
张家口	411.8	61.4	263.4	79.2	7.8
承德	527.9	77.3	358.3	84.1	8.2
沧州	585.4	68.5	411.1	92.7	13.1
廊坊	560.2	61.8	401.8	85.5	11.1
衡水	512.5	71.3	343.0	86.1	12.1

2.2.1.2　降水量的空间分布

(1)年降水量

京津冀地区东部是平原，平原北部是东西走向的燕山山脉，平原西部是近于南北走向的太行山山脉。京津冀地区处于东亚夏季风的边缘，燕山山脉与东亚夏季风基本垂直，西部近于南北走向的太行山山脉与副热带高压外围的偏东风基本垂直。因此，京津冀地区降水分布受地形与季风的共同影响(郝立生 等，2011)。

从京津冀地区年降水量空间分布图中可看出，降水量总体上呈东南多、西北少的分布格局。降水的少雨中心出现在西北部地区，张家口中部和西北部年降水量不足 400 mm，最小出现在张家口市的康保县，年降水量为 348.4 mm；多雨中心出现在燕山南麓，北京西部、天津北部、承德南部、唐山、秦皇岛年降水量均超过 600 mm，其中最大出现在承德兴隆，降水量为 716.9 mm；其他地区多为 400～600 mm(图 2.29)。

(2)季降水量

京津冀地区四季降水量空间分布如图 2.30 所示。

京津冀地区春季(3—5 月)降水量为 67.9 mm，各地降水量分布在 52.4～86.6 mm，张家口大部分区域及承德西北部地区不足 60 mm，最小出现在宣化；承德南部、唐山东北部、秦皇岛、邯郸、邢台大部分区域、石家庄西南部和衡水南部在 70 mm 以上，其中，承德南部和秦皇岛东部超过 80 mm，最大出现在兴隆；其他地区为 60～70 mm(图 2.30a)。

夏季(6—8 月)降水量最多，为 367.4 mm，各地之间降水量差异较大，为 225.2～521.6 mm，最大降水量是最小降水量的 2.3 倍。夏季降水量的空间分布与年降水量分布基本一致，张家口大部分区域和承德西北部在 300 mm 以下，最小值出现在张家口市康保县；受东亚夏季风与地形的共同影响，燕山南麓降水量较大，承德南部、秦皇岛、唐山、天津东北部、北京大部分区域超过 400 mm，最大降水量出现在遵化；其他地区多为 300～400 mm(图 2.30b)。

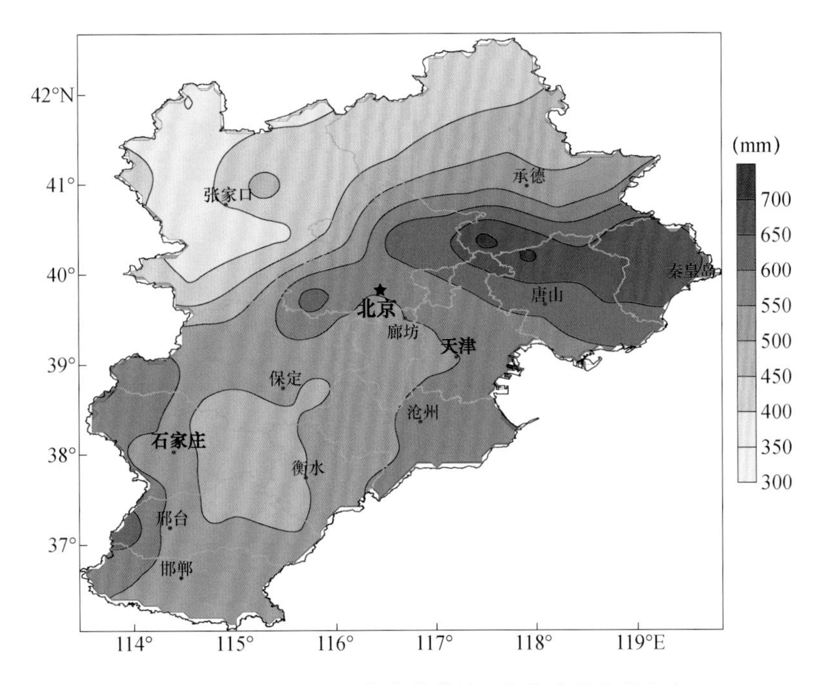

图2.29　1961—2018年京津冀地区年降水量空间分布

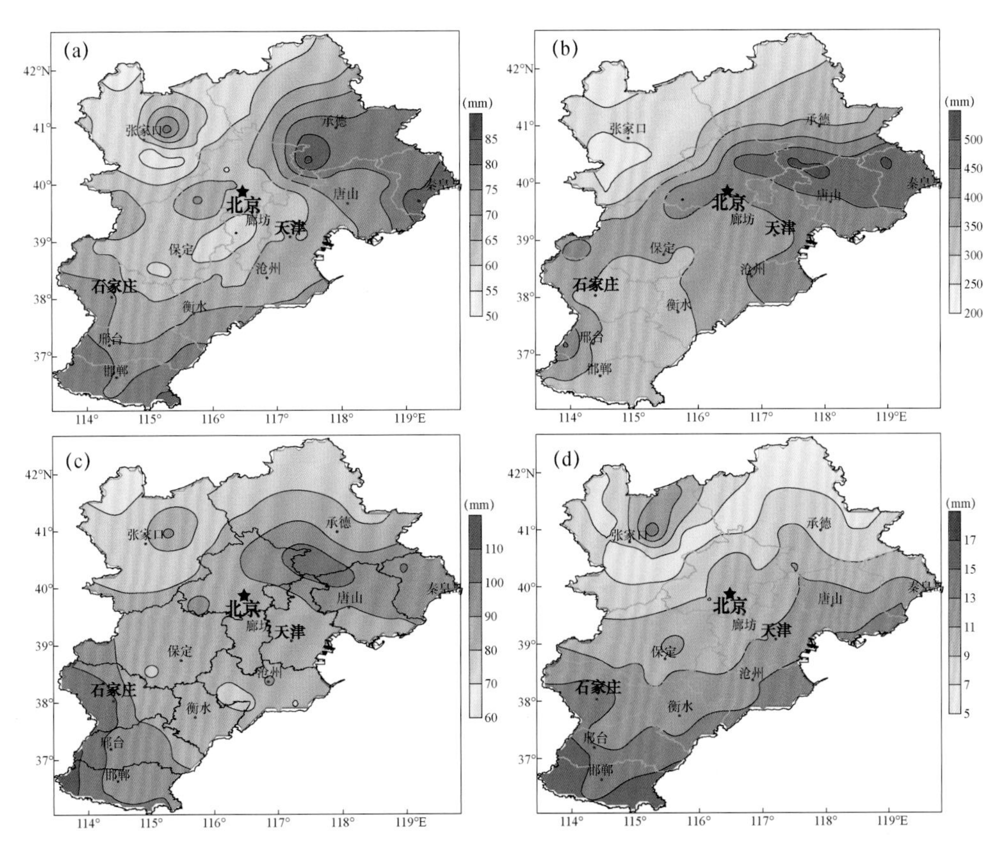

图2.30　1961—2018年京津冀地区四季降水量空间分布

(a)春季;(b)夏季;(c)秋季;(d)冬季

秋季(9—10月)降水量为88.0 mm,各地降水量在63.8～115.4 mm,张家口大部分区域、承德北部在80 mm以下,最小降水量出现在张家口的康保县;承德南部、唐山、秦皇岛、天津北部、北京东北部、石家庄西部、邢台大部分区域、邯郸均在90 mm以上,其中最大降水量出现在邯郸市的涉县;其他地区多为80～90 mm(图2.30c)。

冬季(12月至翌年2月)降水量较少,平均为10.9 mm,占年降水量的2.1%。各地降水量在5.4～16.8 mm,张家口北部、秦皇岛—唐山南部、天津大部分区域、沧州中东部、石家庄、衡水、邢台、邯郸降水量在10 mm以上,最大降水量出现在邯郸市的大名县,承德大部分区域、张家口大部分区域、北京西部、保定北部不足8 mm,最小降水量出现在张家口市的宣化(图2.30d)。

2.2.1.3 降水量的年内变化

京津冀地区降水与东亚夏季风的北推有关,东亚夏季风与相关雨带经历两次北跳和三次停滞过程。7月中旬雨带移至华北并停滞,使雨季在华北持续停留约一个月。8月中旬以后,季风及其雨带突然消失并快速南撤,华北雨季结束,降水量迅速减少(王遵娅 等,2008;丁一汇 等,2018)。从京津冀地区降水量的年内变化情况(图2.31)可以看出,降水量从1月到6月逐渐增多,7月雨季到来,其降水量是全年各月中最多的,8月中下旬雨季结束,降水量略有减少,9月突然减少,降水量不足8月的一半,之后各月迅速减少。

1961—2018年京津冀地区主要城市代表站各月降水量见表2.13。

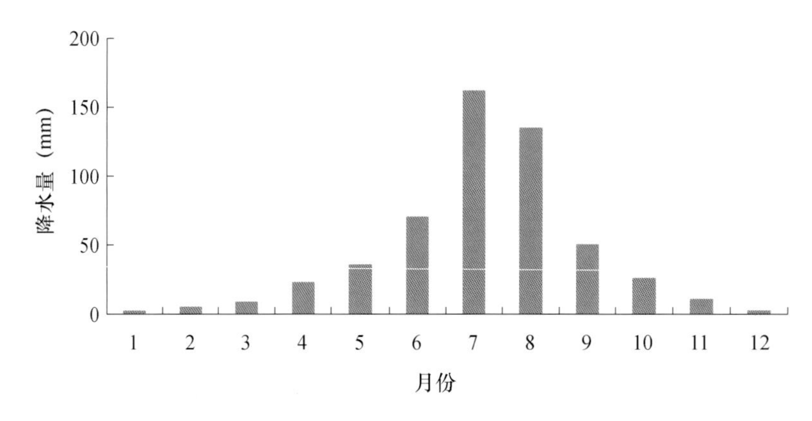

图2.31 1961—2018年京津冀地区降水量的年内变化

表2.13 1961—2018年京津冀地区主要城市代表站各月平均降水量(mm)

站名	1月	2月	3月	4月	5月	6月	7月	8月	9月	10月	11月	12月
北京	2.4	5.3	8.9	24.0	31.7	73.3	175.2	148.9	50.2	24.2	9.3	2.2
天津	2.6	5.7	7.9	23.4	34.7	76.3	164.3	142.5	47.6	28.0	11.8	3.4
石家庄	3.5	7.2	10.8	23.2	36.0	52.3	138.6	147.7	56.6	28.9	16.0	4.3
唐山	3.3	5.3	8.4	23.9	39.5	84.5	186.1	162.6	51.1	27.6	10.4	3.9
秦皇岛	2.7	4.4	8.4	26.5	46.8	91.9	197.3	165.6	53.8	29.4	11.3	4.0
邯郸	3.1	7.3	11.2	26.0	37.3	50.2	155.5	133.8	49.8	30.1	15.6	3.8
邢台	3.1	7.5	10.8	24.6	38.4	52.2	152.4	131.6	53.3	29.0	15.7	3.9

续表

站名	1月	2月	3月	4月	5月	6月	7月	8月	9月	10月	11月	12月
保定	2.3	5.4	8.6	21.8	31.3	62.3	161.7	138.2	49.2	23.4	11.2	2.8
张家口	2.2	3.6	9.1	17.7	33.5	59.6	105.0	92.4	49.5	21.7	6.5	1.9
承德	1.8	4.2	7.9	22.2	46.0	91.1	143.5	119.2	49.9	25.2	7.5	2.0
沧州	2.9	6.2	8.4	23.1	35.5	73.5	186.7	144.7	47.4	30.0	13.8	3.8
廊坊	2.7	5.4	8.0	22.9	29.7	69.7	176.0	149.0	47.3	25.4	11.1	2.7
衡水	2.3	6.2	9.4	26.0	34.9	65.6	155.8	112.6	43.5	26.3	13.6	3.5

2.2.2 降水日数和降水强度

2.2.2.1 降水日数

(1)年际变化

气象上将日降水量≥0.1 mm 称为有降水日。京津冀地区年平均降水日数为 72 d，呈弱的减少趋势。如图 2.32 所示，降水日数年际变化较大，最多的为 109 d，出现在 1961 年，最少的为 59 d，出现在 1997 年。20 世纪 90 年代前，降水日数基本呈平稳的年际波动，之后降水日数明显减少。

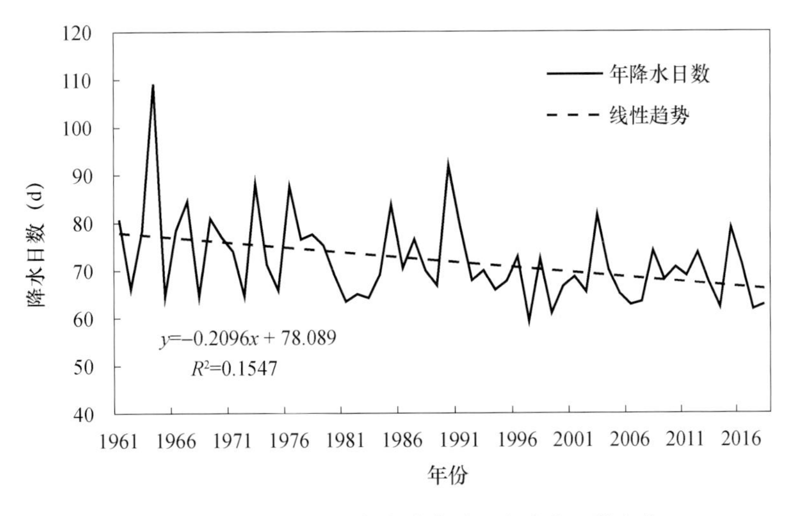

图 2.32　1961—2018 年京津冀地区年降水日数变化

图 2.33 给出了京津冀地区各等级降水日数的变化，降水日数以小雨为主，为 61 d，占总降水日数的 84%，中雨日数 9 d，大雨日数 4 d，暴雨日数 1 d。各等级降水日数均呈减少趋势，但仅有暴雨日数的减少趋势可通过显著性检验。

(2)空间分布

京津冀地区年平均降水日数空间分布差异较大，总体呈现自东南向西北递增的分布规律，平原地区降水日数少，随着海拔高度的升高，降水日数逐渐增多。张家口、承德北部在

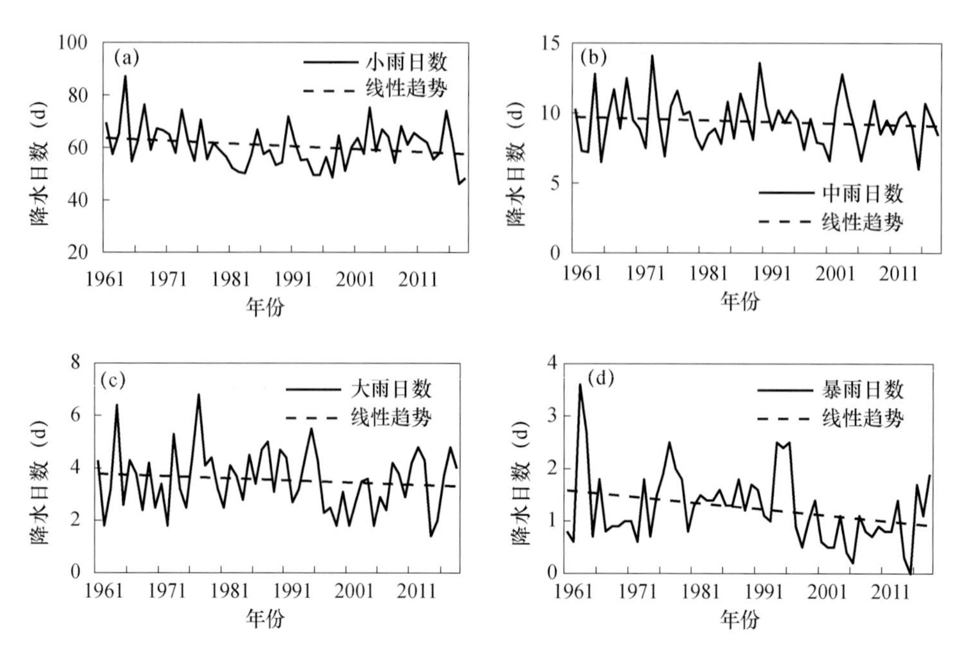

图 2.33　1961—2018 年京津冀地区各等级降水日数的年际变化

(a)小雨；(b)中雨；(c)大雨；(d)暴雨

80 d 以上，最大值出现在崇礼，为 111 d；广大平原地区（包括唐山南部、北京西部、天津、廊坊、沧州、衡水、保定、石家庄邢台和邯郸西部地区）在 70 d 以下，最小值出现在廊坊市文安县，为 63 d；其他地区为 70～80 d(图 2.34)。

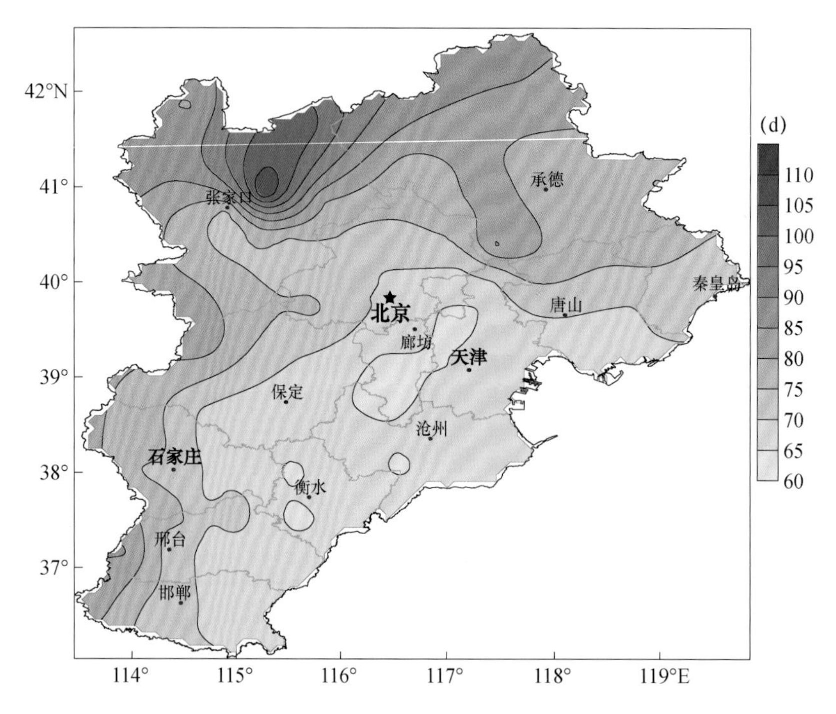

图 2.34　1961—2018 年京津冀地区年降水日数空间分布

从各等级降水日数的空间分布来看，小雨日数分布与总降水日数分布较为一致，呈现自东南向西北递增的分布规律。大值区分布在张家口和承德北部，超过70 d，最大值出现在崇礼，小雨日数达97 d。小值区分布在广大平原地区，低于55 d，最小值出现在廊坊市文安县，为48 d(图2.35a)。

中雨日数为北部燕山地区和西部的太行山山区较多，在10 d以上，主要分布在承德、张家口大部分区域、北京北部、唐山北部、秦皇岛大部分区域、石家庄、保定、邢台、邯郸西部地区。中雨日数最多为12.5 d，出现在兴隆县。中部平原地区较少，低于9 d，包括衡水大部分区域、保定、石家庄、邢台、邯郸东部及廊坊南部，中雨日数最少为7.9 d，出现在康保县和辛集市(图2.35b)。

大雨日数的大值区在燕山南麓和太行山区部分地区，包括北京东部、天津北部、唐山大部分区域和秦皇岛等地，大雨日数在4.5 d以上。最大值出现在兴隆县和邢台县，为5.3 d。西北部地区的张家口大雨日数较少，不足2.5 d，最小值出现在康保县和张北县，仅为1.7 d(图2.35c)。

京津冀地区暴雨日数的空间分布与大雨日数相似，大值区位于燕山南麓及东部沿海地

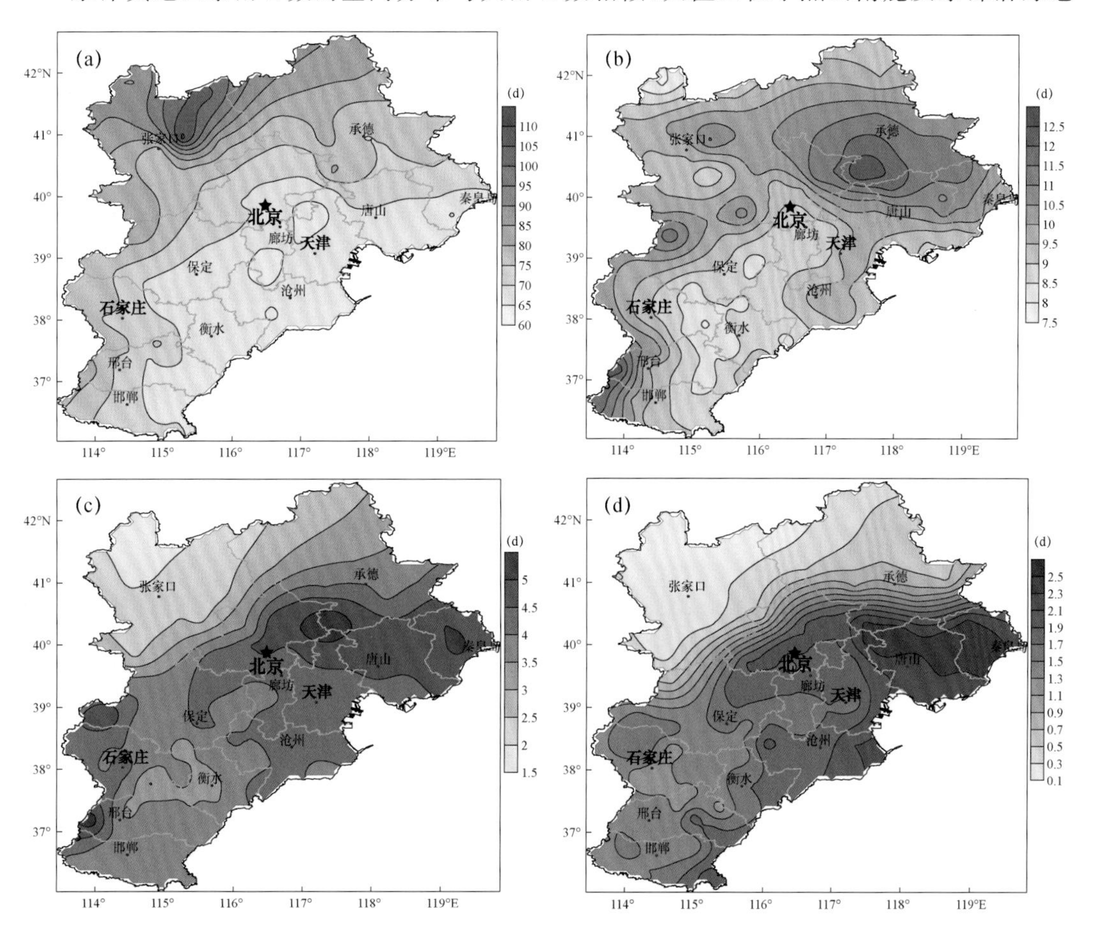

图2.35 1961—2018年京津冀地区不同等级降水日数空间分布

(a)小雨；(b)中雨；(c)大雨；(d)暴雨及以上

区，主要包括秦皇岛、唐山、天津东北部及沧州东部，暴雨日数在 2 d 以上。最大值出现在遵化市、迁安市和抚宁区，暴雨日数为 2.5 d。西北部地区暴雨日数较少，张家口和承德大部分地区不足 1 d(图 2.35d)。

京津冀地区地处山地与平原过渡带，北部是燕山山脉，西部是太行山脉北端，降水与复杂地形关系密切。总体来说，北部燕山及西部的太行山区以小雨和中雨为主，山区复杂地形与频繁交汇的气流带来的是较高频次、雨量较小的降水，而平原地区受来自渤海湾的暖湿气流和燕山山脉共同影响，多为雨量较大的降水。其中燕山南麓大雨、暴雨及以上的降水日数较多，因为夏季盛行偏南气流，山前对流层整层的强上升运动会给该地区带来较大降水。而太行山以东地区大雨及暴雨日数相对较少，这是因为天气影响系统多以西风带系统为主，地处太行山脚下正好为西风带系统的背风坡，只有出现低空偏东气流时才会在太行山以东地区造成降水(李云川，2007)，且当低空偏东气流随高度减小时，降水主要落区才会位于太行山东侧(孙继松，2005)。

1981—2018 年京津冀地区主要城市代表站各等级降水日数情况见表 2.14。

表 2.14　1961—2018 年京津冀地区主要城市代表站各等级年平均降水日数(d)

站名	年降水日数	小雨日数	中雨日数	大雨日数	暴雨日数
北京	70.1	55.3	8.6	4.4	1.8
天津	68.8	53.5	9.6	4.1	1.6
石家庄	72.7	58.1	9.1	4.3	1.2
唐山	70.2	53.4	9.9	4.8	2.1
秦皇岛	69.4	53.0	9.3	4.8	2.3
邯郸	71.8	57.3	9.4	3.7	1.4
邢台	72.7	58.3	9.5	3.6	1.3
保定	67.1	52.5	8.9	4.1	1.6
张家口	75.0	62.7	9.6	2.5	0.2
承德	76.0	59.7	11.4	4.0	0.9
沧州	68.1	52.0	9.8	4.5	1.8
廊坊	67.0	52.0	8.9	4.3	1.8
衡水	65.9	52.2	8.6	3.4	1.7

(3)年内变化

京津冀地区降水日数与降水量的年内变化一致，夏季较多，尤其是 7、8 月，均超过 10 d，春、秋季降水日数相近，其中 5、9 月相对较多，冬季各月降水日数较少，为 2 d 左右。如图 2.36 所示，小雨日数在冬半年与降水日数基本一致，说明冬半年的降水以小雨为主；中雨及以上等级降水均出现在夏半年，其中中雨主要出现在 4—10 月，大雨主要出现在 6—8 月，暴雨主要出现在 7、8 月。京津冀地区处于季风气候区，大雨及以上等级降水主要出现在夏季，导致夏季降水量在全年降水的占比较高。

1961—2018 年京津冀地区主要城市代表站各月各等级降水日数情况见表 2.15。

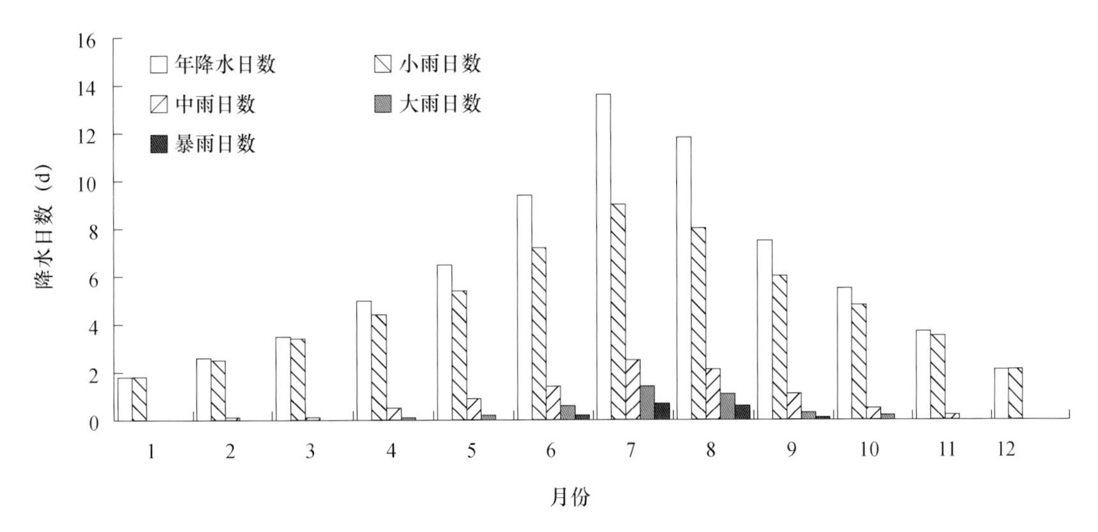

图2.36 1961—2018年京津冀地区不同等级降水日数的年内变化

表2.15 1961—2018年京津冀地区主要城市代表站各月各等级降水日数(d)

站名	降水等级	1月	2月	3月	4月	5月	6月	7月	8月	9月	10月	11月	12月
北京	雨日	1.7	2.6	3.2	4.8	5.8	9.8	13.1	11.5	7.2	5.2	3.5	1.7
	小雨	1.7	2.5	3.1	4.1	4.9	7.7	8.3	7.9	5.6	4.5	3.3	1.7
	中雨	0	0.1	0.1	0.6	0.7	1.3	2.3	1.6	1.2	0.5	0.2	0
	大雨	0	0	0	0.1	0.2	0.6	1.7	1.3	0.3	0.2	0	0
	暴雨及以上	0	0	0	0	0	0.2	0.8	0.7	0.1	0	0	0
天津	雨日	1.8	2.3	3.1	4.5	5.9	8.8	12.3	10.9	6.6	6	4.4	2.2
	小雨	1.8	2.2	3.1	3.9	4.7	6.4	7.8	7.1	5	5.2	4.1	2.2
	中雨	0	0.1	0	0.4	0.9	1.5	2.6	2.1	1.1	0.6	0.3	0
	大雨	0	0	0	0.2	0.3	0.7	1.3	1	0.4	0.2	0	0
	暴雨及以上	0	0	0	0	0	0.2	0.6	0.7	0.1	0	0	0
石家庄	雨日	2	3	3.4	4.9	5.9	8.4	12.8	12	7.8	5.9	4.1	2.5
	小雨	2	2.9	3.1	4.1	4.8	6.7	8.9	8.5	5.9	5.2	3.6	2.4
	中雨	0	0.1	0.2	0.6	0.9	1.2	2.2	1.7	1.2	0.5	0.4	0.1
	大雨	0	0	0.1	0.2	0.2	0.4	1.3	1.2	0.6	0.2	0.1	0
	暴雨及以上	0	0	0	0	0	0.1	0.4	0.6	0.1	0	0	0
唐山	雨日	2.2	2.6	3.1	5	6.5	9.3	12.9	11.2	6.6	5.3	3.3	2.2
	小雨	2.1	2.5	3	4.3	5.1	6.6	8.2	7	5.1	4.3	3.1	2.1
	中雨	0.1	0.1	0.1	0.6	1.1	1.8	2.2	1.8	1	0.8	0.2	0.1
	大雨	0	0	0	0.1	0.3	0.7	1.6	1.5	0.4	0.2	0	0
	暴雨及以上	0	0	0	0	0	0.2	0.9	0.9	0.1	0	0	0

续表

站名	降水等级	1月	2月	3月	4月	5月	6月	7月	8月	9月	10月	11月	12月
秦皇岛	雨日	1.8	2.2	2.9	5.5	6.9	10.8	12.6	9.9	7	4.9	3.1	1.8
	小雨	1.8	2.2	2.8	4.7	5.4	8.2	8	5.9	5.3	4.1	2.9	1.7
	中雨	0	0	0.1	0.6	1	1.6	2.2	1.7	1.2	0.6	0.2	0.1
	大雨	0	0	0	0.2	0.4	0.8	1.3	1.5	0.4	0.2	0	0
	暴雨及以上	0	0	0	0	0.1	0.2	1.1	0.8	0.1	0	0	0
邯郸	雨日	2.2	3.3	3.8	5.1	6.5	7.6	11.9	10	8	6.2	4.6	2.6
	小雨	2.2	3.2	3.6	4.3	5.4	6	7.6	6.6	6.4	5.3	4.1	2.6
	中雨	0	0.1	0.2	0.6	0.9	1.2	2.4	1.8	1.1	0.6	0.5	0
	大雨	0	0	0	0.2	0.2	0.3	1.3	1	0.5	0.2	0	0
	暴雨及以上	0	0	0	0	0	0.1	0.6	0.6	0	0.1	0	0
邢台	雨日	2	3.2	3.5	5	6.4	8.2	12.7	11.1	8	5.8	4.3	2.5
	小雨	2	3.1	3.2	4.2	5.3	6.6	8.5	7.8	6.4	4.9	3.8	2.5
	中雨	0	0.1	0.2	0.6	0.8	1.1	2.6	1.7	1.1	0.8	0.5	0
	大雨	0	0	0.1	0.2	0.3	0.4	0.9	1.2	0.4	0.1	0	0
	暴雨及以上	0	0	0	0	0	0.1	0.7	0.4	0.1	0	0	0
保定	雨日	1.6	2.4	3	4.8	5.9	8.2	12.3	11.4	7.2	5.1	3.6	1.6
	小雨	1.6	2.3	2.8	4.2	5	6.3	7.8	7.6	5.7	4.4	3.3	1.5
	中雨	0	0.1	0.2	0.4	0.6	1.2	2.3	2	1.1	0.6	0.3	0.1
	大雨	0	0	0	0.2	0.2	0.6	1.5	1.2	0.3	0.1	0	0
	暴雨及以上	0	0	0	0	0.1	0.1	0.7	0.6	0.1	0	0	0
张家口	雨日	1.6	2.4	4	5.2	7.7	10.8	13.1	12.1	8.9	5	2.7	1.5
	小雨	1.6	2.4	3.9	4.8	6.5	9.1	9.5	9	7.4	4.4	2.6	1.5
	中雨	0	0	0.1	0.4	1.1	1.4	2.6	2.2	1.2	0.5	0.1	0
	大雨	0	0	0	0	0.1	0.3	0.9	0.8	0.3	0.1	0	0
	暴雨及以上	0	0	0	0	0	0	0.1	0.1	0	0	0	0
承德	雨日	1.3	2.3	3.4	5.1	7.6	11.9	14.1	12.6	8.3	5.4	2.5	1.5
	小雨	1.3	2.2	3.3	4.4	6.1	8.9	9.7	8.7	6.6	4.6	2.4	1.5
	中雨	0	0.1	0.1	0.6	1.2	2	2.7	2.6	1.3	0.7	0.1	0
	大雨	0	0	0	0.1	0.2	0.9	1.3	1	0.4	0.1	0	0
	暴雨及以上	0	0	0	0	0.1	0.1	0.4	0.3	0	0	0	0
沧州	雨日	1.9	2.7	3	4.8	5.8	8.4	12.6	10.3	6.4	5.3	4.4	2.5
	小雨	1.8	2.6	2.9	4.1	4.6	6	7.9	6.3	4.8	4.5	4	2.5
	中雨	0.1	0.1	0.1	0.5	0.8	1.5	2.4	2.2	1.2	0.6	0.3	0
	大雨	0	0	0	0.2	0.4	0.7	1.4	1.2	0.3	0.2	0.1	0
	暴雨及以上	0	0	0	0	0	0.2	0.9	0.6	0.1	0	0	0

续表

站名	降水等级	1月	2月	3月	4月	5月	6月	7月	8月	9月	10月	11月	12月
廊坊	雨日	1.8	2.3	3.1	4.9	6	9	12.5	10.4	7	4.9	3.5	1.6
	小雨	1.8	2.2	2.9	4.1	5	7	7.7	6.8	5.5	4.2	3.2	1.6
	中雨	0	0.1	0.2	0.6	0.8	1.2	2.6	1.7	1	0.5	0.2	0
	大雨	0	0	0	0.2	0.2	0.6	1.4	1.2	0.4	0.2	0.1	0
	暴雨及以上	0	0	0	0	0	0.2	0.8	0.7	0.1	0	0	0
衡水	雨日	1.8	2.9	3	5	5.6	7.7	11.9	9.8	6.5	4.8	4.2	2.7
	小雨	1.8	2.8	2.8	4.3	4.6	5.8	7.7	6.6	5.2	4	3.9	2.7
	中雨	0	0.1	0.2	0.5	0.8	1.2	2.2	1.7	0.9	0.7	0.3	0
	大雨	0	0	0	0.2	0.1	0.4	1.2	1.1	0.3	0.1	0	0
	暴雨及以上	0	0	0	0	0.1	0.3	0.8	0.4	0.1	0	0	0

2.2.2.2 降水强度

降水强度是指每个降水日的平均降水量，计算公式为：

$$\text{降水强度(mm/d)}=\frac{\text{年降水量(mm)}}{\text{降水量}\geqslant 0.1\text{ mm 的日数(d)}} \tag{2-1}$$

降水强度数值大，表示该地只要出现降水，便有比较大的降水；反之，则表示即使出现降水现象，降水量也是不大的。

年均降水强度空间分布与年均降水量同样显示东南多、西北少的格局(图2.37)，大值区位于燕山南麓，包括秦皇岛、唐山、天津、北京东部、廊坊及沧州大部分地区，降水强度在8.0 mm/d以上。其中，秦皇岛和唐山中部降水强度最大，超过9.0 mm/d，最大值位于秦皇岛抚宁区，降水强度为9.5 mm/d。西北山区降水强度较小，张家口大部分地区降水强度低于5.0 mm/d，最小值出现在张家口沽源县，降水强度为3.9 mm/d。这说明年均降水日数较多的西北部地区具有少量、多次的降水特征。燕山山脉复杂地形与频繁交汇的气流带来的是较高频次、雨量较小的降水。平原地区降水强度较大，主要是因为来自渤海湾的暖湿气流受燕山山脉的阻挡，给当地带来雨量较大的降水。

从不同等级降水强度来看(图2.38)，基本上呈东南多、西北少的分布格局。

小雨强度的空间分布较为分散，大值区主要有承德大部分区域、秦皇岛北部、天津北部、北京西部及太行山区部分地区，小雨强度超过2.4 mm/d；小值区主要分布在张家口北部、邢台北部、保定小部分地区，小雨强度小于2.2 mm/d；其他地区在2.2～2.4 mm/d。小雨强度最小为2.0 mm/d，出现在张家口市沽源县；最大为2.5 mm/d，出现在承德市区、丰宁县、隆化县，以及保定市阜平县、北京市房山区霞云岭、唐山市曹妃甸区、天津市蓟州区(图2.38a)。

中雨强度的大值区位于中部平原及太行山区，包括秦皇岛、唐山北部、北京大部分区域、廊坊、天津大部分区域、沧州东部、衡水、保定、邯郸、石家庄、邢台部分地区，超过15.8 m/d，小值区主要位于张家口北部地区，小于15.2 mm/d，其他地区中雨强度为15.2～15.8 mm/d。中雨强度最小值为14.8 mm/d，出现在张家口市沽源县和张北县；最大为16.2 mm/d，出现在北京市观象台、平谷区，以及天津市武清区和唐山市滦县(图2.38b)。

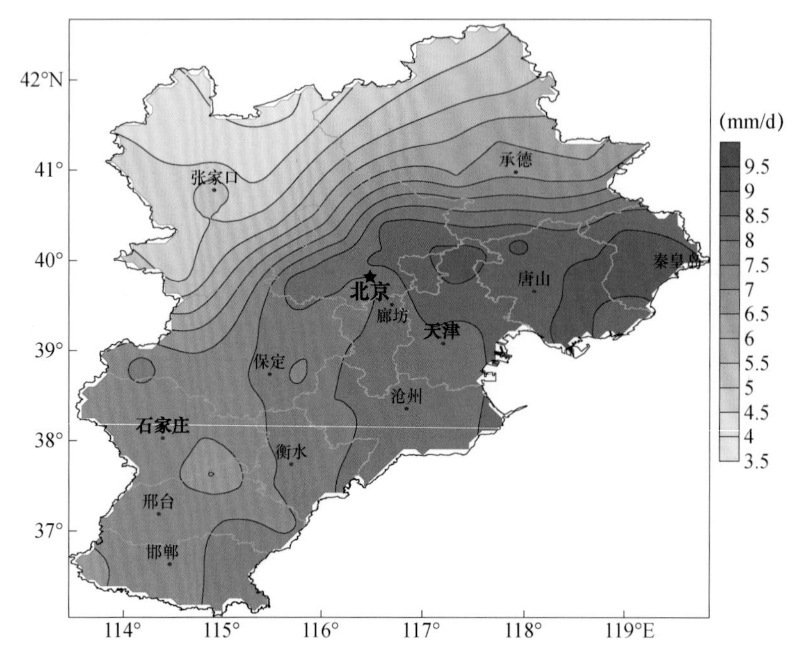

图 2.37 1961—2018 年京津冀地区年降水强度空间分布

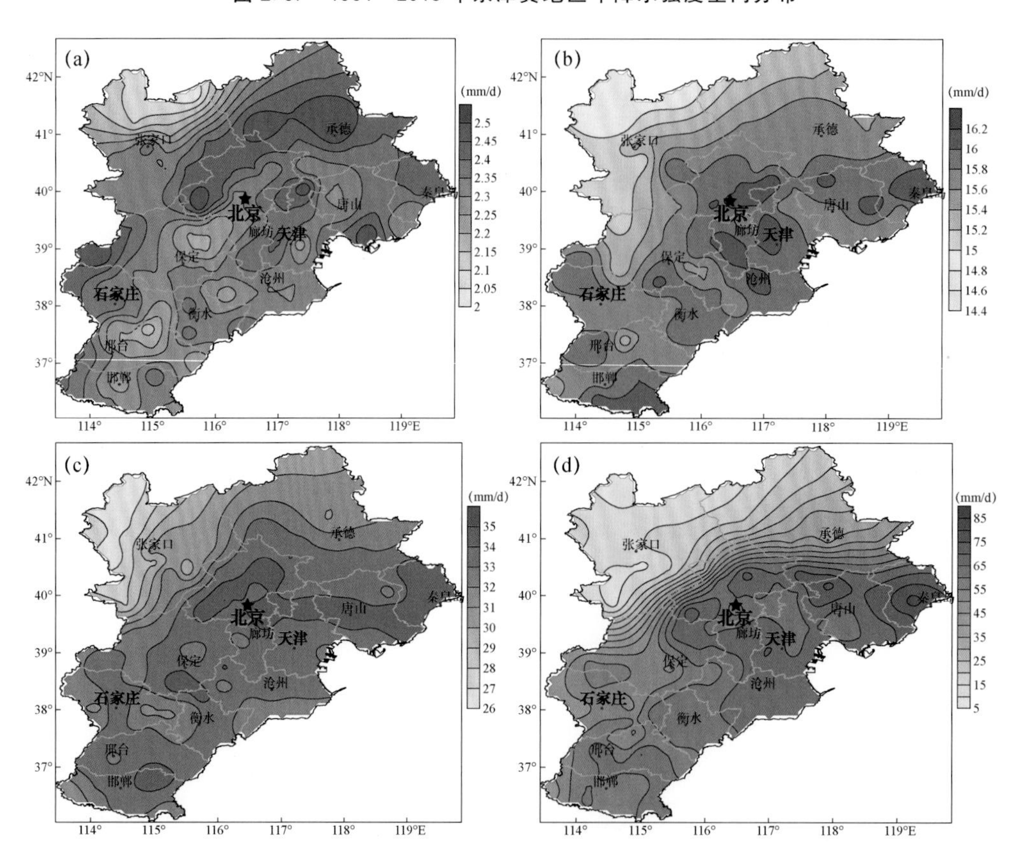

图 2.38 1961—2018 年京津冀地区不同等级降水强度空间分布

(a)小雨;(b)中雨;(c)大雨;(d)暴雨及以上

大雨强度的大值区分布在燕山南麓的狭长地带，包括秦皇岛、唐山中部、天津北部、北京中部等地，大雨强度超过 34.0 mm/d；张家口和承德北部地区低于 32.0 mm/d；其余地区均在 32.0～34.0 mm/d。大雨强度的最小值为 26.2 mm/d，出现在张家口市康保县；最大值为 35.2 mm/d，出现在北京市海淀区(图 2.38c)。

暴雨及以上等级降水强度与地形走向比较一致，海拔高度大于 300 m 的地区暴雨强度基本不足 50 mm/d。秦皇岛、唐山、北京东部、天津、廊坊、沧州、衡水及邢台南部地区可达到 60 mm/d，其中，燕山南麓部分地区(秦皇岛、唐山东部等地)超过 70 mm/d。暴雨强度最小值为 8.1 mm/d，出现在张家口市蔚县；最大值为 82.7 mm/d，出现在秦皇岛市抚宁区(图 2.38d)。

虽然西北部山区降水日数多，但各等级降水强度均较小，再次印证了该地区的降水少量、多次的特点。而广大平原地区受山地的抬升作用及来自渤海湾的暖湿气流的共同影响，大雨及以上降水较多，降水强度普遍偏大，尤其是燕山南麓及太行山东侧，地形的抬升作用更加明显，为京津冀地区的两个暴雨多发区(李云川，2007)。京津冀地区主要城市代表站各等级降水强度见表 2.16。

表 2.16　1961—2018 年京津冀地区主要城市代表站各等级降水强度(mm/d)

站名	平均降水强度	小雨强度	中雨强度	大雨强度	暴雨及以上强度
北京	7.9	2.3	16.2	34.6	55.3
天津	8.1	2.3	16.1	33.3	66.4
石家庄	7.2	2.4	15.7	34.1	53.2
唐山	8.6	2.3	15.7	34.7	60.5
秦皇岛	9.2	2.4	16.1	34.4	77.8
邯郸	7.3	2.2	15.7	33.7	59.5
邢台	7.2	2.3	15.9	32.5	60.6
保定	7.7	2.3	15.9	33.9	48.4
张家口	5.4	2.4	15.5	30.3	14.4
承德	6.9	2.5	15.7	32.5	37.8
沧州	8.5	2.3	16.1	33.6	68.3
廊坊	8.2	2.3	15.6	34.4	65.9
衡水	7.6	2.3	16.0	33.1	60.8

2.2.2.3　最长连续降水日数及降水量

京津冀地区持续阴雨天气较少，各地多年平均最长连续降水日数为 3～5 d。太行山和燕山山区最长连续降水日数较大，基本在 4 d 以上，最大值出现在邯郸的涉县，为 5 d。如图 2.39 所示，最大连续降水量的空间分布与最长连续降水日数有所不同，最大值出现在燕山南麓和太行山东侧。而西北部地区(包括张家口和承德北部)是小值区。这主要是受地形和暖湿气流的共同作用，带来了历时较长、雨量充沛的降水，而西北部山区虽然降水日数多，但缺乏暖湿气流的输送，导致降水量并不大。京津冀地区主要城市代表站最长连续降水日数及降水量情况见表 2.17。

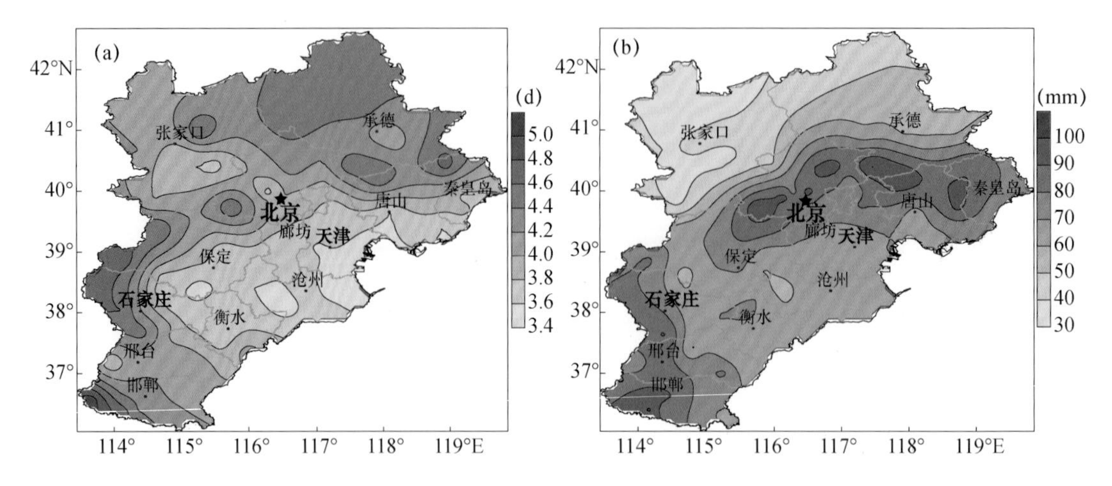

图 2.39 1961—2018 年京津冀地区最长连续降水日数(a)及最大连续降水量(b)

表 2.17 1961—2018 年京津冀地区主要城市代表站最长连续降水日数及降水量

站名	出现时段	最长连续降水日数(d)	最大连续降水量(mm)
北京	1996-07-27—08-06	11	240.9
天津	1978-07-22—07-28	7	82.2
石家庄	1967-07-28—08-06	10	220.0
唐山	1970-07-19—07-24 1977-06-25—06-29 1984-08-09—08-14	6 5 6	114.4 46.3 232.7
秦皇岛	1974-07-21—07-27	7	160.3
邯郸	1963-08-02—08-09	8	1033.4
邢台	1963-08-02—08-09	8	786.6
保定	1996-07-29—08-06	8	188.2
张家口	1979-08-10—08-16	7	174.6
承德	1994-07-03—07-13	11	236.3
沧州	1990-07-15—07-20 2002-06-22—06-27	6	86.5 57.1
廊坊	1994-07-07—07-13	7	360.4
衡水	1974-07-18—07-23 2007-09-26—10-01	6	113.1 39.7

2.2.2.4 最长无雨日数

如图 2.40 所示，京津冀地区最长连续无雨日数较多，各地多年平均连续无雨日数为 40～70 d。最长连续无雨日数较少的地区为张家口北部，小于 50 d，最小值出现在崇礼，为 42 d。最长连续无雨日数较多的地区主要出现在京津冀地区中部，如北京、保定、承德及天津西北部，基本在60 d以上，最大值出现在丰宁，达67 d。京津冀地区连续无雨日数持续时间长，而降水集中，容易出现旱、涝灾害。京津冀地区主要城市代表站最长连续无雨日数情况见表2.18。

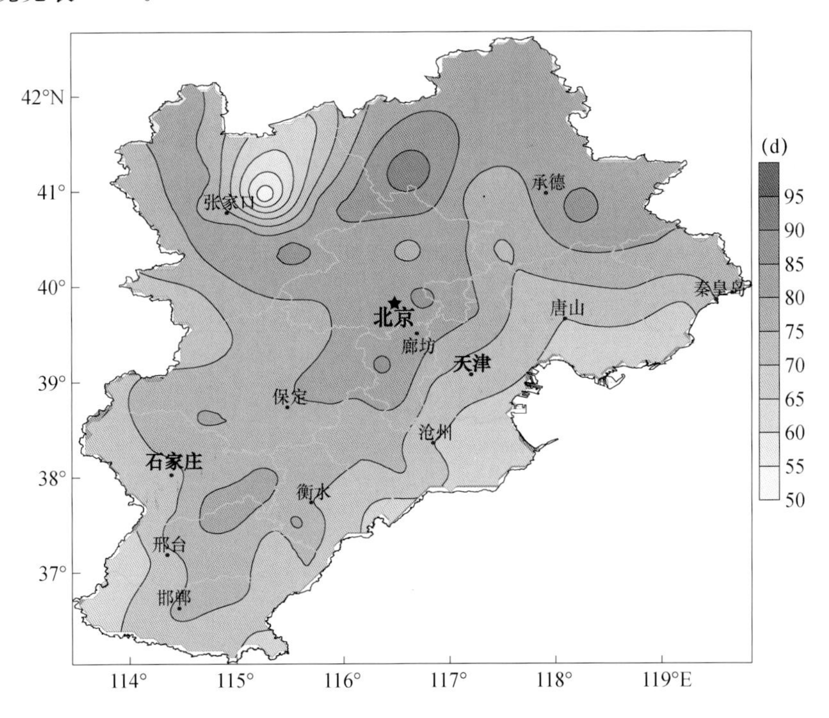

图2.40 1961—2018年京津冀地区最长连续无雨日数

表2.18 1961—2018年京津冀地区主要城市代表站最长连续无雨日数

站名	出现时段	最长连续无雨日数(d)
北京	2017-10-19—2018-03-16	149
天津	1962-11-03—1963-03-27	145
石家庄	2017-10-26—2018-03-16	142
唐山	1976-11-10—1977-03-22	133
秦皇岛	1962-10-13—1963-04-12	182
邯郸	2015-11-25—2016-04-27	155
邢台	1967-11-26—1968-04-14	141
保定	2001-11-05—2002-04-04	151
张家口	2013-10-09—2014-03-27	170
承德	2013-10-23—2014-03-27	156
沧州	1983-11-11—1984-04-19	161
廊坊	1973-11-10—1974-05-15	187
衡水	2015-10-07—2016-04-10	186

2.2.3 京津冀雨季降水特征

京津冀地区属于典型的副热带季风气候区，地处东亚夏季风北边缘，夏季风的年际变化极易引发京津冀地区的降水异常，雨季来临迟早不一，常常造成严重的经济损失。京津冀地区降水季节分配不均，降水量高度集中在夏季，约占全年降水量的65％以上。因此，京津冀地区雨季监测及其变化一直倍受关注。

2.2.3.1 京津冀雨季定义

华北雨季是指受东亚夏季风向北推进影响，每年7月中下旬至8月上中旬华北地区一年中降水最活跃的时期，其平均降雨量一般可占到夏季平均降雨量的50％。华北雨季多对流性降水，强度大、时空分布极为不均，可伴随雷电、大风、冰雹等强对流天气；同时，受季风气候影响，华北雨季长度年际变化大，强弱变化显著。京津冀地区位于华北中部，包括北京、天津和河北三地，京津冀地区雨季的确定主要依据区域内气象站观测的降水状况，具体方法如下。

(1)单站雨季开始日的确定

自7月初开始，若某站任意连续5 d平均西太平洋副热带高压位于25°N以北，该连续5 d累计降水量≥35 mm，且5 d内至少有1 d日降水量≥10 mm，则首个≥10 mm的日期即为该站雨季开始日。

(2)单站雨季结束日的确定

雨季开始后，若某站截止某日时，向前连续10 d中逐日5 d向前滑动累计降水量≤35 mm，则将此日定为雨季结束日。

(3)区域雨季确定方法

京津冀地区雨季已开始(结束)的累计站点比率达到70％(60％)时，则将该日确定为区域雨季开始(结束)日。

2.2.3.2 京津冀雨季开始日期

7月上中旬以后，随着西太平洋副热带高压的第二次北跳，夏季风继续北推，在7月下旬到达华北，华北雨季开始。华北的雨季多出现在7月下旬和8月上旬(即所谓的“七下八上”)。这段时间，华北地区平均降下了全年二分之一左右的雨水。从8月下旬开始，由于西伯利亚冷空气的加强和南侵，季风开始撤退，华北雨季结束。由于夏季风在东亚地区的进退和强弱具有明显的年际变化，每年夏季风来临或暴发的早晚、进退的快慢、强弱大小皆不相同，这使主要季节雨带的时空分布、雨量大小很不相同。在弱季风年，季风北推不到华北和东北地区，常导致华北干旱少雨、江淮多雨。在强季风年，情况常常相反，华北及东北南部多雨，江淮干旱(王遵娅 等，2008；丁一汇 等，2018)。

根据1961—2018年气象资料，京津冀雨季开始日期平均为7月21日，最早开始于7月6日(1973、1977、1981、1988、1994年)，最晚出现于8月15日(1980年)，1961年以来雨季开始日期有较微弱的推迟趋势(图2.41)。58 a中，雨季开始日期出现在7月上旬的有 7 a,出现在 7 月中旬的有 23 a,出现在 7 月下旬的有 21 a,出现在 8 月上旬的有 5 a,仅有 1 a 出现在 8 月中旬,还有 1 a 没有雨季。总体来看,京津冀雨季多出现在 7 月中、下旬。

如图 2.42 所示,京津冀地区各地雨季开始的时间差异不大,雨季开始多在 7 月 11—23 日,雨季开始总体上自东向西推进。雨季开始期最早的地区是承德的兴隆县,最晚的地区是张家口市的张北县。

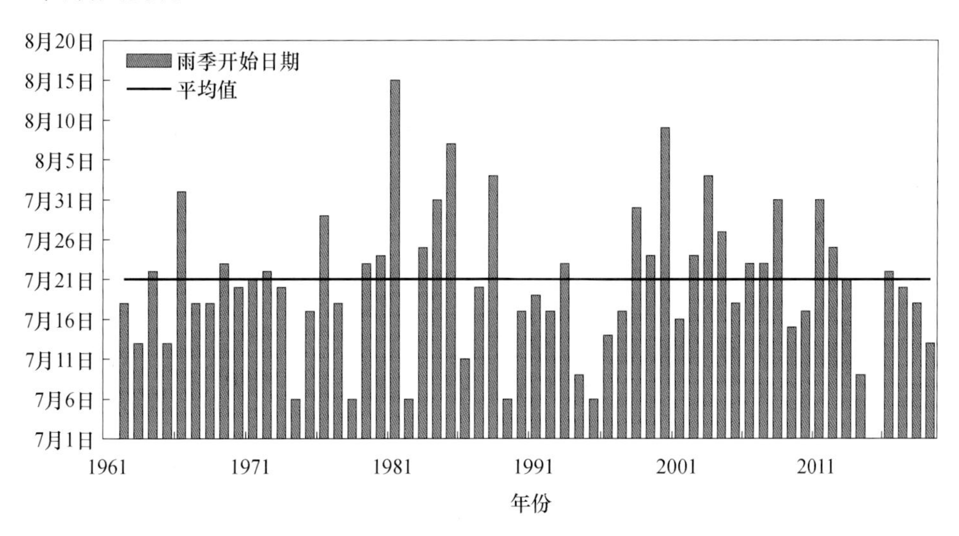

图 2.41 1961—2018 年京津冀雨季开始日期年际变化

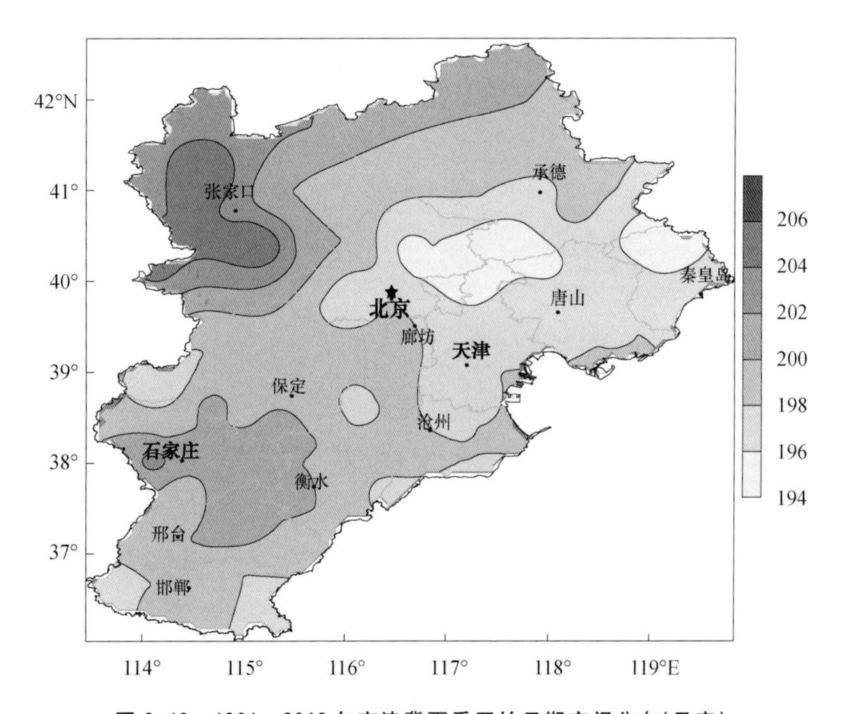

图 2.42 1961—2018 年京津冀雨季开始日期空间分布(日序)

2.2.3.3 京津冀雨季结束日期

如图 2.43 所示，京津冀地区雨季结束日期平均为 8 月 14 日，最早结束于 7 月 19 日(1977 年)，最晚结束于 8 月 31 日(1969 年)，雨季结束日期有较弱的提前趋势。58 a 中，雨季结束日期出现在 7 月中旬的有 1 a，出现在 7 月下旬的有 5 a，出现在 8 月上旬的有 12 a，出现在 8 月中旬的有 26 a，出现在 8 月下旬的有 13 a，还有 1 a 没有雨季。总体来看，京津冀雨季多结束于 8 月中旬。

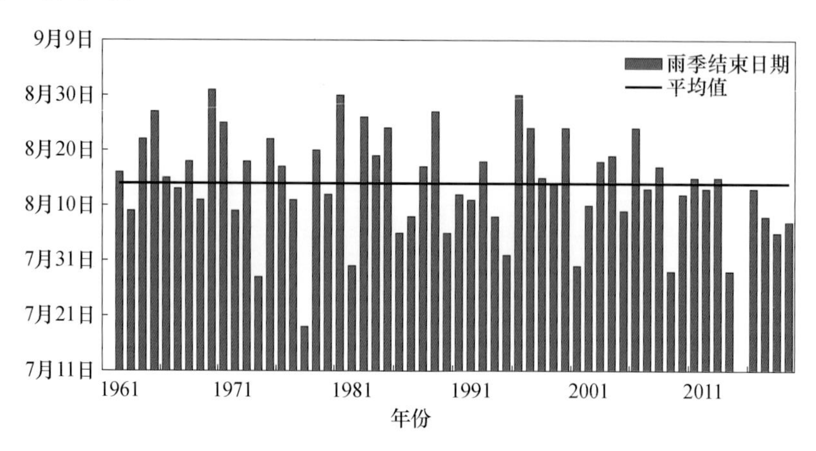

图 2.43　1961—2018 年京津冀雨季结束日期变化

如图 2.44 所示，京津冀地区各地雨季结束期的时间差异不大，雨季结束期为 8 月 3—14 日，总体上从南、北两个方向至中部和东部地区撤退，燕山南麓和渤海湾沿岸地区雨季结束较晚。雨季结束期最早的地区是邯郸的涉县，最晚的地区是北京市门头沟区。

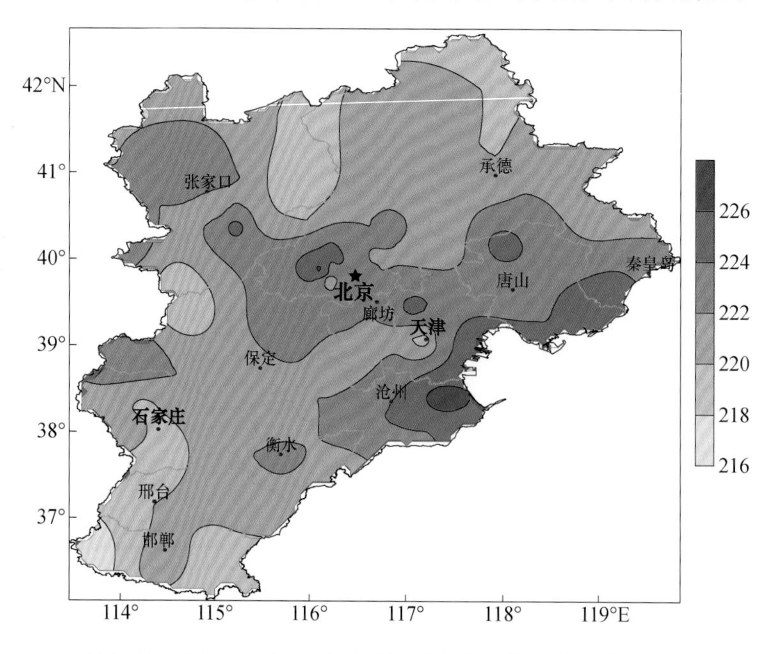

图 2.44　1961—2018 年京津冀雨季结束日期空间分布(日序)

2.2.3.4 京津冀雨季长度变化

京津冀地区雨季长度平均为 25 d，最少的年份仅为 14 d(1977 年)，最多的年份为 53 d(1988 年)，1961 年以来，京津冀雨季长度呈显著缩短趋势，平均每 10 a 缩短 1.5 d。如图 2.45 所示，雨季长度具有明显的年代际变化，1995 年之前，总体上属于雨季较长的时段，平均雨季长度(1961—1995 年)为 27 d。1995 年之后，雨季明显缩短，超过平均值的年份仅有 5 a，该时段平均雨季长度缩短为 22 d。

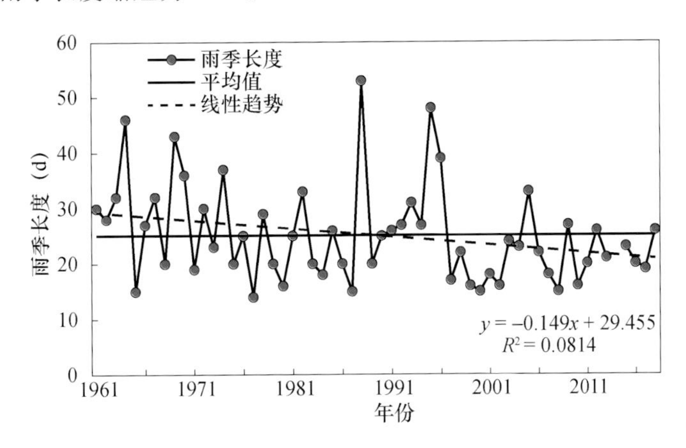

图 2.45　1961—2018 年京津冀雨季长度变化

从雨季长度的空间分布来看(图 2.46)，燕山南麓、渤海湾沿岸以及太行山东麓为雨季较长的地区，最长地区为北京门头沟区；西北部的山区雨季较短，最短地区为康保县。这与京津冀地区地形基本吻合，雨季较长地区均位于山脉的迎风坡，来自渤海湾的暖湿气流受山脉阻挡，暖湿气流被迫抬升易发生降雨。

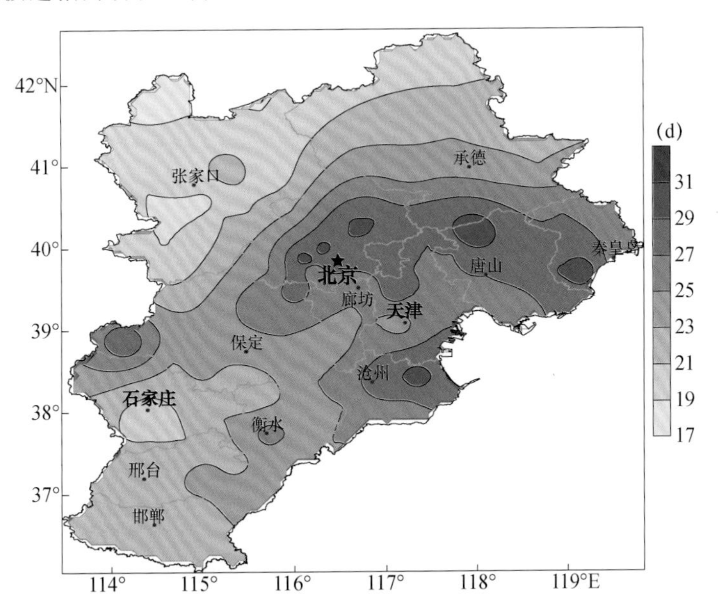

图 2.46　1961—2018 年京津冀雨季长度空间分布

京津冀地区主要城市代表站雨季开始、结束时间及雨季长度见表2.19。

表2.19 1961—2018年京津冀地区主要城市代表站雨季开始、结束日期及雨季长度

站名	雨季开始			雨季结束			雨季长度		
	平均日期	最早日期	最晚日期	平均日期	最早日期	最晚日期	平均(d)	最长(d)	出现年份
北京	7月15日	7月2日	8月19日	8月11日	7月16日	9月9日	28	61	1976
天津	7月15日	7月2日	8月19日	8月5日	7月16日	9月3日	24	56	2017
石家庄	7月19日	7月2日	8月22日	8月6日	7月18日	9月5日	20	50	1977
唐山	7月15日	7月2日	8月8日	8月10日	7月17日	9月8日	27	63	1967
秦皇岛	7月15日	7月2日	8月18日	8月9日	7月16日	9月5日	26	56	1964
邯郸	7月18日	7月2日	8月28日	8月8日	7月19日	9月9日	23	55	2009
邢台	7月17日	7月2日	8月14日	8月7日	7月17日	9月1日	22	50	1973
保定	7月15日	7月2日	8月11日	8月9日	7月16日	9月9日	25	69	1964
张家口	7月21日	7月2日	8月23日	8月9日	7月16日	9月9日	20	44	1974
承德	7月14日	7月2日	8月11日	8月6日	7月17日	9月8日	24	58	1966
沧州	7月15日	7月2日	8月14日	8月11日	7月16日	9月6日	28	61	1967
廊坊	7月15日	7月2日	8月26日	8月8日	7月16日	9月9日	25	57	1961

2.2.3.5 京津冀雨季年代际变化特征

1961—2018年京津冀雨季开始日期呈较弱的推迟趋势，而结束日期呈较弱的提前趋势，导致雨季长度显著缩短。雨季长度具有明显的年代际变化，1995年之前，总体上属于雨季较长的时段，1995年之后，雨季明显缩短。图2.47～2.49分别给出了1995年前后京津冀雨季开始日期、结束日期及雨季长度的空间分布，可以看出，1995年之前，京津冀雨季开始日期自东向西推进，结束日期从南、北两个方向向中、东部撤退，整个雨季长度的空间分布呈从东南向西北递减的分布格局。而1995年之后，雨季开始、结束及雨季长度的空间分布都

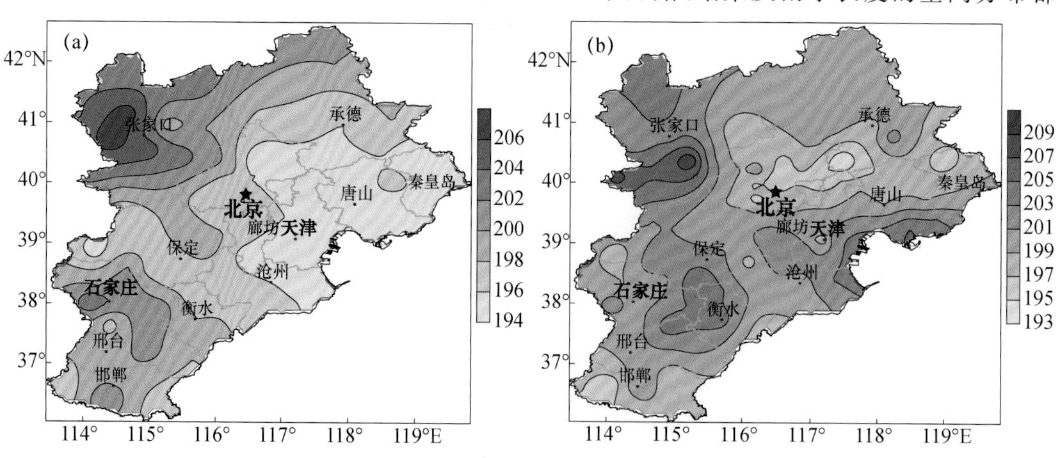

图2.47 京津冀雨季开始日期空间分布(日序)

(a)1961—1995年；(b)1996—2018年

有所不同，雨季开始日期在燕山南麓地区出现早，而渤海湾沿岸出现较晚，结束日期的分布形势与1995年之前相似，但结束偏晚地区更加集中，集中出现在张家口东部、北京、天津一线及渤海湾沿岸。这样的分布格局导致了中部地区多地雨季长度变短，1995年之前，雨季长度多于25 d的地区包含了京津冀地区中、东部的大部分地区，面积约占京津冀地区的一半左右，而1995年后，雨季长度多于25 d的地区仅为北京、天津、廊坊、承德及沧州部分地区，雨季较长的地区明显减少，这也是京津冀地区降水减少的一个重要原因。

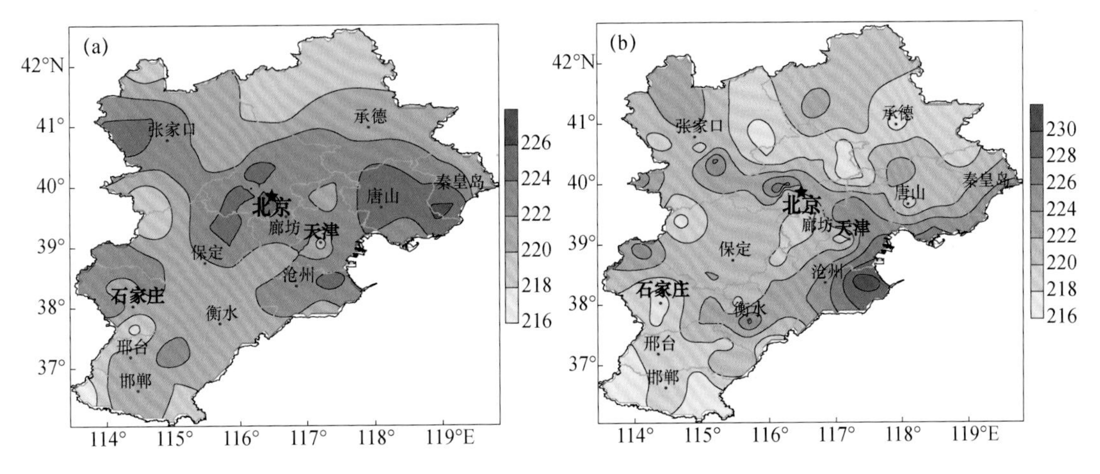

图2.48 京津冀雨季结束日期空间分布(日序)

(a)1961—1995年;(b)1996—2018年

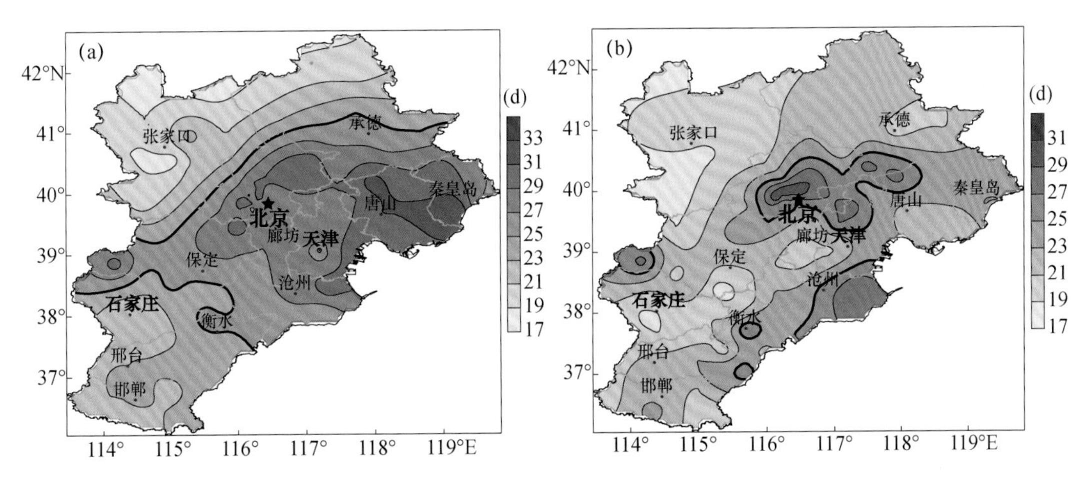

图2.49 京津冀雨季长度空间分布(粗实线为雨季长度25 d)

(a)1961—1995年;(b)1996—2018年

2.2.3.6 影响京津冀雨季的主要因子

京津冀地区夏季降水与东亚夏季风的强度有很好的对应关系。另外，南海夏季风暴发偏早，有利于东亚夏季风偏强，京津冀地区夏季降水正常或偏多。印度夏季风和京津冀夏季降水也有很好的正相关关系，但印度季风降水和华北季风降水的协同变化是有条件的，受到对流层中高层环半球遥相关型波列的影响。此外，还有中高纬度环流异常型、高空急流位置、南亚高压的东西位置、北极涛动、南极涛动、亚洲—太平洋涛动、索马里和澳大利亚越赤道气流的协同变化等也对华北夏季降水有影响。在外强迫信号方面，首先值得关注的是ENSO(El Niño/Southern Oscillation)对华北雨季的影响。ENSO的类型、强度、暴发时间、结束时间、衰减过程不同，对后期夏季降水的影响也不一致。厄尔尼诺(El Niño)年东亚冬季风偏弱，夏季风也偏弱。将厄尔尼诺或者拉尼娜(La Niña)事件进一步细化为四个阶段：暴发前冬季、发展期夏季、盛期冬季和衰亡期夏季，发现正是由于厄尔尼诺和拉尼娜事件，东亚冬、夏季风之间才存在紧密的联系。赤道中东太平洋海温则通过影响东亚夏季风的强弱、副热带高压和副热带西风急流的位置，进而对华北雨季降水产生影响。当赤道东太平洋海温偏低时，京津冀地区雨季强度偏强。6—8月严重涝年多发生在赤道东太平洋海温的下降阶段，而严重干旱年多发生在赤道东太平洋海温的上升阶段。当热带太平洋出现厄尔尼诺事件时，华北和东北南部降水偏少；热带太平洋出现拉尼娜事件时，华北和东北南部降水偏多。在厄尔尼诺衰减年，7月华北地区易多雨，厄尔尼诺(拉尼娜)事件的不同阶段对应的华北雨季降水的多少并不完全相同。一般情况下，厄尔尼诺发展年夏季，京津冀雨季的强度偏弱；而厄尔尼诺衰减年夏季，雨季强度偏强。

除ENSO以外，印度洋的不同模态、高原积雪、北极海冰等异常也会对华北雨季强度有一定影响。例如，京津冀雨季开始偏早(晚)，与西太平洋副热带高压第2次北跳偏早(晚)、东亚副热带西风急流建立偏早(晚)、东亚夏季风北进提前(滞后)等环流系统的年际变化关系密切。华北雨季开始早(晚)还与春夏季热带印度洋海表温度一致模态(IOBW)为负(正)值、赤道中东太平洋海表温度为负(正)值的相关关系显著且稳定。一般在Nino3.4指数和IOBW指数为正值时，贝加尔湖大陆高压偏强，副高偏强、偏南，东亚夏季风偏弱，从而导致华北雨季开始偏晚。

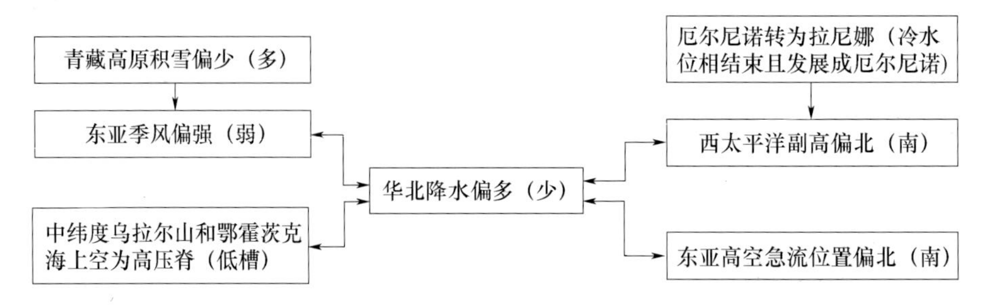

图2.50 影响华北雨季降水强度年际变化的关键因子物理概念图

2.2.4 北京降水

北京位于中纬度季风气候区，又处在背山面海的“北京湾”这样一个特殊的地形条件下，因而，决定了北京地区降水具有年际变化大、季节分配不均、地区差异显著、夏季降水强度大等特点。

2.2.4.1 降水量的空间分布

北京地区降水量的空间分布与地形关系密切。每当夏季偏南风到来时，“北京湾”的开口正对盛行风的来向，受地形抬升作用的影响，使得多雨区分布在山前迎风坡地带，山后背风区则为少雨区。年降水量的高值区位于山前迎风坡一带，大致呈带状自西南伸向东北，高值区的西北、东南两侧雨量逐渐减少。如图 2.51 所示，山前有两个明显的多雨中心，该中心年降水量超过 600 mm。平原地区降水量分布较均匀，西北部山后的延庆年降水量最少，只有 450 mm。

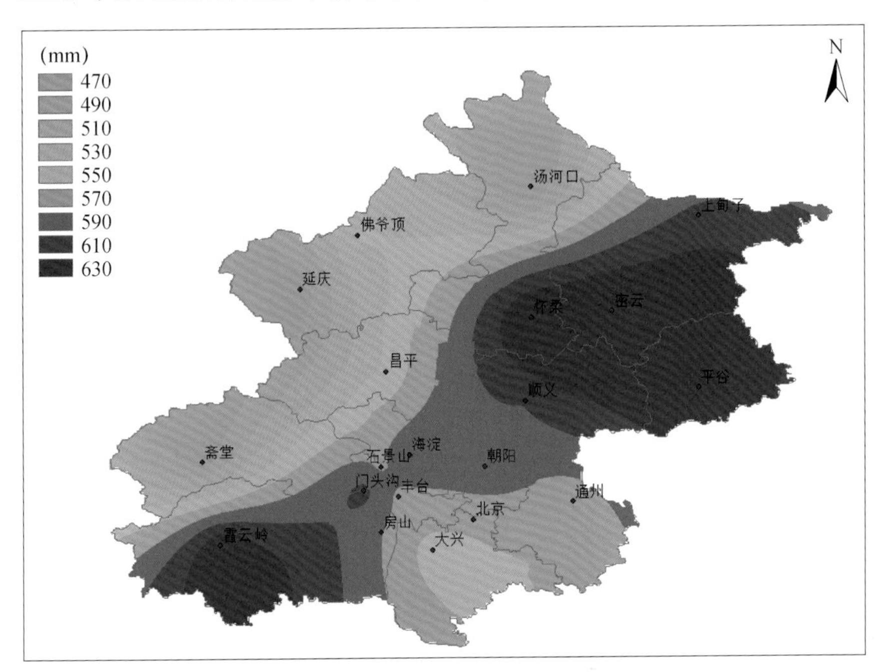

图 2.51　1961—2018 年北京地区年平均降水量空间分布

2.2.4.2　降水量的年内分布

北京地区位于季风气候带，降水的季节分配极不均匀(图 2.52)。如表 2.20 所示，全年降水量的 70%左右集中在夏季(6—8 月)，尤其是 7、8 两个月的降水量要占全年降水量的 60%左右。因此，夏季降水量的多寡基本就决定了全年降水量的丰枯。冬季(12 月至翌年 2 月)降水稀少，仅占全年降水量的 2%左右；春、秋两季的降水量分别占全年降水量的 11%和 16%。

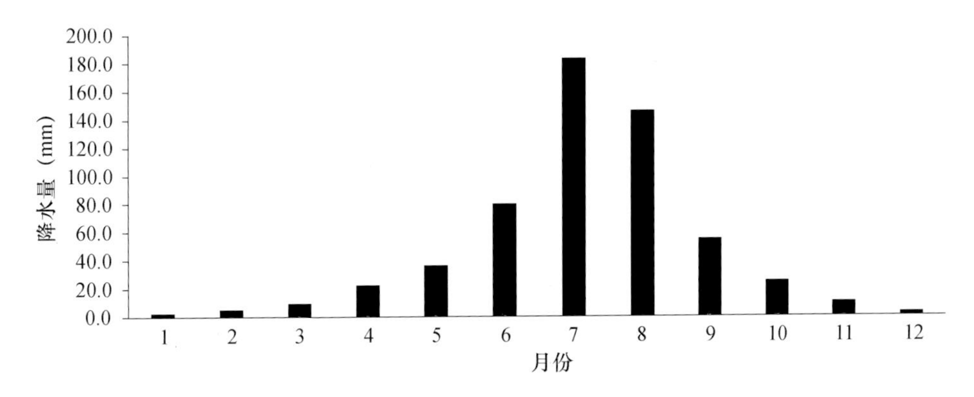

图 2.52　1961—2018 年北京地区各月平均降水量变化

表 2.20 北京地区各季节降水量统计表(1981—2010 年)

	降水量(mm)						占全年降水量的百分比(%)				
	全年	冬季(12 月至翌年 2 月)	春季(3—5 月)	夏季(6—8 月)	秋季(9—11 月)	7—8 月	冬季(12 月至翌年 2 月)	春季(3—5 月)	夏季(6—8 月)	秋季(9—11 月)	7—8 月
观象台	555.5	10.0	64.5	397.4	83.5	324.1	1.7	10.9	67.2	14.1	54.8
密云	639.9	8.6	66.1	467.9	97.3	382.4	1.4	10.3	73.1	15.2	59.8
海淀	583.6	7.8	58.9	373.7	73.4	303.7	1.2	9.2	58.4	11.5	47.5
平谷	631.4	9.6	71.1	456.6	94.1	365.9	1.5	11.1	71.4	14.7	57.2
房山	571.2	8.7	64.7	413.0	84.9	339.0	1.4	10.1	64.5	13.3	53.0
延庆	458.5	8.0	62.8	303.7	84.1	234.9	1.2	9.8	47.5	13.1	36.7
佛爷顶	532.6	8.4	54.6	243.8	69.9	183.2	1.3	8.5	38.1	10.9	28.6

2.2.4.3 降水量的年际变化

降水量的年际变化反映一个地方降水的稳定程度。一般而言,一个地区常年风调雨顺,则降水的年际变化一定比较小。若一个地区降水量年际变化比较大,则发生旱、涝的可能性就比较大。

由北京观象台(图 2.53)和北京地区(图 2.54)1961—2018 年逐年降水量值演变图可看出,1996—2010 年的年降水量以偏少为主。1999—2007 年连续 9 a 年降水量偏少,其中 1999—2002 年各年降水量均较常年少 3 成以上,尤其是 1999 年年降水量较常年少近 5 成,京城遭受严重干旱。

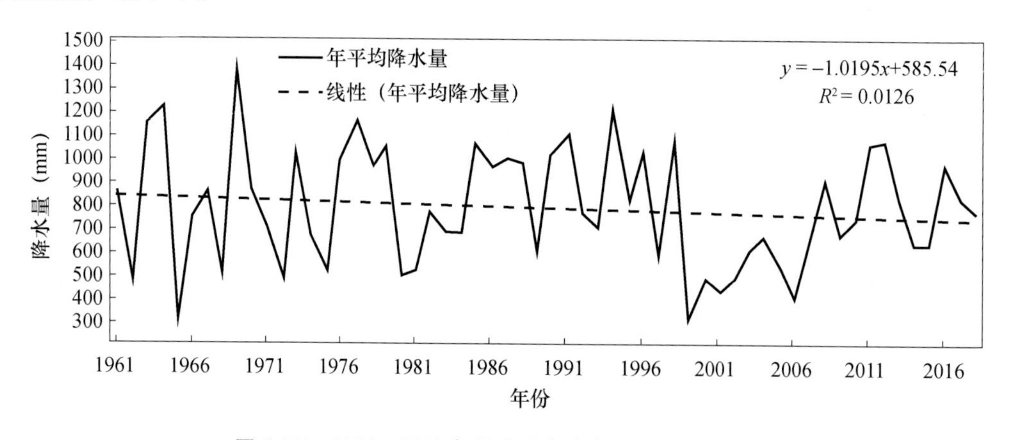

图 2.53 1961—2018 年北京观象台年平均降水量变化

北京地区降水量年际变化比较大,最大值一般是最小值的 2 倍以上。例如,北京地区的代表站——观象台站最大年降水量(1959 年为 1404.6 mm)是最小年降水量(1965 年为 261.4 mm)的 5 倍;位于延庆的高山站——佛爷顶站最大年降水量为 724.8 mm,最小年降水量为 390.8 mm,多雨年的年降水量为少雨年的 1.9 倍(表 2.21)。由此可见北京地区降水量年际变化大这一特点。

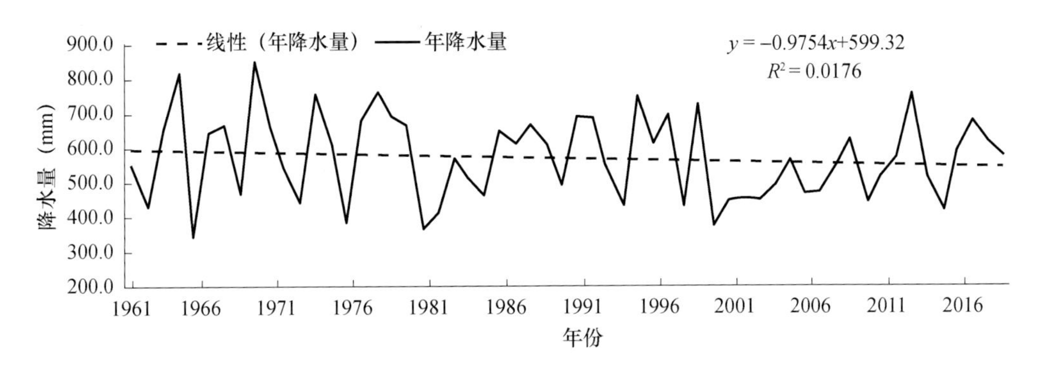

图 2.54 1961—2018 年北京地区年平均降水量变化

表 2.21 北京地区部分台站年降水量最大值与最小值统计表(建站至 2018 年)

站名	最大值		最小值	
	降水量(mm)	出现年份	降水量(mm)	出现年份
观象台	1404.6	1959	261.4	1965
密云	976.8	1959	352.9	1980
海淀	935.5	1994	281.3	1965
平谷	1091.0	1987	344.5	1981
房山	845.9	2016	262.8	1965
延庆	745.6	1964	272.5	1965
佛爷顶	724.8	1998	390.8	1993

2.2.5 天津降水

天津位于中纬度欧亚大陆东岸，虽紧靠渤海，但属内陆海湾，受海洋影响较小，主要受季风环流影响。降水具有年际变化大、季节分配不均、阶段性特征明显的特点，雨热同季。

2.2.5.1 降水的空间分布

天津地区平均降水量为 567.5 mm，呈东北部多、西南部少的分布格局。北部蓟州降水量最大，为 646.5 mm，宝坻和塘沽次之，分别为 584.6 mm 和 577.4 mm。其他地区降水量为 530～550 mm。降水的空间分布与地形关系密切，天津大部分区域地势平坦，仅北部依靠燕山，夏季盛行偏南风，北部蓟州处于迎风坡位置，受地形抬升影响降水较多。

2.2.5.2 降水量的时间变化

(1)年变化

天津春季降水量较少，最突出的特点是春旱，民间有“十年九春旱”的说法。春季降水量占全年降水量的 11%～12%。春季降水时间分布不均，无降水日长，最长持续无降水日数长达 36 d 之久。夏季是天津市降水最集中的季节，占全年降水量的 70%左右。其中“七下八上"是天津的盛汛期,7月和8月两个月的降水量占全年降水量的50%以上。天津地区暴雨日数为1.6 d,多集中在夏季,年降水量、夏季降水量与暴雨日的相关系数分别为0.78和0.75。因此,暴雨日的多寡是决定夏季和年降水量丰枯的因素之一。秋季,天津市降水量锐减,占全年降水量的15%左右。冬季降水稀少,降水量为11.3 mm,仅占全年降水量的2%左右(表2.22)。

表2.22 天津地区部分台站各季节降水量统计表(1961—2018年)

站名	降水量(mm)						占全年降水量的百分比(%)				
	年	冬季(12月至翌年2月)	春季(3—5月)	夏季(6—8月)	秋季(9—11月)	7—8月	冬季(12月至翌年2月)	春季(3—5月)	夏季(6—8月)	秋季(9—11月)	7—8月
市区	548.2	11.7	66.0	383.1	87.4	306.8	2.1	12.0	69.9	15.9	56.0
塘沽	577.4	12.6	66.1	410.9	87.8	339.2	2.2	11.4	71.2	15.2	58.7
蓟州	646.5	10.8	71.7	468.5	95.5	373.2	1.7	11.1	72.5	14.8	57.7
武清	554.2	10.0	63.7	393.7	86.8	316.8	1.8	11.5	71.0	15.7	57.2
宝坻	584.6	10.3	61.8	425.2	87.3	341.8	1.8	10.6	72.7	14.9	58.5
东丽	554.0	11.9	64.4	387.7	90.0	309.2	2.1	11.6	70.0	16.2	55.8
西青	538.7	10.9	63.9	381.2	82.7	308.7	2.0	11.9	70.8	15.4	57.3
北辰	557.1	11.5	66.4	392.0	87.2	316.3	2.1	11.9	70.4	15.7	56.8
静海	547.1	11.8	66.6	382.7	86.0	308.5	2.2	12.2	70.0	15.7	56.4

(2)日变化

天津降水量存在着较为明显的日变化,24 h内呈现"高—低—高"的分布形势。其中09—14时为降水量的低值阶段,仅占24 h降水总量的20.6%,一天中降水量最少的时间是11时。17—20时、23日至次日02时、05—08时是降水的高值阶段,3个时间段降水量的和占全天降水总量的56%左右,一天中降水量最多的时间是17时。

(3)年际变化

天津降水量呈微弱的减小趋势,但年际波动非常明显。总体来看,20世纪60年代至70年代末处于降水量偏多时段,而后逐渐减少,90年代中期至21世纪初,属于降水偏少时段。其中,1999—2002年连续4 a降水量偏少。由于持续降水偏少,天津出现了严重的干旱,主要入海河道先后断流,水库蓄水锐减。为解决城市缺水状况,保障社会稳定和经济发展,2000、2002、2003、2004年组织实施了四次"引黄济津"应急调水,共引水33亿 m^3。而2007年之后,降水又有所增多。

天津地区夏季降水年际变化较大,这与当地季风环流的强弱有关。如表2.23所示,天津地区年降水量最大值一般是最小值的2倍以上,最大的台站可达到5倍,例如,静海最大年降水量(1977年为1188.2 mm)是最小年降水量(1968年为243.4 mm)的5倍,两者相差944.8 mm;西青站最大年降水量为1091.1 mm,最小年降水量为270.4 mm,多雨年的年降水量为少雨年的4倍,两者相差820.7 mm。

表 2.23 天津地区部分台站年降水量最大值与最小值统计表(1961—2018 年)

站名	最大值		最小值	
	降水量(mm)	出现年份	降水量(mm)	出现年份
市区	975.0	1977	268.8	1968
塘沽	1080.7	1964	277.3	1968
蓟州	1213.3	1978	323.4	2002
武清	1079.7	1977	253.3	2000
宝坻	953.5	1978	329.5	1999
东丽	929.9	1969	194.9	1968
西青	1091.1	1977	270.4	1968
北辰	1001.7	2012	214.3	1968
静海	1188.2	1977	243.4	1968

2.3 风

2.3.1 平均风速

2.3.1.1 平均风速的年际变化

京津冀地区年平均风速为 2.3 m/s,1961 年以来呈显著的减小趋势,减小速度为 0.18 m/(s·10 a)。从图 2.55 中可以看出,20 世纪 60 年代平均风速变化较为平稳,该时段平均风速为 2.9 m/s,70 年代至 80 年代中期,平均风速迅速减小,该时段平均风速为 2.6 m/s,之后平均风速基本呈平稳的年际波动,平均风速维持在 2.0 m/s 左右。

由图 2.56 可知,京津冀地区四季(春、夏、秋、冬)平均风速分别为 2.9 m/s、2.1 m/s、2.0 m/s 和 2.2 m/s,其中,春季平均风速最大,夏季最小。四季平均风速均呈显著减小趋势,减小速度分别为 0.24 m/(s·10 a)、0.13 m/(s·10 a)、0.15 m/(s·10 a)和 0.21 m/(s·10 a)。冬、春季减小幅度较大,夏、秋季减小幅度较小。

风速减小有诸多因素,目前主要归结为大气环流的变化、台站观测环境的变化、仪器的变更等,其中大气环流的变化是风速变化最可能的原因。近半个世纪以来,包括中国北方在内的北半球中高纬度地区明显变暖是个事实,且欧亚大陆高纬度比中低纬度升温明显也毫无疑问。这种差异变暖会改变中纬度大气的温压结构和对流层中上层平均西风环流特征,减弱温带气旋锋生作用(张莉 等,2003)。东亚冬季风的一个主要特征是冬季来源于高纬的冷空气活动,冷空气活动的频繁与否、强弱与否对中国气候影响甚大。研究表明,20 世纪 80

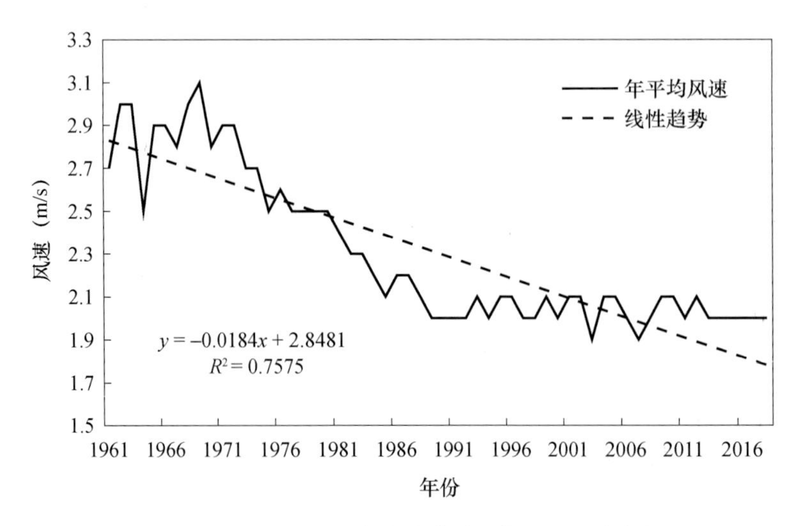

图 2.55 1961—2018 年京津冀地区年平均风速变化

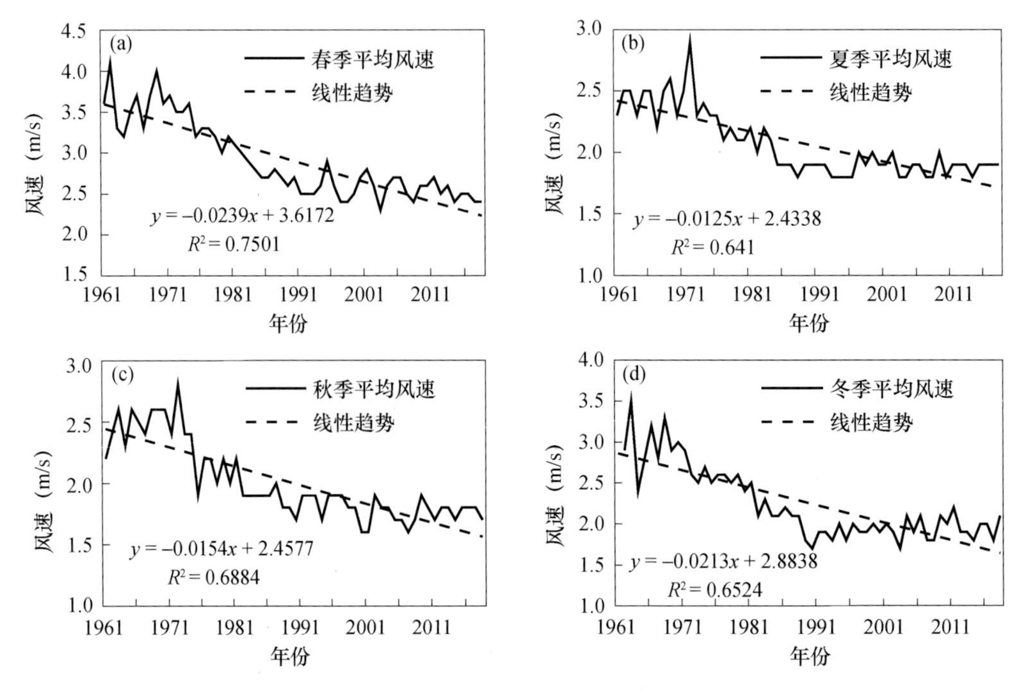

图 2.56 1961—2018 年京津冀地区四季平均风速的年际变化

(a)春季;(b)夏季;(c)秋季;(d)冬季

年代以来东亚冬季风趋于减弱(高辉,2007;王会军 等,2012;张自银 等,2012),同样,东亚夏季风也在 80 年代中期以后逐渐减弱(Yang et al.,2011),风速减小的实质是亚洲冬、夏季风的减弱(王遵娅 等,2004)。在气候变化的大背景下,东亚冬季风、夏季风减弱,以及大陆冷性高压和气旋活动趋弱,这直接导致中国中高纬度地区冷空气南下次数减少,进而造成平均风速的减小(任国玉 等,2005;江滢 等,2007)。

2.3.1.2 平均风速的空间分布

如图 2.57 所示，京津冀地区年平均风速的空间分布呈“两边高、中间低”的分布格局，即西北山区和渤海湾沿岸年平均风速较大，超过 3.0 m/s，最大值出现在张北，达 4.0 m/s。；平均风速从东南和西北向中部地区递减，保定和石家庄西部、承德东部和唐山北部两个小值区，平均风速低于 2.0 m/s，最小值出现在承德，为 1.2 m/s；其余地区在 2.0～3.0 m/s。四季平均风速的空间分布格局与年平均风速一致(图 2.58)，均为西北山区和渤海湾沿岸年平均风速较大，保定和石家庄西部、承德东部和唐山北部风速较小。因西北山区和沿海地区风速较大，风能资源丰富，目前已建多个风电场。

1961—2018 年京津冀地区主要城市代表站年、季平均风速情况见表 2.24。

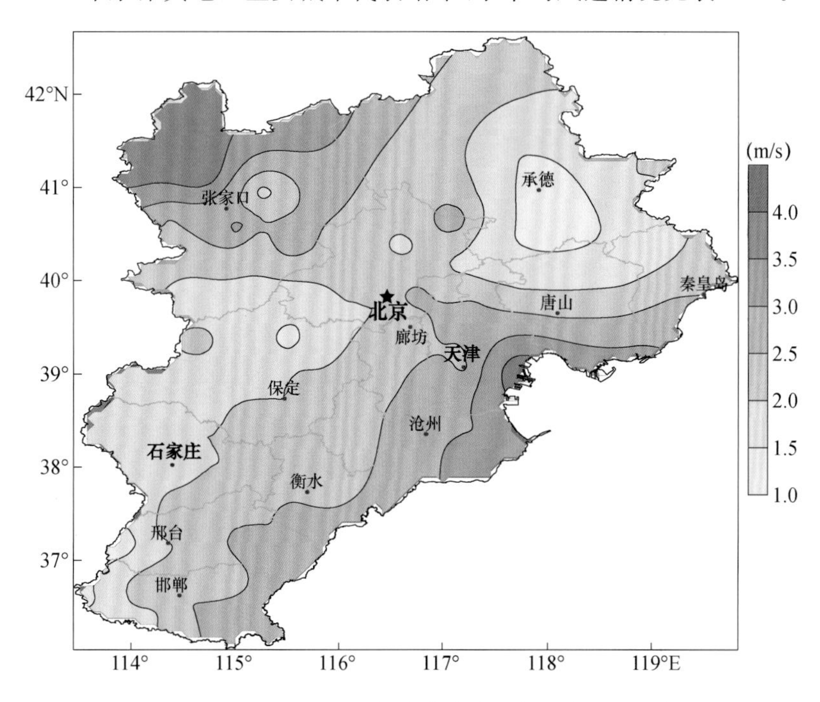

图 2.57 1961—2018 年京津冀地区年平均风速分布

表 2.24 1961—2018 年京津冀地区主要城市代表站年、季平均风速(m/s)

站名	年均	春季	夏季	秋季	冬季
北京	2.4	3.0	2.1	2.1	2.6
天津	2.3	2.9	2.1	2.0	2.4
石家庄	1.7	2.1	1.6	1.4	1.7
唐山	2.4	3.0	2.2	2.0	2.3
秦皇岛	2.5	3.0	2.1	2.3	2.5
邯郸	2.5	3.2	2.4	2.1	2.3
邢台	1.9	2.5	1.9	1.5	1.7
保定	2.0	2.5	2.0	1.7	1.8

续表

站名	年均	春季	夏季	秋季	冬季
张家口	2.6	3.0	2.2	2.4	2.9
承德	1.3	1.8	1.1	1.0	1.3
沧州	2.9	3.6	2.7	2.5	2.6
廊坊	2.3	2.9	1.9	2.0	2.4
衡水	2.3	3.1	2.2	1.9	2.1

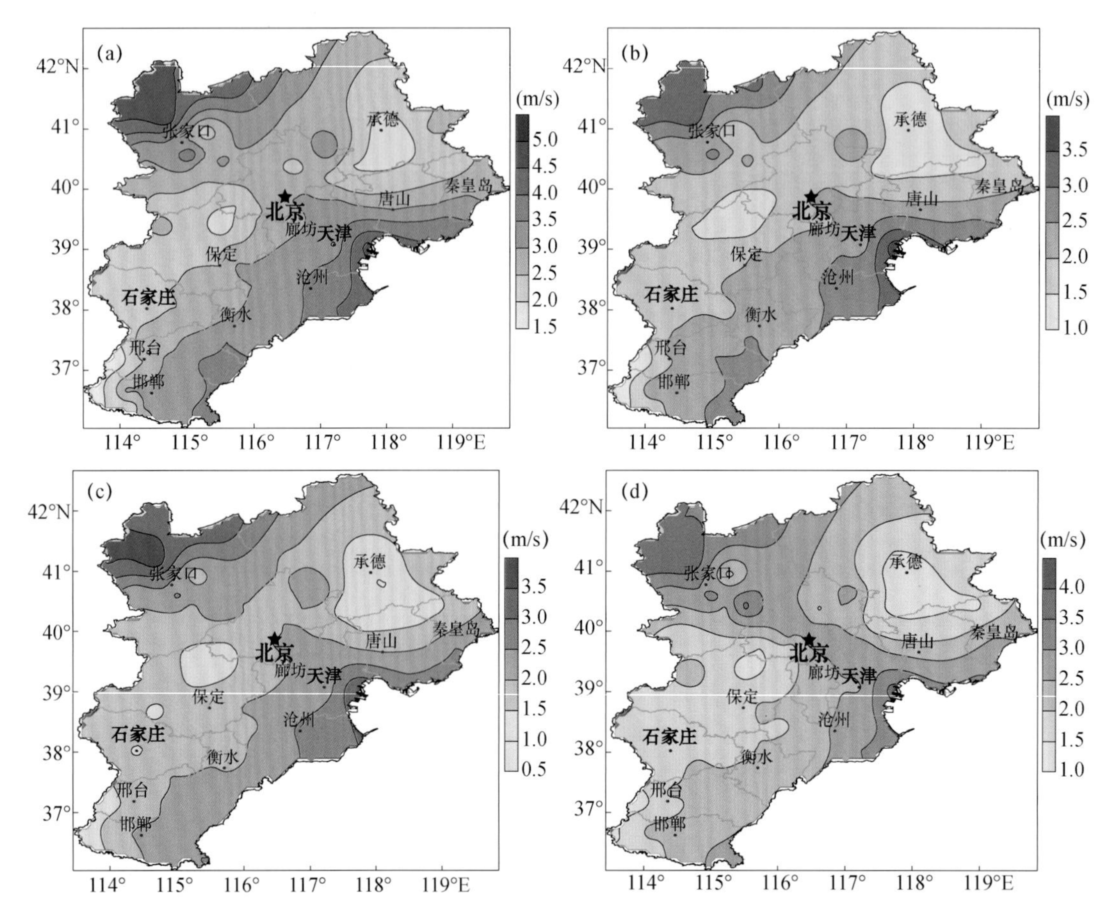

图 2.58 1961—2018 年京津冀地区四季平均风速分布

(a)春季；(b)夏季；(c)秋季；(d)冬季

2.3.1.3 平均风速的年内变化

京津冀地区风的季节变化明显，冬半年多偏北风，夏半年多偏南风；春季风速最大，冬季次之；秋季风速最小，夏季次之。从逐月变化来看(图 2.59)，4 月最大，平均风速为 3.1 m/s，8 月最小，平均风速仅为 1.7 m/s。京津冀地区主要城市代表站各月平均风速情况见表 2.25。

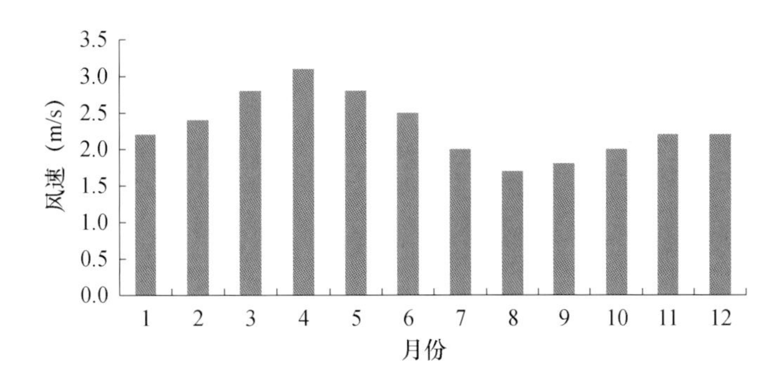

图 2.59　1961—2018 年京津冀地区平均风速年内变化

表 2.25　1961—2018 年京津冀地区主要城市代表站各月平均风速(m/s)

站名	1月	2月	3月	4月	5月	6月	7月	8月	9月	10月	11月	12月
北京	2.6	2.7	3.0	3.1	2.8	2.4	2.0	1.8	1.9	2.0	2.4	2.5
天津	2.3	2.5	2.8	3.2	2.8	2.5	2.0	1.7	1.8	2.0	2.2	2.3
石家庄	1.6	1.7	2.0	2.2	2.0	1.8	1.5	1.4	1.3	1.4	1.6	1.7
唐山	2.2	2.5	2.8	3.2	2.9	2.6	2.2	1.8	1.9	2.0	2.2	2.2
秦皇岛	2.4	2.6	2.9	3.1	2.9	2.3	2.1	2.0	2.1	2.3	2.5	2.5
邯郸	2.2	2.5	3.1	3.3	3.1	2.8	2.3	2.1	2.1	2.1	2.1	2.1
邢台	1.6	1.9	2.4	2.6	2.4	2.2	1.8	1.6	1.5	1.5	1.6	1.6
保定	1.8	2.0	2.4	2.6	2.5	2.3	1.9	1.7	1.7	1.7	1.8	1.7
张家口	3.0	3.0	2.9	3.1	2.9	2.5	2.1	2.0	2.2	2.4	2.6	2.8
承德	1.3	1.4	1.7	2.0	1.8	1.4	1.0	0.9	0.9	1.0	1.1	1.2
沧州	2.5	2.9	3.5	3.9	3.5	3.2	2.6	2.2	2.4	2.6	2.6	2.4
廊坊	2.4	2.6	2.9	3.1	2.8	2.4	1.9	1.5	1.8	2.0	2.1	2.3
衡水	2.0	2.3	2.9	3.3	3.0	2.7	2.1	1.8	1.8	2.0	2.0	1.9

2.3.2　极大风速和最大风速

极大风速(阵风)是指某个时段内出现的最大瞬时风速值。最大风速是指在某个时段内出现的最大 10 min 平均风速值。瞬时风速是指 3 s 的平均风速。

2.3.2.1　极大风速的空间分布

京津冀地区极大风速各地为 17.9～52.7 m/s,小于 25 m/s 的低值区在太行山前平原区和冀东平原区;大于 30 m/s 的大值区主要位于渤海湾沿岸和西北山区(图 2.60)。最大值出现在天津塘沽气象站，1986 年 7 月 8 日,以塘沽盐场三分场至新港一带为中心,范围约 20 km^2 出现飑线天气,狂风暴雨,瞬时极大风速达 52.7 m/s。

2.3.2.2　最大风速的空间分布

京津冀地区各地最大风速为 14.0～31.0 m/s,小于 20 m/s 的低值区在太行山前平原区、

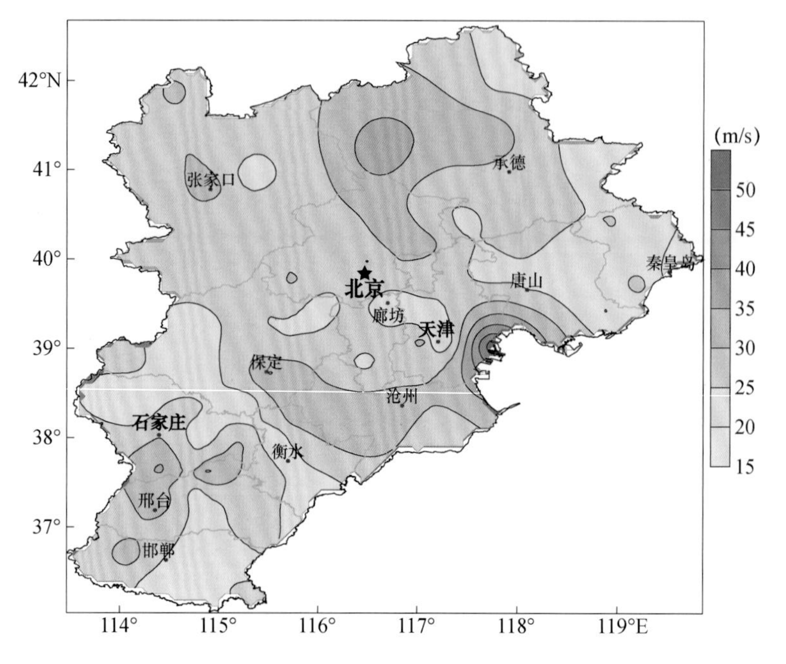

图 2.60　1961—2018 年京津冀地区极大风速空间分布

燕山北部和张家口中部、北京和保定交界部分地区，最小值出现在崇礼，最大风速为 14.0 m/s；大于 25 m/s 的地区较为分散，最大值出现在保定市徐水区，最大风速为 31.0 m/s；其余地区均在 20～25 m/s(图 2.61)。京津冀地区主要城市代表站最大、极大风速情况见表 2.26。

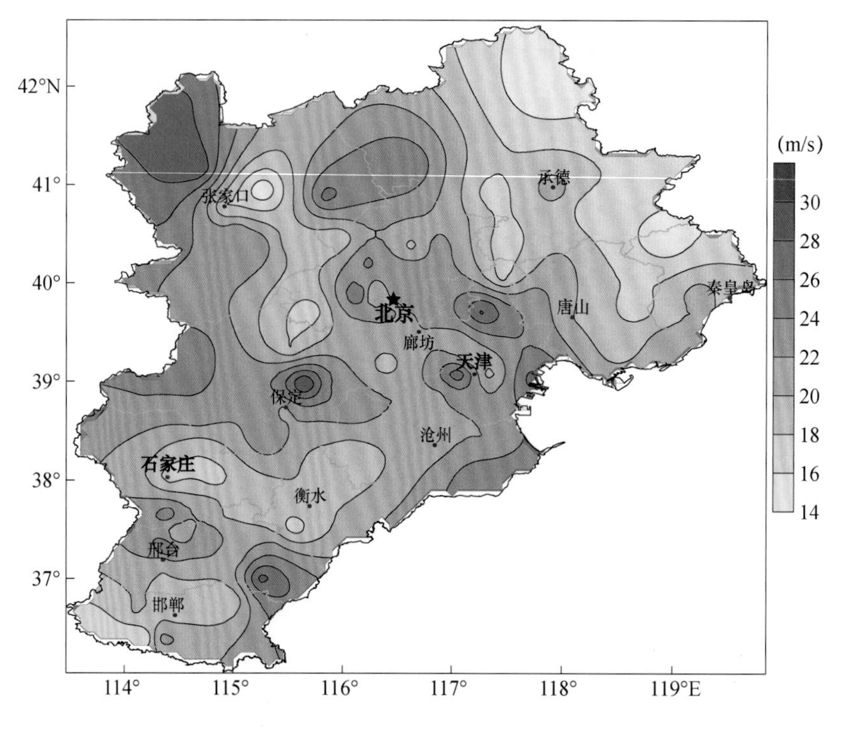

图 2.61　1961—2018 年京津冀地区最大风速空间分布

表 2.26　1961—2018 年京津冀地区主要城市代表站最大、极大风速(m/s)

站名	最大风速		极大风速	
	风速	日期	风速	日期
北京	21.7	1972-07-19	30.0	1972-07-19
天津	28.0	1979-02-16	32.0	1965-01-31
石家庄	17.0	1990-12-21	30.0	1961-08-31
唐山	20.0	1972-12-11	25.0	2014-06-08
邯郸	19.0	1980-07-24	24.3	2010-04-26
邢台	20.3	2018-05-12	31.1	2016-06-14
保定	21.5	2017-07-09	35.8	1985-07-15
张家口	17.7	1978-04-28	33.1	1966-05-01
承德	21.3	1981-05-10	26.9	2005-06-07
沧州	21.0	1971-01-03	32.8	1977-07-02
衡水	20.0	1971-04-22	23.7	2010-04-26

2.3.3　北京市风的特点

北京地区风的季节变化明显，冬半年多偏北风，夏半年多偏南风；冬、春季风速大，夏季风速小；受地形影响，风的日变化显著。

2.3.3.1　风速的空间分布

北京大部分地区年平均风速为 1.6～2.6 m/s。城区与一些谷地、盆地的风速较小。延庆佛爷顶、昌平南口、密云上甸子等风口处风速较大(图 2.62)。

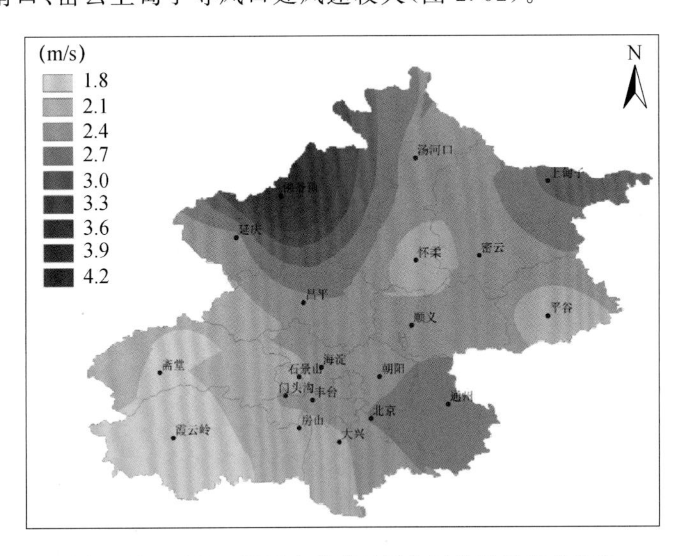

图 2.62　1961—2018 年北京地区年平均风速空间分布

北京地形对风速的影响较大，当冷空气自河北坝上下沉时，西经永定河河谷，西北经昌平南口，东北经古北口沿河谷和隘口顺流而下至顺义天竺一带汇合后，向东南部平原倾泻，形成"Y"字形风廊，风廊内风速较大，尤其是昌平、朝阳区和通州区以及大兴区东部等地更为明显。北京地区气象站风速资料统计情况见表 2.27。

表 2.27　北京地区气象站风速资料统计表(1961—2018 年)

站名	年平均风速(m/s)	年最大风速(m/s)	站名	年平均风速(m/s)	年最大风速(m/s)
观象台	2.4	14.6	朝阳	2.3	14.0
海淀	2.3	14.3	昌平	2.3	14.4
延庆	2.3	12.8	斋堂	1.8	12.1
佛爷顶	4.3	21.4	门头沟	2.2	15.5
通州	2.6	15.3	顺义	2.3	13.8
汤河口	2.2	15.1	石景山	1.9	13.6
密云	2.3	12.4	丰台	2.2	13.9
怀柔	1.8	14.4	大兴	2.0	13.3
上甸子	2.8	13.8	房山	2.0	13.9
平谷	1.9	14.0	霞云岭	1.6	11.6

2.3.3.2　风速的时间变化

(1)年变化

一年中，风速季节变化明显，平原地区春季风速最大(其中又以 4 月为最大)，冬季次之；夏季风速最小，秋季次之。昌平、佛爷顶等地以及高山地区和风口地带，则是冬季风速最大，春季次之。北京市观象台春、夏、秋、冬四季的代表月 4 月、7 月、10 月、1 月的平均风速分别为 2.9 m/s、2.0 m/s、2.0 m/s、2.3 m/s(图 2.63)。

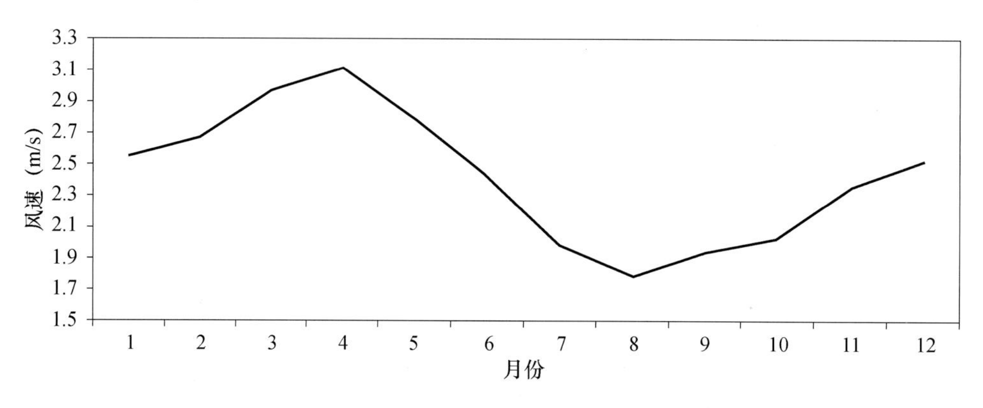

图 2.63　1961—2018 年北京观象台平均风速的年内变化

(2)日变化

一天之中，风速有明显的日变化。日出后地面被太阳辐射加热，上、下层空气的湍流交换增强，10 时前后上层空气的动量下传至近地层，地面风速逐渐加大，至 15 时前后达到最大，此后，随着气温逐渐下降，湍流交换也有所减弱，近地层获得的动量减少，再加上地面的摩擦消耗，风速随之减小，清晨日出前降至最小。

2.3.3.3 风向

北京地区冬季盛行偏北风，夏季盛行偏南风，春、秋季为风向转换季节。不同的地形条件有不同的盛行风向。河谷地带盛行风向多与山谷、河流的走向一致。例如，上甸子和密云站位于东北—西南走向的潮白河河谷，故冬季盛行东北风，而夏季则盛行西南风。又如延庆，其西南方与官厅水库相连，冬季偏北风自洋河河谷吹来，然后经官厅水库吹向西南方开口的延庆盆地，故延庆冬季盛行西南风。

2.3.4 天津市风的特点

2.3.4.1 风速的空间分布

天津地区年平均风速为1.7～4.1 m/s，呈东高西低分布，风速从沿海向内陆逐渐递减。东部沿海地区是风速大值区，最大值出现在滨海新区南部大港气象站，为4.1 m/s，滨海新区3个气象站平均风速均在3 m/s以上，其他大部分地区平均风速为2～3 m/s，市区是风速分布的小值区，平均风速为1.9 m/s(表2.28)。天津地区风速的分布形势体现了地形和城市化的综合影响，东部沿海地区风速较大，进入内陆地区后由于地表粗糙度增加，风速逐步递减，而市区因城市化程度较高，地表粗糙度相对较大，导致该区域风速较小。

表2.28 天津地区年、季平均风速(1981—2010年)

站名	年均	春季	夏季	秋季	冬季
蓟州	1.7	2.0	1.7	1.5	1.6
市区	1.9	2.4	1.8	1.6	1.8
武清	2.4	3.0	2.1	2.1	2.4
宝坻	2.3	2.8	2.0	1.9	2.4
东丽	2.9	3.5	2.5	2.6	2.8
西青	2.4	3.1	2.1	2.1	2.3
北辰	2.4	3.0	2.0	2.1	2.4
宁河	2.8	3.5	2.5	2.5	2.7
滨海新区北部	3.3	4.0	3.0	2.9	3.1
静海	2.4	3.0	2.3	2.1	2.1
津南	2.8	3.5	2.5	2.5	2.7
滨海新区中部	3.8	4.6	3.7	3.5	3.6
滨海新区南部	4.1	5.0	4.0	3.7	3.6

2.3.4.2 风速的时间变化

(1)年变化

天津地区风速季节性变化明显，由于天津地处平原地区，地形差异不大，因此各地风速的年变化特征基本一致。各季中，春季风速最大，冬季次之，秋季风速最小。各月中，4 月最大，平均风速为 2.5 m/s，8 月最小，平均风速为 1.5 m/s。

(2)日变化

天津地区风速存在明显的日变化特征，各季节的代表月风速最小值均出现在 06 时前后，最大值出现时间基本在午后，但时间略有差异。4、7 月最大值出现在 15—17 时；1、10 月最大值出现在 12—13 时。风速的日变化与当地太阳辐射有着密切联系。

(3)年际变化

1961—2016 年，天津地区风速呈显著减小趋势，并存在明显的年代际振荡。1980 年之前平均风速为 3.0 m/s，之后风速逐步减小，1981—2000 年平均风速为 2.0 m/s，2000 年之后平均风速仅为 1.5 m/s。风速减小有诸多因素，但最主要的原因是大气环流的变化和城市化的影响。包括中国北方在内的北半球中高纬度地区明显变暖，改变了中纬度大气的温压结构和对流层中上层平均西风环流特征，减弱温带气旋锋生作用；另一个明显的后果是冬、春季寒潮势力减弱，这和冬季地面西伯利亚高压平均强度减弱及春季温带气旋数量下降是对应的，北方平均风速和大风日数的长期下降就是上述温压场和环流变化的直接反映(张莉等，2003)。除此之外，城市快速发展，增加了大量高大建筑物，改变了城区下垫面的性质，增大了下垫面的粗糙度，进而导致风速的减少。

2.3.4.3 风向变化

天津地区的风场主要受东亚季风环流的支配及与其相配合的天气系统的影响。天津市年均和四季风玫瑰图见图 2.64。冬季的蒙古冷高压在向东南方向扩散时，从西北或东北路

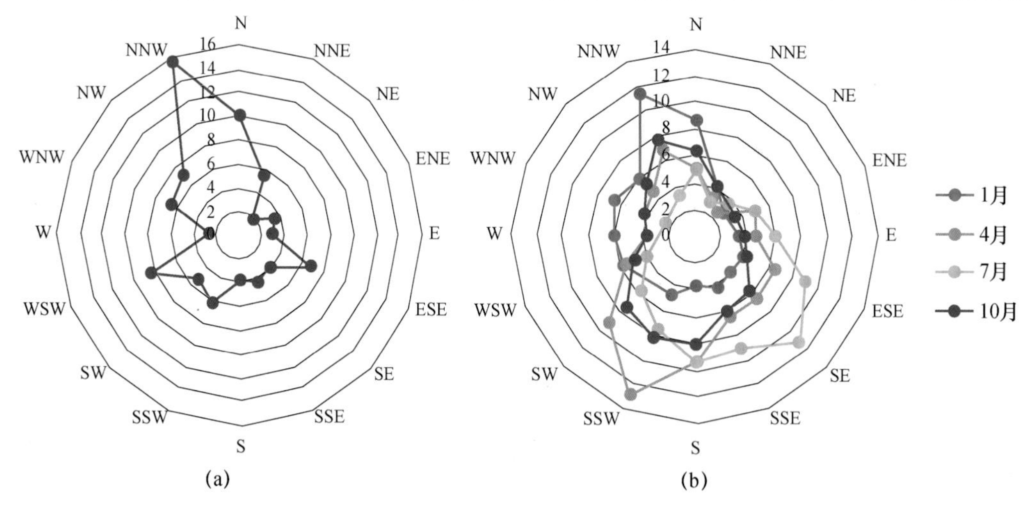

图 2.64 天津市年均(a)和四季代表月(b)风玫瑰图(1981—2010 年)

(春、夏、秋、冬季分别以 1、4、7、10 月代表，余同)

径影响天津市,常产生较大偏北风。春季东北低压频繁出现,天津处在低压的东南部,受其影响,西南风较大;在气压场上,华北平原的地形槽易在春季形成,也对天津的西南风起到一定的增幅作用;春季大陆上的变性冷高压东移入海后,叠加在较冷的海面上,使其再度加强,天津市处在入海高压的西部,往往造成较大的西南风。夏季,西北太平洋副热带高压不断西进、北抬,天津处在其西北部边缘,形成"南高、北低"的气压场分布,此时多为弱偏南风;盛夏季节,由于海洋与陆地的温度差较大,东部沿海地区海陆风的特征十分明显,也使得天津的东南风偏多。秋季是从夏到冬的过渡季节,时间短,且多风和日丽的天气,往往在秋末冬初有寒潮暴发时,偏北风较大。从天津市年和四季不同方位对应的风速来看(表2.29),除夏季外,年和其他季节均为偏北风较大,夏季则偏东风较大。

表2.29 天津市年均和四季代表月不同方位对应的风速(m/s)

风向	N	NNE	NE	ENE	E	ESE	SE	SSE	S	SSW	SW	WSW	W	WNW	NW	NNW
年均	5.3	2.7	1.5	4.0	3.2	3.0	1.9	1.4	1.8	2.4	1.8	2.2	2.3	2.7	2.9	6.8
1月	3.7	2.5	2.1	2.5	2.7	2.1	1.6	1.7	1.6	1.8	1.9	2.0	2.0	3.0	3.0	4.8
4月	4.2	2.8	3.0	3.4	3.7	3.7	2.7	2.6	2.7	3.3	3.3	3.3	2.9	3.9	4.7	5.3
7月	2.4	2.1	2.1	2.7	2.5	2.5	2.3	2.1	2.1	2.3	2.1	2.1	2.1	2.2	2.2	2.5
10月	3.0	2.3	2.1	2.9	2.9	2.1	1.8	1.7	1.8	2.0	2.1	2.1	2.0	3.1	3.3	3.8

2.4 气 压

2.4.1 平均气压的空间分布

京津冀地区各地气压在856.3～1016.8 hPa,气压的高低与海拔高度密切相关,一般随高度升高按指数律递减,因此京津冀地区的气压分布与海拔高度的空间分布相反,呈现自东南向西北递减的分布规律(图2.65)。在海拔高度低于100 m的广大平原,气压基本在1000 hPa以上,最大值出现在天津;张家口北部地区气压低于900 hPa,最小值出现在张家口康保县;其他地区均在900～1000 hPa。

2.4.2 平均气压的年内变化

气压的高低除与海拔高度密切相关外,还与气温有关,气温越高,气压越低,因此气压存在明显的年变化,一年之中,冬季比夏季气压高。从平均气压的年变化(图2.66)可以看出,气压变化呈"V"字形,从1月到7月逐月递减,7月平均气压达最低值,为979.8 hPa,从7月到12月逐月递增。其中最高值为1001.9 hPa,出现在1月。京津冀地区主要城市代表站年、月平均气压情况见表2.30。

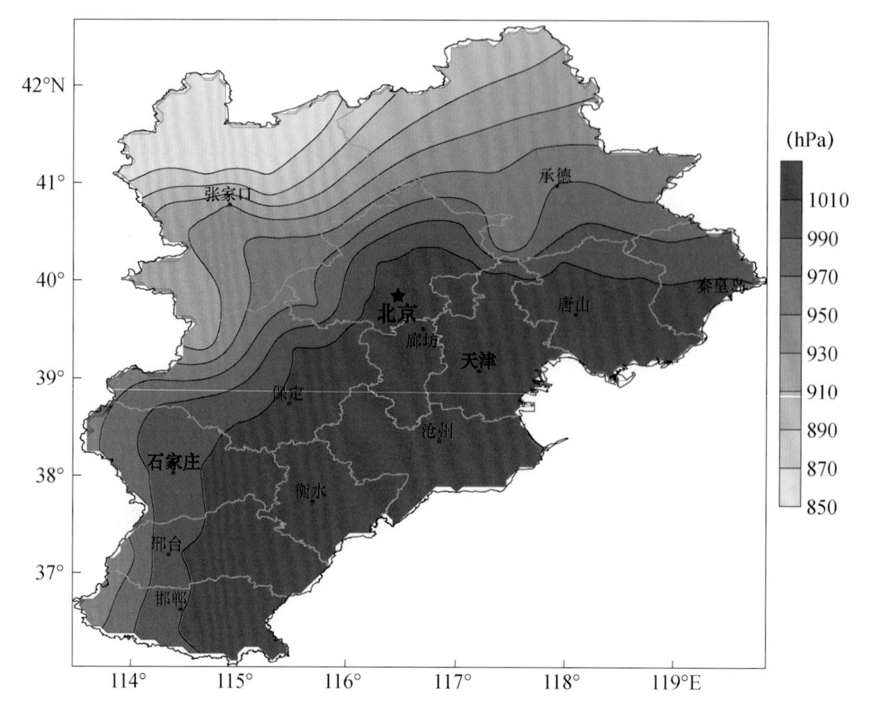

图 2.65 京津冀地区年平均气压空间分布

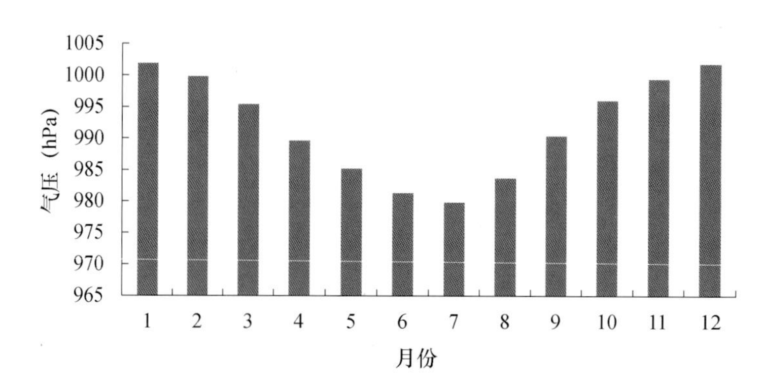

图 2.66 京津冀地区平均气压的年内变化

表 2.30 京津冀地区主要城市代表站年、月平均气压(hPa)

站名	1月	2月	3月	4月	5月	6月	7月	8月	9月	10月	11月	12月	年均
北京	1023.1	1020.8	1015.8	1009.3	1004.4	1000.3	998.7	1002.7	1009.7	1015.9	1020.0	1022.7	1012.0
天津	1028.0	1025.8	1020.9	1014.3	1009.3	1005.0	1003.3	1007.3	1014.4	1020.6	1024.8	1027.6	1016.8
石家庄	1017.8	1015.5	1010.6	1004.4	999.6	995.1	993.6	997.7	1004.7	1010.8	1014.9	1017.5	1006.9
唐山	1024.6	1022.5	1017.7	1011.3	1006.5	1002.4	1000.7	1004.5	1011.5	1017.6	1021.5	1024.1	1013.7
秦皇岛	1027.3	1025.3	1020.7	1014.3	1009.5	1005.6	1003.7	1007.3	1014.1	1020.2	1024.1	1026.6	1016.6
邯郸	1020.5	1018.1	1013.3	1007.1	1002.4	997.7	996.1	1000.0	1007.3	1013.4	1017.5	1020.3	1009.5
邢台	1017.5	1015.2	1010.4	1004.3	999.5	995.0	993.4	997.5	1004.6	1010.7	1014.6	1017.3	1006.7

续表

站名	1月	2月	3月	4月	5月	6月	7月	8月	9月	10月	11月	12月	年均
保定	1026.0	1023.7	1018.7	1012.1	1007.1	1002.6	1001.0	1005.1	1012.3	1018.6	1022.8	1025.6	1014.6
张家口	939.4	937.4	934.0	929.7	926.8	923.8	922.9	926.6	932.1	936.4	938.4	939.7	932.3
承德	980.1	978.1	974.0	968.7	964.9	961.8	960.7	964.5	970.5	975.4	978.2	979.9	971.4
沧州	1027.3	1025.0	1020.0	1013.5	1008.5	1004.0	1002.3	1006.3	1013.5	1019.8	1024.0	1026.9	1015.9
廊坊	1026.6	1024.3	1019.3	1012.7	1007.8	1003.5	1001.9	1005.9	1012.9	1019.1	1023.3	1026.1	1015.3
衡水	1025.7	1023.4	1018.4	1012.0	1007.0	1002.4	1000.8	1004.8	1012.1	1018.3	1022.5	1025.4	1014.4

2.5 太阳辐射

太阳以电磁波或粒子形式向外发射的能量，称为太阳辐射。太阳辐射是大气中发生的一切物理过程和天气现象的能量来源，也是气候形成的基本要素之一。直接辐射是指太阳辐射通过大气直接到达地球表面的辐射，散射辐射是指太阳辐射经大气、云、气溶胶等散射而产生的辐射，这二者之和称为太阳总辐射，其大小受到天文辐射、大气透明度、云状、云量、海拔高度等的影响。

2.5.1 辐射计算方法

(1)总辐射计算方法

由于京津冀地区并非每个区域站点都具有完整的辐射观测数据，因而本书采用以下经验公式计算各站的太阳总辐射：

$$Q = Q_0(a + bS_1) \tag{2-2}$$

式中：Q_0 为月(年)天文辐射量；S_1 为当月(年)日照时数百分率；a、b 为经验回归系数，根据站点附近的日射站观测资料，利用最小二乘法求出。

(2)直接辐射计算方法

辐射比是直接辐射在总辐射中所占的比例，采用经验系数 a、b 法获取无辐射观测站(1—12月)月总辐射的估算值，然后通过无辐射气象站附近邻近几个日射站的辐射比值，推算出该站的辐射比，进而求得太阳直接辐射量。

2.5.2 年太阳辐射的空间分布

2.5.2.1 年太阳总辐射的空间分布

京津冀地区年太阳总辐射量为 4828～5891 MJ/m^2，其总体分布趋势为北高南低，中部东西横向由边缘趋于中间呈递减特性。除中南部和东部部分地区年太阳总辐射小于 5200 MJ/m² 外，其他地区均在 5200 MJ/m² 以上，其中，冀西北及冀北高原为 5600～5891 MJ/m²，属总辐射最多地区；长城以南大部分地区年太阳总辐射一般为 5000～5400 MJ/m²，个别地区低于 5000 MJ/m²，尤其是容城、永清一带不足 4900 MJ/m²，为京津冀最低值区。

2.5.2.2 年太阳直接辐射的空间分布

如图 2.67 所示，京津冀各地的太阳直接辐射量为 2299～3274 MJ/m²，其分布趋势与总辐射分布趋势基本一致，呈现北高南低的态势。太阳直接辐射的地理分布以纬度为划分标准，差异明显。冀北高原一带年太阳直接辐射均在 3000 MJ/m² 以上，其中西北部超过 3200 MJ/m²，属京津冀地区年太阳直接辐射最多的地区；中部平原地区的年太阳直接辐射一般为 2800～3000 MJ/m²，其中保定东部、廊坊北部的近北京南部一带有少部分地区的年太阳直接辐射在 2800 MJ/m² 以下；平原以南的地区年太阳直接辐射都在 2800 MJ/m² 以下，其中冀西南部分地区的年太阳直接辐射量更低，在 2600 MJ/m² 以下，为整个京津冀地区的低值区。

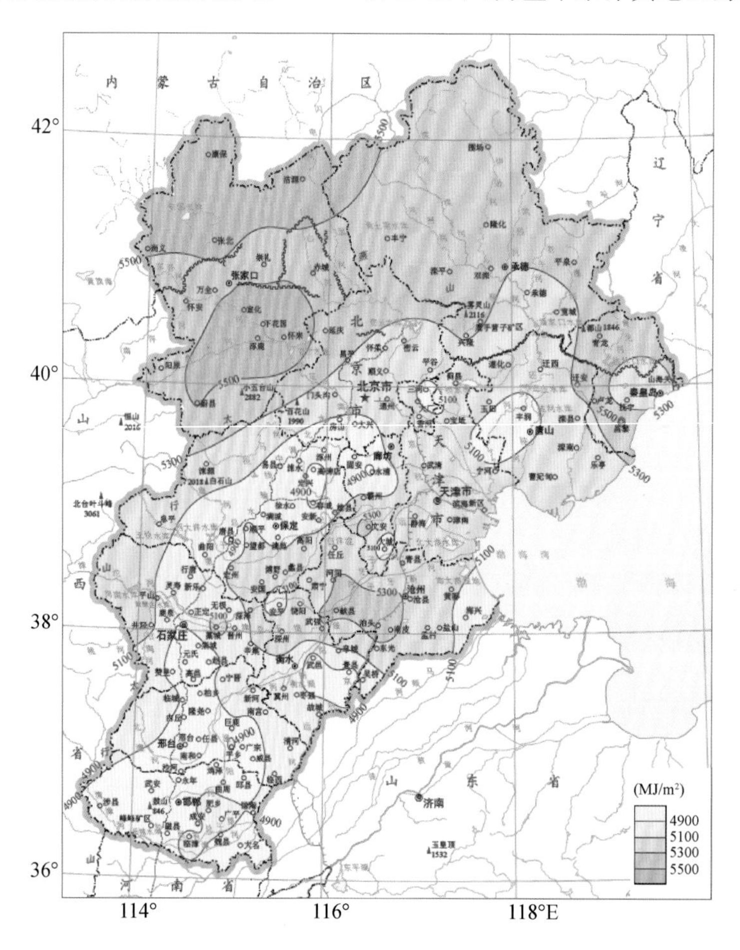

图 2.67　1981—2018 年京津冀太阳总辐射的空间分布

2.5.2.3 太阳散射辐射的空间分布

年太阳散射辐射的分布趋势与年太阳总辐射、年太阳直接辐射的分布差异较大。承德大部分区域、张家口东部、唐山市及秦皇岛西北部均在河北省东北部地区，呈现连续大范围的低值区，另外，在保定的东部、保定与石家庄市域交界的中部地区也呈现小范围的低值区，年太阳散射辐射量为 2100～2200 MJ/m^2；除此之外的大部分地区年太阳散射辐射量都在 2200～2300 MJ/m^2，其中秦皇岛与唐山市域交界的部分沿海地区、沧州中西部地区、衡水与邢台市域交接的东部地区及张家口西南小部分地区呈现零散而不规则的高值区，这些区域的年太阳散射辐射量均在 2300～2500 MJ/m^2。

2.5.3 北京市太阳总辐射特征

(1)年际变化

从年太阳总辐射的年际变化曲线来看(图 2.68)，北京观象台太阳总辐射在 1993—2018 年呈增加趋势，线性趋势为 178.6 MJ/(m^2 · 10 a)。

如图 2.68 所示，北京地区 1993—2018 年太阳总辐射的多年平均值为 4997.86 MJ/m^2。最大值为 2017 年的 5721.03 MJ/m^2，最小值为 2003 年的 4446.1 MJ/m^2。年总辐射的大小，主要取决于当年云量和日照的多寡。连阴雨日数多，云量多，日照时数少，年总辐射值小，反之亦大。

图 2.68 北京观象台太阳总辐射的年际变化

(2)年内变化

如图 2.69 所示，北京市太阳总辐射的年变化曲线为单峰型。1—5 月，随着太阳高度角的增大及白昼的延长，总辐射亦递增，5 月增至最大，其值为 645.16 MJ/m^2；尽管 6 月太阳高度角及昼长达到最大，但 6 月的阴雨日数及天空云量比 5 月要多，日照时数相应要少，故 6 月总辐射反而不及 5 月大。从 6 月开始至 12 月，则随太阳高度角的减小及昼长的缩短而逐月递减，到 12 月降到最小值(223.79 MJ/m^2)，约为最大值的 1/3。

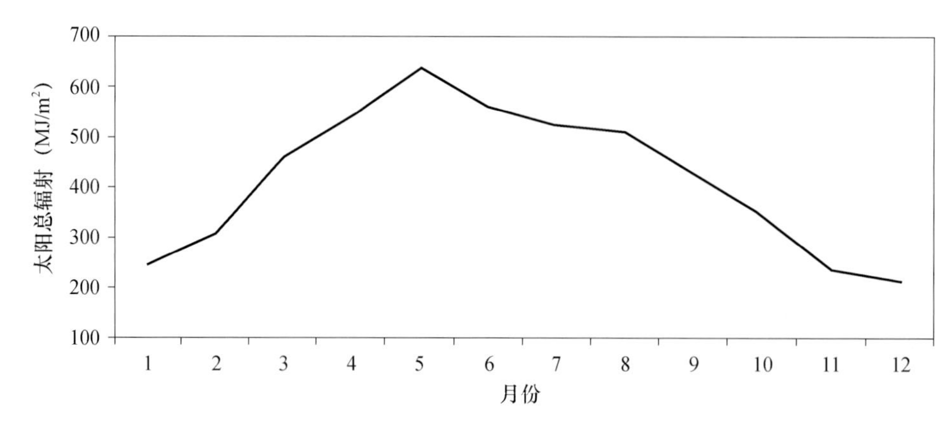

图 2.69　北京观象台太阳总辐射的年内变化

从四季来看，一年之中的太阳总辐射以春季（3—5 月）和夏季（6—8 月）最大，冬季（12 月至翌年 2 月）最小，秋季（9—11 月）介于春、夏、冬季之间。

（3）空间分布

从北京市太阳总辐射分布（图 2.70）可以看出，北京地区太阳总辐射呈南、北多，中部少的形态。南部多是由于纬度低，太阳高度角大，太阳辐射强度大。北部山区多是因为海拔高、空气稀薄，对太阳辐射的削弱和阻挡作用小造成的。平原地区和市区太阳总辐射小，是由于人口密集、人类活动排放的硫化物、氮氧化物、一氧化碳和极细微的干尘粒等污染物影响大气透明度，城市日照时数减少，太阳总辐射被削弱。东北部上甸子、汤河口一带及延庆盆地全年总辐射在 5300 MJ/m² 以上，平原地区大多在 5000～5100 MJ/m²。

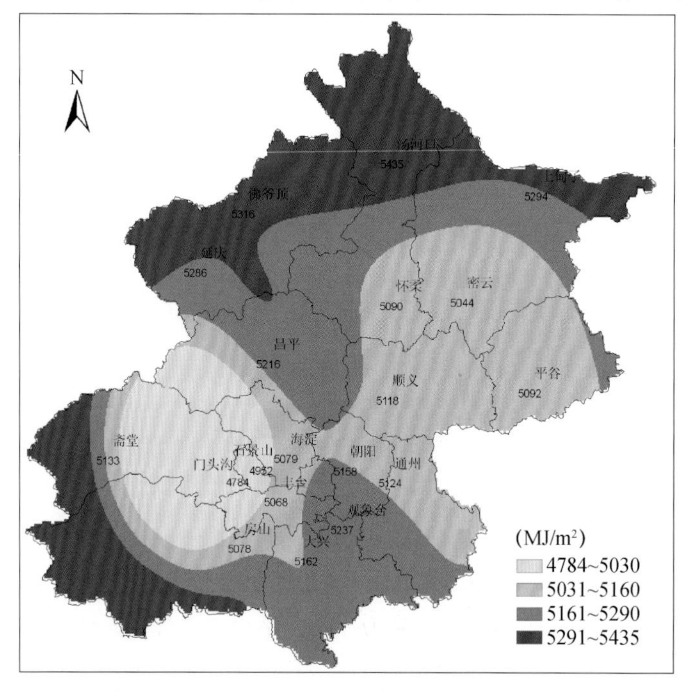

图 2.70　北京地区太阳总辐射年值空间分布

北京地区四季太阳总辐射的分布(图 2.71)与年太阳总辐射的分布形态基本一致。

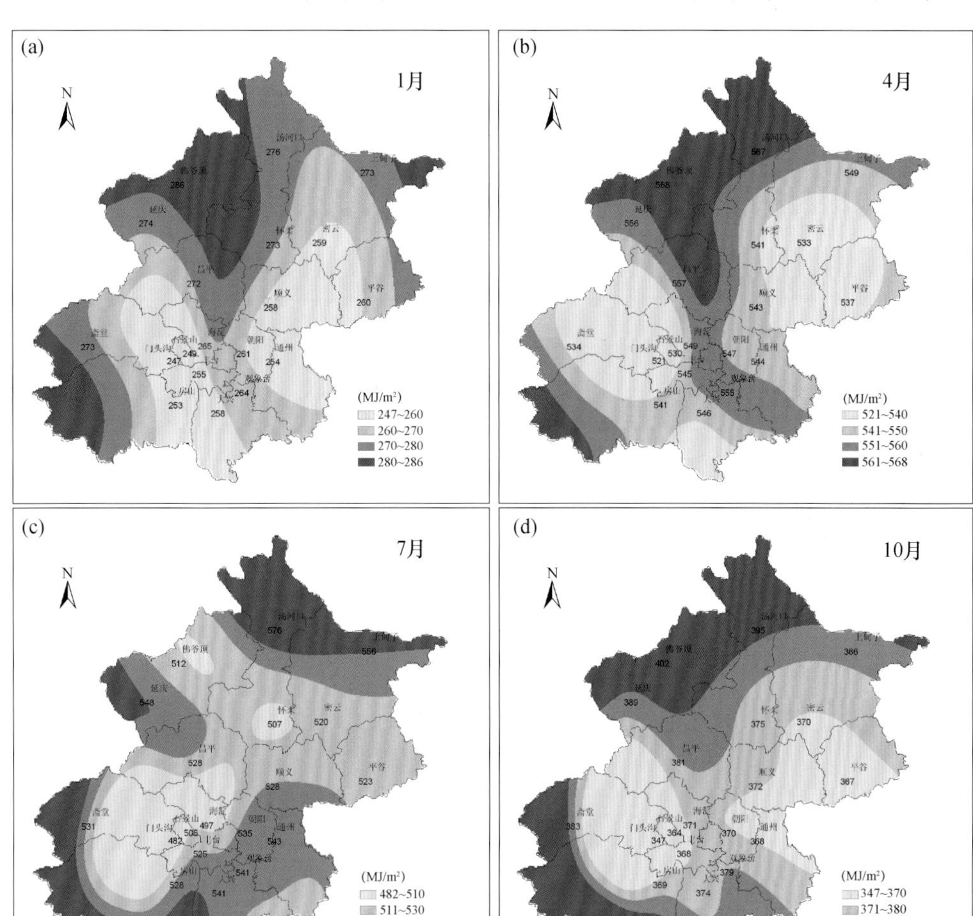

图 2.71　北京地区四季太阳总辐射空间分布图

(a)春季;(b)夏季;(c)秋季;(d)冬季

2.5.4　天津市太阳总辐射特征

天津地区年总辐射的多年平均值为 4934.3 MJ/m²(1993—2018 年),年际变化较大,年最大值达到 5713.0 MJ/m²(2014 年),年最小值为 3883.6 MJ/m²(1996 年)。一年之中的总辐射值,夏季(1652.4 MJ/m²)和春季(1615.9 MJ/m²)较高,占全年的 65%,秋季(1028.7 MJ/m²)和冬季(737.6 MJ/m²)较小。

天津市太阳总辐射的年变化曲线为单峰形。太阳总辐射从 1 月开始增加,到 5 月达到最高值(630.2 MJ/m²),之后明显降低,至 12 月达到全年最低值,为 214.0 MJ/m²,仅为最大值的 1/3。4—8 月是总辐射较大的时期,占全年总辐射量的 56%。太阳辐射的变化与太阳高度角的变化及日照时数有关。

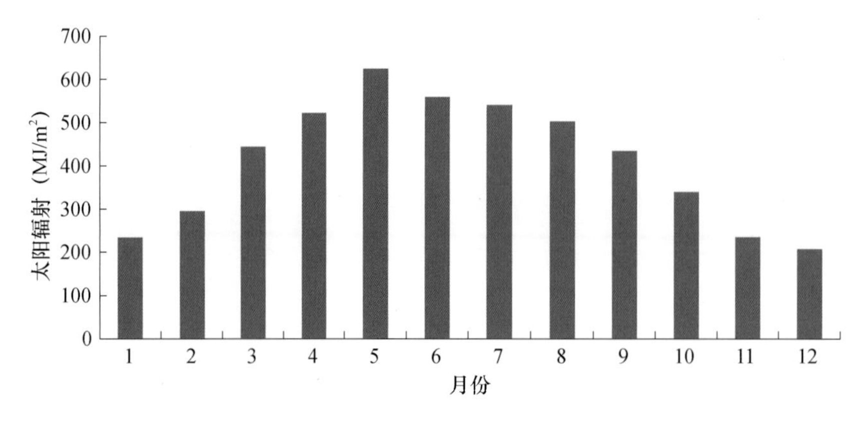

图 2.72 天津市太阳辐射年内分布

2.6 蒸 发

液态或固态物质转变为气态的过程,称为“蒸发”。气象学上主要指液态或固态水转变为水汽的过程。“蒸发量”为在一定时段内,水由液态或固态变为气态的量。这里所用到的蒸发量资料为小型蒸发皿蒸发量,即水面蒸发量。

2.6.1 水面蒸发量分布

京津冀地区年平均水面蒸发量(以下简称为蒸发量)为 1391.7～2094.3 mm。张家口东南部、沧州东部、石家庄西部和邢台西部年平均蒸发量高于 1950.0 mm,怀来高达 2094.3 mm;张家口东北部、承德、唐山北部和南部、秦皇岛北部、保定东北部、石家庄中部、衡水局部较小,在 1650 mm 以下;其他地区则为 1650～1950 mm(图 2.73)。

蒸发量的年变化呈单峰形,冀北高原、冀东平原、燕山丘陵 5 月最大,太行山前平原、太行山区 6 月最大,除太行山前平原 1 月最小,其他区域均在 12 月最小。春末 5 月和夏初 6 月,雨季未到,气候干燥少雨,多大风天气,加之日照多、升温快,蒸发速度加快,蒸发量增大。夏季 7、8 月温度虽高,但阴雨天气较多,使得蒸发量不如 5、6 月多。12 月、1 月气温低、雨雪少,蒸发量为全年最小。因此一年中春、夏季是蒸发量最大的时期,冬季最小。

冬季各地蒸发量为 77.4～211.1 mm。张家口、承德北部小于 105 mm,沽源仅 77.4 mm;太行山区较大,保定、石家庄、邢台和邯郸四市西部大于 165 mm,井陉最大为 211.1 mm;其他地区则在 105～165 mm(图 2.74)。

春季蒸发量明显增大,为 472.6～717.1 mm。崇礼最小为 472.6 mm,临城最大为 717.1 mm,绝大部分地区在 550 mm 以上(图 2.75)。

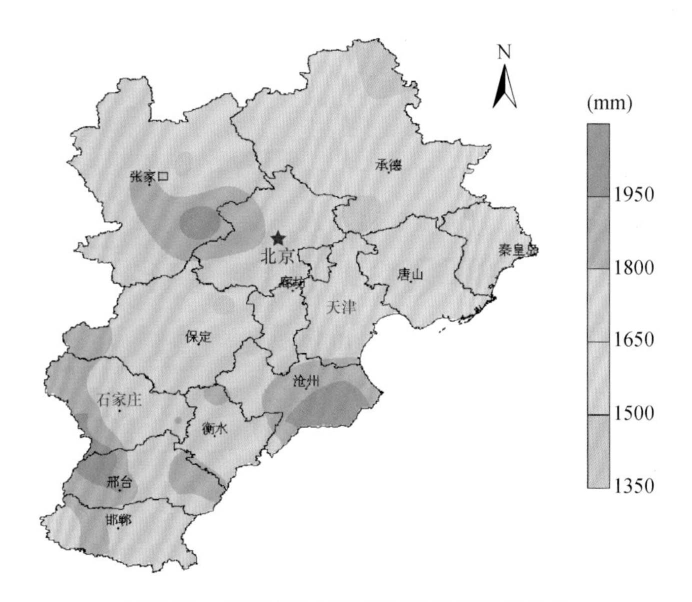

图 2.73　京津冀地区年平均蒸发量空间分布

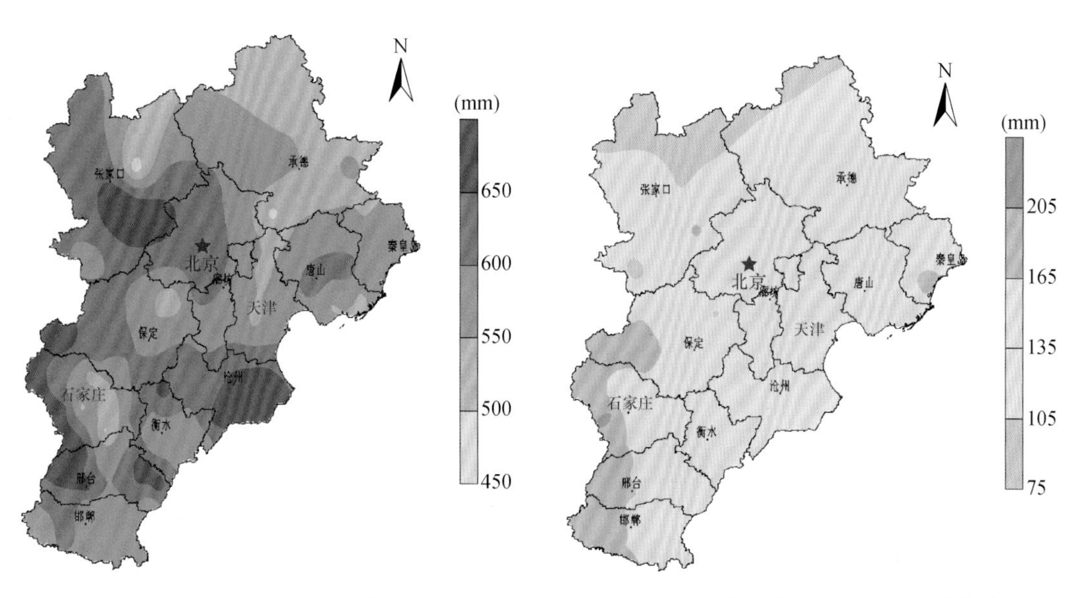

图 2.74　京津冀地区冬季平均蒸发量空间分布

图 2.75　京津冀地区春季平均蒸发量空间分布

夏季各地蒸发量为 515.8～814.2 mm。承德南部、秦皇岛北部、唐山东南部和保定局部蒸发量较小，不超过 560 mm；张家口西北部和东南部、沧州大部分区域、邢台大部分区域、石家庄、衡水、邯郸三市局部较大，在 680 mm 以上；其他地区则在 560～680 mm（图 2.76）。

秋季蒸发量明显减小，为 249.3～426.9 mm。承德大部分地区、张家口、保定、石家庄三市局部蒸发量小于 250 mm，高碑店最小为 249.3 mm；张家口中部和东南部、秦皇岛南部、太行山区及沧州大部分地区较大，超过 350 mm；其他地区在 250～350 mm（图 2.77）。

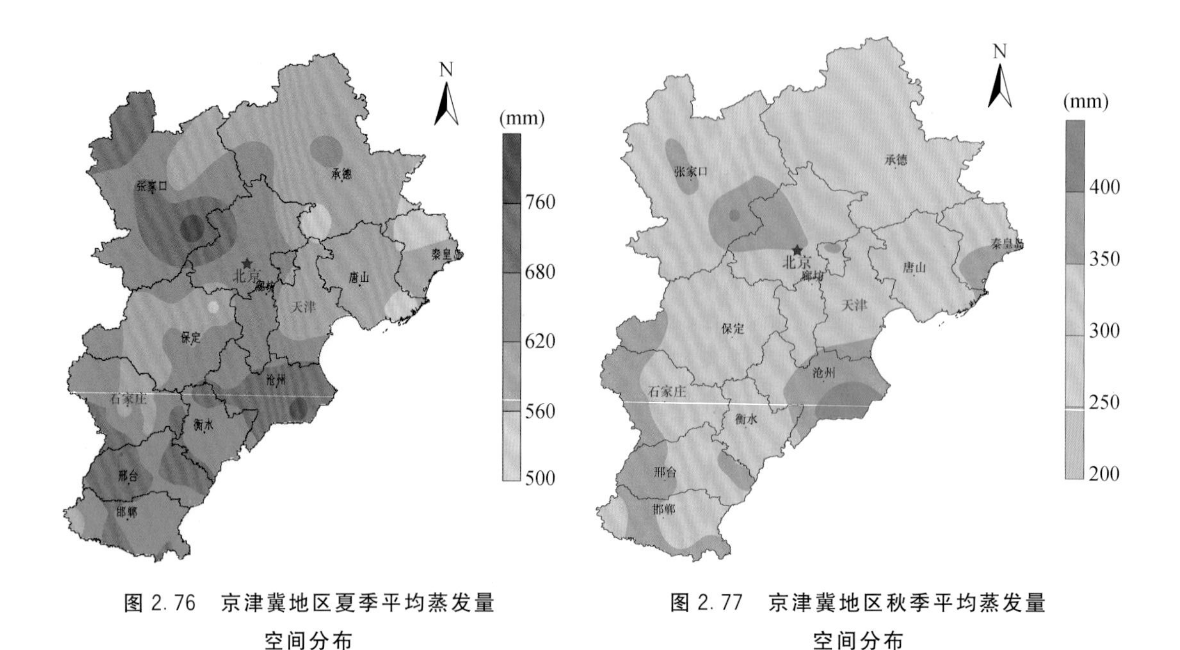

图 2.76　京津冀地区夏季平均蒸发量空间分布

图 2.77　京津冀地区秋季平均蒸发量空间分布

2.6.2　潜在蒸散分布

潜在蒸散，又称为参考作物蒸散，是在一定气象条件下水分供应不受限制时，某一固定下垫面可能达到的最大蒸发蒸腾量，它既是水分循环的重要组成部分，也是能量平衡的重要部分。潜在蒸散的长期观测资料很难获得，通常采用模型模拟得出。联合国粮农组织(FAO) 在 1998 年改进了彭曼-蒙特斯(Penman-Monteith)模型，计算得出假设平坦地面被水分充足的广阔绿色植被(高 0.12 m，表明阻力为 70 s/m，反射率为 0.23)全部覆盖情况下的蒸散量。该模型综合了空气动力学的湍流传输与能量平衡，考虑了植被的生理特征，在干旱和湿润条件下准确性都相对较高。

如图 2.78 所示，1981—2010 年京津冀地区年平均潜在蒸散为 818～1107 mm，张家口北部、承德大部分地区年均潜在蒸散不足 900 mm，张家口南部、北京西部、沧州大部分地区和邢台东部等地的常年潜在蒸散在 1050 mm 以上，其他地区为 900～1050 mm。

由图 2.79 所示，1 月，京津冀地区年均潜在蒸散超过 25 mm 的地区出现在北京、天津大部分地区、廊坊北部、沧州东部、石家庄西部、衡水东部、邢台和邯郸两市大部分地区，其中北京中部 1 月潜在蒸散最高，超过 30 mm；张家口北部、承德中部和北部 1 月潜在蒸散不足 15 mm，为潜在蒸散最少的地区，其他地区在 15～25 mm。

由图 2.80 所示，7 月，京津冀地区潜在蒸散也有两个高值区，出现在张家口和廊坊两市南部、沧州大部分地区、衡水大部分地区和邢台东部等地，其 7 月潜在蒸散在 140 mm 以上，张家口南部部分地区超过 147 mm，承德南部等地 7 月潜在蒸散最少，不足 125 mm，其他地区为 125～140 mm。

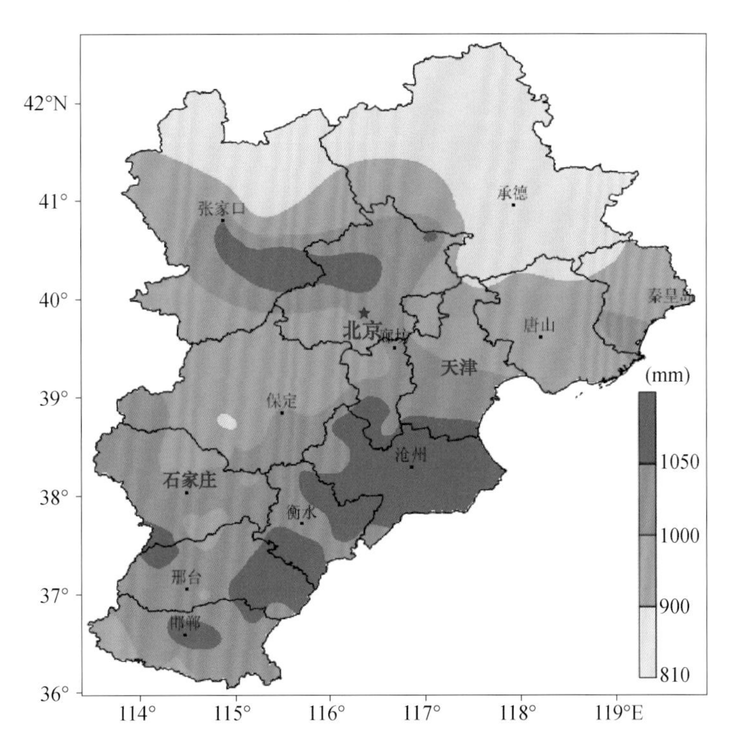

图 2.78　1981—2010 年京津冀地区年平均潜在蒸散空间分布

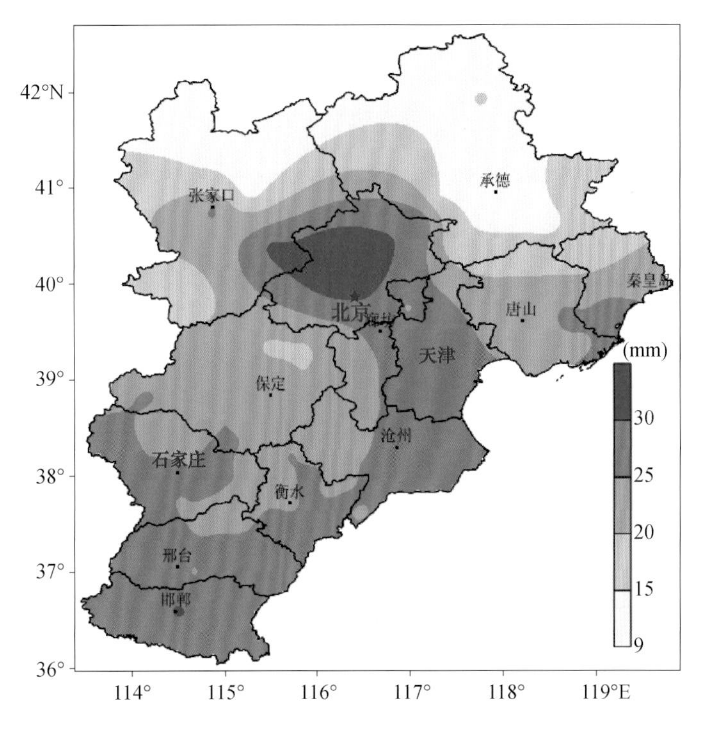

图 2.79　1981—2010 年京津冀地区 1 月平均潜在蒸散空间分布

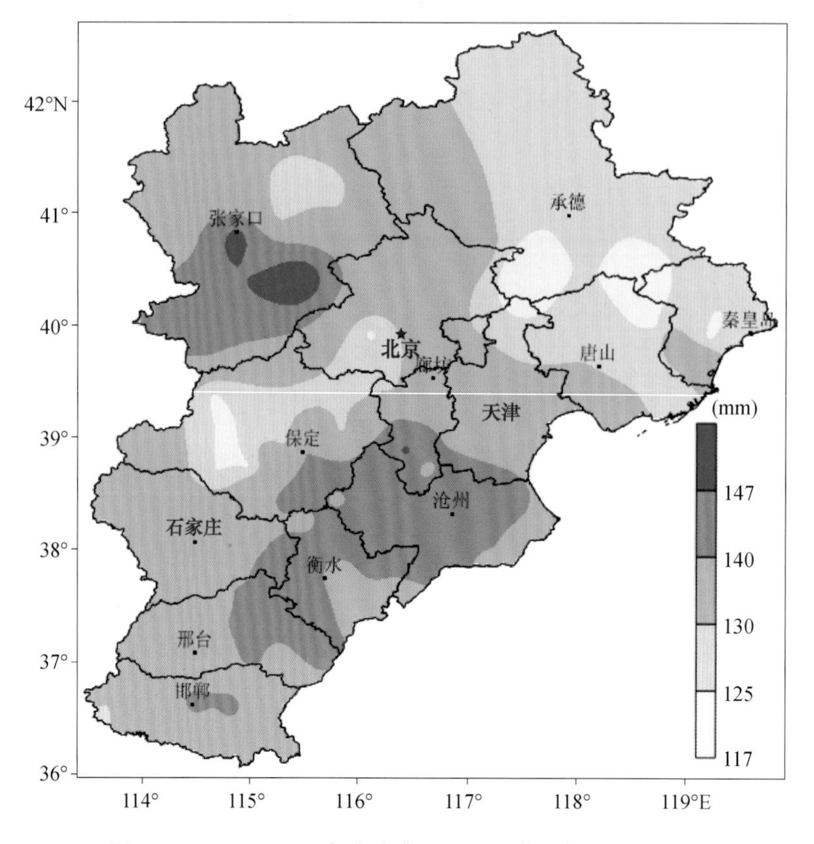

图 2.80　1961—2010 年京津冀 7 月平均潜在蒸散空间分布

2.6.3　北京市蒸发特点

蒸发量的大小是温度、风速等气象因子综合作用的结果，而气温是主要的影响因子，所以蒸发量的年变化与气温的年变化趋势大体一致。北京地区冬季气温最低，蒸发量最小；春季气温升高，风速大，蒸发量也最大；夏季气温虽比春季高，但风速和饱和差均比春季小，故夏季蒸发小于春季；入秋后，气温降低，蒸发量逐渐减少。

由图 2.81 可知，北京地区年平均蒸发量的分布趋势是从东南向西北递减。年平均蒸发量最小值为 1478.6 mm，出现在霞云岭地区，因为该地区日照少、温度低、风速小；年平均蒸发量最大区为日照多、气温较高、风速大的上甸子、汤河口及平原区，年平均蒸发量都在 1700 mm 以上(表 2.31)。

表 2.31　北京地区气象站年平均蒸发量统计表(1961—2013 年)

站名	年平均蒸发量(mm)	站名	年平均蒸发量(mm)
观象台	1955.1	朝阳	1707.3
海淀	1848.7	昌平	1899.6
延庆	1605.5	斋堂	1642.9

续表

站名	年平均蒸发量(mm)	站名	年平均蒸发量(mm)
佛爷顶	1483.6	门头沟	1661.6
通州	1971.7	顺义	1801.3
汤河口	1823.9	石景山	1674.9
密云	1654.9	丰台	1826.8
怀柔	1654.8	大兴	1776.1
上甸子	1854.3	房山	1636.4
平谷	1492.2	霞云岭	1478.6

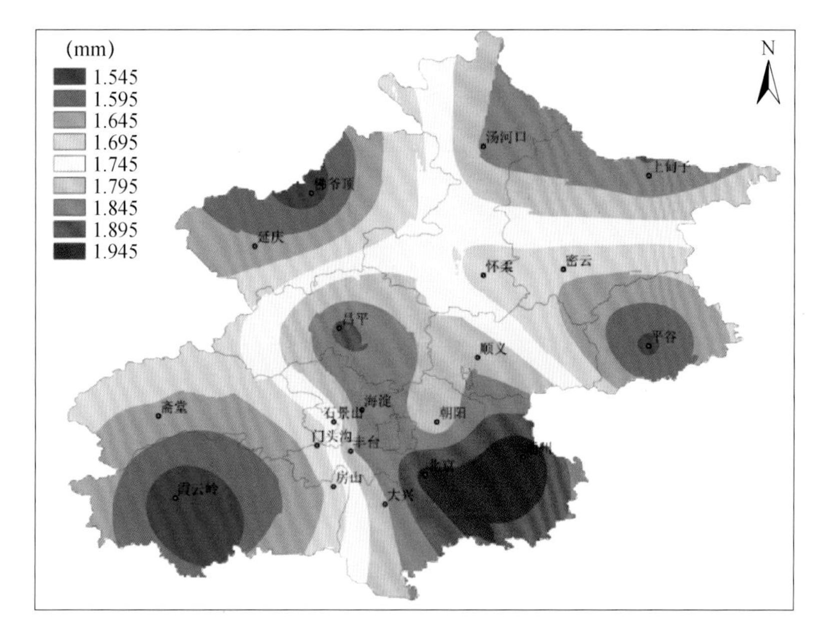

图 2.81　1961—2013 年北京地区年平均蒸发量空间分布

2.6.4 天津市蒸发特点

采用联合国粮农组织(FAO)在1998年推荐的Penman-Monteith模型计算了天津地区的潜在蒸散量,时空分布特征如下。

(1)空间分布上(图2.82),天津市年平均潜在蒸散量从西北向东南递增,西青、北辰、宁河及以北地区均低于1000 mm,东南部地区均高于1000 mm。各地潜在蒸散量为905.0～1101.4 mm,滨海新区中部最大,北部蓟州区最小。

(2)时间分布上(图2.83),天津市年平均蒸散量为993.3 mm,1961—2016年,天津市平均年蒸散量呈显著的减少趋势,平均每10 a减少16.33 mm。20世纪60—80年代总体偏大,90年代接近多年平均值,进入21世纪以来总体偏小,多数年份低于多年平均值。潜在蒸散量最大值为1159.1 mm,出现在1968年,最小值为874.4 mm,出现在1964年。

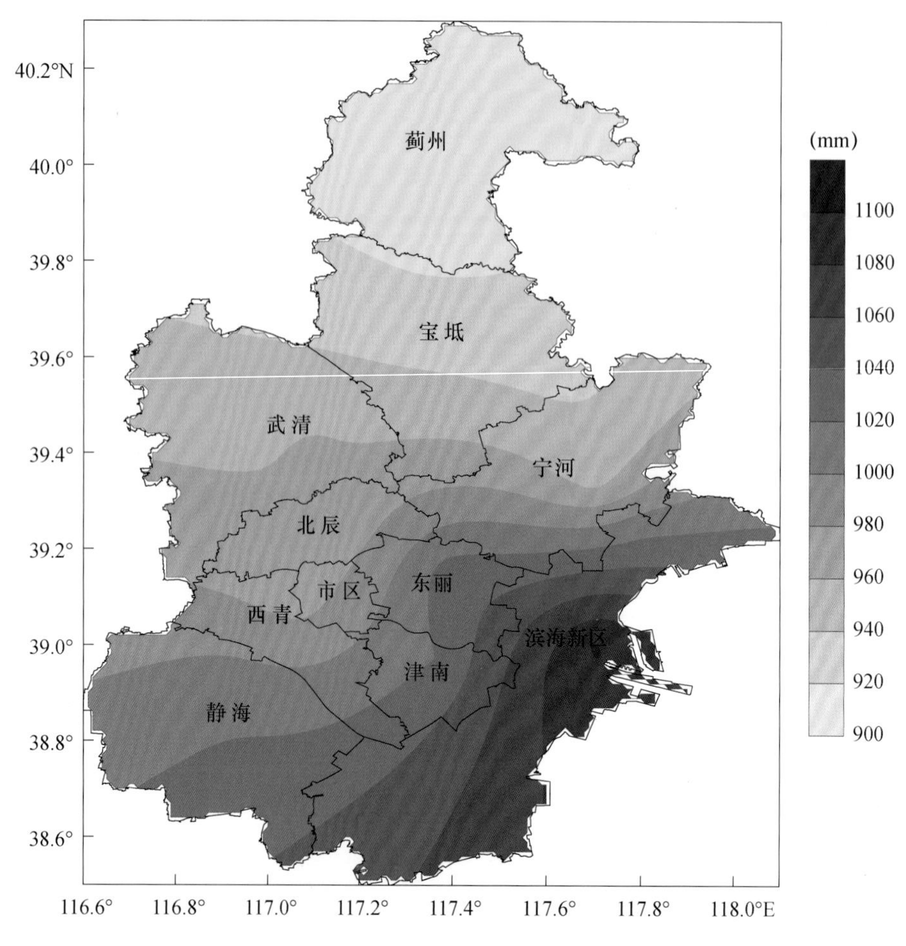

图 2.82　1961—2016 年天津市潜在蒸散量空间分布

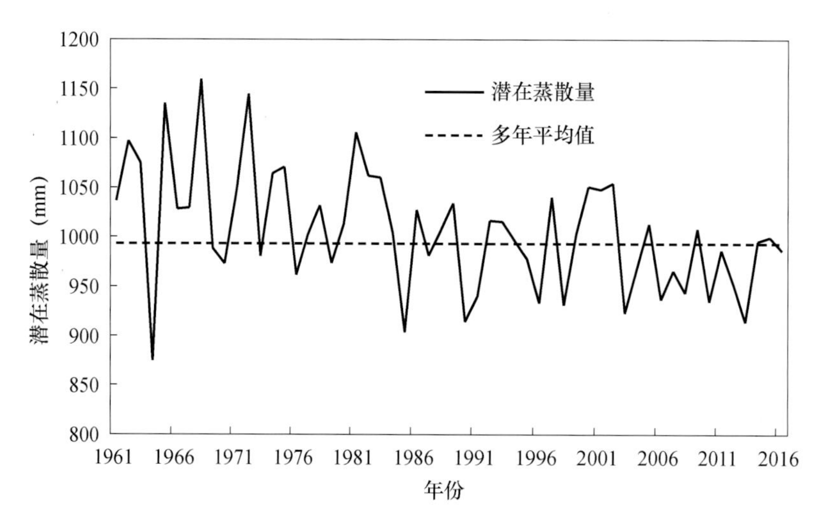

图 2.83　1961—2016 年天津市潜在蒸散量的年际变化

第3章 影响京津冀地区气候的主要气候因子和环流特征

3.1 京津冀地区平均环流特征

3.1.1 夏季环流特征

夏季(6—8 月)是夏季风逐步加强并进入全盛时期,京津冀地区夏季主要气候特点是高温、高湿、多雨且雨量集中。

3.1.1.1 中高层环流场特征

对流层上部南亚高压的出现是夏季大气环流的明显特征,从 200 hPa 平均高度场与风场可以看出(图 3.1a),南亚高压覆盖了青藏高原及邻近地区的上空,呈东西带状分布,其中心环流等高线值为 12500 gpm。35°～45°N 为西风急流带,40°N 附近西风风速最大,夏季平均风速达 24 m/s,从中心向南、北两侧递减,华北地区处于急流轴下方,有利于上升运动的加强,易出现暴雨、强对流天气。

图 3.1b 为夏季 500 hPa 平均高度场、风场和温度场,它反映了对流层中层温压场的基本特征:①欧亚大陆上空,在 35°N 大陆以北为偏西气流控制,西风带槽脊不明显,在亚洲东岸,副热带高压北侧有一弱脊,而巴尔喀什湖和贝加尔湖以东分别有两个浅槽;②表征西风带活动的 5760 gpm 特征等高线平均位置在 40°N 附近;③35°N 以南地区为副热带高压控

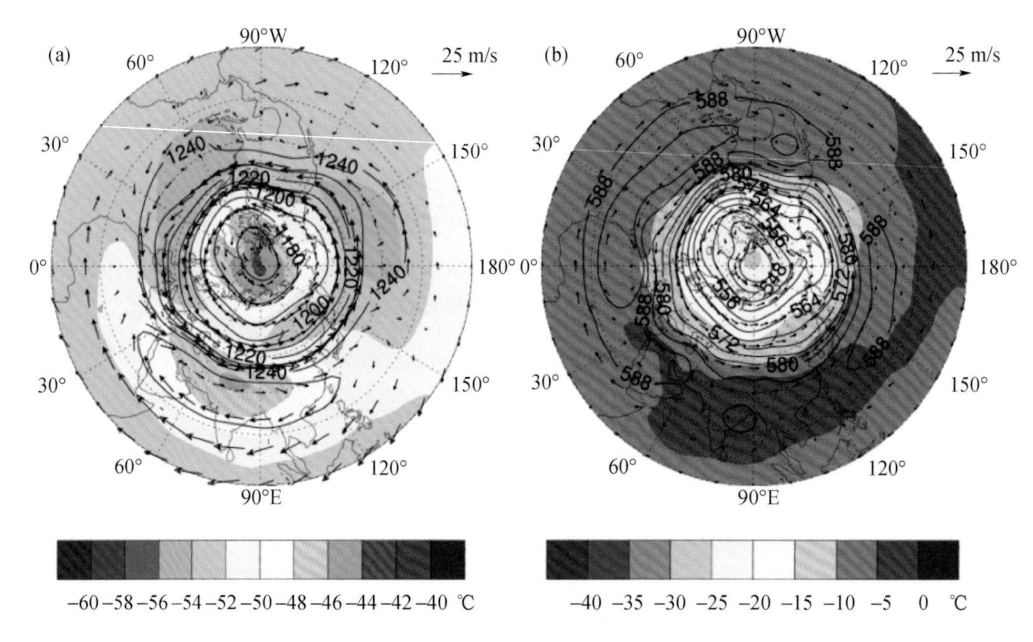

图 3.1 1981—2010 年 200 hPa(a)及 500 hPa(b)夏季平均高度场(等值线,单位:dagpm)、风场(箭矢)和温度场(色阶)

制，平均脊线位于25°N附近，30°N以南地区为5840 gpm线控制，而副热带高压主体位于海上；④中国40°N以南的大部分地区为−5 ℃等温线控制。

3.1.1.2 对流层低层环流场特征

从850 hPa风场和温度场的多年平均看(图3.2a)，由于印度季风低压的发展和西太平洋副热带高压的加强北进，京津冀地区盛行西南风，随着西南暖湿气流向北扩展，雨带也跟着向北推移。在850 hPa平均温度场上，中国中西部存在一个庞大的24 ℃暖中心，自中心有一暖脊自西南向东北伸向河北，京津冀地区的温度为18～20 ℃，对比500 hPa平均温度场(图3.1b)，京津冀地区温度为−10～−5 ℃，850 hPa和500 hPa温度差约为26 ℃，为不稳定层结，有利于强对流及暴雨的发生。

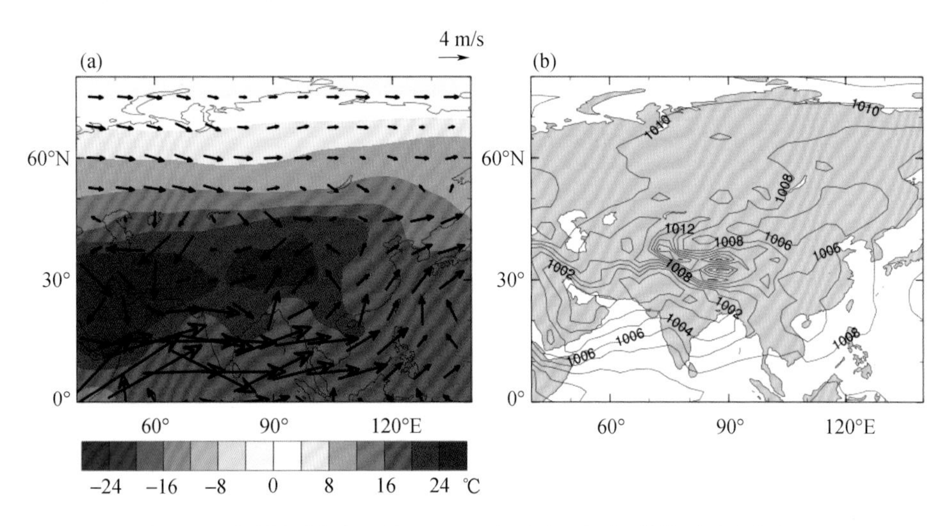

图3.2 (a)夏季多年平均850 hPa温度场(色阶，单位：℃)和风场；(b)夏季多年平均海平面气压场(单位：hPa)

3.1.1.3 海平面气压场特征

从夏季海平面气压平均场(图3.2b)可以看出，夏季东亚地区的明显特征是：东亚大陆为低压，太平洋为高压。低压中心位于中国—蒙古交界，京津冀地区处于低压前部、高压后部，总的来说常处于低压辐合带中，有利于低层辐合，形成大范围降水过程。

进入夏季后，冷空气势力明显减弱，地面冷高压很少南下到40°N以南，多为冷高压脊南伸，冷空气扩散南下。夏季前期(6月)伴随高空槽(冷涡)的冷锋活动，常常引起冰雹、大风、短时强降水等强对流天气发生。7月中旬以后，由于低纬度和海上暖湿气流逐步加强，副热带高压北抬，冷、暖气流常在京津冀地区形成对峙局面，此时出现的降水多呈现东北—西南向带状分布。

3.1.1.4 夏季旱、涝年环流特征

京津冀地区地处东亚夏季风边缘，既是旱、涝易发的气候脆弱区，也是水资源比较贫乏

的地区。由于受到东亚夏季风的显著影响，该地区夏季降水的年际和年代际变化很大，旱、涝是其主要气象灾害。近60多年来，京津冀地区的夏季降水量呈现减少趋势，干旱化持续加剧，但极端强降水事件时有发生。因此，深入认识和理解京津冀地区夏季旱涝年500 hPa高度场特征及其差异，对开展京津冀地区夏季旱、涝趋势预测具有重要意义。

利用1961—2015年京津冀地区气象台站逐日降水资料，计算该地区逐年夏季降水距平百分率（$RD\%$），规定区域$RD\%\leqslant-20\%$为偏旱，$RD\%\leqslant-30\%$为重旱（典型旱年）；$RD\%\geqslant30\%$为偏涝，$RD\%\geqslant50\%$为重涝（典型涝年）。据此统计出京津冀地区夏季偏旱年为1965、1968、1972、1983、1997、1999、2002、2007、2014、2015年，典型旱年为1968、1983、1997、1999、2014年；京津冀地区夏季偏涝年为1963、1964、1966、1967、1969、1973、1976、1977、1994、1995、1996年，典型涝年为1963、1973、1977、1996年。

图3.3给出了京津冀地区夏季典型旱年和涝年500 hPa高度场及距平场合成。从图中可以看出，典型旱年整个北半球呈"三槽三脊"型，亚洲中高纬度地区呈"两槽一脊"分布，环流异常使得极涡偏心，两个极涡中心分别在乌拉尔山和北美，相应乌拉尔山和北美的气候槽偏强，贝加尔湖至鄂霍茨克海地区上空有轴向呈东北—西南的高压脊发展，亚洲中高纬锋区呈西南—东北走向，锋区位置偏北，亚洲东部中纬度呈西高东低形势，距平分布呈"+、−"分布，西太平洋副热带高压面积偏小、偏南，西伸脊点偏东，不利于夏季风北上，印度低压偏弱（图3.3a）。

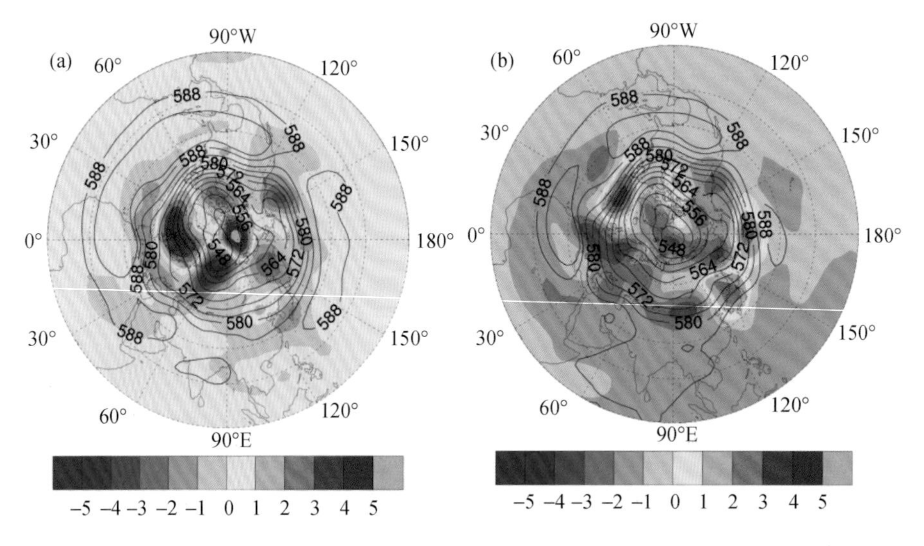

图3.3 夏季典型旱年(a)、涝年(b)7月500 hPa高度场、距平场(单位:dagpm)

而典型涝年500 hPa极涡收缩在北极附近，强度偏弱，低压槽位于贝加尔湖以东，亚洲上空乌拉尔山和鄂霍茨克海阻塞形势明显，亚洲东部中纬度地区呈东高西低分布，贝加尔湖冷空气不断南下。西太平洋副热带高压偏强，脊线偏北，西伸脊点偏西，接近中国东部沿海，有利于夏季风北上，印度低压偏强，与来自西南的暖湿气流在本地汇合。同时亚洲中部高压脊在旱年加强，涝年减弱（图3.3b）。

通过京津冀地区夏季典型旱年和涝年500 hPa高度场及距平场比较可知，西太平洋副热带高压和中高纬度的环流异常，对京津冀地区夏季旱、涝有举足轻重的影响。

3.1.1.5 夏季气温异常年环流特征

历史上，京津冀地区夏季曾出现过不同程度的高温、闷热天气，在对京津冀地区夏季气温异常年的环流特征进行分析时，以季平均气温距平≤−1.0 ℃为异常低温，季平均气温距平≥1.0 ℃为异常高温。据此统计出京津冀地区夏季气温异常偏低年为1969、1970、1973、1976、1979年，气温异常偏高年为1994、1997、2000年。

图3.4给出了京津冀地区夏季气温异常偏低年和异常偏高年7月500 hPa高度场及距平场合成。可以看到，在夏季气温异常偏低年(图3.4a)，500 hPa高度场上亚洲地区经向环流发展，乌拉尔山低槽偏东、偏强，青藏高原500 hPa位势高度偏低，印度低压偏弱，西太平洋副热带高压强度偏弱，西伸脊点偏东；而在夏季气温异常偏高年(图3.4b)，极涡明显偏弱，乌拉尔山低槽偏西、偏弱，印度低压偏强，京津冀地区高温主要受到大陆高压脊和副高的共同影响。

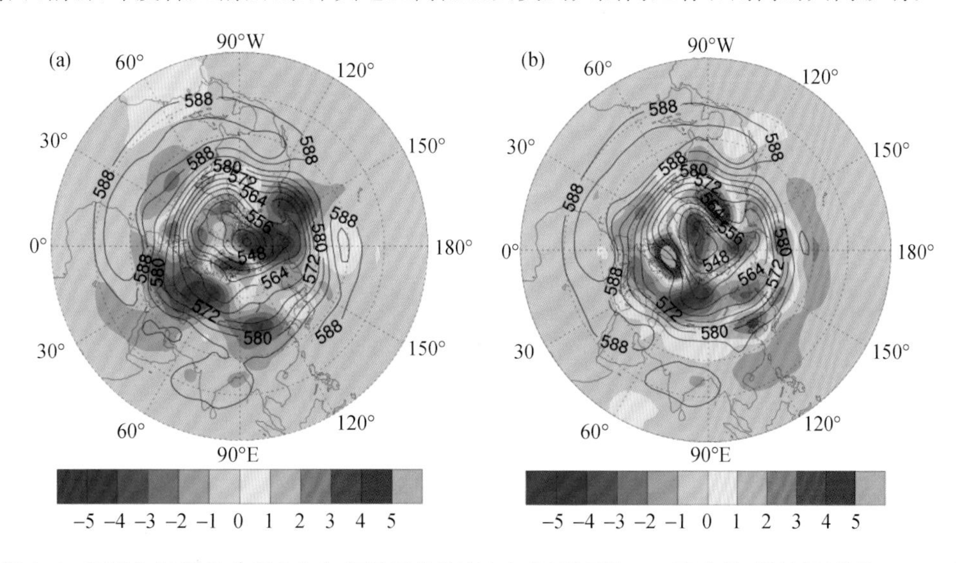

图3.4 夏季气温异常偏低年(a)、气温异常偏高年(b)7月500 hPa高度场、距平场(单位:dagpm)

3.1.2 冬季环流特征

冬季(12月至翌年2月)是全年太阳直射点纬度最南的季节，也是冬季风最显著时期，京津冀地区冬季的主要气候特点是寒冷、干燥、降水少、多雾/霾。

3.1.2.1 中、高层环流场分布特征

图3.5a为200 hPa冬季平均高度场、风场、温度场。北极冷涡向南伸展，冷空气南压，京津冀地区上空为平直西风气流。图3.5b为500 hPa冬季平均高度场、风场及温度场，欧亚大陆中高纬存在两个低槽，一个位于亚洲东部，即东亚大槽，另一个位于欧洲中部，较前者浅。温度槽的位置和高度槽基本一致。锋区位于25°～45°N，以黄河、长江中下游至日本南部上空一带为最强。在欧洲中部槽和东亚大槽间的青藏高原以北地区为一宽广的高压脊，华北处于槽后脊前的西北气流控制之下，由于不断有冷平流南下，与低层蒙古冷高压和冷锋

活动相配合，常造成一次次寒潮天气过程。当东亚大槽位置偏向西(从沿海退入大陆)，乌拉尔山高压脊建立时，是华北典型的寒潮形势。而在两次冷空气活动之间华北平原常出现雾、霾天气。从平均高度场和温度场还可以看出，控制华北的等高线在 5400～5560 gpm，而等温线在－30～－25 ℃。

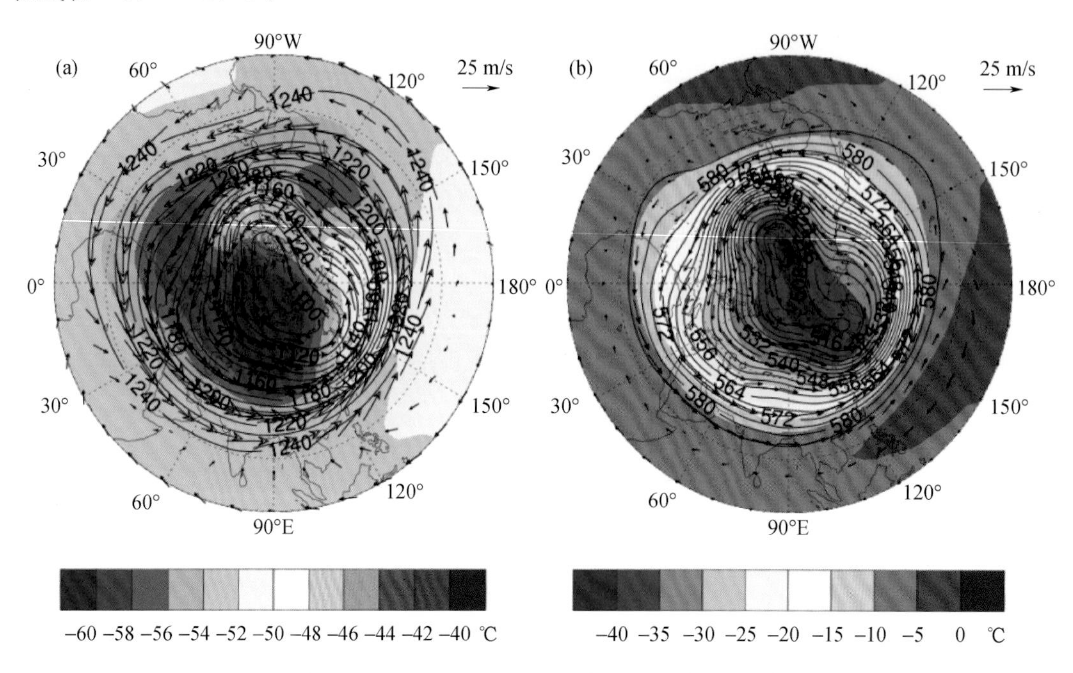

图 3.5 1981—2010 年 200 hPa(a)及 500 hPa(b)冬季平均高度场(等值线，单位：dagpm)、风场(箭矢)和温度场(色阶)

3.1.2.2 低层环流场分布特征

冬季，对流层下半部的西风带受到青藏高原阻挡分为南、北两支，绕过高原，向东流去。从 850 hPa 平均风场(图 3.6a)可以看出，北支气流自西向东从西南气流逐渐转为偏西气流，再转为西北气流汇入东亚大槽，中国长江以北的大部分地区受西北气流控制，京津冀地区的风向和等温线有一定交角，冷平流明显；南支气流经印度北部到孟加拉湾形成低槽或涡(气旋性旋转)，在低槽东、西两侧分别是两个反气旋环流，中心分别位于华南沿海和印度西部。从温度场还可以看出，华北处于－12～－4 ℃等温线之间。

3.1.2.3 海平面气压场特征

图 3.6b 给出了冬季海平面气压场的多年平均，可以看出明显的特征，两个半永久性活动中心的存在(朱乾根 等，2007)，即蒙古高压和阿留申低压，蒙古高压的中心强度平均为 1034 hPa，冬季风比较稳定。中国北部盛行西北—北气流，长江以南地区为北—东北气流，愈向南，偏东分量越大。当极地气团向东南移动，京津冀地区每隔 5～7 d 即可有强度不同的冷锋过境，温度急降、风速增大，有时伴有降雪。在两次冷空气活动间隙，平原地区常出现静稳形势，有利于雾、霾生成。

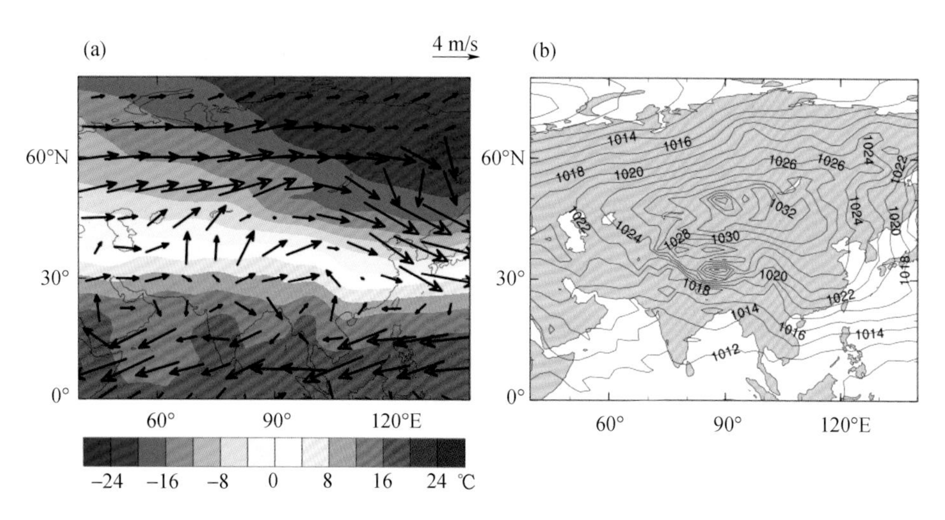

图 3.6 (a)冬季多年平均 850 hPa 温度场(色阶)、风场;(b)冬季多年平均海平面气压场(单位:hPa)

3.1.2.4 冬季气温异常年环流特征

京津冀地区冬季的气温有明显的年代际背景,偏冷年份主要集中在 20 世纪 80 年代中期以前,80 年代后期冬季气温明显升高,处于偏暖背景下,冬季偏冷、偏暖年的北半球环流形势存在明显的差异。

对 1961—2015 年京津冀地区冬季气温进行统计分析,以季平均气温距平≤−2.0 ℃为异常偏冷,季平均气温距平≥1.5 ℃为异常偏暖,据此统计出京津冀地区冬季异常偏冷年为 1964、1967、1968、1969、1970、1972 年,异常偏暖年为 1999、2002、2004、2007、2015 年。

图 3.7 给出了京津冀地区冬季气温异常偏冷年和偏暖年 1 月 500 hPa 高度场及距平场合成。从图中可以看到,在冬季异常偏冷年(图 3.7a)500 hPa 高度场上,北半球极涡中心一

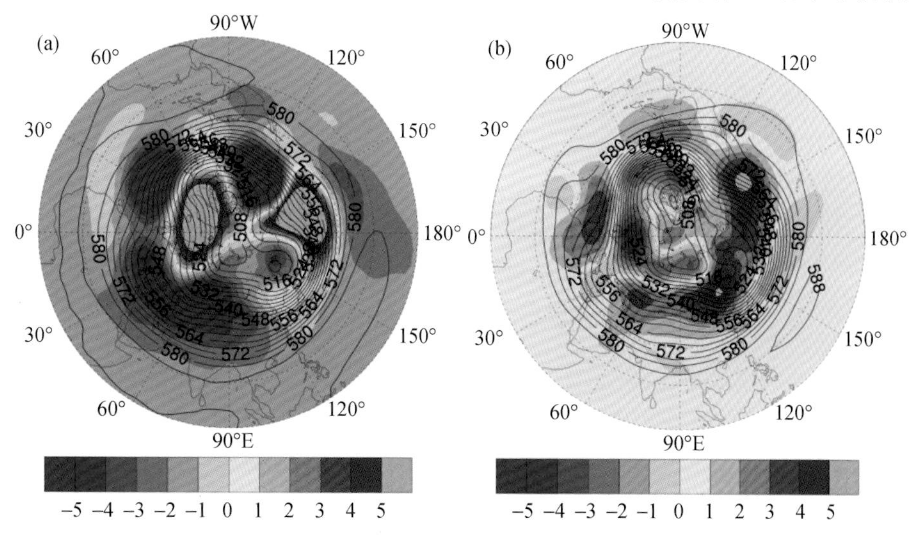

图 3.7 冬季异常偏冷年(a)及冬季异常偏暖年(b)1 月 500 hPa 高度场(等值线)、距平场(色阶)合成(单位:dagpm)

分为二,分别位于北美大陆和鄂霍茨克海附近,极涡偏大、偏强。乌拉尔山以东,亚洲大陆大范围为负距平,东亚大槽加深,位置偏西,环流经向度较大,促使冷空气南下影响中国东部地区。同时,西太平洋副热带高压强度偏弱。而在冬季异常偏暖年(图 3.7b)500 hPa 高度场上,极涡中心偏向西半球,亚洲区极涡面积较小,乌拉尔山东侧高压脊减弱,东亚大槽填塞,乌拉尔山以东大范围正距平,中高纬地区以纬向环流为主。同时,副热带高压偏强,不利于高纬度地区的冷空气入侵。

3.1.3 春季环流特征

春季(3—5 月)是中国大陆冬季风减弱和夏季风向北推进时期。京津冀地区春季主要气候特点是回暖迅速、雨水稀少、干燥多风。

3.1.3.1 中高层环流场分布特征

春季高层 200 hPa 环流槽脊较冬季减弱,蒙古上空存在冷中心(图 3.8a)。从春季 500 hPa 平均高度场、风场、温度场可以看出(图 3.8b),东亚平均槽脊的位置虽然与冬季差别不大,但其强度却发生了很大变化,东亚大槽明显减弱,等高线明显抬升,京津冀地区处于 5560～5640 gpm 等高线之间,而温度在－25～－15 ℃。副热带高压北抬,副热带高压脊线位于15°N;孟加拉湾低槽较冬季偏弱。春季 500 hPa 上不同类型的环流形势经常发生相互转变,槽脊移动速度较快。4 月中下旬以后,随着夏季风的出现,对流层下部的温度、湿度变化早于对流层中上部,不稳定度加强,开始出现强对流天气。

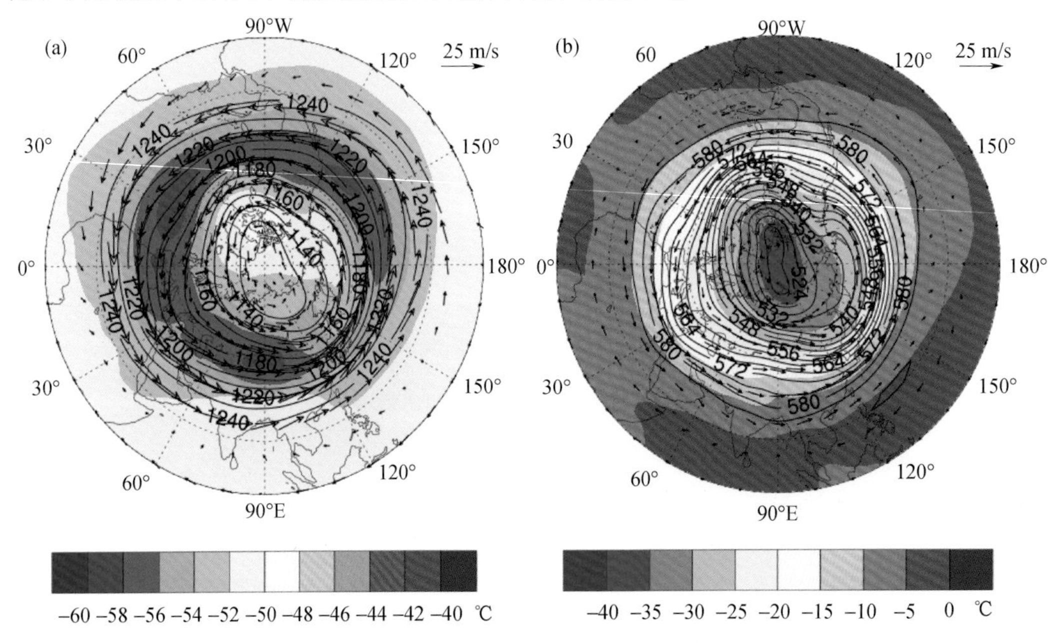

图 3.8 1981—2010 年 200 hPa(a)及 500 hPa(b)冬季平均高度场(等值线,单位:dagpm)、风场(箭矢)和温度场(色阶)

3.1.3.2 低层环流场分布特征

图3.9a为850 hPa平均风场及温度场多年平均，可以看出，中纬度锋区的位置较冬季明显北移，势力减弱；南海东部的反气旋环流显著加强，来自孟加拉湾和南海的暖湿气流已北上到黄淮地区；青藏高原到内蒙古中部的暖脊开始发展，控制河北的850 hPa平均温度为4～8 ℃。

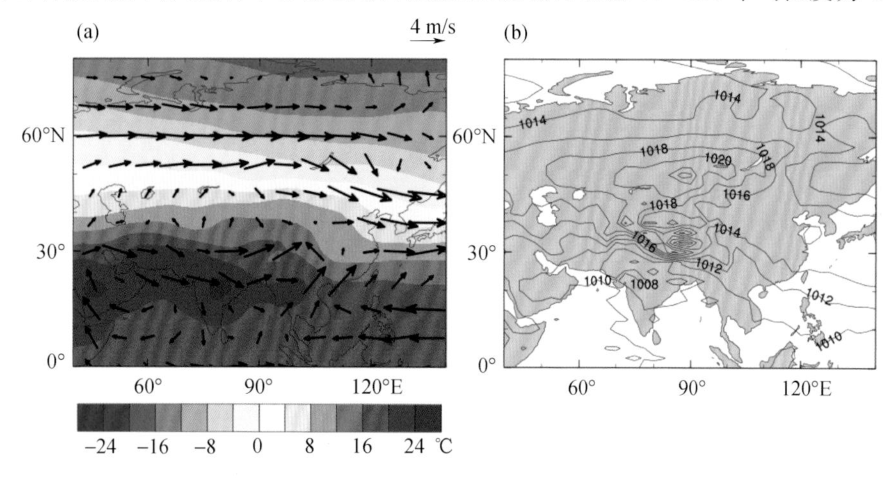

图3.9 (a)春季850 hPa温度场(色阶)、风场多年平均(箭矢)；
(b)春季海平面气压场多年平均(单位:hPa)

3.1.3.3 海平面气压场特征

从春季海平面气压平均场(图3.9b)可以看出，蒙古高压和阿留申低压的控制范围较降冬季节明显缩小，强度也明显减弱，中心强度为1022 hPa，而冬季为1036 hPa。中国东部的气压梯度也明显减弱。蒙古国中部到中国东部地区处于弱低压控制之下，蒙古气旋容易产生并东移至东北，给京津冀地区带来大风沙尘天气。

3.1.4 秋季环流特征

秋季(9—11月)是由高温多雨的夏季向寒冷干燥的冬季转变的过渡季节。进入秋季后，随着北方冷空气活动的加强，干冷空气南下，京津冀地区气温下降，降水减少。

3.1.4.1 中高层环流场分布特征

从9、10月开始，500 hPa平均温压场上的等温线与等高线逐渐密集，水平温度梯度和高度梯度相应增大，亚洲大陆东岸的高度槽和温度槽明显出现气温和高度显著下降，京津冀地区处于西北气流中，从北到南等高线的数值在5640～5720 gpm，温度在－20～－15 ℃。副热带高压南退，588 dagpm等值线位于30°N以南，孟加拉湾低槽不明显。和春季相比，东亚地区的温度和位势略高，副热带高压略偏北。

在秋季环流转变中，西太平洋副热带高压从9月开始南撤，上旬有一次明显的向南跃退，即由 30°N 以北退至 25°N，10 月上旬出现第二次跃退，南撤至 20°N 以南，以后便稳定在 15°N 附近，进入冬季平均状态。

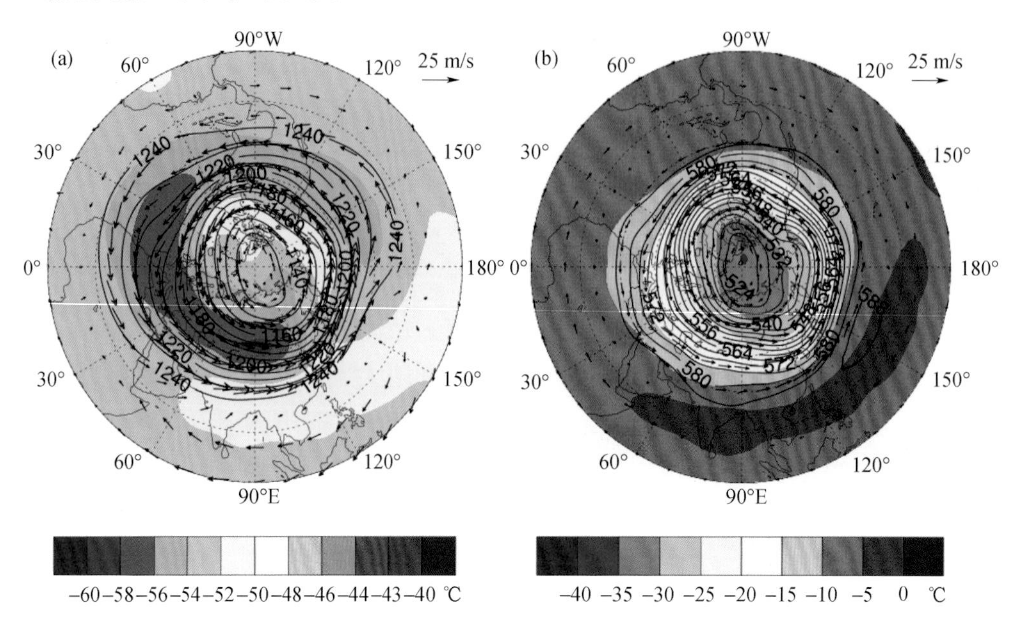

图 3.10　1981—2010 年 200 hPa(a)及 500 hPa(b)秋季平均高度场(等值线，单位：dagpm)、风场(箭矢)和温度场(色阶)

3.1.4.2　低层环流场分布特征

图 3.11a 为秋季 850 hPa 平均风场及温度场，和夏季相比，秋季对流层低层 850 hPa 平均风场变化较大，中国中东部典型的夏季风消失，35°N 以北转受偏西气流控制，35°N 以南，出现一明显的反气旋环流，中心在河南到安徽一带；副热带高压环流中心东撤南压，中国南海到中南半岛转受偏东气流控制。从 850 hPa 平均温度场看，中国中西部的暖中心已向南收缩为暖脊，温度显著下降，控制京津冀地区的温度为 4～8 ℃，与春季相同，而夏季为 18～20 ℃。

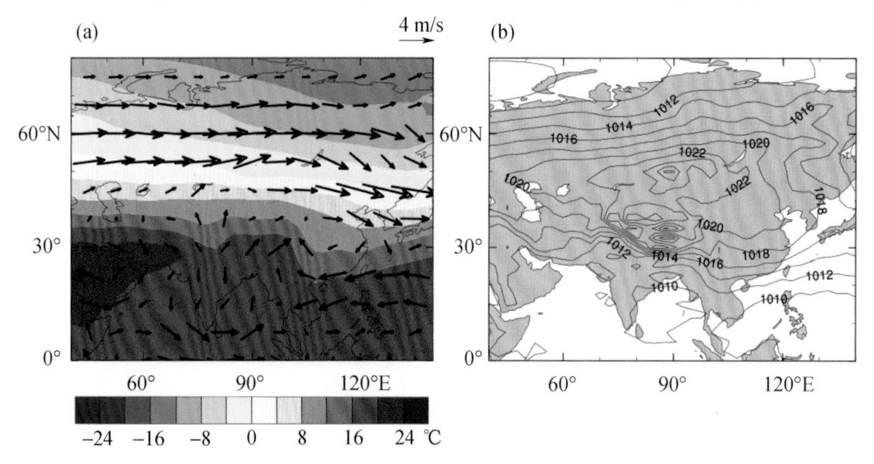

图 3.11　(a)秋季 850 hPa 温度场(色阶)、风场多年平均(箭矢)；(b)秋季海平面气压场多年平均(单位：dagpm)

3.1.4.3 海平面气压场特征

和夏季相比，秋季的平均海平面气压场也发生了明显的变化，主要表现在蒙古到中国的低压系统被高压系统取代(图 3.11b)，低层环流向冬季风转变。同时，阿留申低压也开始建立，华北地区的气压梯度比较小，10 月中旬以后，华北平原常处于静稳天气下，雾/霾开始增多。

3.2 影响京津冀地区的主要气候因子

3.2.1 厄尔尼诺对京津冀地区气候的影响

京津冀地区的气候异常是由于大气环流变化直接造成的，海温是大气环流主要的外强迫因子，也是气候预测中非常重要的参考指标。在气候平均状态下，热带太平洋西部存在着全球海面温度最高的大范围暖水，称为西太平洋暖池，在大洋东部的秘鲁和厄瓜多尔沿岸以及赤道附近的狭窄区域内，存在着比热带西太平洋暖池区域海温低的海面温度低值区，称为冷舌。热带太平洋海面温度的这种东西分布特征具有明显的年际变化，最明显的表现就是厄尔尼诺和拉尼娜现象。厄尔尼诺/拉尼娜是指赤道中东太平洋表面海水异常变暖/变冷，一般可持续 1 a 左右，周期为 2～7 a(Rasmusson et al.,1982;Deser et al.,1990)。另外，在热带太平洋上空的大气中，在年际时间尺度上热带东西太平洋之间的海平面气压存在着“跷跷板”式的反相变化特征，称之为南方涛动(Southern Oscillation)(Walker et al.,1930)。由于发生在热带大气中的南方涛动与海洋中的厄尔尼诺/拉尼娜现象具有内在联系并伴随出现，是一种海-气耦合过程，因此被统称为 ENSO(Philande,1983)。

ENSO 是年际气候变异中的最强信号。其虽然发生在热带，但往往会引起全球大气环流和世界气候的异常，造成严重旱涝和高、低温等气象灾害，例如，ENSO 发生时，可导致澳大利亚和印尼干旱、南美沿岸洪涝、印度季风减弱、美国西北干旱等。同样，ENSO 也通过西北太平洋反气旋影响东亚大气环流和中国降水。以往研究表明，在厄尔尼诺期间的秋、冬、春季，中国南方地区降水增多，华北地区降水偏少(Zhang et al.,1999;张人禾 等,2017)；在厄尔尼诺发展阶段的夏季，中国江淮流域降水偏多，华北地区降水偏少；在厄尔尼诺衰减阶段的夏季，中国江南北部的鄱阳湖、洞庭湖和湘江流域等地区降水偏多(陈文,2002;陈文 等,2018)。可见，ENSO 对东亚季风降水具有显著影响，也是开展京津冀地区气候预测需要关注的重要因子之一。

3.2.1.1 厄尔尼诺事件判别标准及变化特征

热带太平洋海温变化最主要的异常模态是厄尔尼诺。目前我国厄尔尼诺事件的判别标准是 Nino3.4 指数 3 个月滑动平均的绝对值达到或超过 0.5 ℃且持续至少 5 个月，判定为一次厄尔尼诺事件(Nino3.4 指数≥0.5 ℃为厄尔尼诺事件；Nino3.4 指数≤−0.5 ℃为拉尼娜事件)。1950 年以来,共发生厄尔尼诺事件 21 次,其中发生弱事件 10 次、中等事件 7 次、强事件 1 次、超强事件 3 次,尤以 2014 年 10 月至 2016 年 4 月的超强厄尔尼诺事件持续时间最长(19 个月)、峰值强度最强(2.8 ℃)。从表 3.1 中可以看出,各年代发生厄尔尼诺事件的频次差异并不明显,但超强厄尔尼诺事件都出现在 20 世纪 80 年代之后,且事件类型逐步由东部型向中部型发展。

表 3.1　1950 年以来厄尔尼诺事件统计

年代	事件频次	事件强度				事件类型	
		弱	中等	强	超强	中部型	东部型
20 世纪 50 年代	2	1	1				2
20 世纪 60 年代	3	2	1			1	2
20 世纪 70 年代	4	3		1		1	3
20 世纪 80 年代	2		1		1		2
20 世纪 90 年代	3		2		1	1	2
21 世纪 00 年代	4	2	2			3	1
21 世纪 10 年代	3	2			1	2	1

3.2.1.2　厄尔尼诺对北半球大气环流的影响

本节根据气象行业标准《厄尔尼诺/拉尼娜事件判别方法》(QX/T 370—2017)中统计的 1950 年以来的 19 个厄尔尼诺年,即 1951—1952 年、1957—1958 年、1963—1964 年、1965—1966 年、1968—1970 年、1972—1973 年、1976—1977 年、1977—1978 年、1979—1980 年、1982—1983 年、1986—1988 年、1991—1992 年、1994—1995 年、1997—1998 年、2002—2003 年、2004—2005 年、2006—2007 年、2009—2010 年、2014—2016 年,计算厄尔尼诺开始年至次年西太平洋副热带高压指数的逐月变化。从图 3.12 可以看出,厄尔尼诺开始年的春、夏季,副高面积指数较小、强度较弱,位置比较偏东,到秋季发生转折,从秋季到次年夏季,副高明显加强西伸,这种变化趋势在大多数厄尔尼诺年都反映得很清楚。从厄尔尼诺开始年春

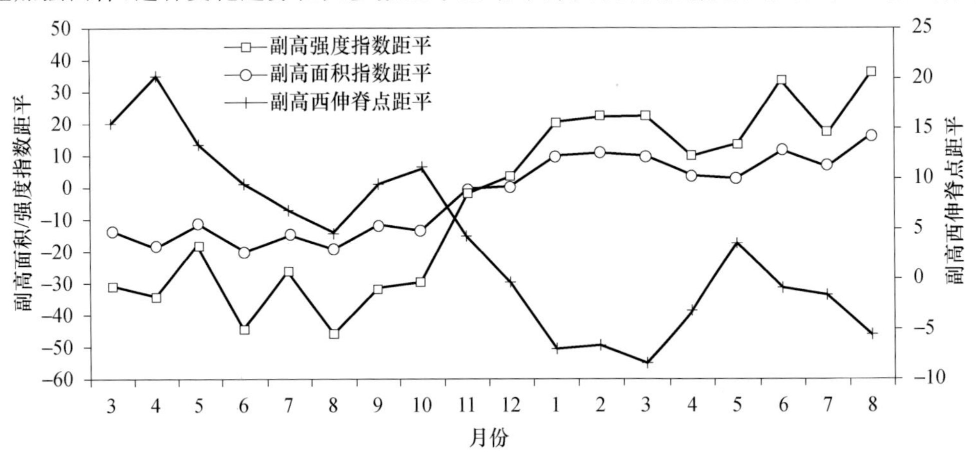

图 3.12　厄尔尼诺开始年至次年西太平洋副热带高压指数变化

夏季到秋、冬季再到次年春、夏季，有近90%的年份副热带高压都是增强的，仅1963—1964年和1991—1992年两次厄尔尼诺事件呈现出减弱趋势。

东亚夏季风指数（张庆云 等，2003）也发生了同样的转折，图3.13是厄尔尼诺开始年至次年东亚夏季风指数的逐月变化，不难发现，其变化趋势与副热带高压强度变化正好相反，即在厄尔尼诺开始年的春、夏季，东亚夏季风指数较大，强度较强，同样在秋季发生转折。统计表明，除1951—1952年、1977—1978年和1991—1992年3次厄尔尼诺事件东亚夏季风呈现出增强趋势外，其余80%以上的年份从厄尔尼诺当年秋季到次年夏季，东亚夏季风指数均明显减小，强度减弱。

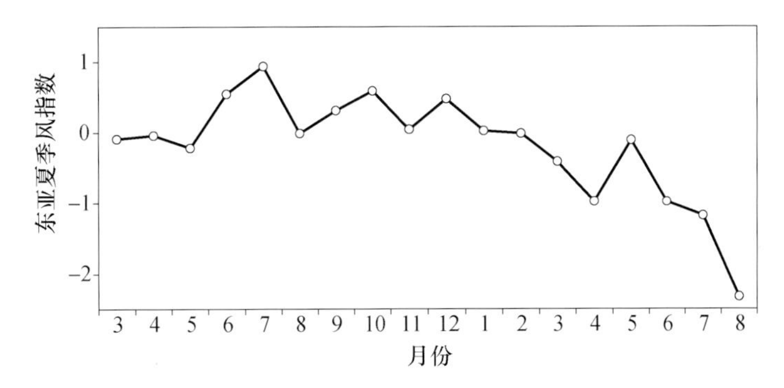

图3.13 厄尔尼诺开始年至次年东亚夏季风指数变化

图3.14是厄尔尼诺开始年至次年逐月北半球500 hPa位势高度场的距平变化，从图中可以清楚地看出，厄尔尼诺开始年的春夏季，北半球500 hPa位势高度场的正距平概率较小，

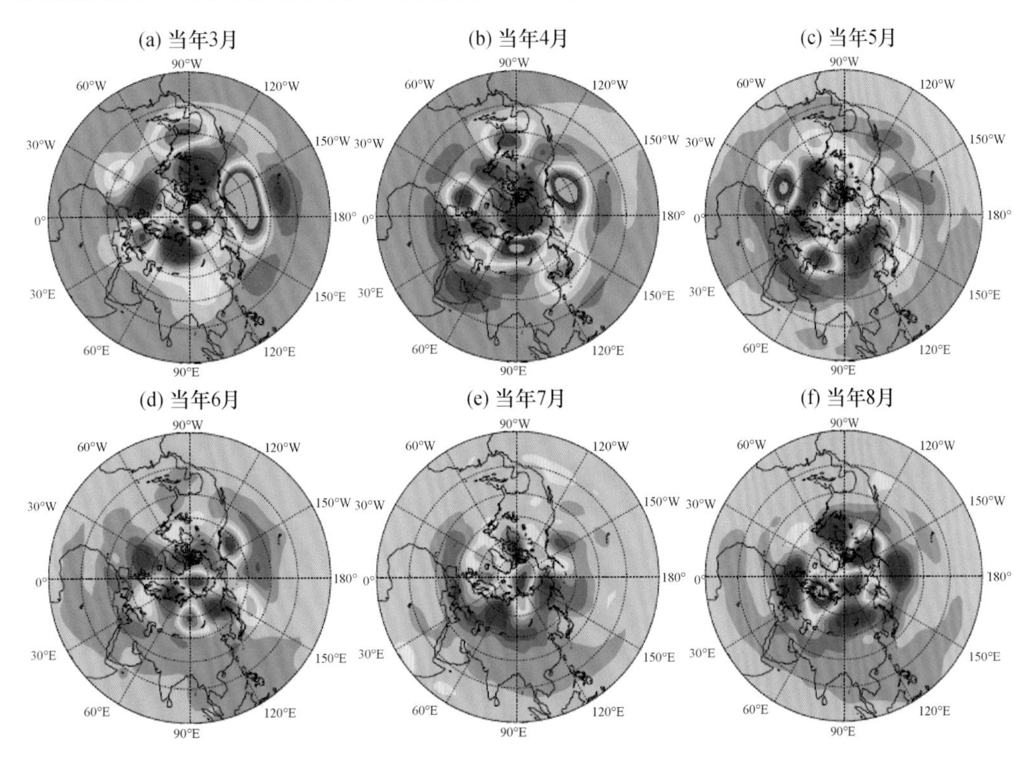

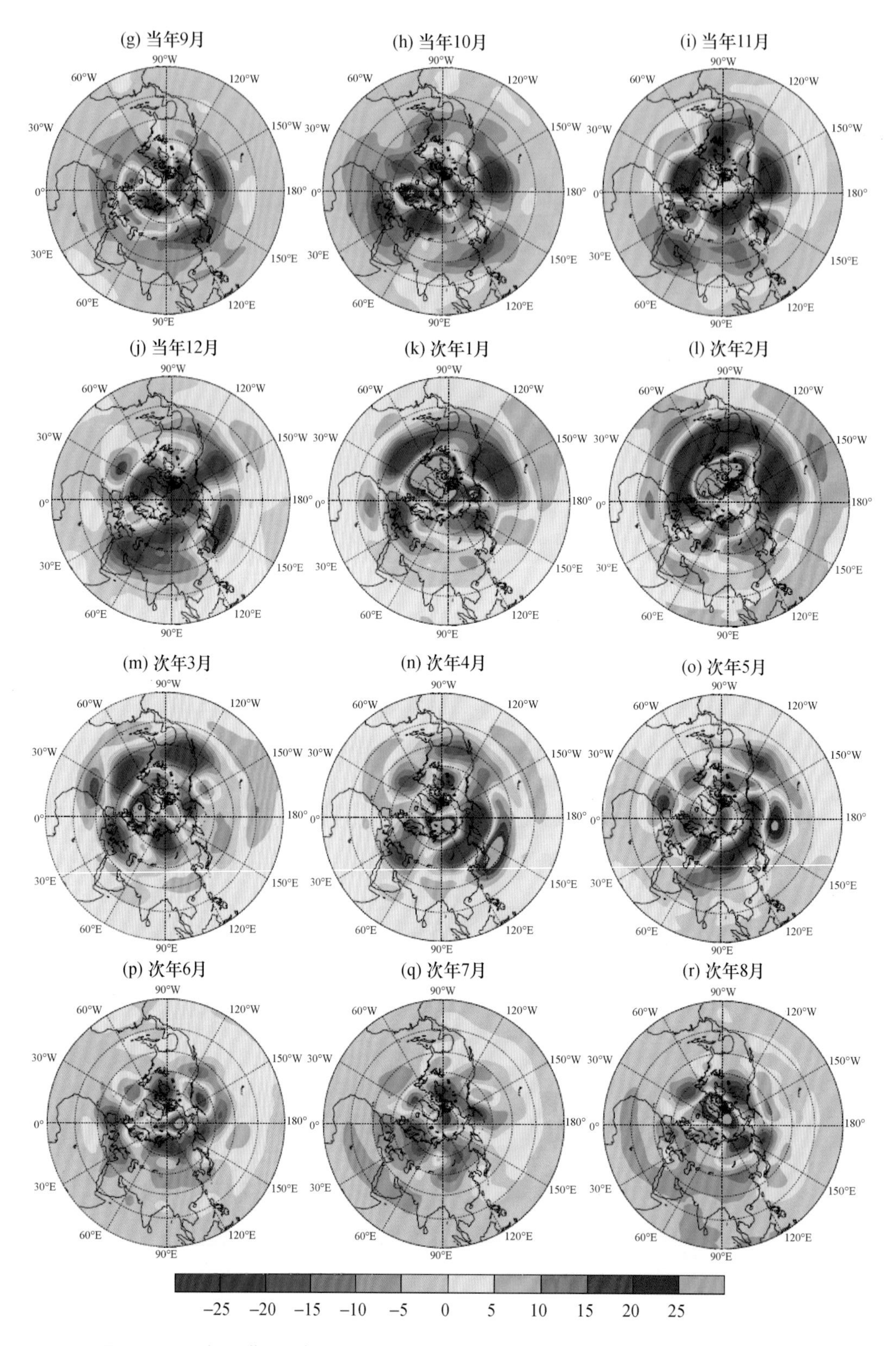

图 3.14 厄尔尼诺开始年至次年北半球 500 hPa 位势高度距平场变化(单位:gpm)

位势高度总体较低。到秋末发生转折，开始升高，秋季之后明显增高，直至次年夏季。同时，从次年春季开始，京津冀地区的500 hPa高度场逐渐调整为“西低东高”的位势高度异常配置，有利于京津冀地区降水增多。

3.2.1.3 厄尔尼诺不同发展阶段京津冀地区降水的分布特征

厄尔尼诺现象对北半球大气环流特别是对副热带高压的影响必然会对京津冀地区降水产生作用。从厄尔尼诺开始年至次年京津冀区域和台站降水的正距平概率变化(图3.15)可以看出，无论是京津冀区域还是台站降水的正距平概率变化，都表现为在厄尔尼诺开始年秋季发生转折，即从厄尔尼诺开始年春、夏季至秋季，降水正距平概率明显降低，而从秋季到次年夏季，降水正距平概率逐渐升高。

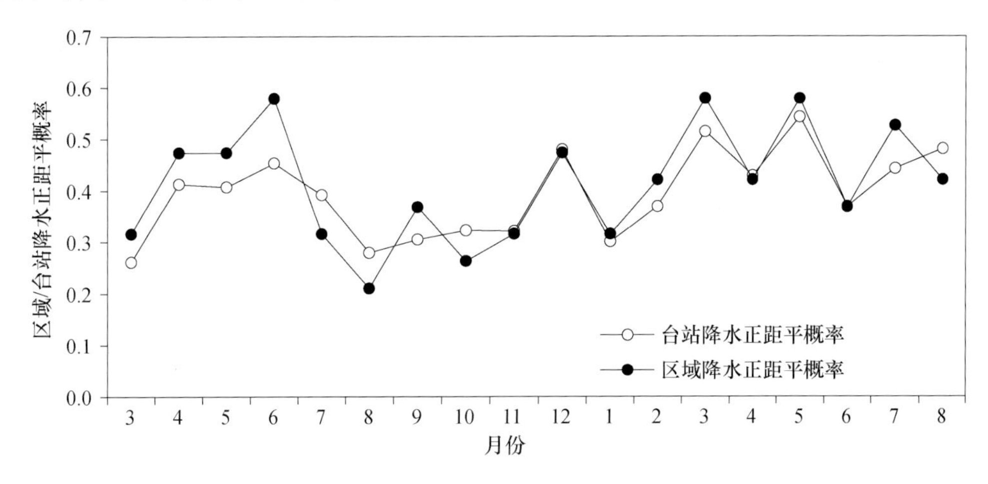

图3.15 厄尔尼诺开始年至次年京津冀区域和台站降水正距平概率变化

根据统计，京津冀区域降水出现正距平的概率，从厄尔尼诺开始年春、夏到秋、冬季，有63%的年份是增多的，到次年春、夏季则有近80%的年份是增多的；统计京津冀地区179站降水的正距平概率，从厄尔尼诺开始年春、夏季到秋、冬季，有58%的年份是减少的，而到次年春、夏季有近63%的年份是增多的。这表明从厄尔尼诺开始年春、夏季至秋、冬季，虽然京津冀地区降水总体呈现增多趋势，但可能表现为个别台站或部分区域降水量增大，而非出现降水增加的台站占比增多；而从厄尔尼诺开始年至次年，不仅京津冀地区降水量增多，出现降水增加的台站占比也有所增多。

京津冀地区降水的这种变化同北半球位势高度和副热带高压在厄尔尼诺开始年秋季之后出现增强的趋势相一致。进一步计算了19个厄尔尼诺年从开始年3月至次年8月各月的多雨概率分布(图3.16)后发现，厄尔尼诺开始年的春夏、季至秋、冬季，除当年6、7月和12月外，京津冀地区以少雨为主，至次年春、夏季，京津冀地区降水明显增多，尤其是次年5月多雨概率最高，中北部大范围地区多雨概率在60%～70%。

3.2.1.4 不同类型厄尔尼诺事件对京津冀地区降水分布的影响

由于不同类型的厄尔尼诺事件对大气的影响不同，因此，其不同发展阶段对京津冀地区降水的影响也存在显著差异。进入 21 世纪之后，中部型厄尔尼诺事件的发生频次增加，厄尔尼诺事件类型逐步由东部型向中部型发展，吴萍等(2017)针对不同类型的厄尔尼诺事件给出了其开始年至次年的异常环流概念(图 3.17)。

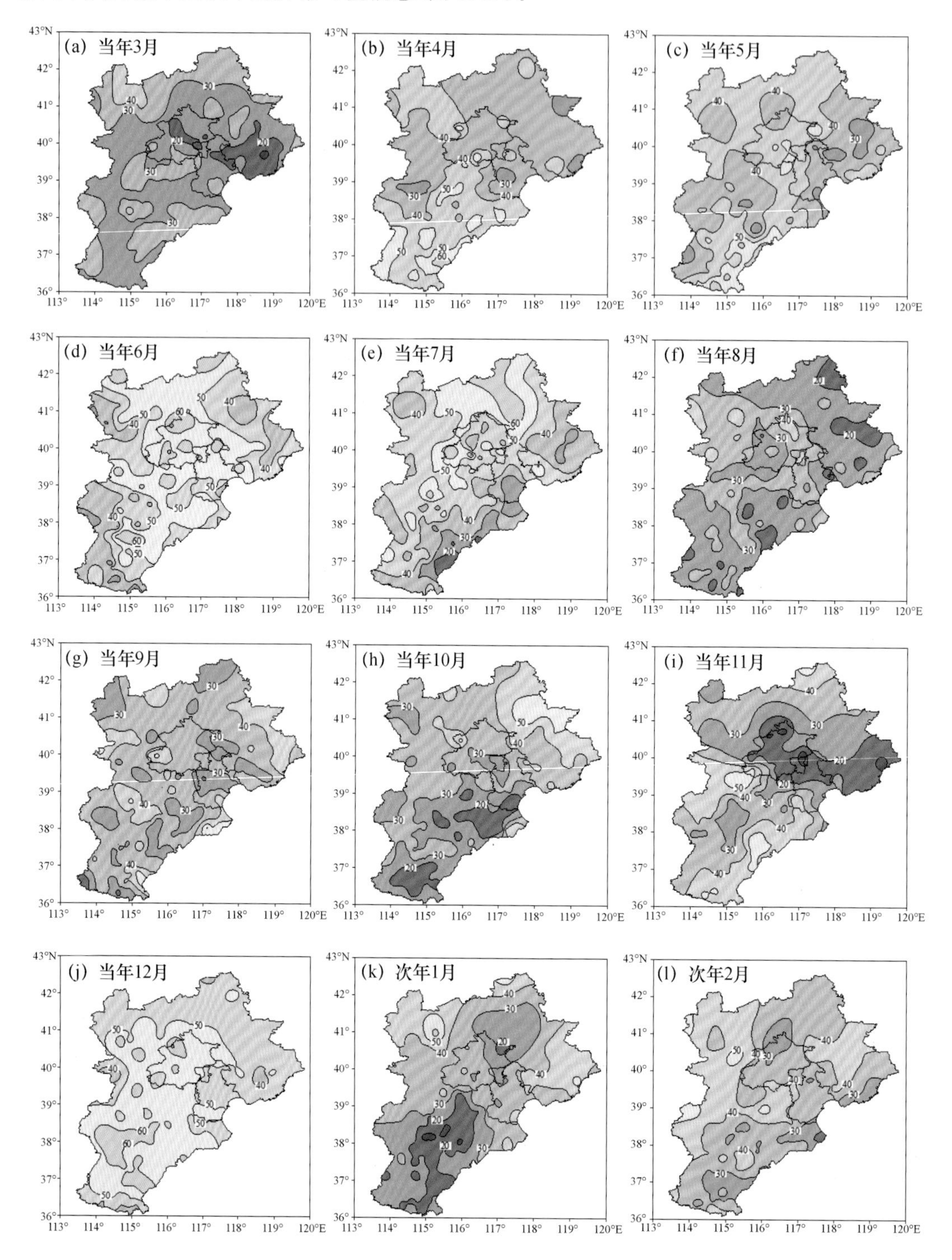

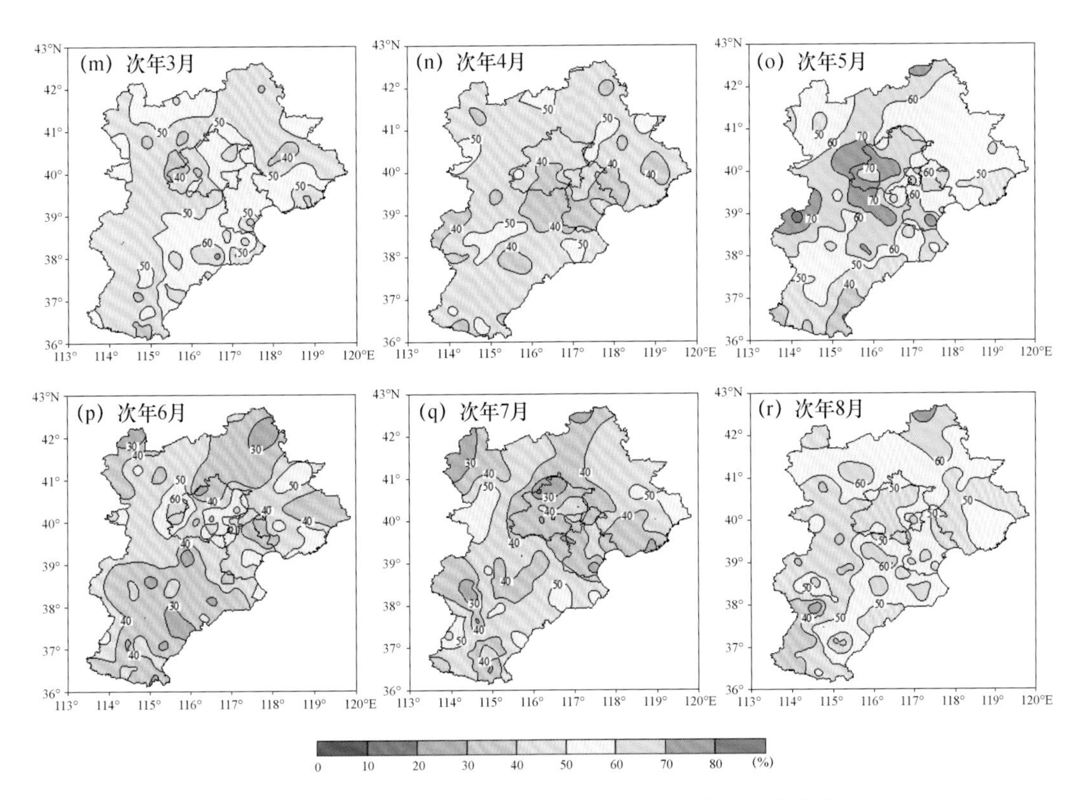

图 3.16　厄尔尼诺开始年至次年京津冀地区多雨概率分布

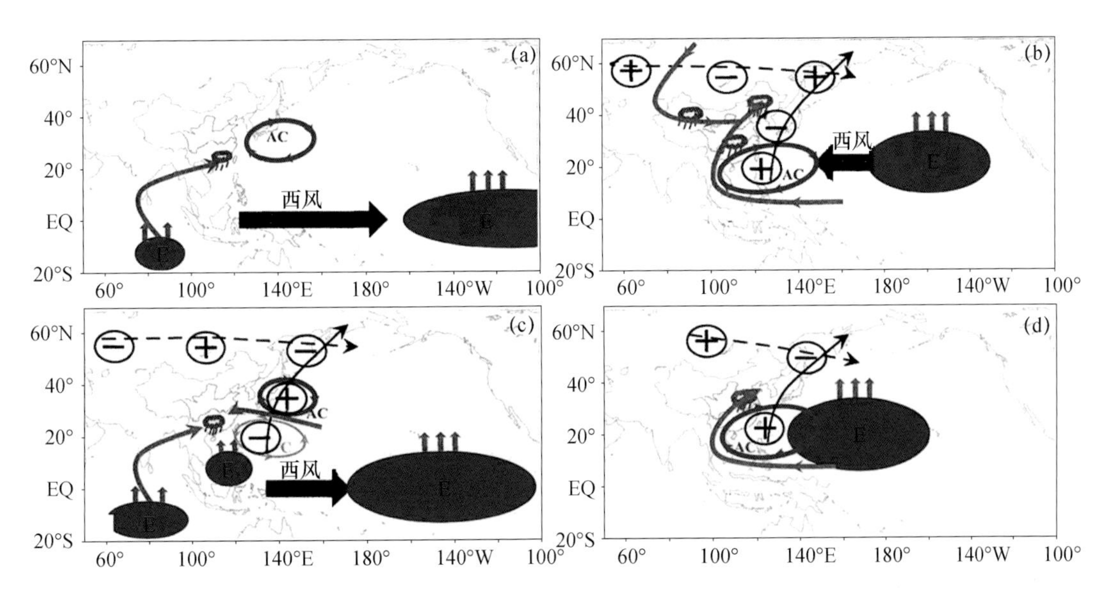

图 3.17　东部型(a、b)和中部型(c、d)厄尔尼诺事件当年(a、c)及次年(b、d)异常环流概念(吴萍 等,2017)

("＋"和"－"分别代表 500 hPa 高度正和负异常,虚线箭头代表遥相关波列传播方向,绿色实线箭头代表水汽输送路径,E代表蒸发,C和AC分别代表气旋和反气旋环流异常)

东部型厄尔尼诺事件当年夏季，热带东太平洋蒸发异常偏强，但低纬度异常的偏东风不利于其蒸发的水汽向中国大陆输送，主要由副热带印度洋蒸发的一部分水汽通过阿拉伯海和孟加拉湾向中国东部沿海部分地区输送，中国大陆水汽输送条件整体较弱，大部分地区净水汽收支均偏少，不利于大范围降水的发生(图 3.17a)；次年夏季，副热带太平洋蒸发异常偏强，副热带高压西伸，由于东亚-西太平洋地区自南向北"＋ － ＋"东亚-太平洋遥相关型的建立和西北太平洋反气旋环流的作用，副热带高压西侧的强西南气流将来自西太平洋的水汽持续输送至中国中东部地区，另外，欧亚中高纬度地区建立了自西向东"＋ － ＋"双阻型环流异常，其间的低槽冷涡与上游阻高之间的强偏北气流有利于欧亚高纬度地区和北冰洋的水汽持续输送到中国西北和华北北部，京津冀地区净水汽收支增加，有利于降水异常偏多(图 3.17b)。

中部型厄尔尼诺事件当年夏季，低纬度的异常偏西风及西太平洋自南向北"－ ＋ －"异常环流均不利于将热带中东太平洋地区异常蒸发的水汽向中国大陆输送，而低纬度印度洋和菲律宾群岛附近海域的蒸发偏强，来自阿拉伯海、孟加拉湾和西北太平洋的水汽可输送至华南地区，造成华南地区降水显著偏多，但中国其他地区的水汽条件偏弱，降水不易发生(图 3.17c)。次年夏季，中西太平洋蒸发异常增强，副热带高压异常偏西且偏北，西北太平洋反气旋环流也偏北，将来自太平洋蒸发的大量水汽输送到江淮地区，使其净水汽收支增加，降水偏多，而欧亚中高纬度地区自西向东"＋ －"环流异常结构不利于形成北方水汽通道，因此不利于京津冀地区降水的发生(图 3.17d)。

上述分析表明，在东部型厄尔尼诺事件发生后中国南方和北方地区的降水均产生了明显的同步性增多响应和变化，形成了南、北两条雨带；而中部型厄尔尼诺事件发生后不利于北方地区降水增多。这有可能是上一部分提到的厄尔尼诺事件发生年至次年，京津冀地区降水有增多趋势，但多雨概率并未显著增加的原因。

3.2.2 青藏高原积雪对京津冀地区气候的影响

积雪作为气候系统五大圈层中冰冻圈的一部分，在全球气候和水循环中占有重要地位。积雪与大气环流的相互作用体现在：一方面其受到前期和同期大气环流的显著影响，另一方面其对后期气候有明显的反馈作用(张人禾 等，2016)。作为一种重要的下垫面，积雪的高反射率特性可以使地表反射率增大 30％～50％；积雪消融则需要消耗大量潜热，成为重要的季节性热汇；而其不良传导性又阻止了地表向大气输送感热(Cohen et al.，1991；罗哲贤，2005)。积雪这种高反射率和隔绝热量交换特性以及消融引起的水文效应，可以通过改变地表能量平衡、水循环和大气环流对同期和后期气候系统产生重要影响(张人禾 等，2016)。因此，积雪既是影响全球热量平衡的关键因子(Cohen et al.，1991)，也是地表物理过程中影响短期气候变化的重要因子(叶笃正，1975)。

青藏高原(下称高原)是欧亚大陆重要的积雪区，作为同纬度海拔最高的地区，积雪的热力影响可直达对流层中部，对加热和冷却高层大气有显著作用，从而造成海陆大气温度出现明显差异，这种差异通常会引起大气环流变化和季风暴发(Yanai et al.，1992；Li et al.，1996；Webster et al.，1998)，对中国汛期旱、涝有非常重要的影响。

3.2.2.1 青藏高原冬、春季积雪对东亚环流的影响

青藏高原相对于其上方空气来说，冬季为冷源，夏季为热源，高原与大气之间的热量交换可以影响大气环流。而积雪又可以加强或减弱高原的冷、热源作用（Wu et al.，2003；李庆等，2006；李栋梁 等，2011）。青藏高原积雪影响环流主要有两种途径：一是改变高原热状况直接影响大气环流；二是通过遥相关间接影响大气环流。

由冬季高原积雪与北半球春季和夏季 500 hPa 平均高度场的相关分析（陈兴芳 等，2000a）发现，在东亚地区的经向方向上呈"＋－＋"的相关分布，表明冬季高原积雪异常时有利于东亚高度距平场遥相关型的发展。当冬季高原积雪异常偏多时，由于融雪、蒸发和对太阳辐射反照率的加强，致使高原及其周边大陆加热场减弱，不利于初夏大气环流的季节变化以及南亚季风的发展，此时夏季东亚阻塞形势发展，西太平洋副热带高压偏南，阻碍中国夏季风雨带北上，这种形势不利于京津冀地区夏季多雨。

3.2.2.2 青藏高原冬、春季积雪对京津冀地区夏季降水的影响

青藏高原积雪作为气候预测的一个重要物理因子，其预测效果和气候效应一直以来备受关注。总体来说，冬、春季高原积雪与中国夏季降水呈显著负相关，与长江中下游降水呈显著正相关，与华北和华南降水呈显著负相关（董文杰，1996；韦志刚 等，1998；张顺利，1999；陈乾金 等，2000a；陈兴芳 等，2000b；郑益群 等，2000；柏晶榆，2004）。Chen 等（2000）也在研究中指出，高原冬季积雪与中国东部夏季和前期降水有很好的相关，积雪偏多年东亚夏季风暴发推迟，华南、江淮流域降水异常偏多，华北偏少。

广泛使用的积雪资料包括地面台站观测资料和卫星遥感资料，但判断积雪异常的指标较多，包括积雪日数、积雪深度、积雪面积等，其中有一些积雪异常年份在各种资料序列中反映并不一致。为了能够较准确地反映高原异常积雪特征，陈乾金等（2000a）通过综合分析以往研究中使用的积雪资料，采用多数原则，选取了在不同资料序列中多次出现的积雪异常年份，确定了高原冬、春季 15 个多雪年和 17 个少雪年（表 3.2）。通过分析高原冬、春季积雪异常与京津冀地区夏季降水的关系可以看到，当高原冬、春季积雪偏多时，京津冀地区夏季降水以偏少为主，降水偏少年占 60%；而当高原冬、春季积雪偏少时，京津冀地区夏季降水以偏多为主，降水偏多年超过 70%。

表 3.2 青藏高原冬、春季积雪异常与京津冀地区夏季降水特征关系统计

多雪年份	降水距平百分率(%)	少雪年份	降水距平百分率(%)
1956/1957	−13.1	1957/1958	4.7
1961/1962	−3.8	1958/1959	54.4
1963/1964	34.8	1959/1960	−7.6
1967/1968	−42.5	1960/1961	−0.6
1971/1972	−35.5	1962/1963	48.7
1973/1974	5.4	1964/1965	−32.9
1977/1978	14.9	1965/1966	29.5

续表

多雪年份	降水距平百分率(%)	少雪年份	降水距平百分率(%)
1978/1979	10.9	1966/1967	25.5
1979/1980	−24.3	1968/1969	33.4
1981/1982	11.3	1969/1970	3.4
1982/1983	−36.4	1970/1971	1.0
1985/1986	−15.0	1972/1973	45.4
1986/1987	5.8	1975/1976	22.5
1990/1991	−4.1	1976/1977	44.9
1992/1993	−7.0	1980/1981	−7.3
		1983/1984	−2.9
		1984/1985	2.5

在年代际尺度上，高原冬、春季积雪的异常也造成中国东部夏季雨型变化(秦大河 等，2014；张人禾 等，2016)。20 世纪 70 年代末至 90 年代高原冬、春季积雪偏多(朱玉祥 等，2007；Ding et al.，2009；宋燕 等，2011)，导致夏季风偏弱(Zhang et al.，2004)，是出现中国夏季长江流域多雨、华北少雨这种“南涝北旱”分布型的重要原因之一(朱玉祥 等，2007；Zhao et al.，2007b；Ding et al.，2009)。

青藏高原积雪最显著的气候效应是通过季风影响中国夏季降水(秦大河 等，2014)。大部分研究(郭其蕴 等，1986；陈丽娟 等，1996；范广洲 等，1997；陈乾金 等，2000b；郑益群 等，2000；张顺利 等，2001；Qian et al.，2003；Wu et al.，2003；Zhao et al.，2007b)认为，冬、春季高原积雪与东亚夏季风呈负相关，即当高原冬春积雪异常偏多时，东亚夏季风环流减弱或来得迟；而当高原冬、春季积雪异常偏少时，东亚夏季风环流则增强或暴发早。这种影响的主要机理表现为(朱玉祥 等，2009)：偏多的冬、春季高原积雪通过提高地表反射率减少太阳入射，减少冬、春季高原地表向大气的感热和潜热输送，从而减弱高原冬、春季的热源作用；积雪融化时融雪吸收热量，在积雪融化后，积雪融水使土壤成为“湿土壤”，这种“湿土壤”使得高原积雪异常信息长期保留，从而与大气发生长时间的相互作用。钱永甫等(2003)利用数值模拟的研究也证明了这一结果。

高原冬、春季积雪影响亚洲夏季风可能的物理模型由两部分组成(李栋梁 等，2011)：首先是高原冬季积雪偏多(少)→东亚大槽偏东(西)偏弱(强)→冬季南海南部积云对流弱(强)，高层辐散弱(强)，沃克环流弱(强)→赤道太平洋冬、春季信风弱(强)，(不)易触发 ENSO 事件，北印度洋海表温度异常南高(低)北低(高)，当年夏季风弱(强)→夏季华北(京津冀)降水少(多)，长江中下游降水多(少)；其次是高原积雪多(少)→高原春、夏季的感热弱(强)→感热加热引起的上升运动弱(强)，高原强(弱)环境风场→不利(有利)于高原感热通量向上输送→高原上空对流层加热弱(强)→高原对流层温度低(高)→高原南侧温度对比弱(强)→造成亚洲夏季风弱(强)→夏季华北(京津冀地区)降水少(多)，长江中下游降水多(少)(图 3.18)。

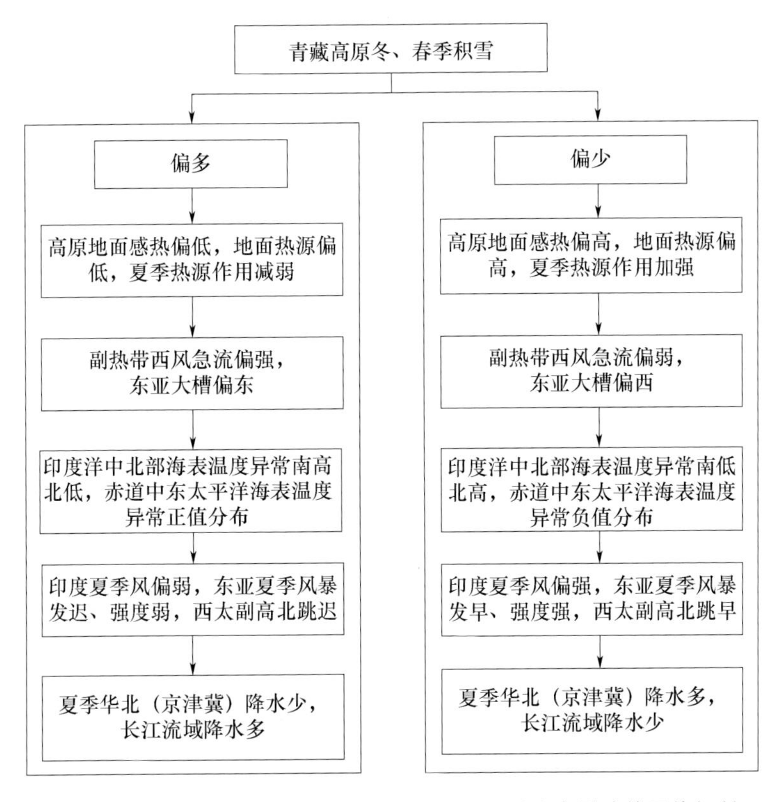

图3.18 青藏高原冬、春季积雪对夏季风和夏季降水影响的可能机制

3.2.3 西太平洋副热带高压对京津冀地区气候的影响

西太平洋副热带高压（下称副高）是东亚季风系统的一个重要成员（Lau et al.，2000），因其控制面积巨大，且在对流层中层以下最为突出，因此对近地面的气候影响也更加直接和显著（刘屹岷 等，2000）。副高的强弱变化及其南北和东西位置的进退摆动，是副热带环流调整的主要表现，对中国夏季雨带位置和旱涝趋势都有举足轻重的影响，因此副高的活动规律一直受到中国气象学家的重视。每年夏季，西太平洋副高的季节内变化决定了中国东部汛期雨带的几次向北推移，也决定了京津冀地区雨季开始的时间及夏季旱、涝趋势，研究副高的变化规律及其气候影响对京津冀地区夏季旱、涝预测具有十分重要的意义。

3.2.3.1 西太平洋副热带高压指数的定义

目前，国家气候中心所定义的西太平洋副热带高压（刘芸芸 等，2012）是指500 hPa高空天气图上588 dagpm等值线在110°E～180°范围内所包围的反气旋环流。为了定量表征和描述西太平洋副高的强弱和位置，对各项指数定义如下。

①面积指数：在10°N以北110°E～180°范围内，500 hPa位势高度场上所有位势高度不小于588 dagpm的格点围成的面积总和。

②强度指数：在10°N以北110°E～180°范围内，500 hPa位势高度场上所有位势高度不

小于 588 dagpm 的格点围成的面积与该格点高度值减去 587 dagpm 差值的乘积的总和。

③脊线指数：在 10°N 以北 110°～150°E 范围内，588 dagpm 等值线（若不存在，则选取 584 dagpm 等值线）所包围的副热带高压体内纬向风 $u=0$，且 $\partial u/\partial y>0$ 的特征线所在纬度位置的平均值；若某月不存在 584 dagpm 等值线，则以该月的历史最小值代替。若在 10°N 以北 110°～150°E 范围内只有 1 个 588 dagpm 网格点的孤立副高体，或者只有 1 个纬度的经线与副高体内的纬向风切变线相交时，均不予考虑。

④西伸脊点：在 90°E～180°范围内，588 dagpm 最西格点所在的经度。若在 90°E 以西则统一计为 90°E；若在某月不存在 588 dagpm 等值线，则以该月的历史最大值代替。若在 10°N 以北 90°E～180°范围内，500 hPa 高度场上只有一个 588 dagpm 网格点的孤立西太副高体，则不予考虑，其值以该月的历史最大值代替。

当西太平洋副热带高压面积指数越大，副热带高压体越大；强度指数越大，副热带高压越强；脊线指数越大，副热带高压体位置越偏北；西伸脊点越小，副热带高压西伸越明显。反之亦然。

3.2.3.2　西太平洋副热带高压指数的变化特征

由图 3.19 可以看出，西太平洋副热带高压的强弱趋势、南北位置和东西位置不仅具有明显的年际变化，年代际变化特征也十分显著。近 60 多年来，夏季副高整体呈现出面积增大、强度增强、西伸脊点偏西的变化趋势，特别是 20 世纪 80 年代以来，这样的变化特征更为明显。副高脊线位置则呈偏北—偏南—偏北变化，但变化趋势不及其他指数显著。这与龚道溢等（2002）、Gong 等（2002）以及梁建茵（1994）的研究结果较为一致。

气候变化背景下西太平洋副热带高压存在不同的年际变化。随着气候变暖，副高最显著的变化特征为面积扩大、强度加强、脊点西伸、南界南扩，各指数的年际波动均有所增大（孙圣杰和李栋梁，2016）。副高强度及其年际变率在 20 世纪 80 年代末显著增强；西伸脊点在 20 世纪 90 年代初显著西伸，其年际变率在该年代末显著增强；脊线位置呈现北—南—北的摆动，其年际变率在 20 世纪 90 年代末显著增强。

气候变暖前后，夏季副高均表现出范围随时间有所增大，形状发生西伸、南扩的特征（孙圣杰 等，2019）。但每个时段副高的扩张方式不同，东、西方向始终为逐渐西伸，南、北方向则表现为先南扩再南北同时扩张。

3.2.3.3　西太平洋副热带高压的季节性跳动及其对京津冀地区夏季降水的影响

由于夏季西太平洋副热带高压位置的季节性跳动对中国东部雨带的变化有直接影响，因此对夏季副高进退的研究历来受到高度重视。在研究副高的季节性跳动时，使用北半球 500 hPa 候平均环流图，采用定义月副热带高压脊线指数的方法，计算历年 4—10 月各候（即第 19～60 候）的副热带高压脊线指数，并定义在副热带高压季节性北移过程中，当某一候开始连续 3 候以上副热带高压脊线指数≥20°N，之后不再出现连续 3 候达不到 20°N，或者某一候达到 20°N，其后连续 3 候中仅有 1 候达不到，但不小于 19°N，之后不再出现连续 3 候达不到 20°N，则这一候为副热带高压脊线稳定通过 20°N（第一次北跳）的时间；同样方法定义稳定通过 25°N（第二次北跳）的时间（赵振国，1999；李维京，2012）。

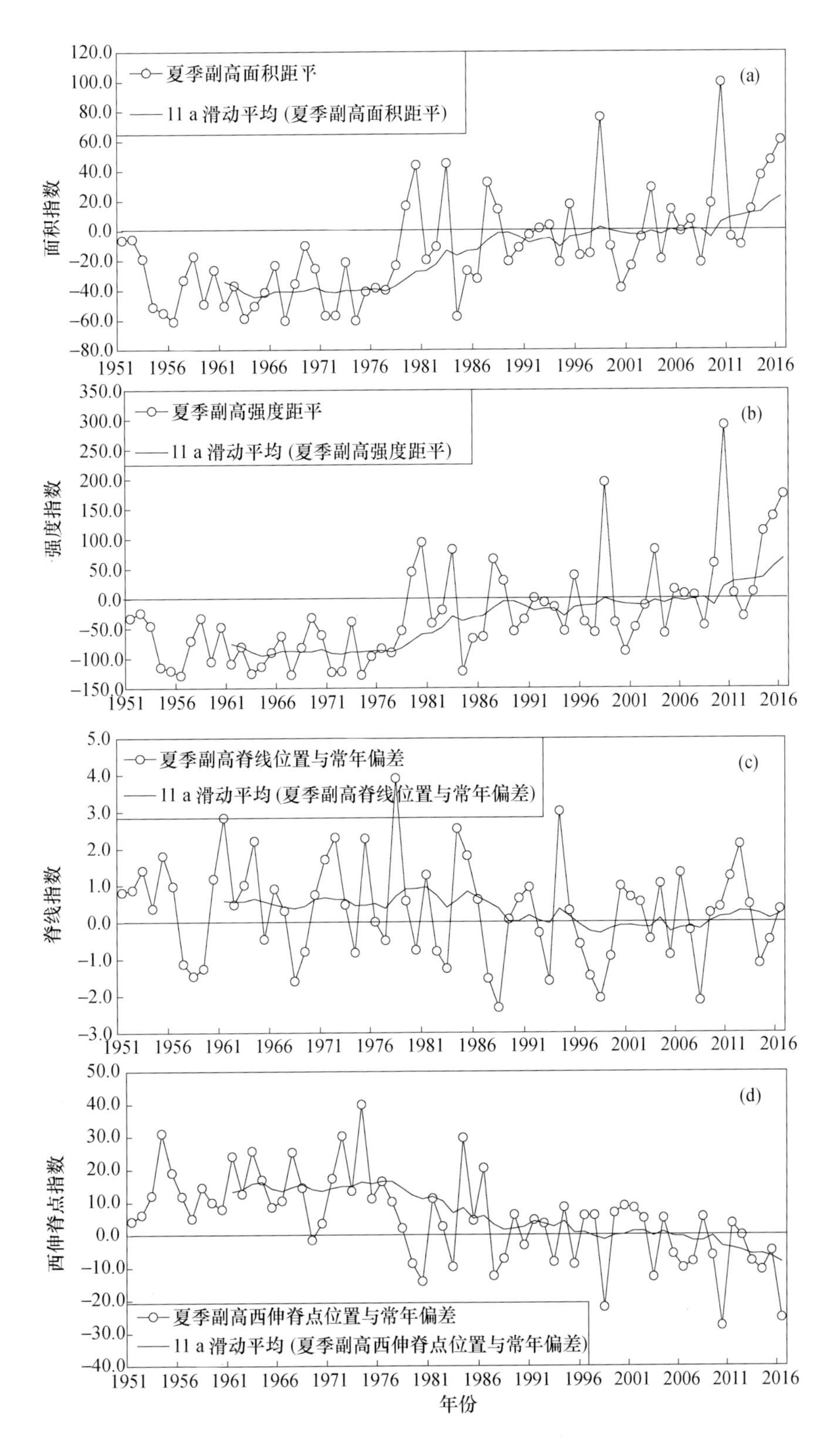

图 3.19　夏季西太平洋副热带高压各项指数的变化

(a)面积指数;(b)强度指数;(c)脊线指数;(d)西伸脊点指数

平均而言，每年6月以前，副高脊线位于20°N以南，高压北缘是沿副高脊线北上的暖湿气流与中纬度南下的冷空气相交绥地区，锋面、气旋活动频繁，易形成大范围阴雨天气，受其影响，华南前汛期雨季开始；在6月第4候，副高开始第一次北跳，脊线位置到达20°～25°N，东亚夏季风推进到长江流域，江淮流域入梅；7月第2候，副高第二次北跳，脊线位置到达25°～30°N，这时江淮流域梅雨结束，黄淮流域进入雨季；在7月第6候，副高脊线北跳到30°N以北，东亚夏季风推进到华北，主雨带位置随之北移，华北雨季开始；8月底或9月初，副高开始南退，雨带随之南移；10月以后，副高脊线位置退至20°N以南，中国东部大部分地区雨季结束（张庆云 等，1999；陶诗言 等，2006）。

通过计算西太平洋副热带高压各项指数与中国夏季降水的关系发现，副高脊线位置与中国夏季降水关系最好，其中尤以盛夏副高脊线位置关系最为密切（廖荃荪，1976）。沙万英等（1998）的研究中也指出，随着副高的季节性北跳，主要的高相关区也北移。当6月副高脊线位置偏南时，当月长江中游及江南、华南降水偏多，夏季中国易出现南、北两条多雨带的形势，即Ⅰ类雨型；当7月副高脊线位置偏南时，江淮流域出现多雨的可能性较大，而华南和华北地区可能少雨；当8月副高脊线位置偏南时，江淮、黄淮地区出现多雨的可能性较大，华南、东北、华北及河套地区降水可能偏少，中国夏季易出现Ⅱ类雨型。反之亦然。其中，夏季各月副高脊线位置与华北夏季月降水的关系主要表现为：6月副高脊线位置与同期华北降水为负相关关系，7月和8月为正相关关系。

使用1961—2015年资料计算6—8月各月副高脊线平均位置及其与京津冀地区降水的关系，可以得到与上述研究一致的结论，即当6月副高脊线位置偏北，京津冀大部分地区少雨；当7月和8月副高脊线位置偏北，有利于京津冀地区降水偏多；反之则呈相反特征。从夏季各月副高脊线位置与京津冀降水显著相关区的季内变化（图3.20）可以看到，进入盛夏以后，随着西太平洋副热带高压的向北推进，其对京津冀地区降水的影响明显加强，7月副

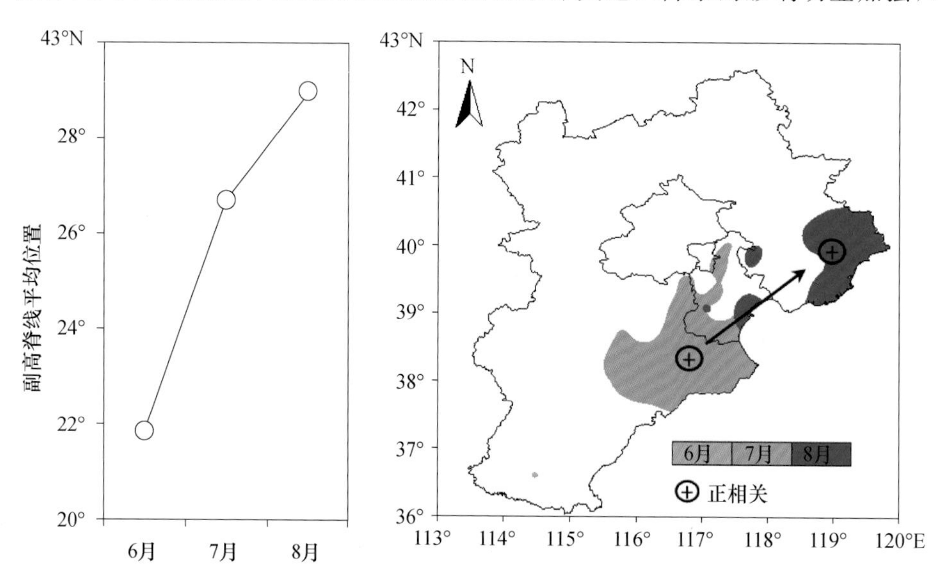

图3.20　1961—2015年夏季各月副高脊线的平均位置(a)及其与京津冀降水显著相关区域(置信度水平达95%)的季内变化(b)

高脊线位置显著影响京津冀降水的区域位于东部，8月二者的显著正相关区域则向北推进至京津冀东北偏东地区。这种显著正相关区域的季节内向北推进过程正好与副高的季节性北跳一致。

段丽瑶等(2008)在研究中采用了一种新的副高脊线统计方法分析其与华北夏季降水的关系，通过识别各经度上500 hPa高度≥588 dagpm的脊线位置，且规定在110°～130°E内至少有3个经度点满足要求，再取其在此区间各经度上脊线点的纬度均值为脊线位置，扣除存在华北高压日数后统计1958—2002年6—8月逐年各月副高脊线位置≥30°N的日数，分析其与华北夏季降水的关系。结果表明，6月副高脊线≥30°N的日数很少且与华北夏季降水的关系不明显；7月和8月副高脊线位置≥30°N日数多的年份对应华北夏季降水较多，反之亦然。盛夏副高脊线≥30°N的日数与同期华北降水呈正相关，京津冀地区位于中部的显著正相关区，京津冀大部地区二者的相关系数在0.3以上，置信度水平达95%，最大中心遵化、天津、廊坊的相关系数达到0.56，置信度水平达到99%(图3.21)。表明西太平洋副热带高压脊线位置越过30°N的日数与华北尤其是京津冀地区盛夏降水存在显著正相关关系。

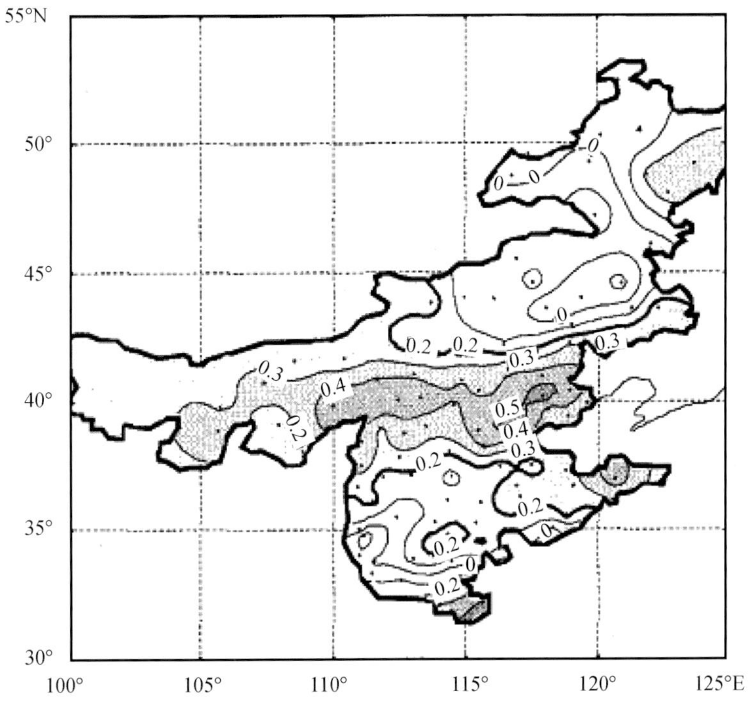

图3.21　1958—2002年盛夏副高脊线位置≥30°N日数与华北同期降水的相关系数(段丽瑶 等,2008)

同时，以副高脊线连续3 d超过30°N的起始日作为副高北上的初日，发现华北夏季涝年一般副高北上初日早，旱年大多副高北上的初日晚或无连续3 d超过30°N的记录。这一结论有助于在盛夏前期对未来降水的发展做出适当判断。

3.3 影响京津冀地区气候的大气涛动和遥相关

3.3.1 北极涛动

北极涛动(AO)是指气压场或其他气象要素场在中纬度和极地地区之间反位相变化的空间分布状况，当北极地区的气压异常偏低时，中纬度地区气压异常增高，这种分布被称之为 AO 的正位相，反之为负位相(Thompson et al.,1998)。近地面层的中纬度地区，AO 有两个中心，一个位于北大西洋，另一个相对较弱的位于北太平洋。随着高度的升高，中纬度地区更趋近于一个环状分布(Baldwin et al.,1999)。

作为北半球非常重要的系统，AO 对北半球大气环流有重要的影响，对流层 AO 异常对于北半球热带外地区地面温度场的影响极为深刻(Wallace,2000;Thompson et al.,2000)，其不仅对亚洲的天气、气候系统有重要影响，对中国气候要素尤其是冬季气温的影响一直以来也备受关注。武炳义等(1999)研究了 AO 与西伯利亚高压的关系，指出冬季北极涛动变化可以影响到西伯利亚高压，从而影响东亚冬季风并影响到中国冬季气候。所玲玲等(2008)通过计算极端气温与北极涛动指数的相关矩阵场，指出北极涛动指数的正、负极端异常年份对中国冬季同期最高和最低气温有十分明显的影响，其中冬季最高气温响应主要表现地域是长江中下游、华北和河套地区，最低气温的响应主要表现地域是东部沿海和长江黄河上游地区。何春等(2003)进一步分析了华北冬季气温和冬季北极涛动指数的关系，指出二者无论在年际或是年代际尺度上均有显著相关，在冬季北极涛动高指数年，华北地区为暖冬年，反之亦然。从这些研究中不难看出，北极涛动是中国冬季气温包括华北地区冬季气温的重要影响因子，本节将主要就北极涛动对京津冀地区冬季气温的影响进行讨论。

3.3.1.1 冬季北极涛动指数和京津冀地区气温指数的周期特征

对冬季北极涛动(I_{AO})和京津冀地区气温(I_T)两个指数序列进行 Morlet 小波分析，如图 3.22 所示。可以看到(图 3.22a)，I_{AO} 主要存在准 18 a 周期，同时还有准 9 a 周期。从变化上看，准 18 a 周期和准 9 a 周期都是 20 世纪 70 年代中期到 80 年代中期最强，60 年代末

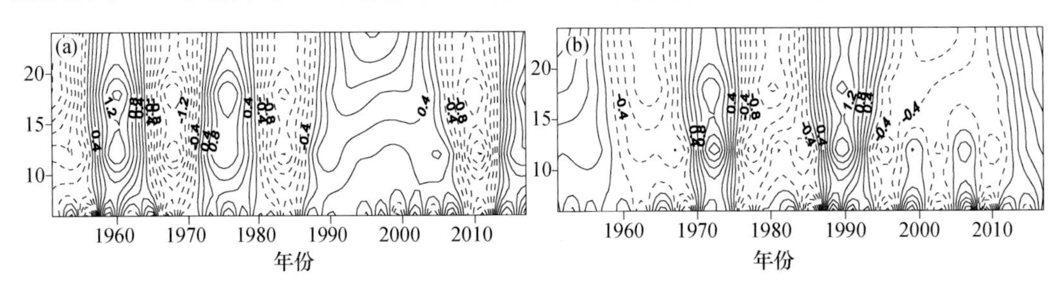

图 3.22 冬季北极涛动指数(a)和京津冀地区气温指数(b)Morlet 小波分析小波系数模值分布

到70年代初以及90年代初次之，60年代和90年代中期相对较弱。I_{AO}还存在准3 a的周期，但比较弱。准3 a周期在20世纪60年代中前期稍强一些，其他时期都很弱。所以，I_{AO}变化以准18 a和准9 a周期为主，即北极涛动变化主要是年代际的。

图3.22b为京津冀地区冬季气温指数（I_T）的小波系数模值图，可以看到，I_T主要具有准18 a周期，其次是准4 a周期，强度要小得多，在20世纪60年代中期到70年代初期要强一些，60年代初以及从70年代初到80年代中期减弱，90年代消失。

3.3.1.2 冬季北极涛动对京津冀地区同期气温的影响

计算（20°～90°N，0°～360°）区域内，1000 hPa高度异常场经验正交函数分析（EOF）所得的第一模态的时间系数的标准化序列，将其作为北极涛动指数（图3.23）。冬季为12月至翌年2月，选取冬季北极涛动指数 $I_{AO}>1\sigma$ 的年份作为强北极涛动年，冬季北极涛动指数 $I_{AO}<-1\sigma$ 的年份作为弱北极涛动年。得到强北极涛动年10 a，分别为1971—1972年、1988—1989年、1989—1990年、1992—1993年、1998—1999年、1999—2000年、2007—2008年、2008—2009年、2011—2012年、2017—2018年；弱北极涛动年10 a，分别为1962—1963年、1969—1970年、1976—1977年、1977—1978年、1985—1986年、1986—1987年、1995—1996年、1997—1998年、2003—2004年、2009—2010年。

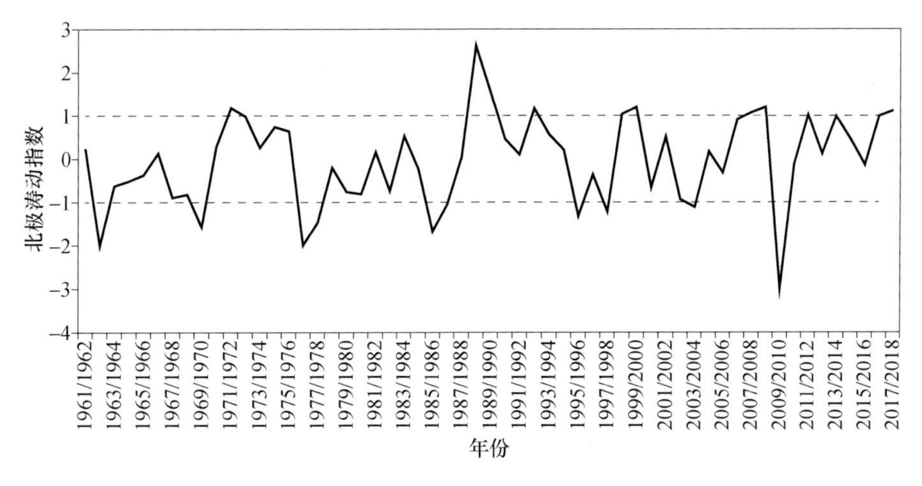

图3.23 标准化的冬季北极涛动指数序列

从冬季北极涛动指数（I_{AO}）与京津冀地区冬季气温的相关分布中可以看到（图3.24），京津冀大部分地区冬季气温与北极涛动指数（I_{AO}）呈显著正相关，相关系数可通过95%的置信度检验，表明冬季北极涛动指数（I_{AO}）高值年对应京津冀地区冬季气温偏高，I_{AO}指数低值年对应京津冀地区冬季气温偏低。二者在京津冀东北部地区的相关尤其良好，相关系数中心值超过了0.4。

对1961—2018年京津冀地区逐年冬季气温距平场进行EOF分解，得到第1特征向量场及其时间系数。第1特征向量场的方差贡献率达82%，基本能够代表冬季京津冀地区气温距平场。选取该特征向量所对应的时间系数作为京津冀地区冬季气温指数（I_T），计算其与冬季北极涛动指数（I_{AO}）的相关系数，最大可达0.42，通过了99.9%的置信度检验，说明冬季北极涛动与同期京津冀地区气温确实存在显著关系。

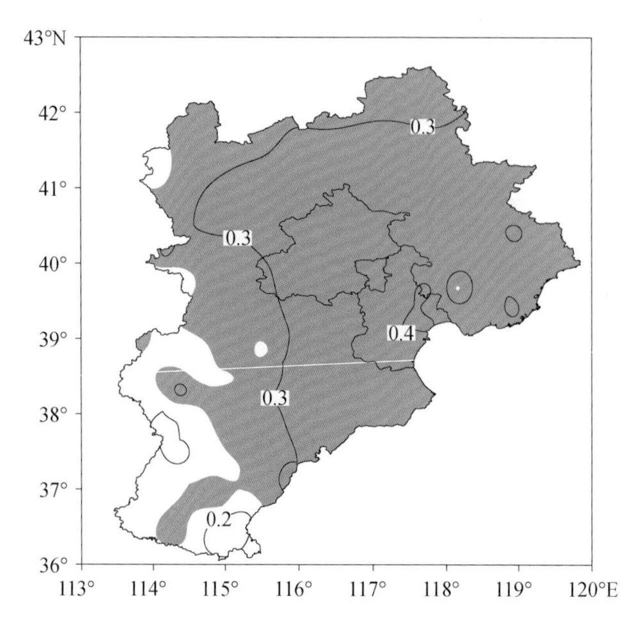

图 3.24 冬季北极涛动指数 I_{AO}与京津冀地区冬季气温的同期相关系数分布

（阴影表示通过95%的置信度检验）

3.3.1.3 北极涛动影响京津冀地区冬季气温的可能机制

冬季北极涛动对京津冀地区气温影响显著，武炳义等(1999)曾指出，对于AO和海平面气压场的关系，冬季西伯利亚高压年际变化主要受北极涛动的影响，冬季AO与西伯利亚高压是反相变化的，I_{AO}高值年西伯利亚高压减弱，低值年增强；对于500 hPa高度场，EU遥相关型可认为是冬季北极涛动的特殊状态。

为进一步分析冬季AO对环流的影响，对200 hPa、500 hPa和850 hPa高度场进行合成分析，发现在I_{AO}高值年和低值年，各层次形势大体相似，表现为相当正压结构。在同一层次上，I_{AO}高、低值年形势基本一致，但符号相反，强度略有差异。这说明AO对对流层底层和高层都有重要影响，其可通过激发类似EU遥相关型的异常，影响到京津冀地区。

500 hPa高度场的合成分析表明，从差值场看(图略)，中国大部分地区对流层中层为差值高压控制，京津冀地区对流层中层盛行偏南差值风。东亚大槽所在区域为显著正差值区，说明500 hPa高度场冬季I_{AO}高值年东亚大槽减弱，低值年增强。在冬季I_{AO}高值年(图3.25b)，500 hPa高度场从贝加尔湖到中国南海的广大区域受到正位势高度异常控制，这些地区的500 hPa等压面上盛行偏南气流，表明对流层中层偏北气流减弱，气温偏高；I_{AO}低值年(图3.25e)与之相反，从贝加尔湖到中国南海的广大区域受到负位势高度异常控制，这些地区的500 hPa等压面上存在偏北气流，京津冀地区处于偏北气流控制之下，表明对流层中层偏北风增强，气温偏低。

从冬季I_{AO}高值年和低值年的海平面气压场合成图中可以看到(图3.26)，冬季I_{AO}高值年西伯利亚高压减弱，低值年增强。在冬季I_{AO}高值年中国北方尤其是华北地区处于主体位于日本海的距平高压边缘，受到偏南距平风的影响，表明地面偏北风减弱，地面偏暖；而I_{AO}

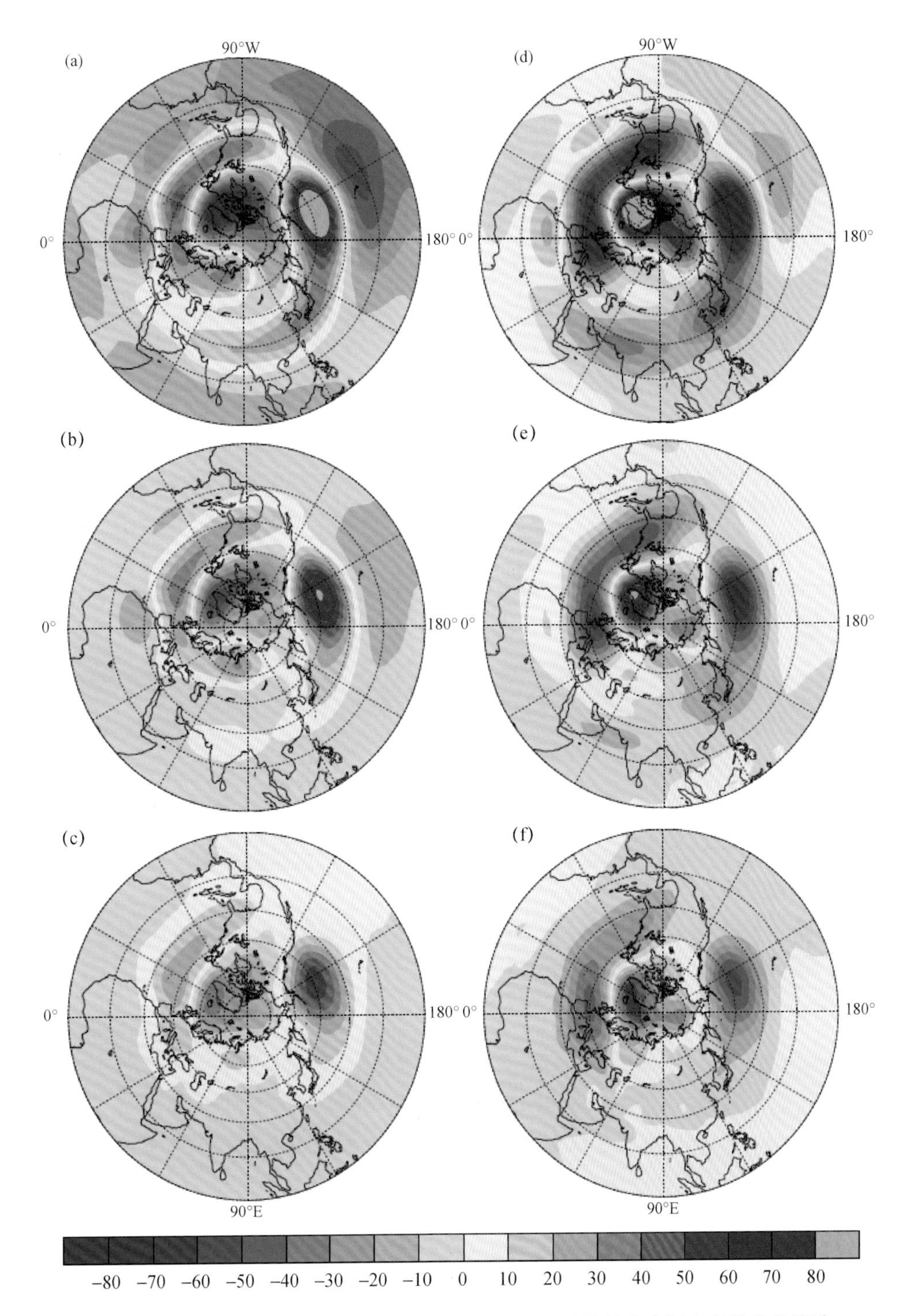

图 3.25　200 hPa(a、d)、500 hPa(b、e)和 850 hPa(c、f)位势高度场在冬季北极涛动指数偏高年(a～c)和偏低年(d～f)的合成(单位:gpm)

低值年京津冀地区处于中心位于白令海的距平低压的边缘,受到偏北距平风的影响,表明地面偏北风增强,地面偏冷。

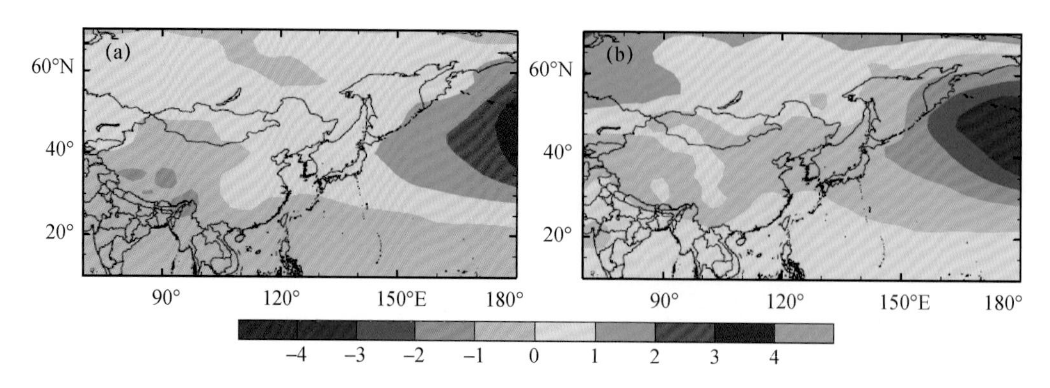

图 3.26　海平面气压场 SLP 在冬季北极涛动指数偏高年(a)和偏低年(b)的合成(单位：hPa)

从环流场的综合配置情况来看(图 3.27)，东亚地区冬季 I_{AO} 高值年具有弱冬季风特征，地面西伯利亚高压减弱，中高对流层东亚大槽减弱，引导偏北风南下的能力降低，从对流层低层到中高层均盛行偏南风距平，偏北风减弱，所以京津冀地区在冬季 I_{AO} 高值年气温升高；低值年情况正好相反。

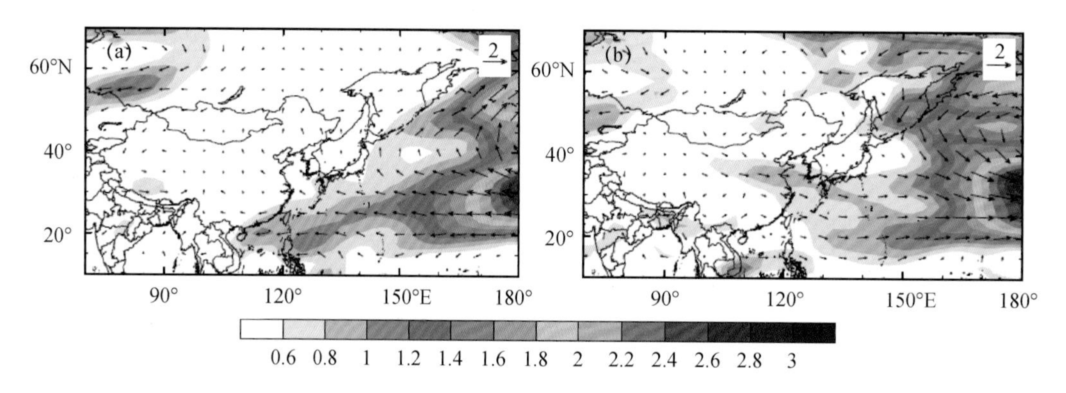

图 3.27　850 hPa 风场在冬季北极涛动指数偏高年(a)和偏低年(b)的合成(单位：m/s)

3.3.2　东亚季风

我国地处东亚季风区，季风活动对我国的天气和气候有直接作用(Tao et al.，1987)。特别是在夏季，东亚夏季风起讫早晚、发展强弱，对我国夏季主要雨带的分布有决定性的作用(李维京，2012)，是导致我国东部地区夏季降水异常的主要原因之一。京津冀地区位于东亚夏季风边缘，受其显著影响，夏季降水的年际变率大，旱涝灾害时有发生，如 1963 年、1975 年、1996 年等盛夏的特大暴雨灾害就发生在该地区。鉴于此，东亚夏季风的年际变化及其与京津冀地区夏季降水的关系一直以来是备受关注的科学问题。

夏季降水变化的原因最早始于季风研究，早在 20 世纪 30 年代，我国著名气候学家竺可桢先生就探讨了东亚夏季风对我国降水和华北干旱化的影响(竺可桢，1934；竺可桢 等，1934)，此后，众多气象学者针对东亚夏季风环流的结构和特征(陶诗言 等，1958；Tao et al.，1987；陈隆勋 等，1991；Ding，1994)、暴发时间和强度变化(He et al.，2006；何金海等，2006；

Zhao et al.,2007a)、年际和年代际变化(Huang et al.,1989;Wu et al.,1999;何金海 等,2004;Huang et al.,2007)以及季风演变对我国降水的影响(Qian et al.,2002;丁一汇 等,2004;廖清海 等,2004b;He et al.,2007)等方面进行了一系列的深入研究,并指出了华北降水与东亚夏季风在年际和年代际的对应关系(郭其蕴 等,1988;Dai et al.,2003;Ding et al.,2007;汤绪 等,2009),取得了大量重要成果。本节将针对东亚夏季风强弱对京津冀地区夏季降水的影响进行讨论,进一步认识东亚夏季风变化与京津冀地区夏季降水异常的关系。

3.3.2.1 东亚夏季风强度与京津冀地区夏季降水的关系

为简单、直观地反映东亚季风变化,建立一个能够反映季风变化特征的指标非常重要(郭其蕴,1983)。以往研究中,从海陆热力差异、大气环流特征以及温湿要素等不同角度考虑,对于季风指数存在多种定义。但由于东亚季风的复杂性,这些指数衡量夏季风强度的标准并不统一,对夏季风变化特征的描述也各有侧重(Wang et al.,2008)。为重点研究东亚夏季风水汽输送强弱(郝立生 等,2018),本节选取 Wang(2001)定义的东亚夏季风指数(East Asian Summer Monsoon Index,EASMI),以东亚范围(20°～40°N,110°～125°E)内 850 hPa 逐年夏季经向风速平均的标准化值表征东亚夏季风强度。当$I_{EASM}>0$时,东亚夏季风偏强,其值越大,表示夏季风越强;当$I_{EASM}<0$时,东亚夏季风偏弱,其值越小,表示夏季风越弱。

对 1961—2018 年东亚夏季风强度指数与我国东部夏季降水量的相关系数空间分布研究得到(图略),华北和东北大部地区为正相关区,长江流域为负相关区,表明当I_{EASM}值越高,即东亚夏季风偏强时,有利于华北、东北多雨,长江中下游地区少雨,反之相反。其中,京津冀大部分地区夏季降水与东亚夏季风指数呈显著正相关关系,相关系数可通过 95%的置信度检验,表明东亚夏季风偏强年京津冀地区夏季降水可能偏多,东亚夏季风偏弱年京津冀地区夏季降水可能偏少。二者的显著正相关区主要位于京津冀西南部。

进一步分析京津冀地区夏季降水与东亚夏季风指数的关系,通过划分夏季降水多少和季风强弱的标准(郝立生 等,2018),规定降水距平百分率$RD\%\geqslant10\%$为京津冀地区夏季降水偏多,$RD\%\leqslant-10\%$为降水偏少,$-10\%<RD\%<10\%$为降水正常。东亚夏季风指数$I_{EASM}\geqslant0.8\sigma$为夏季风偏强,$I_{EASM}\leqslant-0.6\sigma$为夏季风偏弱,$-0.6\sigma<RD\%<0.8\sigma$为夏季风正常。由表3.3中的统计分析表明,京津冀地区夏季降水与东亚夏季风指数的关系十分密切,表现为:①在东亚夏季风偏强年,京津冀地区夏季降水以偏多和正常为主,出现概率为 88%,其中多雨年出现概率为 59%,降水正常年出现概率为 29%,而降水偏少年份出现概率最低,仅为 12%。另一方面,在京津冀地区 19 个多雨年中,有 10 年东亚夏季风偏强,占近 53 a 来东亚夏季风偏强总年数的 53%,有 6 a 东亚夏季风正常,出现概率为 31%,3 a 夏季风偏弱,出现概率为 16%;②在东亚夏季风正常年,京津冀地区有一半年份夏季降水正常,其余年份出现多雨和少雨的概率相当,各占 25%。而在 21 个夏季降水正常年中,夏季风强度正常的概率最高,为 57%,偏强的概率为 24%,偏弱的概率较低,为 19%;③在东亚夏季风偏弱年,京津冀地区夏季出现少雨的概率为 42%,正常和偏多的概率分别为 33%和 25%;而在 13 个夏季少雨年中,夏季风偏弱和正常的概率达 85%,其中夏季风正常的年份最多,为 6 a,占 46%,偏弱年份次之,有 5 a,占 39%,偏强年份仅 2 a,出现概率为 15%。可见,东亚夏季风指数与京津冀地区夏季降水确实存在很好的对应关系,并且夏季风指数的强弱对降水多少的预测具有指示意义。

表 3.3 京津冀地区夏季降水与东亚夏季风指数的关系

	多雨年	正常年	少雨年	合计年数	各等级降水年数及比例
夏季风偏强	1963 年、1964 年、1966 年、1967 年、1969 年、1970 年、1973 年、1976 年、1995 年、2013 年	1961 年、1962 年、1971 年、1975 年、1998 年	1965 年、1972 年	17 a	多雨(10 a,59%) 正常(5 a,29%) 少雨(2 a,12%)
夏季风正常	1977 年、1978 年、1988 年、1990 年、1994 年、1996 年	1974 年、1981 年、1984 年、1987 年、1991 年、1993 年、2000 年、2005 年、2006 年、2008 年、2010 年、2011 年	1968 年、1980 年、1983 年、1992 年、2003 年、2007 年	24 a	多雨(6 a,25%) 正常(12 a,50%) 少雨(6 a,25%)
夏季风偏弱	1979 年、1982 年、2012 年	1985 年、1986 年、2004 年、2009 年	1989 年、1997 年、1999 年、2001 年、2002 年	12 a	多雨(3 a,25%) 正常(4 a,33%) 少雨(5 a,42%)
合计年数	19 a	21 a	13 a	—	—
夏季风强弱年数及比例	偏强(10 a,53%) 正常(6 a,31%) 偏弱(3 a,16%)	偏强(5 a,24%) 正常(12 a,57%) 偏弱(4 a,19%)	偏强(2 a,15%) 正常(6 a,46%) 偏弱(5 a,39%)	—	—

关于东亚夏季风的年代际变化,最显著的是发生于 20 世纪 70 年代末的东亚夏季风环流的年代际减弱,与此相关联的正是华北地区降水减少、长江流域降水增多、中国东部降水呈现"南涝北旱"的分布特征(Wang et al.,2001)。随着东亚夏季风的年代际减弱,夏季风北边缘也出现南退现象(汤绪 等,2009),位于东亚夏季风边缘的京津冀地区也在近 50 多年表现出夏季降水明显减少的趋势。

东亚夏季风无论在年际或是年代际尺度上都表现出与京津冀地区夏季降水存在十分密切的联系,但也不难看出,夏季风与京津冀地区降水的关系十分复杂,其并不能独立地解释京津冀地区夏季降水的异常,因此,东亚夏季风只是关键影响因子之一,而不是唯一因子。

3.3.2.2 东亚夏季风影响京津冀地区夏季降水异常的环流特征

东亚夏季风可以通过西太平洋副热带高压、东亚副热带高空急流以及水汽输送变化影响京津冀地区夏季降水(张庆云 等,2003;廖清海 等,2004a;马京津 等,2008)。当东亚夏季风偏强时,西太平洋副热带高压偏强、偏北,东亚高空急流位置异常偏北,急流附近水平和垂直风切变增强,夏季风南风北界的位置偏北,东亚地区存在明显偏南风异常,京津冀地区夏季降水可能偏多;反之相反。然而,东亚夏季风强度和京津冀地区夏季降水也存在不完全对应的情况,即在夏季风偏强(弱)年,京津冀地区夏季降水可能偏少(多)。郝立生等(2018)从水汽条件和动力上升条件两个方面给出了解释(图 3.28),指出在强东亚夏季风年,尽管水汽来源充足，但动力上升条件和天气过程多少不同会导致夏季降水多少的明显不同。如果850 hPa风场在京津冀地区存在辐散环流，500 hPa高度场中纬度经向环流突出，槽脊东移缓慢，上升运动过程会明显减少，从而导致京津冀地区夏季降水量异常偏少；在弱东亚夏季风年，偏南风或西南风水汽来源虽大量减少，但若东南风水汽输送加强，京津冀地区仍会有充足水汽，如果850 hPa风场在京津冀地区存在辐合环流，500 hPa高度场纬向环流突出，低槽频繁东移，京津冀地区的动力上升条件就非常有利，仍然会出现降水偏多的情况。综合上述分析可以得到以下结论：当东亚夏季风偏强（弱）时，尽管水汽充足（不足），但850 hPa风场和500 hPa高度场的条件配合才能最终决定京津冀地区的夏季降水多（少）趋势。

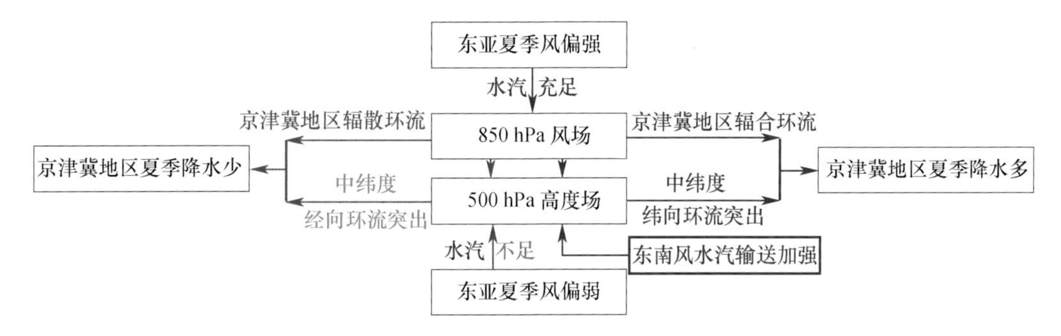

图3.28 东亚夏季风强弱对京津冀地区夏季降水异常的影响机制示意

3.4 京津冀地区典型天气个例的环流特征

3.4.1 2016年7月华北特大暴雨环流特征

2016年7月19—22日华北地区出现了大范围的强降雨天气，此次强降水过程具有影响范围广、累计雨量大、持续时间长、局地小时雨强大、地形降水特征明显等特点。华北部分地区降雨100～250 mm，北京中南部、河北东北部和西部及河南北部、山东中部等局地降水250～400 mm，河北石家庄、邯郸、邢台和秦皇岛等局地降水400～690 mm。

“16·7”暴雨过程持续时间长，是以西风槽加深发展形成低涡，并长时间影响华北区域为典型特征的。2016年7月19日夜间至20日白天，在山西、河北和河南三省交界处500～850 hPa低涡迅速加强，形成大范围闭合低涡，副高西界伸至华东—华南一带，受低涡切断发展以及东侧大陆高压和副高阻挡，低涡沿太行山东麓缓慢北上。图3.29给出了20日08时500 hPa高度场、850 hPa风场以及海平面气压。低涡系统发展深厚，地面有气旋发展，对流层低层至200 hPa均有低涡存在，低涡系统最强时段对应500 hPa低涡位势高度为575 dagpm，地面气旋中心气压为992.7 hPa，均较气候平均场偏强。与此同时，受副高西伸加强与高空槽发展共同影响，低涡东侧西南风急流与偏东风急流建立，且边界层内存在超低空急流，925 hPa、850 hPa 急流核最大风速分别达到 24 m/s、26 m/s，为强降水提供了有利的水汽和不稳定能量的输送。19 日夜间至 20 日白天华北上空形成闭合完整的低涡环流以及大范围的涡旋雨带，华北地区的暴雨就主要出现在这一阶段，因此此次极端暴雨过程与低涡系统的形成、移动并强烈发展过程密切相关。

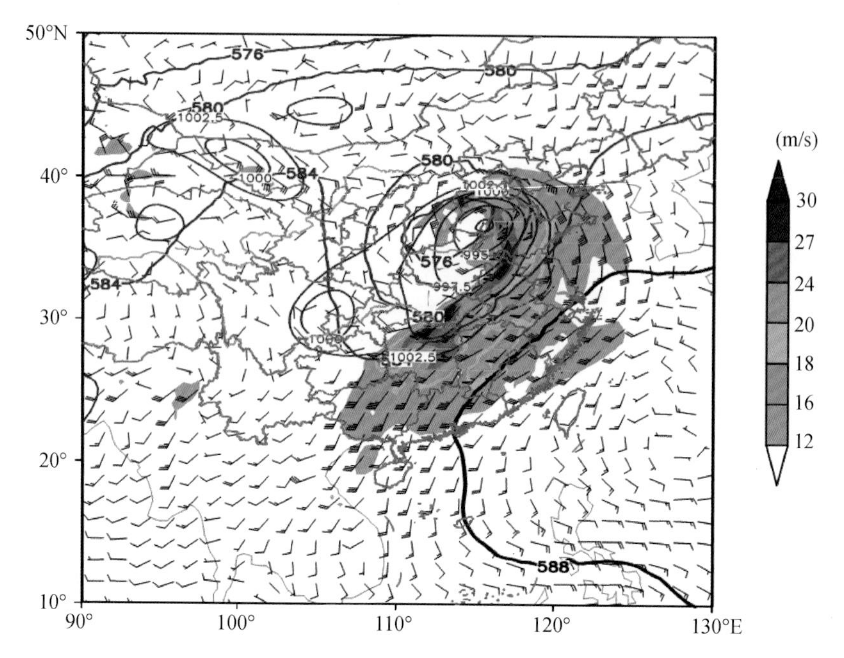

图 3.29　2016 年 7 月 20 日 08 时华北地区 500 hPa 高度场(黑色和蓝色等值线，单位：dagpm)、850 hPa 风场以及海平面气压(紫色等值线，单位：dagpm)

3.4.2　2016 年 1 月寒潮环流特征

寒潮是中国华北地区最主要的灾害天气之一，寒潮带来的剧烈降温可使人、畜、农作物等受到冻害，暴雪、冻雨、冰冻可导致道路结冰、河流封冻，影响交通和航空运输。2016 年 1 月 21—23 日出现的寒潮是当年中国入冬以来最强的一次寒潮天气过程，在京津冀地区，河北唐山日降温 15.3 ℃，突破历史极值，北京 1 月 23 日白天最高气温仅 −13.2 ℃，为近 30 a 来同期最低值。

寒潮的本质是冷空气在源地不断堆积，继而在有利的环流背景下向南暴发的天气过程。图 3.30 为 2016 年 1 月 1—19 日 500 hPa 位势高度场。可以看出，2016 年 1 月初，欧洲北部的阻塞高压进入 70°N 以北形成极地高压(图 3.30a)，极地高压在东移过程中一方面促进了极涡向亚洲东部增强南压，一方面与巴尔喀什湖的暖脊同位相叠加(图 3.30b)，使亚洲中高纬地区的环流由前期的平直气流转为倒“Ω”流型。10 日前后(图 3.30c)，欧洲的暖性高压脊东移，与乌拉尔山高压脊合并，随着该高压脊的增强发展，形成明显的阻塞形势。至 14 日(图 3.30d)，位于亚洲东部的极涡，在其西部有横槽缓慢南压，形成了冷空气的酝酿阶段。17 日欧洲上空的暖高压脊再次建立(图 3.30e)。19 日(图 3.30f)，在乌拉尔山附近，该高压脊与极地高压打通，再次发展增强。冷空气南下过程中，由于有南支槽的接应，使得脊前引导气流的经向度加大、偏北分量增强，引导冷空气快速南下，21 日随着横槽转竖，冷空气主体大举向南暴发，造成寒潮事件。

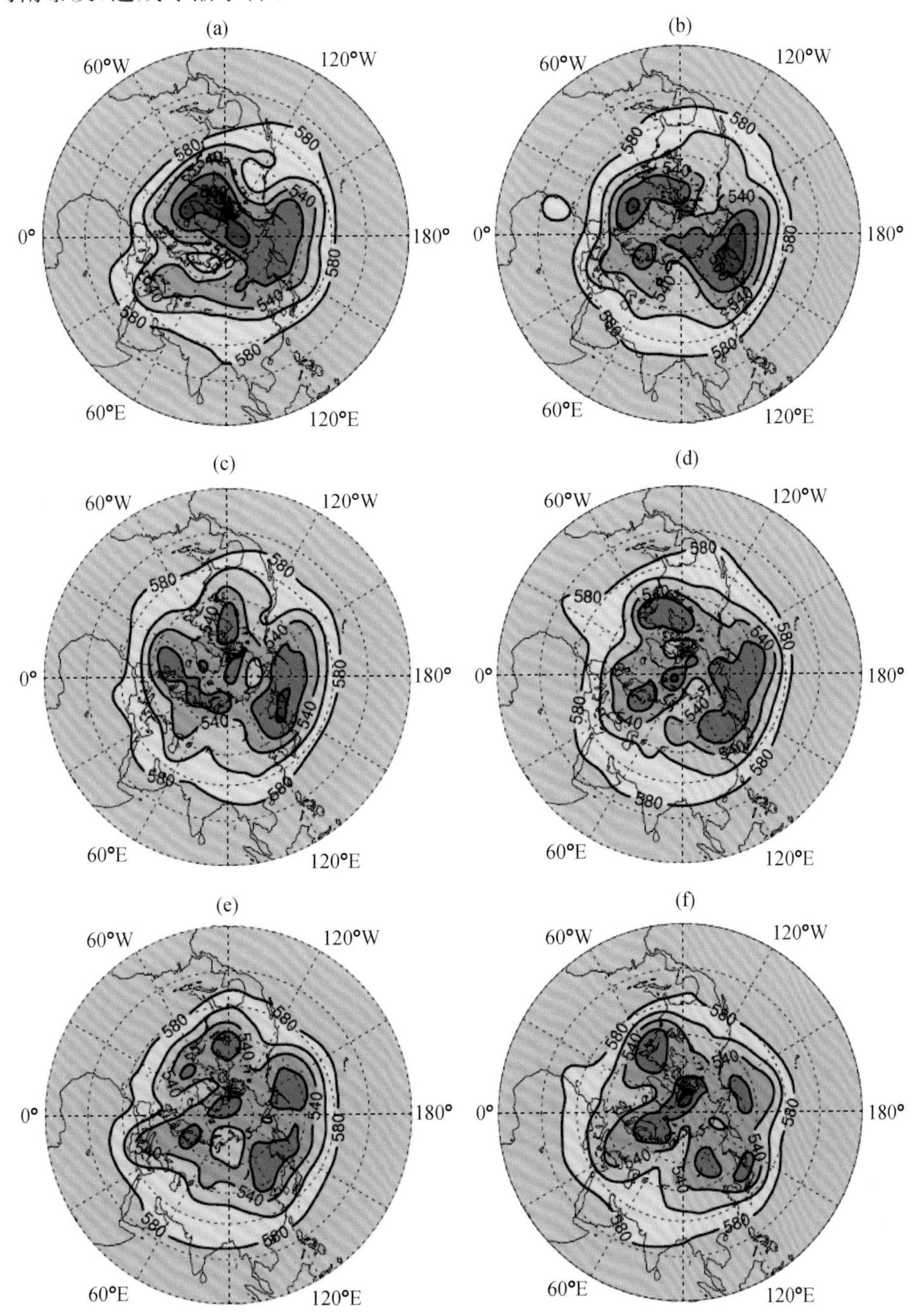

图 3.30　2016 年 1 月 1 日(a)、7 日(b)、10 日(c)、14 日(d)、17 日(e)、19 日(f)500 hPa 位势高度场(单位:dagpm)

3.4.3 2010年1月降雪环流特征

降雪是京津冀地区冬季降水的主要形式。通常，降雪的出现往往伴随低温、寒潮、大风等灾害天气，降雪还会给交通运输、电力设施、学习生产、人民安全、城市运行等带来极大的负面影响。2010年1月2—4日中国北方地区出现了大范围的降雪天气，此次过程具有影响范围广、累计降雪量大、持续时间长的特点。北京地区在2010年1月2—3日出现降雪，2日白天为零星小雪，主要降雪时段为2日夜间至3日白天；北京市平均降雪量为10.6 mm，城区平均为12.9 mm，最大降雪怀柔站为22.5 mm，自动气象站测得最大降雪量为居庸关站27.3 mm，日降雪量均突破了1951年以来1月的历史极值。

此次过程是地面气旋在500 hPa高空槽的引导作用下不断加深发展，并且在700～850 hPa有中尺度涡旋(水平尺度约400 km)发展的活动过程。图3.31a显示，500 hPa高度上，贝加尔湖东部地区存在一个深厚的低涡系统，低压中心值达512 dagpm，并配合−44 ℃的冷中心，温度槽落后于高度槽，表明低涡将加深发展。槽前正涡度平流强度达到$2\times10^{-7}\ s^{-2}$，有利于低层补偿减压产生辐合上升运动，使得降雪增强。在850 hPa上(图3.31b)，河套北部的低涡东移发展，北京地区处于低涡前部的西南气流控制中，等高线与等温线的交角接近90°，等温线密集，表明暖平流强盛。低层暖平流的强迫作用促进了河套气旋的增强和发展，并不断东移北上。地面气旋在500 hPa高空槽的引导作用下不断加深发展，配合边界层内的偏东气流是造成此次降雪的主要成因。

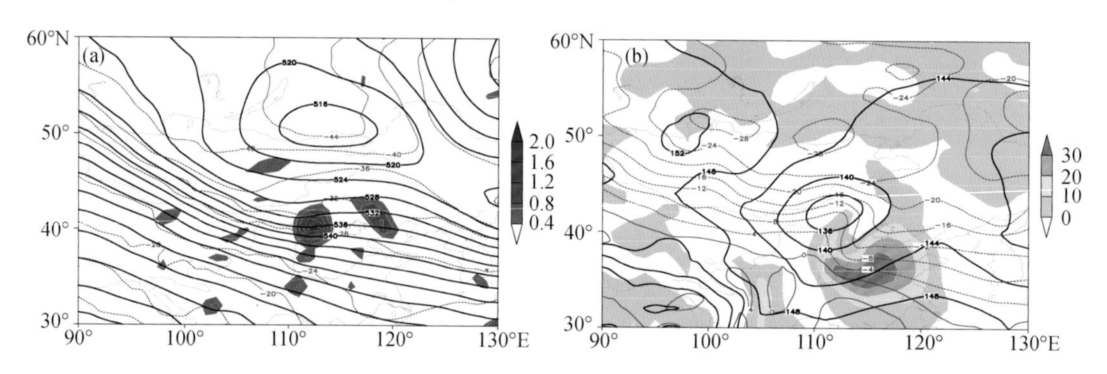

图3.31 2010年1月3日00时500 hPa(a)、850 hPa(b)环流形势

(实线为等高线(单位：dagpm)，虚线为等温线(单位：℃)；(a)阴影为正涡度平流(单位：$10^{-7}\ s^{-2}$)，(b)阴影为暖平流(单位：$10^{-5}\ K/s^2$))

第4章
京津冀地区的主要气象灾害

京津冀地区地处于华北平原北部，东邻渤海，西接太行，北靠燕山，南部接河南、山东两省，地势虽有起伏，但坡度不大，属于暖温带半湿润半干旱大陆性季风气候，大部分地区四季分明，寒暑悬殊，雨量集中，干湿分明。春季冷暖多变，干燥多风；夏季炎热潮湿，雨量集中；秋季风和日丽，凉爽少雨，冬季寒冷干燥，雨雪稀少。京津冀地区总体气候条件较好，温度适宜，日照充沛。热量丰富，雨热同季，适合多种农作物生长和林果种植。

全球变暖的不断加剧，直接导致京津冀地区温度极值发生变化，由此高温、干旱和暴雨洪涝等极端气候事件发生频率与强度出现增多的趋势，特别是在气候变化敏感区和脆弱区的加剧趋势尤为明显。大规模人口集聚以及快速产业化发展，使京津冀地区面临自然灾害的风险不断增大。例如，日益严峻的干旱、热浪、暴雨等灾害，均是气候变化过程中京津冀地区都市圈可持续发展的重要风险源。

4.1 气象灾害概况

京津冀地区是气象灾害多发的地区，气象灾害包括干旱、洪涝、强降水、风暴潮、高温、寒潮、强降温、大风、冰雹、雷电、沙尘、雾/霾以及海冰异常等。京津冀地区气象灾害具有以下显著特点。

(1)灾害种类多、频次高、范围广。京津冀地区每年都会有多种灾害在各地发生，而且有些灾害每年还会以不同形式发生多次。比如，旱灾包括春旱、春夏连旱、伏旱、秋旱、冬春连旱等；风灾既有冬季的寒潮风，又有夏季的雷雨大风、龙卷、台风、干热风等；有的地区一年多次遭受雹灾。每年发生的各种灾害几乎遍及各地。

(2)旱、涝交替发生，呈阶段性，且往往多灾并发。每年都有一些地方出现严重干旱，同时，另一些地区又遭受洪涝灾害袭击。从旱、涝灾害发生的历史看，往往是连续几年、几十年多旱灾，而另一个时期多洪涝灾，呈现出一定的阶段性。旱、涝交替发生的过程中，往往还会伴有多种灾害同时发生。如在洪涝灾害发生的同时，常常伴有雷电、大风、冰雹等气象灾害。

(3)各种气象灾害的区域分布明显，且相对稳定。受气候、地理位置、地形等因素的影响，北部张家口、承德地区冬春季多大风、沙尘暴、大雪、冰雹天气，夏秋季多干旱、暴雨及霜冻天气；西部太行山地区多干旱天气，在夏季受太行山迎风坡的抬生作用影响，暴雨频发从而引起洪涝灾害；东部沿海地区易受台风、海啸袭击发生风暴潮，且多受风雹危害；平原地区受历史上黄河多次改道的影响，有许多纵横交错的岗洼起伏地，排水不畅，是容易发生沥涝的地区。

(4)特大灾害频繁发生。1949 年以来，京津冀地区多次遭受特大灾害的袭击。例如，1954、1956、1963、1977、1996 年的大水灾，1964 年的沥涝灾害，1965、1972、1975、1992、1997 年的大旱灾，频繁且严重的气象灾害给京津冀地区的工农业生产及人民生命财产安全造成了重大影响。

4.2 干 旱

干旱和旱灾是两个不同的科学概念。干旱通常指淡水总量少，不足以满足人类生存和经济发展的气候现象。干旱一般是长期的现象，而旱灾却不同，它只是属于偶发性的自然灾害，甚至在通常水量丰富的地区也会因一时的气候异常而导致旱灾。干旱和旱灾从古至今都是人类面临的主要自然灾害。即使在科学技术如此发达的今天，它们造成的灾难性后果仍然比比皆是。尤其值得注意的是，随着经济发展和人口膨胀，水资源短缺现象日趋严重，这也直接导致了干旱地区的扩大与干旱化程度的加重，干旱化已成为全球关注的问题。

干旱是京津冀地区发生最频繁、影响最大的气象灾害。京津冀地区属大陆性季风气候，大部分地区年降水量不足，降水变率大，季节分配不均，降水主要集中于夏季。因此，春旱、初夏旱、伏旱、秋旱发生频繁，又以春旱最为频繁。历史上京津冀地区干旱灾害频发。其中，河北省是全国旱灾较多的省份之一。例如，河北省在明、清两朝一共500多年间有380多年出现过旱灾，并且灾情非常严重，波及的地区很广，受灾的人数众多。灾区包括上百个县，受灾的人数达上千万。在许多地方志和史书里都记载有华北旱灾造成的悲惨景象，在大旱年份多是“赤地千里无禾稼，大饥，人掘草根树皮殆尽，饿殍载道”等。

目前京津冀地区平均用水量已大大超过地表水资源量，只能依靠超采地下水来维持，造成地下水位持续下降，形成30多个地下漏斗区，总面积达2万多平方千米。干旱和水资源不足已成为制约京津冀地区经济发展的重要因素。

干旱是一种相对的概念。干旱主要是相对植物，特别是对农业植物而言的。若久晴不雨，植物体内水分大量亏缺，导致植物生长发育不良，农作物大幅度减产，这就是干旱。干旱可分为相互联系的土壤干旱和大气干旱两类。土壤干旱是土壤水分不能满足植物需要的一种干旱现象。久晴不雨，长期大气干旱，是土壤干旱的主要原因。土壤蓄水性能差，滥伐林木而破坏生态平衡，地下水位太低，耕作措施不当，都会加剧土壤干旱。大气干旱是大气温度高，相对湿度低，久晴不雨，此时，土壤中不一定缺乏水分。但是，长期的大气干旱会引起土壤干旱。土壤干旱的主要原因是降水不足，大气干旱的主要表现也是降水不足。因此，降水不足是干旱的根本原因。

干旱的划分标准比较复杂，简单、实用的方法是用距平百分率作为划分干旱的标准。具体计算方法：某时段（年、季、月、旬等）该年降水量与累年降水量平均值之差与累年降水量平均值的比值。本节对干旱的划分标准是：月降水量负距平百分率在20%以内为正常年，负距平百分率在20%～50%为偏旱年，负距平百分率大于50%为大旱年。

4.2.1 京津冀地区干旱时空变化特征

(1)春季(3—5月)。大部分地区春旱发生频率在50%以上。京津冀地区存在3个多春旱区(图 4.1a),其一在太行山低山丘陵及山前平原一带,其频率为 70%～80%;其二在冀西北山间盆地,其频率在 70%以上;其三为燕山西南坡低山丘陵,频率为 70%。东部滨海、燕山北坡频率分别为 40%～50%和 45%左右,为少春旱区。

(2)夏季(6—8 月)。初夏(6 月),河北省有两个初夏旱中心,一个在滏阳河中游,频率为 75%,一个在永定河扇形平原区,频率为 60%。其他地区多在 50%以下。伏夏(7—8 月),京津冀降水主要集中在这两个月,占年降雨量的 50%以上。伏夏是河北省干旱最轻的季节,平均干旱频率约为 35%,大旱约为 10%。由图 4.1b 可知,燕山西北部、北部高原及中南部平原地区夏旱频率在 40%左右,大旱频率为 10%～30%。其他地区干旱频率一般在 35%以下,其中唐山、秦皇岛一带最小,约为 10%。

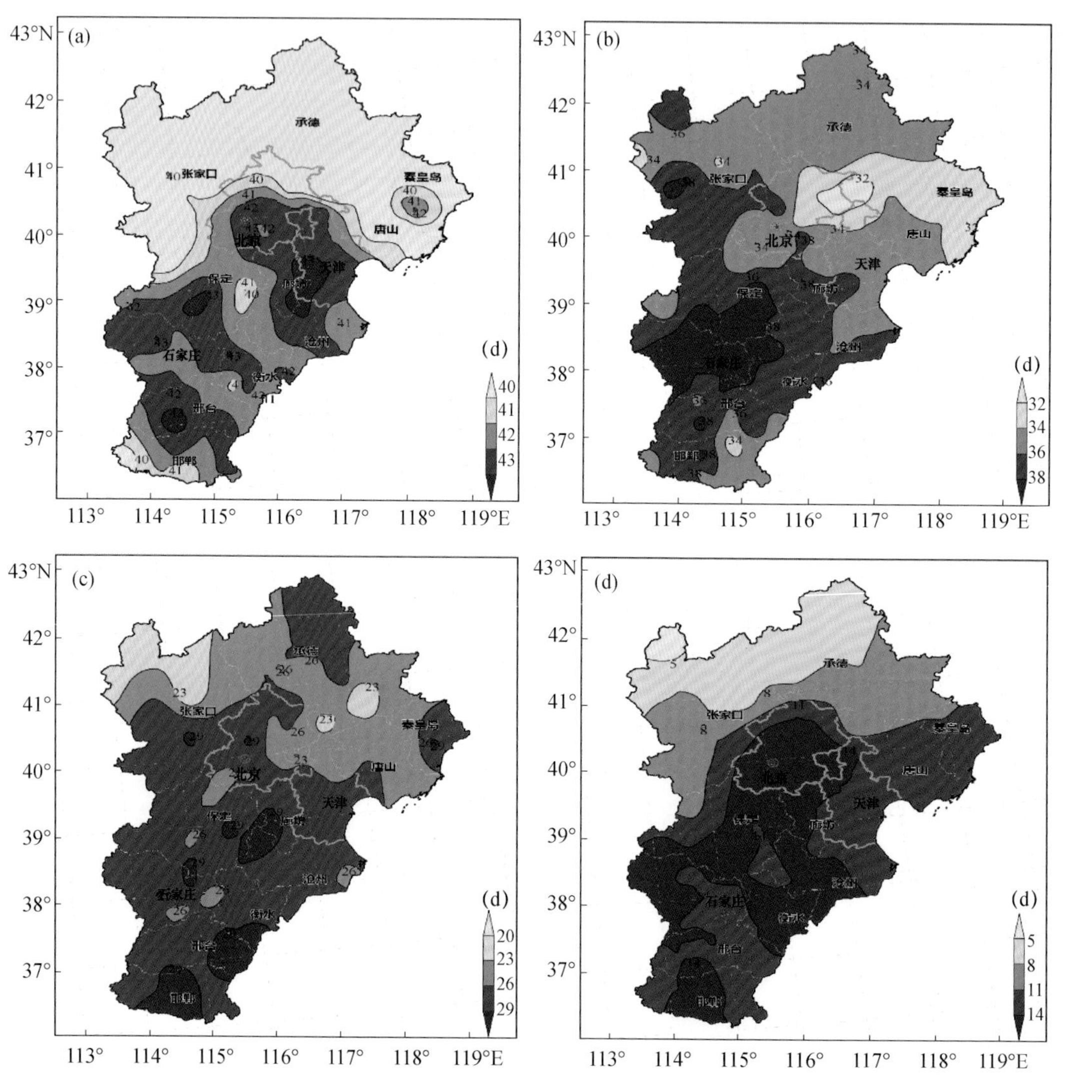

图 4.1　京津冀地区各季节干旱时空变化特征

(a)春季;(b)夏季;(c)秋季;(d)冬季

(3)秋季(9—11 月)。京津冀秋旱均少于春旱,多于夏旱。由图 4.1c 可知,北部、西北部和南部平原频率为 30%~40%,为京津冀地区最大,其他地区秋旱频率为 20%。北部高原、燕山西北部山区及中南部平原地区为最重旱区,各级旱情都比较严重,大旱频率较高;燕山东南部及秦皇岛、唐山一带为京津冀地区少旱区,各级干旱出现频率都较少。

如图 4.2 所示,在年代际变化方面,1981 年以来京津冀地区整体趋于不显著湿润化趋势,年降水量距平百分率趋势为 0.027%/10 a。1997 年为京津冀地区干旱的突变年份。从 20 世纪 80 年代开始,特别是 20 世纪 90 年代中期到 21 世纪初干旱趋势最为严重,2000 年以来的干旱次之。京津冀地区干旱覆盖率在年代际方面呈现出“减少—增加—减少”的波动趋势,且 20 世纪 90 年代中期到 21 世纪初同样是干旱覆盖程度最为严重的时段。京津冀地区干旱的年内变化可以发现,京津冀地区夏季干旱最为严重,冬季和秋季次之。不同季节干旱的变化情况不同(图 4.3、表 4.1),春季干旱严重程度呈波动上升趋势。春旱年代际差异较大,各时段内区域分布差异显著,20 世纪 80 年代春旱频率最低(10.7%~23.4%),京津冀地区中部、西北部频率略高;90 年代发生频率最高且高频率干旱覆盖率达 56.25%,是整个春旱高频率干旱覆盖率最严重时期,主要分布于京、津及冀东北地区;21 世纪 00 年代干旱频率略不及 20 世纪 90 年代,但扩大趋势依然显著,高频率干旱覆盖率为 37.5%,从区域上看主要集中于冀东北和南部地区。夏季干旱频率较小,20 世纪 80—90 年代干旱覆盖面积及高频率干旱覆盖率均不断扩大,天津市尤为明显;而 2000 年除张家口、围场两地基本保持稳定外,其余地区干旱频率均大幅度下降。秋季干旱呈显著扩大趋势,秋旱高频率干旱覆盖率上升趋势异常显著,面积覆盖率增加为四季中最快,2000 年达到 37.5%,是 20 世纪 80 年代和 90 年代覆盖率之和,且 1980—1990 年干旱面积覆盖区域由冀西北迅速扩展到京津冀中部及以北大部分区域,2000 年天津市、冀南部成为干旱频率高发区。冬季干旱状态趋于缓解,干旱面积覆盖率相应呈微弱减少趋势,但冬旱频率年代际差异很大,80 年代是所有时间尺度、干旱频率、高频率干旱覆盖率最频发时段,高频率干旱覆盖率为 68.75%,整个区域除张北、保定、唐山外其他地区均属于高频覆盖区,之后的时间段只有张北、唐山干旱现象逐渐严重,其余均呈不同程度减少趋势。

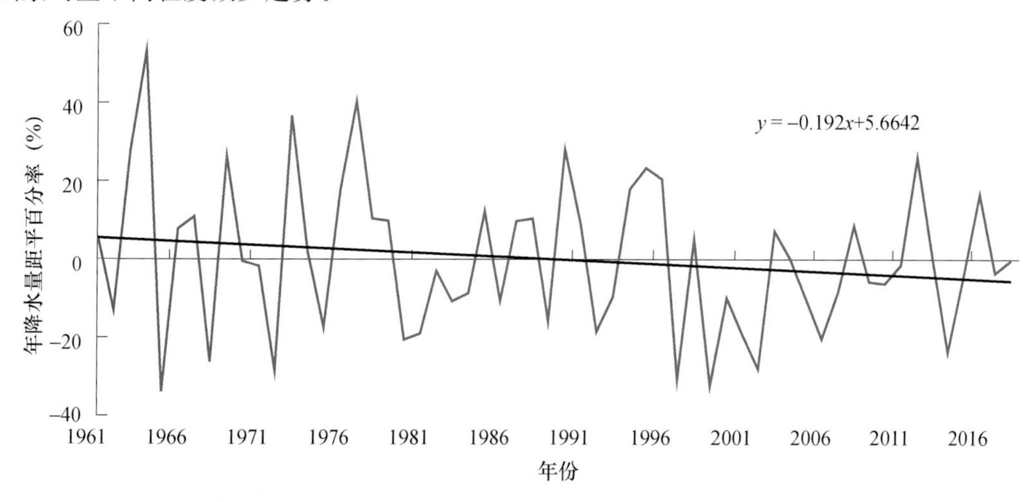

图 4.2 1961—2018 年京津冀地区年干旱指数变化

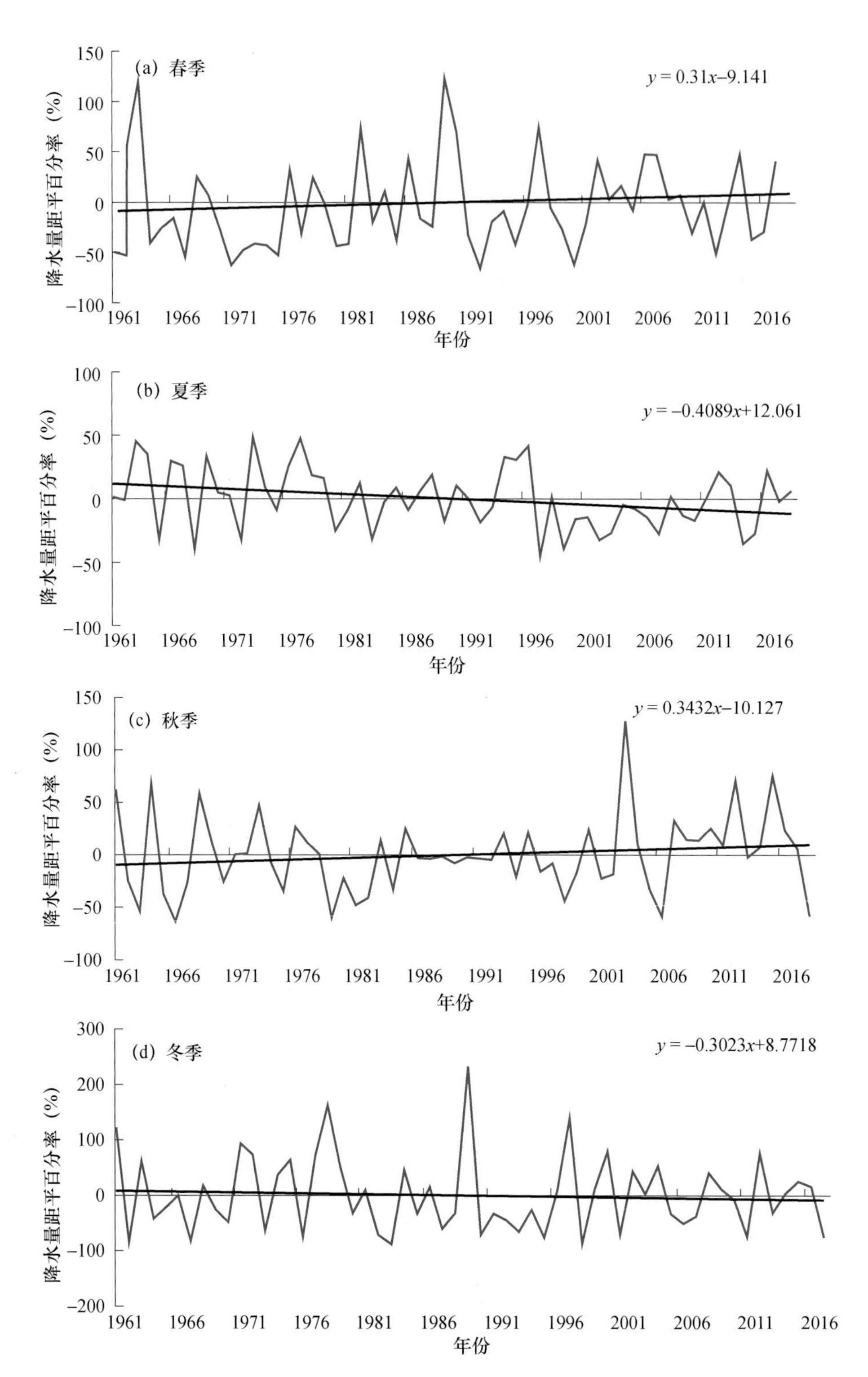

图 4.3　1961—2018 年京津冀地区各季节干旱指数变化

(a)春季;(b)夏季;(c)秋季;(d)冬季

表 4.1 京津冀地区不同年代偏旱年(−20%～−50%)和大旱年(<−50%)台站覆盖率(%)

		20世纪60年代	70年代	80年代	90年代	21世纪00年代	10年代
春季	偏旱年	1.9	45.4	0.9	0.0	0.0	3.7
	大旱年	0.0	0.0	0.0	0.0	0.0	0.0
夏季	偏旱年	0.0	0.0	0.0	0.0	28.7	0.0
	大旱年	0.0	0.0	0.0	0.0	0.0	0.0
秋季	偏旱年	12.0	2.8	22.2	25.9	0.0	0.0
	大旱年	0.0	0.0	0.0	0.0	0.0	0.0
冬季	偏旱年	12.0	4.6	25.9	27.8	0.0	0.0
	大旱年	0.0	0.0	0.0	0.0	0.0	0.0

在空间分布方面，年尺度干旱发生频率呈现北高南低的分布规律。干旱发生强度的整体特征是西北和东南部干旱发生强度较强，东北和中西部干旱发生强度较弱。其中，张北地区标准化降水蒸散指数(standardized precipitation evapotranspiration index，SPEI)气候倾向率最高，延庆、南宫、廊坊、密云依次减小；东部沿海地区、北京、蔚县呈现干旱化趋势，但不明显；SPEI减幅最大的为遵化，其次为蔚县、北京、黄骅。

年尺度干旱频率变化趋势与春旱相近，但就区域而言，20世纪90年代高频干旱覆盖率达31.25%，大部分位于京津冀中东部地区，剩余时段内只有个别地区发生局部干旱。轻旱高发区主要集中在京津冀中部和冀北山地部分区域，其中，延庆轻旱频率最高，天津、青龙次之；东部沿海地区为典型的轻旱低发区，其中秦皇岛最低。中旱高发区主要集中在中、北部，其中，保定、青龙频率最高，密云、遵化、北京城区次之；西南部中旱频率普遍较低，其中石家庄、饶阳最低。京津冀东北部为典型重旱高发区，其中，唐山频率最高，石家庄、张家口、承德、秦皇岛、乐亭次之；重旱频率最低的是天津、南宫。

4.2.2 京津冀地区极端干旱的时空变化特征及其影响

京津冀地区极端干旱造成的灾害影响范围广、持续时间长、灾害损失大，是该区最重要的农业气象灾害之一。近50 a来极端干旱发生频率呈降低趋势，春、夏季与全年的变化趋势相一致，而秋、冬季则与其呈相反变化趋势。1962—1969年的极端干旱发生频率最高，20世纪80年代次之，且均为正距平，而其他年代均为负距平，各个季节的年代际变化特征也各不相同。就不同年代的极端干旱年发生频率空间分布而言，1962—1989年，极端干旱的高发区逐年代扩大，表明在这期间京津冀地区的气候逐渐干旱化，20世纪90年代以来，极端干旱的高发区明显缩小，低发区显著扩大，2000年以后，低发区几乎覆盖了整个华北平原，表明京津冀气候逐渐向湿润方向转变。极端干旱事件的减少会使该区冬小麦、夏玉米、棉花等农作物受灾面积减小，产量提高，促进当地农业生产的可持续发展。根据极端干旱分布的空间差异，在极端干旱发生频率较高的区域应减少农作物种植面积或积极采取节水灌溉等各种干旱防御措施，最大限度地减轻灾害造成的影响，在极端干旱发生频率较低的地区增加农作物种植面积，充分利用当地的气候资源。

4.2.3 干旱对京津冀地区的影响

近年来，全球气候变暖对中国气象灾害的发生带来了严重影响，自20世纪50年代以后，干旱、洪涝灾害发生频率以及受灾面积整体呈增加趋势（宗燕 等，2013），由干旱造成的直接经济损失几乎占气象灾害损失的50%。干旱是京津冀地区发生最频繁、影响最大的气象灾害。京津冀地区是中国重要的商品粮生产基地，冬小麦播种面积占全国的60%～70%，产量占全国的三分之二。该地区属大陆性季风气候，大部分地区年降水量不足，降水变率大，季节分配不均，降水主要集中于夏季，因此，春旱、初夏旱、伏旱、秋旱发生频繁，又以春旱最为频繁，且范围广、影响大、灾情重，局地旱情严重时人畜饮水亦困难。从20世纪80年代开始至今，京津冀地区干旱不断加剧，20世纪90年代后期以来更是连年出现旱灾，干旱已成为该地区粮食产量稳定上升的重要限制因素（李双双 等，2016，2017）。为缓解气象干旱对农作物的影响，抽取地下水灌溉成为华北地区抗旱保产的主要措施。大面积抽取地下水，导致地下水水位迅速下降引发严重的水文干旱，使得华北平原地区成为地下水漏斗区，生态环境日趋恶化，水资源供需矛盾日益尖锐。目前，为解决当地水资源稀缺现象，国家采取南水北调、引滦入津、修建水库等重大工程，同时大力倡导植树种草、涵养水源等措施缓解京津冀干旱现象。

1999年河北省中南部地区长期持续干旱，加之气温又异常偏高，加速了水分蒸发，致使土壤失墒严重，干旱发生程度为历史同期所罕见，属于异常干旱年份。1998年8月21日至1999年5月16日，张家口、沧州、衡水、邢台大部分地区以及石家庄中南部降水量不足120 mm。有53个台站降水量较常年同期少2～5成，其中12个台站少5～8成。有15个县（市）出现大旱。干旱持续30～60 d的地区主要分布在张家口、秦皇岛、唐山大部分地区以及邯郸大部分地区；干旱持续60～90 d的有3个县（市）；干旱持续超过90 d的有17个县（市）。自1998年12月上旬至1999年3月中旬，中南部地区许多站点连续无降水达3个多月。若再加上一些小量无效降水，干旱时间就更长。入夏以来，河北省降水稀少，气温异常偏高。全省受旱面积2524万亩[①]，重旱859万亩，干枯240万亩。其干旱有两个特点：第一，与历史同期相比，夏季属比较干旱，但与大旱的1997年相比，轻旱的面积较大，大旱和特大旱的面积较小；第二，降水分布不均，气温变化阶段性较大，使旱情时轻时重，且各地差异很大。进入6月以来，承德市各县降雨量比常年少4～9成，截至8月底，全市已有11个县（区）175个乡镇1836个村220万人受灾，农作物受灾381万亩，绝收202万亩，因灾减产粮食7.5亿kg、干鲜果品3亿kg，造成直接经济损失20亿元以上。

在1841—2010年的170 a中，北京轻旱以上的年份有63 a，占37%；中旱以上的年份有31 a，占18%；重旱以上的年份有16 a，占9%；特旱以上的年份有8 a，占5%，主要出现在20世纪20年代和90年代后期，进入21世纪以后，干旱有所加剧。1996—2010年间，1996年出现冬春连旱，受灾面积达138万亩，进入6月中旬以后旱情才逐步缓解。比较突出的是，1999—2007年连续9 a出现气象干旱，其中，轻旱年份3个、中旱年份1个、重旱年份2个、特旱年份3个（1999年、2001年和2006年）。其中，1999年气温偏高、降水偏少，京城遭受百

① 1亩=1/15 hm^2。

年不遇的严重干旱，全年降水量在226～559 mm，除春季降水较充沛外，其他三季都较常年偏少，冬夏尤为突出。全市大部分地区降水比常年偏少5成以上，不足丰水的1998年同期降水量的3成；通州区降水量最少为100.1 mm，不足当地常年的3成；霞云岭降水量较多，为410.1 mm，也比常年偏少1成多。即使在7月下旬至8月上旬的主汛期内，全市也没有下过一次透雨，入夏后严重的干旱造成春玉米和夏玉米减产。水资源匮乏加剧，致使本市地下水位下降，密云、官厅两大水库来水量急剧减少，旱情十分严重。冬季，仅12月6日出现一次降雪过程，平原地区降水量为0.6 mm，不足常年1成，北京无降水的日数长达90多天。2001年1—5月延庆干旱，东部山区的黑河、菜食河相继断流，有的甚至干涸，农作物受灾12000 hm^2；6月顺义干旱，农作物受灾面积10000 hm^2，直接经济损失1440万元，造成粮食减产12000 t；怀柔全年干旱，3座小Ⅱ型水库干涸，全区有550眼机井出水不足，有9眼干涸，农作物受灾面积2000 hm^2，直接经济损失1980万元。2006年降水偏少，全年北京平原地区平均降水量比常年偏少3成，春季和初夏出现连旱，8月以后旱情更重，秋季平原地区降水比常年偏少7成。据2006年12月21日的卫星遥感土壤监测显示，北京市有90%的面积出现旱情，其中重旱面积达到34%。

1968年天津出现特旱，年降水量全市平均为288 mm，东部地区年降水仅194.9 mm。夏季(6—8月)全市平均降水量为177.6 mm，偏少近6成。农作物因高温干旱死苗现象极其严重，水稻大部分旱死。全市农田受灾67.1万亩，成灾46.7万亩。海河因长期无来水，出现严重淤积现象。人们全年用水基本靠外调水源。1982年天津市遭遇罕见的特大干旱，是1980年以来持续干旱的第三个年头，为春夏秋连旱。3—5月降水量全市平均为3.6、9.1、17.2 mm，与常年相比均偏少6成左右。春季有40万亩大田作物缺种，90万亩坐水点种。全市水稻面积从1979年和1980年的90余万亩减少到35万亩。农田受灾149.9万亩，成灾90.8万亩。地下水位下降，河流干涸，给春耕及人民生活带来极大困难，城市用水须靠外调水救济。2005年9月至2006年4月，除2月外，其他各月降水均偏少，5月上中旬降水继续偏少，春旱明显，春播墒情差，水分条件是近几年最差的一年。入秋以后天津降水异常偏少，出现了不同程度的农业干旱。2006年天津市受旱面积42万亩，直接经济损失1.5亿元。

4.2.4 造成京津冀地区干旱的主要原因

干旱最大的问题在于农作物生长期内发生了水分不足。这里包含两个方面，一方面是水分的收入，另一方面是水分的保存和支出。从收入来看，最根本的问题是降水，这里面包括降水数量、降水方式、雨量的年和季的分配等。从水分的保存和支出来说，涉及的因素包括地形、土壤层的厚薄和质地、湿度、温度和风力等自然条件以及作物本身的要求等。

京津冀地区属于暖温带半干旱半湿润季风气候区，气候的冬、夏变化很大。京津冀北部为蒙古高原，毗邻世界上面积最大的严寒地区西伯利亚，为冷气流入侵中国的必经之地，经常在冷空气范围之内并受其影响(东亚冬季风)，由于冷空气源于蒙古、西伯利亚等寒冷干燥的地方，空气里面水汽含量极低，不容易有雨雪，因此形成了京津冀地区半干旱的气候特点。

从地理条件上看，京津冀地区大致位于秦岭—淮河以北，长城以南，六盘山以东，东邻黄海和渤海，全区有高山、平原和丘陵，地形复杂。南部的秦岭由甘肃伸入湖北，平均海拔高度在 1500 m 以上，从西向东形成一个天然屏障，将华北与华中分开。华北地区干旱少雨与秦岭走向有很大的关系。京津冀地区东部邻海，海岸线的走向，除去小的弯曲以外，在长江口以南大致为东北—西南走向，在长江口以北大致为西北—东南走向。东南气流入侵大陆时与京津冀地区海岸线的走向大致上是平行的。因此，京津冀地区接收到的暖湿气流就没有华中和华南一带多，这也是造成京津冀地区少雨的一个原因。与同纬度其他地区相比，造成京津冀地区干旱少雨的另一个因素是受海洋的洋流影响不显著。海洋的暖洋流也是水汽的源地之一。西太平洋的暖洋流(或称黑潮)，在 20°N 以北的走向是往东北，而华北海岸的走向是往西北，两者愈往北离开得也愈远。同时，华北东部的渤海和黄海的东部有朝鲜半岛、日本群岛等岛屿的影响，洋流不易接近海岸，所以渤海和黄海海面的温度与同纬度的相比要低；而朝鲜和日本以东海洋的海面温度与同纬度的相比要高，所以洋流影响京津冀地区的降水也就不显著。

京津冀地区的各季节中春季干旱尤为严重。春季笼罩京津冀地区上空的仍是干燥的空气，降水依然偏少。每年春季，京津冀地区升温较快，水分增加得少，空气尤为干燥，为空气湿度最小的季节，尤其 4 月清明到谷雨空气湿度最小。京津冀地区春季大风最多、风速最强，特别是 4 月的平均风速，要比其他各月大得多。温度飙升、空气干燥，再加上大风影响，蒸发量大幅度增加，使得春季是一年里蒸发最强的季节，3 月的蒸发量比 2 月增大 1 倍，4 月又比 3 月增大 1 倍，5 月还在持续增高。雨水少，蒸发强，形成降水入不敷出的状态。

从大气环流变化方面来看，影响京津冀地区气象干旱发生的主要原因是夏季风变化与 ENSO 事件的发生。夏季风强度增大时，京津冀部分区域干旱指数值呈显著上升趋势，减弱时干旱指数值呈显著下降趋势。ENSO 事件强度与京津冀地区部分区域降水量呈显著的负相关，强度增大时降水量下降，减弱时降水量上升。ENSO 事件强度与华北地区气温呈显著的正相关，强度增大时温度有上升趋势，减小时温度有下降趋势。其中，厄尔尼诺有利于京津冀地区气温偏高，拉尼娜有利于气温偏低。京津冀地区的城市化发展明显导致气温的概率密度分布向高温方向偏移，导致城市及周边地区的降水量减少。同时，全球变暖导致 ENSO 事件周期缩短，北太平洋年代际变化减弱，太平洋十年涛动(PDO)频率向高频移动，致使 ENSO 事件发生频率明显增大，东亚夏季风强度减弱，造成京津冀地区降水量减少从而导致干旱。

4.2.5 京津冀地区干旱的防范措施

京津冀地区是中国重要的政治、经济和文化中心，人口稠密，工农业发达，对水资源需求量大。因此，须实行最严格的水资源管理制度，一方面，须加大水资源配置、水资源节约和水资源保护 3 个方面的投入，加强地表水取水总量控制、地下水取水总量控制、非常规水利用总量控制、生态环境用水量控制、入海(湖)水量控制、经济阈值控制、污染物排放总量控制和入河排污总量控制 8 个方面的强度；另一方面，可通过修建透水地、渗透管等增加雨水下渗量，以及雨水回灌等方式增加雨洪利用量，从而达到缓解用水矛盾、提高水资源利用效率，实现长期水资源效益的最大化，降低其整体干旱风险水平的目的。

针对京津冀地区山区干旱空间具有分异性的特点，强化区域内水资源管理统一调度，根据不同区域干旱发生特点分别制定适应各分区域现状的干旱应对策略。建立统一的管理机构，对区域内水资源进行统一配置，在维持整个区域内水资源可持续发展的基础上，充分考虑公众及各社会团体建议及利益，多方协调，因地制宜，考虑不同地区的干旱演变规律及特点，分别制定符合各区域特点的干旱应对策略。

提高干旱监测与多源数据的快速同化能力，以及干旱灾情及其影响客观表征与快速评估能力。由于京津冀地区干旱面积不断增加，情势不断严峻，一方面，为对干旱事件进行准确的预警预报，需要有全面的监测信息做支撑。因此，需要对水循环的大气过程、地表过程、土壤过程和地下过程以及水资源的开发利用状况进行综合监测。将遥感技术（包括卫星遥感、探空等）与地面监测技术相结合，进行干旱的“天地一体化”监测；另一方面，各类观测数据是在不同空间、不同时间采用不同观测手段获得的，因此须将其有效地与数学模型有机结合，规整到统一频度上，纳入统一的分析与预报系统，建立模型与数据相互协调的优化关系，使分析结果的误差达到最小。此外，为制定有效的应急预案，须对干旱的灾情及其影响客观表征进行快速评估。

转变干旱管理模式，完善应急调度制度，针对京津冀地区干旱发生周期缩短的特点，未来应提高干旱预警、预报水平，提高预见期，提高对突发干旱事件的预警能力。完善应急调度制度，从“短时应急管理”向“长—中—短时相结合管理”转变，建立应对特大干旱、连续干旱的水源储备制度和应急管理制度，按照“以防为主、防抗结合”的原则，合理确定特殊情况下的应急水源储备，制定旱情紧急情况以及突发事件情况下的水量调度预案。结合旱涝灾害预警预报及旱涝影响，对地表水、地下水等常规水资源与中水、再生水等非常规水资源及应急水源进行综合调度，并提出综合性的保障措施。

4.3 暴雨洪涝

京津冀地区属于暖温带大陆性季风气候，整体地势西北高、东南低，西部有太行山脉，北部是张北高原，南部为华北平原，东部濒临渤海，夏季常受偏南暖湿气流的影响，独特的地形特点导致京津冀地区夏季强对流天气频发，常常引发暴雨、大暴雨，甚至特大暴雨，降水集中但不稳定（韩桂明 等，2015）。京津冀地区政治、经济、文化、科技高度集中，人口密集，城市化程度高，暴雨灾害容易引发积涝灾害（张昂 等，2017）。近年来京津冀地区多次受到暴雨灾害的侵袭，给社会和人民带来巨大的损失（谭畅 等，2018）。暴雨是京津冀地区主要灾害之一，具有降水时间集中、强度大、地形影响作用显著等特点。根据降水量不同，暴雨可分为暴雨、大暴雨和特大暴雨三个等级（表4.2）。

表 4.2 暴雨等级

暴雨等级	24 h 降雨量(mm)
暴雨	50.0～99.9
大暴雨	100.0～249.9
特大暴雨	≥250.0

4.3.1 京津冀地区年降水量时空变化特征

图 4.4 为京津冀地区年均降水量及降水日数分布。如图 4.4a 所示，京津冀地区的年均降水量为 347.3～716.9 mm，呈东南多、西北少的空间分布格局，特别是东部地区有多个降水高值区。低值区位于燕山山脉西北的山后地区，包括张北、张家口、怀来、蔚县等地，降水量常年保持在 400.0 mm 左右。高值区位于河北省东部的青龙、遵化、兴隆等地，降水量常年保持在 710.0 mm 左右。沿海的天津、塘沽、秦皇岛等地的年平均降水量也在550.0 mm 左右，其中秦皇岛 1961—2018 年年均降水量达 642.0 mm。降水高值中心背靠燕山南麓，处于暖湿气流的迎风坡，有利于干冷空气扩散南下与暖湿气流汇合。年降水日数的空间分布呈现相反的趋势(图 4.4b)，东南部的清河、廊坊、故城、南宫、天津、塘沽等是京津冀地区降水日数相对较少的地区；西北部的张北、沽源、崇礼等地降水日数则是地区内最多的。年均降雨强度空间分布同年均降水量同样呈东南多、西北少的格局(图 4.5)，这说明年均降水日数较多的西北部地区具有少量、多次的降水特征。燕山山脉复杂地形与频繁交汇的气流带来的是较高频次、雨量较小的降水，华北平原地形和来自渤海湾的暖湿气流带来的是历时较长、雨量较大的降水。

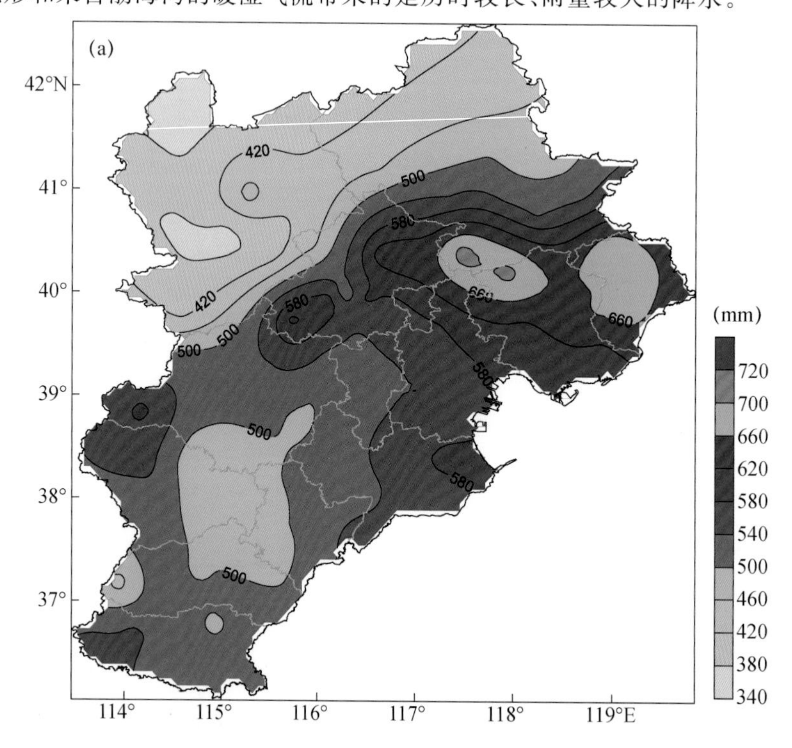

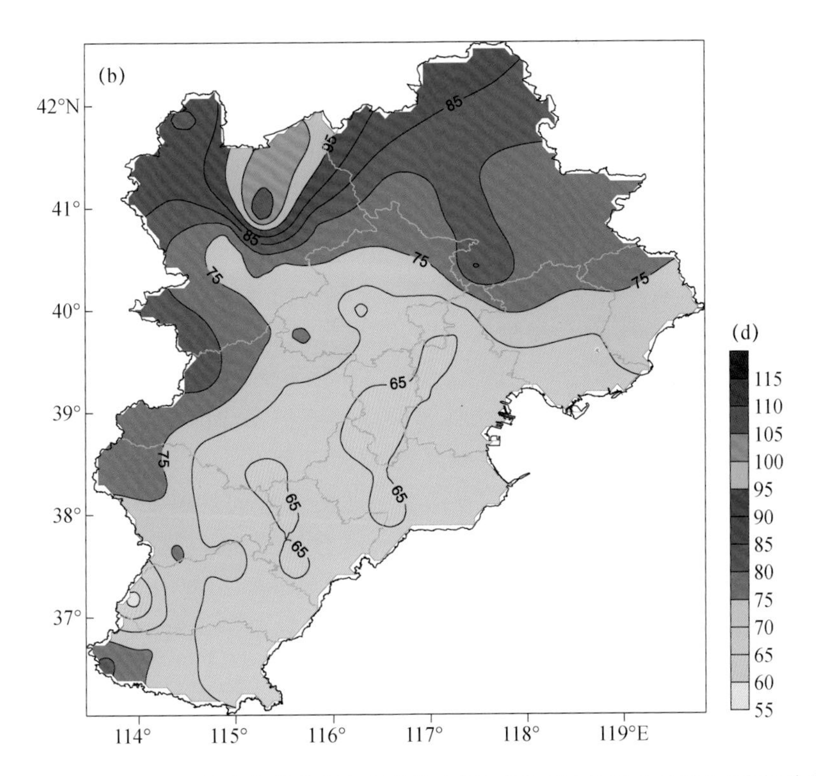

图 4.4 1961—2018 年京津冀地区年平均降水量(a)及年平均降水日数(b)空间分布

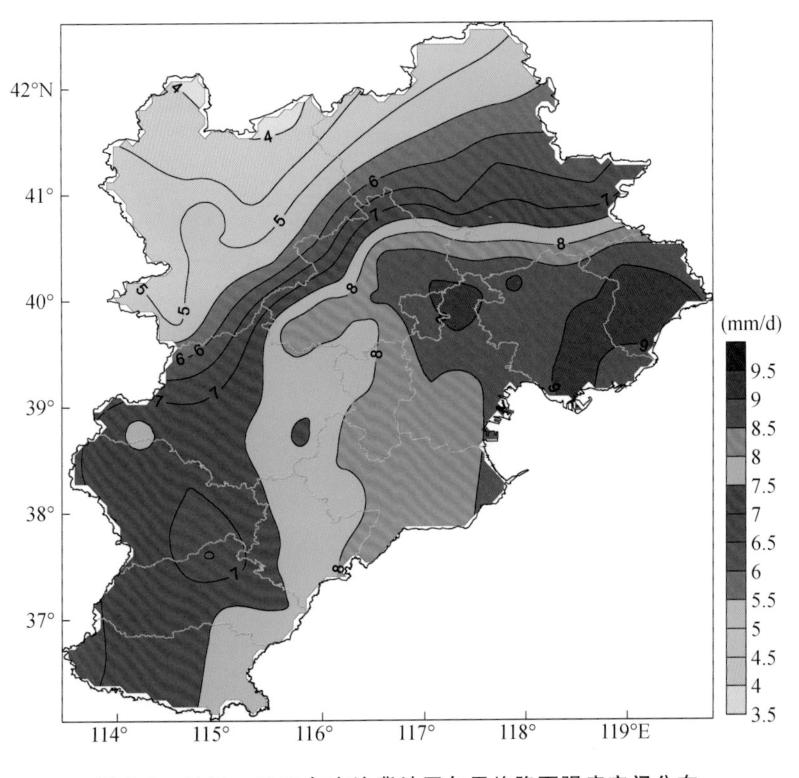

图 4.5 1961—2018 年京津冀地区年平均降雨强度空间分布

4.3.2 京津冀地区暴雨时空分布特征

京津冀地区暴雨量的空间分布同样呈现出西北多、东南少的分布格局(图 4.6)。年平均暴雨量的高值中心在河北的遵化、抚宁、昌黎、青龙等地,暴雨量在 198~217 mm。地势较高的张北、张家口等地区依然是暴雨空间分布的低值区,每年平均暴雨量不到 20.0 mm,发生日数 0.2 d 左右。暴雨强度的空间分布出现了三个较为明显的高值中心(图 4.7),分别是抚宁、秦皇岛和遵化地区。秦皇岛一带沿海地区,低层气流较为湿润,与中高层干冷空气交汇易引发极端降雨事件;抚宁、遵化位于燕山、太行山余脉与华北平原交界处,东南方向来的暖湿气流在此被迫发生强烈的上升运动,因此强降雨甚至极端降雨频繁发生。京津冀地区西北部太行山余脉、燕山区域与东南部华北平原地区的暴雨发生率(图 4.8a)与贡献率(图 4.8b)整体均呈现下降趋势,但显著性存在差异。北部山区的暴雨发生率和贡献率均在 20 世纪 70 年代末开始有较大幅度的下降趋势,自 90 年代初达到最低后开始小幅度波动上升。南部平原的暴雨发生率和贡献率经历了较多次数大幅度下降、小幅度上升的交替,整体表现出显著的下降趋势,说明南部平原地区暴雨发生的次数和雨量占这一地区总体降水发生的次数和雨量的比重有明显下降。

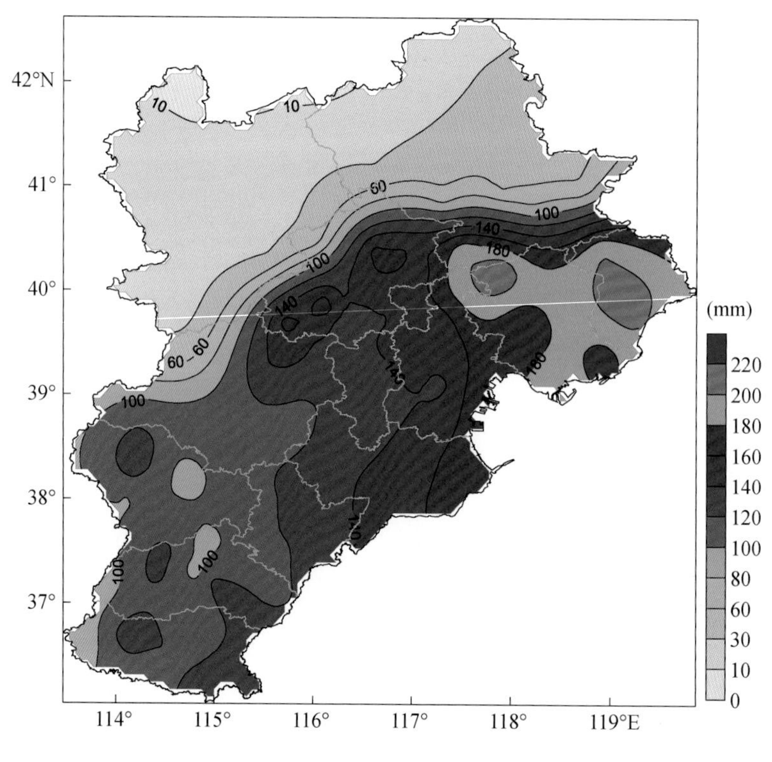

图 4.6 1961—2018 年京津冀地区年平均暴雨量空间分布

1961—2018 年京津冀地区年平均暴雨日数为 1.5 d,暴雨日数呈下降趋势,趋势系数为 −0.099 d/10 a(通过 α=0.05 的显著性检验),即每 10 a 减少 0.099 个暴雨日。如图 4.9 所

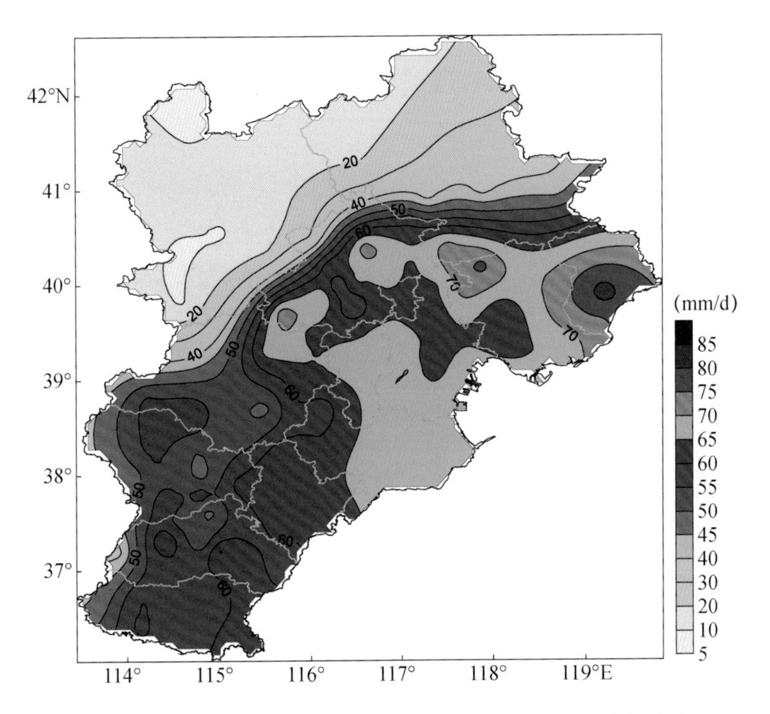

图 4.7 1961—2018 年京津冀地区年平均暴雨强度空间分布

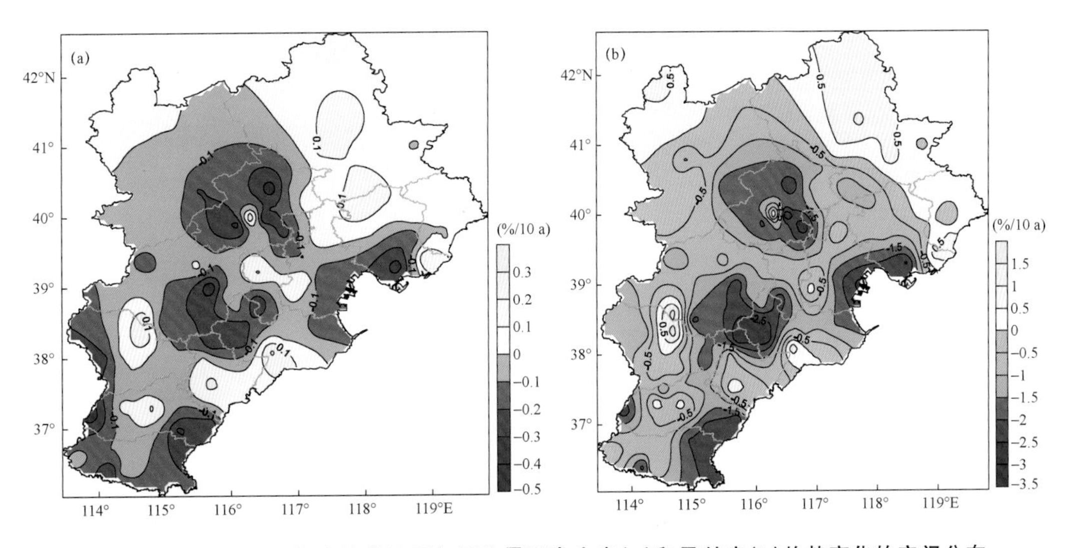

图 4.8 1961—2018 年京津冀地区年平均暴雨发生率(a)和贡献率(b)趋势变化的空间分布

示，从年代际变化来看，20 世纪 60 年代、70 年代平均暴雨日数最多，为 2.7 d，21 世纪 00 年代最少，为 0.5 d。如图 4.10 所示，京津冀全区年平均暴雨日数均在 3 d 以下，张家口大部分地区年平均暴雨日数不足 1 d。年平均暴雨日数出现 3 个高值中心，第 1 个高值中心位于迁安、昌黎一带，中心数值达到 2.5 d；第 2 个高值中心位于抚宁、遵化一带，中心数值达到 2.7 d；第 3 个高值中心位于北京的房山、丰台一带，中心数值达到 2.1 d。

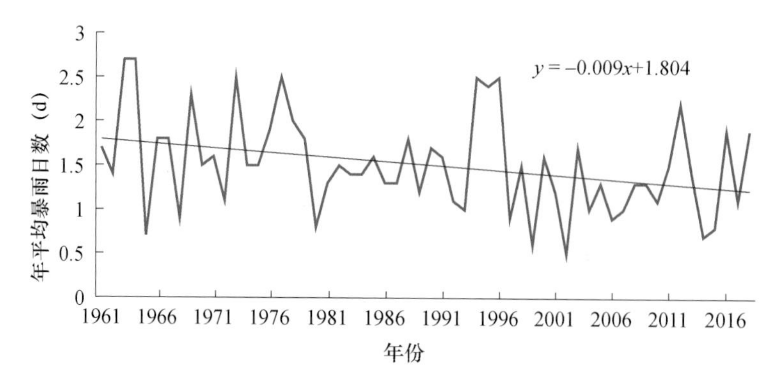

图 4.9 1961—2018 年京津冀地区年平均暴雨日数变化

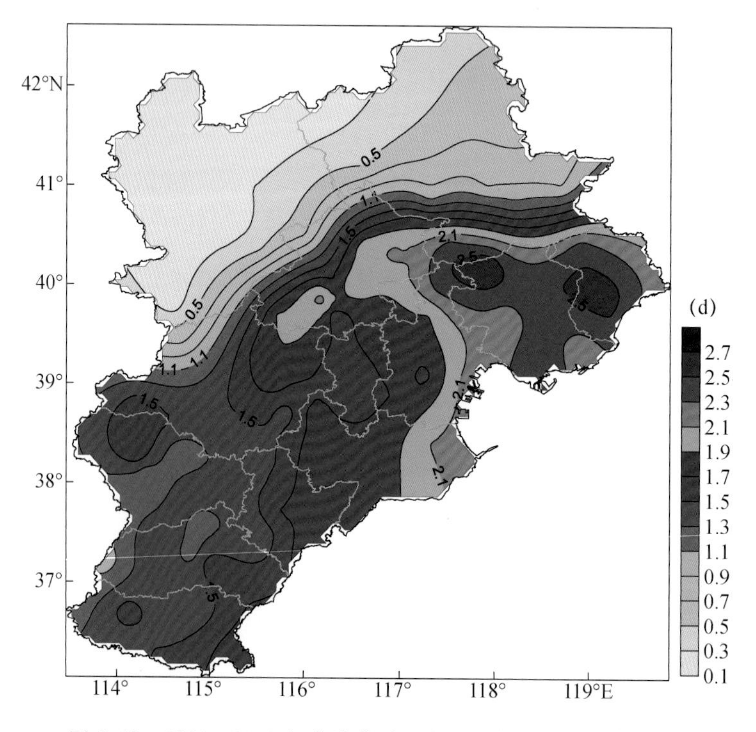

图 4.10 1961—2018 年京津冀地区年平均暴雨日数空间分布

4.3.3 城市化对京津冀暴雨的影响

京津冀地区作为一个城市群，其发展进程对整个地区局地气候、气象乃至降水的影响是一个多变量参与、更为复杂的问题。城市系统对局地降水量的影响及其物理机制，大致有以下 3 种看法：一是认为城市化对降水没有影响；二是认为城市化有使降水增多的效应，主要是在城市的下风区；三是城市化反而使得降水减少。目前学者们已经一致认为城市化能够正向影响降水，特别是城市的下风区，这种效应被称为城市“雨岛效应”（朱秀迪 等，2018；胡庆芳 等，2018）。在京津冀地区发展的不同阶段，该地区暴雨的分布特征是不同的。在城市化缓慢发展阶段，京津冀地区局地暴雨量有一片正距平极大值区（图4.11），位于遵化、塘沽及其东南一片，中心强度达80%以上。西北部高海拔山区为负距平区，中心强度达到−60%以上。城镇化率较高的中部也位于正距平区，但没有表现出明显的雨岛效应。城市化快速发展阶段，正距平区范围有所扩大，但空间格局基本相同。就暴雨日数而言（图4.12），同样呈现东南正距平、西北负距平的模式。整个地区的雨岛并不位于城镇化率较高的中部，而是偏东部，并且在城市化快速发展阶段，正距平30%以上的高值区范围明显有所缩小。暴雨强度局地分布（图4.13），在城镇化快速阶段有较明显的变异，正距平区明显扩大，而且较城镇化缓慢阶段出现了更多的正距平大值区，例如，河北泊头等地的中心强度普遍超过20%。说明从暴雨强度指标来看，京津冀地区的雨岛有扩大且向南偏移的趋势。通过对京津冀地区暴雨指标在城市化不同阶段的对比，可以看到整体趋势是中部、东部及南部平原地区城市的雨量和雨强与西北部山区城市的正向差距随着城市化发展逐渐拉大。关于这种变化是否就是人口迁徙、城镇建设所带来的，做如下两点讨论：①降水的发生与气候背景、大气环流等诸多因素有关，其自身具有一定的周期性和不确定性振荡，因此，脱离系统背景单独地讨论暴雨量、频率和强度变化背后的原因不具有说服力，还须对京津冀乃至整个华北地区近些年气候环境进行综合分析；②京津冀协同发展战略虽已经提出，但是由于区位优势不同等原因，城市间现有城镇化水平参差不齐，发展的速度更有一定差距。因此，如何在较大区域范围内研究不同城市的城镇化水平及发展速度对极端降水乃至整个气候态的影响，是一个有待于深入研究的问题。不同重现期下各气象站点降水极值水平差异较大。京津冀地区西北部站点降水极值10 a一遇、50 a一遇、100 a一遇的重现期水平均处在50～100 mm一般暴雨范围，说明这一区域从概率上来说较难发生雨量较大的极端降水事件。而东部站点（承德除

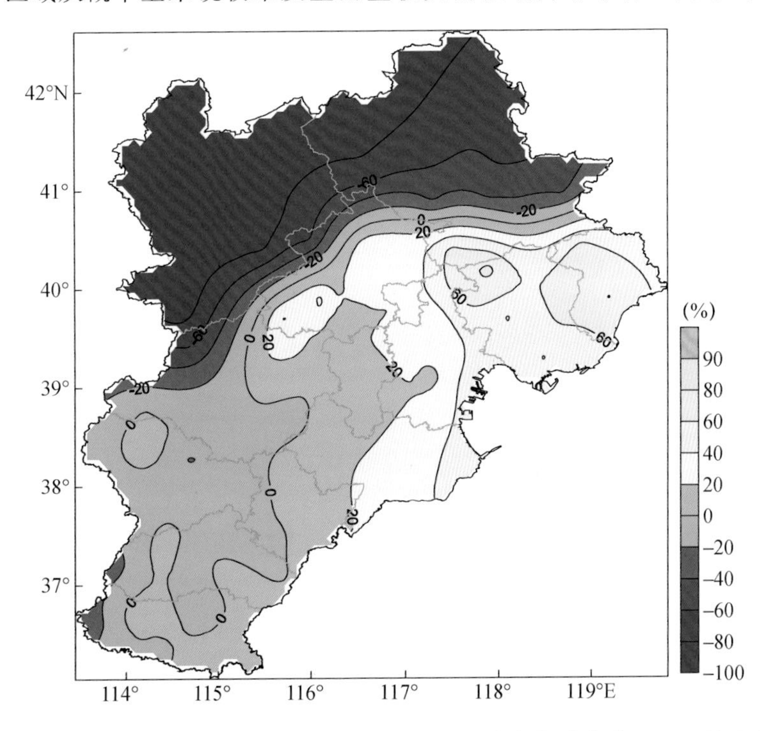

图4.11 京津冀地区年平均暴雨量距平百分率空间分布（气候标准值为1961—2018年平均值）

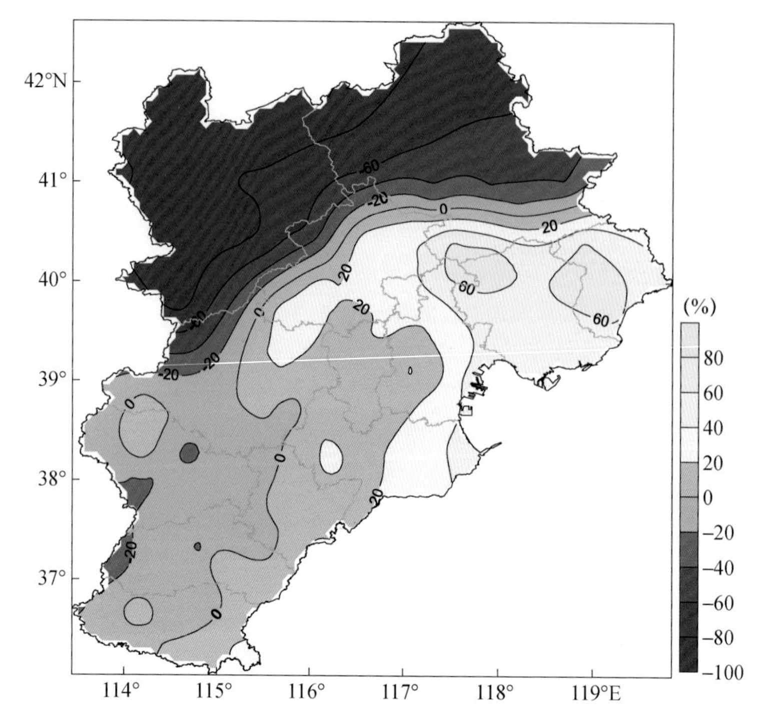

图 4.12 京津冀地区年平均暴雨日数距平百分率空间分布(气候标准值为 1961—2018 年平均值)

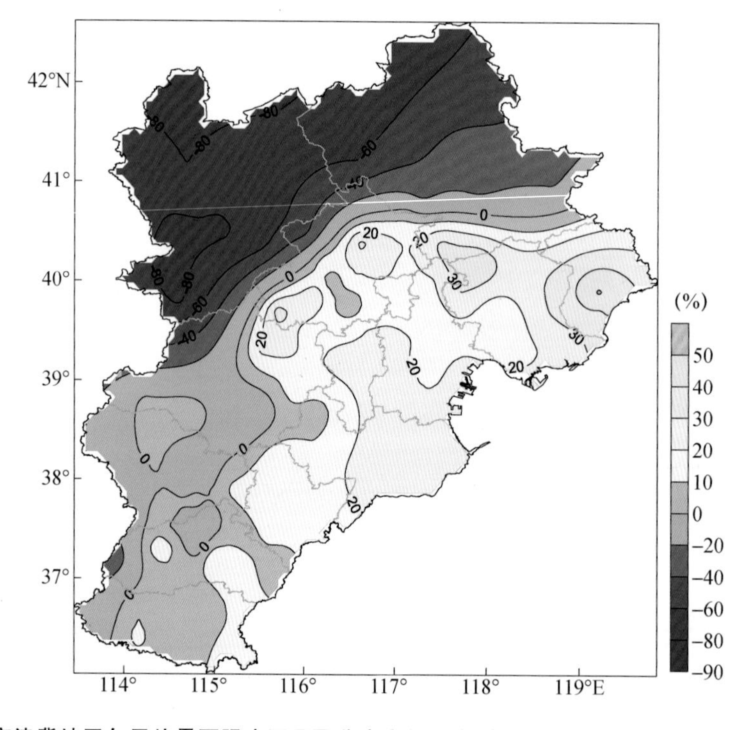

图 4.13 京津冀地区年平均暴雨强度距平百分率空间分布(气候标准值为 1961—2018 年平均值)

外)、中部站点、南部站点降水极值 10 a 一遇、50 a 一遇、100 a 一遇的重现期水平均超过了 100 mm,为大暴雨水平。个别站点如塘沽、石家庄、邢台、饶阳 100 a 一遇的重现期水平超过了 250 mm,为特大暴雨水平,青龙、遵化 50 a 一遇的降水极值达到了特大暴雨水平。总的来说,同一重现期下京津冀各地的降水极值水平呈现西北少、东南多的格局。京津冀西北部山区不仅总体雨量少、强度低,同时稀发极端降水事件;东南部平原地区不仅雨量多、强度高,同时易发生极端降水事件,大部分站点平均每 3～5 a 就要有一次大暴雨。

4.3.4 暴雨洪涝对京津冀地区的影响

暴雨对京津冀地区的交通、电力、工农业生产均有不同程度影响,暴雨形成的洪水、山洪及次生灾害滑坡泥石流可冲毁道路、水库堤坝,淹没村庄、农田,严重危及人民生命财产安全。

1996 年汛期,河北省大部分地区降水偏多,部分地区暴雨频繁,洪涝灾害严重。8 月上旬,保定、石家庄、邢台、邯郸等地中南部地区连降大暴雨和特大暴雨,两天时间降雨量达 600～700 mm,造成山洪暴发、河水猛涨、水库爆满,300 多座水库库满溢洪,滹沱河、滏阳河和漳河发生了自 1963 年以来最大的洪涝灾害。宁晋泊、大陆泽、献县泛区和东淀四个滞洪区被迫滞洪。洪涝灾害给国家和人民生命财产造成了重大损失,河北省经济损失多达 456.3 亿元。这次洪涝灾害的主要特点:一是受灾面广,河北省有三分之二的县、一半以上的乡镇、三分之一的村庄都不同程度受灾,受灾县(市)达 91 个,涉及 881 个乡镇 15900 个村庄,受灾人口 1517 万,成灾人口 1353 万;二是部分县灾情严重,倒塌房屋 88.3 万间,损坏房屋 114.8 万间,死亡 671 人,被洪水围困群众达 130 多万人,农作物受灾 1839 万亩,成灾 1381 万亩,有的是整体性毁坏和绝收,其中绝收 648 万亩,缺粮人口 676 万,灾区群众失去了基本生存条件;三是这些受灾严重的县大部分位于太行山和黑龙港流域,灾情最重的是农村和农业,损失最大的是农民。“96·8”暴雨使河北省交通基础设施遭到极为严重的破坏。15 条国道、76 条省道不同程度被水冲毁,国省干线公路共冲毁路基 2800 km、路面 1100 km,53 座桥梁全毁,116 座桥梁局部冲毁。其中,有 11 条国道、39 条省道断路,100 多条县道遭到毁灭性破坏,冲毁路基路面 6250.2 km、桥梁 342 座、涵洞 2764 处。

以北京市观象台 1981—2018 年资料统计,北京地区的多年平均暴雨日数为 1.7 d,春、夏、秋三季均可出现暴雨,而约有九成以上的暴雨出现在夏季。暴雨出现的最早日期为 1990 年 4 月 30 日,最晚是 1986 年 9 月 1 日。北京市 20 世纪 90 年代以来,暴雨出现较早并有灾情的日期为 1996 年 5 月 26 日,当天延庆县城 2 h 内降雨量达 117 mm,350 户、1100 间房屋进水,50 户院墙倒塌,5 家企业停产,直接经济损失 1270 万元。而暴雨出现较晚并有灾情的日期为 2002 年 8 月 1 日,当天夜间密云部分地区出现了局地大暴雨天气,石城镇近 4 h 雨量达 280.2 mm,全镇有 6 个行政村和 4 个旅游景区受灾,九和村发生泥石流。据镇政府统计,造成直接经济损失 1823 万元。由于及时采取了有利的排险措施,保证了无人员伤亡。此外,当夜怀柔区椴树岭村降水量达 159 mm,部分房屋和道路被冲毁,暴雨造成直接经济损失 527 万元。

以天津站 1958—2018 年资料统计,天津市出现暴雨 91 次、大暴雨 19 次,特大暴雨仅 1

次，出现在1958年。1958年全市因涝致农田受灾256.0万亩，成灾225.5万亩，其中蓟县（今蓟州区）7月11—14日连续降雨，中心在桑梓，降水量675 mm，北部山区和西部平原降水量达500 mm，全县发生山洪、泥石流481处，受灾519个村、33.39万人（占全县总人口的69%）。1977年夏季（6—8月）天津市发生3次大暴雨，全市因涝致农田受灾493.3万亩，成灾396.1万亩，8月3日市区降水量达157.4 mm，96个街道有79个普遍积水，全部停产的工厂有429个，市区73条主要交通干线中积水62条，全市工业、基建、财贸三个方面造成的直接和间接损失达19677万元。大部分郊县降大到暴雨，农田积水面积猛增至539万亩，为耕地面积713.5万亩的75.5%，积水面积之大是1963年以来所未曾有过的。

4.3.5 暴雨洪涝的防范措施

首先要提高京津冀地区城市规划的科学性。城市发展要尊重自然，在进行城市规划时首先要协调好城市与自然环境的关系，尊重和利用好自然规律，做到人水和谐。尊重历史，以发展的眼光进行城市规划。规划要着眼未来，给城市的变化发展及灾害治理留有余地。其次要重视排水系统建设。合理的规划和建设城市排水系统，是防治城市内涝最直接有力的工程措施。要减少城市硬化的地面面积，变排水为留水。虽然在现代城市建设中，必然要进行大量的地面硬化，但并不是硬化越多越好，不能简单地把全部地面用水泥封闭起来，要留出空间种植花草。城市中各类内部道路、停车场如果必须要进行地面硬化，可以采用生态地面硬化的方式，利用混合土基层和有孔面砖。这样不仅可以满足人行、停车等道路强度的需要，还能增加地面的透水、透气能力。当降水时，可以减少积水。在满足城市河湖岸基本功能的基础上，少用浆砌块石护岸，应该多采用一些生态草皮进行防护，增加透水性。在改善了城市地面的小环境之后，可以使地面提高吸纳雨水的能力，减轻城市排水和局部内涝的压力。加强城市暴雨预警、预报应急体系的建设。非工程措施是城市防灾体系的重要组成部分，也是防御城市内涝的重要环节，应当给予足够的重视。

4.4 高温热浪

联合国政府间气候变化专门委员会（IPCC）第5次评估报告指出，全球气候变暖是毋庸置疑的事实。1980—2012年全球海陆表面气温上升0.85 ℃，为工业革命以来最暖的30 a。《第二次气候变化国家评估报告》指出，1960—2009年中国年平均地面气温上升了1.38 ℃，比全球或北半球同期平均升温速率明显偏高（《第二次气候变化国家评估评报告》编写委员会，2012）。20世纪60年代夏季极端气温典型覆盖区占全球陆地面积不到1%，当前已快速上升为10%，极端气温事件亦在增多。2003年和2010年欧洲和俄罗斯超级热浪导致大规模农作物枯萎、森林大火和数万人死亡，未来40年欧洲发生严重热浪的可能性增加5～10倍。随着北极海冰融化及北半球高纬度雪覆盖减少，北美及亚欧大陆中纬度地区极端高温和干旱等天气事件愈加频繁。极端高温作为全球变暖最直接的体现,已成为全球气候变化研究中的热点问题。在全球变暖背景下,城市在现代社会中的中心地位和主导作用更加凸显,既是环境资源问题的高发地和社会矛盾的集结场,又是引领和带动全社会实现可持续发展的引擎和支点,更是气候变化响应的敏感区和脆弱区。近几十年来,京津冀协同发展进程不断加快,城镇化率由 1998 年的 32.0%上升为 2019 年的 66.7%,人口密度亦由 1998 年 364 人/km²迅速增加到 2015 年的 460 人/km²,城市化过程举世瞩目。例如,2014 年 5 月新一轮高温热浪,使北京地区自来水供应量连续 5 d 增大,城区日供水量达 304 万 m³,接近百年北京自来水供水记录极值,供水量相当于 1.5 个昆明湖。因此,关注京津冀地区热浪时空变化特征,探讨高温热浪影响因素,对区域经济和社会可持续发展具有重要的实践意义。

4.4.1 京津冀地区高温热浪时空变化特征

京津冀地处暖温带半湿润半干旱大陆季风气候区,受西北部太行山对冷空气屏障的影响,冬寒夏热,高温天气出现较早,夏季季内高温的变化规律存在一定的差异。京津冀地区高温日数主要集中在 6 月和 7 月,8 月较少,且大多数地区 6 月高温日数较 7 月多(表 4.3)。

表 4.3　京津冀地区 1961—2018 年累年逐月高温日数(d)

	1月	2月	3月	4月	5月	6月	7月	8月	9月	10月	11月	12月
≥35 ℃	0.0	0.0	0.0	1.2	81.9	430.0	363.8	82.7	4.6	0.2	0.0	0.0
≥37 ℃	0.0	0.0	0.0	0.2	20.9	144.7	107.3	7.4	0.7	0.0	0.0	0.0
≥40 ℃	0.0	0.0	0.0	0.0	1.6	15.0	8.5	0.0	0.1	0.0	0.0	0.0

通过对京津冀地区 1961—2018 年高温日数的空间分布(图 4.14)分析可见,京津冀地区高温日数(35 ℃、37 ℃、40 ℃以上)的高值中心在西南部,并向东北方向递减。以 35 ℃以上高温日数为例,石家庄市为 928 d,邢台、邯郸两市分别为 904 d 和 944 d;北部地区的承德市为 265 d,张家口和唐山两市分别为 224 d 和 242 d。近年来京津冀地区年均高温日数由北向南逐渐增多。

京津冀地区热浪变化趋势存在空间差异(图 4.15),整个区域≥35 ℃、≥37 ℃、≥40 ℃热浪变化呈现上升趋势的站点分别占 67.6%、64.8%、50.0%,其中分别有 49.1%、52.8%、45.4%站点通过 0.05 显著性水平检验。热浪呈下降趋势的区域均在东南部,低值中心基本集中在威县、南宫、巨鹿和大名,但下降趋势多不显著,所以,京津冀地区热浪的大幅度减少趋势从长期变化来看并不具有代表性。

如图 4.16 所示,京津冀地区高温热浪变化具有明显的年代际变化特征,其变化过程可以分为 4 个阶段:20 世纪 60 年代为高温热浪偏多期,以轻度和中度热浪增加为主,重度热浪则多为负距平;20 世纪 70—90 年代初为热浪偏少期,轻度热浪减少最为明显,中度热浪次之,重度热浪持续偏低;20 世纪 90 年代中期至 21 世纪初为热浪增加期,以轻度和中度热浪增加为主,重度热浪则多为负距平;2003 年之后为热浪增幅减缓期,该时段轻度、中度和重热浪距平以 0 为中心上下浮动。京津冀地区与全国热浪变化趋势具有一致性。

京津冀不同区域(冀西北部城市、冀中南部城市和北京市、天津市)出现的高温日数基本

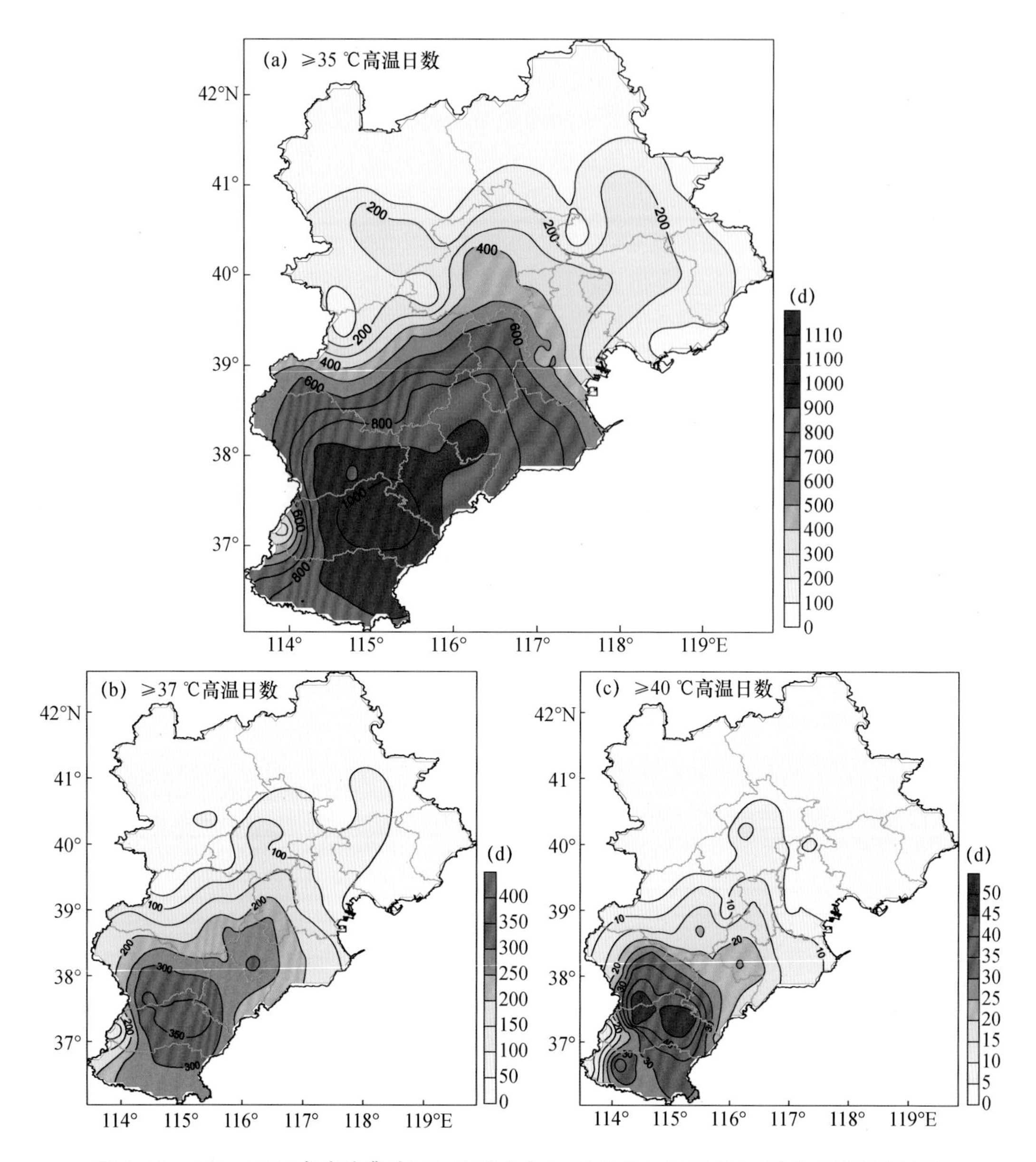

图 4.14 1961—2018 年京津冀地区≥35 ℃(a)、≥37 ℃(b)、≥40 ℃(c)高温日数空间分布

一致,1997—2010 年是出现各级别高温日数最多的时段,1961—1972 年是次多时段,1973—1996 年是最少的时段。而 1997—2010 年可以分为 2 个阶段,其中 1997—2002 年明显多于 2003—2010 年。冀东北部城市高温日数年代际变化趋势不同,1965—1998 年是少高温期,1999—2010 年高温和强高温日数增多。冀西北部城市和冀东北部城市的 35 ℃以上高温日数在 2003—2006 年存在偏少时段。1961—1972 年和 1997—2010 年为 2 个高温日数偏多时段,1973—1996 年为高温日偏少时段,冀西北部城市、冀东北部城市基本没有 37 ℃以上强高温日和 40 ℃以上极端高温日,天津市没有 40 ℃以上的极端高温日。

从气候突变的角度分析,冀东北部城市 35 ℃以上的高温日数在 2001 年以来进入了异常

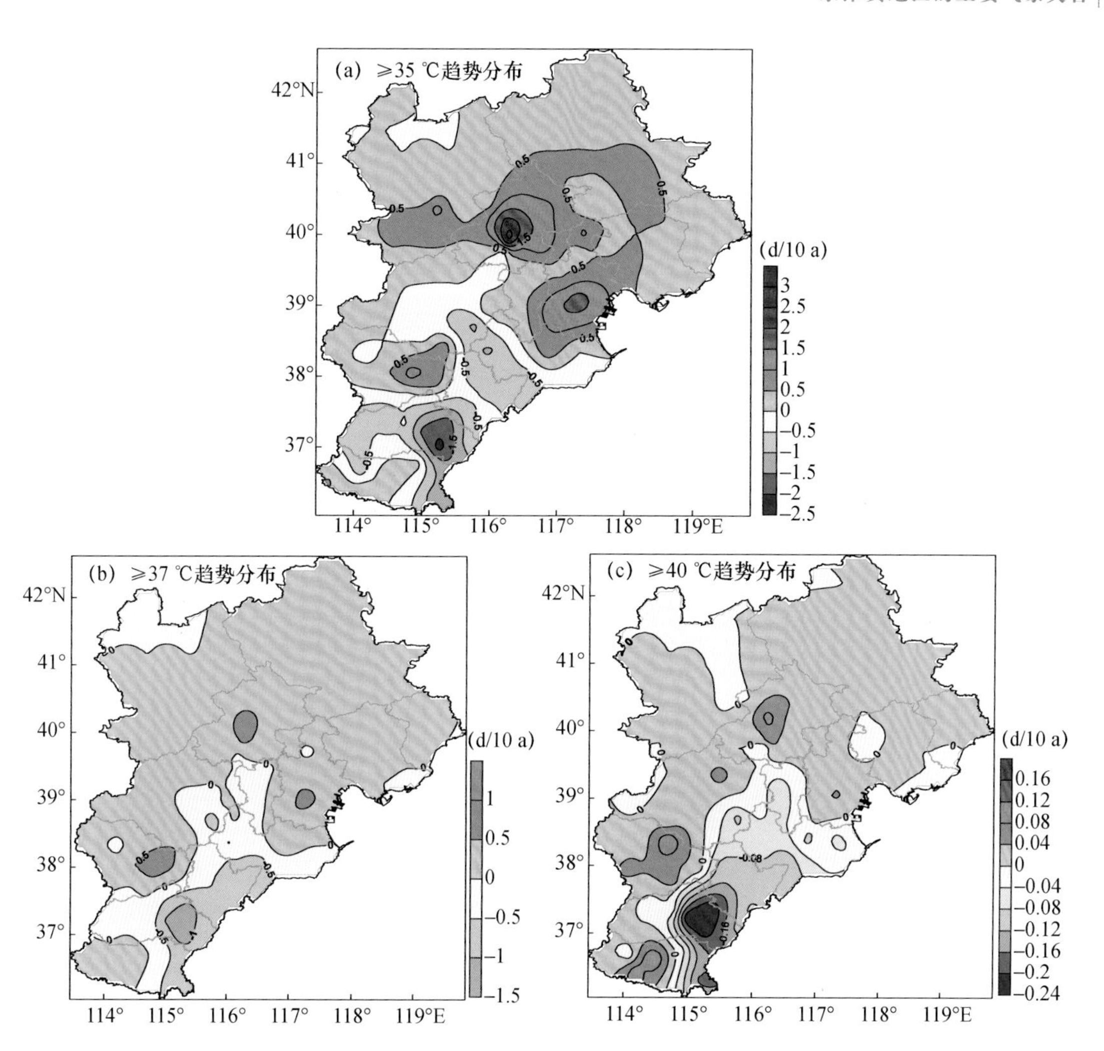

图 4.15 1961—2018 年京津冀地区≥35 ℃(a)、≥37 ℃(b)、≥40 ℃(c)热浪变化趋势空间分布

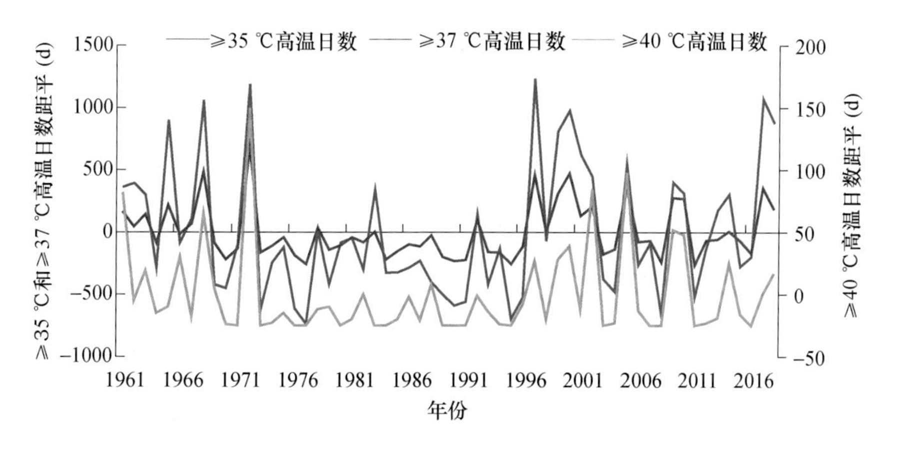

图 4.16 京津冀地区≥35 ℃、≥37 ℃、≥40 ℃高温日数距平变化曲线
(气候标准值为 1961—2018 年平均值)

增多的时期。冀中南部城市 37 ℃以上的强高温日数在 1999—2010 年为增多趋势。北京市 35 ℃以上的高温日数和 37 ℃以上的强高温日数在 1982—2010 年呈现增多趋势。冀中南部城市 40 ℃以上极端高温日数和天津市 37 ℃以上强高温日数自 1960 年以来一直呈增多趋势。

4.4.2 城市化对京津冀地区高温热浪的影响

近些年来，京津冀地区高温热浪呈加强趋势，同时城市化的作用进一步加强了城市的热岛强度，空调等大功率电器的使用，导致高温季节耗电量剧增，人为热量向城市空气中释放，加剧了城市的热岛强度，反而需要更多的电力来降温，导致电力供应紧张。

城市热岛效应不但与城市人口有关，还与市区建成面积有关。京津冀地区城市与城镇年高温日数对比发现，冀西北部城市和冀中南部城市自 20 世纪 70 年代开始，城市化效应逐步显现，冀中南部城市 80 年代开始、冀西北部城市 90 年代开始城市化效应增强。冀东北部承德市自 1965 年以来城市化效应就很明显，北京、天津两个大城市的城市化效应自 90 年代后期开始显现出来。

4.4.3 高温热浪对京津冀地区的影响

高温热浪导致工农业生产、居民生活用水急剧增长，加大了供水负担。例如，对石家庄市某一生活小区多年逐日用水量的监测可知，日最高温度高于35 ℃的高温日比低于 35 ℃的日平均用水量增加 7%。高温热浪对交通运输有着明显的影响。连日遭高温热浪侵袭，能源需求量暴增可能造成空中和路面交通陷入混乱，容易发生汽车自燃事件，高温天气时交通事故会增加 4.1%～43.3%。

高温热浪对人体影响大，其对人体的直接影响指产生的热效应，对儿童、老年人、体弱者以及呼吸系统、心脑血管疾病等慢性疾病患者影响最大。另外，夏季高温闷热的天气对冠心病的复发产生不利影响。热浪与较高的空气污染有关，热浪对人们身体健康的影响在城区较郊区和农村大得多。市区不仅易出现高温且持续时间长，加上车辆和空调的使用放出大量的局部热源，引起的城市热岛效应，使城区污染高于郊区和农村。夏季高地表温度地区(城市热岛效应)死亡危险明显高于低地表温度地区，同时大气污染可以导致心血管病例急诊入院率及住院率增加。

1997 年 6 月中旬至 8 月中旬，河北省出现了历史罕见的高温天气，其特点是气温高、持续时间长、范围广。高温期间，全省最高气温一般为 35～38 ℃，中南部地区达 39～41 ℃。6 月 11 日至 8 月 12 日的 63 d 中，日极端最高气温高于 35 ℃的有 51 d，其中高于 38 ℃的有 30 d，高于 40 ℃的有 7 d。6 月 21—23 日，平山、新乐、安国、献县、衡水、故城以及其以南地区先后出现 40 ℃以上的高温。辛集、宁晋、临城、邢台、广宗、临西、邯郸、曲周、肥乡、磁县等地气温超过 41 ℃。高于 38 ℃的高温范围 7 月 31 日最北界到赤城和滦平界。上述高温严重影响人们正常休息，导致厌食、疲劳乏力、工作效率下降等，增加了患病的风险，1997 年夏季，石家庄市老人和儿童出现发烧、虚脱以及肠胃病等症状较往年增多。高温还使得纳凉和降温的商品脱销，且为保证暑期用电，石家庄市电业局从北京急调20万kW·h的电力指标。因高温干旱农作物耗能量大增，从5月到7月下旬，全省灌溉用电负荷达130万kW·h，用柴油3.06亿kg。

1999年夏季以来，河北省受到两次高温热浪的袭击。6月24日至7月2日，持续出现高温酷热天气，各地日最高气温均在35 ℃以上。沧州中北部、廊坊南部、保定中东部、石家庄北部的部分地区日最高气温高于35 ℃的连续日数超过9 d，沧州青县达11 d，这次高温过程的持续时间之长为历史同期所罕见。7月23—30日，河北全省再次出现高温酷热天气，高温期间日最高气温一般为35～39 ℃，高温持续时间为7～9 d。由于前期大部分地区降水偏少，特别是石家庄、邯郸、承德等地的部分县7月下旬的降水量仅有1～9 mm，邢台市中西部滴雨未降，连续的高温天气使得土壤蒸发量大，土壤失水较快，受旱面积扩大。北部春玉米、中南部棉田及夏玉米等作物旱情较明显。

1994年天津市夏季长时间高温，且相对湿度较大，致使7月下旬病患者激增，各医院日门诊量创最高纪录，市儿童医院日门诊量突破3500人次，第三医院老年门诊超600人次。

1997年6月中旬至8月，天津市出现了历史上罕见的持续高温天气，造成全市低压电网故障频发，负荷程度达到历史最高。持续高温使全市用水量达到高峰，致使输水管道难以承受。7月14日全市有12处地段自来水管道先后出现严重爆裂。持续高温对老年人的生命构成威胁，据市内各大医院不完全统计，7月13—14日的48 h内，全市因高温引起死亡的60岁以上老人有50余人。7月13日晚，各大医院中暑的老年人接连不断，市儿童医院肠炎、胃炎、痢疾的患儿大量增多。

1999—2000年夏季因受强大高压脊控制，天津市出现异常高温天气，居民用水、用电量骤增，自来水厂满负荷生产，各大医院因高温闷热而发生的中暑、诱发心脑血管病、肠道疾病急症患者剧增。

4.4.4 高温热浪的防范措施

减缓城市高温热浪需要从高层次，以长远统筹的眼光对整个城市制定战略性规划。从城市总体规划的角度，实施第二产业结构低碳转型，发展低碳循环经济，积极鼓励第三产业以及智慧产业的发展，逐步淘汰高耗能、高排放的粗放式产业。大力发展诸如太阳能、潮汐能、风能、地热能、生物能等绿色清洁能源，改善能源结构，削减对于化石能源的依赖。大力发展大运力公共交通和绿色出行，通过紧凑且功能混合的城市布局和高密度的城市路网，为步行和自行车出行者提供便捷的出行模式，从而减少小汽车出行。通过生态、社会、经济、城市空间的综合策略，才能有效减少城市温室气体的排放量和热量产生，是城市应对气候变化及其带来的极端气候灾害的治标之举。

对城市来说热岛效应是客观长期存在的，因此对于已建成的城市中心区来说，削减热岛效应最直接有效的方法就是发展建设城市绿色基础设施，增加绿地的数量与质量，尤其是在城市上风向的区域。研究表明，增加相同数量的绿地，植被覆盖率高的区域要比植被覆盖率低的区域降温幅度低。因而，在城市绿地建设中，规划应当尤为优先重视绿化程度低的区域。此外，马赛克式的密集而频繁的小块绿地改良城市热环境的效果要优于大片集中式的

绿地。充分利用楔形绿地、江河湖泊等天然水体形成生态廊道,使得绿地和风道渗透进城市中心,能够有效缓解热岛效应及其污染。此外,不同的城市土地功能有着不同的热环境特征,应将高能耗、高污染的工业、仓储用地搬离城市中心区域。结合城市自然地理环境、盛行风向以及静风频率等气候特征,布置城市的工业发展用地,合理处理其与居住、商业用地的关系。在用地功能布局时应着重考虑职、住平衡与适度的功能混合,以减少通勤交通的需求量,将土地利用结构与自然生态格局相融合,为城市引入生态绿楔并有机组织生态绿网,结合城市路网系统,形成通风廊道散热,从根源上削弱城市热岛效应。

4.5 冰雹

冰雹是由积雨云中降落的,一般呈圆球形透明与半透明冰层相间的固体降水,是以雹胚为核心在冰雹云中碰撞大量过冷却水而形成的。冰雹降自垂直气流发展强烈的积雨云中,由于积雨云厚度大、含水量高、上升气流强,雹胚在云中升降多次,不断有雪晶、过冷却水滴冻结上去,有时甚至可以形成较大的雹块。

冰雹是伴随飑线和局地强风暴等强对流天气系统而出现的天气现象,虽然维持时间短、出现范围小,但来势猛、强度大、破坏力强,常给当地的人民生命财产带来严重的危害。由于产生冰雹的强对流天气系统空间尺度小、发展迅速,因此很难做出精细而准确的预报。

1985 年 7 月 2 日 18—21 时,河北保定出现冰雹、大风天气,使 13.3 多万公顷作物受害,损失红枣约 1900 万 kg,毁房 4003 间,倒树 130 多万株,1040 人受伤,19 人死亡,保定市供电局的供电干线有 78%毁坏,全市停水、停电,迎风面的窗户玻璃有 80%被砸碎,许多工厂停工停产,火车停运 90 min。

1987 年是天津地区冰雹灾害严重的一年,农田受灾达 68.4 万亩,占该年农田面积(657.7 万亩)的 10.4%。1987 年和 1990 年的冰雹灾害给天津市造成的直接损失达数千万元。

1998 年 6 月 2 日 20 时 10 分至 21 时 30 分,河北邯郸市的永年、魏县、鸡泽、肥乡、成安等 6 县的 32 个乡镇 513 个行政村遭受严重的风雹灾害,风力 6～7 级,持续降雹 8～15 min,最长达 20 多分钟,最大雹径在 30～40 mm,农作物受灾 3.3 万 hm^2,成灾 2.3 万 hm^2,其中绝收 4593 hm^2,受灾人口 61.7 万,成灾人口 40.5 万,因灾伤 8 人,直接经济损失 2.1 亿元。

1998 年 6 月 21 日的一场特大风雹,袭击了河北省廊坊、保定、衡水、邢台、邯郸 5 个市 24 个县(市、区)的 123 个乡镇。一般风力 6～7 级,最大超 10 级,冰雹一般直径 20 mm,最大 50 mm;降雨量 50～110 mm,持续时间在半小时左右,造成 28.1 万 hm^2 农作物受灾严重,绝收 6 万 hm^2,因灾死亡 7 人,伤 318 人,损坏房屋 22627 间,毁坏变压器 198 台,刮倒折断树木 5.3 万棵、电线杆 4303 根,直接经济损失 22.28 亿元。

近年来,冰雹灾害除造成传统的农业损失外,车辆也成为冰雹灾害的主要承灾体,例如,2005 年 5 月 31 日,一场冰雹自西向东袭击北京大部分地区,最大冰雹有鸡蛋大小,除造成 9000 多万元的农业损失外,还导致数以万计的车辆受损。

4.5.1 冰雹日数的空间分布

冰雹日数的统计方法:规定当某测站在某日观测到1次或1次以上冰雹天气现象时,不论其时间长短都定义该测站在该日为一个冰雹日。

京津冀地区地处中纬度欧亚大陆东岸,地势自西北向东南降低,最北为冀北高原,平均海拔高度1200~1500 m,高原南部是东—西走向的燕山山脉及东北—西南走向的太行山山脉,其中最高峰海拔为2882 m(小五台山)。山区东南部为河北平原,大部分海拔高度在50 m以下。特定地形及南北跨度大的特点,使京津冀地区冰雹分布差异很大,山区多于平原、高海拔地区多于低海拔地区。据统计,1961—2015年京津冀地区冰雹日数自北向南呈减少的趋势,北部的张家口和承德地区是冰雹多发区,特别是张家口北部和承德西北部,冰雹日数最多,出现最多的站点是张家口的尚义县,55 a来冰雹日数达290 d,平均每年5.3 d,邯郸、邢台东部冰雹日数较少,不足20 d,最少的站点是邯郸的大名,55 a来冰雹日数为9 d,平均每年0.16 d,见图4.17。

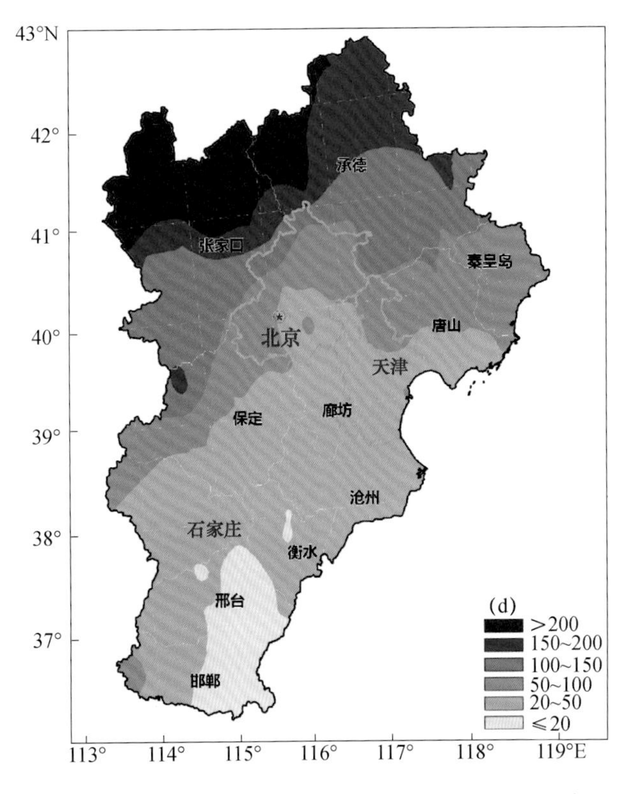

图4.17 1961—2015年京津冀地区冰雹日数空间分布

4.5.2 冰雹日数的年变化

京津冀地区冰雹日数总体呈明显的减少趋势,每10 a减少19 d,不同时期的变化特征不同，1961—1993 年冰雹日数呈弱的增加趋势，年平均冰雹日数 138.4 d，1994—2015 年冰雹日数明显偏少，年平均冰雹日数为 61.4 d，M-K 检验结果得出 1994 年前后河北省冰雹日数发生了一次明显的突变。有研究表明，当气温偏高、500 hPa 平均风速偏小时，冰雹次数容易偏少，突变检验结果与 1995 年以后河北省平均气温持续偏高、多数年份 500 hPa 平均风速偏小相对应。

京津冀地区冰雹日数较多的年份依次为 1990、1986、1987、1991、1985、1967 年，最多出现在 1990 年，共出现冰雹日数 394 d，其次是 1986 年，出现 339 d；冰雹日数较少的年份依次为 2018、2007、2016、2009、2010、2013 年，最少的年份出现在 2018 年，只有 39 d，见图 4.18。

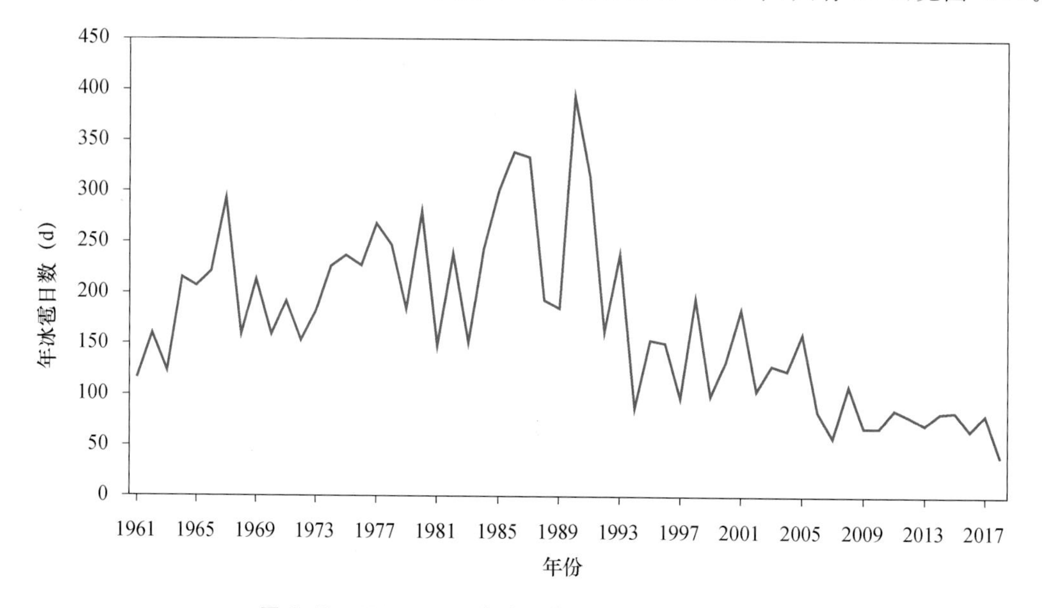

图 4.18　1961—2018 年京津冀地区年冰雹日数变化

4.5.3　冰雹的月变化

从 1961—2015 年各月冰雹日数分布（图 4.19）可见，京津冀地区 3—11 月均有冰雹出现，冰雹日数月变化十分明显，其中 6 月冰雹日数最多，占全年的 29.3%，其次是 5 月和 7 月，分别占全年的 15.7%和 19.7%。据 1961—2015 年冰雹资料统计分析，冰雹天气最早出现日期为 3 月 12 日，于 1961 年出现在河北承德，冰雹天气最晚出现日期为 11 月 20 日，于 1971 年出现在河北兴隆和昌黎。

4.5.4　冰雹开始月和结束月的年变化

某年出现第一个冰雹日的时间为开始时间，如果用月表示，为开始月；某年出现最后一个冰雹日的时间为结束时间，如果用月表示，为结束月。

从逐年冰雹开始月和结束月分析，冰雹开始月有越来越晚的趋势，冰雹结束月有越来越

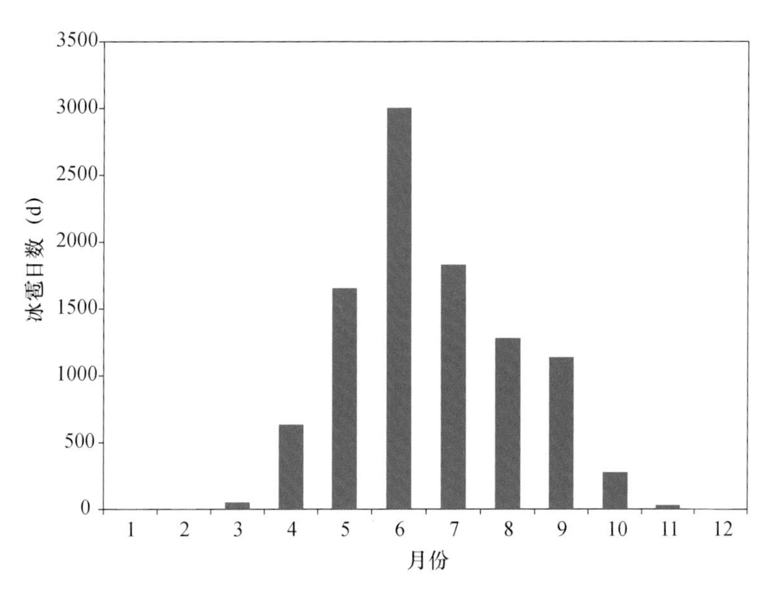

图 4.19　1961—2015 年京津冀地区多年冰雹日数年内分布

早的趋势，见表 4.4～4.5。20 世纪 60 年代，冰雹天气的开始月以 3 月最多，占 70%；70—90 年代，冰雹天气的开始月以 4 月最多，占 87%；21 世纪以来，冰雹开始月仍以 4 月最多，但比例下降，占 53%，有 4 a 的开始月为 5 月，占 27%。20 世纪 60—80 年代，冰雹结束月以 10 月为主，占 70%，其次是 11 月，占 20%，90 年代，冰雹天气的结束月仍以 10 月为主，占 80%，结束月为 9 月的次数为 2，21 世纪以来，冰雹天气的结束月以 9 月为主，占 60%，特别是最近 5 年冰雹天气均在 9 月结束。

表 4.4　冰雹开始月出现次数

年代	3 月	4 月	5 月
20 世纪 60 年代	7	1	
70 年代	3	6	1
80 年代	3	6	
90 年代	2	8	
21 世纪以来	4	11	4

表 4.5　冰雹结束月出现次数

年代	9 月	10 月	11 月
20 世纪 60 年代	1	6	2
70 年代	0	3	6
80 年代	1	6	3
90 年代	2	7	1
21 世纪以来	9	8	1

4.5.5 冰雹的日变化

将某站某日某时出现冰雹持续至冰雹结束或降雹过程中有中断，且中断时间为 15 min 或以内，定义为该站出现 1 次冰雹天气过程；如果中断时间在 15 min 以上，则该站出现 2 次冰雹天气过程。据统计，冰雹在一天内任何时间均可发生，大部分出现在 12—19 时，占 93.7%，14 时、15 时、16 时和 17 时出现最多，总和占 57.8%（图 4.20）。夜间出现冰雹天气的日数较少。

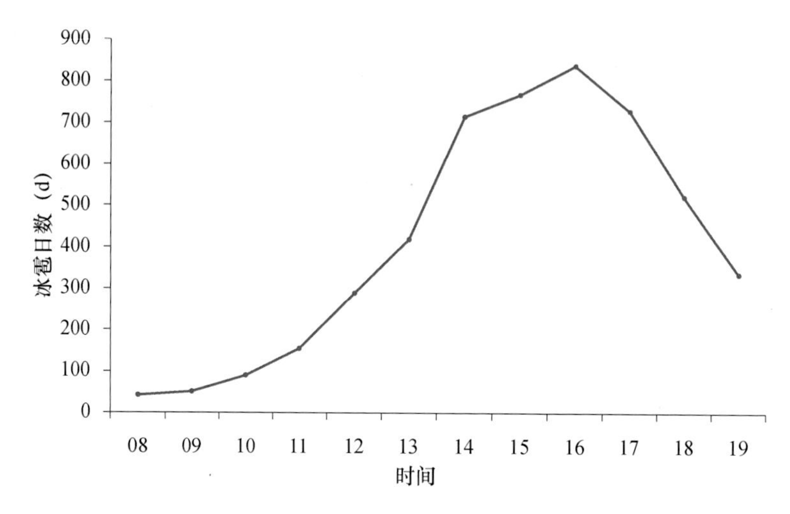

图 4.20　1961—2015 年京津冀地区冰雹日数一天内发生时次分布

在统计的 5918 个冰雹日记录中，一天降雹次数在 2 次以上的冰雹日数为 421 d，最多的一天有 5 次降雹，于 1967 年 4 月 26 日 11 时 39 分至 16 时 14 分出现在沽源，持续时间分别为 7、1、1、5、1 min，1967 年 4 月 26 日 11 时 10 分至 17 时 15 分出现在张北，持续时间分别为 1、2、3、1、2 min，1970 年 5 月 24 日 10 时 21 分至 15 时 50 分出现在崇礼，持续时间分别为 1、1、2、1、3 min。

4.5.6 冰雹的持续时间

在统计的 5918 个冰雹日记录中，有起止时间记录的共 5221 个冰雹日，如果某站一日出现 2 次及以上冰雹，本书中仅统计第一次冰雹的出现时间，据统计，冰雹持续时间一般在 1～12 min，占总次数的 88.1%，其中持续时间在 1～3 min 的频率最高，占总次数的 46.2%（图 4.21），冰雹持续时间最长为 59 min，于 1989 年 5 月 31 日 13 时 20 分至 14 时 19 分出现在张北。

4.5.7 冰雹路径

以河北地区为冰雹源地的移动路径主要有 13 条。

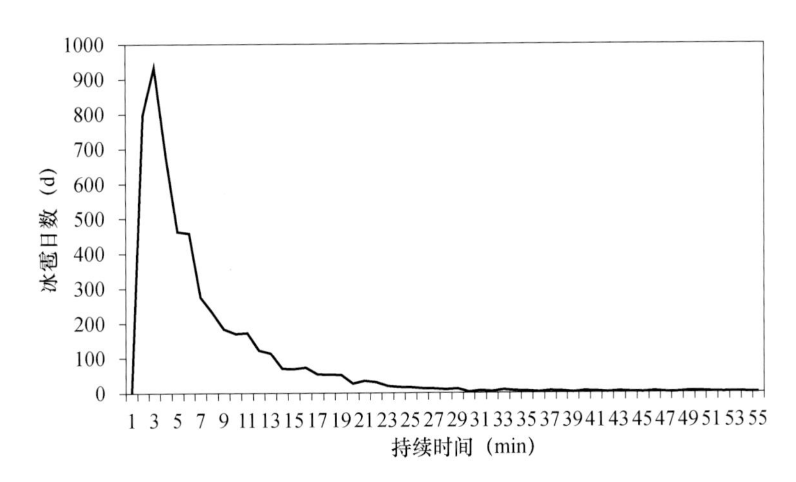

图 4.21 1961—2015 年京津冀地区冰雹日冰雹持续时间分布

第 1 条:尚义→张北→崇礼→赤城;尚义→万全→张家口;尚义→怀安→宣化→涿鹿→怀安。

第 2 条:沽源→丰宁→滦平。

第 3 条:御道口→围场。

第 4 条:隆化→承德市→平泉;隆化→承德市→下板城→宽城→青龙。

第 5 条:遵化→迁安→卢龙→抚宁→秦皇岛。

第 6 条:玉田→丰润→唐山→滦南→乐亭。

第 7 条:固安→永清→霸州→文安→青县。

第 8 条:满城→保定→高阳→肃宁→海兴

第 9 条:饶阳→献县→泊头→南皮→盐山→海兴;饶阳→献县→泊头→东光→无桥。

第 10 条:小觉(平山)→获鹿→石家庄→藁城→晋州→辛集。

第 11 条:赞皇→临城。

第 12 条:浆水→邢台

第 13 条:武安→邯郸。

4.5.8 北京市冰雹特点

冰雹是北京地区主要的气象灾害之一。冰雹灾害是一种局地性很强的自然灾害,其危害虽然不像干旱、洪涝那样范围广大,但是对农业危害极其严重,轻则减产,重则绝收。北京地区出现的冰雹一般如同黄豆粒、玉米粒大小,也有的像蚕豆、乒乓球、核桃,少数雹块可以达到鸡蛋一般大小,冰雹的出现常砸毁庄稼、砸伤作物,损坏民房、玻璃窗、室外照明路灯等,甚至砸伤、砸死人畜,城区降雹还常常造成机动车辆受损。冰雹常与短时强降水和大风相伴,给局地农业生产和城市运行带来严重灾害。

(1)降雹的时间分布

据 1961—2018 年资料统计,北京地区平均每年有 1.2 个降雹日,降雹年际变化较大。58 a 中,1978 年降雹日数最多,全年有 2.7 d;2007 年最少,仅 0.3 个降雹日(图 4.22)。

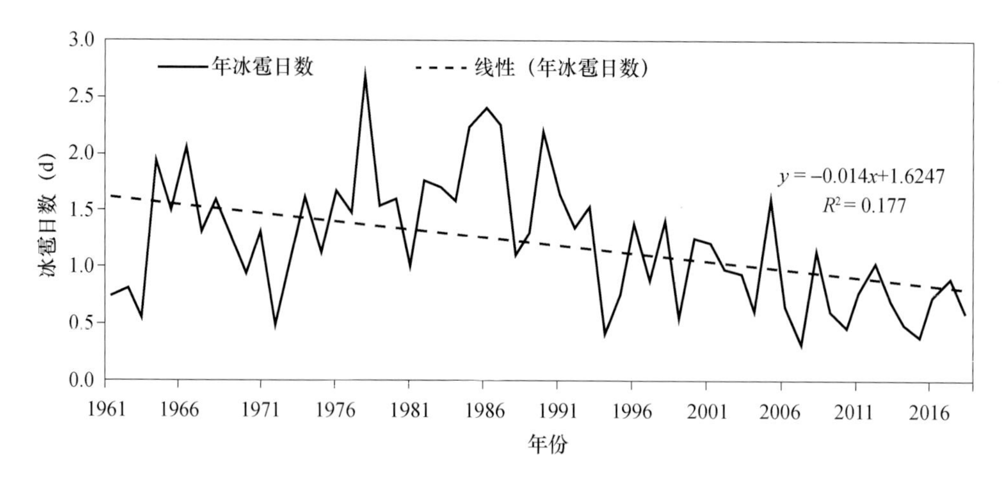

图 4.22　1961—2018 年北京地区年平均冰雹日数分布

北京地区在全年每月都会出现降雹，平均初雹大多出现在 4 月下旬，最早初雹日为 3 月 29 日（2002 年）；平均终日为 10 月初，最晚终雹日出现是 10 月 10 日（2006 年）。从降雹月分布来看，降雹主要出现在 5—8 月，以 6—7 月最为集中，全年有 50％的降雹日出现在该时段（图 4.23）。

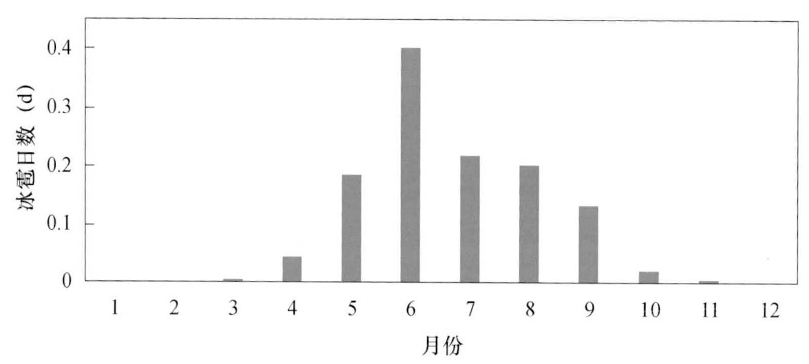

图 4.23　北京地区月平均冰雹日数分布

表 4.6　1961—2018 年北京地区气象站年平均冰雹日数(d)

站名	冰雹日数	站名	冰雹日数
观象台	1.0	朝阳	0.9
海淀	0.9	昌平	0.7
延庆	1.9	斋堂	2.0
佛爷顶	3.3	门头沟	0.8
通州	0.8	顺义	0.7
汤河口	1.6	石景山	0.8
密云	1.5	丰台	0.9
怀柔	1.3	大兴	0.7
上甸子	1.5	房山	0.8
平谷	1.5	霞云岭	1.3

降雹出现的时间有明显的日变化。下午至傍晚降雹概率达84%，傍晚至午夜降雹概率为11%，午夜至次日上午降雹概率仅占5%。

据不完全统计，1996—2018年单点一次降雹持续1～5 min的占39%，6～15 min的占28%，超过15 min的占33%。与1996年前的统计结果相比，1996—2010年未出现持续时间大于60 min的降雹，持续时间1～5 min的降雹也有所减少；年均降雹日数也明显减少，由27 d降为16 d。

15 a的雹灾资料统计结果表明，北京地区年均雹灾日数为0.9 d。4—9月均有雹灾发生，其中6—7月为雹灾的主要发生期，占雹灾总日数的63%；雹灾日数年际差异较大，2002—2008年冰雹灾害日数略偏多，雹灾最多的一年是2003年，达到13个雹灾日。

(2)降雹的空间分布

据1961—2018年降雹资料统计，北京地区降雹分布的总体特征是西北部地区多、东南部地区少，山区多雹、平原城区少雹，降雹日数从山区向平原递减(图4.24)。其中延庆年均降雹日数最多，为4.3 d；怀柔次之，年均降雹日数为3.8 d；中心城区、丰台区和石景山区年均降雹日数不足1 d。

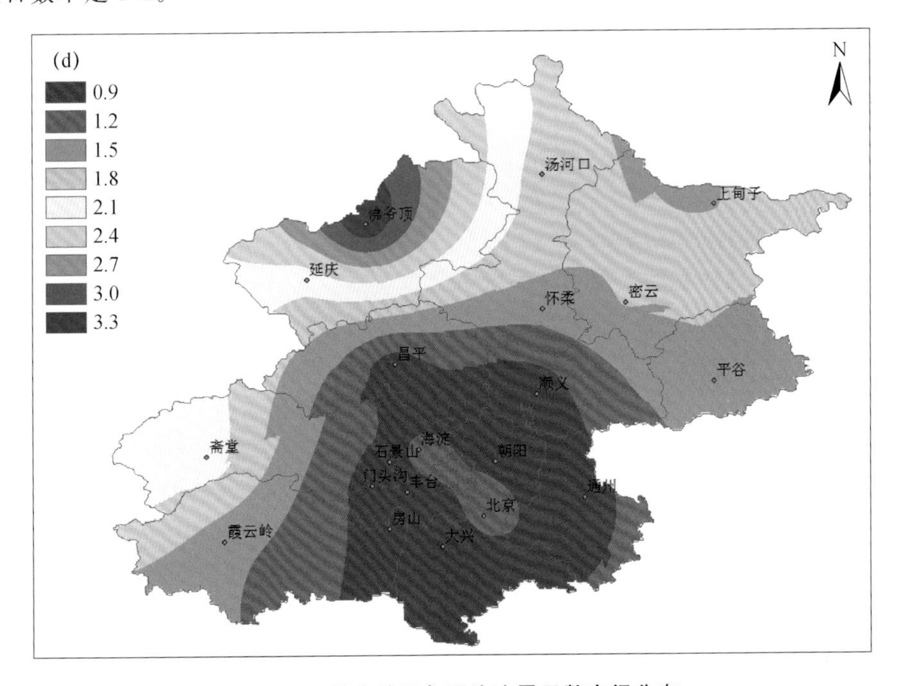

图4.24 北京地区年平均冰雹日数空间分布

(3)雹云源地及降雹路径

依据1996—2010年历次降雹地点以及冷空气势力和有利于雹云形成的地形因素综合分析，北京地区的雹源地主要有四个，即西北源地、西部源地、北部源地和东北源地，比1996年前统计的雹源地多了一个东北源地。

西北源地：官厅水库汇水区以北，海坨山西部的迎风坡一带。位置在河北省怀来县的大海坨至杏林堡之间，其入境口在北京市延庆海坨山下。

西部源地：官厅水库汇水区以南，东灵山山脉西北侧的迎风坡一带，位置在河北省涿鹿县的灵山、子方口、庄里一带，其入境口在门头沟区斋堂镇西北一带。河北省涿鹿县的庄里以及北京市房山区百草畔、百花山以西是这一源地的南路入境口。

北部源地：在河北省赤城县卯镇山经杨木栅子至北京市怀柔区的道德坑村一带，其入境口在北京市怀柔区汤河口镇以北。

东北源地：河北省滦平县的马山至北京市密云古北口镇是东北入境口。

相应地，雹云从四个源地（入境口）移出，有 4 条移动路径。依据该源地相对于市中心的方位而命名则有：西北路径、东北路径、西南路径、偏东路径。

西北路径：延庆海坨山→昌平，后分为东、西两路，东路为怀柔→顺义→平谷，西路为海淀→丰台→大兴。

东北路径：怀柔北部的天河、汤河上游地区→白河下游入库地区，之后又分为东、南两支，东支为密云水库，南支为怀柔水库。

西南路径：从门头沟西斋堂镇出发分为南、北两路，北路为石景山→海淀→朝阳→通州，南路为百花山→房山→大兴。

偏东路径：由马山至古北口→密云水库→平谷为东路，西路为怀柔、顺义。

冰雹路径的分布与冰雹的地域分布大体一致，在到达城区附近时，大多会终止或出现转向。

4.5.9 天津市冰雹特点

冰雹是天津市的主要气象灾害之一，它往往来势凶猛，常伴有雷暴和大风，虽时间短暂，但破坏力巨大。引发天津冰雹的主要天气系统有蒙古高空冷涡、冷性西风浅低压槽和西北气流等，它们最基本的特征都是冷性的，即在当地的 5000～6000 m 高空有干冷空气辐合气流。

据天津市 13 个气象站 1980—2010 年降雹资料统计显示，天津地区降雹主要分布在北部地区，平原城区次之，南部地区较少。其中，蓟州年均降雹日数达 1.3 d，中心城区为 0.7 d 左右，大港区年均降雹日数不足 0.5 d。

根据对天津站 1958—2018 年出现冰雹日数统计显示，61 a 共降雹 41 d，多年平均 0.7 d，1987 年降雹日数最多，全年有 4 d 降雹，其次是 1964、1966、1985 和 1990 年，均出现了 3 d 降雹天气。1987 年 5 月 22 日天津市区和 9 个区（县）先后降雹，损失严重，其中蓟县官庄、下营、孙各庄等地降雹，持续时间 5～10 min，冰雹最大直径 15 mm（一般 4～5 mm）。静海区及大部分乡镇普降冰雹，并伴有短时大风，冰雹最大直径 12 mm（一般 1.0～4.4 mm），最密为 500 粒/m^2（一般 100～300 粒/m^2），造成静海区近 50 万亩农作物严重受灾，其中，小麦 37 万亩减产 3～5 成。大港区降雹最大似鸡蛋，同时出现降水、雷暴和 9 级大风，冰雹移动路径自西北至东南，造成该地区 7 个乡受灾，受灾 0.64 万亩，其中，小王庄、徐庄子受雹灾严重，经济作物 0.13 万亩全部绝收，粮食受灾 5.08 万亩，直接和间接经济损失约 800 万元，全市因雹受灾约 68.45 万亩。1990 年 9 月 16 日，天津市区及 9 个区（县）降雹，其中，蓟县损失较重，8 个乡受大风、冰雹袭击，最大风力 8～10 级，冰雹密度 50～200 粒/m^2，这次过程造成粮食受灾 1.28 万亩，减产 59.5 万 kg，经济损失 271 万元，全市因雹致农作物受灾 52.15 万亩。

4.6 雷　暴

雷暴是发展旺盛的强对流天气现象，是伴有强风骤雨、雷鸣闪电的积雨云系统的统称。雷暴这种强对流性天气过程是一种严重灾害天气，与其他灾害天气相比，它具有发生的瞬时性、季节性和频繁性，空间分布的广泛性、分散性和局地性等特点。

4.6.1 雷暴的类型

雷暴是由强烈发展的积雨云产生的，形成强烈发展的积雨云需要三个条件：深厚而明显的不稳定气层、充沛的水汽、足够的冲击力。根据不同的大气条件和地形条件一般将雷暴分为热雷暴、锋面雷暴和地形雷暴三大类。

(1)热雷暴

主要是由于局地强烈受热，地面迅速升温，在大尺度天气系统比较弱的情况下，由近地面气层的超绝热层结形成而发展成的雷暴，多发生在炎热季节的午后到傍晚，云的演变一般为淡积云→浓积云→积雨云。

(2)锋面雷暴

主要是冷气团和暖气团相遇，冷空气排挤暖而湿的空气，并把它抬升起来，使局地天气发生急剧变化。锋面根据冷、暖空气流动的情况分暖锋雷暴和冷锋雷暴，且以冷锋雷暴为主，冷锋的冲击力量大，锋前暖湿空气的状态直接决定冷锋雷暴生成与否，如果观测到了系统云系钩卷云，一般预示着天气将要变化，可能产生锋面雷暴。

(3)地形雷暴

在山岭地区特别容易产生雷雨，当暖空气经过山坡被强迫上升时，在山地迎风的一面空气沿山坡上升，到一定高度变冷而形成雷云；但到了山背风的那一面，空气沿山坡下沉，温度升高，雷雨消散或减弱。

判断雷暴的可能性，首先看环流形势和天气系统的动向，再就是看当地大气层结的稳定度。预报实践中还常以沙氏指数(SI)作为低空大气稳定性的判据，来预报雷暴出现的可能性。就探测手段而言，主要依靠气象雷达进行监测。

4.6.2 京津冀地区雷暴日数空间分布

京津冀地区雷暴日数的空间分布为山区、高原多，平原地区少，并且呈现由山区向平原递减的趋势。京津冀北部高原及山区年雷暴日数一般为40 d以上，怀安、遵化一带最多，达45 d，平原及沿海地区均在35 d以下，其中，广平、成安、邱县、馆陶、魏县一带最少，少于20 d(图4.25)。

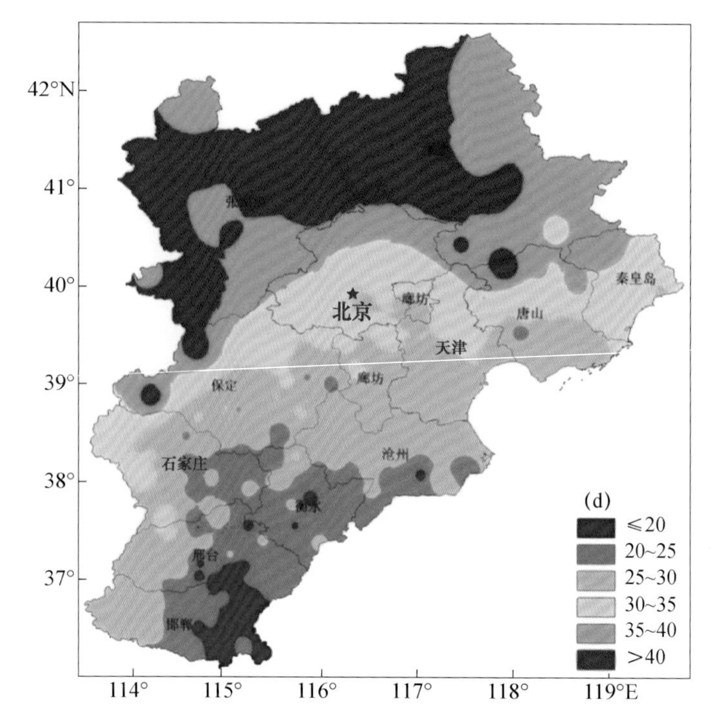

图 4.25 京津冀地区年雷暴日数空间分布

4.6.3 雷暴日数的时间变化

夏季是京津冀地区雷暴的多发季节，占全年的近 60%，其中 7 月又是一年中雷暴日数最多的月份，占全年的 20%以上（表 4.7）。

表 4.7 1961—2013 年京津冀地区各月平均雷暴日数

月份	1	2	3	4	5	6	7	8	9	10	11	12
雷暴日数（0.1 d）	0.4	1.3	19.6	102.3	196.8	266.2	287.7	263.0	173.8	73.4	8.3	0.4
比例（%）	0.02	0.09	1.41	7.34	14.13	19.11	20.65	18.88	12.47	5.27	0.6	0.03

雷暴的日变化方面，一般下午至傍晚最多，个别地区 02 时还有个峰值，清晨至上午最少；平原一般下午至夜间多，上午最少。

4.6.4 雷暴初、终日

据 1981—2010 年的雷暴资料统计，河北省雷暴初日一般出现在 4 月中旬到 5 月上旬，山区、沿海略早于平原；雷暴终日一般为 9 月下旬到 10 月上旬。山区、沿海略晚于平原，最早初日可出现在 3 月上旬甚至 2 月，最晚终日可出现在 11 月下旬至 12 月。如尚义 1980 年初日为3月6日，辛集1962年初日为2月9日，盐山1980年终日为11月24日，栾城、正定、无极一带1986年终日为12月11日。最晚初日可迟至6月下旬才闻初雷（如清河1979年初日为6月25日），最早终日8月上旬就可为结雷日（如隆尧1975年终日为8月8日）。

4.6.5 雷暴的影响

雷暴是一种常见的天气现象，时常给人们带来危害。诸如击伤人畜，破坏输电、通信线路及建筑设施，引起森林、燃料起火等。京津冀地区几乎每年都有雷击事件发生，有时候损失相当严重。例如，1984年8月22日，河北省武强县发生的雷击事件致死亡3人、伤18人；1986年7月8日夜，三河市雷电击断电线上的断面2 cm^2的铁电话线一段，同时击坏此线路的电缆箱和保安器，造成该线路电话停用一昼夜；同年7月14日，昌黎县雷电击坏50 kV变压器2台；8月8日晚，秦皇岛市一个粮垛被雷击中起火，粮食损失31400 kg，折合人民币约120万元；1988年8月2日22时前后，曲阳县沟里乡沟里村，两牧民合伙收养的羊群，在集宿点突遭雷击，数百只绵羊中当即有80只被击倒在地，随即死亡，睡在附近的两位牧民虽免遭“雷击”，却被震得双耳聩聋，两人当场惊吓致呆，躺卧几天后才逐渐恢复神智。羊群遭击后，山坡上留下一直径约10 m、深1.2 m的大坑。

4.7 大　风

大风泛指近地面层风力达蒲福风级8级（平均风速17.2～20.7 m/s）或以上的风。大风会毁坏地面设施和建筑物，海上的大风则影响航海、海上施工和捕捞作业等，危害甚大，是一种灾害天气。产生大风的天气系统很多，如冷锋、雷暴、飑线和气旋等。冷锋大风位于锋面过境之后；雷暴和飑线的大风则发生在它们过境时，雷雨拖带的下沉气流至近地面的流出气流中；热带风暴的大风出现在涡旋的强气压梯度区内，呈逆时针旋转。

一日之中，白天出现大风的概率大于夜晚，尤以下午出现的概率最大，上午则比较少。当有较强冷空气南下时，其前锋过境后，造成偏北风。此类大风常伴随强降温，如降温达到寒潮标准，则称寒潮大风。此种天气主要出现在秋末至次年初春，最早在9月，最晚在次年4月。

4.7.1 京津冀大风的类型

京津冀地区大风主要有4种类型。一是雷雨大风。最早出现于4月下旬，止于10月，占大风总数的10.5%，多出现在6—7月。雷雨大风持续时间短、风速大、危害重。例如，1985年7月2日河北满城和保定的雷雨大风风速达36 m/s，给工农业生产造成很大损失。二是寒潮大风，多出现在秋末至冬、春季节，均为偏北风，持续时间长，风后显著降温，少者降温 4～6 ℃，多者降温 6～8 ℃，给人民生产、生活带来不利影响。三是偏南大风，主要发生在春季及初夏，季节性很强，持续时间较短，有明显日变化，且多出现在午后，往往加剧农田干旱失墒，影响作物生长发育。四是偏东大风，主要发生在春、秋两季，沿海地区往往因此出现风暴潮。

4.7.2 京津冀大风的空间分布

由于京津冀地区南北跨度大、地形条件复杂等特点，大风空间分布极不均匀(图 4.26)。张家口地区(蔚县盆地除外)、保定西北部涞源县一带、承德坝上地区的大风日数居京津冀地区之首，大风日数在 20 d 以上，其中尚义、康保、张北最多，均超过 40 d；承德中东部、保定大部分地区、廊坊、沧州中东部、石家庄西北部大风日数为 10～20 d，其他地区较少，其中魏县大风日数仅为 2.6 d。

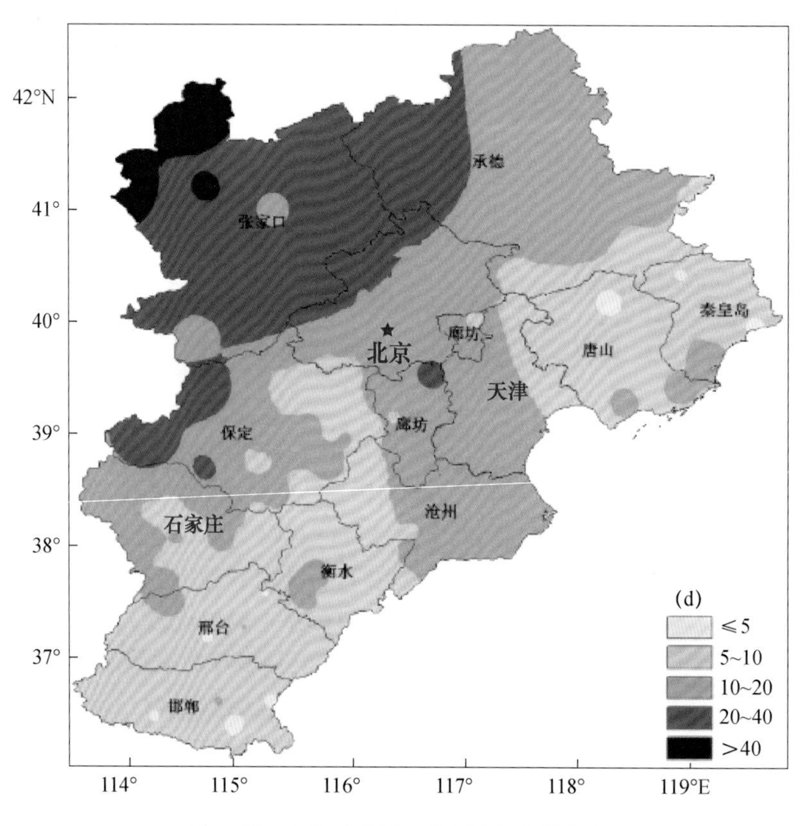

图 4.26 京津冀地区年大风日数空间分布

4.7.3 京津冀大风的时间分布

春季的大风日数出现最多，平均大风日数均超过 21 d；秋季的 9—10 月出现最少，平均大风日数均低于 11 d(表 4.8)。

表 4.8　1961—2015 年京津冀地区各月平均大风日数

月份	1	2	3	4	5	6	7	8	9	10	11	12	年均
大风日数(d)	11.7	11.9	18.3	21.8	22.5	20.7	17.7	12.4	9.8	10.5	11.9	12.3	181.5
比例(%)	6.5	6.5	10.1	12.0	12.4	11.4	9.7	6.8	5.4	5.8	6.6	6.8	100

就京津冀地区大风日数分布特征而言，春季(3—5 月)是大风日数出现较高的季节，而到夏、秋季由于环流形势发生变化，大风日数明显趋向减少。到 10 月由于环流形势的变化，使大风日数的分布出现了转折，大风日数逐渐增多。京津冀地区大风日数的阶段性转折主要是由于蒙古高压的增强与减弱、副热带高压的北移和南撤等相互作用，表现为地面的风系紊乱，地理分布特征呈现不规则状态，此时地面上没有明显的低值区和高值区，直到建立稳定的环流形势，地面大风日数增多才出现大风日数较为明显的高值区和低值区，最大风速及其盛行风向也大多出现在环流形势稳定期。

4.7.4　北京市大风特点

北京地区全年大风日数多在 7.8～27.4 d(见图 4.27，佛爷顶高山站记录除外)。延庆、昌平、门头沟、海淀、密云、怀柔、朝阳、通州等地均为大风区，全年大风日数在 20 d 以上；门头沟区为 27.4 d，居全市之冠。位于谷地的房山区霞云岭、门头沟区斋堂、平谷、密云为少大风区，全年大风日数为 7.8～13.4 d(表 4.9)。北京地区常见的最大风速(10 min 平均值)一般为 16～26 m/s，瞬时极大风速可达 24～40 m/s。

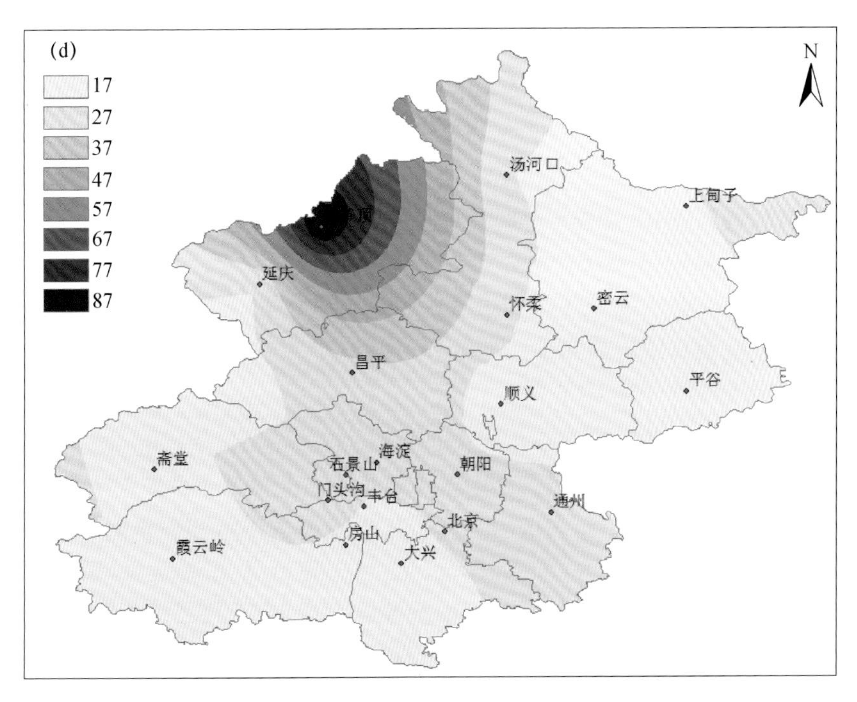

图 4.27　北京地区年平均大风日数空间分布

表 4.9 1961—2018 年北京地区气象站年平均大风日数(d)

站名	大风日数	站名	大风日数
观象台	18.3	朝阳	18.4
海淀	21.8	昌平	23.8
延庆	17.9	斋堂	13.4
佛爷顶	87.4	门头沟	27.4
通州	20.5	顺义	13.7
汤河口	17.7	石景山	17.3
密云	10.7	丰台	16.3
怀柔	18.9	大兴	12.3
上甸子	15.5	房山	11.7
平谷	7.8	霞云岭	9.6

大风日数有明显的年际变化，以观象台为例，年最多大风日数为 1972 年的 64 d，最少为 2016 年的 2 d(图 4.28)。1972 年以来，年平均大风日数呈显著下降的趋势，下降速率是 5.8 d/10 a。

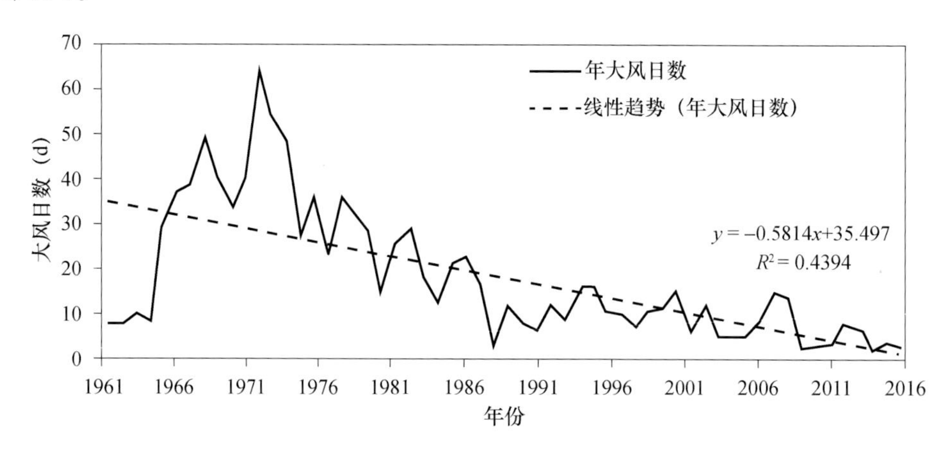

图 4.28 1961—2016 年北京观象台年平均大风日数

一年中，冬、春两季大风日数较多，秋季次之，夏季最少。春季的平均大风日数为 2.4 d，冬季为 2.1 d，秋季为 1.1 d，夏季为 0.8 d(图 4.29)。

北京地区冬半年的偏北大风占全年大风日数的 60%左右，风向以北、西北为主。延庆盆地因受地形影响，主导风向为西南风。密云水库附近以东北风为主。此类大风风力可达 7～8 级，有时达 10 级。1996 年以后，多次因大风天气造成人员伤亡和经济财产损失。1996 年 1 月 2—3 日，顺义、朝阳、石景山、大兴、丰台、汤河口等测站出现大风，瞬时极大风速达 18.8 m/s。大兴有 500 亩蔬菜棚膜受损，棚内蔬菜冻害严重，直接经济损失 210 万元。2 月 26 日，顺义、密云、通州、朝阳、门头沟、海淀、石景山、丰台、大兴等测站出现大风，瞬时极大风速达 21.1 m/s。丰台区 1400 亩塑料大棚被掀翻，其中 416 亩受灾严重，棚内蔬菜被冻死；通州部分乡镇蔬菜棚、日光温室遭受风灾，大风吹开草毡、吹破塑料膜，使棚架扭曲或整个被

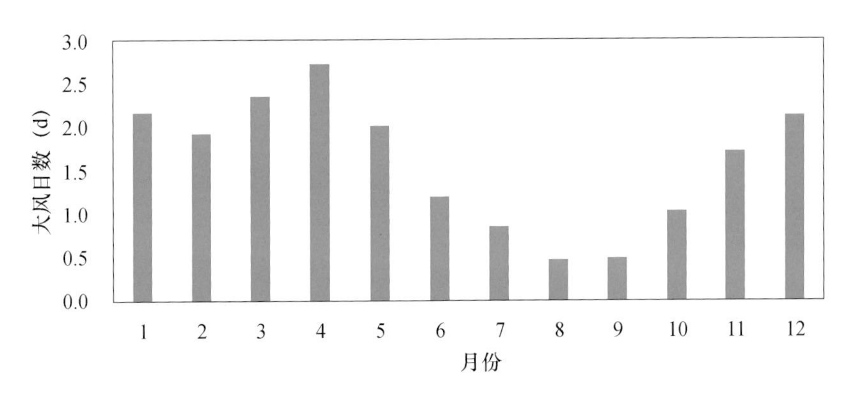

图 4.29　1961—2016 年北京地区月平均大风日数

掀翻，致使棚内蔬菜裸露在外，受冻而死，受灾 302 亩，直接经济损失 300 多万元。同年 4 月 16—17 日，海淀、昌平、门头沟、怀柔、大兴、石景山、丰台等测站出现大风，瞬时极大风速 19.8 m/s。怀柔损坏大棚 90 座，棚内蔬菜及地膜覆盖的 500 亩豆角等被冻死，直接经济损失 115 万元。大兴礼贤、安定、榆垡、庞各庄等 4 个乡镇 150 亩蔬菜保护地遭风灾，温室薄膜被损坏，棚架被刮断，致使正处在开花、结果期的西红柿、大椒、豆角等遭受严重冻害，减产 30%，直接经济损失 45 万元。同年 4 月 19 日，通县（今通州区）出现 8 级大风，瞬时极大风速 19.6 m/s，致使全县有 13 个乡镇蔬菜受灾达 11460 亩，地膜被掀，棚膜被刮破，保护地设施被刮毁，蔬菜被刮死、冻死，直接经济损失 110 万元。

北京地区夏半年的短时大风常伴随强对流天气发生，持续时间短、破坏力强，占全年大风日数的 10%。雷雨大风天气影响时，常常风雨交加，电闪雷鸣，有时还伴有冰雹，风力常达 8～10 级，甚至 12 级。持续时间从几分钟到几十分钟不等，一年中最早出现在 4 月初，最晚结束于 10 月末，一般影响范围较小。1999 年 9 月 9 日 00 时 30 分至 01 时 30 分，大兴采育、朱庄等 4 个乡，房山窖上乡大陶、小陶等 8 个村遭受 9 级雷雨大风袭击，1033.3 hm^2 玉米倒伏，1893.3 hm^2 果树落果，落果率达 30%～40%，53.3 hm^2 蔬菜被风刮坏，直接经济损失 2293.75 万元。2003 年 6 月 27 日，大兴长子营镇和采育镇小黑垡、大黑垡、北泗、孙庄、安场等 19 个自然村遭受冰雹和大风袭击，最大风力超 7 级。同年 7 月 19 日，大兴、房山部分乡镇遭受大风和冰雹袭击，最大风力 10 级，分别造成经济损失 1133.08 万元和 312.26 万元。2009 年 8 月 16 日 13 时 30 分至 17 时 20 分，平谷区山东庄镇等 7 镇和街道 53 村遭受大风袭击，最大风速达 21 m/s。造成玉米等粮食作物受灾 1122.2 hm^2，成灾 975.5 hm^2，绝收 334.2 hm^2，减产 2776.8 t；蔬菜受灾 67 hm^2，成灾 66.9 hm^2，绝收 0.2 hm^2；果树受灾 3124.9 hm^2，成灾 2809.3 hm^2，绝收 208.7 hm^2；畜禽舍损坏 10 间，直接经济损失总计 9011.8 万元，其中种植业损失 9009.8 万元、养殖业损失 2 万元。

尘卷风也是夏季出现的一种短时大风，是由地面强烈升温而生成的小旋风，以卷起地面尘沙和轻小物体形成旋转的尘柱为特征。一般情况下，尘卷风不会造成很大的自然灾害，但有时很强烈的尘卷风也可以带来灾害。2004 年 8 月 27 日奥运“水立方”工地发生强尘卷风，持续大约 20 min，使工地临时建筑严重受损，造成 2 死 30 余人受伤的事故，这种强尘卷风在北京之前的气象记录中还从未出现过。

4.7.5 天津市大风特点

大风灾害造成天津大风灾害的天气形势和气压系统既有大范围区域性的，也有小范围局地性的。

(1)大范围区域性的大风过程

①冷锋过后的偏北大风。这是天津地区最常见的一种大风天气过程，尤其是在冬半年，当寒潮前锋过境后，北风增大，常在陆地上刮起6～7级、阵风8级的大风。这类大风出现最多的是在冬、春季，秋季次之，夏季极少。

②"南高北低"气压场形势下的偏南大风。这类大风多出现在春季，当地面高气压中心移到华东或黄海，蒙古和中国内蒙古地区有低气压生成，形成"南高北低"的气压场形势。这也是春季回暖的主要天气过程。

③低气压大风。当有低气压系统在天津附近过境或形成并加深时，在低压内常常伴有大风，或偏北，或偏南。夏、秋季期间还可能出现偏东大风，这往往是由于北上台风到达渤海，这时在沿海一带还会发生风暴潮，造成更大的灾害。

(2)局地性的强烈大风过程

这类大风常常瞬时骤起，风速可超过30 m/s，主要是短生命史的飑线雷暴天气和龙卷系统等强对流天气系统，具有极强的破坏力，造成巨大灾害。最常见的就是雷雨大风过程。在天津夏季(6—8月)闷热潮湿的午后或傍晚，冷锋过境前后发生雷雨大风比较常见，小股冷空气自中低空流入，造成了局部地区大气层的极不稳定，触发剧烈的对流过程，在原本平静微风下，风向突变，风速急增，造成大风灾害。

根据对天津13个气象站1981—2010年30 a资料统计显示，天津地区大风多年平均日数为3.7～35.3 d，其中北部山区较少，东部沿海较多，空间分布主要呈现由西到东大风日数逐渐递增，蓟州区30 a平均日数仅为3.7 d，塘沽和大港超30 d。天津地区30 a平均最大风速(10 min平均值)为10.6～18.8 m/s。

大风日数有明显的年际变化，以天津站为例，1958—2018年年最多大风日数为89 d，最少为5 d，其中大风日明显主要集中在20世纪60年代末到70年代。春季大风日数最多，冬季次之，秋季和夏季较少。并且随着城市化发展，大风日数有明显的下降趋势。1968年出现大风日数达77 d，6月8日静海县境内出现罕见大风，瞬时风速超过34 m/s，最大风力超过12级，历时5～7 min，个别地区伴有冰雹，全市因风致农田受灾7.3万亩，成灾5.3万亩。1969年出现大风日数达79 d，8月28日和29日，天津地区遭受两次龙卷袭击，据实地调查，这两次龙卷影响范围很小，受灾面积不连续，风力极强，持续时间很短，伴有暴雨和冰雹，据统计，两次受灾共致死亡52人、重伤256人，郊区农作物受灾24.19万亩，严重受灾4万亩(减产70%～90%)。1971年出现大风日数最多，达89 d，全市农田因风受灾8.2万亩，成灾1.7万亩，4月宝坻区黑狼口西南大风刮倒水泥电杆10多根。1972年出现大风日数达82 d，7月27日蓟县东北风7～8级，阵风9级，伴有大雨，大树被拔根；12月11日天津西郊出现剧烈强风，致使空气浑浊，能见度小于1000 m，瞬时风速达40 m/s，全市农田因风受灾2.7万亩，成灾1.2万亩。

4.7.6 大风的危害及防御

大风一年四季均有发生。大风给农业生产和国民经济造成损失，夏初和秋初季节出现的大风天气给农业生产带来的危害是多方面的，不同类型大风伴随不同天气出现，对农业生产造成不同程度的危害。夏初季节正是河北省冬小麦成熟和收割的重要时期，也是春播作物的幼苗生长期。观测表明，风力达到5级就可以使小麦倒伏，造成减产，出现的西北大风持续时间长、风速大，成灾范围广，易给小麦和幼苗造成倒伏灾害，偏南大风可导致气温明显上升，加剧叶面蒸腾，影响小麦的灌浆速度，使春播作物幼苗枯萎，影响生长。秋初的大风容易造成玉米、谷子等作物机械弯折，轻者倒伏，植株折断，重者摇曳，摩擦脱粒落果，拔根倒伏。

大风不仅危害陆地且危及海面。春季海上东北大风常刮翻船只，使渔业生产造成损失。沿海地区出现偏东、东北大风时常产生拍岸浪，甚至出现风暴潮，使海水倒灌；偏南大风多出现在夏季，往往加剧农田干旱失墒。

目前只能采取相应的措施减轻大风的危害，实践表明，大面积植树造林是防御大风危害最根本的办法。防护林不仅可通过其枝叶阻挡和降低地面大风风速，而且还可以降低气温，增加湿度，防治风蚀土壤，改善局地气候等。因此，营造防护林带和林网可以减轻大风给农业生产带来的危害。

4.8 寒潮和霜冻

4.8.1 寒潮

寒潮是京津冀地区的重要灾害性天气过程，冬半年在特定的大气环流背景下，高纬度地区的冷空气聚积、暴发南下，造成大范围地区气温骤降、风向突变、风力猛增，常伴有雨雪、雨凇和霜冻天气，这种强冷空气活动称之为寒潮。影响京津冀地区寒潮天气过程的冷空气源地主要有新地岛、泰梅尔半岛、北欧、黑海、里海、咸海、巴尔喀什湖、俄罗斯东部及格陵兰。其中来自新地岛、泰梅尔半岛最多，约占70%。侵入京津冀地区的冷空气路径大体可以分为西北路径、偏北路径及偏西路径。其中偏西路径入侵的寒潮天气过程最多，约占46%；其次为西北路径，最少是偏北路径。有时是两类路径或三类路径的冷空气先后影响，或者在京津冀西部、北部汇合影响京津冀地区。以下分析沿用《寒潮等级》(GB/T 21987—2017)中关于寒潮标准的定义：使某地的日最低(或日平均)气温24 h内降温幅度≥8 ℃，或48 h内降温幅度≥10 ℃，或72 h内降温幅度≥12 ℃，而且使该地日最低气温≤4 ℃的冷空气活动，由于京津冀地区夏季出现寒潮的频次仅不足4%，所以以当年9月至次年5月的寒潮出现频次作为当年的寒潮出现频次。

4.8.1.1 空间分布特征

通过对1961—2018年京津冀地区年平均寒潮频次空间分布(图4.30)分析看出,该时段各站寒潮频次的分布与纬度差异相一致,呈现出较明显的“南—北”变化,年平均寒潮频次在中部区域最少,其寒潮出现频次少于3次,寒潮出现频次较高的区域主要出现在中北部(≥7次),其中张家口西南部、北部及承德西北部和东北部区域的年平均寒潮频次最多,均超过10次。

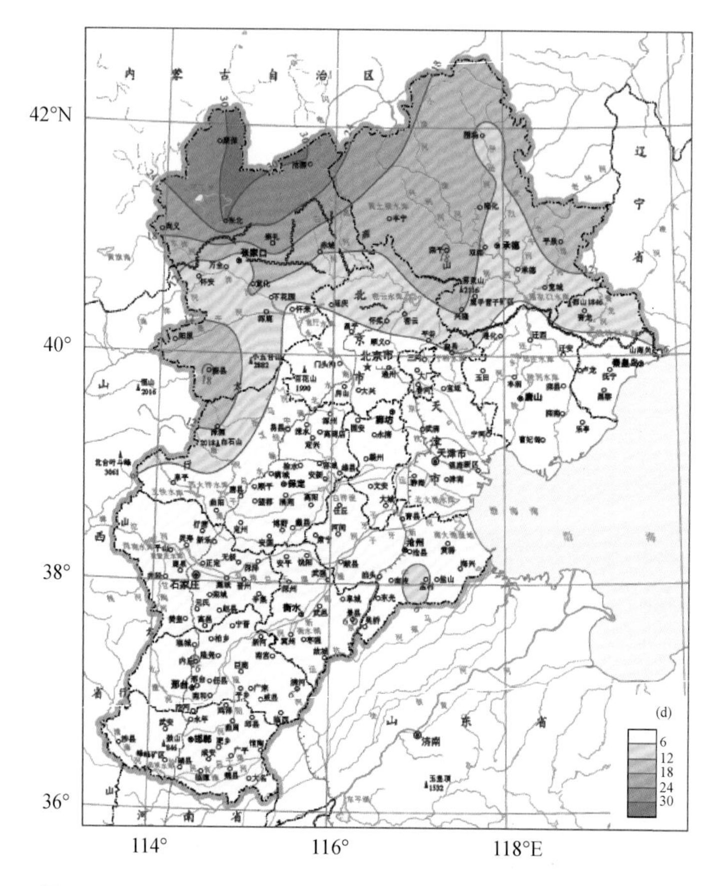

图4.30 1961—2018年京津冀地区年平均寒潮频次的空间分布

4.8.1.2 变化趋势特征

通过对1961—2014年京津冀地区年平均寒潮频次的变化趋势分析(图4.31)看出,期间京津冀寒潮频次的变化整体多呈下降趋势,其中张家口南部及承德西北部区域下降趋势最为明显,减少趋势超过1次/10 a,且仅张家口西北部、承德中部及保定部分区域呈一定的增加趋势,增速小于0.2次/10 a。而对于1981—2014年年平均寒潮频次变化趋势分布与上述类似(图4.32),但张家口西北部及承德大部分地区、秦皇岛东部、保定北部等区域的增幅有所增大,呈上升趋势的范围也有所扩大,张家口南部的寒潮减少趋势有所增加。

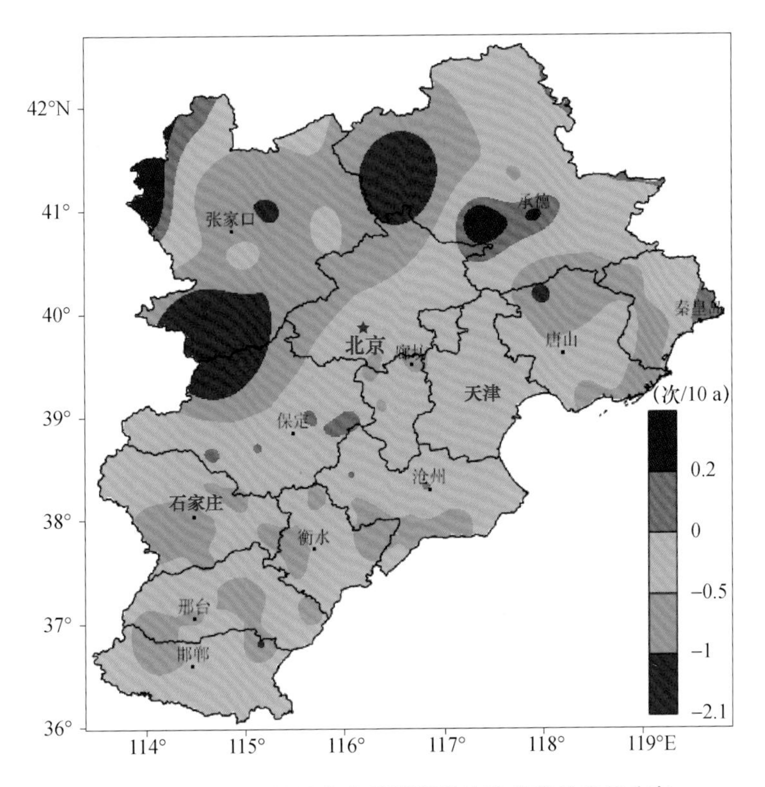

图 4.31 1961—2014 年年寒潮频次变化趋势的空间分布

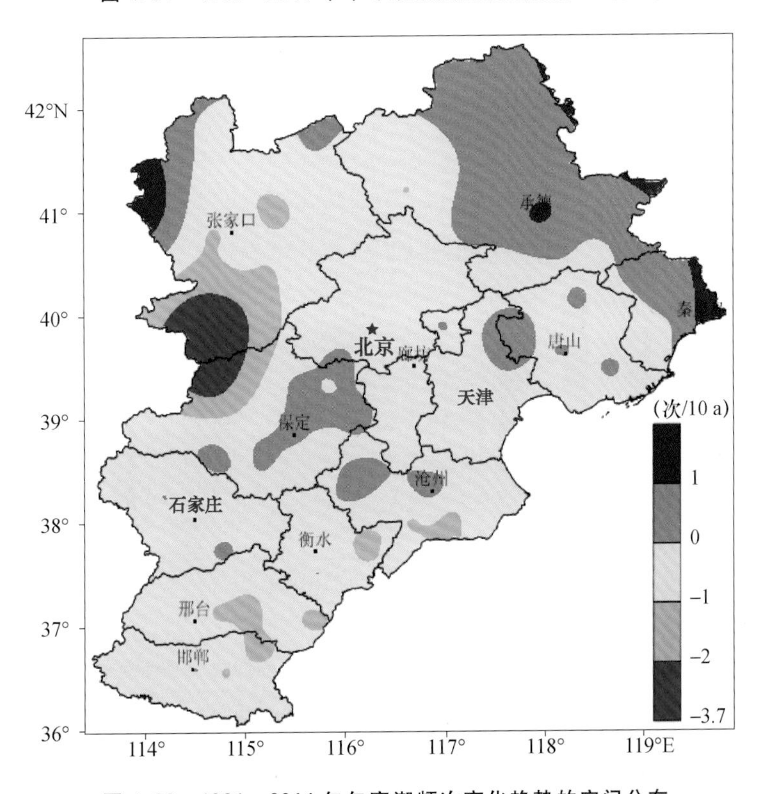

图 4.32 1981—2014 年年寒潮频次变化趋势的空间分布

50多年的年平均寒潮频次大体呈“减—增—增”的年际变化(图4.33),其中,1961—1980年呈显著减少趋势,平均每年减少0.12次;1981—2000年为弱的增多趋势,平均每年增加0.001次;近14年(2001—2014)年平均寒潮频次以0.06次/a的速度增多。从线性趋势来看(图4.33),近50多年呈缓慢下降趋势,平均每10 a减少0.5次;年平均寒潮频次整体呈现较明显的年代际变化,其中1961—1980年年际波动较大,20世纪80年代至2000年年平均寒潮频次变化较平稳,之后又出现较明显的年际波动。

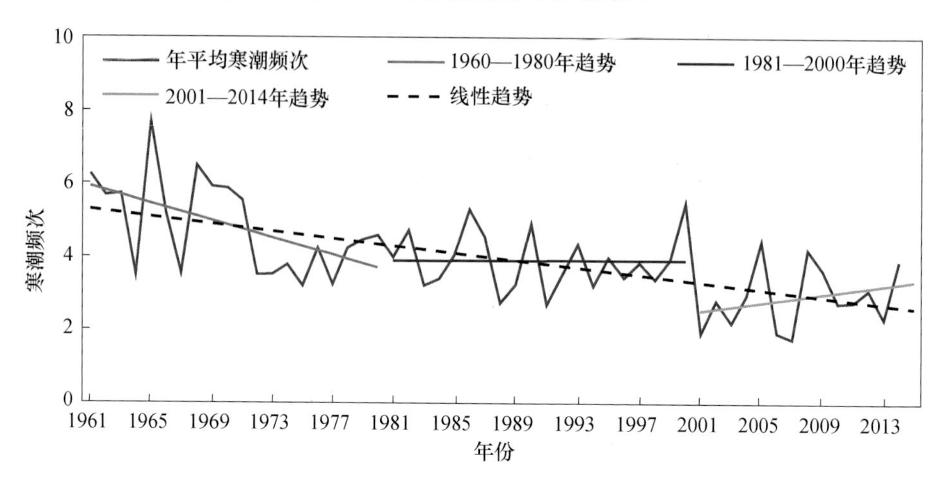

图4.33 1961—2014年京津冀地区年平均寒潮频次变化

1961—2014年寒潮频次月际变化差异较大(图4.34),整体来看,夏季(6—8月)寒潮出现频率最小,出现最多的月份为11月,其次是3月,频率分别为18.1%和14.5%,除夏季外,寒潮发生的频率达99.6%,因此,以当年9月至次年5月的寒潮出现频次作为当年的寒潮出现频次。

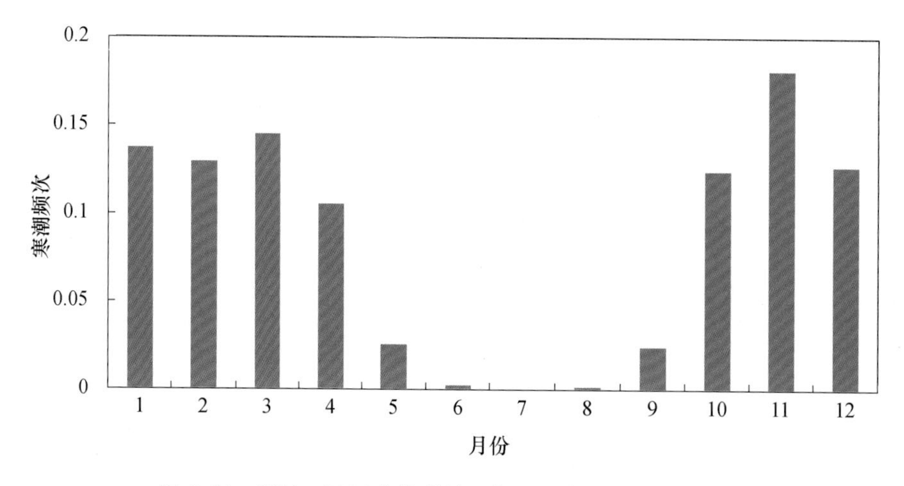

图4.34 1961—2014京津冀地区年平均寒潮频次月际变化

在1951—2010年的60 a中,北京地区冬季共出现寒潮天气97次,平均每年1.6次。其中1968年最多,出现6次。1996—2010年的15 a间(表4.10),共出现寒潮天气17次,年平均为1.1次，较多年平均值减少0.5次，有明显减少的趋势。其中，强寒潮过程仅出现2次，分别出现在2001年4月20—22日和2008年12月2—3日，2001年4月下旬出现的强寒潮较为少见。

表4.10 1996—2010年北京地区强寒潮及寒潮出现日期表一览表

强寒潮	寒潮	
2001年4月20—22日	1998年2月7—8日	2004年3月30—31日
2008年12月2—3日	1998年11月15—17日	2006年2月3—5日
	2000年3月19—20日	2006年3月11—13日
	2000年3月29—30日	2007年3月5—7日
	2000年4月5—6日	2007年10月28—30日
	2001年1月9—10日	2008年10月24—25日
	2001年11月1—2日	2009年3月13—14日
	2002年10月8—9日	

有的年份虽未达到寒潮标准，但突如其来的冷空气也很强，日最低气温会降至－15 ℃以下，给农作物带来冻害，同时也加大能耗，给城市正常运行造成困难。在20世纪60年代，北京冬季低温冻害较多，日最低气温低于－15 ℃的寒冷天数平均每年有5 d之多。而在1996—2010年，日最低气温低于－15 ℃的寒冷天数明显减少，每年平均仅有0.5 d。而2003—2008年连续6 a没有出现日最低气温≤－15 ℃的寒冷天气。

寒潮的活动范围往往较大，天津各地的差异不是很明显。20世纪天津的寒潮以20年代较重，50年代、70年代较轻，80年代以来寒潮活动减少，但强度有所增强，90年代寒潮进一步减少，表现出了明显的城市化气候效应。11月中旬至4月上旬是寒潮活动活跃期，秋季寒潮最早出现在10月15日(1957年)，最晚结束于4月23日(1979年)。影响天津的寒潮主要有两条路径：①西北路径，来自新地岛以西的北方寒冷洋面，大多经巴伦支海、白海，入巴尔喀什湖或蒙古西北部进入华北地区，入侵天津，此路径为大多数；②北方路径，来自新地岛以东、泰米尔半岛以北的北方寒冷洋面，大多经喀拉海、泰米尔半岛，从蒙古东、南部进入中国华北地区，入侵天津。

4.8.1.3 寒潮对京津冀地区的影响

寒潮的出现常常会引发其他一些灾害性天气的出现，低温冻害就是其中的主要灾害之一。在秋末的11月，由于寒潮降温，日最低气温≤－7 ℃时，常使冬小麦遭受冻害甚至死亡。低温冻害也会对北部高原和山区的畜牧业及日光温室蔬菜的生长带来危害。寒潮天气过程出现时产生的低温冻害、大风、积雪，也常会致使铁路路轨冻裂，影响交通，冻坏室外的各种设备和各种输送管道，酿成事故。寒潮大风不仅会影响航运安全，还会毁坏建筑、扰乱电线等，影响通信畅通和电力供应，干扰人们的正常生产和生活。

1992年4月6日、15日，张家口、邯郸、邢台、保定地市的13个县(市)先后遭受冻害，4月6日，沽源县遭受冻雨和大风袭击，电力和通信设施损失严重，直接经济损失31.3万元。15日06时，邢台地区巨鹿、临城、隆尧、任县等9个县的87个乡镇574个村的小麦、果树、瓜菜普遍遭受冻害，小麦成灾6666.7 hm^2，果树成灾1666.7 hm^2，巨鹿县刘家村等村的35户农民播种的13.3 hm^2小麦死苗超过90%。同一天，定州、武安、三河3个县(市)也不同程度地出现了冻害，受灾总面积达1.3万hm^2，受灾作物有小麦和瓜菜等，最严重的是武安市的14个乡镇，小麦受灾7733.3 hm^2、成灾4933.3 hm^2，其中重灾866.7 hm^2，麦叶基本枯死，减产50%以上甚至绝收。4月下旬，因气温急剧下降，石家庄平山县西部山区15个乡镇160个村的4000余公顷小麦遭受严重冻害，其中2000 hm^2减产60%～80%。

1993年11月京津冀大部分地区出现了强降温天气过程，大白菜等蔬菜受害严重，仅邯郸市就有6666.7 hm^2大白菜和6000 hm^2保护地蔬菜受到了不同程度的危害，全市预产有4亿多千克的大白菜，抢运到家的约占30%，就地垛上的约有60%，约有10%被大雪埋在地里。其中，收藏到家的大白菜外面两层叶受冻，就地储存有覆盖物的表层4、5层叶受冻，无覆盖物的受冻叶已达6、7层以上，未被雪埋的也已基本冻透。

1994年5月2—4日，承德、张家口两市的滦平、平泉、尚义、赤城、沽源、怀来6个县的92个乡镇由于受冷空气影响，气温骤降，雨雪交加，雪冰凝结，并伴有大风天气，受灾乡镇平地积雪40～70 cm，最大风力8～9级，部分禾苗、蔬菜冻死，树木折断，房屋受损，交通、通信、电力中断，刮倒压折树木1467万株，造成危房1736间，其中倒塌20间，倒塌院墙1300处，刮倒线杆1773根，冻死1人，冻死牛43头、马47匹、羊182只，造成直接经济损失1045万元。

对于天津地区来说，初冬发生强寒潮，气温骤降常导致来不及收获的蔬菜被冻坏，例如，1979年11月强冷空气造成全市未收获的大白菜全部受冻，造成产量损失1500万kg，占总产量的25%左右。冬季寒潮还造成冬小麦的冻害减产，春季寒潮对蔬菜和春播作物影响较大。1980年1月29日至2月6日，北辰区受强冷空气侵袭，连续出现大风降温天气，气温猛降10 ℃左右，这次强冷空气过程在该地区历史上少见，对小麦越冬不利，损失严重。1992年4月11日夜至12日晨，西青区最低气温骤降至2.5 ℃，08时地面最低气温达−5 ℃，由于低温持续时间长，致使该区1.5万亩蔬菜受冻，直接经济损失100多万元。

4.8.2 霜冻

霜冻是指春末秋初，在夜间和早晨，地面或叶面最低温度骤然下降到0 ℃以下，使农作物遭受冻害的低温现象。霜冻主要是由于冷空气入侵引起的。如果冷空气入侵造成平流降温，再加上夜间地面的辐射冷却，可使局地降温幅度增大。每年秋季出现的第一次霜冻称为初霜冻，每年春季最晚一次出现的霜冻称为终霜冻。把地面最低气温≤0 ℃的初、终日定为初、终霜冻日。初霜冻出现得早，其强度虽小，但对作物的危害甚重，因该时作物尚未成熟，低温超过作物所能忍受的程度而受到伤害，并进而影响产量。初霜冻出现得晚，其强度虽重，但作物已进入成熟阶段或已开始收获，其损失较小。终霜冻出现得越早对作物的危害越轻，越晚则越重，尤其在京津冀地区的北部和东北部。

4.8.2.1 空间分布特征

通过1961—2018年京津冀地区年平均初霜日距平(相对于京津冀地区平均初霜日10月21日)空间分布(图4.35)可见，该时段各站平均初霜日的分布与纬度差异相一致，呈现出较明显的"南—北"向变化,年平均初霜日在京津冀北部地区较早,相对京津冀地区平均的初霜日提前超过 15 d,其中张家口北部、承德北部区域最早,相对京津冀地区平均的初霜日提前超过 30 d,张家口康保提前达 41 d。京津冀中南部地区相对较晚,其中南部的邢台、邯郸及沧州东部等区域年平均初霜日出现最晚,相对京津冀地区平均的初霜日滞后超过 6 d,邯郸滞后达 11 d。

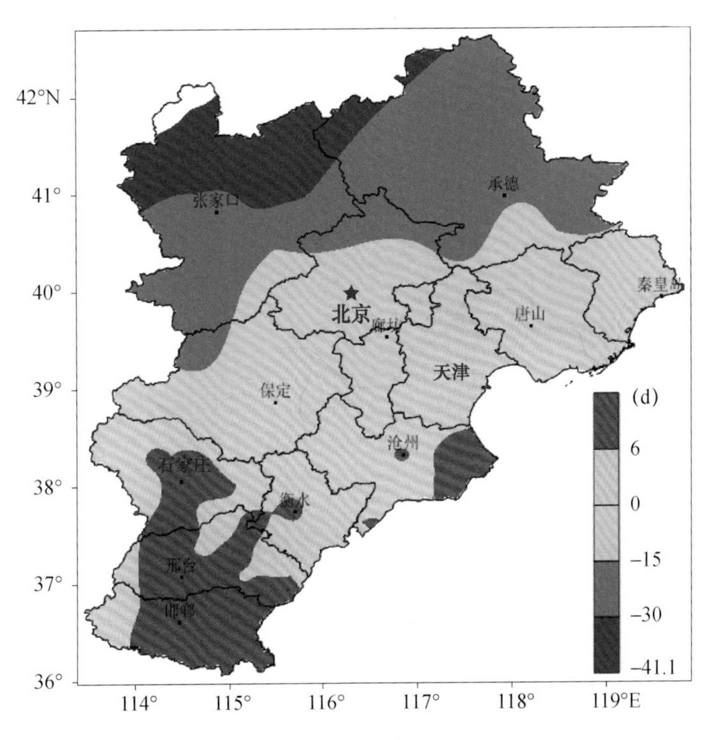

图 4.35 1961—2018 年京津冀地区年平均初霜日距平空间分布

通过 1961—2015 年京津冀地区年平均最早初霜日距平(相对于京津冀地区平均最早初霜日 10 月 1 日)空间分布(图 4.36)可见,该时段各站平均最早初霜日与年平均初霜日相类似,其分布与纬度差异一致,也呈现出较明显的"南—北"向变化,年平均最早初霜日在京津冀北部地区较早,相对京津冀地区平均的最早初霜日提前超过 15 d,其中张家口北部、承德北部区域最早,相对全区域平均的最早初霜日提前超过 30 d,张家口康保提前达 47 d。京津冀中南部地区较晚,其中石家庄及邢台、邯郸、沧州东部等部分区域年平均最早初霜日出现最晚,相对京津冀地区平均的最早初霜日滞后超过 10 d,邯郸的广平滞后达 20 d。

通过 1961—2015 年京津冀地区年平均终霜日距平(相对于京津冀地区平均终霜日 4 月 17 日)空间分布(图 4.37)可见,该时段各站平均终霜日的分布与初霜日相反,但纬度差异一致,呈现出较明显的"南—北"向变化,年平均终霜日在京津冀北部地区较晚,相对京津冀地区平均的终霜日滞后超过 15 d,其中张家口北部、承德西北部区域最迟,相对全区域平均的初霜日滞后超过35 d,张家口康保滞后达 46 d。京津冀中南部地区相对较早,其中石家庄南部,邢台、邯郸等区域年平均终霜日出现最早,相对京津冀地区平均的终霜日提前超过 8 天,邯郸提前达 13 d。

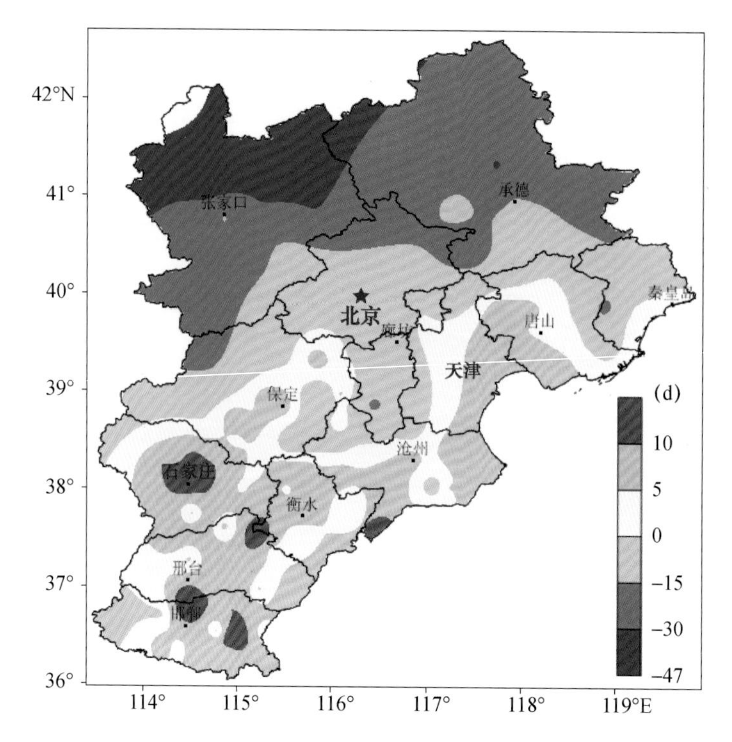

图 4.36　1961—2015 年京津冀地区年平均最早初霜日距平空间分布

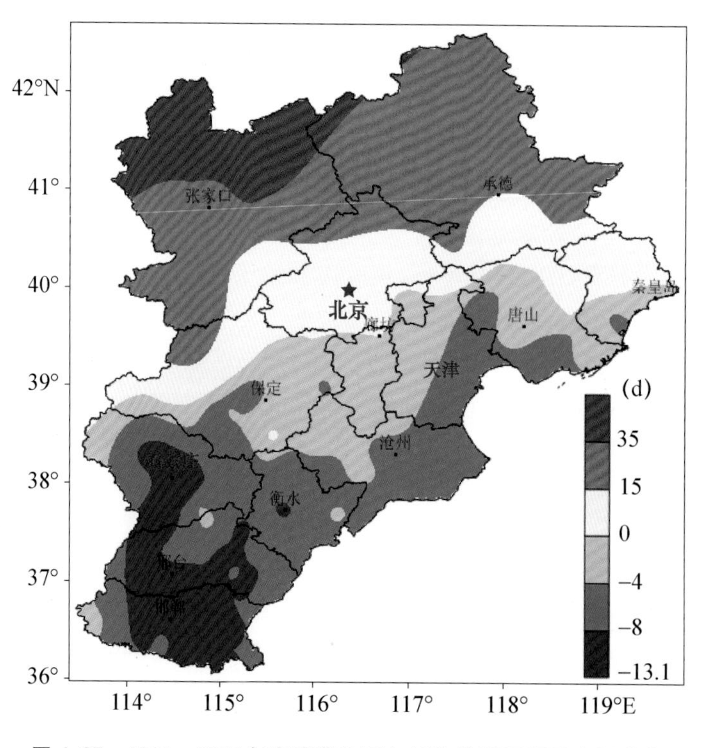

图 4.37　1961—2015 年京津冀地区年平均终霜日距平空间分布

通过1961—2015年京津冀地区年平均最晚终霜日距平(相对于京津冀地区平均最晚终霜日5月9日)空间分布(图4.38)可见,该时段各站平均最晚终霜日的分布与平均终霜日相类似,其纬度差异一致,呈现出较明显的“南—北”向变化,年平均最晚终霜日在京津冀北部地区较晚,相对京津冀地区平均最晚终霜日滞后超过25 d,其中张家口北部、承德西北部区域最迟,相对全区域平均最晚终霜日滞后超过40 d,张家口尚义滞后达72 d。河北中南部地区相对较早,其中石家庄南部,邢台南部、邯郸大部分地区及衡水南部和沧州东部等区域年平均最晚终霜日出现得最早,相对京津冀地区平均提前10 d,邯郸提前达17 d。

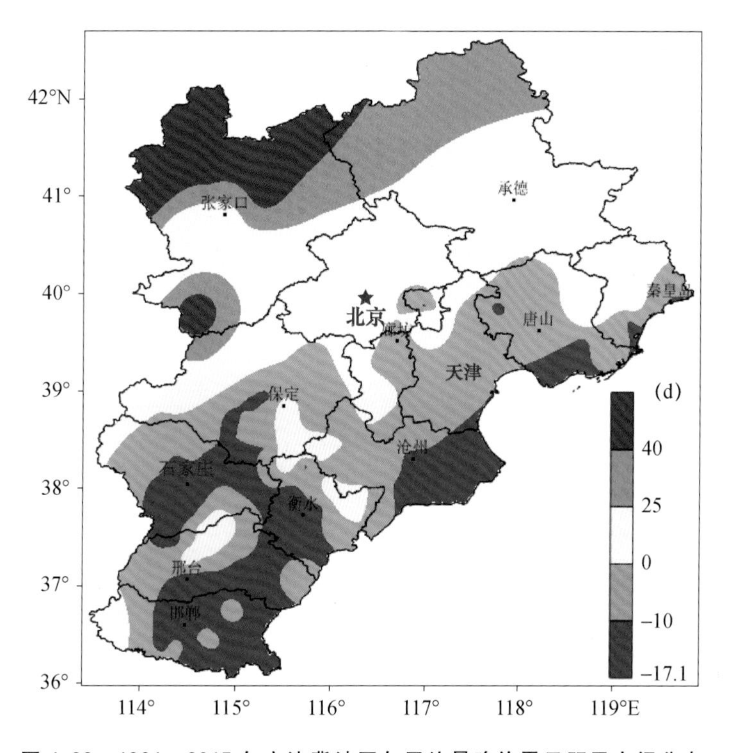

图4.38 1961—2015年京津冀地区年平均最晚终霜日距平空间分布

4.8.2.2 变化趋势特征

由于站点的年初霜日和终霜日存在较大量的缺测,暂时无法计算各站的年际变化趋势空间分布,以下仅给出河北省平均的年际变化情况。1961—2015年年平均初霜日在各时段均呈延后趋势(图4.39),说明初霜日推迟明显,1961—1980年初霜日呈推迟趋势,平均每年延迟0.17 d;1981—2000年为延迟趋势,平均每年延迟0.15 d;2001—2015年年平均初霜日以0.09 d/a的速度延迟。从线性趋势来看,近50多年呈显著延迟趋势,平均每10 a延迟2.5 d;年平均初霜日整体呈现较明显的年代际变化,其中2000年以前年平均初霜日波动相对较小,且较1981—2010年平均早,之后年际波动加大,且延迟明显。

平均而言,50多年的年平均终霜日整体呈“早—早—迟”的变化趋势(图4.40),说明终霜日先提前,后有所推迟,1961—1980年终霜日呈提前趋势,平均每年提前0.32 d;1981—

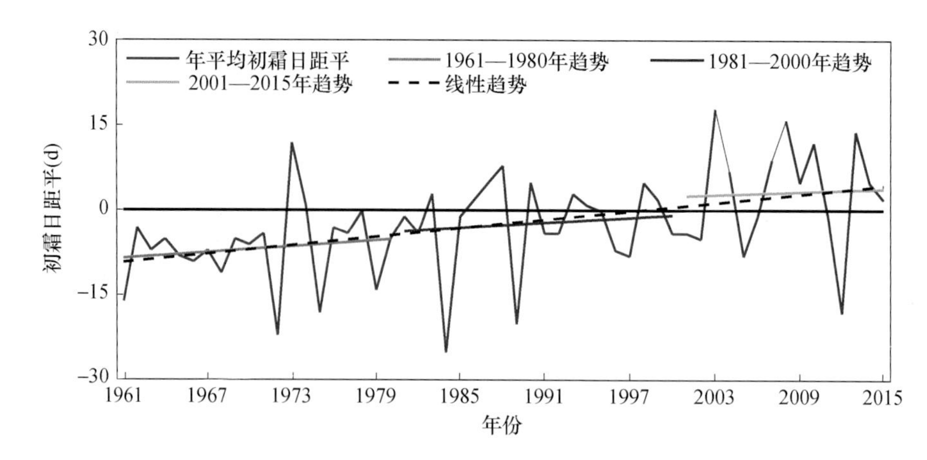

图 4.39　1961—2015 年河北省年平均初霜日距平变化

2000 年为提前趋势，平均每年提前 0.18 d；2001—2015 年年平均终霜日以 0.3 d/a 的速度延迟。从线性趋势来看，整体呈显著提前趋势，平均每 10 a 提前 1.9 d；年平均终霜日整体呈现较明显的年代际变化，其中 2000 年以前年平均终霜日年际波动较小，且整体呈提前趋势，之后年际波动有所增大，且延迟明显。

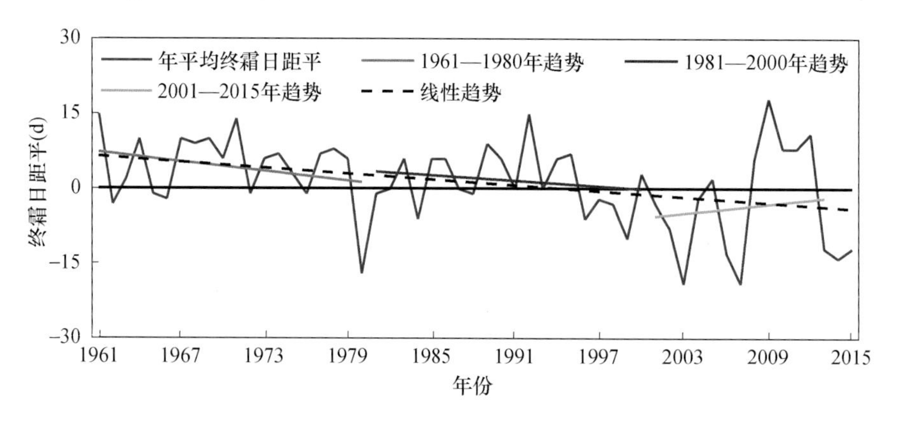

图 4.40　1961—2015 年河北省年平均终霜日距平变化

4.8.2.3　霜冻对京津冀地区的影响

霜冻是指降温天气使植株温度下降到 0 ℃或 0 ℃以下，使处于生长季的作物受冻，从而导致减产或品质下降的一种农业气象灾害。霜冻害对农业的危害十分严重，严重霜冻害发生时，中国部分省份的作物受害面积可占播种面积的 50%左右，减产可达 30%～70%。京津冀地区春、秋季作物生长期间经常受到来自西北高纬度地区冷空气的影响，出现降温天气。因此，霜冻害发生范围广，受害作物种类多，包括粮食作物、经济作物、果树和蔬菜等。

1972 年 8 月 30—31 日，张家口、承德地区出现霜冻。承德地区围场、隆化、丰宁、平泉 4 县有 9.4 万 hm^2 农作物受害，其中冻死 7.1 万 hm^2，减产粮食 0.5 亿 kg；张家口坝上地区 4 县地冻 3～6 cm，康保地温下降至－5.7 ℃，气温降至－3.6 ℃，霜冻前有 6 级大风，农作物全冻死，坝下的崇礼、赤城、宣化、涿鹿等县的一部分乡镇受灾，受灾面积 13.3 万 hm^2，减产

20%～30%。

1995年9月9—10日，由于受贝加尔湖南下的强冷空气影响，河北省张家口、承德两市气温骤然下降，坝上地区气温降到－3～－2 ℃，结冰厚度达3 mm。由于秋末雨水多，农作物普遍返青，推迟了成熟期，这次霜冻致使各种农作物全部受灾，受灾最重的农作物是玉米、谷类、油料作物。这次严重霜冻灾害的特点是来得早、来势猛、受灾面积大、危害重、损失重。冻害涉及17个县(区)的286个乡镇3845个村庄，农作物受灾47.8万 hm^2，成灾43万 hm^2，其中绝收9.5万 hm^2，直接经济损失8.2亿元。张家口市有14个县(区)全部受灾，农作物受灾22.6万 hm^2，成灾21.8万 hm^2。坝上和坝下地区油料、玉米、谷类作物一片灰白，造成直接经济损失5亿多元。

2000年北京地区冬季气温在－10.3～－2.1 ℃，虽然季平均气温比常年偏低不多，但气温变化幅度较大。1月平均气温比常年明显偏低，平原地区平均气温为－6.4 ℃，比常年同期偏低2.1 ℃，是1978年以来的同期最低值，部分晚弱苗越冬青枯，出现冬季死苗。2001年1月中旬气温明显偏低，1月11—15日平均气温仅为－10.5 ℃，是1951年以来同期出现的最低记录。15日京郊密云、怀柔、汤河口的极端最低气温分别为－23.3 ℃、－21.3 ℃和－25.8 ℃，均打破建站以来同期的最低记录。16日观象台极端最低气温为－17.0 ℃，是自1974年以来同期的最低值。气温偏低使得部分麦苗越冬青枯，部分冻伤麦苗虽然能返青但长势弱，在一定程度上影响产量。2009—2010年冬季严寒，入冬前气温偏低，冬小麦播种偏晚，对大部分以较弱苗情入冬的小麦安全越冬不利，弱苗死苗较重，部分地区死苗率超过10%。尤其是出现两次剧烈降温，在此天气条件下，大量晚弱苗越冬严重青枯，使冬季死苗面积加大。一般年份，北京平原地区晚霜冻出现在4月中旬，如晚霜冻推迟到4月下旬后期或5月初时，会使春菜、西瓜秧苗受冻害。2010年3—4月持续低温，对小麦、林果和设施农业均产生了明显影响，低温使得小麦生长期较常年偏晚7～15 d，4月12—15日出现晚霜冻，造成正处于起身期的部分麦苗心叶尖端2～3 cm发青受冻；低温使得树木发芽时间较常年明显偏晚，花期推迟，温室内果树收获期推迟；4月12—16日，日最低气温均降至0 ℃以下，低温造成延庆杏花柱头冻伤，无法受精结果，未开放的杏花推迟开花，花苞外层花瓣冻伤；低温迫使大棚蔬菜定植期较常年晚10 d左右，加之日照持续偏少，使得设施菜苗和蔬菜生长也较常年偏缓。北京地区的晚秋冻害主要发生在11月上、中旬，有时可能出现在10月下旬。此时应是砍收晾晒大白菜的时期，冬储大白菜砍收日期应是立冬节前后，如遇有强冷空气南下，出现气温骤降至0 ℃以下的情况，就必须提前砍菜，否则会遭受冻害，造成丰产不丰收。

天津地区霜冻出现在春、秋季，持续时间短暂。早霜冻出现在秋季，主要影响秋菜、甘薯、棉花；发生在春季的为晚霜冻，对小麦、蔬菜、果树都有影响。早霜冻多受冷空气入侵的影响，平流霜冻较多。天津各区(县)早霜冻平均在10月中、下旬出现。北部的蓟州区、宝坻区较早，市区以南较晚。最早的初霜冻是9月28日(蓟州区，1968年)；最晚的是11月17日(天津市区，1998年)。晚霜冻基本上是平流降温(冷空气侵入)和辐射降温共同影响的结果，平均4月上、中旬结束，最早3月13日(塘沽区，1959年)；最晚5月16日(武清区，1962年)。20世纪80年代以来，由于地温普遍升高，天津霜冻的危害大幅度减轻，表现出明显的城市化气候效应。

第5章 京津冀城市气候

5.1　京津冀城市群的发展

京津冀城市群是中国三大城市群之一，作为中国北方重要的经济协作区，京津冀城市群在环渤海地区乃至东北亚经济发展中具有较大发展潜力。京津冀城市群的崛起，不仅能够有效促进中国南北方经济平衡，而且可以通过其广袤的腹地有效带动西部地区的发展，提高中国的整体经济实力。

5.1.1　京津冀城市群的历史发展进程

京津冀城市群分为传统意义上的古城、天津开埠后新兴的工商业城市和新中国成立后发展起来的城市等三种不同类型的城市。

5.1.1.1　京津冀城市群中的古城

京津冀城市群中传统意义上的古城有北京、保定和承德，在历史上它们都曾扮演过重要的政治角色。北京是三个城市中最先形成规模的城市，元代北京被确立为首都，但对周边城镇群的兴起并未起到任何带动作用。明永乐十九年(公元 1421 年)，明成祖朱棣迁都北京，拉开了京津冀城市群崛起的序幕。北京成为帝都，对其周边城市带来了深远的影响。首先，北京数量庞大的人口带动了相关产业的发展，如粮食需求量的增加以及其他生活用品的需求。其次，北京发达的经济所产生的扩散效应带动了周边城市的发展。最后，北京在朝代更迭之际，经常遭遇战事，因此有必要在其周边修筑避难之地，周边的城市则成为首选。明代，京津冀地区归属于京师管辖，也称为北直隶，下辖 8 府 2 直隶州 17 属州 116 个县。保定在明代为京师所辖八府之一，自明成祖朱棣迁都北京之后，保定拱卫帝都的军事意义不言而喻。进入清朝后，保定的军事地理位置变得更加重要。清康熙八年(公元 1669 年)，直隶巡抚由正定移驻保定城，雍正二年(公元 1724 年)，升直隶巡抚为直隶总督，驻地仍在保定。这一时期的保定承接了北京扩散出来的部分政治、文化教育职能。到了清同治九年十月(1870 年 11 月)，保定的政治命运急转直下，这一年，清政府决定裁撤三口通商大臣，将其管辖的行政事务如洋务、海防等各项事宜归属直隶总督。而随着直隶省会“轮驻制”的实施，保定的行政地位逐步下降。承德则是以清政权“第二政治中心”的角色建立起来的，即指其为北京分担一部分政治职能。自康熙帝始行“木兰秋狝”，遂成清朝的定制，后代帝王谨敬遵循。随着避暑山庄的建立，热河也由口外一个默默无闻的小村庄变成人烟稠密、市井繁华的口外都会。

5.1.1.2　天津开埠带动的新兴工商业城市

中国著名的历史地理学家侯仁之先生认为：“避暑山庄自建成后，遂成为仅次于北京的一个重要政治中心，而承德这个城市的兴起，从一开始就是为这个政治中心服务的。这是承德城市发展的一大特点。"服务于北京这个政治中心的不仅有承德，在天津开埠前京津冀城市群中的大多数城市的职能都是如此。

咸丰十年(1860 年)，天津被开放为商埠。天津开埠不仅对其自身发展产生影响，更兼有对京津冀城市群中其他城市的带动作用，它影响并带动了一批工商业城市的兴起。首先，由于天津开始大力发展近代工业，对钢铁、煤炭的需求量增加，因此有了近代工业城市唐山的兴起。其次，由于煤炭运输量极大，传统运输方式无法满足其需要，因此新的运输工具——铁路开始修建；而铁路的修建又带动了一批新型城市的出现，如张家口、秦皇岛、石家庄等，正是由于正太铁路的修筑使得石家庄由一个蕞尔小村发展成为华北地区重要的交通枢纽城市和初具规模的工业城市，京张铁路的开通则使张家口从最初的军事堡垒而跃升为西北地区的商贸中心城市之一。最后，随着开平煤矿产量的增大，煤炭运输量不断攀升，直接推动了秦皇岛港的开发建设，最终取代了山海关，成为近代中国仅次于天津的港口城市。天津发展成为洋务运动的北方中心，还成为中国近代交通事业的诞生地。近代交通事业的兴办极大地改变了沿海城市与内陆城市的关系，新兴的外来事物首先到达沿海城市，然后再扩散到内陆城市。在这一时期，天津俨然是京津冀城市群发展的"领头羊"，尤其是与北京的关系，简直与以前完全颠倒。

5.1.1.3 新中国成立后工业城市的兴起

新中国成立以后，城市建设的方针发生了根本性的改变，在把原来消费性城市变成生产性城市，强化城市的经济性功能的政策引导下，助推了河北省两座年轻的省辖市——沧州和廊坊的崛起。沧州市的前身是 1947 年 6 月设置的沧市，后被撤销。1958 年 9 月，复置沧市，1961 年 6 月改设沧州市。廊坊原先只不过是个小村庄，位于旧州、桐柏、采育、北旺、杨税务、韩村等村镇之间，与其相距均不超过 15 km。京奉铁路在此设站后，廊坊成为安次、武清、永清等三县的交通中心，商贩日益增多，运输日渐旺畅。1937 年前，车站附近商肆栉比，商业繁荣程度甚至超过了上述三县的县城。1974 年 1 月，天津地区改称廊坊地区。1982 年 3 月，在廊坊镇的基础上建立了廊坊市(县级)。1988 年 9 月 13 日，经国务院批准，设立廊坊市(地级)，成为河北省省辖市。

5.1.2 京津冀城市群发展现状

5.1.2.1 城市化进程和特征

1978 年以前，京津冀地区城市化经历了曲折的历程，发展缓慢。至 1980 年，京津冀地区共有 14 个城市和 92 个建制镇，城镇人口比重为 25.79%。改革开放后，京津冀地区经济发展进入快车道，城市化进程随之明显加快。1990 年，城市数量增加至 26 个，镇数量增加至 775 个，按第四次人口普查第二口径统计的城镇人口比重为 31.96%。1990 年之后京津冀城市群总人口从 3600 万增长到 2015 年的 8900 万，城镇化水平从 21%同步增长到 61%，年均增长 1.7 个百分点。1990 年京津冀城市群城镇化水平为 21%，处于城镇化发展的初期阶段；2000 年城镇化水平达到 32%，进入城镇化发展的中期阶段，城市数量增加至 35 个，镇数量增加至1147个，城镇人口比重上升到39.03%。2005年，城市数量仍然为35个，镇数量增加至1185个，城镇人口比重增加到49.32%。同时，这也是京津冀城市群城镇化提升的高速发展期，2000—2015年城镇化水平从32%提高到61%，年均增长1.9个百分点。从分区域来看，2015年京津冀城市群的10个城市中，北京市城镇化水平最高，为87%；其次为天津(83%)、唐山(58%)、石家庄(57%)，廊坊、秦皇岛位列其后，城镇化水平分别为53%和51%；城镇化水平较低的城市分别为沧州、保定、承德，城镇化水平分别为47%、45%和44%。

5.1.2.2 经济发展水平

与"长三角""珠三角"两大城市群相比，京津冀城市群经济发展水平明显落后。"长三角"经济总量最大，各项经济指标总量均居三大城市群之首。从产业结构看，京津冀地区有着良好的工业基础，工业门类齐全。第一产业比重尽管相对较高，但呈不断下降趋势，第二产业仍占有较大比重，第三产业稳步提高，但增速落后于"长三角"和"珠三角"。京、津在第一产业方面处于劣势；第二产业对于北京市的支撑作用正在相对弱化，天津市第二产业也呈逐步下降趋势。而河北省在第一产业方面具有明显优势，第二产业对于河北省GDP增长起着关键作用，并将在长期内继续发挥重要作用，第三产业发展方兴未艾，但无论是第二产业还是第三产业，在产业技术层次上都与京、津两市存在明显差距。因此，京津冀之间在产业结构上存在着明显的梯度差距，成为这一地区产业梯度转移的重要基础。京津冀城市群GDP总量较高的城市分别为北京、天津、唐山、石家庄，沧州、保定、廊坊次之，张家口、承德、秦皇岛GDP总量最低。三次产业结构差距明显，北京第三产业比重最高；第二产业比重较高的城市分别为唐山、保定、沧州、承德，第二产业比重超过50%；第一产业比重较高的城市分别为张家口、承德、秦皇岛，第一产业比重均在15%左右。

5.1.2.3 生态环境建设进展

近20 a来，京津冀地区广泛开展山水林田湖草生态修复，持续开展三北防护林、京津风沙源治理等生态建设工程，生态环境得到不断改善。

1978年11月，原国家计委批准国家林业总局《西北、华北、东北防护林体系建设计划任务书》，国务院随即也批准国家林业总局《关于在西北、华北、东北风沙危害和水土流失重点地区建设大型防护林的规划》，至此，三北防护林工程正式启动实施。其中，三北防护林工程第四期工程从2001年开始实施，到2010年结束，10 a间创下了年均造林面积、年均中央投资、年均增长森林覆盖率"三个第一"，完成造林面积790.9万hm^2，完成中央投资84亿元，森林覆盖率净增近4个百分点，工程区森林覆盖率达到12.4%。通过持续建设，重点治理区的风沙危害得到全面遏制，局部地区的水土流失得到有效控制，平原农区防护林体系基本建成，区域性特色林产业基地初具规模，生态综合效益逐步凸显，工程区生态状况呈现出整体遏制、局部好转的态势。三北防护林工程在国际社会享有很高的声誉，是中国政府高度重视、维护全球生态建设安全的标志性工程。

河北省内环京津、外沿渤海，是京、津两市的生态屏障。冀北、冀西北山区地处"京津三盆水"(潘家口水库、密云水库和官厅水库)的上游，是京、津两市的重要水源区。京、津周边分布有坝上沙区、坝下沙区、平原沙区等多个土地沙化区，是两市的主要沙尘源地和风沙通道。由于历史原因，区域原有森林和草原植被破坏严重，生态环境恶化，自然灾害频繁，尤以水土流失、风沙危害为甚。新中国成立后，森林资源逐步增长，但生态环境问题依然突出。三北防护林工程启动初期，京、津周围地区水土流失面积约 6 万 km^2，占山区总流域面积的 80.2%，永定河比黄河含沙量高 34.4%；区域沙化土地面积达 230.6 万 hm^2，其中坝上地区风蚀模数达 3000 $t/(km^2 \cdot a)$，每逢冬、春季，沙尘在强劲的风力作用下，分由南、北两路从坝上高原、华北平原河流冲击沙区进逼北京，“风沙紧逼北京城”曾是这一现象的真实写照。

截至 2017 年年底，河北省三北防护林工程累计完成造林 258.1 万 hm^2。40 a 来，工程建设以“为京津阻沙源、保水源，为河北增资源、拓财源”为宗旨，根据风沙区、山地集水区、平原农区、特色林果区、生态景观区等不同类型区的主体功能需要，因地制宜，因害设防，环卫京、津的生态防护体系框架初步形成。工程实施以来，生态环境有效改善，为京、津构筑了绿色生态屏障，实现了土地沙化的逆转。2004—2014 年，京、津周围地区沙化土地面积减少 25.7 万 hm^2。张家口、承德地区由沙尘暴加强区变为阻滞区。张家口市入围全国“16 座洗肺城市”，成为华北地区空气质量最好的地区，为冬奥会的成功申办做出突出贡献。

在生态环境改善的同时，区域发展环境不断优化，为京津冀协同发展创造了重要基础条件，促进了京津冀区域经济社会的协同发展。张家口、石家庄、承德三市获得“国家森林城市”称号，廊坊、秦皇岛二市获得全国绿化模范城市称号。优美的生态景观已成为环京津城市群最具影响力的城市名片，为当地发展创造了良好的外部环境，促进了人才、资金、物资向京津周边地区的流动，缓解了京津两市对河北省周边地区的“吸附效应”，疏解了北京非首都功能，均衡了京津冀区域产业格局。

2001 年环北京地区防沙治沙工程开始启动，当年环北京地区防沙治沙工程完成建设任务 89.73 万 hm^2，风沙源林草植被开始恢复。2005 年完成各项治理任务 98.04 万 hm^2，其中林业建设任务 68.39 万 hm^2、草地治理任务 19.96 万 hm^2、小流域治理 9.69 万 hm^2，实施生态移民 7889 户。2010 年工程造林 43.70 万 hm^2，工程区植被盖度明显增大。截至 2015 年，工程累计造林 797 万 hm^2，工程区生态防护体系不断完善，生态环境显著改善，防灾减灾和可持续发展能力不断增强。经过十多年建设，工程区森林面积明显增大，风沙天气和沙化土地显著减少，工程对区域经济发展的贡献率保持在 24.7%～28.3%，生态、经济、社会三大效益逐步显现。

2014 年，京津冀协同发展正式上升为国家战略；2015 年，《京津冀协同发展规划纲要》颁布；2016 年 12 月，国家发展和改革委联合环境保护部发布《京津冀协同发展生态环境保护规划》。近年来，京津冀地区联手实施生态绿化工程，协同打造青山绿水。北京市通过“百万亩平原造林”工程，已经形成 30 多处万亩以上环城大型森林。天津市通过实施“美丽天津”一号工程，努力打造水绕津城、城在林中、天蓝水清、郁郁葱葱的宜居环境。河北省通过实施“绿色攻坚工程”，大力推进山水林田湖草生态修复，增林扩绿，高标准推进造林绿化，打造京津冀地区绿色屏障。京津冀协同发展战略的实施有力推进了区域生态环境建设，为区域可持续发展打下了建设的基础。

通过城镇生活污水处理率、工业固体废物综合利用率、垃圾无害化处理率以及建成区绿化覆盖率 4 个指标分析京津冀城市群生态环境建设状况，结果表明，京津冀城市群城镇生活污水处理率逐年提升，从1990年的27％增长到2015年的94％。工业固体废物综合利用率呈现波动提升的增长态势，从1990年的60％波动增长到2015年的88％。垃圾无害化处理率与建成区绿化覆盖率增长态势类似，其中，垃圾无害化处理率从1990年的61％增长到2015年的95％，建成区绿化覆盖率从1990年的13.16％增长到2015年的46％。

5.1.3 京津冀城市群发展存在的问题

总体上看，京津冀地区具有区域整体协调发展的良好基础，尤其是拥有两个直辖市，其综合优势远超过长三角和珠三角。然而，由于行政规划、管理体制和政策机制等种种制约因素，致使京津冀区域内城市间各自为战、自成体系，削弱了以京、津为核心的城市群的系统整合放大功能。城镇化发展不均，区域发展不协调、不平衡是个“老大难”问题，这些问题的长期存在与要素流动面临显性和隐形壁垒、区域发展的统筹机制欠缺等密切相关。

京津冀城市群生态环境承载能力减弱，植被退化、水土流失、湖泊富营养化、土壤盐碱化、河流淤积、赤潮频发、土地沙化和沙尘暴等问题，严重威胁着京津冀地区供水安全和大气环境质量，在很大程度上制约着经济的健康发展。京津冀地处水资源匮乏的华北地区，水资源对区域发展的支撑能力不足。根据对北京、天津和河北省的水资源与生产力、人口、耕地、矿产资源等进行研究，得出极不协调的结论。水资源问题已经成为制约京津冀地区社会经济持续、快速发展的重要因素。首先水资源形势依然严峻，环境质量差、污染大、风险高，饮用水安全未改善，水源保护区内污染源和风险源仍较多，除了上游山区及滦河水系之外，基本没有自然径流，污染物排放量远超过环境容量。饮用水安全保障、城市水环境综合整治以及跨界水污染协同治理成为海河流域尤为紧迫的三大问题。流域水体整体水环境污染仍十分严重，饮用水安全形势仍不乐观。因水资源过度开发和天然来水量减少，造成平原河道径流变化、河道断流与干涸、湿地萎缩、地下水位下降、地下水过度开采引发环境地质问题、泉水出流量减少、水土流失、地表水和地下水污染加剧、入海水量锐减、河口生态恶化等一系列生态环境问题。京津冀地区主要空气污染源分布与山前城市群分布、地下水超采区分布、水质污染分布等空间分布吻合。京津冀地区城镇分布与发展—生态环境—水环境—大气环境形成恶性循环关系。京津冀城市化进程中已出现资源环境剥夺的问题，其主要表征在土地、水资源、生态环境容量、资金、人才、技术、劳动力、重大建设项目甚至政策等方面。快速城市化和人口聚集带的大规模建设和城市扩张，在支撑经济发展的同时也带来对环境的严重冲击，其中，水环境的破坏和消耗在城市化过程中最显而易见。北京市人口的过度膨胀，导致交通日益拥堵，房价持续高涨，资源环境承载力严重不足，雾、霾污染天气频现等。

5.2 京津冀城市群对气候的影响

城市是人类社会发展的必然产物。随着城市的快速发展，城市气候效应凸显，对城市环境质量、工业生产和居民生活产生很大的负面影响，并且呈现逐年增加的趋势。大城市的气候效应是多个热力过程、动力过程相互联动的结果：城市的高层建筑和硬化的路面白天吸收大量的太阳辐射，晚上以热辐射形式释放；人工制冷、制热、工厂和机动车辆有大量的热排放；路面硬结，雨水降下后会很快流走变干、蒸发少，植被和水面有限，近地面热量主要用于加热大气；城市气温高、郊区气温低，形成空气从郊区到城区的城市热岛环流以及盛行气流，在城市穿越时受到建筑和地面粗糙度大的影响形成气流抬升，这些因素均有利于云和降水的形成。城区的近地面风速低于郊区，而且随城市化的发展呈不断降低的趋势；具有吸收地面长波辐射能力的二氧化碳也在城区含量更高，可能进一步加强城区的升温；城区气溶胶（霾）的增多，在夏季水汽充足的情况下会有助于云雨和强降水过程的形成，在冬天水汽少的情况下又将使雨雪难以形成，城市区域近地面空气相对湿度比郊区明显偏低，形成所谓“城市干岛效应”，秋、冬季晚上的城市干岛效应更加明显，加之冬、春季降水稀少，致使北方特大城市城区愈发干燥。以北京为例，北京城区的相对湿度比近郊区的相对湿度低 1.5%左右，四季差异整体上不明显，仅夏季城区与远郊区差异稍大，二者相对湿度差可达 4%左右。北京城区相对湿度与远郊区相对湿度的差值呈渐增的趋势，表明城区相对于远郊区来说空气湿度较低，即城市干岛效应有增强趋势；而城区与近郊区的相对湿度差并没有表现出明显的增大趋势，可能是由于北京近郊区城市化发展的原因。

城市热岛效应是在城市化的人为因素和局地天气、气候条件的共同作用下形成的，与城市人为热量释放、下垫面性质和结构、植被覆盖、人口密度、天气状况等有密切关系，并且伴随着城市化进程的继续，城市热岛强度及其规模会日益加剧。从气象监测来看，北京、天津、石家庄近 40 a 来平均热岛强度分别为 1.26 ℃、0.9 ℃、0.75 ℃；基于 MODIS 数据和 NOAA 卫星评估京津冀城市热岛强度，发现北京、天津、唐山和石家庄热岛面积最大、强度最强，显示出超大、特大城市及资源性城市热岛效应显著。京津冀地区各城市热岛面积每年增加 2～86 km^2，强热岛面积增加主要发生在超大城市，北京、天津强热岛区之间的最短空间距离从 1994 年的 94 km 逐步缩减到 2014 年的 52 km，未来存在形成“京津区域热岛群”的可能。

城市化进程加快，改变了城市局地的能量平衡、边界层结构和大气成分，导致局地环流形势的变化，影响城市降水的时空分布。中外大量研究发现，城市化有使城区及其下风方向降水增多的效应，这种降水分布的异常在夏季最显著，并表现出随着城市化进程有进一步增强的趋势。在中国不同气候带均已检测出城市化增雨效应，城市化使城区及下风区雨季降水有较明显增加，并使强降水事件发生频率增大，因而使降水在时空分布上可能更为集中，但城市化对旱季降水的影响相对不明显。从京津冀来看，北京、天津、唐山主要城市地区的降水量和降水频次都有明显减少，而城市群下风向的降水量和降水强度则明显增大和增强，其中 50 mm 以上等级的降水量变化最为显著，贡献率在 60%以上。夏季形成了主体位于城市下风向边缘区的多雨岛中心结构，城市地表特征使北京、天津和唐山地区 50 mm 以上等级降水量的百分比下降了 6%～20%，下风向地区上升了 8%。许多数值模拟也得出城市扩张使得城区或其下风区局地降水增强，北京大规模扩张的过程中，夏季降雨中心向城区移动，城区降水增多的同时，其他区域降雨减少。城市化不同的发展阶段对降水的影响是不一样的，在城市化早期，因热岛效应对降水的影响占主导地位，京津冀城市化主要表现为增雨

效应，但当城市群扩张至一定程度后，下垫面城市化导致水分供应减少，对降水的抑制作用将增强。

随着城市工业的发展和城市规模的扩大，人类活动排放的各种大气污染物悬浮在空中，对太阳辐射产生吸收和散射作用，降低了大气透射率，并削弱了到达地面的太阳直接辐射，使大气能见度降低，尤其是近年来以细颗粒物（$PM_{2.5}$）为首要污染物的城市与区域空气污染问题凸显。近年来，京津冀城市群 $PM_{2.5}$ 浓度整体呈上升趋势，空间上呈现东南高、西北低的态势。季节上呈秋冬高、春夏低的特点。城区 $PM_{2.5}$ 浓度相比于周围郊区和农村高。大气污染在城市群尺度的区域性和集聚性特征明显，两个城市间大气污染的正向交互影响范围平均可达到 200 km，区域间大气污染的扩散与传输导致本地的 $PM_{2.5}$ 受邻近区域影响显著，邻近地区的 $PM_{2.5}$ 浓度每升高 1%，将导致本地 $PM_{2.5}$ 浓度至少升高 0.5%。风速、风向、气温、人口密度、地形以及第二产业是造成京津冀地区大气污染的主要内、外因素。

5.3 京津冀城市群热环境特征

城市热岛效应作为最显著的城市气候特征，在夏季会与极端高温产生叠加效应。一方面，极端高温期间的城市热岛强度相比非高温日更大，城市热岛的影响也被放大，且热岛强度有随夏季环境气温上升而增强的趋势；另一方面，城市热岛效应不仅影响夏季高温分布，对高温强度也有明显的增强，特别是夜间更为显著的热岛效应使得城区夜晚降温变缓，导致城市居民在白天和夜晚经历持续的高强度热胁迫，加剧了高温对城市居民健康的影响。从长期变化趋势来看，城市极端高温呈现上升趋势，城市化对此有重要贡献。且城市热岛在长时间尺度上对于高温日数的增多也有显著的贡献。相对于已处于稳定状态的城市，处于快速发展阶段的城市极端高温增多趋势更为显著。自 20 世纪 80 年代起，北京城市化进程加速，城市热岛强度增强，使得高温日数呈现出市区多于近郊和远郊的格局。

5.3.1 京津冀热岛时空变化特征

北京、天津和石家庄平均气温的热岛效应在 1961—2018 年总体呈现上升趋势，但没有明显的同升或同降规律（图 5.1）。北京近 60 a 热岛强度平均为 1.26 ℃，呈缓慢上升趋势，每 10 a 升高 0.33 ℃，2015 年热岛强度达最强，为 1.65 ℃，2015 年之后热岛强度明显减弱。天津近 60 a 热岛强度平均为 0.9 ℃，每 10 a 升高 0.35 ℃，1971—1991 年热岛强度变化不大，1992—2018 年热岛强度呈明显上升趋势，2018 年热岛强度达最强，为 1.53 ℃。石家庄近 60 a 热岛强度平均为 0.75 ℃，升高趋势最为明显，每 10 a 上升 0.134 ℃，2009 年热岛强度最强，为 1.16 ℃，同天津热岛强度变化类似，1971—1991 年变化不大，而在 1992—2018 年则表现出明显的上升趋势。总体看来，三地热岛强度均呈上升趋势，并通过信度为 0.01 的显著性检验，三个城市热岛效应的变化具有较明显的局地特征。

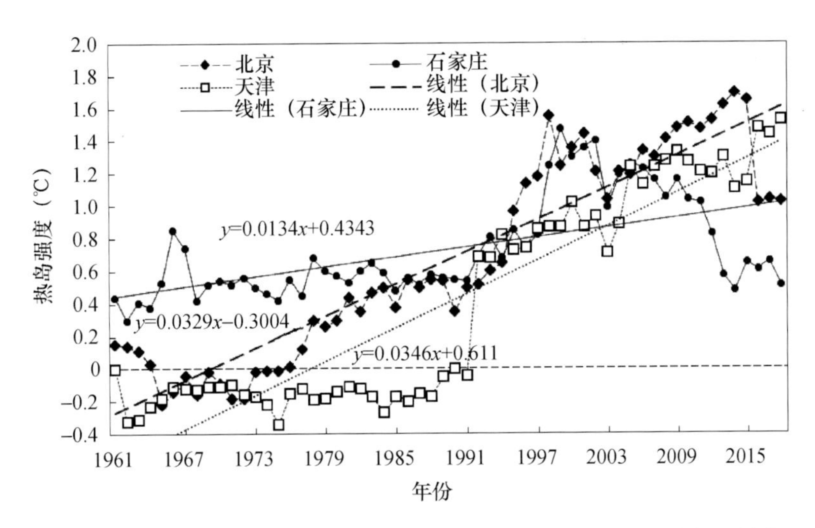

图 5.1　1961—2018 年北京、天津、石家庄平均气温的热岛强度变化及趋势

北京的热岛效应最强，天津次之，石家庄最弱，但从近 60 a 变化趋势看，石家庄热岛效应上升最为明显，其次为北京，最后是天津。

最高气温的热岛强度比平均气温的热岛强度明显要小，在 3 个城市也有明显不同（图 5.2），北京最高气温热岛强度变化起伏较大，近 60 a 呈缓慢上升趋势，热岛强度平均为 0.303 ℃，1971—1987 年增强趋势明显，1972 年出现最高气温的"凉岛效应"（即城区温度比郊区温度低的现象），1988 年热岛强度达最大。天津的热岛强度呈微弱上升趋势，近 60 a 热岛强度平均为 0.20 ℃，1971—1988 年下降趋势明显。石家庄热岛强度变化趋势不明显，近 60 a 平均热岛强度为 0.40 ℃，1998 年热岛强度最大，2014 年热岛强度最小。

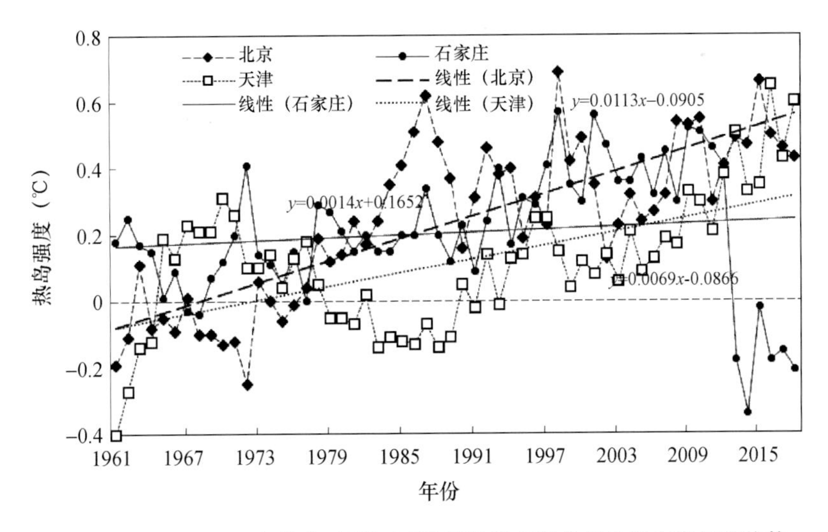

图 5.2　1961—2018 年北京、天津、石家庄最高气温的热岛强度变化及趋势

总体来看，最高气温与平均气温的热岛强度变化有较大不同，石家庄最强，北京次之，天津最弱，而最高气温热岛强度的变化趋势是三个城市均呈上升趋势，其中石家庄上升趋势最

为显著,北京和天津热岛强度变化趋势不明显。这说明最高气温热岛效应与平均气温热岛效应呈非一致性变化,三个城市最高气温热岛效应局地性较强。

三个城市的最低气温的热岛强度显著高于最高气温和平均气温的热岛强度(图 5.3),其变化趋势与最高、最低气温的热岛效应也有显著不同。北京最低气温热岛强度近 60 a 呈上升趋势,平均热岛强度为 2.04 ℃,2014 年热岛强度最大,为 2.54 ℃。天津热岛强度近 60 a 呈明显上升趋势,每 10 a 升高 0.59 ℃,平均热岛强度为 1.63 ℃,2018 年热岛强度最大,为 2.5 ℃。石家庄热岛强度近 60 a 呈缓慢上升趋势,每 10 a 升高 0.14 ℃,平均热岛强度为 1.42 ℃,2000 年热岛强度最大,为 2.5 ℃,1963 年热岛强度最小,为 0.44 ℃。三个城市热岛效应变化趋势均通过信度为 0.01 的显著性检验。

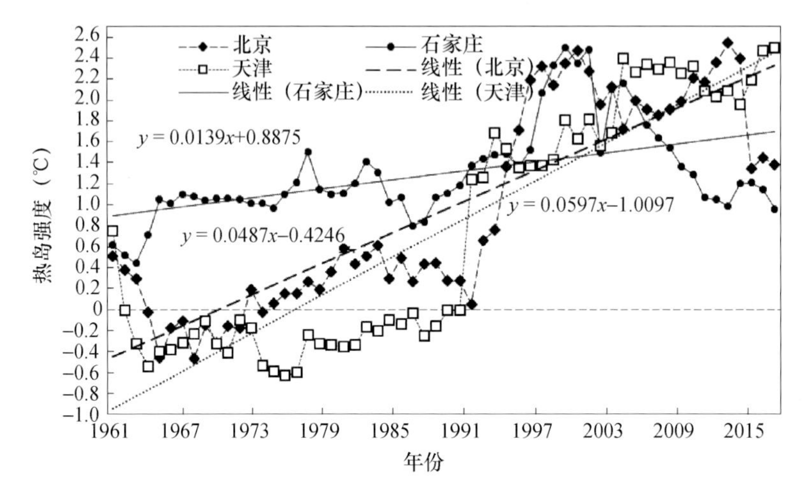

图 5.3　1961—2018 年北京、天津、石家庄最低气温的热岛强度变化趋势

从三个城市平均、最高和最低气温热岛强度对比(表 5.1)可知,最低气温热岛强度与平均气温、最高气温热岛强度差异较大,最低气温热岛强度最大,平均气温热岛强度次之,最高气温热岛强度最小。北京的平均气温热岛强度、最低气温热岛强度在三个城市中最高,石家庄最高气温热岛强度在三个城市中最高,石家庄平均温度热岛强度增大趋势最明显,北京的最高气温热岛强度增大最明显,天津的最低气温热岛强度增大最明显。石家庄的最高气温热岛强度和北京的最低气温热岛强度呈减小趋势,这说明三个城市最高气温、最低气温和平均气温的热岛效应呈明显的非一致性变化。造成最高、最低气温热岛强度差异的原因可能在于,日落后城区建筑存储热能不断释放,加上人为释放热,致使地面大气降温速率远小于郊区,造成城乡最低气温差别大,形成强的城市热岛效应。而白天热岛强度弱的原因在于日出后太阳辐射的加热作用引起城乡地面大气均迅速升温,而建筑物由于热容量大,对阳光具有遮蔽作用,城区近地面大气升温速率小于乡村;同时,城区可透水性地面少,蒸散潜热调节气温的作用弱,再加上人为释放热,白天城区最高气温比乡村要高,但午后大气热力稳定度减弱、地面风速增大,导致城乡最高气温的差异明显小于夜间最低气温。天津由于受海陆风影响较大,在海陆风日,天津市热岛强度的日变化幅度增大,白天的海风能使城市降温,削弱热岛强度,从而使得夜间热岛的出现时间延迟,而夜间的陆风则能使夜间热岛强度增大。

表 5.1 北京、天津、石家庄热岛强度及变化趋势

城市	平均气温热岛强度		最高气温热岛强度		最低气温热岛强度	
	热岛强度(℃)	变化趋势(℃/10 a)	热岛强度(℃)	变化趋势(℃/10 a)	热岛强度(℃)	变化趋势(℃/10 a)
北京	1.26	0.33*	0.30	0.06*	2.04	−0.08*
天津	0.90	0.35*	0.20	0.04	1.63	0.18*
石家庄	0.75	0.13*	0.40	−0.04*	1.42	0.08*

注:“*”代表通过信度 0.01 的显著性检验。

1971—2018 年平均气温热岛强度有明显的逐月变化规律(图 5.4a)。通常均表现为夏季较弱,而冬季最强。北京热岛强度在 6 月最小,天津热岛强度在 5 月最小,石家庄热岛强度则在 7 月最低,最高值则均出现在 12 月或 1 月。最高气温热岛强度没有显著的变化规律(图 5.4b),北京 10 月热岛强度最小,其他月份变化不明显;天津热岛强度 6 月最小,在 1 月或 12 月最高;石家庄热岛强度 4 月和 5 月最大,10 月热岛强度最小。最低气温与平均气温热岛强度具有相似的变化规律(图 5.4c),也表现在夏季最小、冬季最大,最小值一般出现在 7 月,最大值出现在 1 月或 12 月。

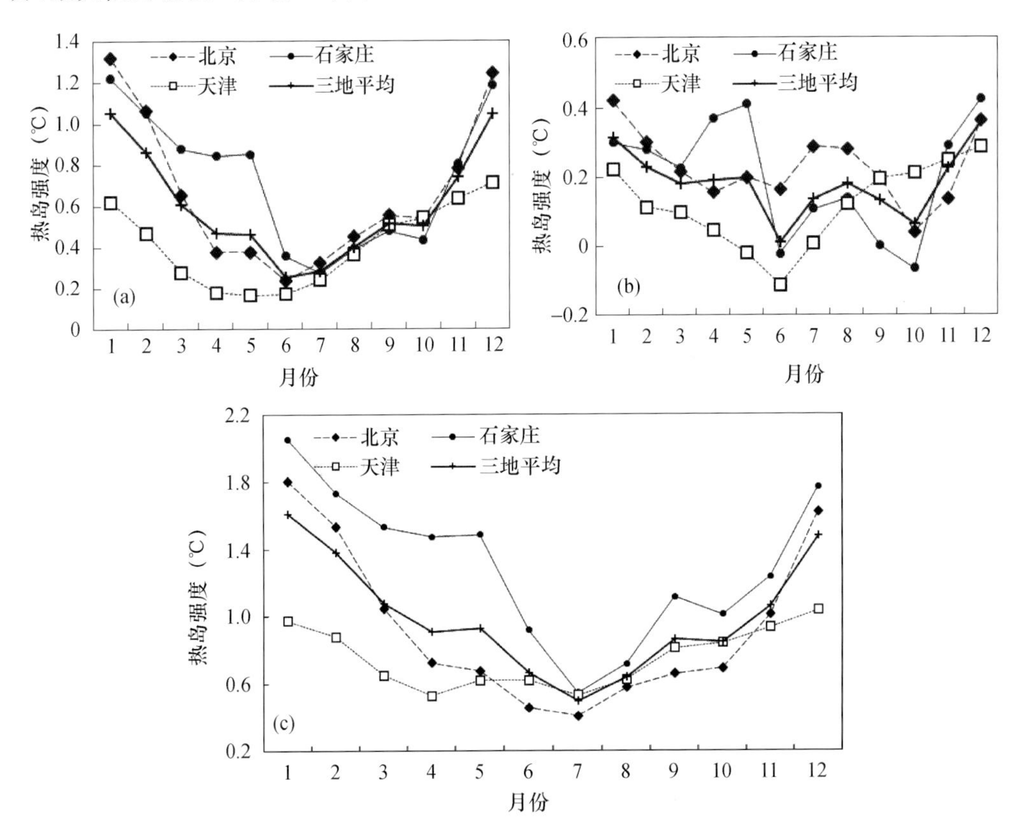

图 5.4 1971—2018 年平均(a)、最高(b)、最低(c)气温热岛强度及三地的平均强度

北京、天津、石家庄均表现为白天热岛强度较低,而夜间热岛强度较强的日变化特征(图 5.5)。北京、天津热岛强度通常在凌晨达到最大,而石家庄的热岛强度略有不同,在 08 时前

后达到最大，夜间也较强。石家庄和天津的热岛强度均在 15 时或 16 时达到最低值，而北京地区则在 13 时或 14 时达到最低值。对于北京和天津，07—11 时热岛强度迅速降低，而在 16—20 时热岛强度则迅速增大，呈现极为明显的日变化特征，石家庄地区热岛效应的增大或减小也有类似的趋势，但增加或减小的速率小于天津和北京。

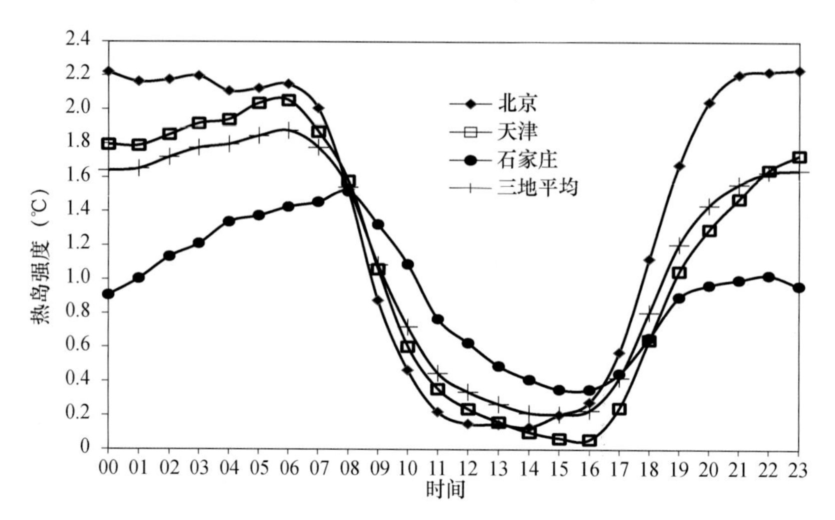

图 5.5 北京、天津、石家庄及三地平均热岛强度日变化

北京、天津和石家庄热岛强度随时间变化特征基本一致，即 10—17 时热岛强度较低，在 6—8 月热岛强度较低，春季或秋季的白天热岛均最低，而夏季的白天并不是热岛强度最低的时段。各地也存在明显差别，北京地区的热岛强度最高值出现在 12 月的 20 时至次日 07 时，热岛强度可达 3 ℃左右，最低值出现在 3—4 月和 10 月的 13 时前后，最小值可达 −0.3 ℃，呈现“凉岛效应”。总体上看，春季的白天热岛强度最低，冬季的夜间热岛强度最高。天津和石家庄的热岛效应与北京类似，天津的热岛效应最大值出现在 1 月的 03—08 时，最大可达 3 ℃左右，最小热岛强度出现在 3—6 月的 13—17 时，最小值可达 −0.5 ℃左右，呈“凉岛效应”。石家庄的热岛强度最高值出现在 1 月的 05—07 时，热岛强度可超过 2.5 ℃，在 7—11 月的 14—16 时，热岛强度最低，最低值可达 −0.08 ℃，出现“凉岛效应”。可见三地热岛效应虽然类似，但仍然各具特点。

5.3.2 京津冀城市群城市化对热环境的影响

城市热环境受多种因素综合影响，其中包含人口数量、经济发展、人为排放、城镇扩张、城市空间格局等因素。本小节从人口、经济和土地城市化三个角度出发，分析京津冀城市群城市化进程对城市热环境的影响。京津冀城市群是中国重要的城市群之一，囊括北京以及北方重要的工业城市，是我国北方重要的经济区，经济发展水平较高。城市群内部人口基数大且不断增大，建成区面积增长快，部分城市城市化水平较高，建筑林立，尤以北京市、天津市和石家庄市建筑密度最为明显，各城市交通日益完善，企业数量不断增多。京津冀城市群的快速城市化改变了城市下垫面的性质，人口数量、社会房屋竣工量、机动车数量、地区生产总值和能源消耗总量的不断增长导致更多人为热的释放，并且引发城市空间格局的相应变化，这些必将影响城市的地表温度，从而影响城市热环境。

5.3.2.1 人口增长对热岛强度的影响

京津冀城市群人口数量持续增加，从2005年的2647.88万人上升至2010年的3794.07万人，2015年上升至4544.5万人，10 a共计增加1896.62万人。京津冀城市群人口数量位列前三位的城市是北京市、天津市和石家庄市，位列后三位的城市是廊坊市、沧州市和承德市。近年来，京津冀城市群各城市人口数量均呈增多趋势，但各城市增量差异悬殊。京津冀城市群人口增量位列前两位的城市是北京市和天津市，位列后两位的城市是张家口市和沧州市。京津冀热岛强度与人口数量存在较强的正向相关，2005年、2010年和2015年京津冀城市群各城市人口数量与热岛强度在0.01显著性水平下存在较强的正向相关，相关系数分别为0.87、0.80和0.83，这说明人口数量及变化的确会影响热岛强度及变化。人口数量的增加是诱发热岛强度增大的重要原因，城市人口过度集中势必加速城市热量聚集。另外，城市人口数量的增量也是影响城市热岛强度的重要因素，京津冀城市群各城市人口数量的增量与热岛强度的相关系数为0.7993，也反映了人口的变化的确会影响热岛强度。

社会房屋竣工面积在一定程度上可以反映一个城市的城市化发展水平。2015年京津冀城市群全社会房屋竣工总面积共计152379.8 km^2，其中位列第一位的城市是北京市，仅次于北京市的城市依次为天津市、石家庄市和沧州市。全社会房屋竣工面积能直接反映出城市建设的发展强度。京津冀地区社会房屋竣工面积与热岛强度存在显著相关。随着房屋竣工面积的增加，城市区域内的城市化速度加快，热岛强度在增大。

机动车保有量反映了城市居民的消费能力和交通发展水平。2015年京津冀城市群机动车保有量为1916.28万辆，数量较大的城市主要集中于京津冀城市群的中部城市。京津冀城市群机动车保有量位列前三位的城市是北京市、天津市和石家庄市。目前，京津冀地区汽车数量已经完全超越了环境的自净能力范围，成为热岛效应的诱因之一。机动车数量的增加必然引起人为热的排放，且机动车尾气排放的二氧化碳增强温室效应，从而影响热岛强度。京津冀地区机动车保有量与热岛强度的相关系数为0.7936，表明城市热岛强度随着机动车保有量的增加而增强，热岛效应也更强。

5.3.2.2 经济规模对热岛强度的影响

近年来，京津冀城市群城市化速度不断加快，但城市间内部差异较大。地区生产总值位列前两位的城市是北京市、天津市。唐山市、石家庄市、保定市、沧州市和廊坊市的生产总值则位于中间水平，经济发展水平和速度相对落后于其他城市。京津冀地区生产总值与热岛强度呈现较强的相关性，相关系数为0.6526。经济的增长本身不会对热岛强度造成直接的影响，但经济增长过程中的物质性生产活动则对热岛强度造成间接性影响。首先，经济发展势必会有大量的能源消耗。截至2015年，京津冀城市群高耗能企业接近140家，约占全国的14%。其中，北京市高耗能企业有10家，占比约7%，天津市的高耗能企业占比约15%，其他八个城市的高耗能企业占比约70%。京津冀能源消耗总量与热岛强度存在正相关，相关系数为 0.72。京津冀城市群是中国未来将要打造的世界级的经济发展区,应大力促进城市市政基础设施建设,供热供暖和制冷逐渐得到改善,城区居民的能源消耗总量随之有所增大。

5.3.2.3 京津冀城市群土地扩展对热环境影响分析

土地利用变化是陆地表层变化较为直接且重要的驱动因素,大规模、高强度的土地利用变化往往产生一系列资源环境效应,影响区域甚至全球的可持续发展。快速工业化、城市化进程中,城市土地利用快速扩张,随之伴生的是人口数量增长、人口密度升高,进而导致人为热排放的增大。

京津冀地区各个城市建设用地面积均在持续增长,但增长程度不一,主要集中在地形平坦的城镇外围,中东部增加范围广且面积增加比例较高,西部和北部增加范围偏小且增加比例小。城市扩展发生后,原有土地利用类型改变为建设用地,农田转为建设用地后,反照率减小了 0.024;林地转为建设用地后,反照率有所增大,增加了 0.019;草地转为建设用地后,反照率轻微增大,只增加了 0.001。从季节上看,农田转为建设用地后,四个季节反照率均呈现一定程度的减小,且夏季的减小幅度最大,反照率减小了 0.027,其次是春季,秋、冬季变化较小。城市扩展对地表温度的影响为:农田转为建设用地后,从年均值看,地表温度将升高约 2 ℃,且白天和晚上均呈升高趋势。从季节上看,农田转为建设用地后,对夏季的地表温度影响最大;对春、秋两季的地表温度影响仅次于夏季;对冬季的地表温度影响则最小,主要是由于农田转为建设用地白天降温,晚上升温,变化方向相反。整体上来说,京津冀地区的城市扩展导致年平均气温、年平均最高气温、年平均最低气温均升高,局部城市扩展剧烈地区升温幅度超过 1 ℃。其中,城市扩展对平均最低气温的影响最大,其升高幅度高于平均气温和平均最高气温,且影响范围较平均气温、平均最高气温广泛。

数值模拟的结果表明,北京和天津土地利用变化均使京津冀城市群年均气温升高。其中北京市的影响最为显著,在城市化之后,北京市除自身年均气温升高外,廊坊市、天津市和唐山市年均气温受北京市土地利用变化影响明显,平均升高 0.06 ℃。此外,秦皇岛市、石家庄市、保定市、沧州市、张家口市和衡水市也有小幅升温。其他区域土地利用变化对北京市气候效应也会产生影响。其他区域土地利用变化也会使北京市年均气温升高,升温地区主要集中在城市中心区和通州区、大兴区。

5.4 京津冀城市化对降水的影响

近年来,全球许多城市遭遇极端暴雨的袭击,造成了巨大的人员伤亡及财产损失,这些突发于城市或城市群地区的极端暴雨洪涝灾害,除了全球气候变化背景下极端天气及气候事件增多是暴雨灾害事件频发的主要诱因外,还有城市化对暴雨过程的影响等人为因素导致的"致灾因子"危险性的变化。城市土地利用及土地覆盖变化所形成的城市地表水文特征，也使得城市对暴雨渍涝灾害更加敏感。而且城市人口及财产的集中增大了风险的暴露度。另外，城市基础设施建设参照旧的排水标准造成城市管网排洪能力不足，也是城市地区暴雨渍涝灾害频发的重要因素。城市化可能通过人口膨胀、土地利用类型改变等方式引发城市热岛效应、城市冠层、城市气溶胶等城市特征来影响水、热、气循环，形成辐射强迫，从而间接增加极端降水发生的风险。

城市化对降水的影响可能有以下三方面的原因：一是城市热岛效应，它是城市影响降水最主要的原因，城市与郊区下垫面物理属性不同造成的热力差异，不仅容易形成城市中尺度低空风场辐合或低压，还可能造成边界层内中心城区风场垂直切变增强，郊区低层风速增大，这种强迫有利于低层水汽在较大范围内向对流体汇流，进而有利于对流降水的维持，并有可能直接对夏季一些雷暴起强迫和组织作用。二是城市的阻碍效应，城市中存在大量建筑物，其地面粗糙度比郊区大，不仅能引起机械湍流，还对移动的降水系统有阻碍作用，延长滞留时间。三是城市凝结核效应，城市污染物向下风方漂移，气溶胶粒子提供更多“凝结核”易形成雨滴。

北京市是京津冀城市群中发展最快、建筑面积最大、能源和车辆排放最多的地区，城市效应最为显著。因此，下文重点以北京市为例分析城市化对降水的影响。

城市热岛效应对冬、夏季降水日数和降水量分布的影响，可能是城市热岛效应与环境风场相互作用的结果：盛行风的下游方向，温度梯度产生的边界层内垂直上升运动有利于局地降水过程的发生，而在上游方向则相反。就北京地区而言，地形强化了城区与北部郊区的温度梯度，同时，城市发展布局的变化对城市热岛的形态分布可能产生明显影响，北京地区的暖区分布由西南—东北走向演变为东南—西北走向。在冬季北风气流的作用下，北部近郊区局地降水天气过程相对减少，城区及其南侧则相对增多；夏季盛行南风，随着城市热岛效应的增强，发生在北部近郊区的局地弱降水天气过程将相对增多。

除了19世纪80年代中期至90年代中期属于近百年来的多雨时段以外，自20世纪50年代以来，北京降水量基本呈减少趋势。北京整个市区降水量分布为西、北部降水少，东、南部降水多。地形在一定条件下会改变降水系统的局部结构而使其强度发生变化，北京西北、北部环山，山脉迎风坡的辐合、抬升作用加剧了对流运动，从而形成以怀柔、门头沟、霞云岭3个多雨中心共同构成的一条东北—西南走向的山前多雨带。

20世纪70年代，城区东南部降水相对偏少，观象台是少雨中心，北京局地降水有2块正距平区，分别位于东北部的怀柔、密云及西南部的房山、霞云岭附近；80年代是北京城市化进程较快时期，下垫面发生剧烈改变，山前多雨带在主城区断裂，门头沟多雨中心消失，降水中心向西南方向移动。整个城区处于一个大的少雨区，丰台区降水最少。90年代以后，受大尺度环流系统影响，造成长历时大范围降雨系统的减弱，随着城市化的进一步扩大，下垫面的摩擦影响使对流系统增强，城市降水呈现不均匀分布态势，整个城区不再是一个均一的少雨区，强降雨中心分散，海淀、朝阳降水相对偏多，城区的少雨中心向南偏移，从丰台移到大兴。

5.4.1 城市化背景下北京暴雨概况

暴雨是北京地区主要的气象灾害之一，常造成山洪暴发、洪水泛滥、冲毁堤坝、破坏工农业生产。但在久旱之时，暴雨又对缓解旱情起重要作用。北京地区季风气候明显，年降水量的70%～76%集中在夏季，夏季降水量的多少又常取决于几场暴雨。因此，暴雨的多少和旱涝有密切的联系。

北京地区暴雨出现的大气环流特征主要表现在中高纬高度场以经向环流为主，在乌拉尔山附近存在深厚冷槽，110°E以东存在阻塞高压，太平洋副热带高压北抬西伸，脊线常在35°N以北。导致北京地区暴雨的主要天气系统有蒙古低涡低槽、切变线、内蒙古低涡、西来槽、西北低涡、东北低涡、西南低涡、回流、台风外围影响等。北京地区暴雨过程的水汽来源由天气环流形势决定。当副热带高压西伸，其西侧盛行西南气流，若西南地区有低涡发展，则更加强西南气流，在这种天气形势下，水汽输送来源主要是中国南海或孟加拉湾。例如，1963年8月上旬的特大暴雨过程，其水汽来源就是来自西南方向，但在后期由于东南方向的东海和黄海的水汽输送加强，使得减弱后的暴雨又得到加强，并在朝阳区来广营形成一个更大的暴雨中心。

在北京城市化缓慢发展期，城市发展及下垫面改变对局地降水分布影响不明显，基本不会表现出城市雨岛特征。局地降水分布主要受地形及盛行风影响，城区西南部的高值区主要与山前陡峭地形阻挡有关，由于地形对夏季暖湿气流的抬升作用，北京地区的暴雨大多集中在燕山山脉的南坡和太行山余脉的东南迎风坡处，说明偏南或偏东南风迎风坡处对暖湿空气的强迫抬升作用明显，较平原及背风坡更容易产生暴雨。例如：怀柔区的枣林树、八道河、沙峪、黄花城；昌平区的太峪口、下庄、长陵、十三陵、响潭、王家园；门头沟和房山的上苇店、三家店、王平口、漫水河等地区均为暴雨集中区（图5.6）。此外，三面环山的喇叭口山谷区有利于低空气流的辐合抬升，因而在有利的环流形势下常成为特大暴雨的相对集中区。如怀柔、密云两地间的东西两侧是高山，北边地区是山地，南边是开阔的平地，呈向西南开口

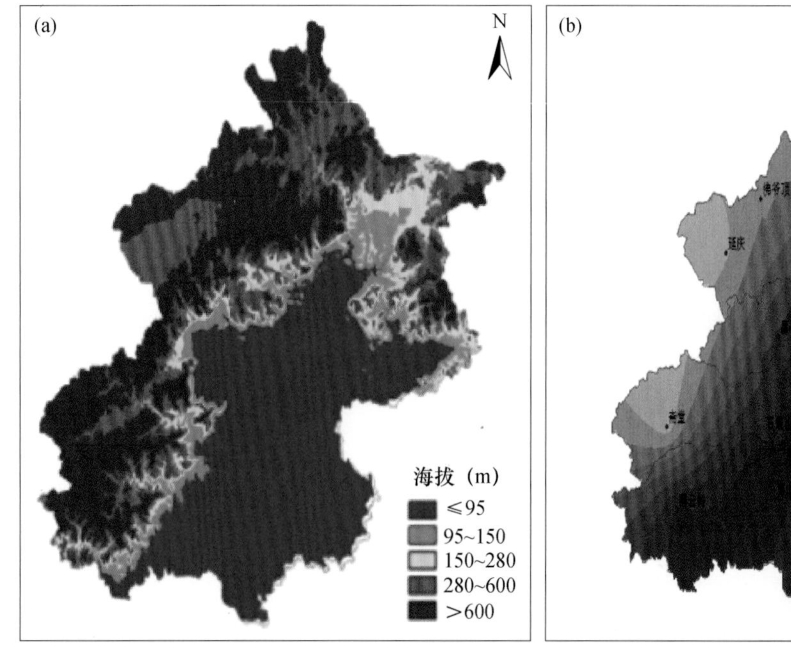

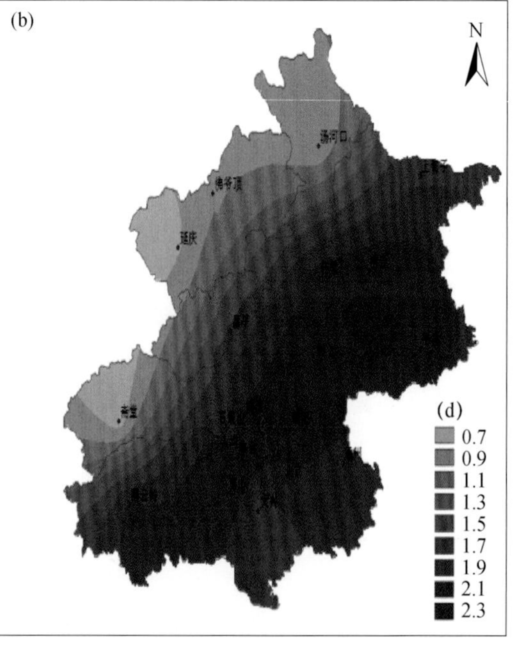

图5.6 北京市地形(a)和年平均暴雨日数(b)分布

的喇叭口地形。平谷南部地区也是向西南开口的喇叭口小地形，而昌平、沙河、王家园一带是向东南开口的喇叭口小地形。对北京地区来说，偏东和偏南气流在地形影响下会分别形成准南北向和准东西向的由地形强迫产生的中尺度辐合线。当两种地形中尺度辐合线与上游系统靠近、合并时，可导致这些系统的发展或组织成为强风暴，从而造成强天气发生。由于北京地区的特殊位置，还必须考虑地形及不同季节盛行风向的影响。由图5.6可见，地形条件是影响北京地区局地降水分布的主要因素，降水沿西部山前地形分布特征明显。

而在城市化快速发展时期，城市雨岛效应明显，表现在城区范围(包括海淀、朝阳、石景山和丰台等)存在一个明显的降水距平百分率的高值中心。这种分布与同期北京城市热岛有着非常类似的分布形态。城市化发展到一定规模后，城市与郊区下垫面物理属性造成的热力差异，不仅容易形成城市中尺度低层风场辐合线，还可能造成边界层内中心城区风场垂直切变增强，这种强迫有利于低层水汽在较大范围内向对流体汇流，有利于对流降水的维持。相同区域的降水距平百分率基本在零值附近，表明城市化要发展到一定规模才会形成雨岛效应。此外，城区东北部(顺义、怀柔、密云等)的正距平区以及东南部(大兴、通州等地)的负距平区还可能和城市热岛效应造成的边界层内上升气流与盛行风的叠加有关。

由北京地区降水量分布(图5.7)可看出，降水高值区和暴雨日数高值区一致。降水量大于600 mm的高值区分布在北京的东北部和西南部，即怀柔区的北部山区、八道河、枣树林、大水峪一带，密云的半城子、沙厂水库及平谷区东北部海子水库、将军关、刁窝一带；另一个中心分布在北京西南部山区的漫水河、霞云岭、张坊一带。

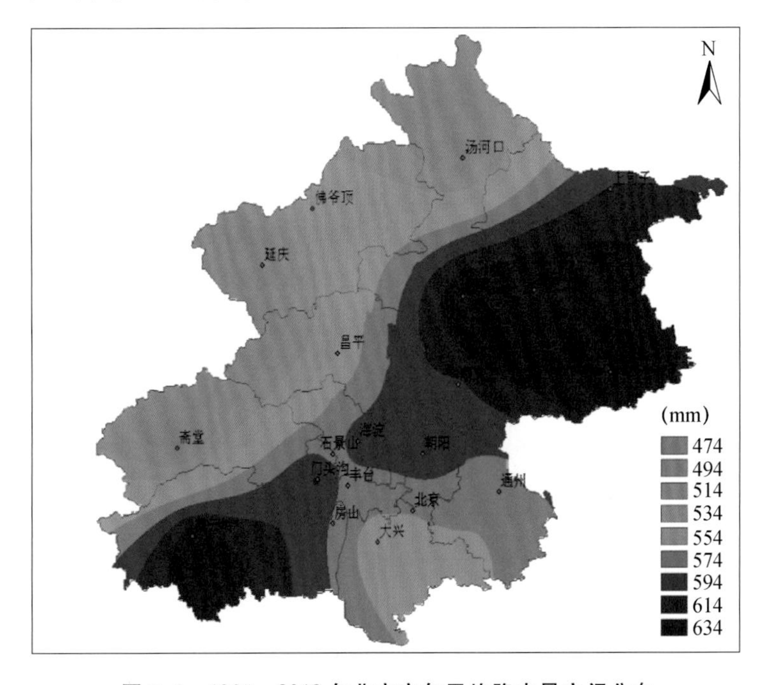

图5.7　1961—2018年北京市年平均降水量空间分布

降水量大于550 mm的高值区分布在北部平原，即向阳闸、顺义、沙河、通州一带，以及右安门、龙潭闸中心城区一带。

降水量大于 500 mm 的高值区分布在南部平原，即黄村、赵村、南各庄一带，以及马驹桥、永乐店一带。

降水量小于 500 mm 的低值区分布在雁翅、斋堂水库一带，以及延庆、香村营、宝山寺、长哨营一带。

通过对历年暴雨次数的统计分析可得出，北京地区的暴雨可出现在春、夏、秋三个季节，但主要集中在夏季，尤其是 7 月上旬至 8 月中旬，最早曾在 4 月上旬出现过(图 5.8)。

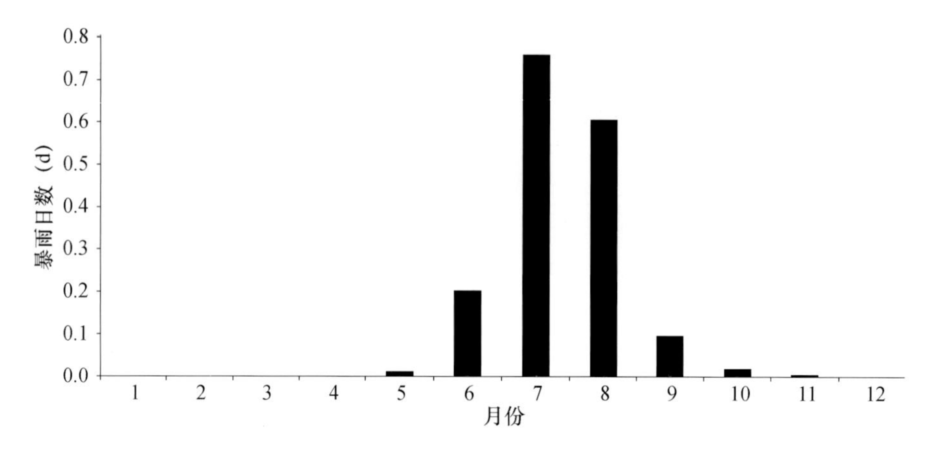

图 5.8　北京地区暴雨过程次数年内分布

5.4.2　城市化对北京市各等级降水的影响

从 1978—2018 年北京地区各等级降水的分布(图 5.9)来看，西部和西北部山区以小到中雨为主，大雨以上量级的降水比例较低。越靠近城区，大雨以上量级所占比例越大。怀柔、密云、平谷等山前迎风区大雨以上量级的降水比例较大。中心城区暴雨比例较高。大暴雨比例较高的地区在霞云岭。通过对资料的统计分析，近几十年来北京地区区域性(超过 2/3 的站点)强降水的过程很少，强降水多数为局地性对流系统，而弱降水多数为区域性过程。因此，可以说明北京地区这种局地年降水的分布特征除了和北京地区地形和盛行风有关外，也反映了城市热岛效应的影响，城市热岛的存在增强了对流天气的发生，使得城区容易出现局地短时强降水过程。

北京地区降水日数总体分布如图 5.10 所示，西部、西北部及北部山区降水日数较多，越靠近城区降水日数越少。1980—2009 年周边山区的降水日数处于增多趋势，2010—2019 年呈减少趋势。城区降水日数分布变化与周边山区相似，1980—2009 年城区降水日数处于增多趋势，2010—2019 年呈现减少趋势。

5.4.3　暴雨落区的地域分布和影响范围

北京地区的暴雨落区与地形有关(图 5.11)，暴雨对年降水量的贡献也有地区差别。在北京北部和西部偏南风或偏东风的山前地区(密云、海淀西部到门头沟、霞云岭)暴雨出现的

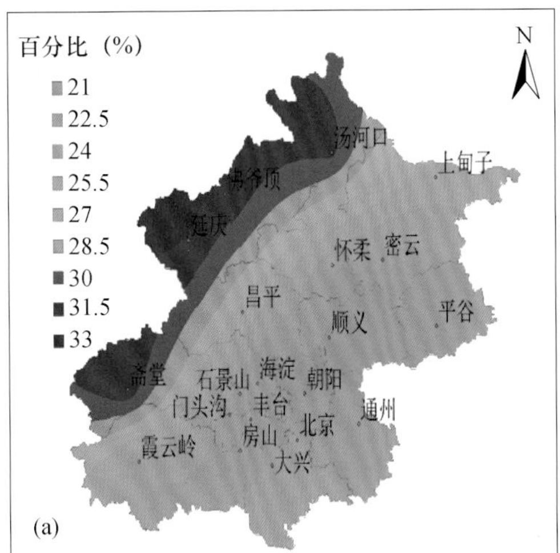

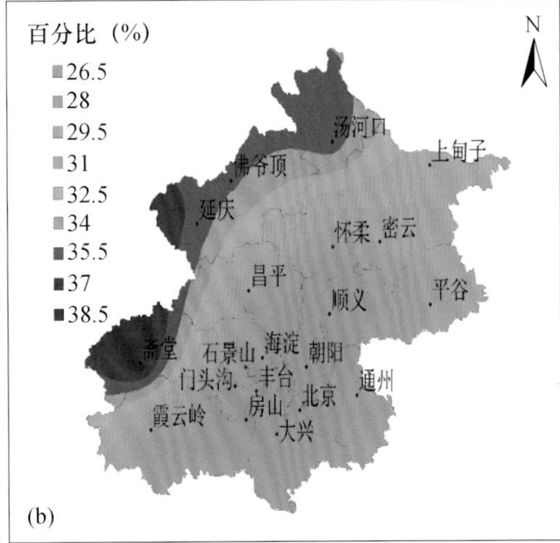

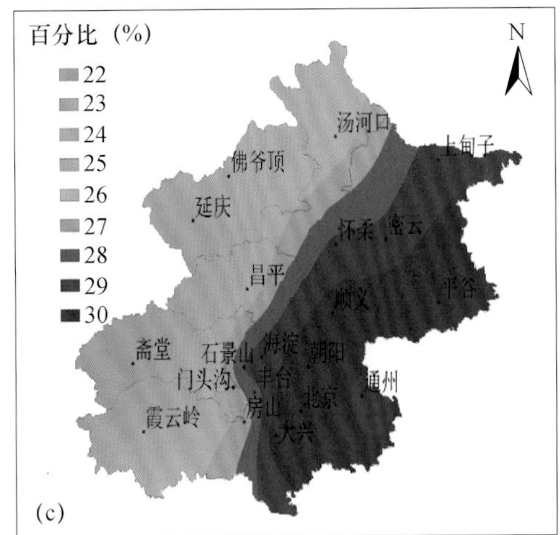

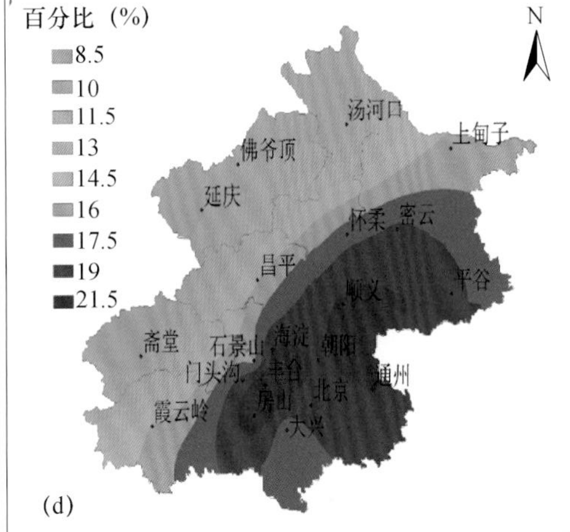

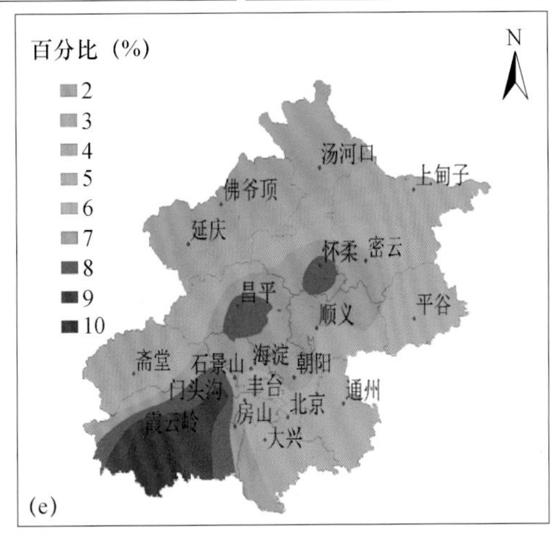

图5.9　1978—2018年北京地区各等级降雨的分布

(a)小雨;(b)中雨;(c)大雨;(d)暴雨;(e)大暴雨

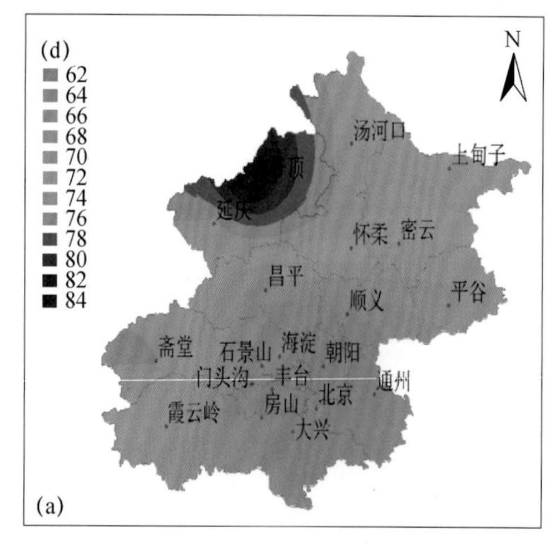

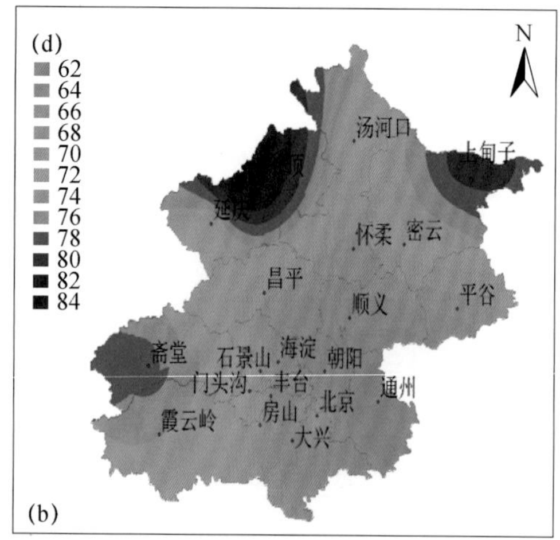

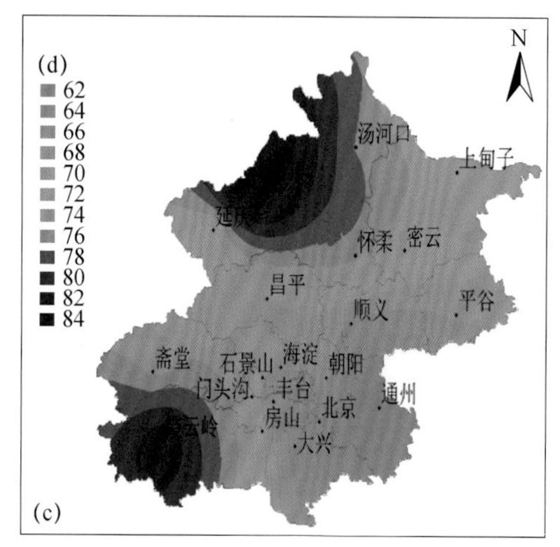

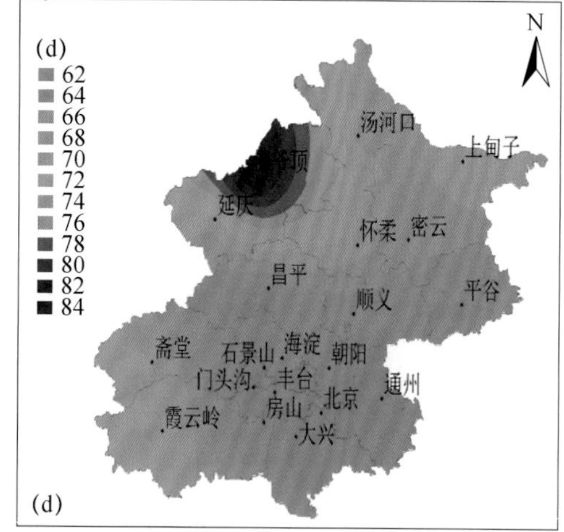

图 5.10　1980—2019 年北京地区降水日数分布

(a)1980—1989 年;(b)1990—1999 年;(c)2000—2009 年;(d)2010—2019 年

频次较高，而西部山后区（汤河口、延庆、斋堂）则是北京市最不易发生暴雨的地区，与年降水量的地区分布特征类似。与年降水量分布特征不同的是北京东南部平原地区（观象台、通州和大兴）这几个地区年降水量相对偏少，但却是暴雨的主要落区之一。

在连续少雨的背景下，北京地区的暴雨落区发生了一些变化。南部地区（丰台）从暴雨频次的低值中心变为高值中心（图 5.11b）；东南部（通州）的暴雨频次减少，成为一个低值中心；东北部山前的暴雨中心从密云移至平谷。其分布与该期间年降水量较一致，降水量与暴雨日数的多少呈正相关。长序列资料统计表明，北京的单站年降水量还是较多地依赖于暴雨过程。

此外，连续少雨期内暴雨过程局地性明显增强。从暴雨站数统计结果（图 5.11c）可以看到，不同暴雨过程的影响范围亦有差异。有些暴雨影响范围较大，例如，1998 年 7 月 6 日北京市 20 个测站达到暴雨量级，同时单站暴雨也占有一定的比例。2000—2011 年，暴雨平均影响范围为 2.6 站，属于近 40 a 影响范围相对较小的时期，1981—1999 年和 2012—2018 年

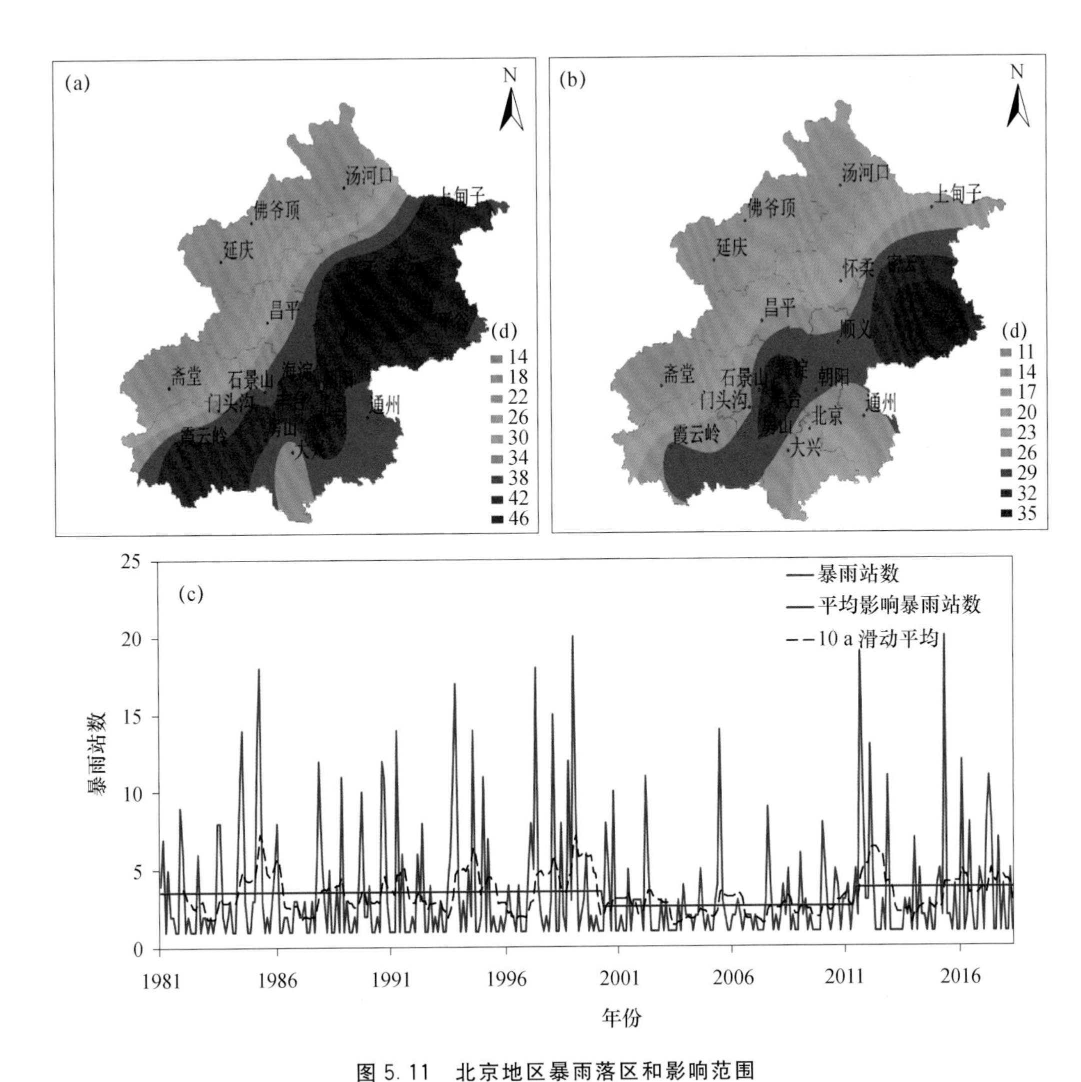

图 5.11 北京地区暴雨落区和影响范围

(a)1981—2000 年累积暴雨日分布;(b) 2001—2018 年累积暴雨日分布;

(c)1981—2018 年暴雨站数序列(粗实线为各时段平均值)

暴雨平均影响范围分别为 3.6 站和 3.8 站,属于影响范围相对较大的两个时期。进一步统计表明,2000—2011 年是暴雨影响范围较小的时期,共有 101 个暴雨日。暴雨影响北京市 1/2 地区的过程仅有 3 个,占 3%;单站、2 站和 3 站暴雨日分别占总暴雨日的 42%、24%和 15%,总计为 80%,局地暴雨超过 4/5。1981—1999 年,影响范围超过 1/2 站数的暴雨日比例为 10%,单站、2 站和 3 站暴雨日的比例分别为 41%、19%和 11%,总计为 71%。2012—2018 年,影响范围超过 1/2 站数的暴雨日比例为 11.2%,单站、2 站和 3 站暴雨日的比例分别为 43%、12%和 11%,总计为 66%。

5.4.4 短历时强降水分布特征

图 5.12 为北京地区不同历时极端最大降水量分布,各个历时的高值区分布不是很一

致，但基本上西南部山区都存在一个高值区。

短历时强降水的分布变化与几十年来城市发展规划密切相关。20世纪80年代以前，北京城区基本在二环路以内，城市发展缓慢，北京地区强降水主要为全市区域性强降水（图5.13）。1978年二环路建成，1984年三环路通车，80年代以后北京的城市化进程加快，城区的概念已经不仅限于二环之内，城区面积开始扩大；1990年四环路建设，2003年五环路全线通车，2007年六环路建设，至2008年，北京城区从约60 km^2发展到目前的约1289 km^2。20世纪90年代之后，城市向周边扩展快速，原来郊区意义上的通州、大兴、房山、密云等下垫面逐渐城市化，由此北京的短历时强降雨局地性的特征更加明显，降雨分布不均，强降雨中心的面积和强度明显缩小，大致呈东北—西南向带状分布。不同年代全市1 h平均雨量排序为：80年代>70年代>00年代>90年代。80年代最高，为32.4 mm，其次是70年代，为32.0 mm，90年代最小，为28.7 mm，2001—2010年雨强比90年代增大，为31.9 mm/h。2010—2019年的1 h最大雨量全区平均为41.3 mm，大于2001—2010年的小时最大平均雨量。城市降水强度的分布除了受天气系统影响，与城市热力及气溶胶粒子浓度的分布不均也有密切关系。热力作用及污染物浓度对降水的综合影响的结果可能增加降水，也可能使

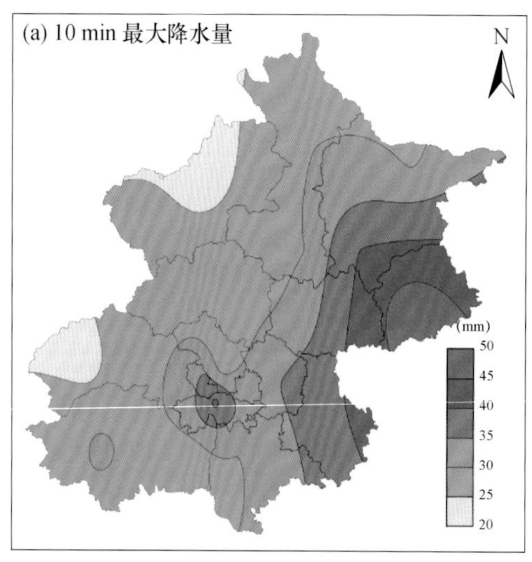

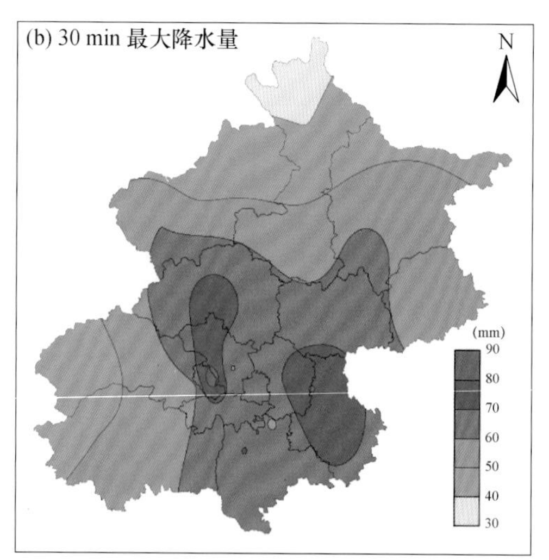

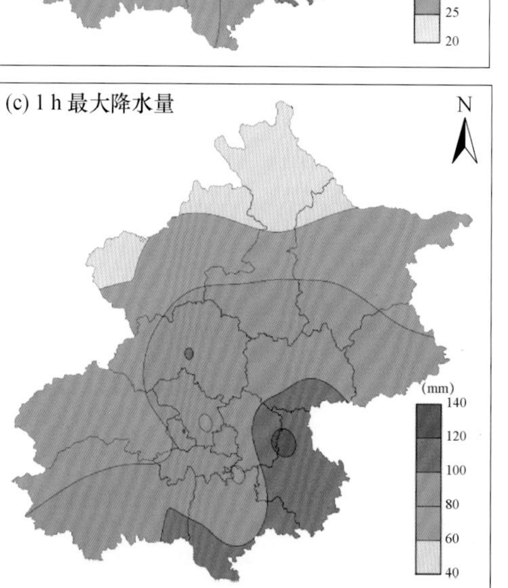

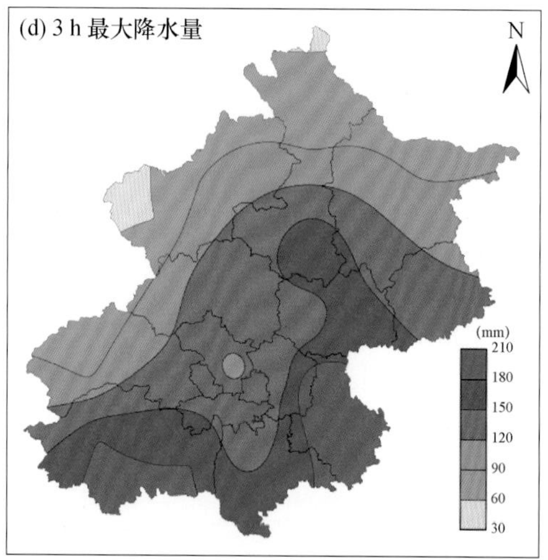

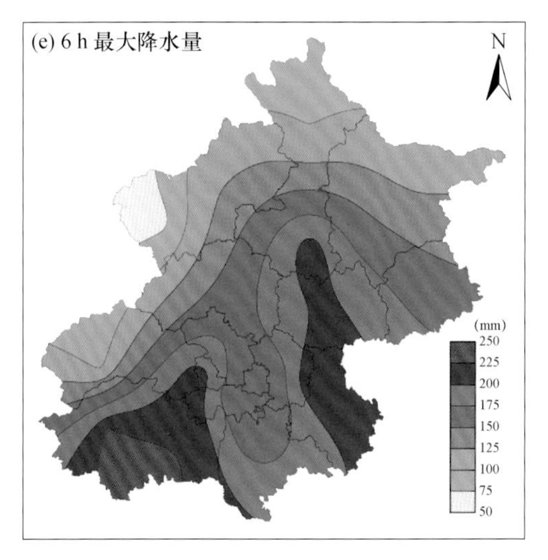

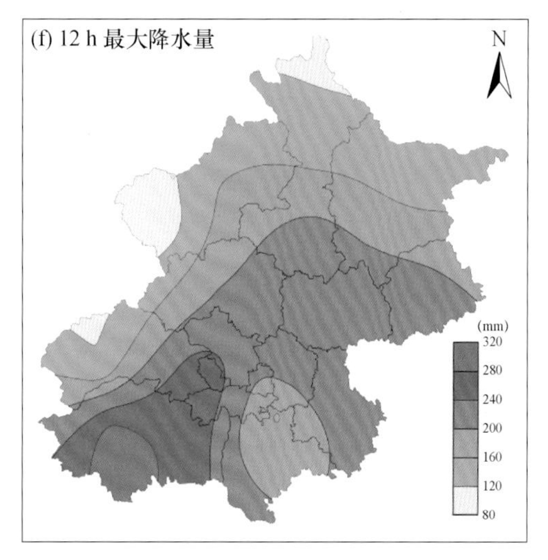

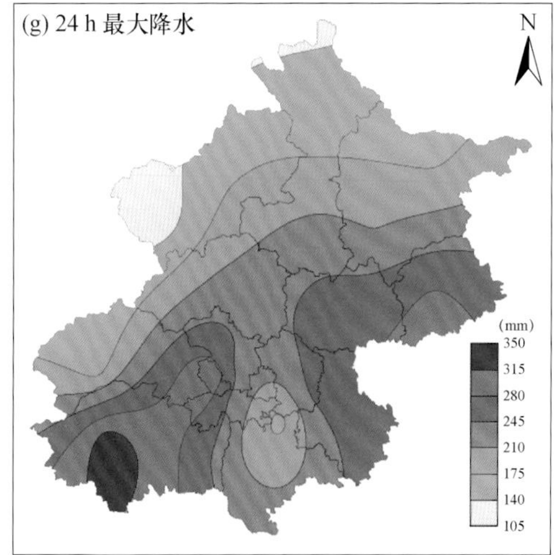

图 5.12　北京地区不同历时最大降水量空间分布

降水减弱，影响因素复杂。20 世纪 90 年代是快速发展期，也是北京污染较为严重的时期，90 年代末开始污染治理，2000 年以来人为热排放增加，污染状况明显好转。这可能是 90 年代以后雨强变化的原因。由于资料所限，气溶胶粒子浓度与降雨的关系尚待进一步探讨。

从雨强分布上看，密云、怀柔的山前迎风区通常是雨强大值区。这种分布可以从城市热岛分布上得到一些合理的解释。根据对北京地区夏日近地层气流场的模拟可知，风速较小的条件下，市区热岛环流特征明显，地面气流在市区辐合，辐合中心与暖中心的位置重合，出现在北京海淀区附近。此外，密云附近也是一个高温区，该区地处山谷，其南面的偏南风与北面的偏北风在该地区辐合，其强度和范围都要比城区的热岛环流强和大，所以它形成的局地多雨区要比平原地区城市热岛环流形成的多雨区还强且大。这个模拟在热岛强度上与实际热岛强度基本相符，模拟的流场与上述雨强分布很接近，也能较好地解释城区和密云等山前局地多雨区的形成。

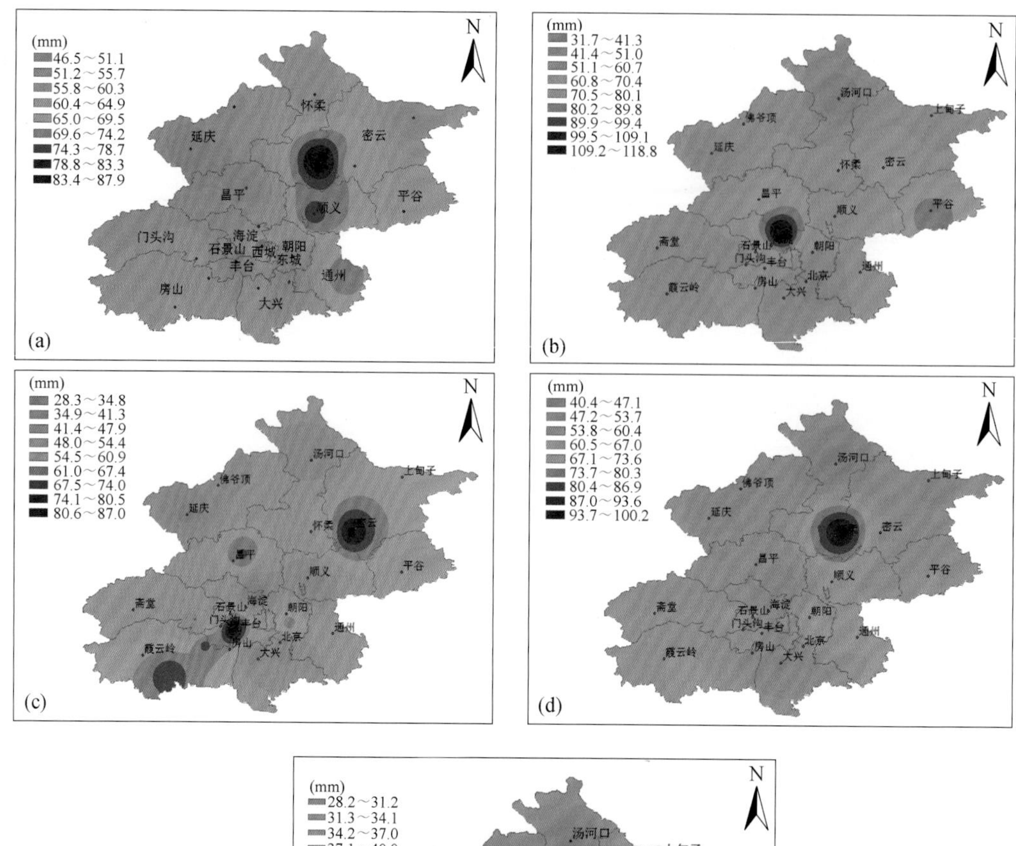

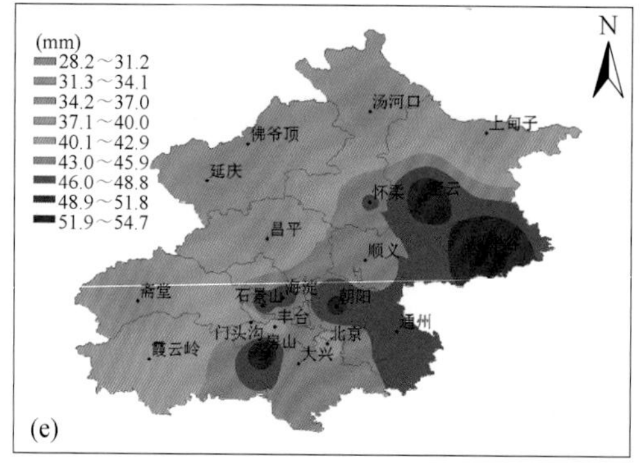

图 5.13　北京地区各年代 1 h 最大雨量的空间分布

(a)1970—1979 年；(b)1980—1989 年；(c)1990—1999 年；(d)2000—2009 年；(e)2010—2019 年

5.5　京津冀城市环境气候特征

5.5.1　水汽压和相对湿度

表示空气中的水汽含量和潮湿程度的物理量，简称湿度。常用的湿度参量有水汽压和相对湿度。空气中水汽部分作用在单位面积上的压力，称为“水汽压”；空气中实际水汽压与当时气温下的饱和水汽压之比，称为“相对湿度”。

在全球变暖条件下，由于温度和饱和比湿升高，导致近地面相对湿度降低，对雾和霾形成的环境条件可能产生了明显的影响。霾日的平均相对湿度降低，意味着霾粒子更不易向雾滴转换，这可能是导致雾日减少的一个主要气象原因。由此可见，相对湿度的变化是影响京津冀地区污染程度的关键因素。

5.5.1.1 水汽压(绝对湿度)分布

京津冀地区平均水汽压分布为由西北到东南逐渐递增的趋势。张家口、承德两市北部的年均水汽压在 7.0 hPa 以下，康保仅 5.7 hPa，为区域最低；长城以南大部分地区在 10.0 hPa 以上，魏县最高，为 13.0 hPa；其他地区则为 7.0～10.0 hPa(图 5.14)。

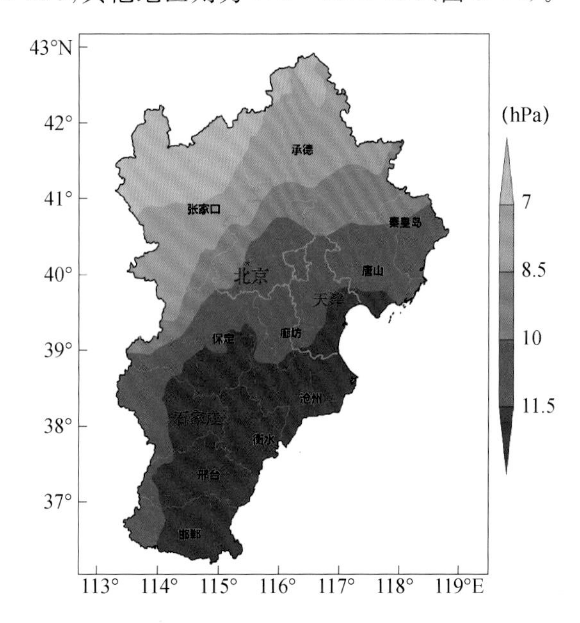

图 5.14 京津冀地区年平均水汽压空间分布

京津冀地区水汽压的年内变化显著，1 月最低，7 月最高(表 5.2)，春、秋季为高、低值的过渡季节。四个季节平均水汽压空间分布形势与年平均水汽压非常相似，均是东南高、西北低。

表 5.2 京津冀不同区域各月平均水汽压(0.1 hPa)

区域	1月	2月	3月	4月	5月	6月	7月	8月	9月	10月	11月	12月
冀北高原	12	16	23	38	66	114	162	150	95	51	25	15
冀东平原	24	29	44	78	126	187	256	250	169	99	51	30
太行山前平原	29	36	53	94	144	191	265	259	178	108	60	37
太行山区	26	32	48	85	134	183	251	245	170	101	54	33
燕山丘陵	16	20	31	54	91	148	206	194	127	70	34	19

冬季，张家口、承德大部分地区、保定西北部平均水汽压低于 2.0 hPa，康保最低(1.4 hPa)；

保定、唐山两市南部及其以南地区较高，在 3.0 hPa 以上，魏县最高（4.0 hPa）；其他地区为 2.0～3.0 hPa（图 5.15）。

春季平均水汽压方面，冀北高原为 3.5～5.0 hPa，康保最低（3.8 hPa）；石家庄东部、衡水南部、邢台、邯郸两市中部和西部高于 9.5 hPa，磁县最高（11.0 hPa）；其他地区为 5.0～9.5 hPa（图 5.16）。

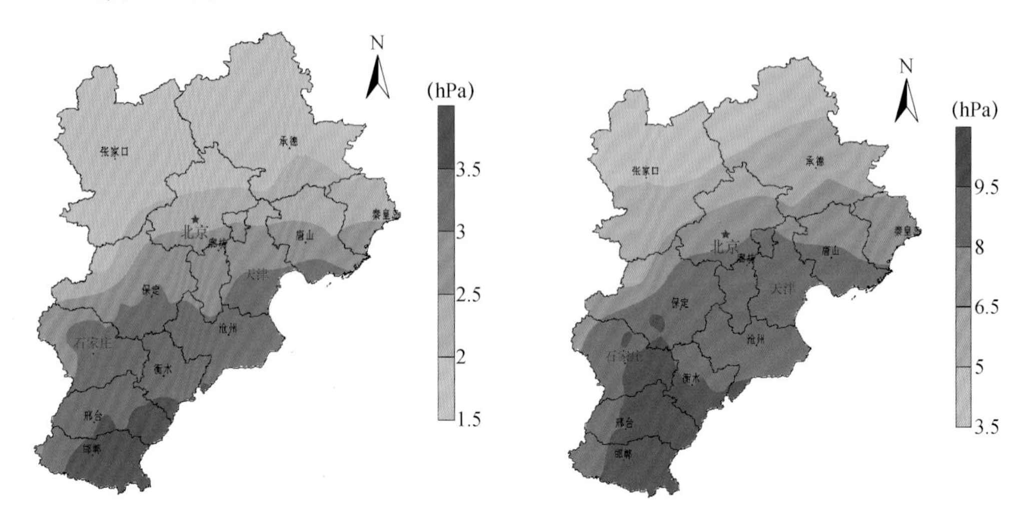

图 5.15　京津冀地区冬季平均水汽压空间分布　　图 5.16　京津冀地区春季平均水汽压空间分布

夏季各地平均水汽压为 12.6～24.9 hPa，冀北高原较低，低于 17.5 hPa；平原大部分地区在 22.5 hPa 以上，魏县最高（24.9 hPa）；太行山区和燕山丘陵区为 17.5～22.5 hPa（图 5.17）。

秋季平均水汽压方面，张家口、承德大部分地区、保定西北部低于 8.5 hPa，康保最低（5.0 hPa）；平原大部分地区在 10.0 hPa 以上，魏县最高（12.4 hPa）；其他地区为 8.5～10.0 hPa（图 5.18）。

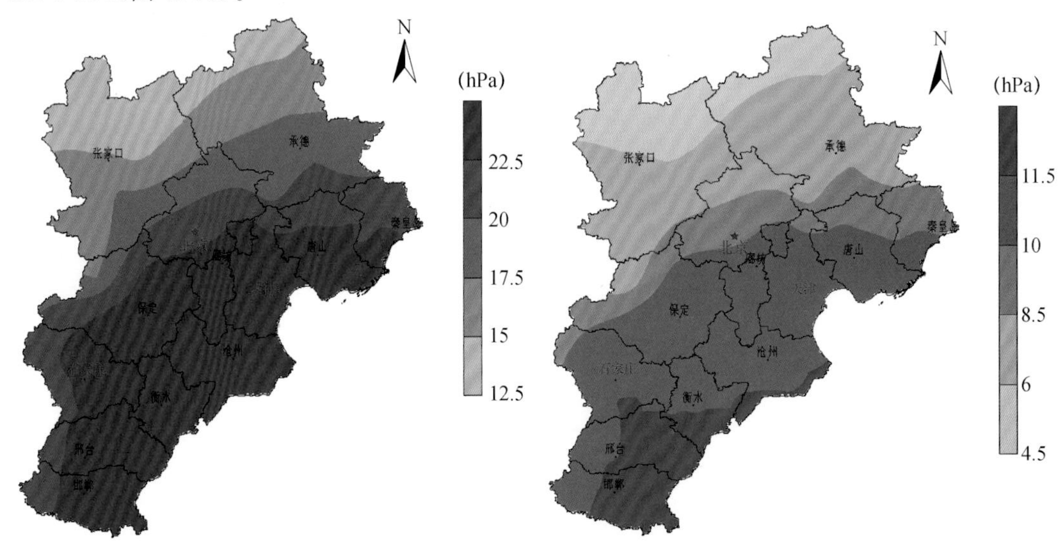

图 5.17　京津冀地区夏季平均水汽压空间分布　　图 5.18　京津冀地区秋季平均水汽压空间分布

5.5.1.2 相对湿度分布

京津冀地区年平均相对湿度空间分布大致为长城以南以及张家口北部高于中部地区。其中,唐山南部,保定、石家庄、衡水、沧州四市局部,邢台和邯郸两市东部高于65%,磁县、魏县最高达70%;张家口中部和南部、承德西部和北部低于55%,张家口最低仅47%;其他地区则为55%~65%(图5.19)。

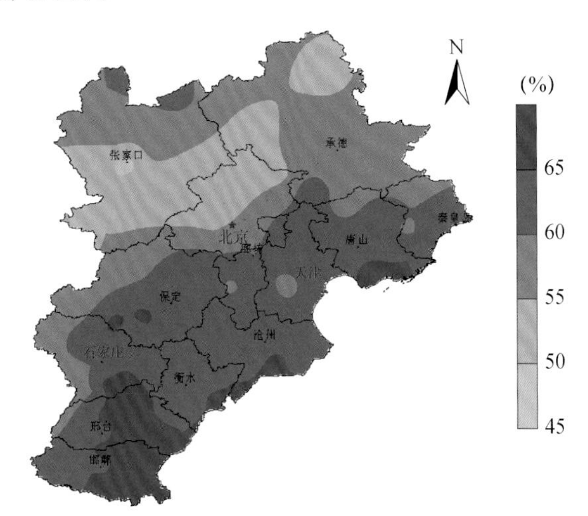

图5.19 京津冀地区年平均相对湿度空间分布

相对湿度的大小主要受气温高低和地面潮湿程度两个因子的综合影响。京津冀地区相对湿度年内变化呈单峰型,最高值出现在夏季的8月,最低值出现在春季,太行山前平原最低出现在3月,其他区域最低出现在4月(表5.3)。

表5.3 京津冀不同区域各月平均相对湿度(%)

区域	1月	2月	3月	4月	5月	6月	7月	8月	9月	10月	11月	12月
冀北高原	58	53	47	42	45	58	70	72	66	58	57	59
冀东平原	54	52	51	51	58	66	78	80	72	65	61	58
太行山前平原	60	55	54	57	62	61	76	81	74	68	67	64
太行山区	55	51	50	52	58	61	75	79	73	65	62	59
燕山丘陵	51	46	44	42	48	60	73	75	69	60	55	53

冬季平均相对湿度空间分布与年分布类似,长城以南以及张家口北部高、中间低。张家口北部,石家庄、唐山两市局部,沧州东南部,衡水南部,邢台、邯郸两市东部相对湿度较高,在60%以上,康保最高(67%);张家口中部和东部、承德西南部较低,在45%以下,张家口最低(41%);其他地区则在45%~60%(图5.20)。

春季平均相对湿度空间分布为东南高、中北部低、西北边缘高。石家庄局部、邢台中部、邯郸东部相对湿度较高,在60%以上,磁县最高(65%);张家口大部分地区、承德中部和北部较低,在45%以下,张家口最低(37%);其他地区则在45%~60%(图5.21)。

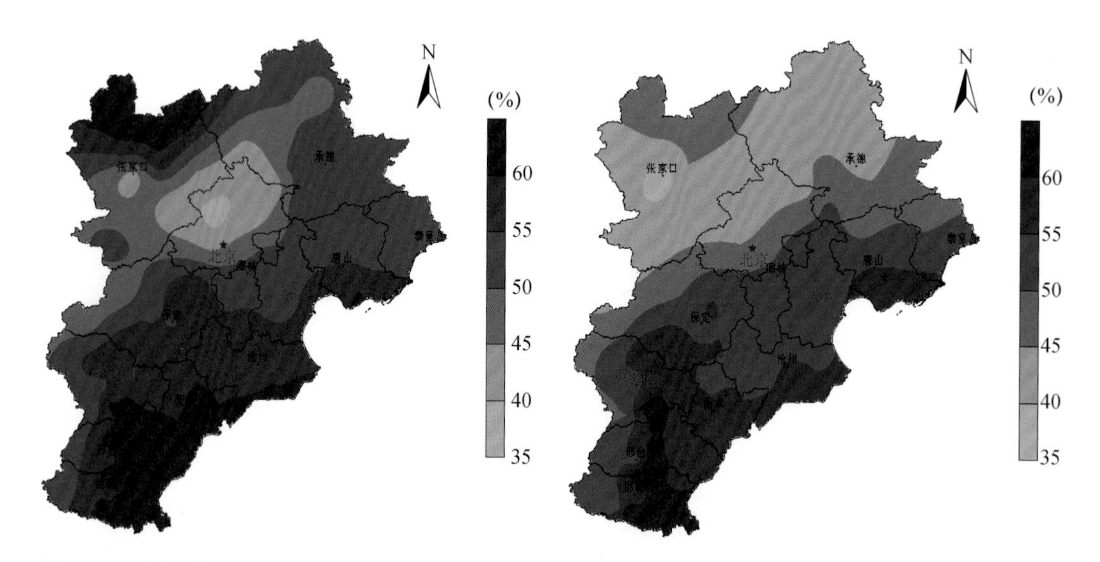

图 5.20　京津冀地区冬季平均相对湿度空间分布　　图 5.21　京津冀地区春季平均相对湿度空间分布

夏季为高温多雨季，平均相对湿度比较高。除张家口局部稍低以外，其他地区都在 64% 以上，唐山东南部、秦皇岛南部在 76% 以上(图 5.22)。

秋季平均相对湿度分布与春季分布类似，也是东南高、中北低、西北边缘高。保定、沧州、石家庄三市局部、邢台、邯郸两市东部相对湿度在 70% 以上，磁县、魏县、广平、成安、曲阳、广平 5 县(市)最高达 73%；张家口中部、承德西北部低于 55%，张家口最低为 50%；其他地区在 55%～70%(图 5.23)。

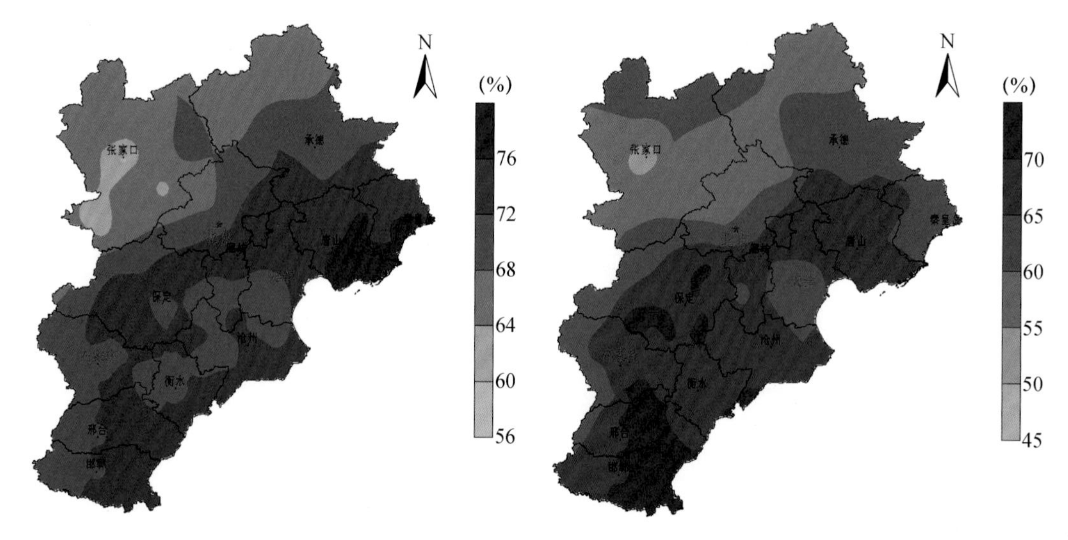

图 5.22　京津冀地区夏季平均相对湿度空间分布　　图 5.23　京津冀地区秋季平均相对湿度空间分布

5.5.1.3　北京市相对湿度

北京地区年平均相对湿度在 53%～59%(表 5.4)，东部和南部平原地区相对湿度稍大

(图 5.24)。相对湿度各季有明显变化,以北京地区代表站观象台为例(图 5.25),夏季最大,8 月达到 77%,秋季次之,为 60% 左右,春季为 45%～52%,冬季空气湿度最低,为 43%～47%。

表 5.4　1961—2018 年北京地区各气象站年平均相对湿度(%)

台站名	年平均相对湿度	台站名	年平均相对湿度
观象台	56	朝阳	57
海淀	56	昌平	53
延庆	56	斋堂	54
佛爷顶	56	门头沟	55
通州	57	顺义	57
汤河口	57	石景山	55
密云	59	丰台	57
怀柔	57	大兴	58
上甸子	53	房山	59
平谷	59	霞云岭	56

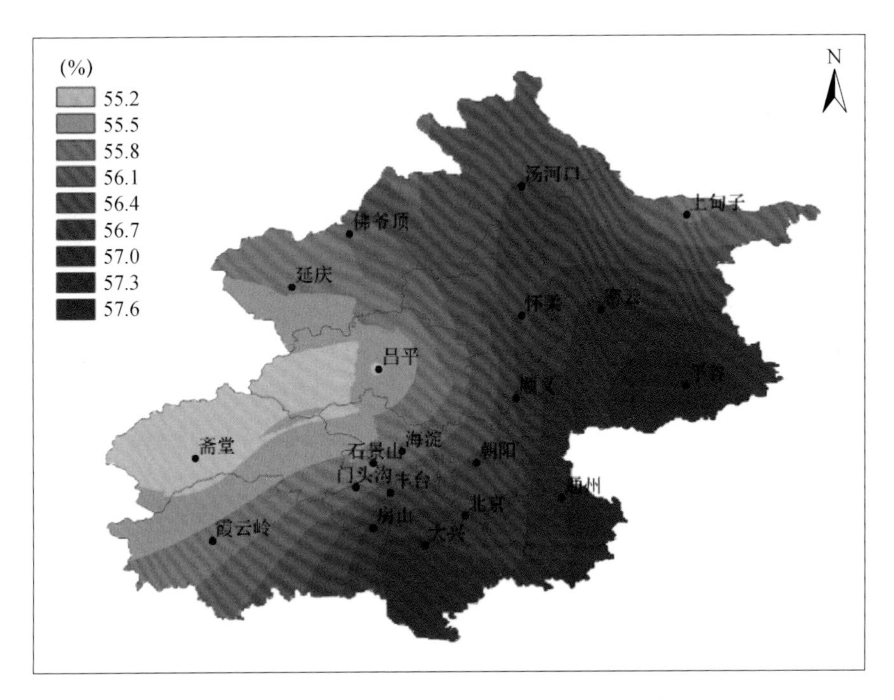

图 5.24　北京地区年平均相对湿度空间分布

5.5.1.4　天津市水汽压和相对湿度

(1)水汽压和相对湿度的空间分布

天津市年平均水汽压空间分布总体呈由西北到东南逐渐递增的形势(图 5.26a)。北部蓟

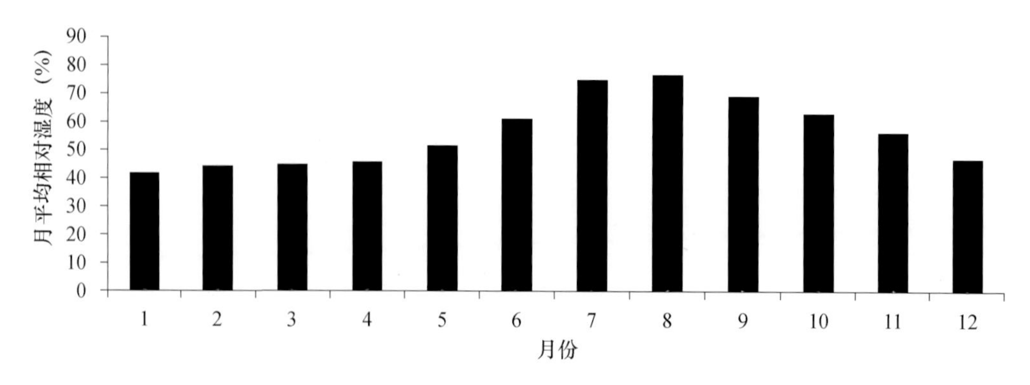

图 5.25　北京市观象台相对湿度年内变化(1961—2018 年)

州最小，为 10.9 hPa，东部沿海地区较大，最大值出现在滨海新区北部和宁河，为 11.9 hPa。天津年平均相对湿度空间分布为东部大、西部和北部小(图 5.26b)。相对湿度地区差异不大，北部蓟州最小，为 58%，东部沿海地区较大，最大值出现在滨海新区北部和宁河，为 65%。

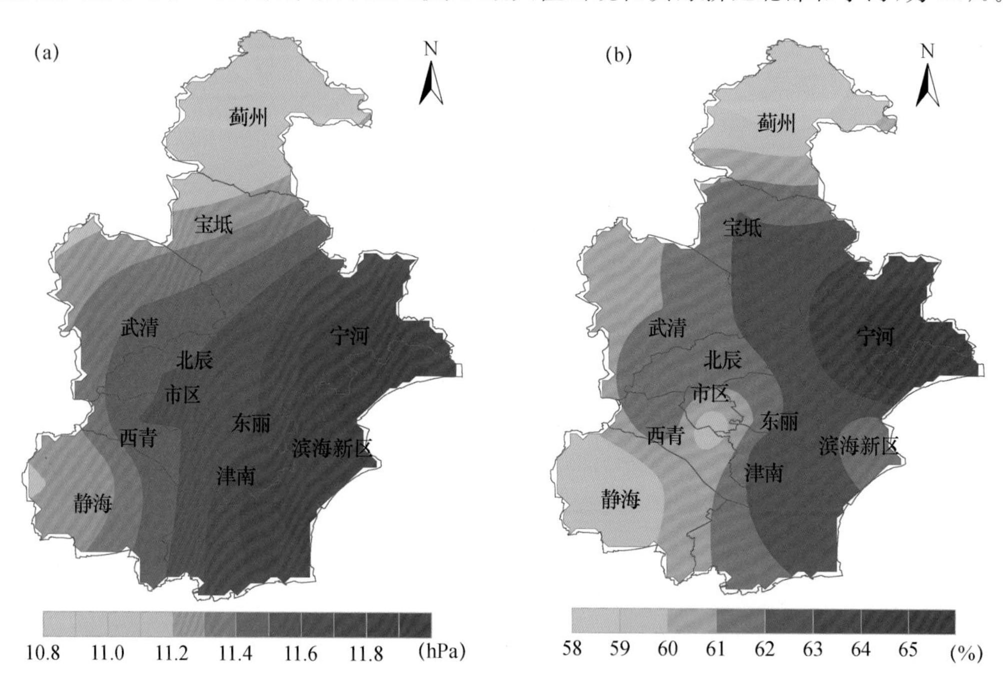

图 5.26　天津年平均水汽压(a)、相对湿度(b)空间分布

(2) 水汽压和相对湿度的时间变化

水汽压的年内变化显著，呈明显的单峰型(图 5.27)，冬季 1 月最低，为 2.7 hPa，此后逐步增大，夏季 7、8 月最高，超过 25 hPa，之后又迅速降低。相对湿度的年变化与水汽压并不相同，年较差较小。年平均相对湿度在 50%～75%，夏季 7、8 月最大，春季 3、4 月最小。

天津市平均水汽压呈降低趋势，并存在明显的年代际变化(图 5.28)。20 世纪 60 年代初水汽压总体较高，至 80 年代中期，总体上呈平稳的波动，80 年代中期至 90 年代中期有所

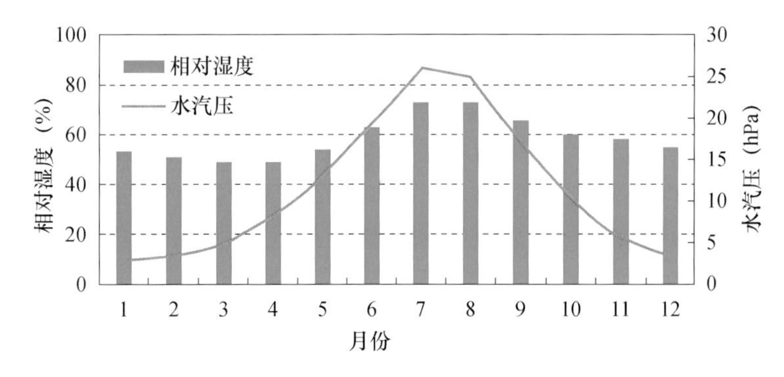

图 5.27　1961—2016 年天津市气象站相对湿度、水汽压年内变化

升高，90 年代中期以后，水汽压显著降低。水汽压的年际波动较大，年平均水汽压最高为 13.2 hPa，出现在 1998 年，最低为 9.5 hPa，出现在 2015 年。

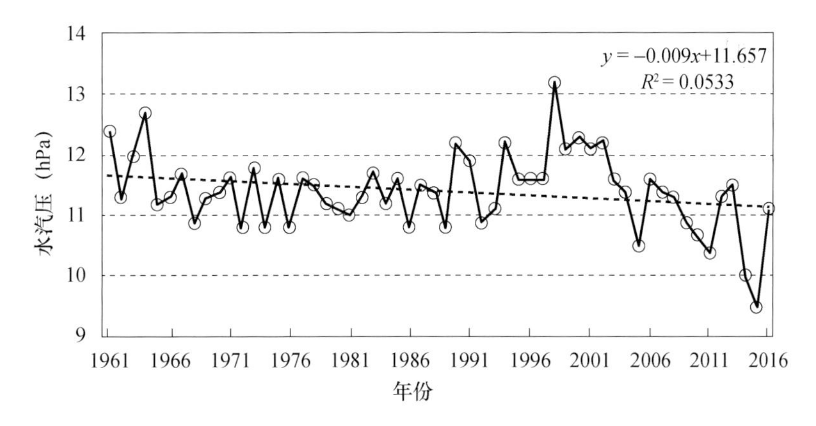

图 5.28　1961—2016 年天津市气象站平均水汽压年际变化

如图 5.29 所示，天津市年平均相对湿度呈下降趋势，其中 2000 年以前变化较为平稳，2000 年以后明显降低。1961 年以来，年平均相对湿度最低为 47%，出现在 2015 年；年平均相对湿度最高为 71%，出现在 1964 年。

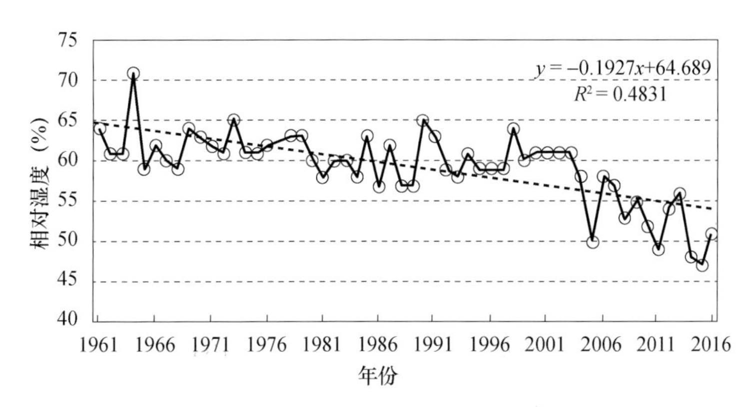

图 5.29　1961—2016 年天津市区气象站平均相对湿度变化

5.5.2 能见度

影响大气能见度的气象因素主要有相对湿度、气压、风速和天气现象(如降水、雾、烟、浮尘、扬沙、霾等)。如空气中的水汽可以使大气气溶胶粒子吸湿增长,并改变其光学特征,从而对能见度产生影响;风速减小,使大气扩散条件变差,颗粒物不断累积,导致能见度降低。低能见度主要集中在高湿、高 $PM_{2.5}$ 浓度的区域,而高能见度主要分布在低湿、低 $PM_{2.5}$ 浓度的区域,并且随着 $PM_{2.5}$ 浓度和相对湿度增高,能见度受其影响越大。因此,能见度是衡量空气污染状况的指标。

大气能见度的大小对人们生产、生活有十分重要的影响,低能见度对农业生产、交通运输和人民生活等都有极大的影响。大气能见度变化主要由大气中细颗粒物($PM_{2.5}$)对光的散射和吸收造成的,因此,大气能见度是反映空气质量的指标之一,也是空气污染最显著的标志。大气颗粒物污染对能见度的影响体现在局地和区域两种空间尺度上。

气象能见度的定义为:视力正常的人,在当时天气条件下,能够从天空背景中看到和辨认的目标物(黑色、大小适度)的最大水平距离;夜间是指中等强度的发光体能被看到和识别的最大水平距离。水平能见度等级划分为1～6级,见表5.5。

表 5.5 水平能见度等级表(详见 GB/T 33673—2017)

等级	定性描述用语	水平能见度
1	优	$V \geqslant 10$ km
2	良	2 km$\leqslant V <$10 km
3	一般	1 km$\leqslant V <$2 km
4	较差	500 m$\leqslant V <$1 km
5	差	50 m$\leqslant V <$500 m
6	极差	$V <$50 m

注:V 表示水平能见度。

5.5.2.1 京津冀地区能见度时空变化特征

京津冀地区1980—2018年年平均能见度为18.2 km,最小值9.9 km出现在河北邢台,最大值36.4 km出现在河北怀安。低能见度事件的空间分布总体呈北少南多态势:河北省北部的张家口、承德地区能见度最大,年平均能见度在25 km以上;北京的北部山区、河北省的唐山、秦皇岛等地能见度在20 km以上;河北省南部、天津中东部、北京西南部为低值区,能见度在15 km以下。北京地区能见度水平较低,年平均能见度为9.9 km。

从月、季平均能见度来看,京津冀地区能见度有明显的月、季变化特征,从月分布上看呈"两低两高"型,即1月、7月能见度低,5月、9月能见度高。从季节上看,能见度春、秋季高,冬季低。这个变化特征与全国平均能见度的月、季变化差异较大。北京地区能见度与京津冀地区有所不同,春季能见度最高,夏季能见度最低;北京西北地区年平均能见度明显高于东南大部分地区,中心城区相对较低。

能见度存在一定的日变化特征，而且在不同季节表现不同。受区域气候特征的影响，能见度的变化规律有一定的差异。京津冀地区能见度的日变化基本一致。以北京为例，北京地区夏季能见度最差的时刻大多在早上，因为这时北京正好处于小风、静风期，扩散条件较差，而在中午和下午，由于大气垂直扩散增强，风力增大，污染物不容易累积，所以能见度较好。冬季能见度的日变化相对不明显，主要是冬季大气扩散能力相对较弱，同时采暖期燃煤导致颗粒物等污染物的排放增大等原因所致。受太阳辐射的作用，冬季中午混合层发展起来，此时污染程度在一天中相对较轻，因此，冬季通常中午的能见度最好，下午逐步变差，午夜一般最差。秋季早晨能见度一般较好，中午过后能见度开始下降。

5.5.2.2 能见度趋势变化特征

受地理位置、气象条件、空气污染水平等因素的影响，不同地理位置的能见度存在一定的差异。京津冀地区年平均能见度呈显著下降趋势($p<0.001$)，变化速率为-0.7 km/10 a。图5.30给出了环渤海地区年平均能见度变化曲线，可见20世纪80年代能见度较高，平均约19 km；90年代有所下降，特别是90年代后期下降较大；2000年以后继续下降，到2006年前后达到最小值，随后几年略有上升。从季节上看，春、夏、秋三季呈显著下降趋势(春季$p<0.05$，夏季和秋季$p<0.001$)，冬季下降趋势未通过$\alpha=0.05$的显著性检验。从月份上看，京津冀能见度下降集中在5—10月，除了5月通过$\alpha=0.05$的显著性检验外，6—10月均通过$\alpha=0.001$的显著性检验。可见，京津冀地区能见度下降主要出现在夏半年。

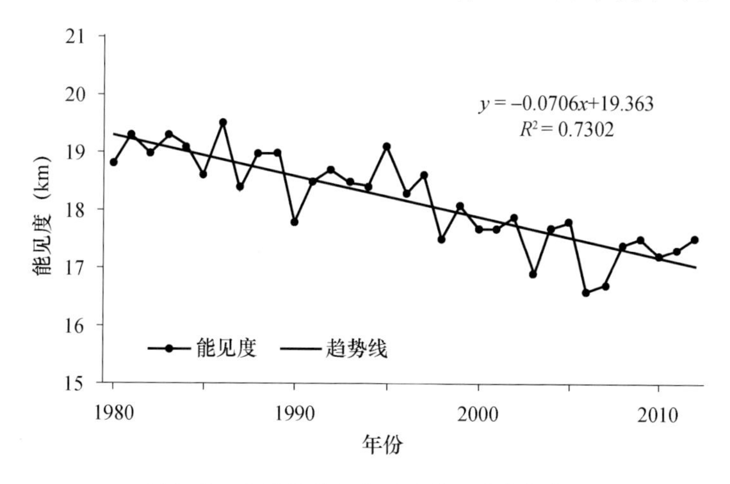

图5.30 环渤海地区年平均能见度变化曲线

京津冀地区年平均能见度下降区域主要分布在太行山、燕山的迎风坡，即从邯郸、邢台、石家庄到北京的北部和遵化一带；还有一条是在河北省的中部，以衡水为中心往北到廊坊，往南到南宫。能见度增大的区域较少，主要分布在河北省西北部的张家口。

5.5.2.3 不同级别能见度时空变化特征

京津冀地区能见度≤10 km的年平均日数空间分布形态与年平均能见度分布大致相同，年平均能见度低值区对应低能见度出现日数的高值区，说明年能见度的大小主要是受低能见度出现频率的影响。京津冀地区不同等级能见度出现日数的高值中心差异明显。能见度>5 km 且≤10 km 出现日数最小为 0.8 d(河北兴隆),最大为 289.6 d(河北邢台),50 d 以上的区域包括太行山前一带,即邯郸—邢台—石家庄—保定—北京中南部,以及天津中部。能见度>1 km 且≤5 km 出现日数不同于能见度>5 km 且≤10 km 的空间分布,而是呈分散状分布,高值区主要集中在石家庄西部、邯郸南部,北京朝阳、昌平,天津的东部、北部。能见度≤1 km 的出现日数除了北京佛爷顶因常年大雾导致日数异常偏高外,其他地区均在 0~10 d,其中只有河北省中南部和天津东部在 2 d 以上。三个等级能见度出现日数大值中心基本上都在河北省中南部出现,但三个大值中心并不重合,位置略有不同。这表明造成各地区低能见度现象的因素并不一致。

低能见度(<1 km)天气的出现随着时间和季节的变化有一定的规律。以北京地区为例,各季节低能见度的日变化存在一定的差异。各季节均以 08 时低能见度出现频率最多。秋、冬两季出现低能见度的频率较高,且远高于春、夏两季。秋、冬两季均以 08 时频率最高,02 时次之,均高于 14 时和 20 时。春季的低能见度多发生在早晨和午后,夜间较少。夏季低能见度多发生在后半夜和早晨,午后至前半夜较少。由各时段低能见度出现次数的年际变化可以看出,北京地区均以 08 时低能见度出现次数最多,02 时次之,20 时出现最少。表明在一般情况下,低能见度多生成于夜间,清晨是能见度最低的时段,同时也是低能见度出现最多的时段,通常低能见度维持到中午前后即可好转。

京津冀地区低能见度多出现于 11 月,其次是 2 月出现较多,5、6 月为低发期。

5.5.2.4 大气能见度与气象因子的关系

大气能见度变化趋势除了受颗粒物对大气的消光作用影响外,还与气象因子有着很大的直接关系,并且存在有一定的规律性。王淑英等(2001)利用北京地区近 10 a 的地面常规气象观测资料及 1998 年 1 月至 2000 年 7 月主要空气污染物浓度资料,分析了北京地区低能见度(<1 km)的气候变化特征以及出现低能见度的气象条件和污染状况,总结出北京地区低能见度(<1 km)的季、日变化特征以及主要影响因素和形成条件。陈婧等(2019)对华北背景地区大气能见度变化特征进行了分析研究,结果发现,北京上甸子地区年均能见度呈下降趋势,能见度与相对湿度和风速均呈明显负相关,与气压呈明显的正相关,而与气温的相关系数时正时负,表明气温对能见度的影响具有两面性。李英华等(2018)对天津城区大气能见度进行了监测,发现 $PM_{2.5}$ 浓度和相对湿度的共同作用是造成天津大气能见度降低的主要原因,当 $PM_{2.5}$ 浓度达到轻度或中度污染水平(75~150 $\mu g/m^3$)时,对应的能见度日均值以Ⅱ级和Ⅲ级为主,Ⅱ级能见度时冬、春季 $PM_{2.5}$ 浓度高于夏、秋季,而相对湿度则是夏、秋季高于冬、春季,这表明 $PM_{2.5}$ 浓度和相对湿度的季节分布导致了大气能见度的季节分布(表 5.6)。

大气能见度的变化与大气中的水汽含量也有一定的关系。水汽对能见度的影响主要表现在两个方面,一方面,水汽本身能对光产生散射和吸收作用,另一方面,在一定条件下水汽的存在可以改变大气中气溶胶粒子的光学特性和尺度分布。大气相对湿度越高,气溶胶粒子吸湿性增长速度越快,造成消光系数增大,最终导致能见度降低。当空气相对湿度小于 78%时,能见度主要受空气污染物浓度影响;当空气相对湿度大于 96%时,能见度主要受空气湿度影响；当空气相对湿度介于78%～96%时，能见度受空气污染物浓度和空气相对湿度的共同影响。

表5.6 不同能见度等级下 $PM_{2.5}$ 浓度和相对湿度(RH)的统计特征(李英华等，2018)

能见度等级	能见度范围(km)	$PM_{2.5}$ 浓度(μg/m³)				RH(%)			
		春季	夏季	秋季	冬季	春季	夏季	秋季	冬季
Ⅰ级	0～2	—	—	248	268	—	—	80	78
Ⅱ级	2～5	166	110	145	203	57	72	65	61
Ⅲ级	5～10	108	83	100	119	47	62	57	48
Ⅳ级	10～19	63	49	51	61	34	49	45	34
Ⅴ级	≥19	24	25	19	25	20	33	25	23
全部	≤35	80	64	85	108	38	55	52	44

从河北省不同能见度区间对应相对湿度变化的百分率看出，水平能见度(V)小于2 km，对应相对湿度≥90%的比率平均达到了44.6%，相对湿度在80%～90%所占比率为20.6%，相对湿度在60%以下的比率仅为9.4%；2.0 km≤V<3.0 km时，相对湿度>90%的比率明显减少，其他区间的比率明显增大；3.0 km≤V<5.0 km时对应相对湿度≥90%所占比率仅为2.2%；5.0 km≤V<10.0 km时，相对湿度>80%的比率降为5.1%，而相对湿度<60%的比例增大到64.8%。由此可见，低水平能见度(V<2.0 km)事件多发生于相对湿度>80%时段，且相对湿度越大，能见度越低，造成的视程障碍更严重。

随着月份以及每日时间的变化，大气的相对湿度也会随之改变，从而会影响水平能见度的变化。图5.31给出了京津冀地区各站逐月能见度和相对湿度相关的统计结果。可以看出，除了5月，各月负相关站数均在90%以上，其中冬半年能见度与相对湿度呈显著相关($p<0.05$)的站数在60%以上，要多于夏半年。能见度与相对湿度均呈负相关。大气能见度的日变化曲线(图5.32)有同样的变化规律，即相对湿度升高，能见度降低。18时至次日06时前，随着温度的降低，相对湿度逐渐增大，对流活动减弱，气溶胶吸湿增长导致散射和吸收增强，大气能见度逐渐降低。日出后随着温度升高，相对湿度逐渐降低，大气扩散条件转好，能见度逐渐升高。

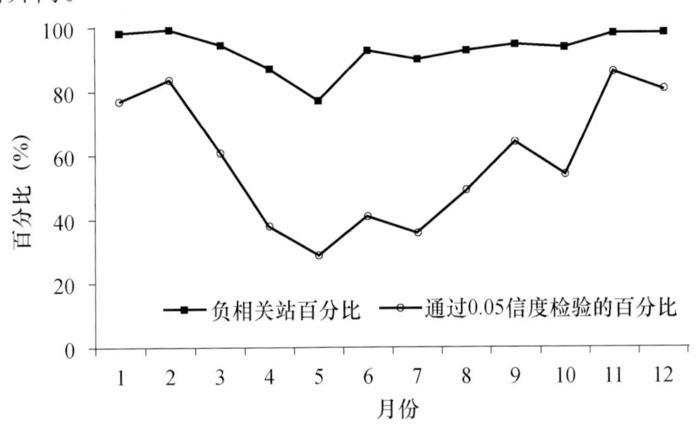

图5.31 各月平均能见度和相对湿度负相关出现站数百分比

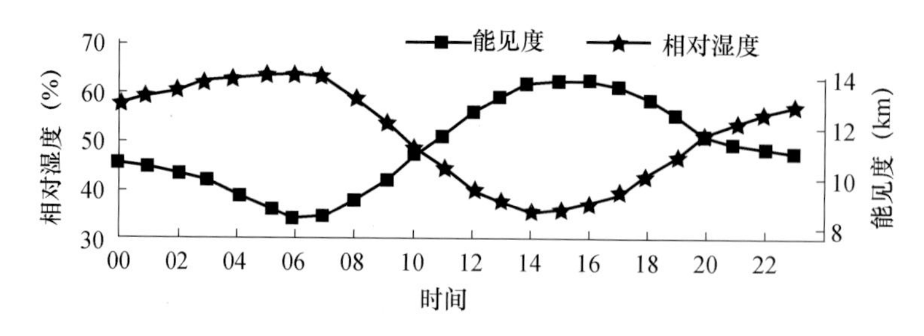

图 5.32 大气能见度及相对湿度日变化曲线（宋明 等，2013）

能见度≤1 km时，京津冀大部分地区的能见度是受雾（相对湿度≥90%）的影响，特别是在河北东南部、天津南部地区≤1 km的能见度有80%以上是由雾引起的。而在河北西北部出现能见度≤1 km较少的地区，只有30%是受水汽的影响形成的，由颗粒物和气体污染物引起形成的占50%左右，由雾、霾共同造成的占20%左右。这可能是由于张家口—承德地区干旱少雨、风沙大，特别是与冬季燃煤有关。

能见度>1 km且≤5 km时，邯郸、邢台、石家庄、北京中部等太行山、燕山山脉前这一带，主要是受颗粒物和气体污染物的影响，占总出现频率的55%左右；有20%左右是由大雾引起的；有20%～30%是雾、霾共同造成的。

在能见度>5 km且≤10 km时，各等级相对湿度出现频率的空间分布与能见度>1 km且≤5 km时基本一致，只是数值有些不同，邯郸、邢台、石家庄、北京中部等一带受颗粒物和气体污染物的影响占80%左右，京津冀大部分地区受雾、霾共同影响的占10%～20%，受大雾影响的占20%以下。

5.5.3 沙尘

京津冀地区位于中国北方半干旱风蚀沙漠化区外围，受暴发于北方地区沙尘暴东移南侵的影响十分严重。频发于冬、春季的沙尘天气，在急剧增多大气颗粒物含量和降尘量的同时，空气变得浑浊，还会降低大气能见度，污染大气环境，对交通运输安全造成严重威胁，沙尘天气给人们的出行和户外活动带来很大影响，其挟带的大量沙粒、尘埃、细菌、花粉和其他可吸入性颗粒物对人类健康有极大危害。在某种程度上，沙尘天气已经成为制约京津冀地区经济社会可持续发展和环境质量改善的重大生态环境问题。

沙尘天气包括沙尘暴、扬沙和浮尘三类天气（只要出现其中一种即为出现沙尘天气）。扬沙与沙尘暴是由于本地或附近沙尘被强风吹起而造成的，所不同的是，扬沙天气时风较大，能见度在1～10 km，而沙尘暴风很大，能见度小于1 km。沙尘暴按水平能见度的不同又分为沙尘暴、强沙尘暴和特强沙尘暴。从气象因素和气溶胶来源方面分析，扬沙天气下的沙尘应为本地源，其气溶胶浓度受风速影响较大，风速较高导致气溶胶浓度剧增，而在远离沙源地的地区且地面风速较小的情况下，沙尘天气多为外来气溶胶远距离输送并在本地沉降所致，沙尘主体系主要由沙尘源区的沙尘颗粒叠加沿途地区的气溶胶构成。单纯从能见度和风速判断可能混淆浮尘与霾，气象上霾的判定标准为能见度小于10 km、相对湿度低于80%，而低能见度天气下往往伴随着低相对湿度和低风速，因此这两种天气现象的判断需要根据 PM_{10} 质量浓度结合其持续时间进一步分析。

5.5.3.1 沙尘天气产生的影响因素

(1) 沙尘的来源和移动路径

沙尘源地是沙尘天气形成的物质基础，主要决定了沙尘天气可能的空间分布状态。根据沙漠、半沙漠、沙地、戈壁的分布，把影响中国的主要沙尘来源分为：中国南疆的塔克拉玛干沙漠、柴达木盆地、内蒙古西部沙地、内蒙古东部沙地、黄土高原，以及蒙古国。

沙尘天气的移动路径与造成沙尘天气的冷空气移动密切相关。中国沙尘天气的移动路径主要有西北路径、偏西路径和偏北路径(图5.33)。西北路径的冷空气源于北冰洋冷气团，强冷空气自西西伯利亚向东南经我国北疆、内蒙古西部，顺西北风向东南方向移动，途经巴丹吉林沙漠、腾格里沙漠、乌兰布和沙漠、库布齐沙漠、毛乌素沙地、黄土高原。此类沙尘天气具有范围广、强度大、灾害严重的特点，并且发生次数最多，约占总数的一半以上，主要影响我国西北、华北和东北地区。偏西路径的冷空气从中亚翻越帕米尔高原进入南疆西部，沿塔里木盆地东移影响我国南疆、河西走廊西部及青海北部，主体向偏东方向移动，途经巴丹吉林沙漠、腾格里沙漠、乌兰布和沙漠、库布其沙漠、毛乌素沙地。此类沙尘天气发生次数相对最少，主要影响我国西北和华北地区，有时还影响到东北地区西部和南部。偏北路径的冷空气来自极地气团或变性气团，经贝加尔湖、蒙古国南下，途经腾格里沙漠、乌兰布和沙漠、库布齐沙漠、毛乌素沙地和浑善达克沙地。此类沙尘天气发生次数相对较少，主要影响我国西北地区东部、华北大部分地区和东北南部。

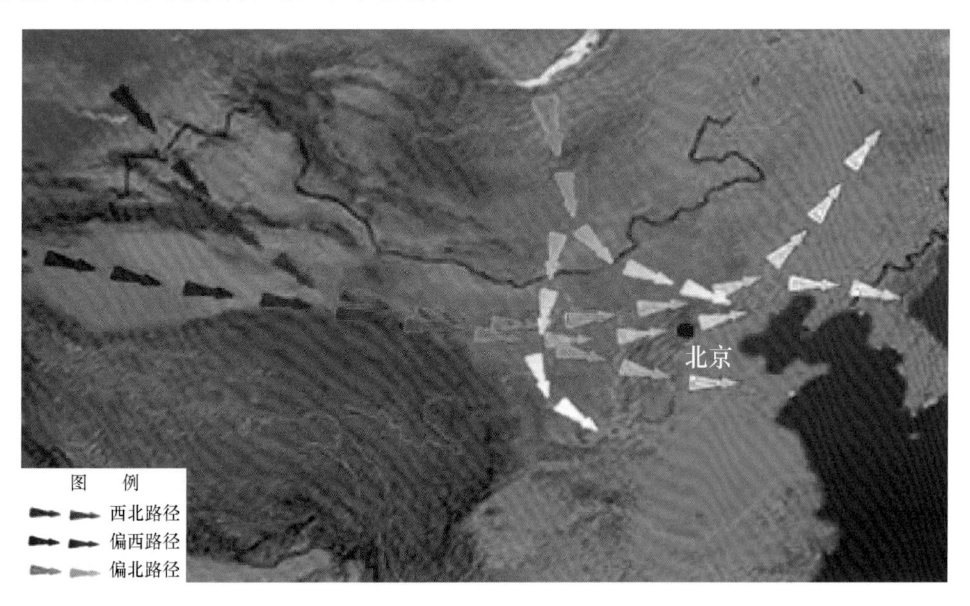

图5.33 中国沙尘天气的3条主要移动路径(尹晓惠,2009)

影响北京的沙尘天气北路传输路径占总数的27.4%，西北路传输路径占总数的40.3%，西北路和北路共同出现占总数的24.2%，西北路和西路共同出现占总数的6.5%，而西路占总数的1.6%。向北京地区输送的沙尘路径，最主要的有两条，即西路输送和北路输送。西路输送：新疆哈密→内蒙古阿拉善盟→河西走廊→贺兰山南、北两侧→毛乌素沙地和乌兰布和沙漠→呼和浩特市→张家口→北京。北路输送:内蒙古乌兰察布市和锡林郭勒盟→阿巴嘎旗→浑善达克沙地→张家口→北京。

(2)沙尘产生的气象条件

沙尘天气发生必备的气象条件为大风和不稳定的大气层结。大风和不稳定的大气层结是形成沙尘天气的动力条件,主要决定了沙尘天气的强度、移动路径和持续时间。春季北方地区冷锋活动频繁,风力强而持久,可将大量沙尘、土粒吹入空中,形成沙尘天气。大范围沙尘(暴)的发生都伴随着一次大尺度环流形势的调整和强冷空气骤然暴发过程。影响沙尘(暴)的主要天气系统多为较强冷槽及强锋区、中低空明显升温、地面强冷锋和明显的气压和温度梯度以及中尺度天气系统。尤其是冷锋,冷锋过境时的冷、暖气团之间易产生较大的气压梯度,在锋后产生大风天气,大风吹过沙地时易将沙尘卷起,从而导致沙尘天气的发生。与冷锋相伴而生的气旋容易在锋面附近产生强烈的干对流,从而形成有利于起沙的环流背景。干飑线和副冷锋等中尺度天气系统容易引发局地沙尘天气。除此之外,中尺度切变线、暖舌、东风急流、西风槽等天气系统也是容易引发沙尘天气的重要天气系统。气候暖干是风沙活动整体加剧的重要环境背景。全球变暖趋势使土壤水分大幅度耗减,这就有利于沙尘天气的发生。例如,对 2000—2002 年京津冀地区沙尘天气增多的原因分析表明,北方大部分地区 1999—2002 年降水量持续偏少,年均气温偏高,土壤水分蒸发强烈,土壤干燥疏松,有利于沙尘暴的形成;而较强冷空气频繁南下和有利的大气环流导致沙尘暴明显偏多。北方地区大风日数的增减是气候周期性变化的反映,拉尼娜事件的高峰期导致强沙尘天气陡增;中国北方局部改善但整体恶化的地表覆被状况是强沙尘天气产生的另一重要原因。

5.5.3.2 浮尘的时空分布特征

京津冀地区 1961—2018 年发生浮尘的日数为平均每年 0~26 d,整体呈现西南多、东北少的分布格局,大部分地区平均每年发生浮尘的日数为 0~5 d,最大日数在 25 d 以上,但范围较小(图 5.34)。石家庄的大部分地区、邯郸的中西部地区、邢台西部的部分地区及张家口、唐山、保定的小部分地区平均每年的浮尘发生日数为 5~10 d,其中石家庄东南与邢台交界的部分地区、邢台西部地区的年均发生日数更是为 10~15 d。邢台市北部与石家庄交界的地区为浮尘高发区,浮尘的年均发生日数在 20 d 以上,小部分地区超过 25 d。

总体而言,京津冀地区浮尘天气呈减少趋势(图 5.35)。1961—1973 年,浮尘天气呈波动增多趋势,1966 年达到最大,京津冀全区域在该年累计浮尘发生日数为 2451 d;在 1973 年后,浮尘天气开始呈波动减少趋势,1975—1985 年减少尤为明显;1986—1992 年为浮尘高发期,其后持续平稳,并维持到 90 年代后期;1998—2002 年浮尘天气呈小幅度增加,在 2003 年迅速减少,尤其在 2009 年后,浮尘发生的总日数达到最低且持续维持在一个较低的水平上。

北京地区浮尘天气总体呈现波动减少的趋势,但减小的趋势不明显,20 世纪 60 年代初期较 50 年代有较大幅度的减少,但 60 年代中期有所回升,70 年代中期回升较为明显,80 年代后又呈现下降趋势。1999—2002 年扬沙和浮尘天气有明显的增加。

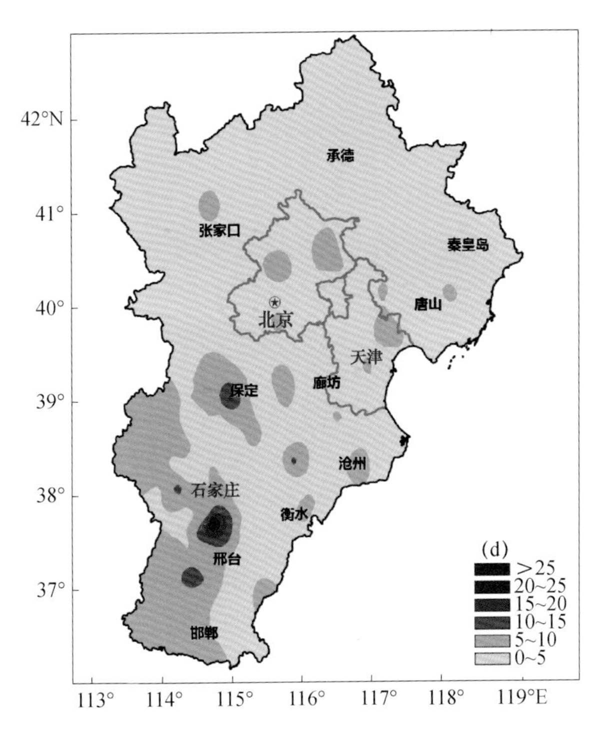

图5.34 京津冀地区浮尘发生日数空间分布

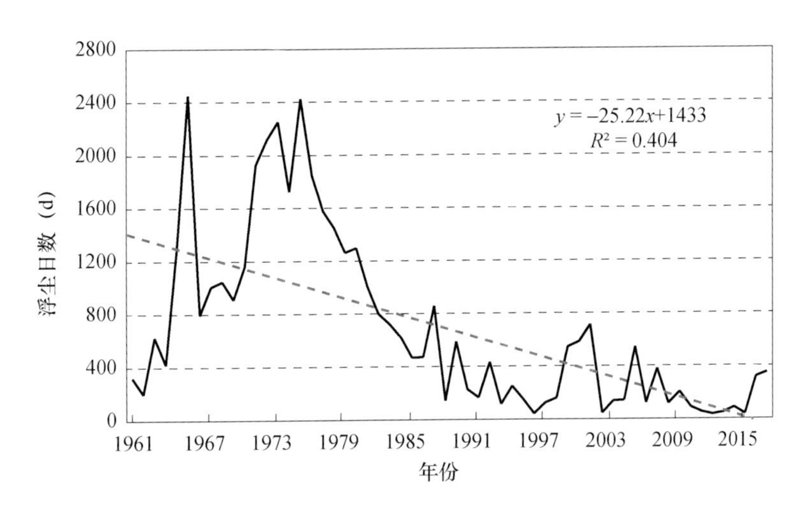

图5.35 1961—2018年京津冀地区年浮尘发生日数变化趋势

5.5.3.3 扬沙的时空分布特征

京津冀地区自第四纪以来就饱受风沙的危害，最为严重的时期是在晚更新世。进入全新世后，中国大陆进入了有史以来的最适宜气候期，中国大陆气温升高，降水量增加，植物发育旺盛，适宜的气候使流沙固定而大大减弱了风沙危害。京津冀地区亦是如此。从过去1000多年北京地区沙尘活动历史发现，沙尘暴历史记录首次出现在公元440年。隋唐时期，北京地区没有有关沙尘暴的记载。辽金时代，随着气候变得寒冷、干旱，以及政治经济中心地位的加强，北京地区在1155年、1172年、1183年和1204年均有关于风沙活动的记载，且沙尘天气多出现在3、4月。公元1215年，蒙古军攻占金中都(今北京)后旧习未改，游牧民族使许多耕地撂荒。随后农耕重兴，耕地日益增多，北京地区再遭沙尘暴侵扰。1296年又有沙尘暴记录，其后9 a(公元1323—1331年)出现多次沙尘暴天气。明朝北京地区沙尘暴发生的频率和强度为历史罕见。在明朝近300 a的历史中，北京地区约有1/3的年份有大风沙尘暴天气，特别是在公元1440年以后的205 a，约有一半年份出现沙尘暴。清朝的历史记录中，沙尘暴在北京地区发生的相关记载不算多。民国时期同清朝情况相似。20世纪40年代初北京郊区多见沙丘，北京地区风沙活动强烈。

京津冀地区1961—2018年年均扬沙过程日数为0～2.63 d。该地区存在两个高值中心：一处位于河北省西北部，主要包括张家口市的大部分地区和北京、天津的中南部；另一处位于河北省南部，以邢台市为中心，主要包括邢台和衡水的大部分地区；西南部高值区发生扬沙天气的日数明显多于西北部地区(图5.36)。京津冀的北部地区呈现西多东少的分布特点，北京东部、廊坊东北部、唐山北部及承德、秦皇岛的大部分地区扬沙年均日数均在0.5 d以下；京津冀的南部地区呈现东南多、西北少的分布特点，尤其邢台市域内发生扬沙的日数均在1 d以上。

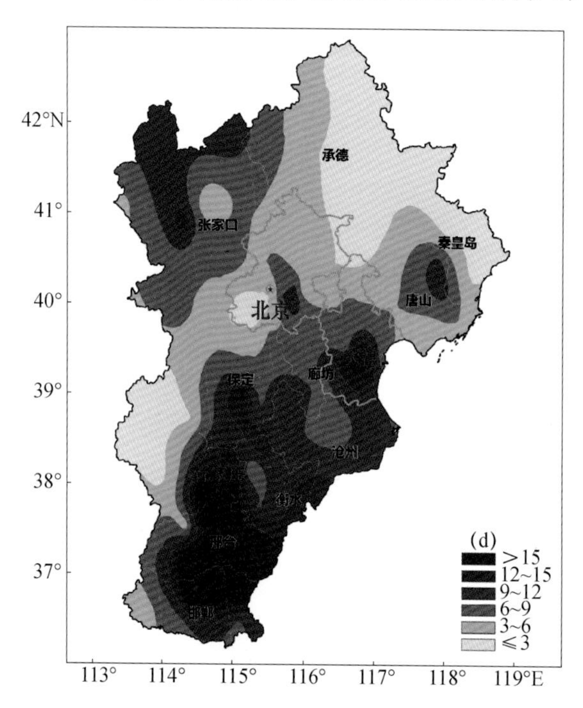

图5.36　京津冀地区扬沙日数空间分布

总体而言，1961—2018年京津冀地区扬沙天气呈波动减少趋势(图5.37)。1961—1974年为扬沙发生日数变化起伏较大的时期；1974—2018年扬沙发生日数总体呈波动下降，期间偶有小高发期，但持续时间较短。1961—1963年，扬沙发生日数存在小幅度波动；1964年发生日数迅速减少后又迅速增多，1966年达到最多，为2058.7 d；1966年后，扬沙发生日数迅速减少，回归并维持在1964年前的水平；1971—1974年，扬沙发生日数再次回升，1974年达到一个极大值，为1834 d。1974年起，扬沙的发生日数开始出现波动下降的趋势，期间偶有小高发期，但增幅较小且维持时间均在2 a以内；1997年，扬沙的发生日数首次减少到201 d;2012年，扬沙发生日数最少到41 d,之后始终维持在较低的稳定水平。

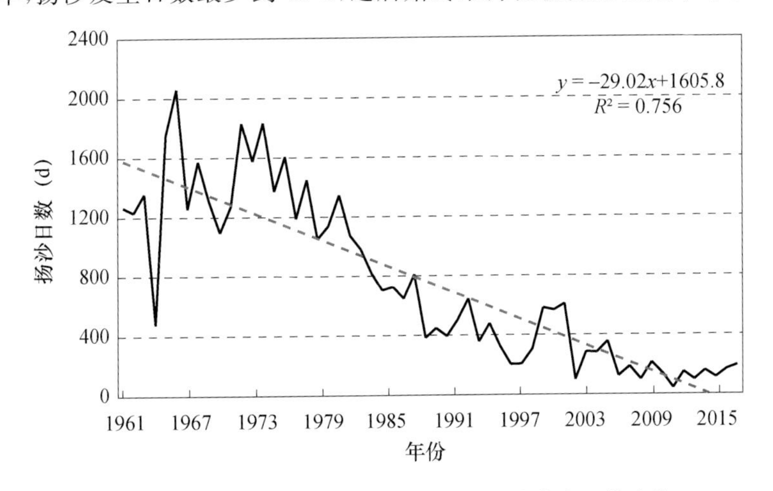

图5.37　1961—2018年京津冀地区年扬沙发生日数变化

5.5.3.4　沙尘暴的时空分布特征

中国发生的沙尘暴可分为两种类型：内源型和外源型。内源型沙尘暴起源于南疆的塔克拉玛干沙漠及其周边地区、北疆的准噶尔盆地南沿、甘肃河西走廊和内蒙古干燥沙漠及青海柴达木盆地等地。总体上，我国沙尘暴主要集中在北方地区，多发区主要分布在以和田和民丰为中心的南疆盆地及其附近，以及甘肃河西走廊(以民勤为中心)、阿拉善至腾格里沙漠地区。另外，华北地区和青海柴达木盆地也是两个沙尘暴相对多发的区域。外源型沙尘暴移动路径主要有两条，分为西路和北路：①西路，即西北欧→西西伯利亚→中国新疆西部地区→河西走廊和柴达木盆地→河套地区和内蒙古东部；②北路，即泰米尔半岛→西伯利亚中西部→蒙古高原→中国新疆东部及内蒙古地区→华北地区。西路入侵中国的沙尘暴天气影响范围较大，北路则次数较多，是西路的2倍。在适当的天气情况下，城市周边的小型沙尘源，如裸露荒地、小型沙地以及干河道、闲置耕地、建筑工地和垃圾场对沙尘天气的发生也会起到增强作用。

京津冀地区1961—2018年年均沙尘暴天气的日数为0～0.6167 d,大部分地区的沙尘暴日数在0.1 d以下，高值中心范围较小，分别在京津冀地区的西北部与中南部地区(图5.38)。京津冀地区在西北部存在一个高值中心，包含张家口西北大部分地区与承德西部的小部分地区，其中张家口市的大部分地区沙尘暴日数都在0.1 d以上；京津冀地区的中南部存在一个次高中心，北至保定市中南部，南至邯郸市东北，西至石家庄及邢台中部，东至衡水东部，该区域内沙尘暴日数在0.1 d以上，最大值为0.3～0.4 d,位于衡水市北部市域交界处。另外，在京津冀地区的中部，存在一个小范围的区域，沙尘暴发生日数在0.1～0.2 d,极小区域为0.2～0.3 d,该区域位于北京市与廊坊市、保定市、天津市市域的交界处，包含北京市中南部的大部分地区及其余三市的小部分地区。

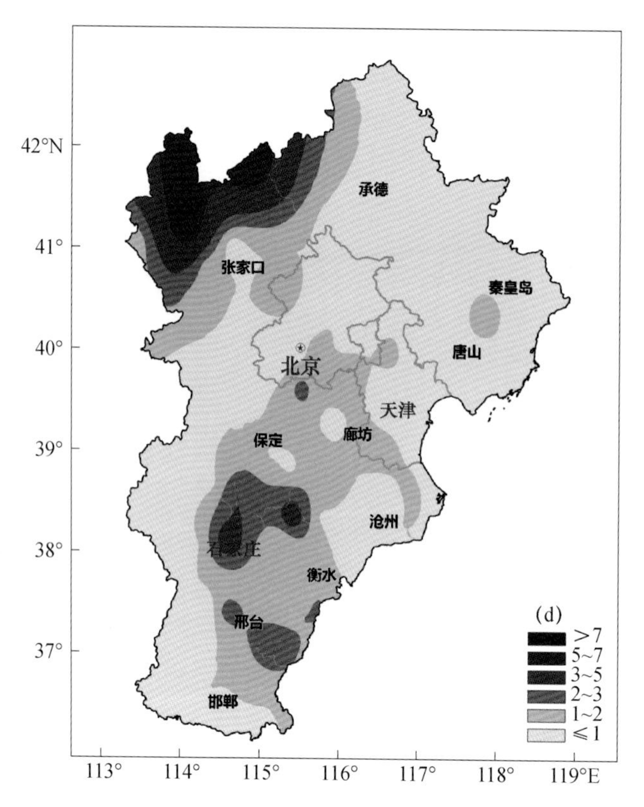

图 5.38 1961—2018 年京津冀地区年均沙尘暴日数空间分布

京津冀地区的沙尘暴天气总体呈减少趋势，这种趋势在 20 世纪 90 年代前表现得尤为明显（图 5.39）。1961—1973 年，沙尘暴天气发生日数呈大幅度波动变化，1966 年沙尘暴日数达到最多，为 653 d；1973—1978 年，年沙尘暴发生日数迅速减少并出现短暂的维持期；1978 年起，沙尘暴天气开始呈现明显的波动减少趋势，在 1987—1988 年和 2000—2002 年出现两个小高发期，但日数较少且维持时间较短，2002 年之后沙尘暴发生日数便始终维持在较低的水平且没有较大起伏。

5.5.3.5 沙尘天气发生的气象条件

（1）风速与沙尘天气的年际相关

风速是产生沙尘天气的动力条件，风速越大，越容易发生沙尘天气，沙尘天气频率与风速呈正相关。沙尘天气与各种风速指标均呈正相关，其中沙尘天气与年均风速的相关系数均值最大，春季平均风速次之，与春季大风日数的相关系数均值最小，这与传统上认为的沙尘天气主要与春季风况相关的认识不同。可能原因是：一方面是沙尘天气不仅发生在春季，年均风速比春季风速能够更好地反映该年度风力因素对沙尘天气的影响；另一方面，沙尘天气的其他影响因素也会对沙尘天气与风速的相关系数造成干扰。各城市沙尘天气与风速因子的相关系数存在差别。北京市沙尘天气与春季大风日数的相关最好，其次是春季平均风速。天津、石家庄、张家口的沙尘天气与风速的相关一致，沙尘天气与年均风速相关最好，其次是春季平均风速。因此，京津冀各地区应采用不同的风速指标来反映风速因子对沙尘活动的影响。

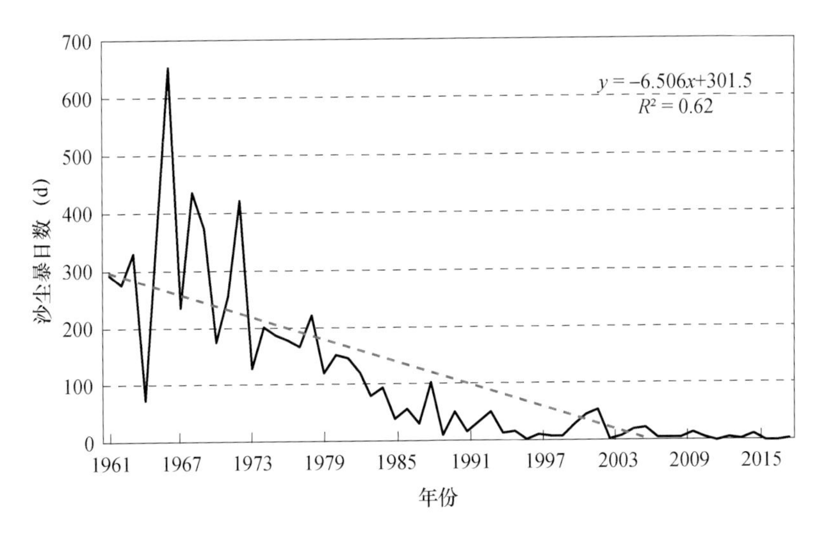

图5.39　1961—2018年京津冀地区年沙尘暴发生日数变化趋势

(2)风速与沙尘天气的年内相关

沙尘天气与风速因子的年内相关表明，风速对沙尘天气的年内变化具有显著影响。各城市风速因子与沙尘天气频率的年内相关系数均较大，其中，北京、天津、石家庄、张家口4个代表城市中，天津市风速因子与沙尘天气频率的年内相关系数最大，石家庄市次之，张家口市最小。

(3)风速与沙尘天气的空间相关

风速与沙尘天气的空间相关差异特征显著，京津冀地区有2个风速的高值区和2个风速的低值区。2个高值区分别位于西北部的坝上高原区和东部的沿海地区，2个低值区分别位于东北部的燕山山区和南部的山前平原区。与沙尘天气的空间分布特征进行比较发现，风速与沙尘天气在空间分布上既有耦合性，也存在一定差异。京津冀地区的西北部既是风力较大的地区，也是沙尘天气高发区；东部沿海地区风力较强，但沙尘活动较弱；南部地区风力较弱，但沙尘活动非常频繁。可见，尽管风是沙尘活动的动力因子，风速与沙尘天气呈正相关，但高的风速并不一定伴随着沙尘活动的增加。原因是风沙活动不仅受风的作用，还与地面沙源供应条件密切相关，只有在风力较强，同时沙源较丰富的情况下沙尘活动才会多发。

通过以上分析可知，气象因素对沙尘天气活动具有一定的影响，但各气象因子影响的程度存在较大差异。在与风速有关的气象因子中，年均风速、春季平均风速、春季大风日数均与沙尘天气频率的年际变化呈正相关，月均风速和逐月大风日数与沙尘天气频率的年内变化呈正相关，并且相关系数均较大，由此可知，风速因子对沙尘活动的年际和年内变化具有显著影响。在与湿度有关的气象因子中，年均相对湿度、逐年降水量、逐年蒸发量与沙尘天气频率的年际相关较差，但逐月相对湿度、逐月降水量、逐月蒸发量与沙尘天气频率具有一定的年内相关，由此可知，湿度因子对沙尘活动的年际变化影响较小，但对年内变化具有一定的影响。气象因子对沙尘天气的影响具有两方面的特征。一是风速因子的影响大于湿度因子。无论是从年际相关，还是从年内相关比较，风速因子与沙尘天气的相关均大于湿度。

原因是，风速是沙尘活动的动力因子，因此，风速大小直接影响沙尘活动的强度和频次，而湿度因子则是通过改变下垫面的土壤含水率对沙尘活动产生间接的影响，其与沙尘天气的相关自然要小于风速。二是气象因子与沙尘天气的年内相关显著高于年际相关。无论是对风速，还是对湿度的分析，年内相关均显著高于年际相关。原因是：一方面各种气象因子的年内变化较之年际变化更显著，也更有规律；另一方面，各种气象因子对沙尘天气年内变化的影响是基本一致的，强化了二者之间的年内相关性。

5.5.3.6 京津冀下垫面对沙尘活动的影响

沙尘活动是风力因子与下垫面因子共同作用的结果。强劲持久的风和地表大量松散的沙尘物质是沙尘天气发生的基本条件。前面对京津冀地区沙尘天气与风力因子空间相关的分析表明，二者在空间上并不是完全耦合的，一些风力较强的地区，沙尘活动较弱，而一些风力较弱的地区，沙尘活动却较频繁，这就是其下垫面状况差异造成的。

京津冀地区的西北部和中南部成为沙尘天气的高发区，与其地面有较丰富沙尘源是分不开的。西北部的河北坝上地区地处内蒙古高原东南缘，是中国北方农牧交错带中部典型区域，大面积草原被开垦为农田，气候类型属中温带干旱半干旱季风气候。春季地表裸露，降水稀少、土壤干燥，严重的土壤风蚀导致农田、草场沙化非常严重，从而为沙尘天气的发生提供了丰富的沙源，使这一地区及其下风向一定范围成为扬沙和沙尘暴天气的中心。京津冀地区的中南部绝大多数河流因水库的修建而干涸断流，裸露的河滩、冬春季较干燥的土壤，为沙尘天气的发生提供了物质基础。另外，该地区矿产资源丰富，也为沙尘天气的发生提供了大量的物质源。北京市沙尘活动较多，除受上风向东移南侵沙尘的影响外，与本地沙尘源较多也有很大关系。北京市南部有大面积的沙化土地，历史上沙害就非常严重。近年来，北京市农田大幅度减少，但作为主要沙尘源的留茬地和翻耕地面积非但没有减少，甚至还有所增多。可见，下垫面条件对沙尘天气的发生具有重要的影响，沙尘活动比较活跃的地区地表一般都有大量的沙尘存在。京津冀的东部沿海地区尽管风力较强劲，但因地面沙物质较少，沙尘天气发生频次较低，成为沙尘天气的低发区。

5.5.3.7 沙尘对京津冀城市的影响及治理措施

京津冀地区大气污染严重，首要大气污染物是 PM_{10} 和 $PM_{2.5}$。近年来，京津冀地区的污染程度呈波动下降的趋势。春季是大气污染最严重的季节，冬季次之，夏季污染最轻。燕山和太行山山前地区是污染最严重的地区，西北坝上地区和沿海地区大气污染较轻。沙尘活动与大气污染之间具有一定的年际、年内相关性和空间耦合性。近年来，京津冀地区的 PM_{10} 大气污染和沙尘发生日数均呈减少的趋势。春季是沙尘天气的多发季节，同时大气污染也比较严重；夏季沙尘天气几乎不发生，大气污染也最轻。沙尘对靠近西北沙尘源的北京、天津大气环境影响较大，对远离西北沙尘源的石家庄大气环境影响较小。每次沙尘天气过程，基本上都会对京津冀地区大气环境造成一定的污染。例如，1993 年 5 月 5—7 日沙尘暴发生前后北京的总悬浮颗粒物（TSP）观测表明，沙尘暴发生前和沙尘暴期间 TSP 浓度主要集中于直径小于等于 2.1 μm 和直径大于 2.1 μm 的粒子，分别占总浓度的 54.7％和 79.3％。2000 年 4 月 6 日的特大沙尘暴化学元素成分分析表明，20 种元素在沙尘暴期间总质量浓度是1999年同期的31.4倍，高达1536 $\mu g/m^3$。

近年来，京津冀沙尘活动造成的大气污染有减轻的趋势，沙尘型大气污染在京津冀地区大气污染中所占比重已不大，但在春季所占比重仍较高，因此，针对春季裸露沙源的治理是改善春季大气环境的一条重要措施。春季石家庄市和北京市大气降尘来源分析结果表明，土壤风沙尘、焚烧冶炼尘、汽车尾气与道路扬尘、建筑水泥尘和煤烟尘是城市春季大气降尘的五大主要来源，累计可占到降尘来源总量的97%以上。其中，土壤风沙尘是石家庄市春季大气降尘最主要的来源，占3月大气降尘的33.17%，占4月大气降尘的45.75%，占5月大气降尘的51.97%，占春季大气降尘的34.23%。土壤风沙尘也是北京市春季大气降尘的重要来源，占城区降尘量的20.88%、郊区降尘量的30.07%，是城区降尘的第三大来源和郊区降尘的第一大来源。沙尘天气发生日数与春季降尘量在年际变化上具有较好的相关，由此可知，远、近距离输运的沙尘对京津冀地区城市春季大气降尘贡献很大，对城市大气环境具有重要影响，是导致春季大气颗粒物污染严重的重要原因。

5.5.3.8 京津冀地区沙尘的治理措施

京津风沙源治理工程实施十几年来，对治理土地沙化、改善生态环境、减少京津冀地区沙尘活动起到了关键作用。实际效果已经证明，大部分生态环境治理措施是有效的，但也有部分治理措施的效果并不理想，甚至有导致生态环境进一步恶化的风险。因此，应进一步优化生态治理措施，深入实施京津风沙源治理工程。对京津风沙源治理工程中生态治理措施的主要改进建议如下。

(1)农田普遍实行保护性耕作。针对京津风沙源区内的农田风蚀沙化问题，建议大面积推广农田保护性耕作措施。奖惩并举，引导农民秋后农田高留茬、不翻耕，春季农田晚翻耕。根据初步测算，河北坝上地区全面实行保护性耕作后，可再减少60%的沙尘排放，用极少的投入就可解决坝上地区最主要的一个生态环境问题——农田风蚀沙化。

(2)改退耕还林还草为退耕还荒。针对退耕农田的治理措施，建议改退耕还林还草为退耕还荒。退耕还荒相较于退耕还林还草具有两方面的明显优势：一是退耕还荒3～5 a后植被可完全自然恢复，植被盖度在70%以上，并且生态系统稳定，具有自我更新能力；二是退耕还荒基本不需要进行维护和管理，后期也不需要再投资，投入很少。

(3)加强对围栏封育的监管。对于已经进行围栏封育的草地，一定要加强监管，尤其是在围栏的前三年，坚决不能允许进行放牧或破坏。根据长期跟踪调查结果，坝上地区天然草地在围栏封育、适当放牧5 a后植被可完全恢复。

(4)加强对城市周边干涸河道的综合整治。目前，京津冀地区存在大量的干涸河道。由于缺少保护，加上人为采沙、挖药材、耕作等活动的影响，河道大面积裸露，成为重要的本地沙尘源。建议采取补充生态用水、造林、封育等多种措施，加强对干涸河道生态环境的综合整治，减少干河床风蚀扬沙对大气环境的影响。

(5)加快推进矿山废弃地的恢复治理。河北的唐山、邯郸、邢台等地区矿产资源比较集中，存在大面积的矿山废弃地，尤其是尾矿库，含有大量的细粉尘。在大风作用下，矿山粉尘被扬起，成为重要的沙尘源。建议加快推进矿山废弃地的恢复治理，通过多种工程和生物措施，恢复矿山生态环境，减少矿山扬尘对大气环境的污染。

(6)减少冬、春季裸露农田的面积。冬、春季裸露农田也是大气沙尘颗粒物的重要来源。针对农田风蚀起沙问题，建议采取扩大冬小麦种植面积、农田留茬不翻耕、春季推迟秸秆清理时间和农田翻耕时间、翻耕后农田不耙平等措施，以达到控制农田风蚀，减少其对大气环境污染的目的。

5.5.4 霾

霾是大量极细微的干尘粒等均匀地浮游在空中，使水平能见度小于 10 km 的空气普遍混浊现象，霾使远处光亮物体微带黄、红色，使黑暗物体微带蓝色。组成霾的粒子极小，不能用肉眼分辨。霾与晴空区之间不能像雾一样形成明显的边界。中国气象局《地面气象观测规范》中霾的判据是能见度小于 10 km，且相对湿度小于 80%；而相对湿度在 80%～95%时则需要依据大气成分进行雾与霾的甄别。

《地面气象观测规范》中按照能见度把霾细分为：轻微霾，5 km≤能见度<10 km；轻度霾，3 km≤能见度<5 km；中度霾，2 km≤能见度<3 km；严重霾，能见度<2 km。雾和霾的表观差别是水汽含量的多寡，由于雾和霾存在相互转化，雾和霾的严格区分标准仍没有形成，已有研究结果给出界定雾的相对湿度判据存在较大差异(相对湿度：70%～90%)，因此难以精确对霾和雾进行界定。根据世界气象组织(WMO)对霾和雾天气过程的定义，大气水平能见度<1 km 时定义为雾；1 km<能见度<5 km，RH>95%时定义为轻雾，能见度<5 km 时定义为霾。但这一定义并不完全符合我国现状，特别随着中国城市群区域不断扩大，人为排放和光化学过程产生的细颗粒物($PM_{2.5}$)和超细粒子($PM_{1.0}$)污染日趋严重，以这些高浓度的粒子为凝结核，相对少量的水汽就有可能使颗粒物发生碰并、潮解，吸湿性增长，导致大气能见度急剧下降而出现大气水平能见度<1 km 的情况。

中国城市大气污染问题一直备受关注，长期以来的特点是高 SO_2 和高总悬浮颗粒物(TSP)浓度，这是由以煤为主的能源结构造成的。改革开放以来，随着经济的腾飞，城市化进程不断加快，高速发展的城市群交通和汽车产业又造成了严重的机动车尾气排放污染，导致了极端大气污染事件频繁发生，京津冀地区等城市经济带尤为显著，主要的原因是京津冀区域集聚了大量的水泥、钢铁、炼油石化等高污染产业和遍布各地的无组织零散高危害产业，它们产生的大气污染物排放量巨大，而当地地形和气候系统又不利于污染物扩散。目前京津冀城市群大气污染已经演变成以高浓度细粒子(全年)和高浓度臭氧污染(夏、秋季)为特征的典型“双高”污染区。霾污染事件的频繁发生为京津冀地区的环境危机拉响了警报，解决经济发展与大气环境污染的矛盾势在必行。

5.5.4.1 京津冀地区霾的现状

京津冀地区并非弹丸之地。在京津冀大部分地区成为“雾、霾重灾区”的 2013 年，北京以北的河北地区是另外一番景象：截至 2013 年 12 月 31 日，承德市区 $PM_{2.5}$ 浓度年均值为 49 $\mu g/m^3$，全年市区空气质量一级天数 43 d、二级天数 206 d，达标天数占全年总天数的 68.2%，轻度污染天数 85 d，占 23.3%，中度污染天数 25 d，占 6.9%，重度污染天数 6 d，占 1.6%，未出现严重污染天气。按空气质量从优到劣排名，承德在京津冀地区 13 个城市中始终位居前列。同在京津冀地区，以北京为界，北京以北的空气质量相对较好。除了承德，张家口2013年的空气质量也可圈可点：2013年全年空气质量达标天数266 d，处于环保部监测的长江以北城市中最高水平。获益于这样一种得天独厚的空气质量禀赋以及较为丰富的地貌及其所带来的“小气候”，北京与张家口已经联手，共同举办2022年冬奥会。当河北其他地区工厂机器轰鸣、烟囱高耸时，张家口与承德作为拱卫北京、天津两座重要城市生态质量的前沿阵地，已成为北京、天津的“米袋子”“菜篮子”和避暑疗养胜地。与北京以北的承德、张家口等地区相比，北京以南的空气质量较差，为不折不扣的“雾、霾重灾区”。

2013年的第二个周末，全国中东部地区都陷入严重的雾、霾污染天气中。中央气象台将大雾蓝色预警升级到黄色预警，环保部门的监测数据显示，从我国东北到西北，从华北到中部乃至黄淮、江南地区，都出现了大范围的重度和严重污染。在受影响最严重的京津冀地区，北京、石家庄、保定、邯郸、天津、沧州、廊坊、唐山等地都发布了大雾橙色预警。其余在山东、四川、安徽等省都发布了黄色或橙色预警。河南新乡和开封甚至发布了大雾红色预警信号。雾、霾频繁来袭，在中国环境史上具有非凡意义的2013年，京津冀地区成为首当其冲的“雾、霾重灾区”。

2014年2月16—17日，京津冀大部分地区出现中度霾，部分地区有重度霾，雾、霾连成一片，堪为全国“雾、霾重灾区”。需要特别注意的是，北京北部的承德、张家口等地区未在霾区。2013年空气质量最差的前10位城市，河北有7座，这7座城市全部位于北京以南。国土面积占全国2%的京津冀地区，有如此众多的“霾城”。这其中，既有尚未进入空气质量最差前十位、人口和车辆众多的北京、天津两座特大型城市，也有人口较少的廊坊、衡水等中等城市。空气流动性差，京津冀地区不同城市上空的雾、霾相互作用影响，极易形成雾、霾连成一片的情形。雾、霾罩顶，京津冀地区人们正常的生产、生活秩序受到巨大影响。

5.5.4.2 地形对霾的影响

京津冀地区西侧是南北走向的太行山脉，北侧是东西走向的燕山山脉，东邻渤海湾，南接中原。京津冀地区西部、北部地形较高，南部、东部地形较为平坦，整体呈现西北高、东南低的地形特点。著名气象学家竺可桢先生对此有过一段经典描述：“以直隶的地形而论，东南部是一个广大的冲积平原，西北部是山岭。平原呈半圆形，以天津附近的海河口为中心。平原的广度，多至600里①，少至200里。这个平原的高度，大致很平，从沿海起一直到平原的尽头，相差不过六七十尺②，所以坡度非常小，差不多每里只高一寸③。但是一到西部山岭之区，却就突然增高了。”

京津冀地区所处的特殊地理位置为霾的发生提供了良好的地理条件。尤其是北京小平原，三面环山，太行山、燕山和军都山形成的“弓状山脉”，对冷空气活动起到了阻挡和削弱作用，导致山前暖区空气流动性较小，形成气流停滞区，污染物和水汽容易聚集，从而有利于霾和雾的形成。由于受太行山的阻挡和背风坡气流下沉作用的影响，外加华北平原偏南气流的弱辐合作用，使得沿北京、保定、石家庄、邢台和邯郸一线的污染物不易扩散，形成一条西

---

① 1里=500 m。

② 1尺≈33.3 cm。

③ 1寸≈3.33 cm。

南一东北向的高污染带(图 5.40)。因此,在这样的地理环境下,一旦气象条件变得不利于扩散,就很容易产生霾。冬季,从蒙古高原呼啸南下的北风,由北向南依次掠过京津冀地区。华北平原中南部成为北京空气污染扩散的下风向。风力够大、持续时间够长,空气污染物会继续向南驱散,"刮"出一个蓝天。天气静稳,或刮东南风,本地污染和从外部输送的污染相互叠加,层层累积,容易形成严重的空气污染。

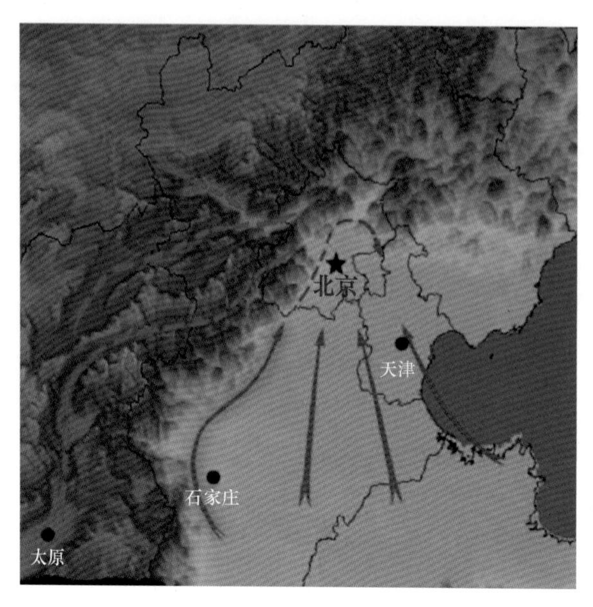

图 5.40 环首都圈霾天气过程的近地层输送概念模型

通过考察地形、气象对京津冀地区雾、霾形成的影响,可以得出以下结论。

(1)以北京为界,在整个京津冀地区,北京以北的空气质量相对较好,北京以南的空气质量相对较差。大体说来,越往北走,空气质量越好,越往南走,空气质量越差。即使在北京,空气质量的南北差异也很明显,南、北部的 $PM_{2.5}$ 浓度相差近一倍。

(2)西北风足够强劲,持续时间够长,京津冀地区的空气质量才有保障。华北平原中南部沉积大量的空气污染,无风条件下污染物就会大范围累积。"一无风,二无雨,就有霾"。静稳天气持续时间越长,污染越严重。并且,往往过后一天,污染状况扶摇直上。2013 年 10 月 1—7 日,北京前雨、中晴、后雾/霾。从 10 月 5 日开始,"空气质量和能见度一天不如一天,主要原因还是污染物难以扩散,堆积在北京本地,形成雾/霾"。

特殊的地形、气象条件对京津冀地区雾、霾的形成起到一定作用。但是,外因通过内因起作用,内因是事物存在的基础,规定事物发展的基本趋势。京津冀地区雾、霾之重,归根到底还是因为京津冀地区污染总量太大,超过了这一地区本身的环境容量和自净能力。京、津、冀三地处于不同的发展阶段,三地的经济、文化、社会结构不尽相同,大气污染也呈现鲜明的地域特征。

5.5.4.3 霾日数的时空变化特征

当前,确定霾日较合理的方式为满足两个判据(丁一汇 等,2014;尹志聪 等,2015a):

①能见度小于10 km,并依据天气现象观测排除降水、吹雪、扬沙、沙尘暴和浮尘等影响能见度的天气现象;②相对湿度小于90%则认为有霾发生。满足上述两个条件的某日即认定为一个霾日。丁一汇等(2014)统计发现,1961—2011年京津冀地区年总霾日数呈现明显的上升趋势(图5.41),尤其是在进入21世纪后急剧增多。尹志聪等(2015a)发现京津冀所处的华北地区霾从20世纪90年代开始逐渐由冬季易发变为全年易发,月际差异减小,尤其是夏季,霾日数自20世纪90年代中期以来增加十分明显。京津冀地区霾日数最多的季节仍然是冬季,说明冬季霾日数对该区域年总霾日数的变化贡献最大。有研究证实京津冀地区冬季霾日数可占全年的30%以上(Chen et al.,2015)。京津冀地区冬季霾日数从20世纪60年代初至80年代中期的增加趋势一直很明显(Chen et al.,2015;尹志聪 等,2015b),之后直到2012年才有轻微的下降趋势,这使得京津冀地区冬季霾日数呈现20世纪80年代前处于年代际偏少阶段,之后一直到2010年处于年代际偏多阶段。

京津冀地区霾日的分布受地形影响很大(图5.41),具有明显的区域特征,山前平原区霾日数较多,山区较少。全区大部分地区在30 d以上,其中平原地区及低山丘陵地带大部地区在100 d以上,平原大部分地区在150 d以上,保定、石家庄、邢台和邯郸四市的部分地区超过200 d,磁县霾日数最多,年平均达253.8 d。燕山及以北地区大部分区域霾日数在100 d以下,高原不足50 d,崇礼最少,年平均为15 d。

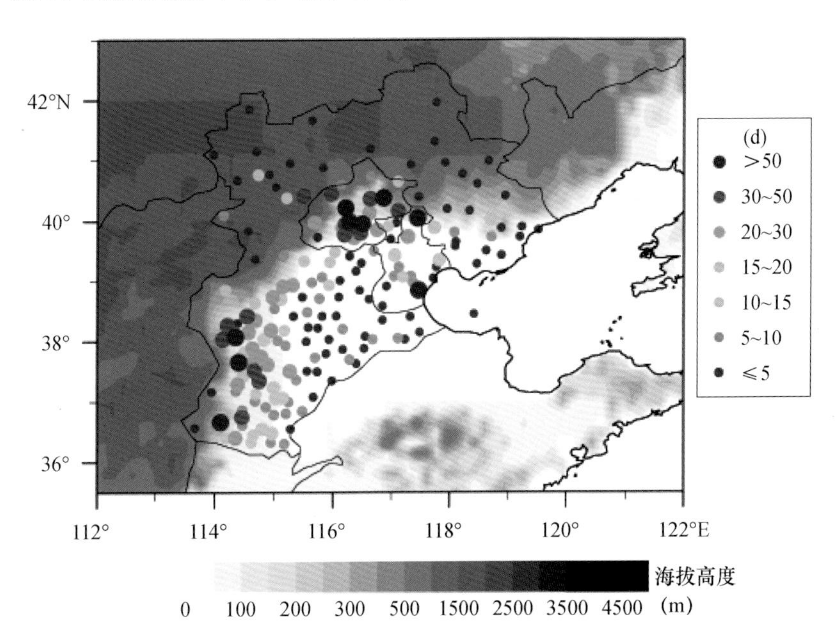

图5.41 京津冀地区年平均霾日数空间分布

京津冀地区霾日数年内变化呈双峰型分布(图5.42),8月最多,平均为15.5 d;7月、10月和11月次之,平均为14.9 d;5月最少,平均为7.6 d。四季分布上,秋季最多,平均为43.5 d,占全年的29.9%;夏季次之,平均为38.8 d;春季最少,平均为25.4 d,占全年的17.5%(图5.43)。

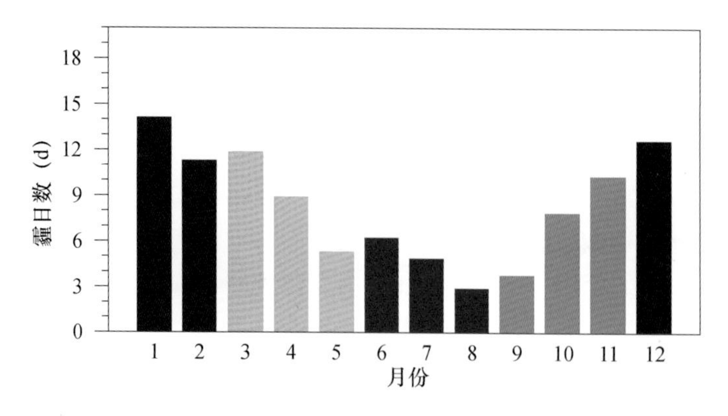

图 5.42 京津冀地区逐月霾日数分布

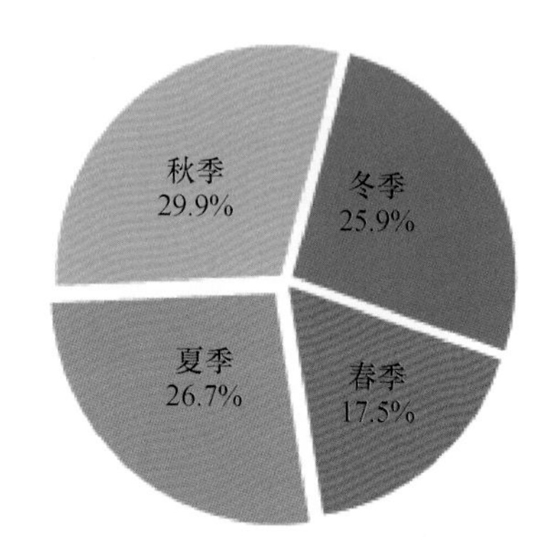

图 5.43 京津冀地区各季节霾日数所占百分比

5.5.4.4 京津冀地区霾产生的天气、气候背景

(1)天气系统

自从京津冀地区的霾污染受到重视以来，许多研究对 2013 年以来的霾事件进行了分析，发现霾形成的局地气象因素在于近地面弱的风速、较高的湿度和边界层内厚且强的逆温层等气象条件的稳定维持。上述局地气象条件的作用主要是抑制污染物的水平和垂直扩散，造成污染物累积，进而导致污染物浓度升高，引起能见度下降。但是具体到各个区域又有所差别。例如，有利于北京地区霾产生的风向是偏东风和西南风，而石家庄则无主导的有利于霾发生的风向，天津与石家庄类似，但在强东风时污染物浓度反而会下降(刘丽丽 等，2015)。

近年来，京津冀地区霾的发生主要表现为持续多日的霾事件，京津冀地区区域性持续霾事件划分为两类：纬向西风型和弱高压脊型。“纬向西风型”霾事件发生的天气形势是我国华北上空盛行较平直的西风气流(图 5.44a)，配合近地面处于朝鲜半岛及日本南部附近高压西侧的弱气压场中(图 5.44c)。而“弱高压脊型”霾事件发生的天气形势是我国华北处于贝加尔湖附近的弱高压脊前的西北气流控制之下，地面在蒙古附近的高压外围东南侧。两类霾事件的共同点是中高层均有系统性的下沉运动，有利于边界层形成逆温，抑制污染物的垂直扩散；差异在于“纬向西风型”霾事件近地面因为受高压西侧偏南风暖湿气流输送，低层相对湿度较大，而“弱高压脊型”霾事件低层湿度条件较差(图 5.45)。

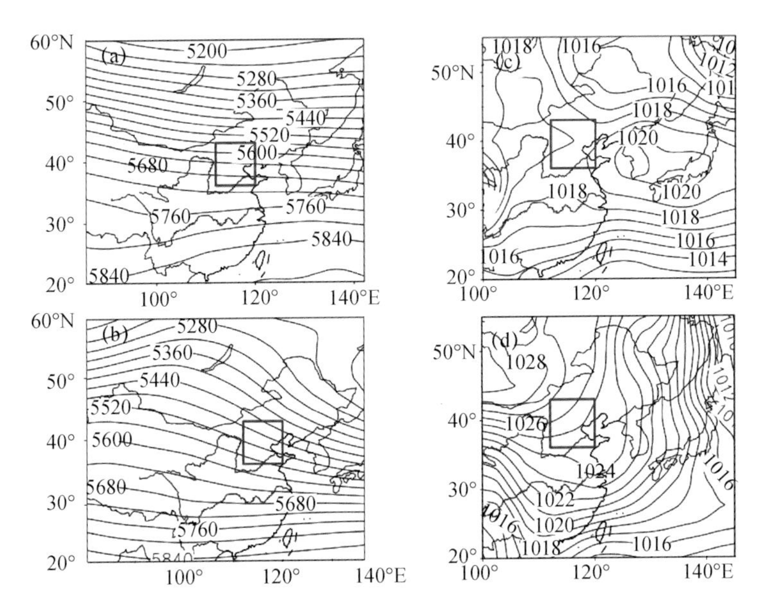

图5.44 京津冀地区两类持续性霾事件的500 hPa位势高度(a、b,单位:gpm)和海平面气压(c、d,单位:hPa)的合成场(a、c纬向西风型,b、d弱高压脊型)(Wu et al.,2017)

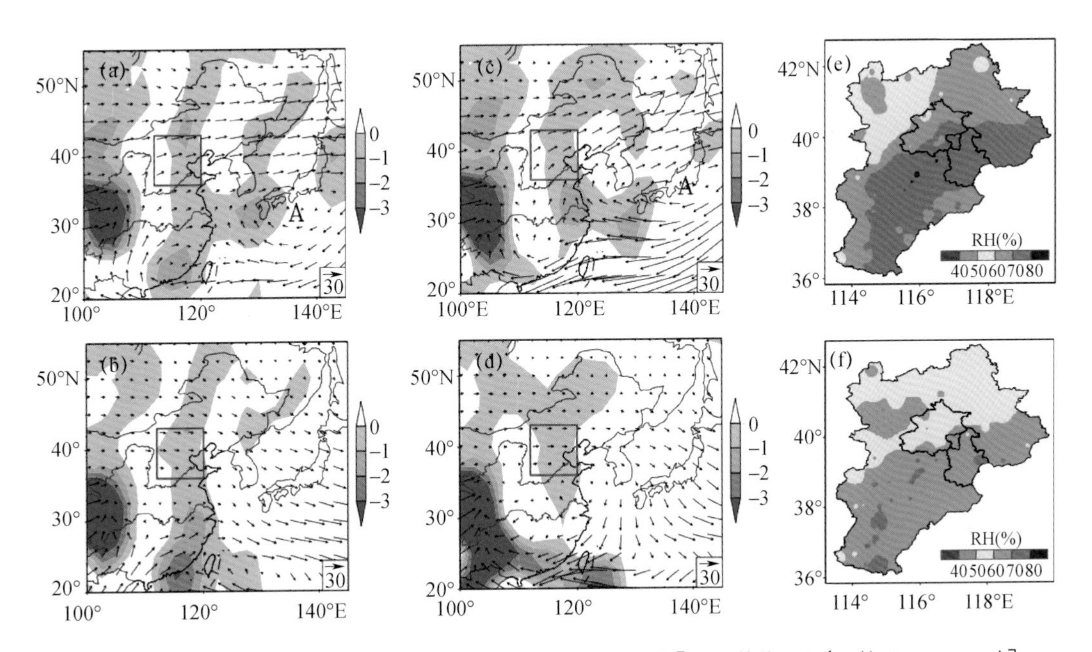

图5.45 京津冀地区两类持续性霾事件的850 hPa水汽通量[a,b,单位:10^{-1} g/(hPa·cm·s)],925 hPa水汽通量[c、d,单位:10^{-6} g/(hPa·cm·s)]和近地面相对湿度(e、f,单位:%)的合成场(a、c、e纬向西风型,b、d、f弱高压脊型)(Wu et al.,2017)

孟亚楠等(2019)对华北地区的持续性霾事件做分类整理分析,更强调了中低层局地环流,特别是垂直运动对该区域持续性霾事件形成的作用,其提出的天气学模型(图5.46)如下:对流层的中低层华北地区盛行纬向西风气流或脊前西北气流,我国南部或东南部地区为高压控制，高压西侧的西南气流与华北地区的偏西气流产生弱辐合进而导致下沉运动；近地面层（925 hPa 以下）由于地形的影响形成太行山以西上升、华北东部下沉的局地垂直环流圈，霾最严重的地区一般出现在地形的东坡（整层为下沉运动）和垂直环流圈的下沉支。同时，近地面东南气流和西南气流向该地区输送了暖湿空气和污染物。华北地区霾发生位置的不同，主要由低层中国东部或者南部高压的位置和强度，以及局地垂直环流的下沉支的位置决定。

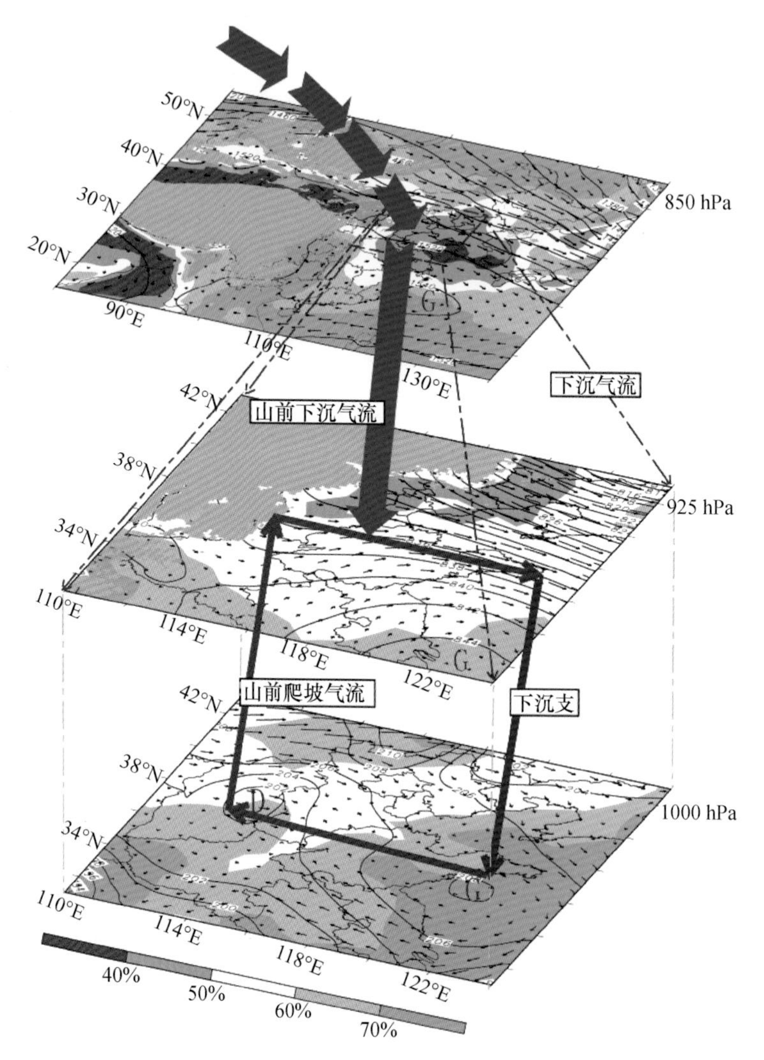

图 5.46　华北地区持续性霾事件形成的概念图，上、中、下图分别为 850 hPa、925 hPa、地面，彩色阴影为相对湿度，黑色实线是位势高度（单位：gpm），灰色阴影代表地形（850 hPa 地形高度高于 1500 m，925 hPa 地形高度高于 800 m），850 hPa 图中的蓝色虚线方框代表华北地区（孟亚楠 等，2019）

（2）气候系统

从气候学的角度来讲，影响京津冀地区冬季霾强弱的关键因素就是冷空气的强度。当外强迫信号（海温、海冰等）发生异常，将导致东亚冬季风及相关环流系统的变化，从而影响东亚冬季环流，主要反映在冬季东亚地区冷空气的强弱上。

秋季，日本海到外兴安岭的地表气温负年际增量在北半球大气中激发出类似欧亚型波列负位相和西太平洋型波列正位相，进而加强华北上空的反气旋性异常，导致华北冬季霾污染加重；而阿拉斯加湾的海温偏高、格陵兰岛海温偏低，将使东亚急流北移，削弱东亚冬季风环流使得华北地区出现异常南风，局地的风速减小、湿度升高而形成静稳型天气，进而为霾的吸湿增长提供了有利的气象条件；波弗特海域的海冰面积增大、密集度增大，则会通过辐射冷却作用在波弗特海两侧激发出正、反气旋，使得波弗特海和阿拉斯加湾的地面风速降低，引起次月海表温度升高(图5.47)；这种暖洋面通过加热大气在对流层中高层形成有利于霾天气发生的大气环流(Yin et al.,2019a)。

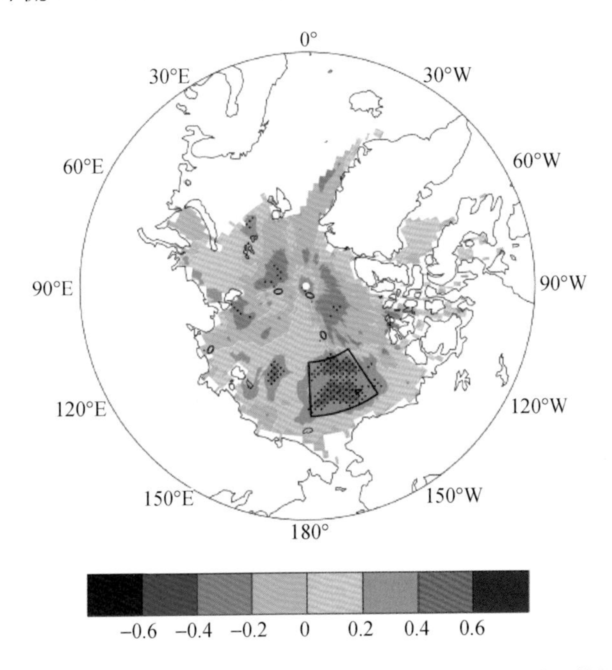

图5.47 前冬(12月和1月)华北地区霾日数与北极海冰密集度的相关系数(Yin et al.,2019a)
(打点表示通过95%显著性检验的区域；方框表示波弗特海域)

太平洋海温的异常也对华北冬季霾日数的变化有明显影响。秋季(9—11月)副热带西北太平洋海温偏低有利于冬季西伯利亚高压偏弱，东亚冬季风偏弱，引起华北地区霾日数偏多。冬季副热带西北太平洋海温偏高会引起东亚大槽变浅，有利于京津冀地区850 hPa南风的日数偏多，造成霾污染加重。另外，冬季热带太平洋发生厄尔尼诺现象会使我国中东部低层盛行偏南风异常，导致东亚冬季风减弱，华北地区出现异常的下沉运动，有利于霾污染加重。

大西洋乃至南半球的因素也会影响华北地区霾的异常。北大西洋海温暖异常从前期夏季维持至冬季，也即大西洋年代际涛动(AMO)处于正位相时，会使冬季北极涛动(AO)处于正位相，引起东亚中纬度西风增强，北极地区冷空气不易南下，致使东亚冬季风减弱，华北地区霾加重。Zhang等(2019)发现，南极涛动(AAO)在前期8—10月处于正位相时，会使南印度洋西北部海温出现暖异常并持续至冬季；该区域的海温异常一方面在对流层中高层产生遥相关波列使得东亚副热带高空急流偏移，另一方面通过沃克环流减弱东亚区域局地哈得来环流，共同造成华北地区冬季的静稳天气形势。

5.5.5 臭氧

近地面大气中的臭氧对相关化学反应的发生起着不可替代的作用，并能通过参与光化学反应影响大气的氧化性，过量浓度的臭氧对人类健康和生态系统均有着不可忽视的伤害和破坏。随着近几十年我国经济社会的发展，各种臭氧前体物的排放日益增多，引起中国主要城市群臭氧污染明显加重。其中，京津冀、长三角、珠三角、川渝城市群的臭氧污染最为突出(Wang et al.,2017)。而京津冀地区因为是首都所在地，更引起人们重视。

京津冀地区的近地面臭氧浓度日变化和其他地区一样，一般也是呈现出在午后至傍晚最高、午夜至早晨最低这样的单峰型特征(图 5.48)。并且，京津冀主要城市城区的臭氧浓度也具有和国外其他大城市一样的"周末效应"，也即尽管周末的臭氧前体物(如氮氧化物和挥发性有机物)的浓度要比工作日低许多，但周末的近地面臭氧浓度要明显高于工作日。从 2009—2011 年的观测结果平均来看是周三至周五的臭氧浓度要明显低于周六至下周一(图 5.49)，并且这种变化特征主要体现在离地高度 100 m 以下的边界层中(Wang et al.,2014)。

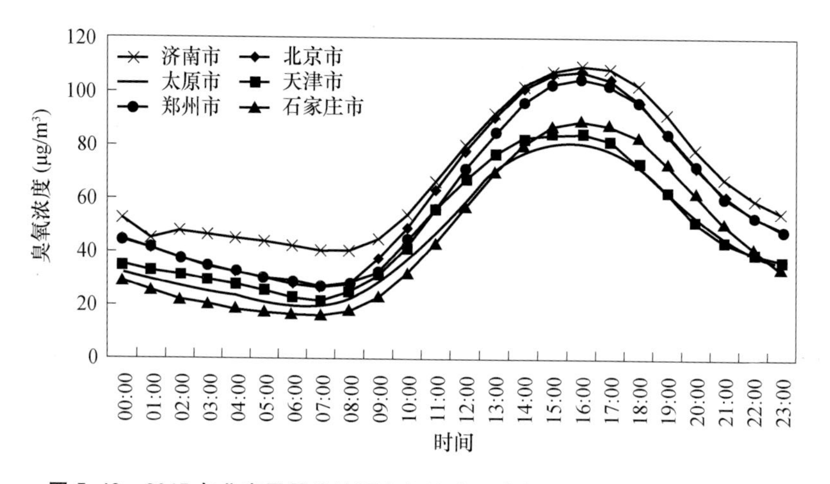

图 5.48 2015 年北京及周边地区臭氧浓度日变化特征(贾海鹰 等,2017)

京津冀地区近地面臭氧浓度还具有明显的季节变化。从 2004—2015 年的平均结果来看，北京城区站的近地面臭氧浓度在一年中的高值时段为 5—8 月，峰值集中在 6 月及其前后(图 5.50)，乡村站的变化特征也类似。此外，臭氧的季节变化在垂直分布上也有体现。宗雪梅等(2007)认为，北京地区臭氧浓度垂直分布的季节平均状态可分为三种类型(图 5.51)：第 1 种为冬季型，臭氧浓度随高度升高先保持不变或者变化很小，超过一定高度(如 0.4 km)后迅速升高；第 2 种为春、秋季型，臭氧浓度随着高度升高递增，但是递增率不大；第 3 种为夏季型，臭氧浓度先随高度升高而升高，到达一定高度后出现转折，转变为随高度的升高而降低，但是递增率和递减率都不大。

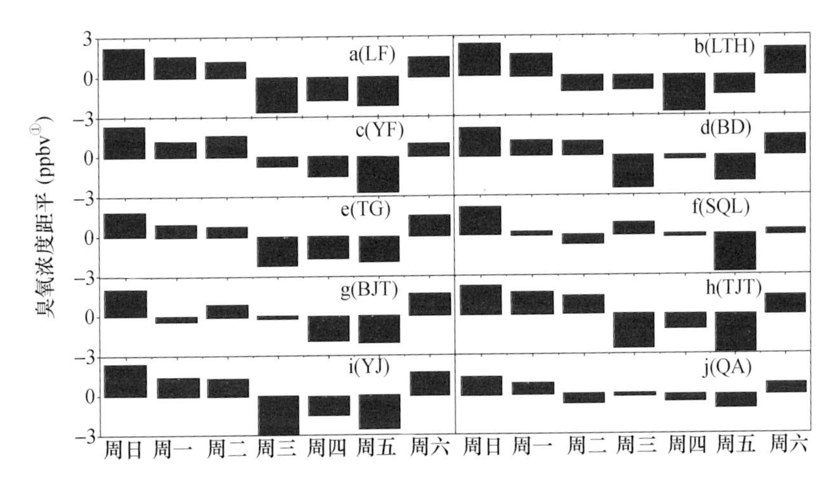

图 5.49 京津冀主要城市近地面臭氧浓度异常的周变化(Wang et al.,2014)

(LF:廊坊;LTH:龙潭湖;YF:阳坊;BD:保定;TG:塘沽;SQL:双清路;BJT:北京大气所铁塔;TJT:天津气象铁塔;YJ:燕郊;QA:迁安)

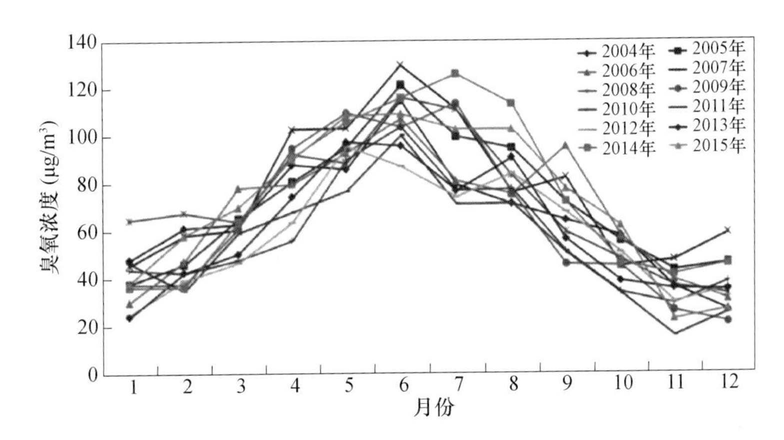

图 5.50 不同年份北京地区定陵站臭氧浓度的月变化(程念亮 等,2016a)

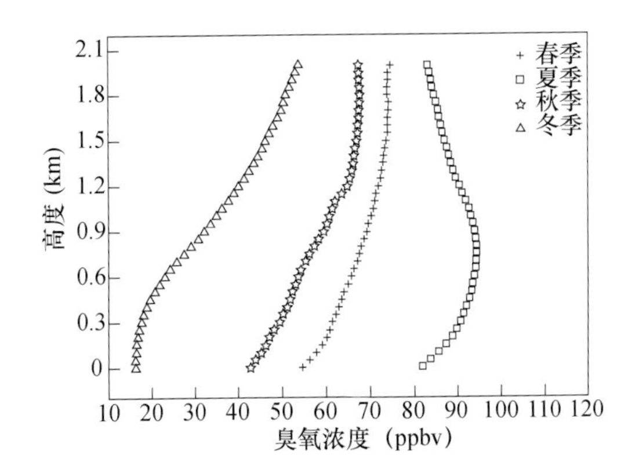

图 5.51 臭氧多年季节平均浓度廓线

① 体积百分比,1 ppb=10^{-9}。

在长期趋势方面，Ma 等(2016)利用滤波方法分离出了 2003—2015 年北京密云上甸子大气本底站的臭氧浓度时间序列的长期变化分量，发现其表现出显著的上升趋势(图 5.52)，同时认为这种上升趋势是由于臭氧前体物排放量的增加造成的。考虑到京津冀地区大多数观测站点的臭氧浓度与上甸子站有显著的相关(Yin et al.，2019b)，上述发现说明整个京津冀地区的臭氧浓度在近十几年发生了明显升高。

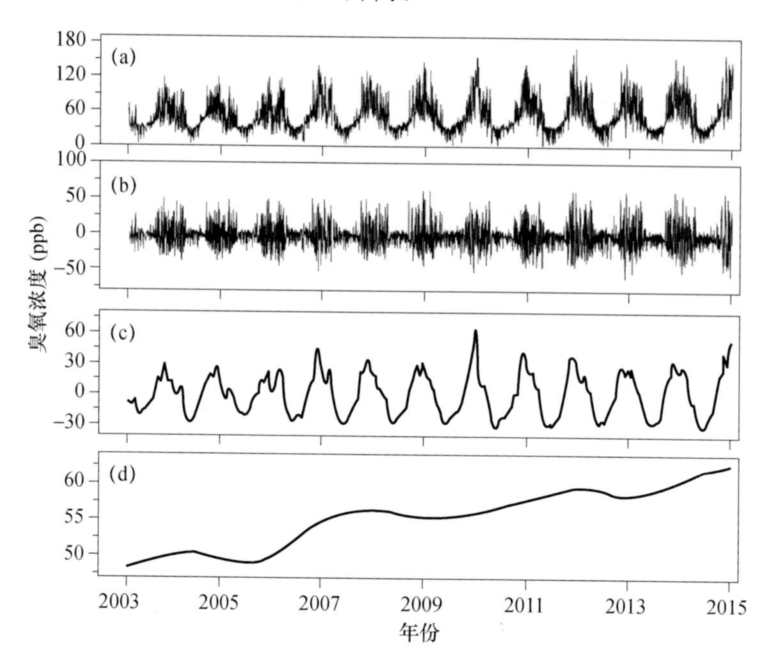

图 5.52　2003—2015 年上甸子站臭氧最大 8 h 浓度的时间序列(Ma et al.，2016)

(a)原始序列；(b)短期分量；(c)月变化分量；(d)长期趋势分量

许多研究对影响京津冀臭氧浓度变化的气象因子进行了分析，发现最主要的还是近地面的气温和风的动力输送。在日时间尺度上，京津地区臭氧浓度会随着气温的升高而升高，其日变化曲线与气温的日变化曲线十分吻合(姚青 等，2009；王占山 等，2014；程念亮 等，2016b)。风场动力输送的作用比较复杂，与天气型有关。北京地区处于低压前部时(图 5.53a)，北京地区低层大气的流动受地形影响较大，山谷风明显，表现为中午前后的“北转南”和凌晨前后的“南转北”。在山谷风的影响下，上午山风将早晨排放的高浓度污染物输送到北京南部，污染物在传输过程中逐渐“老化”，使得挥发性有机污染物与氮氧化物的比值更容易生成臭氧；中午谷风将老化的气团以及南部新排放的污染物又传输回北京，新污染物的加入以及气团的二次老化是造成此种天气条件下北京地区臭氧浓度高值的主要原因。而当北京地区处于高压前部时(图 5.53b)，北京地区低层大气的流动受地形影响较小，山谷风不明显，主要表现为白天的北风和夜间的西风，在这种较强的系统性风向影响下，北京地区新排放出来的污染物很快就被稀释、扩散传输到下风向区域，没有足够的前体物参与反应，臭氧浓度处于低值。严如莎等(2013)对 2011 年 5—6 月北京臭氧浓度的研究发现，边界层风速较大时有利于垂直方向的湍流交换，易引起高层的臭氧富集层向近地面传输臭氧，造成近地面臭氧浓度升高，尤其是东北风时。普遍而言，由于在合适的光化学反应条件下，由前体物反应生成臭氧需要一定的过程，城市地区的气团在向下风方向传输过程中经过“老化”(Wang et al.,2006)，会导致下风方向的臭氧浓度水平往往高于市区，臭氧极值浓度的出现时间也晚于市区(徐敬 等,2009;马志强 等,2011)。也有部分研究讨论了有利于京津冀地区产生臭氧高浓度的大尺度大气环流形势。Gong等(2019)分析了2014—2017年5—7月京津冀地区的臭氧浓度与大气环流的关系，认为当高空500 hPa蒙古高原附近出现强的高压系统时，会在中低层华北上空产生下沉运动，形成有利于臭氧生成的高温、强日照条件。Liu等(2019)研究发现，京津冀地区2013—2017年4—10月的臭氧污染与南、西、北侧的地面低压系统均有密切关系，并且这种环流形势对区域臭氧浓度的年际变化和逐日变化均有明显贡献。

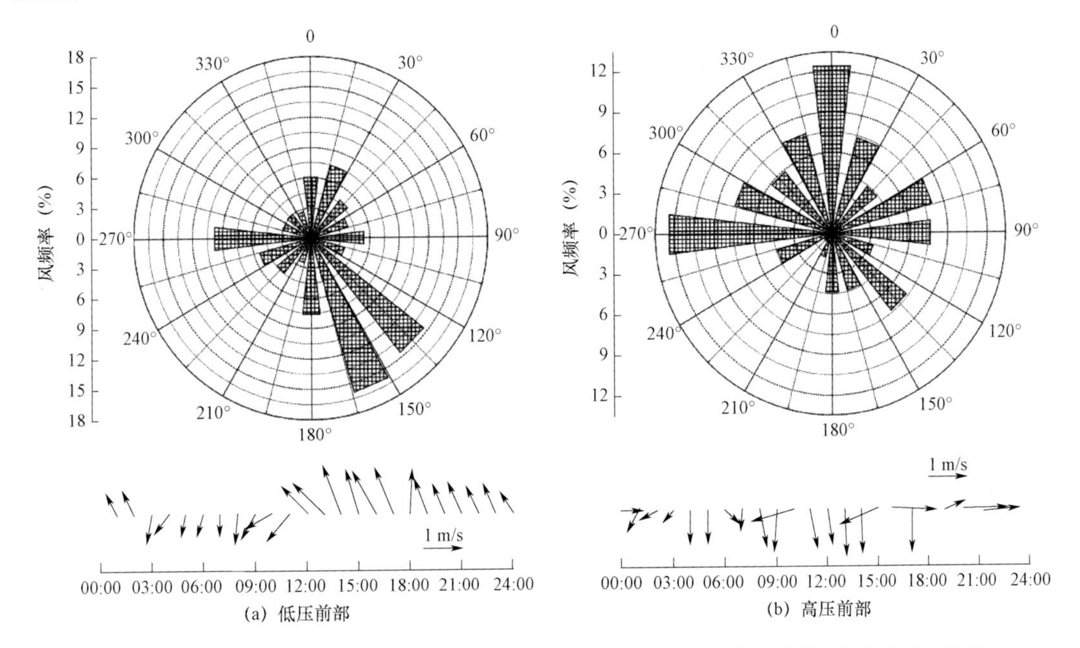

图5.53 两种天气型下北京地区近地面的风玫瑰图和风矢量日变化统计(唐贵谦 等,2010)

5.5.6 主要污染物

5.5.6.1 京津冀地区主要污染物及其长期变化特征

京津冀地区冬季的主要污染就是灰霾，而灰霾的主要成分是$PM_{2.5}$，其成因很复杂，是由多种污染物共同造成的。大气污染物的排放有如下特征(图5.54)。①二氧化硫(SO_2)排放呈波动变化，工业排放占主导(图5.54d)。2000—2013年京津冀地区SO_2年均排放约176万t，2006年排放量最大(197.6万t)，其中工业排放占80%以上。从区域差异来看，河北的SO_2排放最大，占到京津冀地区的70%～80%。②氮氧化物(NO_x)排放呈波动增长，工业和机动车排放占主导(图5.54e)。2006年以来京津冀地区的氮氧化物排放呈波动性增长，年均排放约179万t，2011年排放量最大(234.8万t)；从来源看，65%以上来源于工业排放，2011年以来，机动车的排放占到30%，生活排放很少；就区域动态而言，河北的NO_x排放占全区域的70%以上，其次是天津。③烟(粉)尘排放波动减少，近年略有增加，工业排放占比较大(图5.54f)。2000—2013年京津冀地区烟(粉)尘排放量波动减少，2010年排放量最小(95.92万t)，2010年后略有增加，年均排放147.29万t，其中工业排放占80%以上，机动车排放低于其他生活排放。在区域层面，仍然是河北的烟(粉)尘排放最大，占全区域的80%～90%。

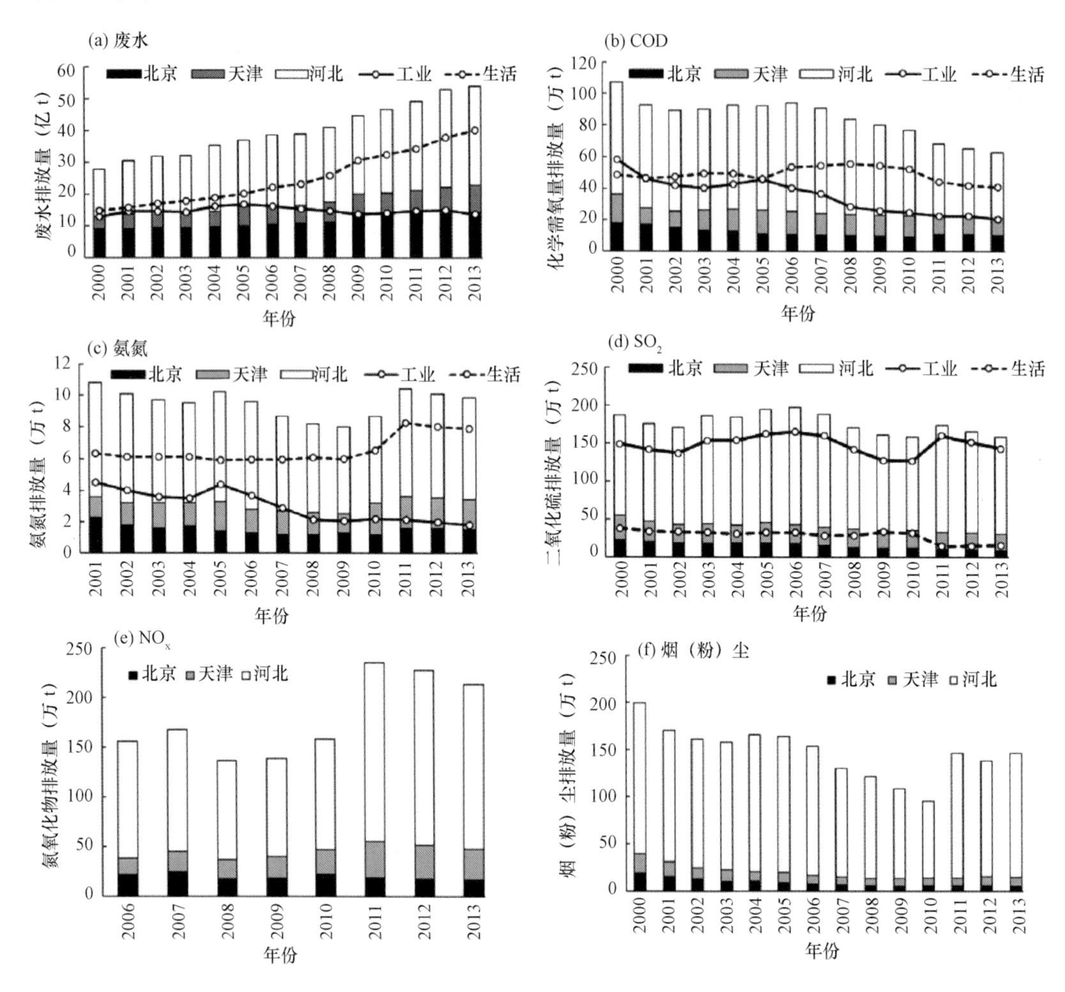

图5.54 2000—2013年京津冀地区主要污染物排放结构变化(王婧 等,2017)

由于多方面的影响，京津冀地区特别是沿山城市其主要污染物呈现出新的特征(图5.55)。①京津冀地区各城市的主要污染物均以$PM_{2.5}$为首，除邯郸$PM_{2.5}$首要污染物天数比例逐年明显下降外，其他4个城市变化幅度较小；河北4个城市PM_{10}天数比例年际变化较大且无明显规律，但2016年石家庄、邢台和邯郸臭氧首要污染物天数比例均显著上升，区域臭氧污染形势有所加重。②各城市$PM_{2.5}$首要污染物天数月变化曲线基本呈"W"形，全年各月均有不同程度的$PM_{2.5}$污染，PM_{10}首要污染物天数在3—5月出现明显高值区，10月出现小峰值；臭氧月变化曲线均呈"倒U"形，5—9月为高值区，峰值集中在6月；北京9—12月为NO_2首要污染物天数高值区，其他城市峰值集中在10月。③空气质量从良至严重污染，各城市$PM_{2.5}$和PM_{10}首要污染物天数比例之和随空气质量级别逐级递增，在重度污染和严重污染天，98%以上由大气颗粒物污染导致；臭氧首要污染物天基本出现在良至中度污染级别，且天数比例逐级下降（除北京外）；NO_2仅在良级天有较高天数比例贡献。

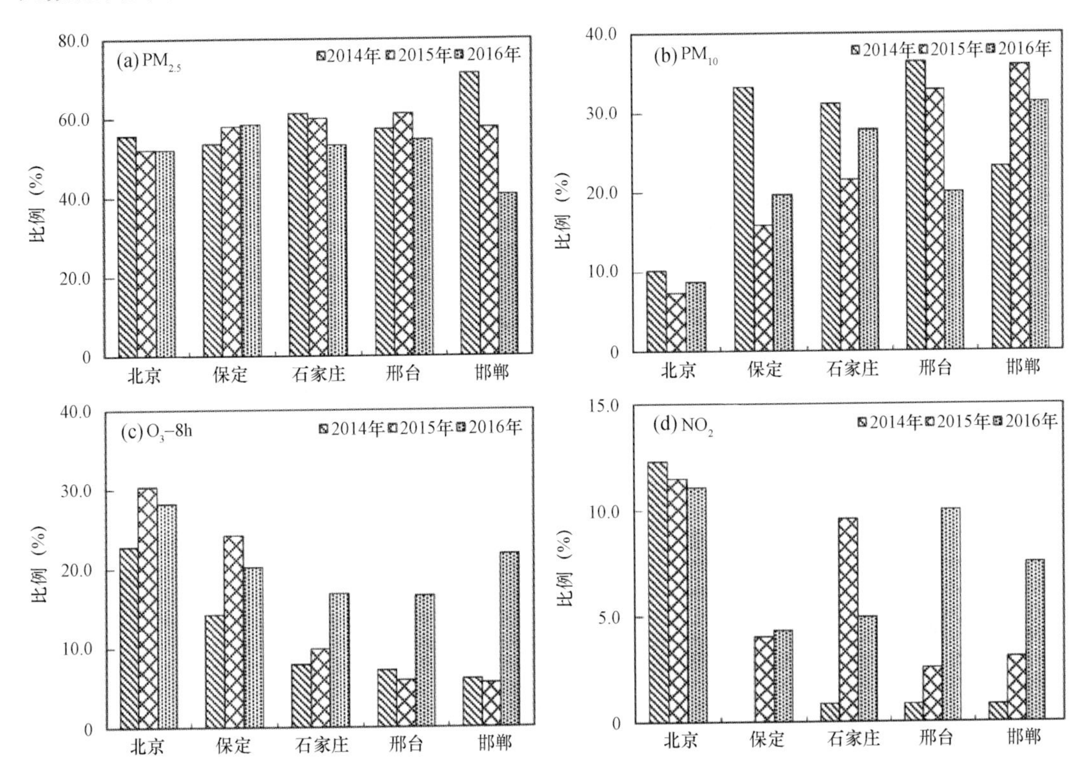

图5.55 201—2016年京津冀沿山城市主要首要污染物天数比例的年际变化特征（王晓彦 等，2018）

5.5.6.2 京津冀地区大气污染物的输送特征

在静稳天气背景下，京津冀地区仍旧存在显著的区域输送，并能直接造成京津冀地区$PM_{2.5}$浓度的累积。对2013年1月该地区的重污染过程而言，来自区域外的跨城市群输送对京津冀地区$PM_{2.5}$浓度贡献为20%～35%，区域内输送的贡献为26%～35%，两者之和与局地污染源贡献相当。针对这次强霾的对照试验表明，当京津冀周边区域省份污染源不加控制时，河北、天津和北京的污染物排放需要分别削减90%、90%和60%以上才能实现京津冀区域$PM_{2.5}$达到空气质量二级标准。这表明京津冀灰霾污染防控不仅需要重视区域内的联防联控，同时也需要区域外城市群的协同控制。此外，气象-大气污染双向反馈机制对强霾的形成也有非常重要的影响，可使京津冀部分地区细颗粒物月均浓度升高30%，忽视这种耦合作用会导致模式对重污染天气期间污染物浓度的低估。

还有研究（孙韧 等，2017；沈洪艳 等，2018）利用HYSPLIT模型研究了京津冀地区污染物的输送路径，结果发现，京津冀地区重污染天气形成过程有80%受西南方向气流影响，大气污染物的输送轨迹主要是自南向北，源地来自山西东南部、河南北部、河北南部及河北—山东交界处。

5.5.6.3 城市扩张对京津冀地区污染的影响

城市扩张是城市郊区化过程中，城市空间结构逐步变化的一种表现。所谓城市蔓延或郊区蔓延描述了在一个城市郊区化的过程中，人口从城市中心扩展到低密度、单功能和通常依赖汽车的社区。通常被界定为一个发生在大城市边缘区低密度、无序、功能单一的用地扩展模式。城市扩张包含8个特性：土地开发密度不高、土地功能单一且分散、“蛙跳式”扩散、商业区带状布局、就业岗位较为分散、交通干道轴向开发、土地开发沿着城市边缘扩展、农业用地空间不断丧失。低密度的郊区开发模式几乎遍及所有的美国地区，在欧洲、中国、印度尽管规模不同，但围绕中心城市向外低密度发展的模式如出一辙。城市扩张会带来一系列经济、社会和环境影响，比如土地资源浪费、交通阻塞、环境恶化、贫富空间上的隔离等。近些年，随着中国城镇化进程的推进，城市空间迅速扩张，城市蔓延呈现递增趋势，主要表现在城市建设用地的加速增长与农用耕地的减少，城市用地的增速超过了城市人口的增速。

随着城市的扩张，京津冀污染存在显著的城市间空间溢出效应。京津冀地区的污染浓度“高—高”区域比较稳定地集中在衡水、邢台、邯郸等城市，这些城市彼此相邻，形成了雾、霾的高污染区域。京津冀城市蔓延度越高，相应城市污染越严重，但经过某个拐点之后污染程度会下降，呈现出“倒U”形曲线关系。也就是说，京津冀地区雾、霾随着城市蔓延，呈现先恶化到达拐点后再下降的“倒U”形趋势。初期，京津冀城市蔓延会增加通勤和汽车的使用，排放的尾气造成雾、霾污染。但随着京津冀城市的发展成熟，公共交通日趋完善，人口居住地向工作地附近聚集，形成多中心结构，反而会降低尾气排放，减少污染。京津冀地区经济增长方式可能导致环境污染，城市中第二产业比重的升高会加剧空气污染，增加雾、霾。京津冀地区城市人口规模越大，雾、霾污染越严重；城市扩张与人口规模扩大的交互项显著为正，人口规模较大的城市蔓延对污染的边际影响为正反馈。京津冀地区现阶段超大城市人口规模过度增长，城市基础设施尚且不完善，造成生态环境压力增大，并且京津冀超大城市向郊区蔓延，会比小城市带来更多的雾、霾污染。

以北京为例，北京城区霾日数要明显多于郊区。2007年以前，城、郊区站点均有相似的波动增长趋势，但城区站霾日数增加速率约为21 d/10 a，这要远大于郊区站(7.2 d/10 a)。并且，北京各站点霾日数与主要城市发展指数呈显著相关，随着城市化而迅速增加的能源消耗和机动车尾气排放很可能是导致北京地区灰霾天气逐渐增多的主要污染源，而正是污染源的非均匀空间分布才导致了城、郊区的霾日数差异。分析还发现，城市化导致的局地小气候差异对局地灰霾亦有较明显的影响。伴随着城市化的快速发展，城、郊区气候差异逐渐变大，城市下垫面粗糙度增加导致近地面层风速减小。大城市热岛效应背景下更容易出现较厚的逆温层，这将阻碍空气垂直方向的对流输送。此外，城区气温持续上升，相对湿度下降，平均风速降低，小风频率增加，也会阻碍空气的水平流通，使得城市排放的颗粒污染物难以扩散，有利于霾日增多。这表明北京地区城市气候效应对区域生态环境具有不可忽视的影响。

5.5.6.4 京津冀污染的影响

持续的雾、霾天气，不但影响人们的交通出行，对呼吸系统和心脑血管系统疾病等人体健康也有很大影响。雾、霾天气可使慢性呼吸系统疾病急性发作或加重，使心血管疾病患者死亡率增大。尤其重雾、霾天气时能见度低，对海、陆、空、交通及电力、通信等方面的影响很大。在严重的情况下，常导致交通事故发生、通信中断、电网遭到破坏等，给人民的生命财产及国民经济带来巨大损失。另外，持续雾、霾天气时日照少，影响植物的光合作用，不利于植物的生长，尤其秋、冬季对设施农业影响很大。下文给出了京津冀地区历史上几次长持续重雾、霾天气过程发生简况。

1990年1月31日至2月11日，河北省出现长达十几天的持续重雾、霾天气，尤其2月5日后重雾、霾天气大面积发生，5—11日连续7 d影响中南部大部分地区。本次重雾、霾天气过程波及河北省各市，导致任丘县某路段一起死亡7人、伤5人的特大交通事故，并造成大面积“污闪”掉闸，南方电网6个地区的大面积“污闪”波及5个220 kV站，使27条220 kV线路和多条110 kV线路大面积停电，损失相当严重，仅石家庄火车站停电1 h，就造成30对火车停开。

1994年11月17日至12月1日，河北省出现历史罕见的持续重雾、霾天气，波及全省89%的县(市)，景县、广平持续15 d，为河北省历史持续日数最长；沙河、井陉、新城等最长连续出现80 h以上，多站突破历史极值。这次重雾、霾天气加重了空气污染，对人体健康产生不利影响，呼吸道疾病就医人数明显增加，并使供电线路上多处出现“污闪”现象。11月17—18日，北京首都国际机场连续两天能见度不足100 m，影响起降飞机几百架次，滞留旅客1万多人，京津塘高速被迫关闭，还造成多起汽车连撞事件。

2013年1月8日至17日，河北省中南大部分地区持续出现重雾、霾天气，波及长城以南大部分地区，12日影响范围达103个县(市)，占全省的72.5%。47个县(市)持续5 d以上，成安、邱县持续10 d，磁县最长连续时数超过历史极值。由于重雾、霾天气持续时间长，日照明显不足，多个县(市)连续9 d无日照，温室内气温持续偏低，致使设施蔬菜生长缓慢或停止生长，局部出现冷害，产量受到一定影响，特别是果类、蔬菜损失严重；张家口—承德地区以外的高速公路连续多日大范围关闭，机场航班大面积延误或取消；呼吸道疾病患者也出现剧增。

2000—2015年$PM_{2.5}$污染日益严重，影响人口数量巨大。在对典型区域京津冀城市群的分析中发现，2000—2015年新增$PM_{2.5}$污染暴露人口中，城市化和自然增长贡献基本持平；2000—2005年和2010—2015年新增$PM_{2.5}$污染暴露人口中城市化贡献率显著高于人口自然增长的贡献率，2005—2010年新增$PM_{2.5}$污染暴露人口中城市化呈负贡献，自然增长是暴露人口增长的主要因素。同时发现该城市群的北京市和天津市的新增人口$PM_{2.5}$暴露主要归因于快速的人口增长。由此表明，城市化引发的人口迁移对人群的$PM_{2.5}$污染暴露贡献显著。有足够的科学研究结果证明了大气细粒子能吸附大量致癌物质和基因毒性诱变物质，给人体健康带来不可忽视的负面影响，包括推高死亡率、使慢性病加剧、使呼吸系统及心脏系统疾病恶化、改变肺功能及结构、影响生殖能力、改变人体的免疫结构等。据北京市卫生局统计，每次出现重度雾、霾天气，来市属各大医院呼吸科就

诊的患者就增加 2～5 成。

2013 年 1 月中国中东部地区出现持续时间最长、影响范围最广、强度最强的雾、霾天气过程。雾、霾天数创下历史纪录，$PM_{2.5}$浓度超标持续 25 d 以上，很多地区达到近 5 a 来最高值。全国因 2013 年 1 月的雾、霾事件造成的交通和健康的直接经济损失的保守估计值约为 230 亿元，受到雾、霾事件影响损失最大的省(市)主要集中在东部和京津冀区域，包括浙江、江苏、山东、河北、上海、北京等省(市)。雾、霾事件造成的急性健康损失(急/门诊)共计 226 亿元，相当于非雾、霾事件状态下所有健康终端损失的近 2 倍。

5.5.7 京津冀地区环境气象治理措施、对策和建议

5.5.7.1 京津冀地区的大气环境容量

大气环境容量是在给定的空间和时间范围内，大气污染物平均浓度不超过大气质量标准的条件(薛文博 等 2014；徐大海 等，2018)。若某地区的大气污染物的排放量超过了相应的大气环境容量，就容易引起严重的大气污染，如京津冀地区和西北五省(自治区)2013 年的情况(郝吉明 等，2017)。许启慧等(2017)对 1972—2013 年京津冀地区大气环境容量系数的时空变化特征进行了分析，发现一天中 14 时大气环境容量最大，02 时最小，日均值居于两者之间；一年中，春季大气环境容量最大，冬季最小，从春季到冬季大气环境容量逐渐下降。全年与四季大气环境容量气候值的空间分布特征较为一致，张家口、承德西北部明显大于其他区域，西部太行山区和环渤海湾东西两侧的沧州、秦皇岛、唐山为次高值地带，中南部平原普遍低于周围山区和东部沿海区域。此外，河北省全年及四季大部分地区的大气环境容量均呈显著下降趋势，尤其是在中南部的秋季和冬季，下降最为明显(图 5.56)。

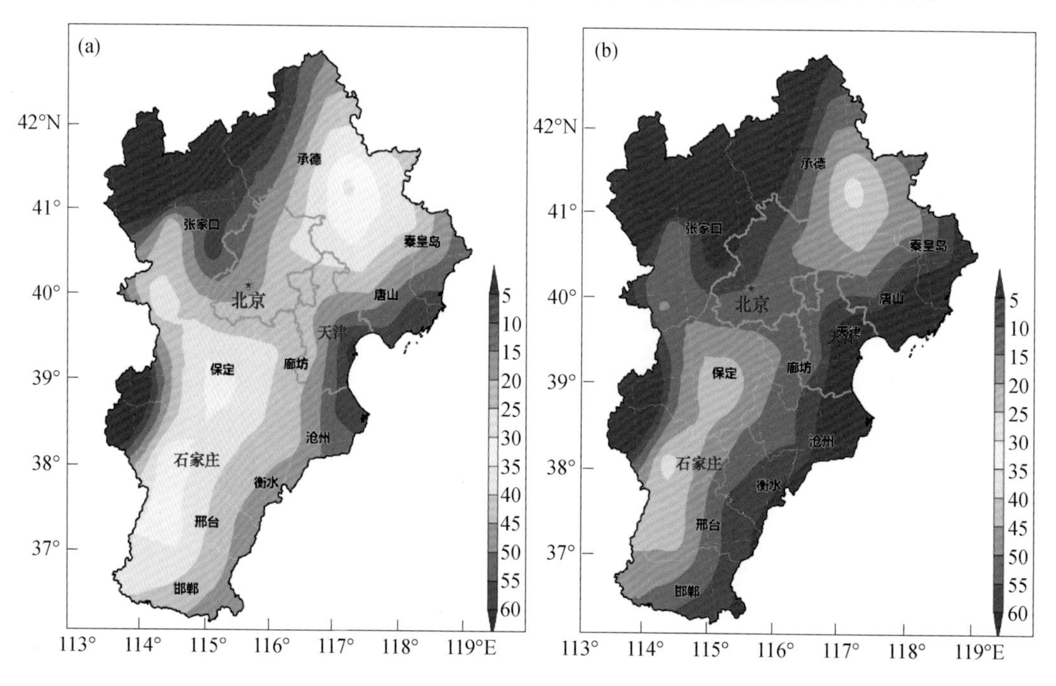

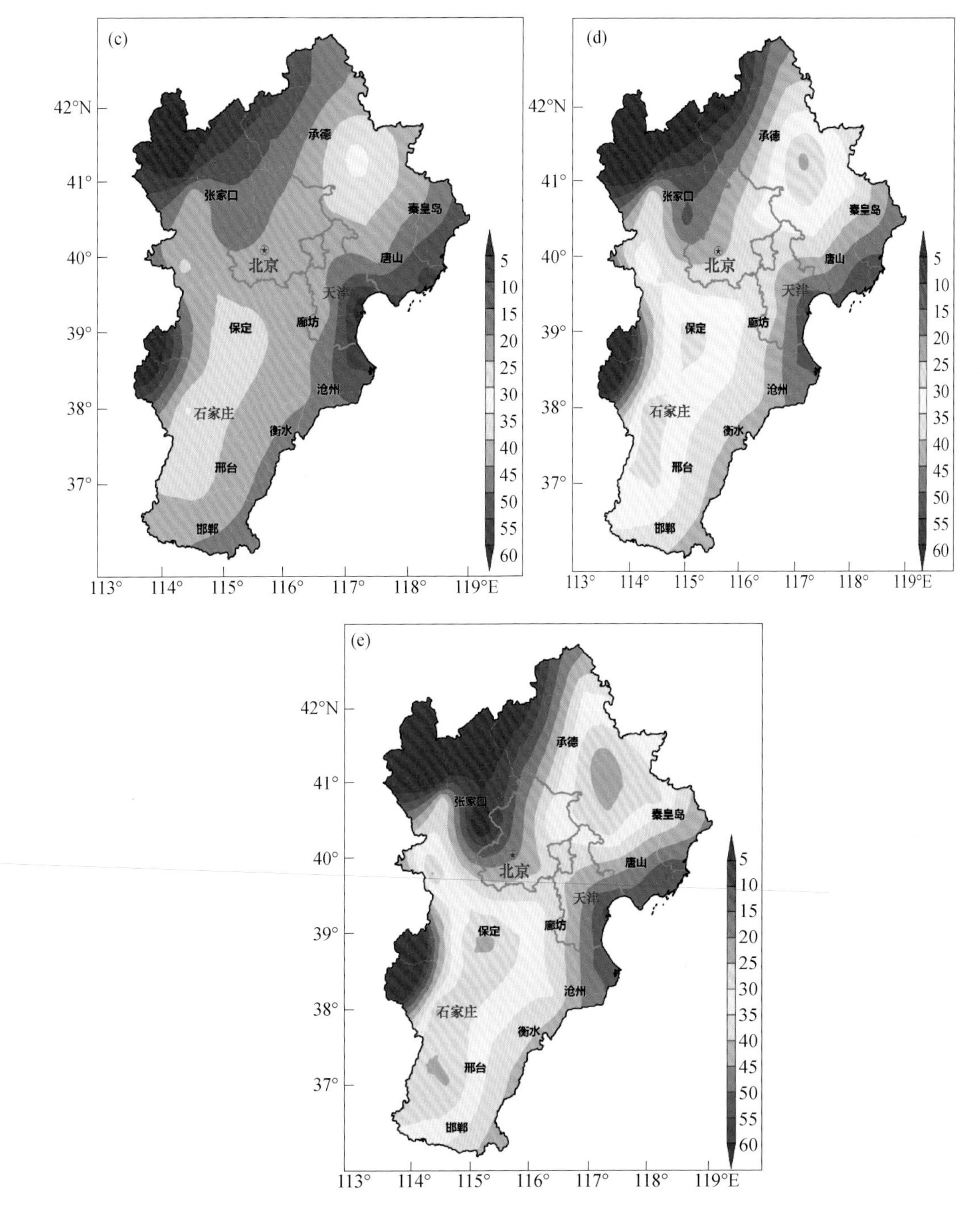

图 5.56　京津冀地区多年平均的大气环境容量系数年和四季气候平均值的空间分布

(a)年均;(b)春季;(c)夏季;(d)秋季;(e)冬季

5.5.7.2　京津冀地区大气污染的影响

应该说,京津冀地区大气污染的影响最突出的就是雾、霾对健康的影响。雾、霾的主要成分——$PM_{2.5}$会对人们的呼吸道产生严重伤害，进而产生居民的健康损失和额外的防护消费（谢元博 等，2014；谢志祥 等，2019）。Du 等（2016）考察了 2013 年 1 月北京市重污染天气期间居民健康方面的经济负担与 $PM_{2.5}$浓度的关系（图 5.57），发现 $PM_{2.5}$浓度与此的联系十分紧密。因此，大气污染防治措施的实施能够有效减小居民的健康负担，例如，Xue 等（2019）研究发现，京津冀地区减排措施实施以来，因高浓度 $PM_{2.5}$导致的死亡数有了明显下降（图 5.58）。

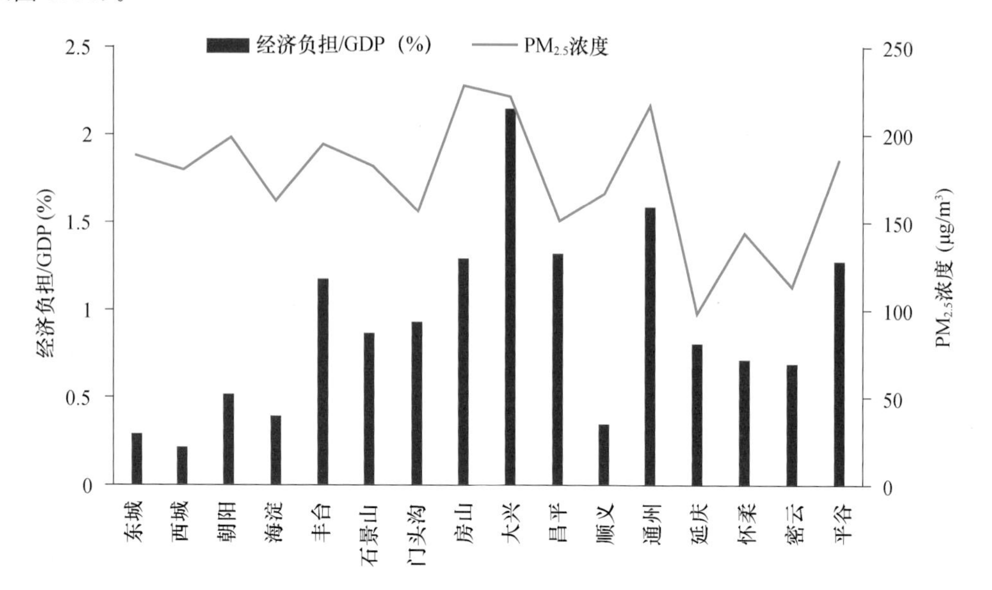

图 5.57　2013 年 1 月北京重污染期间各区 $PM_{2.5}$浓度与健康经济负担间的对应关系（Du et al.，2016）

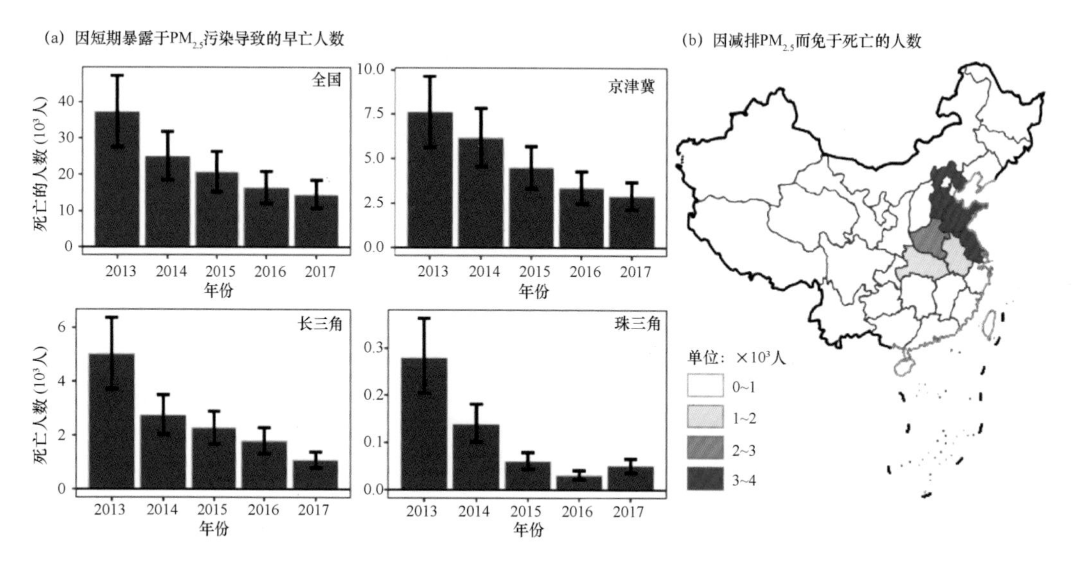

图 5.58　2013—2017 年 $PM_{2.5}$的致死数（a）与减排措施实施后避免的 $PM_{2.5}$致死数（b）（Xue et al.，2019）

5.5.7.3 京津冀地区的大气污染防治建议

事实上，在现阶段和今后相当长一段时间内，京津冀地区大气污染防治的主要内容还是秋、冬季的灰霾治理。2013年国务院颁布的《大气污染防治行动计划》实施以来，带来了巨大的健康经济效益(武卫玲 等，2019)。但由于京津冀地区污染严重程度基数大，因此后续的治理任务还十分艰巨。不同研究对今后的防治工作均有深刻思考。

中国科学院相关研究指出，京津冀地区的灰霾主要是SO_2-NO_2的复合污染造成，建议京津冀地区中长期的空气质量改善措施如下(白春礼，2014)：①提高燃煤锅炉脱硫、脱硝、除尘效率；②提高燃油标准，提升油品质量(包括河北、天津的油品质量)；③建立并完善氨和挥发性有机化合物的排放标准；④完善餐饮业、油印厂、建筑装修和喷涂行业等排放标准；⑤提高农业氮肥使用效率，减少畜牧业氨排放，提高生物质燃料使用效率，采用更加环保的方式替代秸秆直接燃烧。

而在更高层面，应根据灰霾形成特点，加强针对性措施。有学者建议现阶段治理的基本思路应该是：在继续做好源头减排的同时，集中力量解决冬半年重污染问题。在具体措施上，应着重做好5个方面的工作(白春礼，2017)：①地方政府在保增长和促减排方面要坚持两手抓、两手硬，一年到头，一以贯之，避免"前紧后松"，把冬半年的产能缩减到位；②针对华北冬季取暖问题，因地制宜、多措并举，加大清洁能源替代力度；③控制重型卡车的排放，重型卡车占机动车保有量的5%，但排放的一次颗粒物占到机动车的90%，氮氧化物占50%以上，通过调结构、降产能、完善物流网络等方式缓解运输需求、提高运输效率，同时，积极推进油品质量的升级和净化装置的改造；④开展秸秆的综合整治，秸秆污染量大面广，全国每年约8.5万t，须综合运用行政、法律市场的手段，探索秸秆利用规模化、专业化、产业化的运营模式；⑤切实加强企业偷排偷放问题行为的监管。

相关学者建议，我国的污染治理要实行"一长一短"的政策，"长短结合"来治理(中国科学院，2017)。"短"是指面对短期严重污染，要采取非常手段、严厉措施，比如在空气污染红色预警期间实行机动车限行、中小学生放假、职工弹性工作制等。因为紧急情况必须采取非常措施，首先保证人的健康，以及迅速把污染物降下来，然后再图长期发展。另外，这些措施仅是权宜之计，对于长期的污染治理效果甚微，不能作为长期治理措施推广使用。"长"是指长期的污染治理规划和长远的效果，使空气质量长期达标。这就需要工业流程优化、产业结构调整升级等，并在落实管理上狠下功夫。这样，短期利用一些强制措施，使污染物排放降下来，使污染浓度降下来，使重污染暴发频次降下来，首先保证人民群众的健康。长期则要瞄准空气质量长期达标，推动清洁能源，推动煤转电，推动油品质量升级，推动公共交通等的发展。如果能够切实做到，很有希望能在10～20 a的时间内把我国灰霾污染彻底治好。

空间效应是影响京津冀城市群雾、霾的重要因素，处于雾、霾高值和低值的城市容易形成空间集聚，对于雾、霾污染较高的城市来说，对雾、霾的治理也会影响到周边城市。因此，需要建立京津冀城市群雾、霾污染联合治理机制，打破城市的边界进行联合治理，是有效治理雾、霾的手段。京津冀联合治理机制的形成也有利于提高居民对城市环境污染的认识和参与度，共同参与，为减少雾、霾污染尽一份力。实践表明，京津冀城市无序蔓延会带来雾、霾的污染。随着人们越来越多地使用私家车，使得人们职住分离成为可能，推动了城市向郊

区蔓延的趋势。京津冀地区要发挥市场对城市要素的配置作用，同时也要建立土地约束机制，促进城市精明增长，打造结构紧凑、集约的城市空间，避免无序蔓延。具体实施方面要保持新城区建设用地增长率与城市人口增长率的合理比值；对于大城市郊区的产业园区附近应该合理规划居住区，逐渐形成完善的次中心服务区，实现安居与就业的平衡，减少通勤距离延长带来的交通污染；此外，应该加快土地市场制度改革，建立农村土地使用权市场，避免农村土地的低效利用。

从雾、霾治理的实施主体而言，仅有政府、企业不够，我们每个人既是雾、霾的受害者，也是雾、霾治理的参与者。抓住能源消费、汽车尾气排放、扬尘污染等关键环节，增加绿色盈余，降低污染总量，“标本兼治和专项治理并重、常态治理和应急减排协调、本地治污和区域协调相互促进，多策并举，多地联动，全社会共同行动”聚集正能量，点点滴滴，积流成河，方能祛霾返清。

5.6 城市规划与京津冀城市气候

城市规划作为城市建设和管理的基本依据，是人类为了在城市发展中维持公共生活的空间秩序而表达的未来空间安排的意图。城市规划不仅仅是城市空间布局的技术手段，更重要的是要合理有效地为人们创造良好的生活空间环境。随着经济社会的发展以及人们对生活环境质量要求不断提高，创建良好的生态环境已成为人类社会共同追求的目标。在实施可持续发展战略、建设生态良好城市的进程中，如何从科学角度深刻认识城市发展以及城市间相互影响的规律，制定科学的城市规划，传统观念和方法正在受到前所未有的挑战。城市规划建设需要统筹考虑资源的合理利用、生态环境保持、人居环境良好以及百姓生活方便等各种因素。另外，地球大气中所发生的风、雨、雪及冷、暖、干、湿、阴、晴等气象要素的变化、分布，以及电、光、声等现象的演变过程，也是影响大气环境的一个非常重要的因素。如何从科学的角度去认识和揭示这些自然界的变化规律，采取科学的方法合理安排各项建设布局，避免对自然环境及气象条件造成人为破坏，保持良好的生态环境，减轻恶劣气象条件对社会生活各方面的影响，为百姓提供良好的人居环境，已经成为城市规划的一项重要任务。气候变化对人类生存的土地和利用土地的方式都将产生巨大的影响，会导致海平面上升，使得一些低洼的沿海陆地被淹没，会导致暴雨、干旱等极端气候事件增多，对生态系统、水土资源、人类活动与生命安全等造成极大的伤害。因此，在城市和城镇布局的建设规划中，必须进一步加强对区域及城市气象问题的综合研究，在科技进步背景下对气象、环境与城市规划问题进行重新认识。要重视地形、地貌对污染物扩散的影响，重视热岛效应对城市环境质量的综合影响等，对环境污染问题加以重新评价，建立良好的城市生态系统。建设生态城市，实现城市可持续发展，已成为21世纪世界各国城市共同追求的发展目标。京津冀城市群将实现可持续发展作为经济社会发展的长远战略，以加强城市环境、交通建设和危旧房改造为切入点，将建设生态城市作为推进城市可持续发展的一项重要任务。

5.6.1 城市规划与热岛效应

城市热岛效应是城市化对城市气候影响最典型的表现之一，其对城市公共健康、空气质量、能源消耗等方面已产生了深远的影响。城市化水平是潜在的高温健康风险因素，极端高温会导致心脑血管和呼吸道等疾病发病率和死亡率上升，给城市居民，尤其是老龄人口带来严重的健康隐患。城市热岛的垂直分布，使得空气污染物在一定高度不易扩散，加重污染程度。夏季城市热岛加剧了酷热，降低了城市舒适度并增加了居民的经济负担，应用空调制冷所消耗的能源是十分可观的，夏季城市温度每升高 1 ℃，降温对能源的需求就要增加 2%～4%。

城市热岛效应的形成给城市规划部门提出了新的挑战。为了建立一个人与自然协调可持续发展的宜居城市，如何消除城市热岛效应是城市规划者应考虑的一个重要内容。在下文中，将以北京市为例重点分析城市规划对热岛效应的减缓措施。

5.6.1.1 北京市热岛效应现状及成因

北京热岛效应的发展与北京市城镇的迅速扩张密不可分。北京市的城镇扩展建设可以分为两大加速阶段：一个是 1980—1995 年，城镇建设用地面积占北京市总面积的比重从 9.0%左右一直上升到了 13.6%；另一个时期是 2000—2008 年，这个时期的建设面积比重从 13.8%上升到了 17.3 %。在这两个阶段，市区非建设区（主要为农田、果园等绿色空间）面积迅速减少，原有的农田等自然绿色空间被大量的建筑物、道路和硬化铺装等所取代，城市下垫面性质发生了明显改变，城市环境和气候特点逐渐发生改变。

北京城市规模迅猛扩张，同时建筑物密度也在不断增大，北京市的中心城区（二环以内）的建筑密度最大，二环内是北京市的老城区，区域内的建筑多为分布密集的胡同、四合院一类的高密度建筑，地表温度主要受建筑物高密度区影响，平均温度相差较少，夏季热岛平均温度达到 31.37 ℃。三、四环之间主要是中密度建筑，主要表现为中低层楼房、一般居民小区等，夏季热岛平均温度为 31.29 ℃。四、五环内建筑的总体面积比例较小，高层建筑区的温度明显较低，仅有 28.09 ℃。

由此可以发现北京市城市热岛主要成因是：①城市中下垫面性质的改变——建筑、地面硬化面积的大量增加；②城市建筑密度不断增大，阻挡了城市通风，阻碍了城市热量的扩散；③城市绿化总量不断减少、水体面积减少，湿地消失，最终使得北京市的生态资源环境承载力降低，城市环境不断恶化。

5.6.1.2 北京市城市规划对热岛的影响

（1）科学规划城市通风廊道

城市风是缓解城市热岛的重要因素。北京市在静风条件下，城市下垫面长波辐射和人为热滞留在低空，聚集的热量难以扩散。若来自上风方向的郊区空气进入市区，空气的水平混合和垂直作用就能把热岛效应削减或消除。根据北京城市的主导风向，在市区逐步建立合理的生态廊道体系，可以将城市外围凉爽、洁净的空气引入城市内部，有效缓解城市内部的热岛效应。同时可以促进城市与外围的物质、能量交换，使生态环境得以恢复和完善。“城市通风廊道”是近年来城市规划中较为新颖与热点的话题。城市建设和人类活动产生了大量热源，同时密集的建筑削弱了城市内部的空气流通能力，热量不断产生却不能及时排出，空气污染物得不到有效扩散，使得城市微气候形成了恶性循环。此时，构建城市通风廊道的理念应运而生，构建通风廊道是在规划之初，对用于改善城市气候环境的土地进行科学保护和合理利用，通过在城市中留出一定的通道，促进空气流通和城郊间交换，并考虑连通城市热岛严重区域防止其蔓延激增，同时也防止用地“板结”，利于水土保持和生态系统发展，起到串联生态用地的作用，承载了一定城市生态功能。根据《北京城市总体规划(2016—2035 年)》，到 2035 年，北京市将建成 5 条宽度 500 m 以上的一级通风廊道、多条宽度 80 m 以上的二级通风廊道体系。如图 5.59 所示，西北通道是植物园→昆明湖→昆玉河→紫竹院→玉渊潭；西部通道是植物园→西五环及两侧绿化带；中部通道是太平郊野公园→东小口森林公园→奥林匹克公园→北中轴线→后海→中南海→天坛公园→龙潭湖公园→京沪高速及两侧绿化带；中东部通道是清河郊野公园→朝来森林公园→太阳宫公园→朝阳公园→东北五环绿地→东南五环分钟寺→京沪高速及两侧绿化带；东部通道是京密高速→东五环及两侧绿化带。

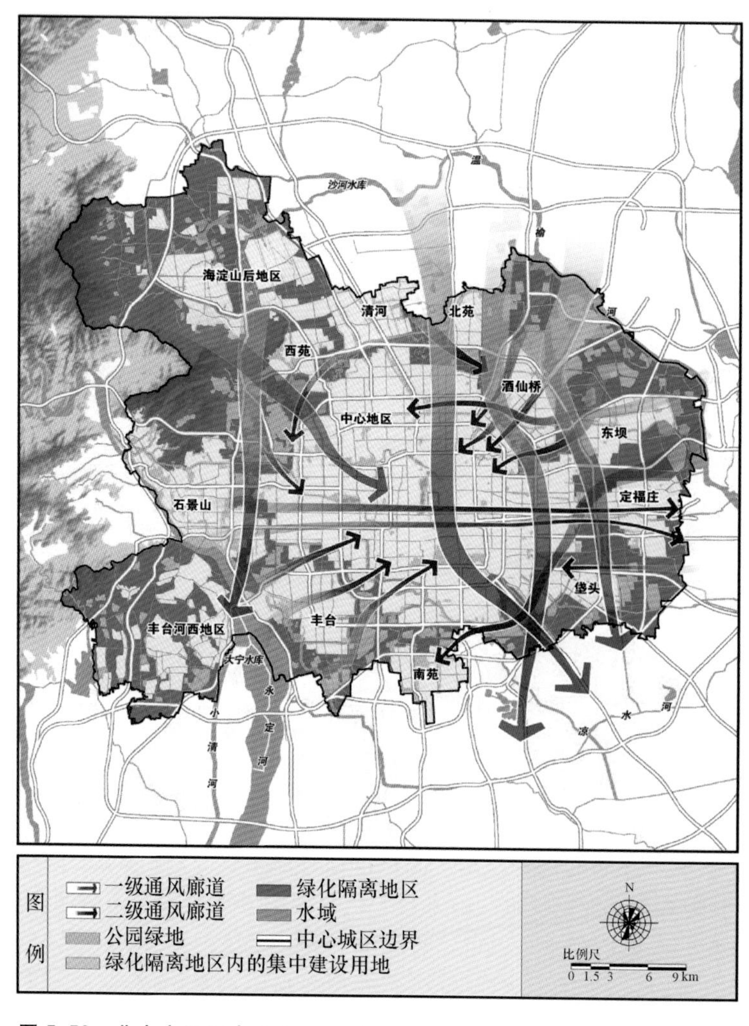

图 5.59 北京市通风廊道体系(引自《北京城市总体规划(2016—2035)》)

(2)“留白增绿”,逐步扩大城市绿地、水体面积

热岛强度与城市绿地面积密切相关。一般来说,城市绿化覆盖率与热岛强度成反比,绿化覆盖率越高,则热岛强度越低。以北京市五棵松热岛集中区为例,该地区多年来热岛比例变化非常明显,由于集美家具城等的建设,曾导致该地区环境一度被严重破坏,热岛强度迅速升高,成为典型的热岛集中区。随着区域内家具城、密集平房的拆迁和大规模绿地建设,热岛强度明显下降。当一个区域绿化率不低于30%时,绿地对热岛有较明显的削弱作用。除了绿地能够有效缓解城市热岛效应外,水面、城市风也是缓解城市热岛的有效因素。覆盖率超过60%的集中绿地,其内部的热辐射有明显降低,可以在城市形成以绿地为中心的低温区域,成为人们户外游玩的最优良环境。植物通过蒸腾作用,不断从环境中吸收大量的热量,降低了环境空气的温度,每公顷绿地平均每天可以从周围环境中吸收81.8 MJ的热量,大约相当于189台功率为1 kW空调的作用。绿地因蒸腾作用散失的热量高于所得到的太阳辐射能,温度降低,空气冷却收缩下沉,地面气压升高,气压高的气流从绿地吹向周边地区,形成局部环流,客观上起到降低周围环境温度的作用。

除了大范围的绿地之外,水面也能够削减城市热岛,因为水的热容量比地面的热容量高,同时水体存在湍流交换,使其吸收蓄积大量热量,在吸收相同热量的情况下,表现出水面比其他下垫面的温度低。根据北京市的自然条件和城市特点,在有条件的地区,逐步增大水体面积,对于建设生态完善、环境优美的城市空间意义重大。“留白增绿”是北京市改善城市环境、增加绿化面积的重要手段。党的十八大以来,北京市大力开展“规划建绿、疏解增绿、精心管绿”,中心城区“两轴、三环、十楔、多园”的生态格局基本形成,新城园林绿化发展水平显著提升。截至2018年年底,城市绿化覆盖率达到48.4%,人均公共绿地面积达到16.3 m^2。

5.6.2 城市排水设计标准与降水

从北京、上海、纽约、伦敦等特大城市所遭受暴雨内涝的影响来看,严重的暴雨内涝会导致交通系统瘫痪,引发诸多交通事故甚至人员伤亡。例如,2012年7月21日,北京市发生特大暴雨,全市平均降水量达170 mm,90余条道路因为严重积水而中断,并且造成了70余人死亡,经济损失上百亿元;2013年9月13日下午,一场百年一遇暴雨袭击上海,致使市区80多条道路严重积水,由于短时强降水正值交通高峰时段,故而造成诸多交通线路瘫痪,对市民出行造成了严重影响。极端降雨对城市交通有直接的影响,特别是对高架道路交通影响较大,使高架道路交通系统在暴雨天气下瘫痪,尤其是在高架道路出入口处,由于车道少并且车流量大,更易发生拥堵。

随着城市快速发展和人口急剧增加,现有的城市规划从功能和布局上不能适应综合自然灾害风险防御的要求,突出表现在以下几个方面:城市快速发展与原有自然地理(特别是水系网)格局的矛盾加深,人地关系的不和谐导致灾情加剧;城市快速发展与远城区基础设施落后的矛盾加深,远城区基础设施建设的严重“欠账”导致灾情加重;城市快速发展与局地微地形、地貌的矛盾加深,城市高速公路、高架桥对微地形、地貌的改变导致局地出现新的灾害风险;城市快速发展与滞后的城市洪涝设防标准的矛盾加深。大都市圈的规划和建设必

须建立在对其自然地理格局，特别是水系和微地形分布遵循的前提下。近几十年来，三大城市群城市建成区面积快速扩张。在这一城市规划和建设过程中，没有充分考虑大城市布局与原有自然地理格局的协调问题，导致城市建设对自然水系，特别是对支毛沟等的占用和破坏严重，天然河网密度极大下降，而新建的人工管网设防水平低，替代不了自然水系的行洪滞蓄与生态服务功能。与此同时，许多下凹式立交桥建在古河道、河网或残留洼地等负地形区，人为形成城市道路网络中"逢雨必淹"的薄弱点，严重放大了灾情，加重了救灾难度。

5.6.3 京津冀地区建筑节能设计与气象条件

全球气候变暖对社会各行业的影响日益显现，特别是对约占社会终端总能耗30%的建筑能耗有明显影响，这对建筑节能工作提出了新的要求（陈峪 等，2000；文远高 等，2003；侯政，2007）。建筑节能设计是建筑节能工作的基础，而气象数据则是建筑节能设计的依据，建筑节能需充分考虑气候因素（杨柳，2003；毛建西 等，2005）。从20世纪90年代开始，建筑节能设计日渐受到社会的重视，城市居住建筑逐步实现三步节能，低能耗、低碳建筑也层出不穷，建筑节能设计不断创新，对气象参数的应用也提出了更高要求。然而，我国现行的建筑节能设计标准，如《民用建筑节能设计标准》等均是基于20世纪80年代之前的历史气象数据计算制定的，未曾考虑气候变化对建筑节能设计气象参数的影响，显然不具有可持续的适用性。同时，由于历史气象记录不完备等客观因素，原有的建筑气象参数指标不可避免地存在一些偏差和缺陷。由于气候变化的影响，这些气象数据已然不能代表当前气候的状况及未来气候的发展趋势。研究气候变化对城市建筑节能设计气象参数的影响，并提出相应的应对措施显得十分必要。

（1）冬季采暖

1951—2010年北京、天津、石家庄及太原采暖及冬季空气调节室外计算温度均呈明显升高的趋势（表5.7）。与《采暖通风与空气调节设计规范》（以下简称《规范》）采用的1951—1980年相比，1981—2010年采暖室外计算温度偏高幅度为2.1 ℃（北京）～3.4 ℃（石家庄），冬季空气调节室外计算温度升高幅度为2.1 ℃（天津）～3.1 ℃（石家庄）。

表5.7 华北区域四个城市1951—2010年建筑节能气象参数的变化（℃）

设计参数	城市	年份				差值
		《规范》采用1951—1980年	1961—1990年	1971—2000年	1981—2010年	1951—1980年与1981—2010年
采暖室外计算温度	北京	−9.0	−8.3	−7.6	−6.9	2.1
	天津	−9.0	−7.7	−6.8	−6.2	2.8
	石家庄	−9.0	−7.0	−6.1	−5.6	3.4
	太原	−12.0	−10.6	−10.1	−9.5	2.5
冬季空气调节室外计算温度	北京	−12.0	−10.1	−9.9	−9.4	2.6
	天津	−11.0	−9.9	−9.3	−8.9	2.1
	石家庄	−11.0	−9.5	−8.7	−7.9	3.1
	太原	−15.0	−12.9	−12.8	−12.6	2.4

续表

设计参数	城市	年份				差值
		《规范》采用1951—1980年	1961—1990年	1971—2000年	1981—2010年	1951—1980年与1981—2010年
夏季空气调节室外计算干球温度	北京	33.5	33.4	33.5	34.0	0.5
	天津	33.2	33.6	33.9	34.2	1.0
	石家庄	35.2	35.0	35.1	35.4	0.2
	太原	31.4	31.2	31.5	32.5	1.1
夏季空气调节室外计算日平均温度	北京	29.0	28.7	29.1	29.7	0.7
	天津	29.0	29.3	29.7	30.2	1.2
	石家庄	30.0	29.6	30.0	30.5	0.5
	太原	27.0	25.9	26	26.8	−0.2
夏季通风室外计算温度	北京	30.0	29.5	29.7	30.3	0.3
	天津	30.0	29.6	29.8	30.3	0.3
	石家庄	31.0	30.6	30.7	31.0	0.0
	太原	28.0	27.5	27.8	28.4	0.4
夏季通风室外计算相对湿度	北京	63	61	59	55	−8
	天津	66	63	61	58	−6
	石家庄	55	55	56	56	1
	太原	55	58	57	54	−1

根据《采暖通风与空气调节设计规范》，在采暖工程设计中必须考虑某地区的室外计算温度，采用空调采暖的系统同样也需要考虑冬季空气调节室外计算温度。室外计算温度决定了采暖燃料定额或者空调容量，此值越高，燃料定额或者空调容量越高(轩春怡 等，2003；杨霞 等，2010)。采暖室外计算温度的上升，可使锅炉燃料定额降低。如石家庄现采用的采暖室外计算温度为−9 ℃，气候变暖导致该温度上升到−5.6 ℃，升高了3.4 ℃，上升幅度达37.8%。从采暖锅炉燃料消耗定额计算得出，定额减少了12.6%，具有明显的节能潜力。同样，随着冬季气温的升高，冬季空气调节室外计算温度亦明显升高，空调设计负荷偏大，也会使设备容量偏大，造成设备运行效率低，能耗比实际需求偏高。

(2)夏季空调

与1951—1980年相比，1981—2010年华北区域北京、天津、石家庄和太原干球温度均不同程度升高，其中，太原和天津分别上升了1.1 ℃和1.0 ℃，北京和石家庄分别仅升高了0.5 ℃和0.2 ℃。夏季空气调节室外计算干球温度可以影响围护结构传热、设备冷却效果，主要用于确定新风负荷。干球温度升高，导致新风负荷增大，进而增加室内的供冷量，导致冷负荷偏大，使室内的制冷能耗增加，能源水泵会有所增加，总体上对节能是不利的。同时，原有供冷设备选型供冷量偏低，在室外温度升高的同时，增加了设备负荷，将使设备容量难以满足负荷增加的需求，设备的使用存在一定的安全风险。通过对华北区域四个城市的分析看，由于北京和石家庄夏季空调室外计算干球温度升高并不明显，对设备选型和运行安全的影响不大，而天津和太原夏季空调室外计算干球温度的升幅超过了 1.0 ℃,对设计选型及运行安全的影响较大。

夏季空气调节室外计算日平均温度主要用于计算逐时室外温度,而逐时温度主要用于计算最大负荷,然后通过负荷确定设备选型。分析发现,华北区域四个城市夏季空气调节计算日平均温度在不同时段均呈升高趋势(尽管太原规范采用的日平均温度高于 1981—2010 年计算值),而室外计算逐时温度也明显上升(图 5.60)。与 1951—1980 年相比,1981—2010 年北京、天津和石家庄逐时温度的差异最大值出现在 03—05 时,至 14 时逐渐降低,之后又升高;与此相反,太原逐时温度的差异最大值出现在 14—15 时,最小值出现在 05 时。与 1961—1990 年比,1971—2000 年太原逐时室外温度变化不大,而与 1971—2000 年比,1981—2010 年太原室外计算逐时温度明显升高,尤其是在 14—15 时升高 1 ℃。由于夏季空调室外计算逐时温度主要用于确定设备最大负荷,从而为设备选型提供依据。从对华北四个城市的分析看,与采用的《规范》相比,天津、北京和石家庄日平均温度的升高幅度均有所增大,太原却降低了 0.2 ℃。但太原空调室外计算逐时温度升高主要出现在 14—15 时,也即一天中夏季空调开启的主要时段,此时温度的升高对最大负荷有明显的影响,导致计算的冷负荷小于实际负荷,易造成设备选型时最大负荷偏低以及下午空调开启集中时段的运行安全存在风险。与此不同,其他三个城市 1961—2010 年逐时温度升高主要出现在 03—05 时,此时段往往为一日中的低温时段,空调基本处于关闭状态,此时温度的升高对日最大负荷影响不大,对设备运行安全的影响也不大。

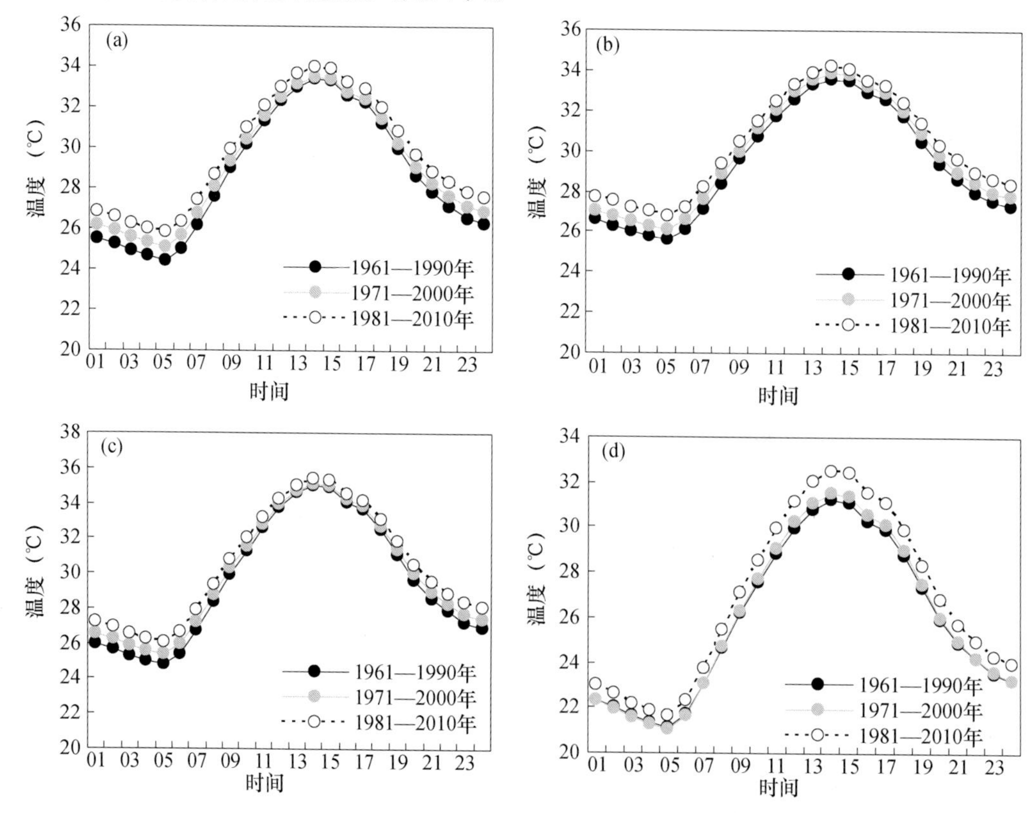

图 5.60 华北区域四城市三个不同时段夏季空气调节室外计算逐时温度的变化

(a)北京;(b)天津;(c)石家庄;(d)太原

(3)夏季通风

通风分为卫生通风和热舒适通风。供暖、空调只是部分时间、部分建筑的补充需要,比如对于民用建筑,通风不仅是建筑的基本需求,也是建筑节能的关键(付祥钊 等,2011)。夏季通风是建筑节能的主要手段之一,夏季通风室外计算相对湿度和温度是确定节能效果的主要影响因素,计算温度可以确定通过通风可以消除多少室内余热,湿度与人体的舒适度有直接关系,进而影响到通风行为和通风节能效果。分析表明,与《规范》使用的温度相比,除石家庄外,北京、天津 1981—2010 年夏季通风室外计算温度小幅度升高。温度升高,使通风带走室内热量的效果降低,节能效果也呈降低趋势,但其降低幅度很小,影响不是很大。对于夏季通风室外计算相对湿度来说,与《规范》使用的相对湿度相比,石家庄和太原没有出现明显变化,北京和天津均有明显降低,对通风节能是有利的。

5.6.4 北京市城市发展与生态环境改善

北京作为中国首都和国际交流的窗口,保护和建设好生态环境尤为重要。生态环境建设既是城市总体建设的重要组成部分,又是实现资源的保护与合理利用以及经济社会可持续发展的重要前提,同时也是推动北京郊区率先基本实现农业现代化的重要保障。为建设和保护好首都生态环境,根据《全国生态环境建设规划》要求,按照北京市生态环境建设相关规划,通过天然林等自然资源保护、造林绿化、水土保持、防治泥石流、治理风沙、水源保护、生态农业建设等一系列措施的施行,城市生态环境得到明显改善。

5.6.4.1 北京市城市的扩张

北京作为中国政治、经济、科技和文化中心,是京津冀协同发展的核心城市,在京津冀城市化发展中发挥着核心作用。1949 年以来,城市土地面积从 1949 年的80.49 km^2 增长到 2018 年的 2021.48 km^2。过去 70 a,城市土地扩张速度最快的时段是 2000—2010 年,平均每年扩张 105.88 km^2,其次为 1990—2000 年,平均每年扩张 55.01 km^2。1980—1990 年扩张速度最慢,平均扩张速度仅为 1.89 km^2/a(图 5.61)。

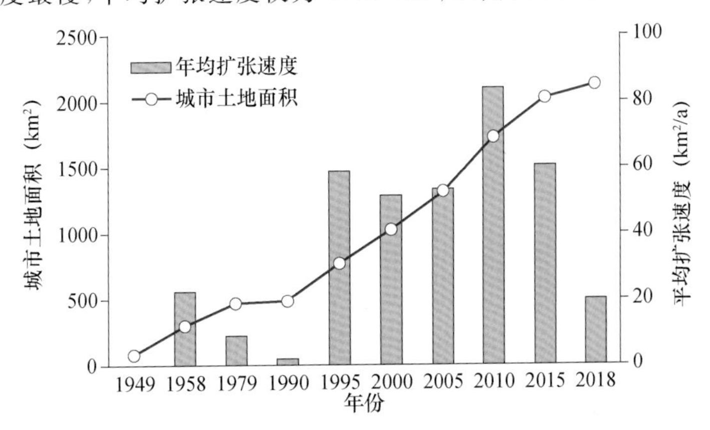

图 5.61 北京市 1949—2018 年城市土地面积变化

(基于遥感影像和历史地图重现,数据来源于中国科学院地理科学与资源研究所)

北京城市扩张呈现圈层外延式的扩张模式，不同阶段扩张模式也存在差异。其中，1949—1990年北京市先呈圈层式外延扩张后呈轴线式扩张；1990—2018年，呈显著的圈层外延式扩张，城市周边辖区新的增长极快速发展，逐渐与主城区形成连绵式不透水下垫面分布格局(图5.62)。

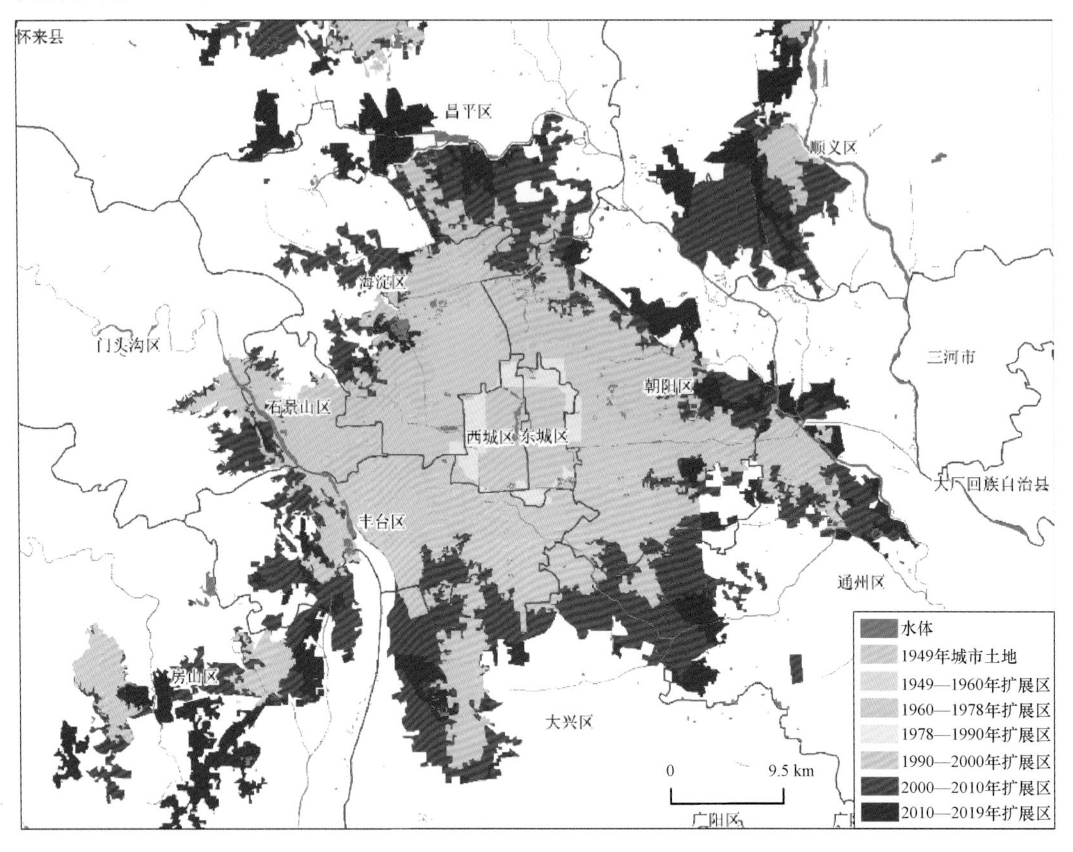

图5.62 1949—2018年北京主城区城市扩展图

(基于遥感影像和历史地图重现，数据来源于中国科学院地理科学与资源研究所)

2018年遥感监测表明，北京市城市建成区不透水下垫面比例为64.60%，城市绿地空间比例为34.21%，水域比例为1.19%。2000年以来，城市新区开发建设更加注重人工建设不透水地表和绿地空间的有效镶嵌。奥林匹克森林公园等一系列城市园林绿化建设，使得2010—2018年城市扩张区不透水面比例下降到53.12%，绿地空间比例上升到45.69%。总体上北京城市生态建设对园林绿化的重视，一定程度增加了绿地空间面积和比例，提高了城市地表透水性，城市生态建设成效显著(图5.63)。

1949年以来，北京市常住人口总体呈现稳步上升的趋势，城镇化率呈波动上升趋势。尤其是1978年以来，常住人口增长速率逐渐加快，2010年以后，受北京人口政策影响，常住人口数量逐渐稳定。1949—2018年，北京市城镇人口从178.70万上升到1863.4万，城镇化率由42.5%增长到86.5%(图5.64)(数据源:《北京市统计年鉴2018》《北京市2018年国民经济和社会发展统计公报》)。

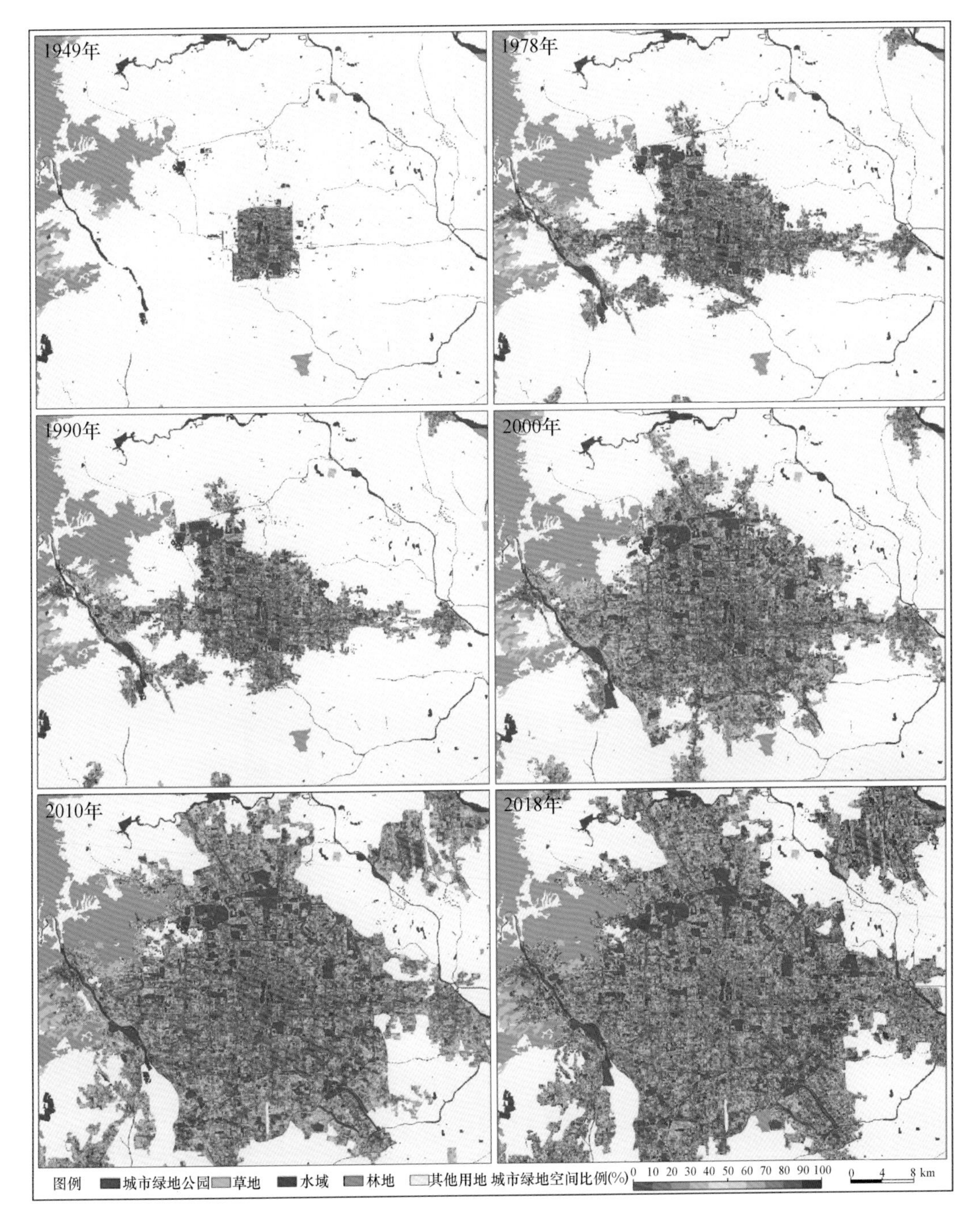

图 5.63 1949—2018 年北京主城区城市土地利用/覆盖变化过程

（基于陆地卫星遥感影像和历史图件获取，数据来源于中国科学院地理科学与资源研究所）

5.6.4.2 北京城市绿化成效

北京市森林覆盖率由 1949 年的 1.3%增长到 2018 年 36.5%，城市绿化覆盖率由 1980 年的 20.1%上升到 2018 年的 48.4%，公园绿地面积由 1980 年的 2746 hm^2 增加到 2018 年

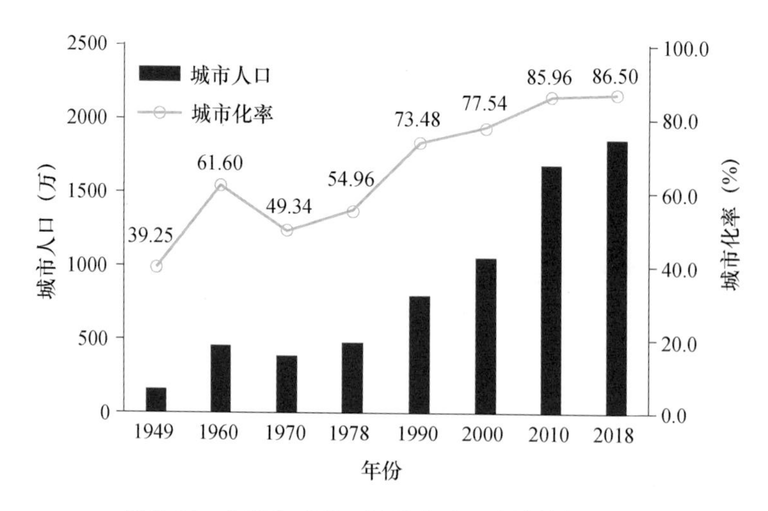

图 5.64　北京市 1949—2018 年人口和城镇化率变化

（数据源：《北京市统计年鉴 2018》《北京市 2018 年国民经济和社会发展统计公报》）

的 3.26 万 hm^2。受筹备绿色奥运等一系列措施的影响，2005—2010 年北京市公园绿地面积增加 7655 hm^2，2010—2018 年增加 1.36 万 hm^2。到 2018 年年底，全市绿地面积达 8.53 hm^2，林木绿化率达到 61.50%，人均绿地面积达 42.15 m^2，一系列绿化工程的实施建设对于城市生态系统服务提升发挥了重要作用（图 5.65）。

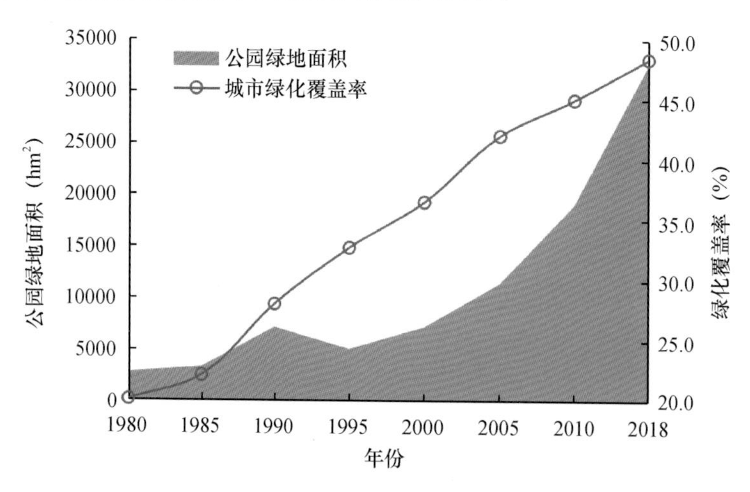

图 5.65　北京市 1980—2018 年公园绿地面积和城市绿化覆盖率变化

（数据源：《北京市统计年鉴 2018》）

2018 年北京中心城区生态冷源[①]主要分布于北京五环外的大型绿地、公园和水体以及山区林地。与 2013 年相比，中心城区合计增加生态冷源面积 1779 hm^2（图 5.66），显示近几年北京地区用于人居环境改善的“蓝绿”宜居空间初步形成。

① 生态冷源被定义为能产生新鲜冷空气的区域，一般指森林、农田、大型绿地、公园和水体等；它是冷空气来源、改善空气流通与人居环境的重要场所，可有效缓解城市热岛效应。

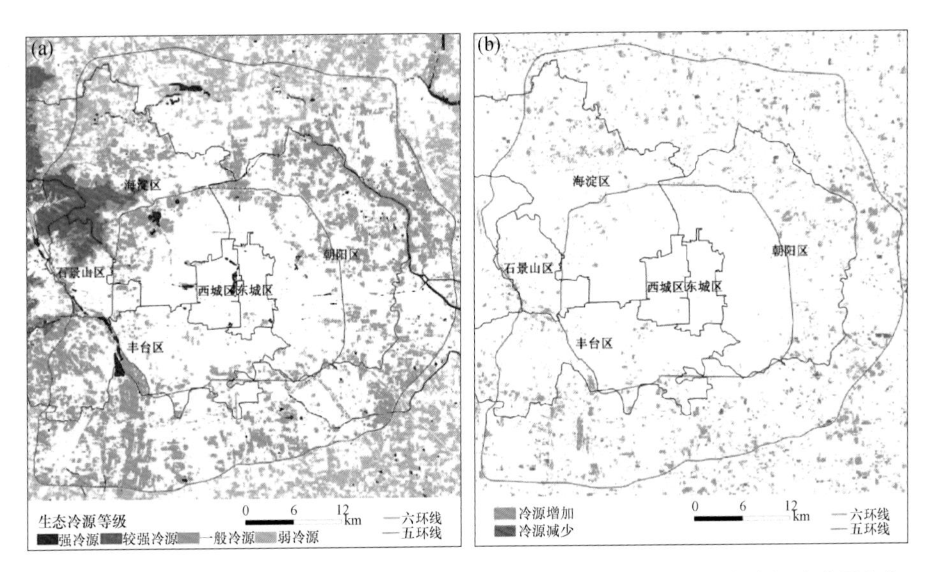

图5.66　2018年北京中心城区生态冷源监测(a)及与2013年相比生态冷源变化图(b)

(数据源:陆地卫星遥感监测)

2000—2018年,我国城市主城区绿地空间面积增量排在前10位的城市包括北京市、南京市和天津市等。其中,北京市主城区绿地空间面积的增长量最大,主城区内绿化水平显著提升(表5.8)。

表5.8　我国排名前10位的城市主城区绿地空间增长量

城市	2000年	2000—2018年	增长率(%)
	绿地空间面积(km^2)	绿地空间增长面积(km^2)	
北京市	304.67	516.89	169.66
南京市	88.95	159.20	178.99
天津市	88.64	148.22	167.22
深圳市	156.83	145.04	92.48
长春市	64.07	126.11	196.83
广州市	63.12	125.66	199.10
济南市	38.18	124.04	324.92
上海市	155.21	119.51	77.00
合肥市	31.79	117.28	368.94
苏州市	75.85	113.50	149.64

北京市作为中国的首都,全面贯彻建设生态城市的原则。在《北京城市总体规划(2004—2020年)》中明确提出注重空间结构的优化,加强生态林地的保护,积极进行绿化隔离地区、森林公园、生态廊道、城市公共绿地等建设,加快了城区的绿地系统建设。

2000年以来,北京五环绿廊建设、奥林匹克公园建设等一系列园林绿化重大工程的实施,显著提升了城市的绿化水平。2018年,城区的绿地空间比例为41.32%,较2000年主城区内绿地34.03%的比例,增加了7.29个百分点。北京市主城区绿地空间面积由2000年的

304.67 km^{2}增长到2018年的821.56 km^2，增长了1.7倍。依据《北京市绿地系统规划(2004—2020年)》，以构建良好人居环境与和谐社会并重的"宜居城市"为目标，北京中心城区的绿地系统形成了以"两轴、三环、十楔、多园"的空间结构布局，城市绿化取得辉煌的成绩。

5.6.4.3 北京城市生态环境的发展变化

(1)大气环境变化与治理成效

1961—2019年，北京市年沙尘日数呈减少趋势(图5.67)，减少速度为4.70 d/10 a。2018年沙尘日数为1 d(常年值为10.1 d)。1961—2018年，北京市雾日数呈减少趋势，减少速度为1.82 d/10 a。2018年雾日数为7 d(常年值为13.1 d)。2018年北京霾日数(83 d)较过去4年平均值(121 d)大幅度减少38 d，减少幅度为31.4%；从程度变化上看，重度、中度和轻度霾分别减少了18、23、21 d(图5.68)。评估结果表明，2018年霾日数比过去4年平均大幅度减少，人为减排因素的贡献比例约为79%，气象因素的贡献比例约为21%。2018年北京地区主要大气污染物$PM_{2.5}$年均质量浓度为51 μg/m^3，较过去4年平均下降了31.1%，大气质量改善明显，凸显了近几年京津冀大气污染联防联控等措施正不断取得成效。

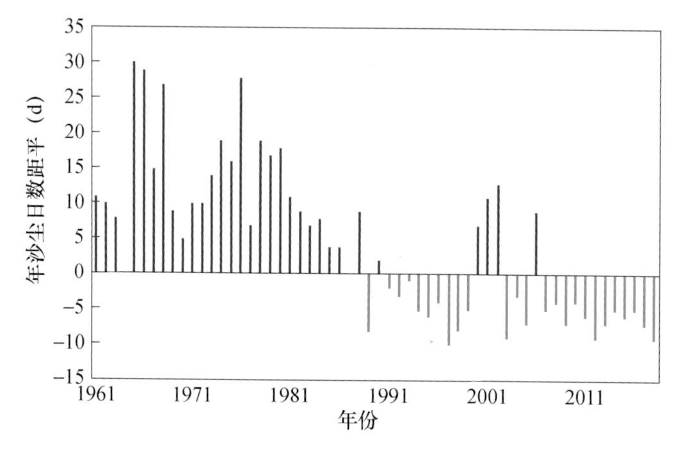

图5.67 北京市1961—2018年沙尘日数距平

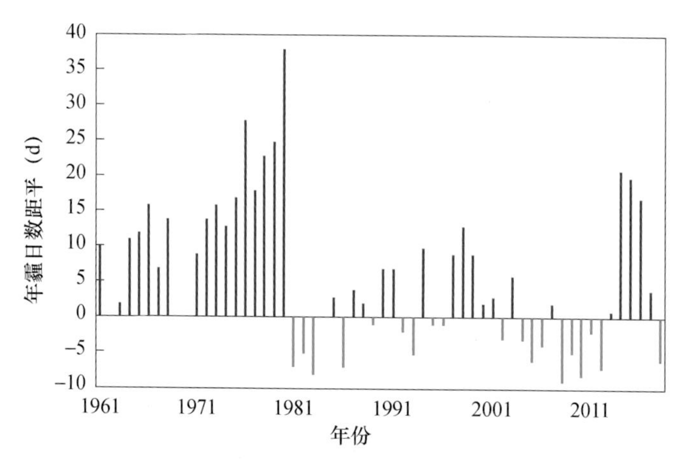

图5.68 北京市1961—2011年霾日数距平

北京市气溶胶光学厚度(AOD)平均值在2012年之前为0.46,在2012年之后AOD先缓慢升高,至2015年达到最大值,从2016年开始快速下降,2018年AOD平均值(0.36)降低至2012年以来的最低值,表明北京市大气污染治理成果显著,大气浑浊度在持续改善。在空间分布上,2018年各区AOD平均值差距较大(图5.69),山区大气洁净度明显好于平原城市区;中心城区平均值为0.59,远高于山区平均值0.27。

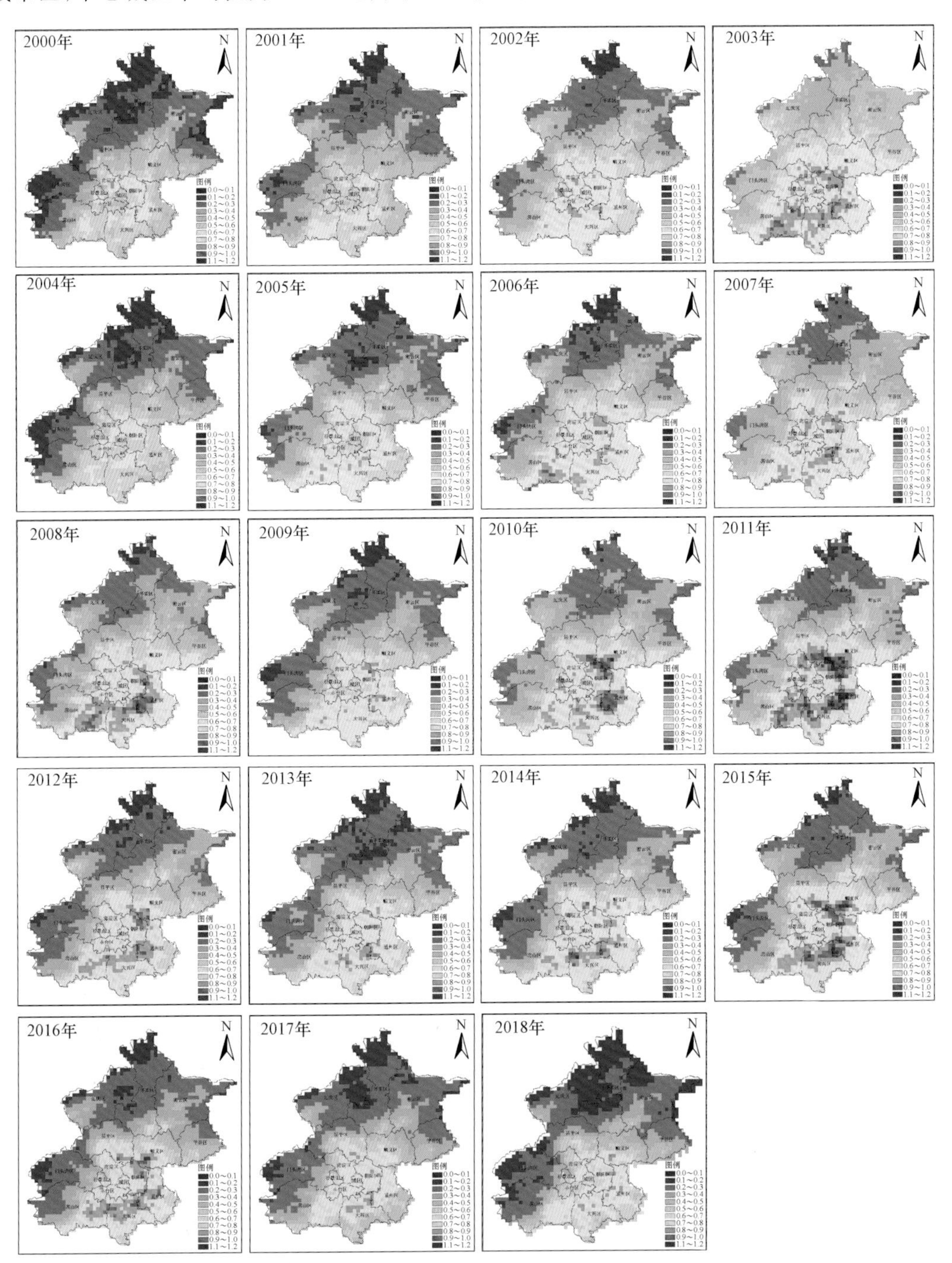

图5.69 2000—2018年卫星监测气溶胶光学厚度空间分布(数据源:气象卫星遥感监测)

(2)北京市城市热岛

2003 年以来,北京城市热岛面积逐年扩大,到 2012 年达到最大并保持稳定至 2015 年(图 5.70)。从空间分布上看,面积扩大期间,城市热岛向从中心城区向北(海淀—朝阳一带)、西南(丰台—房山一带)和东南(通州—大兴一带)三个方向扩张(图 5.71)。2016 年开始热岛面积大幅度下降,2016—2018 年热岛面积相对于 2012—2015 年减少了 22.7%(图 5.72)。2018 年,北京市较强以上热岛面积较 2017 年略小,中心城区热岛面积比例为 50.1%,下降了 4 个百分点。2018 年通州区强化城市生态规划治理,城市热岛面积相对于 2017 年下降了 30.1%。

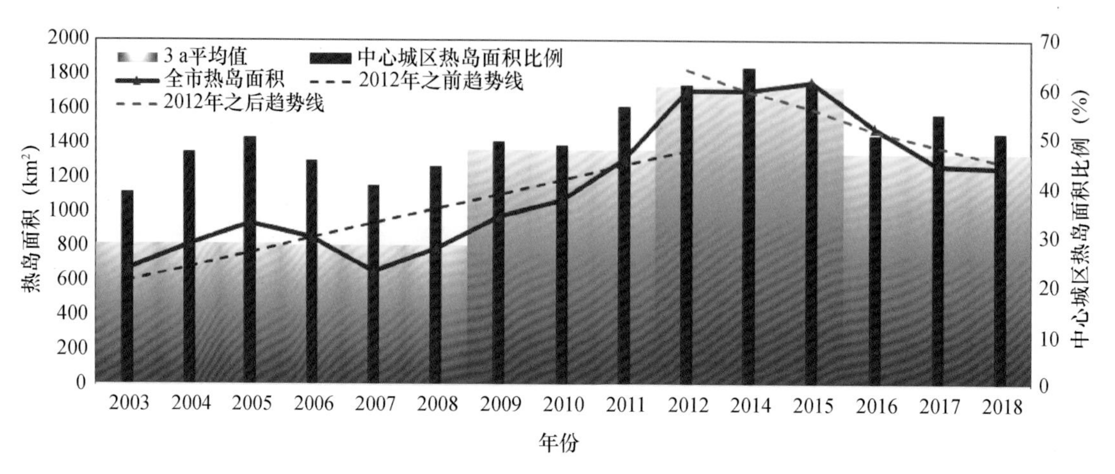

图 5.70　2003—2018 年卫星监测较强以上热岛面积及中心城区热岛面积百分比（2013 年因数据原因未统计）

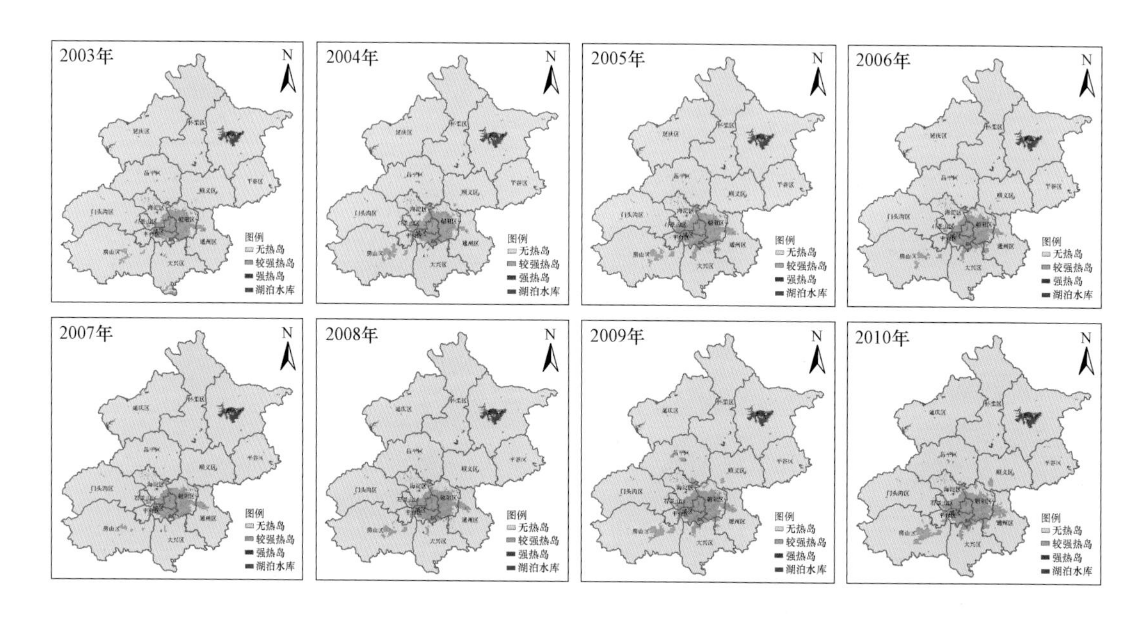

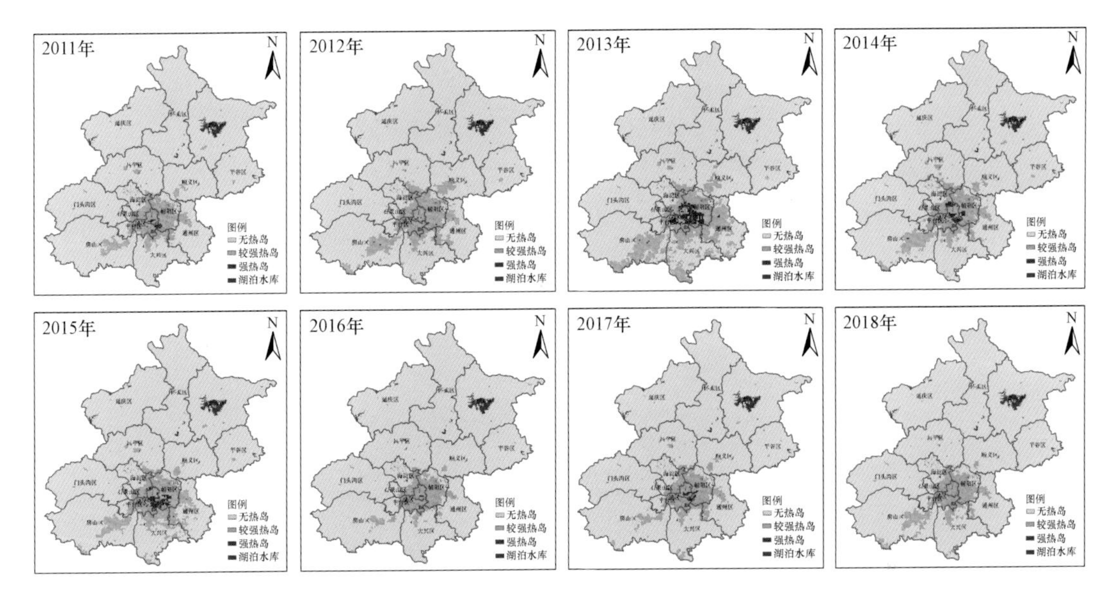

图 5.71　2003—2018 年卫星监测北京城市热岛强度等级空间分布

（数据源：气象卫星遥感监测）

第6章 京津冀地区农业气象

近些年来，全球气候变暖已成为国际社会所关注的重大问题。研究表明，全球气温线性上升速率几乎是近百年来的2倍，中国升温尤其明显，其中，京津冀地区的升温幅度高于中国和北半球平均水平。气候变暖已经给自然生态、工农业和社会经济各方面带来许多新问题，尤其对农业的影响更为严重。京津冀地区作为中国的政治、经济、科技及文化中心，该区域在中国粮食生产中有着重要的地位和战略意义。基于全球气候变化的背景，京津冀地区农业气候资源和农业气象灾害发生的频率与强度都在随之发生改变，这将会影响该地区的农业生产的空间分布以及农作物产量的高低和质量的优劣。

6.1 河北农业气候资源

河北省地处华北平原，位于黄河下游以北，面积190739 km^2。河北省是全国粮油集中产区之一，可耕地面积达600多万公顷，居全国第四位，其中粮食播种面积占耕地总面积的80%以上，大部分地区农作物可两年三熟，但各地耕作制度有较大差异。

(1)粮食作物

河北省的粮食作物主要有冬小麦、玉米、谷子、高粱、甘薯、豆类(包括大豆、红小豆、绿豆等)，其次是春小麦、大麦、莜麦、马铃薯、糜黍等。

冬小麦的播种面积居各种作物之首，一般年份在3500万亩上下，占河北省粮食播种面积的35%左右；产量占全省粮食总产量的三分之一以上。主要分布在长城以南广大平原、丘陵地区，以石家庄、保定、邯郸、邢台、衡水、沧州等地(市)为多。

玉米是主要秋粮作物，播种面积3000万亩左右，占粮食总播种面积的30%以上；产量占河北省粮食总产量的35%左右。玉米分为春玉米和夏玉米两类，春玉米产区主要在燕山山麓平原、燕山丘陵和冀西北间山盆地；夏玉米主要在冀中、南广大平原地区种植，以京广铁路两侧最为集中。

谷子是主要秋粮作物之一，播种面积1000万亩左右，占粮食总播种面积的10%以上；产量占河北省粮食总产量的7%以上。各地均有种植，以山地丘陵区为主产区。

(2)油料作物

河北省的油料主要有花生、胡麻、芝麻、向日葵、油菜籽和蓖麻等，一般播种面积700万～800万亩，总产量10亿斤[①]左右。其中，花生播种面积和产量分别占油料作物的50%和70%左右，胡麻种植面积和产量一般占油料作物的20%和15%。

(3)棉花

河北省广大平原地区适于棉花生产，曾被誉为“中国产棉第一省份”，是全国主要产棉区之一，最多种植年份可达1720多万亩。在全省11个省辖市中，有7个市大面积种植棉花，石家庄市以南最为集中，素有“南棉海”之称。近年来，由于农村劳动力转移、种植成本上升

① 1斤=0.5 kg。

和棉花生产机械化程度偏低等因素，植棉收益下降，棉花种植面积呈加速下降态势。

6.1.1 光能资源

河北省是全国光照较充沛的地区，能够满足温带农作物、林木及草类的生长需要。全省年均日照时数为 2496 h，年日照时数为 2126～3063 h，日照百分率为 50%～70%。日照时数地理分布呈北部多、南部少，沿海地区多、山麓平原少的特点；其中，北部高原、山区和沿海平原是河北省年日照时数最多的地区，为 2800～3063 h，太行山南段及其山麓平原日照时数较少，为 2301～2600 h，其余地区多在 2600～2800 h(图 6.1)。河北省各地的月日照时数均以 5 月最多(265～307 h)，冬季(11 月至翌年 2 月)最少，月日照时数为 165～210 h。

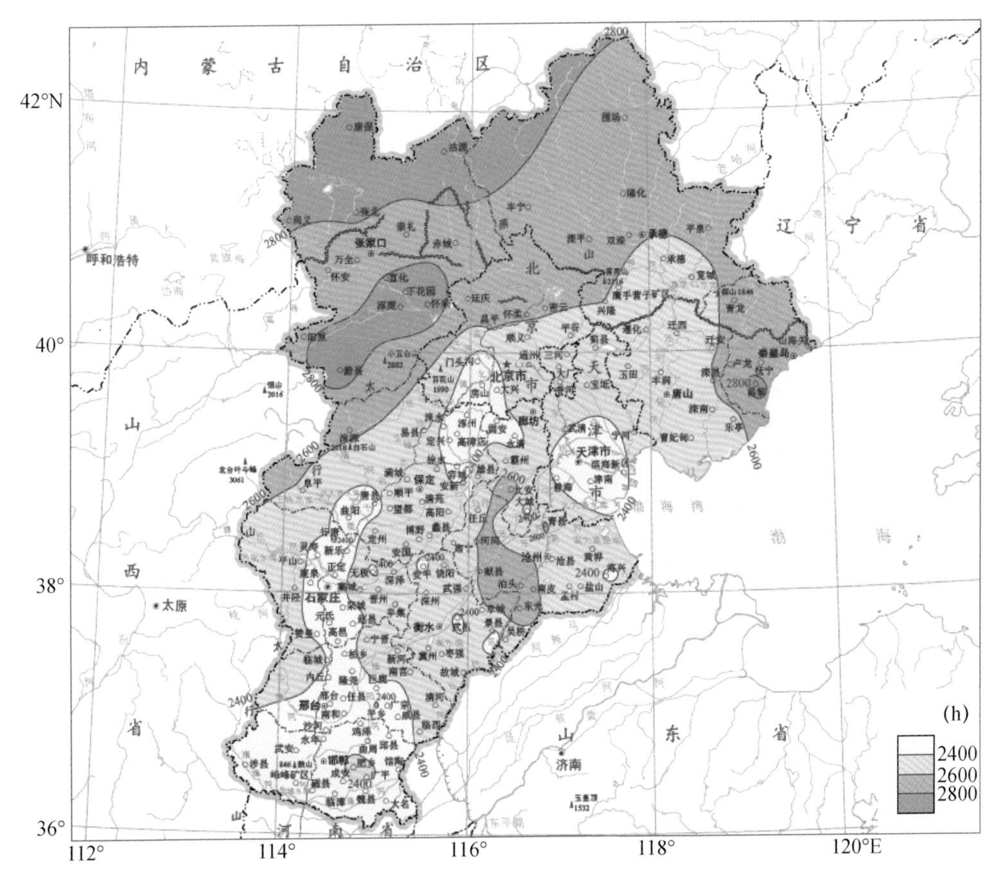

图 6.1 多年平均日照时数空间分布

河北全省越冬作物生长季节(10 月至翌年 5 月，下同)的光合有效辐射在 1390 MJ/m^2 以上，占全年光合有效辐射的 58%～60%。丰富的光合有效辐射资源有利于越冬作物的生长发育，形成高产优质的产品，并为发展日照温室提供了良好的条件。全省春播作物生长季节(5—10 月，下同)的光合有效辐射在 1430 MJ/m^2 以上，占全年的 60%～61%，与同期的水热资源配合有利于发展玉米、棉花生产。全省夏播作物生长季节(6—9 月，下同)的光合有效辐射在960 MJ/m^{2}以上，占全年的40%～42%，夏播作物生长季也是河北省光、热、水最集中的时期，可充分利用这一时期的有利气候条件，配合适合的作物和品种，发展夏播作物，与越冬作物搭配好，发展两熟种植。

6.1.2 热量资源

热量是植物生命活动中不可缺少的生存因子，植物生长发育需要在一定的温度条件下进行，而且只有当热量积累到一定的数量时才能完成其生长发育过程。河北省各地因纬度不同，特别是海拔高度不同，导致地区热量条件出现明显差异，进一步影响到河北省植物种类、作物品种、熟制和作物布局。在水肥条件基本满足时，热量决定了产量高低。

6.1.2.1 界限温度

不同界限气温的持续日数及其积温可用来表示植物的生长期长度及生长期间的热量强度。日平均气温稳定通过0 ℃、10 ℃、15 ℃、20 ℃等界限温度的初、终日期及持续时间和积温，是评价农作物生长季热量资源的基本依据。

(1)≥0 ℃界限温度

春季日平均气温稳定通过0 ℃的初日与冬小麦返青、土壤解冻、草木萌动、春小麦播种等农事活动基本吻合，秋季0 ℃终日，土壤开始冻结、草木休眠，冬小麦停止生长进入冬眠。因此，≥0 ℃持续期为农作物或广义的植物生长期，<0 ℃期间为休闲期。≥0 ℃期间的持续日数可以代表一个地方广义的可能生长期，在此期间的积温是评价一个地区总的热量指标，在农业生产上有重要意义。

≥0 ℃初日由南向北先后出现，南北相差约50 d。长城以南平均初日出现在3月上、中旬以前，冀中、冀南、西部山区及丘陵地区初日在2月中、下旬到来，冀东在3月上旬，太行山区除丘陵区以外推迟到3月中旬以后出现初日；长城以北冀北山地和桑洋盆地的初日一般出现在3月中、下旬，冀北高原要推迟到4月上、中旬出现。

≥0 ℃终日由北向南先后结束，南北相差也达50 d。长城以南在11月下旬以后出现终日，冀南终日推后到12月上旬。长城至承德及冀西北地区终日在11月中旬，承德以北山区在11月上旬。冀北高原在10月中、下旬出现终日，为京津冀地区最早。

如图6.2所示，河北省日平均气温稳定通过≥0 ℃的持续日数以地处高原东部的御道口最短，为184 d，冀南的峰峰最长，为302 d，南北相差118 d。

日平均气温稳定通过0 ℃的积温随纬度和海拔高度的升高而递减。平均每升高一个纬度，积温减少130 ℃·d。积温随海拔高度的递减率因地而异，太行山及冀西北山间盆地为130 ℃·d/100 m，高原、高原边缘和熬山山地为150 ℃·d/100 m。

4000 ℃·d等值线沿长城稍北(承德除外)通过，太行山区沿600～800 m等高线通过。此线以北以上地区为中温带，熟制为一年一熟；此线以南以下地区为暖温带，熟制为一年两熟或两年三熟。

长城北侧冀北山区及冀西北日平均气温稳定通过0 ℃的积温为2800～3900 ℃·d，可种植春玉米、春小麦等杂粮作物，在水利条件好的河川地带可种植水稻；冀北高原积温只有

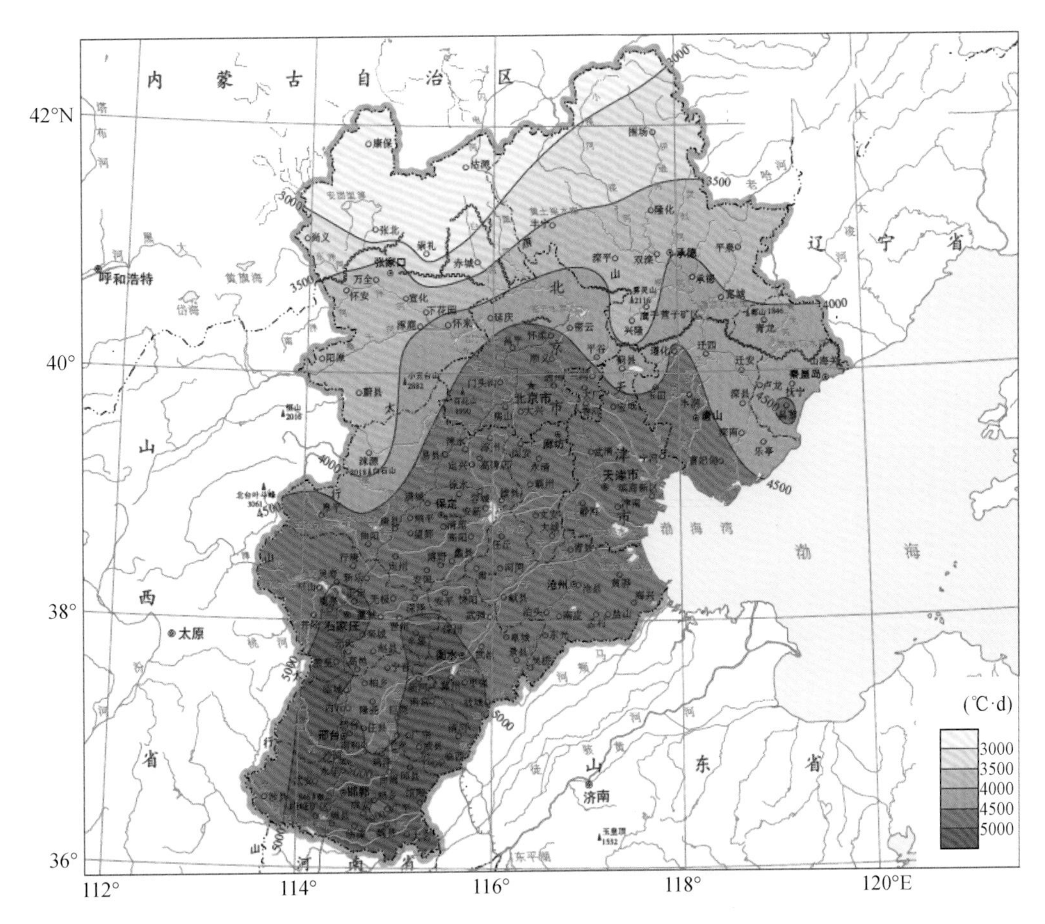

图 6.2 日平均气温稳定通过 0 ℃的积温空间分布

2200～2580 ℃·d，为京津冀地区热量最少区，只能种植马铃薯、胡麻、莜麦等短季耐寒作物；长城以南，平原和低丘山区积温 4200～5170 ℃·d，适宜冬小麦、棉花、花生、水稻、玉米等作物种植，柿子、核桃、大枣、苹果等干鲜水果生长良好；太行山海拔 600～800 m 至 1700 m 为中温带，积温为 2800～3900 ℃·d；海拔 1700 m 以上积温少于 2890 ℃·d，亚高山区积温在 1800 ℃·d 以下，南坨仅 1758 ℃·d，小五台山更少，仅 815.2 ℃·d。

(2)≥10 ℃界限温度

日平均气温稳定通过 10 ℃的初、终日、持续期及积温是评价各种中温作物（玉米、高粱、谷子、大豆等）种植的热量指标。一般而言，10 ℃是中温作物生育的起止温度指标，日平均气温≥10 ℃的持续期是多种作物及多年生木本植物的活跃生长期。

10 ℃初日南北相差近 60 d。长城以南的平原、丘陵区初日出现在 4 月上旬，长城以南的低中山、亚高山区及长城以北山地在 4 月中、下旬以后出现初日，其中长城以北高原南沿山地在 5 月上旬，高原多出现在 5 月中、下旬。

≥10 ℃终日南北相差 50 d 左右。冀北高原在 9 月上、中旬就出现，高原南沿至长城在 9 月下旬至 10 月上旬，长城以南低中山区在 10 月上、中旬，平原、丘陵地区推迟到 10 月下旬。

如图 6.3 所示，≥10 ℃持续期南北可相差约 100 d。长城以北不足 190 d，冀北高原只有

107～132 d；长城以南的冀东及太行山北段山区丘陵为 170～200 d，冀中、冀南为 200～210 d。

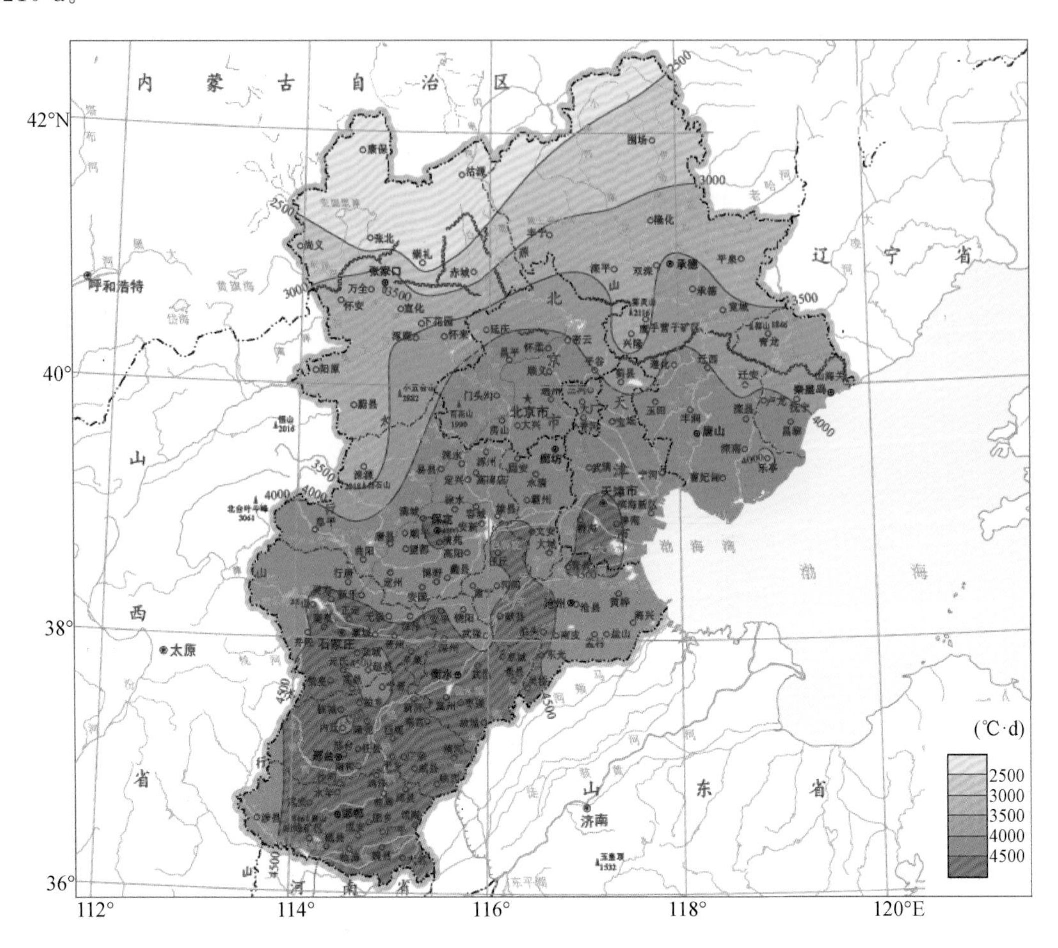

图 6.3 日平均气温稳定通过 10 ℃的积温空间分布

≥10 ℃积温分布趋势与≥0 ℃积温相近。冀南、冀中、太行山低山丘陵及冀东西部≥10 ℃积温大部分为 4000～4600 ℃·d，其中峰峰最多，达 4655 ℃·d；太行山低中山区、冀东大部分丘陵山区及冀北山地为 2200～3900 ℃·d；冀北高原为 1660～2100 ℃·d，其中御道口最少(1662 ℃·d)，与峰峰相差近 3000 ℃·d。

≥10 ℃积温随纬度升高递减率为 100 ℃·d/100 m，随高度递减率亦因地而异，太行山、冀西北为 140 ℃·d/100 m，燕山为 160 ℃·d/100 m。

(3)≥15 ℃界限温度

日平均气温稳定通过 15 ℃的持续期是棉花、水稻、花生等喜温作物的适宜生长期。≥15 ℃终日是冬小麦适宜播种期的下限日期。

≥15 ℃初日南北相差约 70 d。冀东中西部、冀中、冀南和太行山丘陵区在 4 月下旬；冀东的东部和沿海、太行山区(丘陵除外)、冀西北和冀北山地在 5 月上中旬出现初日；高原南沿山地在 5 月下旬或 6 月上旬出现；冀北高原在 6 月中下旬出现初日。

≥15 ℃终日南北相差约 60 d。迁安、遵化和涞源、紫荆关一线以北终日在 9 月下旬出现，其中高原南沿山地出现在 9 月上旬，北部高原在 8 月中、下旬；除上述界线以南除太行山低中山及亚高山区终日出现在 9 月中、下旬以前外，其余广大地区终日均在 10 月上旬。

如图 6.4 所示，≥15 ℃持续期南北相差达 125 d。长城至高原南沿山区为 100～140 d，北部高原不足 100 d，御道口最少，仅 47 d；除长城以南除太行山中低山以上山区不足 150 d 外，其余多在 150～170 d，峰峰最多，达 172 d。

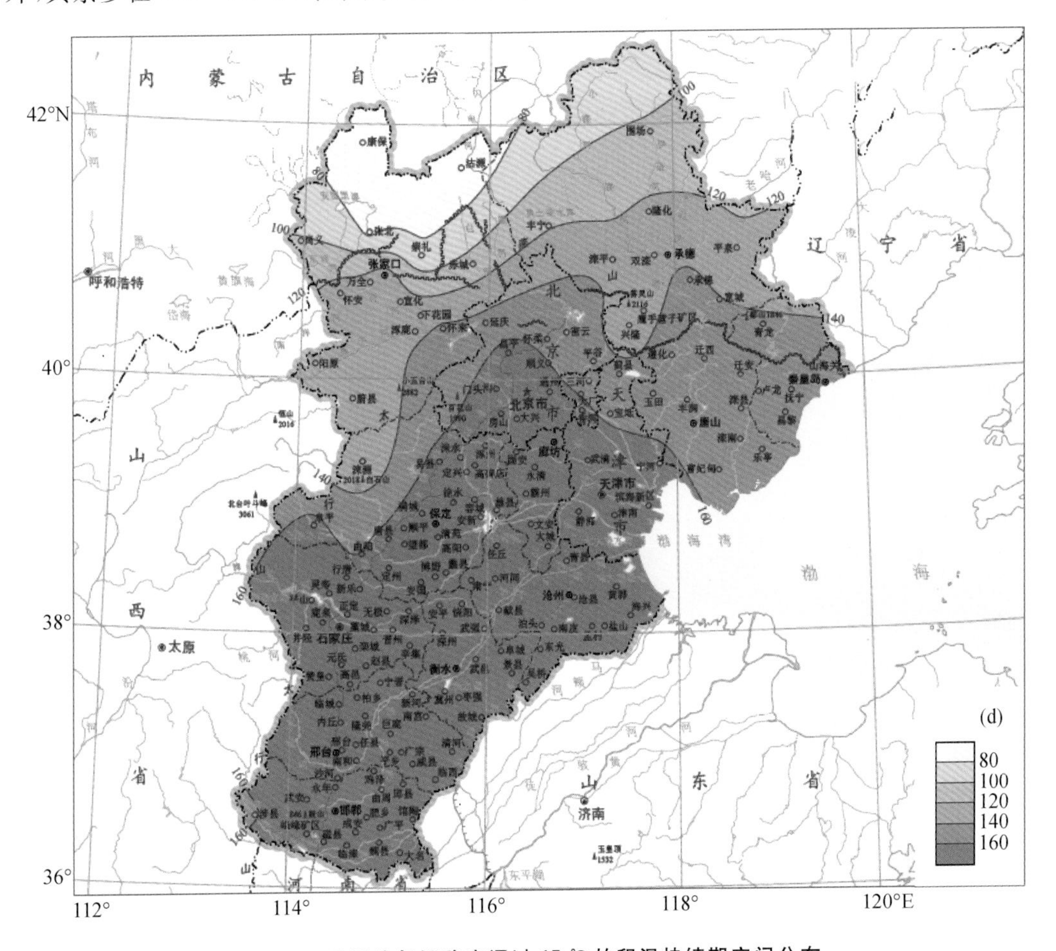

图 6.4　日平均气温稳定通过 15 ℃的积温持续期空间分布

≥15 ℃积温南北相差达 3200 ℃·d。隆化、丰宁、赤城、张家口一线以北积温少于 2000 ℃·d，高原仅 1000 ℃·d 左右，其中御道口最少，只有 817 ℃·d；隆化、丰宁、赤城、张家口一线至长城沿线为 2000～2900 ℃·d；长城以南除太行山中高山区及部分长城沿线山区积温不足3200 ℃·d 外，其余为 3200～4000 ℃·d，峰峰达 4040 ℃·d，为京津冀地区最多。

(4)≥20 ℃界限温度

日平均气温稳定通过 20 ℃的持续期是水稻安全齐穗，玉米、高粱安全成熟期，其终日大致是冬小麦播种的上限日期。

≥20 ℃初日南北相差60 d。冀南、冀中及太行山丘陵区在5月20日左右，峰峰最早，在5月17日；冀东及燕山中南部在6月上旬，冀西北山地及燕山北部在6月中、下旬，高原及其南沿在7月上中旬。

≥20 ℃终日冀北高原在7月中、下旬，长城以北山区及西部涞源以北在8月；长城以南平原及丘陵区在9月上、中旬；太行山低中山以上山区终日在8月上、中旬前出现。

≥20 ℃持续期南北相差多达120 d。北部高原在10 d以下，御道口仅为2 d；长城以北冀北山地大部分为24～80 d；长城以南乐亭、遵化以东以北和西部涞源以北山区为80～100 d，其余广大地区大部分为100～120 d，其中峰峰最长，达123 d。

如图6.5所示，≥20 ℃积温南北相差达3000 ℃·d。冀北高原大部分地区为110～160 ℃·d，御道口最少，仅52 ℃·d，高原南沿山地大部分为200～500 ℃·d；长城以北山地、冀西北及涞源以北太行山的大部分地区为500～2000 ℃·d；长城以南的冀东为2200～2600 ℃·d，冀中、南平原及丘陵为2700～3100 ℃·d；太行山低中山以上山区在2700 ℃·d以下。

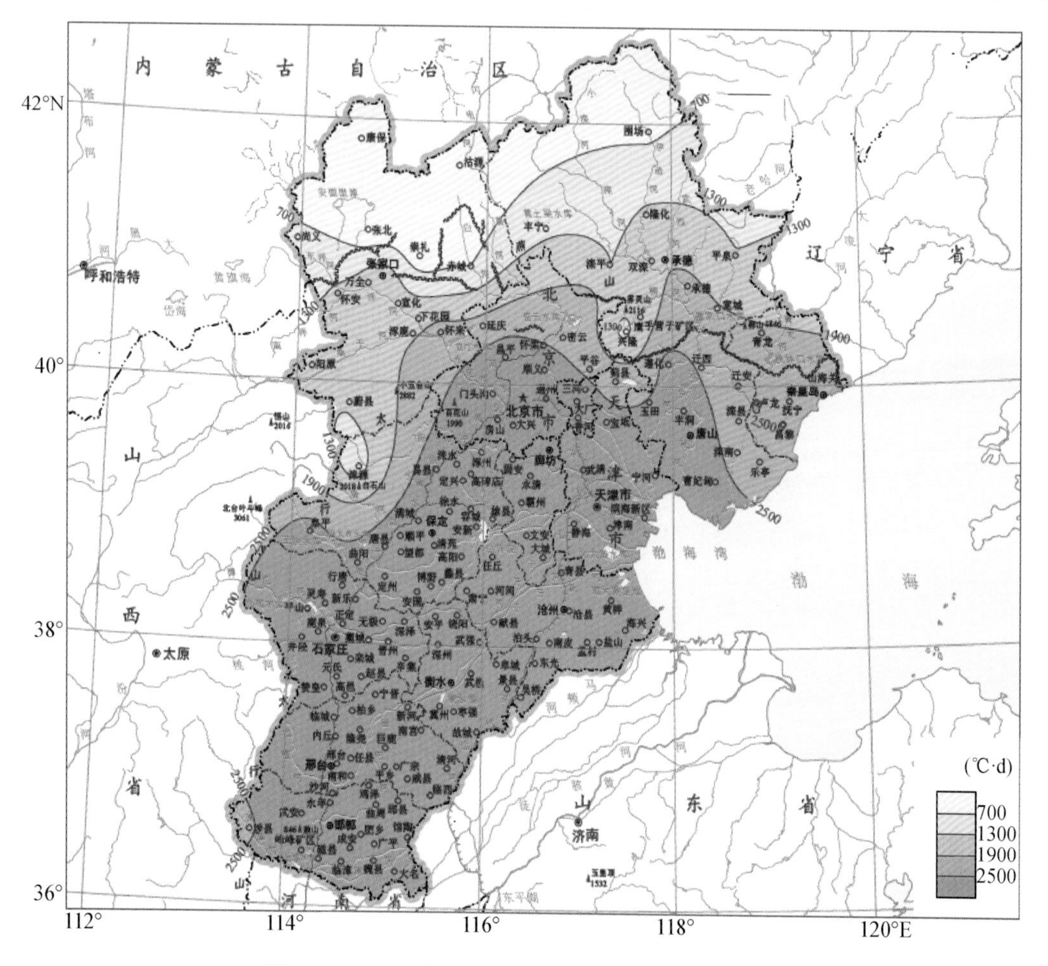

图6.5 日平均气温稳定通过20 ℃的积温空间分布

(5)无霜期

如图6.6所示，河北省年无霜期基本呈现南多北少的纬向型分布，全省年无霜期日数为

69～221 d，南北相差 152 d。其中，峰峰最长，达 221 d；御道口最短，只有 69 d；保定、廊坊以南大部分地区在 200 d 以上，冀北高原在 120 d 以下，其他大部分地区在 120～200 d。无霜冻期在 170 d 以上的地区可以“复种”，120 d 以下的地区只能种植生长期短的耐寒作物。

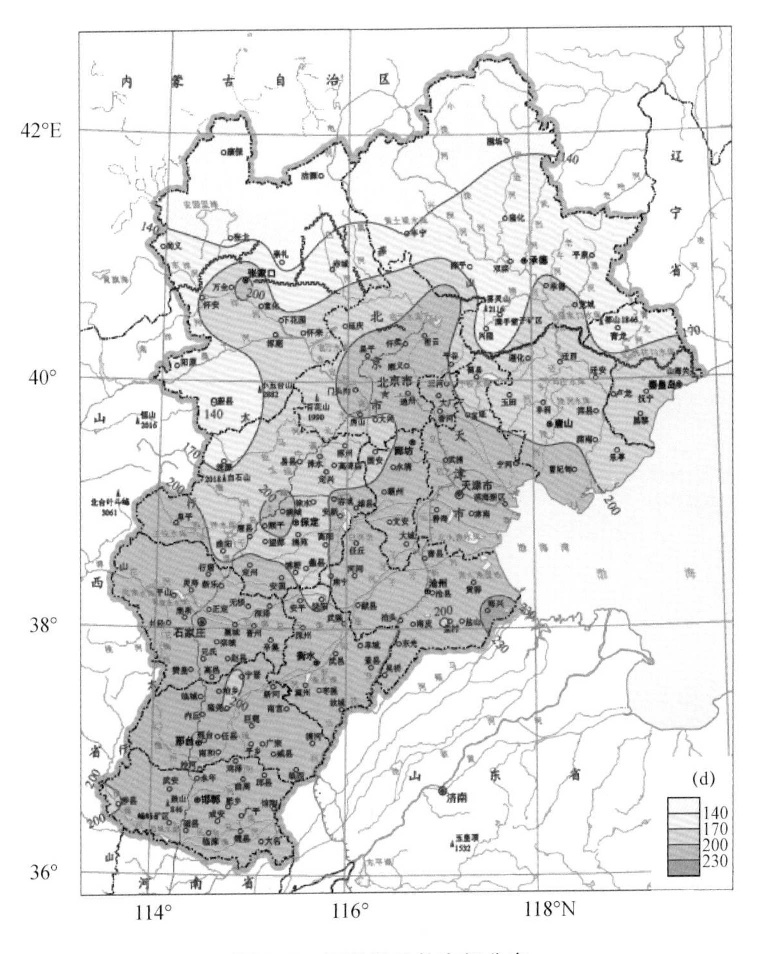

图 6.6　无霜期日数空间分布

6.1.2.2　作物生长季的热量条件

全年热量集中于 6—9 月。常用≥0 ℃期间的积温表征全年农作物可利用的热量，用 6—9 月≥0 ℃积温占全年≥0 ℃积温的百分比分析 6—9 月热量的集中程度。河北省 6—9 月的热量占全年热量的 60%以上（表 6.1）。其中，秦皇岛以北在 65%以上，冀北高原张北达 74.2%，唐山、廊坊以南占 59.5%～63.7%。全年大部分热量集中于 6—9 月，这一时期的热量是农业生产中值得重视的资源。

常用≥20 ℃期间的积温来表征喜温作物生长季节的热量。全省 6—9 月≥20 ℃期间的积温占全年≥20 ℃期间积温的 90%以上（表 6.1），说明河北省能满足喜温作物要求的热量几乎全部集中在 6—9 月。冀中南地区 6—9 月≥20 ℃的积温在 2700 ℃ · d 以上。集中的热量条件为一年两熟夏播作物的生长提供了良好的基础。

表 6.1　河北省各地全年和 6—9 月≥0 ℃、≥20 ℃的积温(℃·d)

城市	全年		6—9 月			
	≥0 ℃积温	≥20 ℃积温	≥0 ℃积温		≥20 ℃积温	
			数值	占全年比例(%)	数值	占全年比例(%)
张北	2777	493	2011	72.4	466	94.5
张家口	4032	2275	2636	65.4	2039	89.6
承德	4017	2277	2639	65.7	2044	89.8
秦皇岛	4383	2570	2789	63.6	2415	94.0
唐山	4652	2966	2902	62.4	2619	88.3
廊坊	4785	3090	2947	61.6	2664	86.2
保定	5052	3353	3034	60.1	2821	84.1
石家庄	5218	3479	3060	58.6	2862	82.3
赞皇	5135	3391	3017	58.8	2777	81.9
衡水	5055	3350	3029	59.9	2813	84.0
沧州	5057	3391	3042	60.2	2854	84.2
黄骅	4945	3295	3023	61.1	2824	85.7
邢台	5352	3590	3092	57.8	2912	81.1
邯郸	5339	3541	3082	57.7	2910	82.2

越冬作物和多年生果木能否种植,并取得较高的产量,取决于能否抗御冬季的低温条件而安全越冬。越冬期间热量条件一般常用年极端最低气温多年平均值、年极端最低气温、日平均气温<0 ℃的负积温、最冷月平均气温来表示。最冷月(1 月)平均气温常用来表征越冬期间的热量条件,河北省最低值在御道口达−21.1 ℃,最高值在峰峰为−1.0 ℃。冀南在−4 ℃以上,冀东、冀中为−8～−4 ℃,长城以北山地为−15～−8 ℃,冀北高原在−15 ℃以下,南北差 20 ℃。冀中南的广大地区越冬期间的热量条件较好,冬小麦可安全越冬,为一年两熟制提供了基础。

6.1.2.3　春、秋季热量变化大

河北省春季气温回升迅速。3—5 月温差冀中南在 14 ℃以上,冀北在 16 ℃以上,比江淮和华南地区还要高 4～6 ℃,因此要抓紧早春农事活动,对充分利用早春热量有重要意义。

春季热量年际变化也很大。以石家庄为例,日平均气温≥0 ℃开始日期平均为 2 月 22 日,最早可在 2 月 3 日,最晚出现在 3 月 13 日,相差 40 d,这就给早春农事安排带来困难,容易遭受春季低温冻害。

河北省秋季降温迅速,一般在 9 月中旬气温便降至 20 ℃以下(喜温作物安全成熟的下限温度)。8—10 月温差在 11 ℃以上,冀北超过 12 ℃。秋季降温快导致秋季作物籽粒成熟阶段经常受到低温威胁,尤其秋凉年份对作物威胁更大。同时,由于秋季降温快,使夏播、秋收作物的生长季节不宽裕,若遇旱涝或其他原因不能及时进行夏播,两熟种植热量就显得紧张,北部地区尤甚。

6.1.3 降水资源

6.1.3.1 不同作物生长季节的降水资源

表6.2列出了河北省各地不同作物生长季节的降水量。冀中南越冬作物生育期间的降水量为100～140 mm，占全年降水量的17.7%～25.0%。用冬小麦中产亩需水330 mm计算，将汛雨底墒水包括在内，正常年缺水100～130 mm，旱年缺水200 mm。

春播作物生长季降水量为300～620 mm(表6.2)，占全年降水量的87.9%～91.2%。冀中南广大农区降水量在450 mm以上，其中无极有一个400 mm的低中心区。以春播棉花亩产皮棉50 kg需水400 mm计算，多数年份可以满足需求。

表6.2 河北省各地全年及不同作物生长季的降水量(mm)

城市	全年降水量	越冬作物(10月至翌年5月)		春播作物(5—10月)		夏播作物(6—9月)	
		降水量	占全年比例(%)	降水量	占全年比例(%)	降水量	占全年比例(%)
康保	338.4	81.4	24.1	304.6	90.0	257.0	75.9
张家口	388.7	95.7	24.6	345.1	88.8	293.0	75.4
承德	503.4	122.0	24.2	456.8	90.7	381.4	75.8
秦皇岛	602.1	139.4	23.2	544.9	90.5	462.7	76.8
唐山	590.1	127.7	21.6	538.0	91.2	462.4	78.4
迁西	680.1	136.8	20.1	620.1	91.2	543.3	79.9
廊坊	513.7	111.3	21.7	460.1	89.6	402.4	78.3
保定	496.1	105.5	21.3	445.6	89.8	390.6	78.7
石家庄	516.2	128.8	25.0	454.1	88.0	387.4	75.0
无极	464.5	113.6	24.5	408.1	87.9	350.9	75.5
沧州	540.8	127.8	23.6	486.1	89.9	413.0	76.4
衡水	497.0	115.3	23.2	444.6	89.5	381.7	76.8
邢台	496.5	127.0	25.6	439.7	88.6	369.5	74.4
邯郸	501.9	130.2	25.9	444.6	88.6	371.7	74.1

夏播作物生长季降水量为250～550 mm(表6.2)，占全年降水量的74.1%～79.9%。冀中南广大农区降水量在400 mm左右，其中无极有一个350 mm的低值中心。以夏播玉米亩产400 kg需水400 mm计算，多数年份可以满足需求。夏播作物生长季集中的降水不仅利于夏播作物，也利于秋播越冬作物的底墒水分供应。

6.1.3.2 干湿类型

植物生长所需的水分供应状况不仅取决于大气降水量，同时还取决于蒸散量，所以常用蒸散量与降水量的比值(即干燥度)表示某个地区的干湿状况。当干燥度大于1时，表示大气降水不能满足植物生长达到最优状态的需要量；干燥度小于1时，则表示大气降水有盈余。根据干燥度的大小可以把河北省划分为较湿润(干燥度<1.2)、半湿润(干燥度 1.2～1.5)、半干旱(干燥度 1.5～2.0)、较干旱(干燥度>2.0)四种干湿类型。

冀东平原的唐山、秦皇岛部分区域年干燥度为 0.9～1.1,也是全省年降水量最多的地区,属较湿润类型;冀北高原西部和桑洋盆地,晴天多、蒸发强,年干燥度在 2.0 以上,属较干旱类型;冀北山地、冀北高原东部和冀南平原的小部分地区,年干燥度为 1.6～1.9,属半干旱类型。其他地区属于半湿润地区。

从全年干湿状况看,河北省各地干季(月干燥度>1)长,湿季(月干燥度<1)短,大多数地区的干季长达 10 个月,而湿季仅有 2 个月。湿季出现在降水集中的 7—8 月,此时植物耗水量最多,生长也最为旺盛。冀北高原东部和北部山区的围场一带全年仅有 1 个月的湿季。冀北高原西部和冀西北山间盆地因降水少,蒸散量大,全年都是干季,因而植物在生长期间常常受到干旱的危害。

河北省大部分地区春旱频率在 50%以上,平山、徐水等地更是高达 85%。6 月上旬到 7 月上旬的初夏期间,旱情通常有所缓解,但是冀西北山间盆地西部地区和冀南平原的宁晋、向官一带的干旱频率仍可达 70%～80%。伏旱和秋旱在一些地区也时有发生;个别地区的个别年份甚至可出现春、夏连旱或者夏、秋连旱。干旱对植物的生长发育造成严重的损害,常常致使农作物缺苗断垅,重则不能按时播种。白居易在《杜陵叟》中写道:“三月无雨旱风起,麦苗不秀多黄死。”可见春季降水偏少对植被的生长发育有重大影响。

6.2 河北气候资源在农业中的应用

6.2.1 主要农作物生育期气候条件分析

6.2.1.1 冬小麦

冬小麦是河北省主要粮食作物之一。进入 21 世纪以来,冬小麦常年播种面积在 200 万 hm^2(3000 万亩)以上,总产量约 1200 万 t。河北省冬小麦种植区域主要分布在长城以南,即秦皇岛、唐山以南,中南部地区是河北省冬小麦主要产区。

河北省地处温带季风气候区,天气变化与气候特征对冬小麦生产有着明显影响。冬小麦生长季降水相对偏少,温度和日照处于相对低值时段,干旱、冻害、霜冻和干热风是影响冬小麦正常生育的主要农业气象灾害。影响河北小麦稳产、高产的首要气候因素是水分不足引起的干旱,其次是温度变化造成的冻害和霜冻害,以及干热风危害。

(1)冬小麦生育期间的气候条件

①光照条件。河北省冬小麦生育期间(10 月至翌年 5 月)的光合有效辐射>1300 MJ/m^2,占全年总量的 58%～60%。4—5 月是冬小麦的穗分化及籽粒形成期,是决定产量和品质的

关键期，该时期河北的光照资源高于全国其他产麦区，使得河北省成为我国冬小麦高产优质的地区之一。

②热量条件。长城一线以北的张家口、承德地区因越冬期间气温低，年平均极端最低气温低于−24 ℃，冬小麦不能安全越冬，不宜种植，因此河北省冬小麦种植北界在宣化、怀来、承德一线，燕山山区适宜种植高度在海拔500 m以下。在长城一线以南的广大平原地区热量条件适宜，都可种植冬小麦。但因南北冷暖的差别，自北向南的适宜品种为强冬性、冬性和半冬性。西部太行山区北段（保定、阜平以北）适宜种植高度在海拔600 m以下，中段（保定、阜平以南）在海拔700 m以下。

③水分条件。河北省水资源严重不足，冬小麦播种面积大，产量水平高，是用水最多的作物。据研究，河北省冬小麦全生育期需水量为400～500 mm，高产麦田一般为500～600 mm。河北省冬小麦生育期间正处旱季，正常年份降水量在200 mm左右，干旱年份只有100 mm左右，大部分麦区水分供求差为负值，均在−100 mm以上。差值较小的在冀东北麦区，差值最大的在冀中南麦区。邢台、衡水地区东部及沧州地区南部有一个−200 mm以上的高值区，这些地方小麦要获得高产，没有较好的灌溉条件是相当困难的。

（2）冬小麦生育期气候特点

根据冬小麦生长发育情况，冬小麦全生育期分为苗期、中期和后期三个阶段，三个阶段冬小麦的生长状况分别决定其产量构成的三要素。其中，苗期是从出苗到返青起身期，此期主要进行根、叶和分蘖的生长，是决定亩穗数的关键阶段；中期是从起身到开花期，是营养生长与生殖生长并进阶段，既有根、茎、叶的生长，也有穗分化发育，是决定穗粒数的阶段；后期是从开花到成熟期，即籽粒形成阶段，是决定粒重阶段。

①苗期阶段。冬小麦播种期适宜气温为16～18 ℃，冬前形成壮苗的活动积温为550～650 ℃·d。据此要求，结合20世纪90年代以来的气候变化特征以及上茬玉米状况，河北省不同地区冬小麦适宜播种期现在为：南部麦区10月7—15日，中部麦区10月5—12日，北部麦区9月28日—10月8日。

一般播种后7天出苗，出苗到分蘖需要15 d左右，此后1个月进入冬前分蘖盛期。小麦分蘖的适宜气温是13 ℃，4 ℃以下分蘖停止，11月是河北小麦分蘖的主要时段。

随着气温不断下降，冬小麦开始进入越冬抗寒锻炼时期，其中5 ℃到0 ℃为第一阶段，进行糖分积累，适应越冬消耗；0 ℃到−5 ℃为第二阶段，进行细胞脱水，增强越冬期抗寒能力。小麦抗寒锻炼两个阶段一般分别需要10～15 d，若时间太短，则越冬抗寒能力差。因此，11月是河北冬小麦形成冬前壮苗（具有足够分蘖）和良好抗寒能力的关键期。随气温下降，河北北部麦区一般在11月底到12月中旬从北向南陆续进入越冬期。

②中期阶段。2月下旬开始，随着气温回升，河北小麦从南向北陆续开始返青。早春由于气温多变，以及晚霜冻影响，同时小麦抗寒能力开始下降，在气温下降到−3 ℃以下时，小麦容易受冻。

4月上旬到下旬小麦陆续开始拔节，适宜气温为12～16 ℃，气温回升缓慢或稍偏低，有利于形成大穗。拔节孕穗期小麦植株生长旺盛，叶面积指数迅速增大，田间逐渐郁闭，对水分需求急剧增加，日耗水量在6 mm以上，一般要求土壤相对湿度在75%以上。生产上考虑到早春天气多变和拔节对水分的需求，以及对土壤水分的利用，通常在拔节期进行“春一水”

灌溉。

③后期阶段。河北小麦5月上旬到下旬由南向北陆续进入抽穗、开花、灌浆期。抽穗、开花期要求日平均气温在16～20 ℃。开花后2～4 d开始灌浆，一般灌浆时间持续1个月左右，小麦灌浆适宜气温为20～22 ℃，高于32 ℃或低于20 ℃灌浆速度下降。灌浆期是小麦一生水分需求最大的阶段，必须满足需求，否则产量将受到直接影响。5月自然降水开始增加，但降水量年际变化较大，因此要结合小麦灌浆进程、土壤水分变化以及天气条件，适时进行灌溉。生产中影响小麦灌浆的不利天气主要是高温和干热风。高温对小麦开花后的影响主要是：受高温胁迫影响，小麦光合作用下降，光合产物输出受阻，籽粒灌浆物质不足，影响籽粒发育，胚乳细胞减少，粒重下降。

6.2.1.2 玉米

河北省地处我国玉米种植带中北方春玉米区和黄淮海夏玉米区中间过渡地带，有冀北（包括张家口、承德、唐山和秦皇岛北部）和冀西（太行山区）春播玉米区，唐山和秦皇岛南部春、夏播玉米混种区，冀中南夏播玉米区等。干旱、低温冷害、高温、大风、冰雹和涝害是影响玉米正常生育的主要农业气象灾害。其中，影响河北玉米稳产高产的首要气候因素是水分不足引起的干旱。

河北省春玉米全生育期≥0 ℃积温一般为2300～4000 ℃·d；日照时数为800～1500 h，降水量为300～600 mm；夏玉米全生育期≥0 ℃积温一般为2700～3100 ℃·d，日照时数大部分地区为500～1000 h，降水量大部分地区为200～600 mm。

①播种期。河北省春玉米播种期一般为4月下旬至5月上旬，4月下旬旬平均气温大部分地区为12～15 ℃，适宜春玉米播种；夏玉米大部分地区在6月上、中旬播种，期间旬平均气温大部分地区为23～26 ℃，日照平均每天5～8 h，光温条件适宜夏玉米播种。

②苗期。春玉米5月中旬至6月上旬为苗期，期间旬平均气温大部分地区为18～22 ℃，日照时数平均每天7～9 h，光温条件适宜春玉米苗期生长。夏玉米苗期为6月下旬至7月上旬，期间旬平均气温为25～27 ℃，日照平均每天4～7 h，光温条件能够满足夏玉米苗期生长需要。

③拔节期。春玉米6月下旬至7月上旬为拔节期，期间平均气温大部分地区为19～24 ℃，日照时数大部分地区为每天7～9 h，光温条件适宜；夏玉米7月中、下旬为拔节期，期间平均气温大部分地区为26～28 ℃，平均每天日照时数为4～7 h，光温条件能够满足夏玉米生长需要。

④抽雄灌浆期。春玉米7月中旬进入抽雄期，8月中旬至9月下旬为灌浆成熟期，期间平均气温大部分地区为20～24 ℃，平均每天日照时数为6～9 h。夏玉米8月上旬为抽雄开花期，8月中旬至9月下旬为灌浆成熟期，期间平均气温大部分地区为22～25 ℃，日照时数平均每天为5～8 h。

⑤成熟收获期。10月上旬和中旬为春玉米和夏玉米的收获期，至10月20日，玉米基本收获完毕。

6.2.1.3 棉花

河北省是全国传统的植棉大省，在稳定棉花生产和促进棉花科技进步中发挥着重要作用。棉花原产于热带地区，是喜光喜温的短日照木本植物，与其他作物相比，棉花对气候更为敏感，怕低温霜冻、阴雨渍涝，且不耐高温干旱，适宜的气候是决定棉花正常生长的关键。

河北省棉花生育期间（4—10月）是热量最多、光照条件好、雨水集中的季节，生产潜力较大。受气候条件的影响，可分为一年一熟春播棉、麦棉两熟夏播棉及两熟间套春播棉。因气候条件的影响，不同地区、不同年份棉花的产量和品质是有差别的，且年际间的差异大于地区间的差异。

①光照条件。河北省光照资源丰富，年日照时数2405.1～3047.8 h，年太阳总辐射量4854～5981 MJ/m^2，以春季日照时数最多，平均为689.5～841.6 h，其次为夏季，平均为642.8～841.8 h，秋季平均日照时数为562.3～721.5 h，冬季最少，为511.3～719.7 h。光照条件优于长江流域产棉区，次于新疆棉区。棉花苗期、蕾期（5—6月）光照条件最好，而花铃期（7—9月上旬）正处雨季，如遇阴雨连绵寡照天气易造成花铃脱落烂铃烂桃，导致产量锐减、品质下降。

②热量条件。棉花是喜温作物，要求整个生育期≥10 ℃的有效积温在3000 ℃·d以上，其生长适宜的温度为20.0～25.0 ℃，温度高达36.0～37.0 ℃时，会抑制棉花生长，棉花生长处于停止状态。长城一线以南地区，80%保证率≥10 ℃积温为3300～4300 ℃·d，80%保证率无霜期为150～190 d，为河北省棉花适宜栽培地区，适宜中、早熟品种陆地棉生长。因各地热量条件的差异，适宜不同熟制和不同熟型的品种，所产棉花品质也不相同，其分布规律是自北向南适种的品种所需热量由少到多，产量由低到高，品质由劣到优。

河北省因地处棉花种植北界，热量不足成为限制棉花生产的因子。为争取生长季，春播棉花采用地膜覆盖技术，既是增产又是提高品质的有效措施。

花铃期是棉花进入以生殖生长为主的阶段，需要热量最多，适宜温度为25～30 ℃。花铃前期7月中旬至8月中旬，河北省正处于高温季节，冀中南平均气温为26～27 ℃，棉区北部在25 ℃以上，均高于适宜温度下限，利于开花结铃。后期8月下旬至9月上旬，冀中南平均气温为22～24 ℃，北部为20～24 ℃，均低于适宜温度下限，热量明显不足，影响棉纤维形成。

吐絮期适宜温度为20～25 ℃。吐絮前期（9月上中旬）河北省棉区气温均在20 ℃以上，吐絮中后期（9月下旬至10月下旬）初霜冻之前，全省棉区平均气温已降至20 ℃以下，停止生长时只有10 ℃左右，热量条件差，影响产量和品质。

棉花开花后50 d内平均气温是棉纤维品质的直接影响因子，与纤维强力、成熟度呈正相关，与纤维细度呈负相关。其定量指标为，开花后50 d内平均气温升高1 ℃，积温增加50 ℃·d，纤维成熟度平均增加0.07～0.08，强力平均增加0.14～0.21，细度平均降低403～539 m/g。以优质棉所需热量指标得出全省不同地区的最佳开花时段，南部为7月中旬至8月上旬，中部为7月中旬至8月初，北部秦皇岛一带一般达不到优质棉。要获得优质棉，就要尽可能使大部分花蕾开花处在最佳时段，全省自南向北，最佳开花时段的下限时间逐渐提前，且时段间隔逐渐缩短。因此，在选用品种时，中北部为早熟品种，并须采取促早熟措施使开花集中，南部可采用中熟品种，充分利用热量资源。

③水分条件。河北省各地区降水量分布不均，且降水量年际变化大，一年中主要集中在夏季（6—8月），使得降水量季节分布差异也较大，因此极易造成干旱或渍涝，影响棉花正常

生长发育。从棉花生物学特性来看，4 月中、下旬是河北省棉花适宜播种期，此时期河北多大风晴朗天气，降雨量小，蒸发量增大，一些年份出现因干旱影响棉花正常播种出苗或对苗期生长不利；进入棉株旺长期，棉花需水量增加，而河北降雨量也趋于增多，可满足棉花营养生长对水分的需求；棉花花铃期正处于河北雨季，充沛的雨量与棉花全生育期耗水高峰基本一致，但如果相对湿度过大易出现病虫害和蕾、铃脱落现象；吐絮期需水量逐渐减少，此时河北省降水也开始减少，对棉花后期结铃吐絮较为有利。总之，降水正常年份下，棉花主要生长期河北省“两头少、中间多”的降水分布基本可满足其生长需要。

6.2.2 河北省果品气候分析

河北省具有平原、山地、高原等多种地貌，果树种植多样，且在国内具有重要地位。截至 2015 年，河北省园林水果总面积 109.4 万 hm^2，总产量达 1508.6 万 t，其中梨总产 505.9 万 t（雪花梨 91.89 万 t、鸭梨 179.4 万 t），苹果总产 366.5 万 t（红富士 211.6 万 t、国光 38.9 万 t），桃总产 193.2 万 t，红枣总产 138.6 万 t（金丝小枣 50.58 万 t、冬枣 14.34 万 t）。食用坚果面积 74.27 万 hm^2，总产 54.37 万 t，其中板栗面积 26.38 万 hm^2，总产 32.75 万 t，核桃总面积 25.63 万 hm^2，总产 17.34 万 t，杏扁总面积 17.41 万 hm^2，总产 3 万 t。

河北板栗、金丝小枣、鸭梨、蜜桃等栽培历史悠久，以品质好和产量高而闻名，主要林果产区一般温度适宜、雨量适中、光照充足，得天独厚的气候条件是林果栽培的主要优势之一。

6.2.2.1 苹果

河北是我国苹果生产大省，在平原地区与太行山区均有种植，其中位于太行山区内丘县生产的“富岗”和顺平的“顺富”牌红富士苹果闻名国内外。

①光照。苹果喜光，日照长度影响苹果的花芽分化、开花、结实和枝叶分化习性、花青素合成等，光照强、光质好，果实含糖量高、着色好。优质苹果生产一般需要年日照时数 2200～2800 h，8—9 月日照时数不低于 300 h，河北全省日照条件均有利于苹果生长。

②温度。苹果喜低温干燥，要求冬无严寒，夏无酷暑，适宜的年平均气温为 9～14 ℃，生长季（4—10 月）的适宜平均气温为 12～18 ℃，最冷月平均气温一般高于－10 ℃，低于 7.2 ℃以下的低温需冷量为 1200～1500 h。苹果根系活动温度在 3～4 ℃以上，生长的适宜温度是 7～12 ℃；芽萌动温度为 8～10 ℃。日平均气温稳定达到 10 ℃时开始开花，其开花适宜温度为 15～18 ℃。秋季昼夜温差 10 ℃以上有利于苹果干物质积累，而且含糖量高、着色好。

③水分。苹果生长季适宜的年降水量为 500～800 mm，河北省苹果生长季降水量为 500 mm 左右，而且分布均匀，基本能够满足苹果对水分的需要。受季风气候影响，自然降水分布不均，一般遇春旱需要灌溉，秋季降水多则应少灌。在花芽分化和果实成熟期，如果大气干燥、日照充足，则花芽饱满，果面光洁，色泽浓艳。若降水过多、日照较少，则易形成枝叶徒长，花芽分化不良，产量降低，品质不佳。

6.2.2.2 梨

河北省是我国主要梨产区之一，梨树种植面积、产量及外销量位居前列，传统主栽品种鸭梨、雪花梨享誉中外，畅销不衰。全省除张家口、承德两地区外，各地均有种植。主要产区集中在定州、泊头、魏县、辛集一带，以泊头市的质量最佳。梨树生长过程中主要气象灾害是花期霜冻害和冰雹、大风。

①光照。梨树是喜光果树，光照强度影响梨树的光合作用和树体强弱，同时还影响果实的着色，全年日照需求量为1600～1700 h。河北省梨生产区年日照时数一般均在2000 h以上，能够满足梨树正常生长发育需求。

②温度。梨树是喜温果树，但因品种和原产地的不同，对温度要求差异明显。秋梨适宜的年平均气温为4～12 ℃，白梨及西洋梨为7～15 ℃，沙梨为13～21 ℃。梨树的耐寒力也因品种而异，原产东北的秋梨栽培品种可忍耐－35～－30 ℃低温，白梨为－25～－23 ℃，沙梨为－20 ℃左右。梨树开花一般要求气温不低于10 ℃，气温高、天气干燥、阳光充足，则开花快、花期短，气温在25 ℃以上，则开花顺利。温度影响梨的品质，在成熟期，气温日较差大，夜温低，有利于果实糖分积累。

③水分。梨树耐涝、怕旱，对水分需要量较大，要求年降水量一般为400 mm以上，土壤相对湿度为60%～80%最适宜梨树生长。

鸭梨高产的气象条件是气温稳定通过10 ℃后，气温≤0 ℃的受冻概率＜20%，7—8月总降水量400～450 mm。优质鸭梨生长的气象条件是7—8月总降水量为400～450 mm，8月日照时数＞240 h，8月平均气温≥25 ℃。从以上指标可以看出。梨树开花后无冻害坐果率提高；7—8月果实成熟期水分充足，降水量＜400 mm时影响个体发育，降水量＞450 mm时易发生梨黑腥病。此期光照不足，气温偏低直接影响光合产物的积累和转化。

6.2.2.3 桃

河北省气候、土壤条件适宜桃树栽培生长，是世界优质桃产区之一，其中深州蜜桃是享誉中外的河北省名贵产品，栽培历史悠久。目前，河北省桃品种结构多样，普通桃、油桃和蟠桃均有适宜的栽培区域；桃种植区域分布较广，唐山、秦皇岛、保定、廊坊、衡水、邯郸及石家庄等地均有。影响桃树生育的主要气象灾害是冻害。

①光照。桃树是喜光性强的树种，光合作用最强的时段是在5—6月，随着光强和叶龄的增加，净光合作用速度加快。光照不足则光合强度下降，不仅影响树体的生长、果实的生长，而且轻度遮光还易造成枝条徒长，并影响根系生长。

②温度。桃树是温带喜温果树，北方栽培品种以年平均气温8～14 ℃为宜。桃树根系生长温度为4～5 ℃，新根生长的适宜温度是17～20 ℃。桃树花芽萌发期要求日平均气温6～7 ℃以上，温度过低或变幅较大易导致萌芽期推迟。开花期要求日平均气温在10 ℃以上。果实成熟期月平均气温在20～25 ℃时产量高、品质好。

③水分。桃树需水量较低，在落叶果树中比较抗旱。一般以年降水量500～600 mm为宜。在土壤相对湿度为30%～40%时仍可生长，在15%～20%时叶片出现萎蔫。桃树虽然耐旱，但在生长关键期仍要保证水分供应，硬核期果实生长缓慢，但种胚生长迅速，是桃树的需水关键期。若水分过多，则枝叶生长旺盛，影响坐果，而缺水则造成落果，影响产量。

6.2.2.4 板栗

河北板栗主要产区为冀东燕山山区和冀中南太行山区，栽培历史悠久，其产量、品质和出口量均居全国首位。河北燕山与太行山区得天独厚的气候条件是板栗生产的主要优势条件。影响板栗生育的主要气象灾害是干旱和冻害。

①光照。板栗是喜光植物,在生长发育过程中要求充足的光照。栽培区年日照时数一般为 2000 h 左右,在光照充分的条件下,板栗方可正常结果,否则会降低产量和品质。板栗开花期如果光照不足会引起生理脱落。

②温度。板栗对温度的适应性较强,北方地区年平均气温 10 ℃左右,≥10 ℃积温 3100～3400 ℃·d,极端最高气温低于 39 ℃,极端最低气温高于－24.5 ℃的条件下,均可正常生长。最适宜气温为 10～15 ℃,4—9 月气温为 16～20 ℃。河北省年平均气温为 8～12 ℃(10 ℃)左右,≥10 ℃积温为 3300 ℃·d 以上,适宜板栗生长。

③水分。北方板栗一般以年降水量 500～800 mm 为宜,通常能够适应本地的气候条件,较抗旱,但也喜雨。河北省板栗种植区年降水量为 600～800 mm,雨量适中,适合板栗生长。所谓"旱枣涝栗子"说的就是种植板栗区域,雨水充足则板栗会生长得好一些,反映了水分条件对河北板栗生长的作用,但也并非降水越多越好。

6.2.2.5 金丝小枣

金丝小枣原产地在河北省沧州市,又称西河红枣,是畅销国内外的名贵果品。因干枣剥开时有金黄丝相连,入口甜如蜜,外形如珠似玑,故称金丝小枣。

①光照。枣树是喜光树种,一般要求年日照时数大于 2000 h,在进入成熟期的 9 月日照时数大于 240 h。

②温度。小枣是喜温果树,年平均气温一般要求在 10 ℃以上,能够忍耐－30 ℃的低温,可抗 40 ℃高温。4 月下旬枣树发芽期平均气温≥16 ℃,6 月下旬气温为 23～25 ℃。

③水分。小枣是耐旱果树,在果实着色成熟期降水较少更有利。年降水量在 500～600 mm 较为适宜,不同生育期对水分要求不同。据研究,金丝小枣产量与春夏之交(5—6月)枣树开花坐果期的降水量、大田林间空气相对湿度的高低关系密切。

金丝小枣质量的好坏主要看含糖量的高低,其次是"黄皮枣"和"油枣"的多少。在果实成熟期至 9 月,降水量小于 12 mm,光合产物少、肉少,成为"黄皮枣";降雨大于 94 mm 会裂皮烂枣,成为"油枣"。气温高、日较差大,日照充足,降水适宜的年份产量高,质量也好。

6.2.2.6 核桃

①光照。核桃是喜光树种,一般情况下,全年日照时数在 2000 h 以上可保证核桃的正常生长发育,如果低于 1000 h,核壳、核仁均发育不良。在年生长期和结果期内,日照时数、光照强度与核桃生长、花芽分化和开花结果有重要关系。据研究,在环境因素中,影响薄皮核桃果壳"发育不实"的主要因素之一是硬核期的日照时数。进入结果期以后更需要充足的光照条件,每天光照 5 h 以上才能保证核桃的正常生长发育。特别是在雌花开放期,如果光照条件好,坐果率明显提高,但是如果遇上阴雨、低温,则易造成大量落花、落果。

②温度。核桃是较喜温果树,普通核桃适宜生长在年均温为 8～15 ℃、冬季极端最低温

度≥−30 ℃、夏季7月平均气温不低于20 ℃、极端最高温度≤38 ℃、无霜期为150～240 d的地区。春季日平均气温9 ℃开始萌芽，14～16 ℃开花，秋季日平均气温<10 ℃开始落叶进入休眠期。核桃树休眠期能够忍受的低温为−31～−20 ℃，幼树在−20 ℃条件下会出现"抽条"或冻死；成年树虽然能耐−30 ℃低温，但低于−28～−26 ℃时枝条、雄花芽及叶芽易受冻害。核桃树展叶后，气温降到−2 ℃时，会出现新梢冻害。花期和幼果期气温降到−2～−1 ℃时受冻减产。生长期气温超过38～40 ℃时，果实易发生日灼，核桃仁发育不良，形成空壳。

③水分。核桃树生长发育对土壤水分的要求比较严格，而且不同的核桃树种群和品种对土壤水分含量的适应能力有很大的差别。核桃产区一般年降水量500～700 mm较为适宜，土壤过干或过湿均不利于核桃树的生长发育。土壤过干，影响根系的生理活动和树体、枝叶的水分蒸腾过程，以及生理代谢，甚至造成提前落叶；土壤过湿，易使土壤通气不良，导致根系生理机能下降，从而使树体生长发育受到不利影响。

6.2.3 河北省设施农业气候分析

河北设施蔬菜生产起步于20世纪80年代，经过30多年的发展，已经具有较大规模和较高水平。目前，河北省形成了以日光温室和大、中塑料拱棚为主，小拱棚和钢骨架玻璃连栋智能温室为辅的设施农业生产格局。多种设施类型和多品种的高度融合，为保障蔬菜四季生产、周年供应发挥了巨大支撑作用，从根本上改变了冬季主要消费大白菜、白萝卜和马铃薯的习惯。截至2014年年底，设施蔬菜播种面积达到1028万亩，占全省蔬菜总播种面积的50%，其中，日光温室播种面积364万亩，仅次于辽宁和山东，居全国第3位。

6.2.3.1 日光温室

温室以太阳辐射为能量来源，东、西、北三面为围护墙体，南坡面以塑料薄膜覆盖，主要用于果蔬等生产的设施，统称为日光温室。其雏形是单坡面玻璃温室，前坡面透光覆盖材料用塑料膜代替玻璃即演化为早期的日光温室。日光温室是中国北方地区独有的一种温室类型，其特点是保温好、投资低、节约能源，非常适合经济欠发达农村地区使用。决定日光温室生产的气候条件主要有热量、光照、大风和积雪4个气象因子。

①热量。温室栽培以喜温蔬菜为主，其生长要求较高的温度(表6.3)，例如，黄瓜的适宜生长温度为25～32 ℃，5～10 ℃时有遭受冷(冻)害的可能，在0～2 ℃的条件下植株即冻死，35 ℃以上生育不良，超过40 ℃就会引起落花、落果或产生畸形瓜。冷季的气温不但决定着冬季设施内叶菜能否安全越冬、果菜是否能种植，也直接影响加温能耗的大小和运行成本的高低，并对温室设计的采暖及保温有影响。

对设施农业与外界气象因子研究表明，晴天时温室内外温差能达到20 ℃以上，云量较多时内外温差一般能达到10～15 ℃，寒潮或持续低温寡照时内外温差在10 ℃以下。如果按晴天增温幅度来算，若要保证棚室内温度不低于0 ℃，外界最低温度则不能低于−20 ℃；若要保证棚室内果蔬健康生长，外界最低温度不能低于−15 ℃。

表 6.3 几种典型温室作物的生长温度要求(℃)

作物名称	最低温度	适宜生长温度	最高温度
黄瓜	10	25～32	40
番茄	15	18～25	35
茄子	18	20～28	38
西葫芦	0	18～28	32
甜椒	12	22～28	39

河北省的热量资源不如世界上相同纬度的其他地区,但大部分地区仍能够满足温室生产的需要。其主要规律为:随纬度升高,气温逐渐降低,寒冷程度加剧。冀中南冬季平均气温高于 0 ℃,年极端最低气温高于－10 ℃,对日光温室来说,热量充足,为最适宜发展区;冀东平原大部分地区,冬季平均气温在－5～0 ℃,年极端最低气温高于－20 ℃,热量条件能够满足日光温室发展的需要,也适宜发展日光温室;张家口、承德坝下地区及秦皇岛北部,冬季平均气温略低,为－8～－5 ℃,年极端最低气温低于－20 ℃,对日光温室生产的保温要求较高,为次适宜发展区,须选择耐寒的蔬菜品种;张家口、承德两市坝上地区由于纬度、海拔、冬季寒潮等原因,冬季平均气温为－12～－8 ℃,部分地区年极端最低气温达－30 ℃,温室作物极易遭受冻害,不适宜发展日光温室。

②光照。光照条件是温室生产中制约蔬菜优质高产最直接、最主要的因子,外界光照条件对设施农业生产发展的影响主要反映在太阳辐射(光照的强弱)、日照时数(光照时间的长短)等指标上。太阳辐射是温室内光、热的重要来源,其大小直接影响室内获取能量的多少和温度的高低。温室应建在晴天日数多的地区,阴雨天多的地区即使冬季气温不低,蔬菜也难获高产。因此,日照时数是衡量一个地区是否适宜发展日光温室的重要指标。

总体而言,河北省大部分地区光照资源丰富,适宜发展日光温室,但区域内光照资源存在差别。坝上冀北高原,冬季总辐射值为 920～1040 MJ/m^2,生产季节阴天日数少于 30 d,太阳辐射总量大、光照时间长,晴天比例高,为太阳辐射丰富区,最适宜发展日光温室;冀东平原、保定、廊坊以北到坝下地区、西部太行山区总辐射值在 800～920 MJ/m^2,阴天日数为 30～52 d,为太阳能较丰富区,也适宜发展日光温室;冀中南地区,总辐射 700～800 MJ/m^2,阴天日数为 52～80 d,日照相对不足,部分地区阴雨雪天气较多,寡照是主要的不利气候条件,为日光温室的次适宜发展区。

在温室设计时,设施的几何尺寸、采光设计、通风设计均起到关键作用。不同地区温室生产设计上应采取不同的措施,光照充足的地区要充分利用光照资源,光照弱、阴天日数多的地区,温室结构设计上要以增加太阳光照为主,生产上也要采取措施,尽可能充分利用太阳光能。

③大风。河北省平原大部分地区生产季月最大风速均值小于 11 m/s,为日光温室的最适宜发展区和适宜发展区;坝上地区和渤海沿岸风速在 11～14 m/s,冬、春季常出现 7～8 级大风,对温室建筑防风要求较高,为次适宜发展区。

④积雪。张家口、承德大部分地区以及冀东平原部分地区历年最大积雪深度为 5～7 cm,为日光温室适宜发展区,其他地区大部分区域在 7～10 cm,为次适宜发展区,温室建

造应注意雪荷载。

综合考虑光、温、风、雪4个气候因素对日光温室发展的影响，河北省大部分地区太阳辐射总量大、日照时间长、光热资源配置良好，均适合发展日光温室，纬度高的地区温度略低，冬季温室生产须注意保温。其中，冀中南地区(尤其京广线沿岸)冬、春季寡照严重，在温室设计和生产中应注意采光。

6.2.3.2 塑料大棚

塑料大棚是利用竹木、钢材等材料做骨架，并覆盖塑料薄膜搭成的拱形棚，能充分利用太阳能，有一定的保温作用，并通过卷膜能在一定范围调节棚内的温度和湿度。河北省塑料大棚主要是起到“春提前、秋延后”的保温栽培作用，一般春季可提前30～35 d，秋季能延后20～25 d，但不能进行越冬栽培。

就气候条件而言，河北省大部分地区太阳辐射总量大、日照时间长、光热资源配置良好，均适合发展塑料大棚种植产业。坝上地区和渤海沿岸风速在11～14 m/s，冬、春季常出现7～8级大风，不适合发展塑料大棚种植。

6.2.4 河北省农业气象灾害

6.2.4.1 大宗作物主要农业气象灾害

(1)旱涝灾害

旱涝灾害是河北省严重的自然灾害，给工农业生产和人民生命财产造成了极大的损失。河北省历史上汉、元、明、清和民国时期旱涝灾害频繁，具有季节性、持续性、阶段性、地区性的时空分布规律。洪涝灾害发生在夏季的概率最大，沧州和廊坊一带为重涝区。1949年以后，20世纪50—60年代出现过几次特大洪水，洪涝灾害相当严重，而70年代和80年代洪涝灾害危害程度相对较轻。旱灾以春旱为主，发生较普遍，以张家口、承德地区最为严重，近年来有加剧发展的趋势。

①各季干旱的分布

春季(3—5月)。大部分地区春旱发生频率在50%以上。省内有三个多春旱区，其一在太行山低山丘陵及山前平原一带，发生频率为70%～80%；其二在冀西北山间盆地，发生频率在70%以上；其三为燕山西南坡低山丘陵区，发生频率为70%。东部滨海、燕山北坡发生频率分别为40%～50%和45%左右，为少春旱区。

初夏(6月)。河北省有两个初夏干旱中心，一个在滏阳河中游，发生频率为75%；一个在永定河扇形平原区，发生频率为60%。其他地区发生频率多在50%以下。

伏夏(7—8月)。河北省降水主要集中在这两个月，占年降雨量的50%以上。伏夏是河北省干旱最轻的季节，全省平均干旱发生频率约为35%，大旱约为10%。燕山西北部、北部高原及中南部平原地区夏旱发生频率在40%左右，大旱发生频率为10%～30%。其他地区干旱发生频率一般在35%以下，其中唐山、秦皇岛一带最小，约为10%。

秋季(9—11月)。河北省秋旱少于春旱，多于夏旱；冀北、冀西北和冀南平原发生频率为 30%～40%，为全省最大；其他地区秋旱频率为 20%。

河北全省以北部高原、燕山西北部山区及中南部平原地区为最重旱区，各级旱情都比较严重，大旱频率较高；燕山东南部及秦皇岛、唐山一带为河北省少旱区，各季干旱出现频率都较小。

②干旱的防御措施

应放弃片面追求粮食单产的观念，在确保粮食生产安全的前提下，优化种植结构，避免过度耕作，通过提高森林、草地覆盖率等措施，改善流域下垫面条件，涵养水源，通过流域植被对天然降水的储蓄与调节，改变天然径流的年内分配，从而提高水资源可利用量，减少季节性干旱的发生。

实施最严格的水资源管理制度，以水资源可持续利用支撑经济社会的可持续发展。加强水资源优化配置研究，充分有效利用宝贵水资源。以可持续为基本原则，综合考虑生态、效益、需求等因素，合理开发利用水资源，优化水资源在流域内上下游之间、行政区域之间的分配，实现水资源的可持续高效利用。

兴修农田水利设施，改善农业用水条件。农田水利建设滞后是影响农业稳定发展和国家粮食安全的主要问题，必须大力加强水利建设，在改善生态环境的基础上改善农业用水条件。

实施节水灌溉，提高农业用水利用率。建立先进、实用的现代节水农业综合技术体系与发展模式。大力发展节水灌溉，推广渠道防渗、管道输水、喷灌滴灌等技术，提高灌溉水利用系数，实施关键水灌溉技术，有效节约水资源。

优化农业种植结构，选用抗旱品种。农业对干旱最为敏感，受干旱影响最大，也最直接。应合理选用作物品种，调整作物种植结构，以趋利避害。应加强高光效和耐旱耐热作物品种选育，应用现代生态科学的理念，积极开展农业抗旱减灾关键技术研究与创新，建立不同区域适水性和节水型抗旱避灾耕作制度和应急减灾模式。

加强旱情监测和干旱预报研究。建立并完善干旱监测、预报与预警机制。目前，农业、水利、水文、气象已经通过多年的监测积累了可观的长序列数据，为干旱灾害提供了有效的分析依据，再加上实时的监测数据以及卫星遥感等现代科技手段为干旱预报提供了有力的技术支撑，构建农业旱灾预报及决策系统，在有针对性和可操作性强的干旱应急预案的基础上提出不同级别的农业旱灾应急方案，为保障农业可持续发展提供决策服务。

加强水环境监管，保护农业灌溉水源。随着工农业进程的加速，水体污染也面临越来越严重的形势，灌溉可用水源减少，进而导致旱情加剧，应切实加强水源保护，实现农业可持续发展。

(2)霜冻

春末秋初，由于冷空气的入侵，使土壤表面、植物表面以及近地面空气层的温度骤降到 0 ℃以下，使植物原生质受到破坏，导致植株受害，或者死亡的一种短时间低温灾害。河北省南北气候差别很大，加之地形、地势的影响，导致霜冻分布差异。冀南平原作物生长期基本不受霜冻影响，冀中平原和西部低山区遇到无霜冻期长的年份可免遭霜冻的危害，燕山地区和冀北山地是一年一熟制，但即便是早熟品种作物，仍可能受到不同程度的霜冻影响，坝上高原霜冻更为严重。

①霜冻地理分布

河北省各气象站观测的平均初霜冻日期在8月31日至10月29日，南北差异很大。霜冻出现最早日期是7月27日，出现在最北部的御道口，最晚是11月21日，出现在南端的峰峰，两地相差127 d。河北省平均终霜冻日期在4月5日至6月12日，终霜冻最晚时间也是出现在北部的御道口(6月30日)；而最早结束时间是3月24日，南部有若干个站点出现过，相差98 d。

②霜冻危害

霜冻强度分为轻、重、严重三个级别。轻霜冻地面最低温度－2.0～0.0 ℃，部分作物受害，少数怕低温作物部分死亡；重霜冻为－4.0～－2.1 ℃，大部分作物受冻死亡，仅耐冻害作物部分受害；严重霜冻为≤－4.1 ℃，该霜冻出现后，全部作物受冻致死。轻霜冻在京津冀地区十年有七八年遇，重霜冻十年有一二年遇，严重霜冻十年到二十年一遇。但是霜冻出现的轻重与造成危害关系比较复杂。例如，初霜冻出现得早、强度较轻，造成的危害可能较重，因为此时作物尚未成熟，强度虽轻，但达到作物的忍耐限度后，仍要受到不同程度的危害，甚至影响作物的产量。反之，若初霜冻出现得晚，强度虽重，但此时农作物已成熟收获，就不会造成损失。终霜冻出现得越晚，其强度虽轻，但对作物的危害较重；出现得越早，强度虽重，但对作物危害较轻。一般来说，初霜冻比终霜冻的危害要重。

由于河北省地形复杂，地表差异万千，致使霜冻强度呈现不连续性。从危害程度上看，初霜冻呈现南轻北重，终霜冻呈现南重北轻的趋势，山区海拔较高的地区和山谷洼地容易出现霜冻危害。

③霜冻的预防措施

须针对霜冻的特点采取相应的预防措施。可采取一些根本性措施，如兴修水利、种植防护林带、进行农田基本建设等能改善农田小气候，因而具有一定的防御霜冻的作用；灌水防霜，即在霜冻发生前进行灌溉，以降低降温速度，可推迟或阻止霜冻发生；加热防霜，燃烧重油等提高温度，防止霜冻；喷水防霜，当作物体温降到接近受害温度时开始喷洒细小水滴，水冻结成冰时可释放大量潜热，使植株体温不至于降到受害的程度；熏烟防霜，霜冻即将出现时点燃发烟物，使烟堆放热，烟雾成幕，有减慢降温的作用；覆盖防霜，如预报当夜有霜冻时，可用土壤、草、瓦盆、塑料布等覆盖作物小苗。

(3)大风

河北省夏初和秋初季节出现的大风天气给农业生产带来的危害是多方面的，不同类型的大风伴随不同天气出现，对农业生产可造成不同程度的危害。夏初正是京津冀地区冬小麦成熟和收割的重要时期，也是春播作物的幼苗生长期。实际观测表明，风力达到5级就可以使小麦倒伏，造成减产；出现的西北大风持续时间长、风速大、成灾范围广，易给小麦和幼苗造成倒伏灾害；偏南大风可导致气温明显上升，加剧叶面蒸腾，影响小麦灌浆速度，使春播作物幼苗枯萎，影响生长。秋初的大风非常容易造成玉米、谷子等作物机械弯折，轻者倒伏，植株折断；重者摇曳、摩擦脱粒落果，拔根倒伏。

目前，只能采取相应的措施减轻大风的危害，实践证明，认清本区域大风天气特点和气候规律，做好气候分区，大面积植树造林，是防御大风危害最根本的方法。防护林不仅可通过其枝叶阻挡和降低大风风速，而且还具有降低气温、增加湿度、防止风蚀土壤、改善局地气候等多种用处。因此，有计划营造防护林带和林网，可以大大减轻大风给农业生产带来的危害。

(4)冰雹

冰雹是以雹胚为核心在冰雹云中撞冻大量过冷却水而形成的，是河北省夏季灾害天气之一。河北省是冰雹灾害频繁发生的地区，每年因遭受冰雹袭击造成的农作物减产和绝收的面积在 9 万 hm^2 以上，遍及全省各地，发生季节多在春、夏和半秋，一天中多出现于午后和傍晚。雹区呈带状，长达数十千米，宽有几百米至几千米，降雹时间一般为 5～10 min，移动速度超 50 km/h。据统计，无极、晋州、英城、巨鹿、内丘、定兴等地，一般成灾率为 40%，其中定兴高达 75%，为京津冀地区最高；太行山区成灾率平均在 10%～20%；北部山区、冀北高原一般成灾率仅 3%～5%，最高为 8%。

减轻雹灾危害的措施：得知有关冰雹的天气预报，应将牲畜及室外物品尽可能转移到安全地带或采取其他防护措施；在多雹地带，种植牧草和树木，增加森林面积，改善地貌环境，破坏形成雹云的条件，达到减少雹灾目的；增种抗雹和恢复能力强的农作物；成熟的作物及时抢收等。

(5)干热风

小麦灌浆到成熟期(5 月中旬到 6 月中旬)出现的一种高温、低湿并伴有一定风力的灾害天气，因其主要对成熟期的小麦造成危害，所以也称为小麦干热风。

①干热风的危害

干热风是危害小麦的重要气象灾害。小麦处于灌浆、乳熟期时，遇到气温和水分条件的突变和持续高温、低湿天气，致使小麦植株蒸腾强度骤然加大，根系活力减退，造成水分平衡失调，生理机能加速，致使植株过早衰老，出现叶黄茎萎、芒炸颖开，甚至青枯退热，导致小麦失去正常生理机能，使千粒重降低，轻者减产 10%左右，重者减产 20%以上。

②干热风指标

高温低湿型。干热风对小麦的危害是高温、低湿和风综合影响的结果，其中以高温“热害”起主导作用，其次是低湿的“干害”，风则是起着加剧干热的作用。因此，选用温、湿、风三要素组合确定干热风的气象指标，能反映出干热风发生的天气特征对小麦生理机能造成的影响。

雨后青枯型。小麦成熟前 10 天内有一次小雨过程，雨量 5～10 mm。雨后温度剧增，5 d 内有 1 d 日最高气温不低于 30 ℃，相对湿度较低，有 1 d 风力不低于 3 级，即为一个雨后青枯日。该型干热风虽没有前者发生频繁，但发生时对小麦的危害也很严重。

③干热风分布规律

河北省干热风地理分布特点是北少南多，由北向南增加，低平原地区多于滨海平原和半山区，半山区略多于滨海平原；北弱南强，低平原地区重于滨海平原和半山区，低平原南部干热风强度为全省之冠。

廊坊、涿州以北地区年平均轻型干热风日数在 3 d 以下，沟、谷、盆地略多一些；以南地区为 4 d 以上，其中石家庄和衡水以南地区为全省干热风多发区，发生次数在 6～8 d 以上；重型干热风天气年平均天数仍然是北少南多，廊坊、涿州以北地区年平均不到 1 d；以南地区在 1 d 以上，并向南逐渐增多，中南部低平原区多于西部半山区和东部滨海平原，其中最严重发生区出现在邢台以东、衡水西南的滏阳河支流河川区，年平均出现在 5 d 以上。

干热风过程是对干热风天气连续出现程度的描述，干热风过程出现越多，对小麦的危害越大。干热风过程年平均发生次数的分布与干热风日数年平均发生次数的分布相似，即南多北少、中部平原多、滨海平原和半山区较少。轻干热风过程在保定、阜平、沧州以南地区年平均发生2～3次，以北发生0～2次；重干热风过程年平均发生次数的分布与重干热风日数年平均发生次数分布相似，在中部低平原区和石家庄、衡水以南地区，每两年有1次到每年有1次重干热风过程发生，其中邢台东部、衡水西南部和赞皇平均每年有1次以上的重干热风过程发生。

若将干热风出现期分为4个旬，按各旬干热风发生次数占出现期的百分率进行分析，结果表明：5月中旬河北大部分地区在10%左右，北部高原地区在5%以下；到5月下旬，中南部地区都在30%以下，中旬略高于上旬。在中南部地区干热风出现次数逐旬增多，而北部地区，6月中旬有所减少。

南部地区小麦干热风出现高峰在5月29—31日和6月4—6日，前一个高峰期对小麦危害严重；中部地区有三个高峰期，即5月21—31日、6月5—6日、6月10—12日，第二个高峰期对小麦危害严重；与中部地区相同，北部地区也有三个高峰期，以第三个高峰期(6月10—12日)对小麦危害最重。一日之中，干热风在午前形成并逐渐加强；午后最强，傍晚逐渐减弱结束。

④干热风的强度和概率

干热风持续日数的多少也可以表明一个地区干热风发生的强度，持续日数越多对小麦危害越大。持续2 d的概率北部地区为50%～100%，中南部地区为40%～70%；持续3 d的概率北部为0～40%，中南部为20%～40%；持续日数为4 d的概率北部为0～10%，中南部为10%～20%；持续日数为5 d的概率北部地区在5%以下，中南部为5%～10%；连续6 d出现的概率北部除个别站点外，大部分地区没有出现过，中南部为0～5%。干热风发生严重的地区为邢台东部、衡水及其南部等地，在严重发生的1966、1997、1972年和1986年曾出现过持续10 d的干热风天气，这说明南部地区干热风的严重发生不仅表现在出现的次数多，而且干热风持续出现的过程也长。

⑤干热风的防御措施

干热风的防御主要是营造防护林带、搞好农田水利建设以便灌溉(浇灌、喷灌)以及施用化学药剂等。此外，加强田间管理也是重要措施之一。一是适时浇足灌浆水，灌浆水一般在小麦灌浆初期(麦收前2～3周)浇，如小麦生长前期天气干旱少雨，则应早浇灌浆水。二是酌情浇好麦黄水，对高肥水麦田，浇麦黄水易引起减产。所以，对这类麦田只要在小麦灌浆期没下透雨，就应在小雨后把水浇足，以免再浇麦黄水。对保水力差的地块，当土壤缺水时，可在麦收前8～10 d浇一次麦黄水。根据气象预报，如果浇后2～3 d内可能有5级以上大风时，则不要浇水。三是喷磷酸二氢钾或叶面肥，以提高麦秆内磷、钾含量，增强抗御干热风的能力。

(6)连阴雨

连续3 d以上，每天日照时数≤2 h，其中至少有2个雨日，视为一次连阴雨天气过程。

河北省春、夏、秋三季都可能出现连阴雨，但对农业生产影响大、危害重的主要是4—9月出现的连阴雨，尤其是春播、麦收、秋收季节的连阴雨对农业生产影响更大。

①春播连阴雨。4月正值河北省春作物播种期，播前出现连阴雨会造成推迟下种，播后出现连阴雨会使种子霉烂。春季连阴雨又常与低温相伴，影响春小麦、春玉米、棉花等春播作物的出苗和生长。4月连阴雨分布规律基本上是：南部多、北部少，太行山区多、燕山山区

少，山前平原多、其他地区少。

②麦收连阴雨。6月是河北省麦收季，麦收期间出现连阴雨天气，轻则影响收打，重则影响小麦的产量和品质。例如，1989年6月10—13日，河北省大部分地区出现连阴雨天气，造成中南部正在收割或刚刚收割的小麦发芽霉烂。据统计，全省发芽霉烂的小麦面积多达924.7万亩，损失小麦9亿kg以上，这次连阴雨是历史上造成损失最大的一年。

③秋收连阴雨。9月是秋作物成熟的收获季，同时也是冬小麦播种的始期；秋季出现的连阴雨会造成秋粮和棉花及经济作物减产，影响秋收种麦。对农业生产造成较为严重影响的年份有1969、1978、1985、1995年和2007年。9月连阴雨分布规律为：南部多、北部少，西部多、东部少，太行山区多、燕山山区少。

④连阴雨的防御措施。根据气候变化规律安排农事活动，特别是播种收获等关键农事活动应尽量避开连阴雨常发时段；遇连阴雨时要加强肥水管理，促进苗情转化，以提高分蘖成穗率；增施磷肥促进根系发育，培育壮株，增强抗逆性；播种和收获关键农事季节特别注意收听天气预报，以便及时抢收和适时播种；选用培育耐阴品种，减轻连阴雨的危害。

(7)倒春寒

倒春寒是指初春(一般指3月)气温回升较快，而在春季后期(一般指4月或5月)气温较正常年份偏低的天气现象。初春气候多变，如果冷空气较强，可使气温猛降至10 ℃以下，甚至出现雨、雪天气。长期阴雨天气或频繁的冷空气侵袭，抑或持续冷高压控制下晴朗夜晚的强辐射冷却易造成倒春寒。倒春寒强度在河北省地理分布上具有北重南轻的特点。

倒春寒给春季的农业生产带来了很多危害，前春气温回升快，温度偏高，致使越冬后的小麦提前萌动，返青生长，消耗体内积累的糖分，耐低温能力降低，后春气温骤降，气温偏低，易受冻害，特别是头年晚播小麦，生长细弱，抗寒能力更差，经过忽冷忽热的变化，易发生大面积的死苗现象。

倒春寒的防御措施：加强越冬小麦的田间管理，培育壮苗，春季增施有机肥，勤中耕，提高地温，增强抗寒能力。对春播作物用地，提前耕地、耙地，有利于地温的增高，达到适时播种。

6.2.4.2 果品生育期气象灾害

(1)苹果

影响河北苹果产量和品质的主要气象灾害是花期的霜冻害，夏季干旱、高温(日灼)，以及大风和冰雹、连阴雨等。

①花期霜冻害。苹果开花期出现的强低温过程，一般出现在春季(4—5月)。21世纪以来，特别是2013年以来发生较多、影响较大。红富士苹果花期霜冻的临界指标为：花蕾期−3.8～−2.8 ℃，开花期−2.2～−1.7 ℃，幼果期−2.5～−1.1 ℃。4—5月，气温回升不稳，波动较大，若早春气温回升快，花期提前，则容易遭受花期冻害，严重影响产量和品质。例如，2013年4月19—20日，河北省中南部石家庄、邢台和邯郸等地，气温突降，并出现雨夹雪天气，正处于开花期的苹果遭受冻害。

②花期霜冻害防御措施。苹果花期霜冻害程度受果树发育阶段和冷空气强度(降温过程)共同作用，生产中一般采用“防、抗、躲”等综合措施进行防御。“防”是根据天气预报，在冷空气到来之前采取灌水、熏烟等措施，改善果园小气候，提高近地面空气温度，防御和减轻

低温危害。"抗"是提高田间管理,提高树体的抗低温能力与灾后恢复能力,如利用水肥管理提高果树的抗寒和抗逆性。"躲"是通过相关措施如喷施防冻剂、生长调节剂,以及树干涂白、地面覆盖等,延迟花期,躲避低温影响。

(2)核桃

影响河北省核桃树生长发育的主要气象灾害是花期霜冻害和日灼。

①花期霜冻害。由于春季气温多变,晚霜冻出现时间不一,核桃在多个发育期可能受到冻害影响,不同区域、不同品种、不同发育期受冻指标略有不同。一般情况下,核桃萌芽后,出现−4～−2 ℃的低温即可发生冻害,而在花期和幼果期,气温下降到−2～−1 ℃时就会受害减产。影响核桃冻害程度的不仅仅是最低气温的强度,还与低温的持续时间以及发生低温霜冻时的天气条件(如是否有降水、大风等同时出现)、土壤状况(温度、湿度)和地形、栽培管理等密切相关。虽然存在一定差异,但影响晚霜冻害的主要因素都是气温变化、最低温度及持续时间。总体上,最低气温低于0 ℃、持续时间不少于4 h均可造成不同程度的冻害。

②日灼。又称日烧、灼伤,一般是由于强烈的太阳辐射和高温造成林果或树木枝干受到伤害的自然现象。随着全球变暖,以及矮化栽培技术的推广,果实日灼灾害的发生有加重趋势。河北省邢台地区高温年核桃果树日灼率达10%～20%,对生产带来一定损失。现有研究表明,辐射强度、气温、相对湿度和风速可作为预测日灼发生的指标,其中高温和强光是日灼发生的主要影响因子。

6.2.4.3 设施农业气象灾害

影响河北省设施农业生产的主要农业气象灾害有冷害、冻害、寡照、风灾和雪灾。

①冷害是在农作物生长季节0 ℃以上低温对作物的损害,往往又称低温冷害,多发生于春、秋季,此时正是设施蔬菜生产的旺季,因此对设施农业生产的威胁较大。一般分为延迟型和障碍型两种,延迟型冷害是持续低温所致,对作物的生长造成抑制作用;而障碍型冷害往往是突发性的,此时的低温往往会使设施蔬菜萎烂甚至死亡。

②冻害是0 ℃以下的低温使作物体内结冰,引起植物细胞原生质受损、丧失生理活性,从而对作物造成的伤害。日光温室生产遇强寒流袭击、低温寡照、久阴骤晴、大风、暴风雪等灾害天气时,极易发生冻害,造成减产甚至绝收。

③受地理位置和气候特点影响,河北省中南部地区在秋末至春初易发生连阴(雪或雾或霾)天气,致使日照偏少或无日照,造成日光温室内光照条件不能满足蔬菜生长发育,给日光温室蔬菜生产带来影响,造成蔬菜减产甚至绝收,即造成寡照灾害。例如,2015年11月,河北省中南部地区连续出现了23 d的阴、雾/霾、雾转多云、雾夹雪天气,日光温室内的蔬菜长势转差,黄瓜、番茄停止生长,灰霉病发生较重,平均减产50%～80%。寡照灾害在冬季常常还伴随低温,形成低温寡照复合灾害,由于长时间的连阴(雪、雾、霾)天气,致使日光温室内温度难以回升,作物正常生长发育受到影响,最初叶片开始变黄、植株早衰,到最后部分植株死亡。据统计,河北省每年都有低温寡照灾害发生,只是程度不同,从1991年到2009年的19 a中,历年11月至翌年2月河北省共出现了35次中等程度以上的低温寡照灾害。

④大风对设施农业的直接危害是刮飞、刮破棚膜,损坏大棚设施,降低或破坏大棚的保温性能。一般秋、冬和春季大风期间,大部分塑棚普遍严重受损,其中部分棚架或农膜报废,

棚中作物受强风、低温危害严重，对生产影响极大。

⑤积雪。设施棚室可以支撑一定的负载，但如果暴雪发生时棚室薄膜上的积雪不能及时清除，负载过重就会导致棚室垮塌、棚室内作物受冻而发生雪灾。例如，2009 年 11 月 10—12 日，河北省中南部地区遭受了有气象观测资料记录以来罕见的暴雪袭击。降雪量最大的石家庄市，降水量达 93.5 mm，积雪深度达 55 cm，邢台、邯郸降水量也达 60 mm，积雪深度达 40 cm，设施蔬菜受灾以棚室受损和蔬菜受冻为主，受灾 2.43 万 hm^2，其中棚室受损 8300 hm^2。由于降雪量大且急，夜间难以清扫，棚室前屋面上积雪过厚，造成大量棚室骨架受损坍塌。如藁城温室受损 5100 个，永年县中小棚等设施受损面积达 4700 hm^2。另外，部分温室和中小棚因未及时加盖草苫而遭受冻害，如邢台市威县、平乡、临城等县有 107 hm^2 新建温室种植的番茄全部冻死，邯郸永年县 367 hm^2 中小棚蔬菜也因未及时加盖草苫而遭受冻害。

6.3 北京农业气候资源

北京地区横跨 115°25′～117°30′E，纵跨 39°28′～41°05′N，三面环山，山脊平均海拔高度 1000 m 左右，三面山体形成弧状天然屏障，山前平原区依山近海，地势呈东南—西北向阶梯分布。

北京属于暖温带半湿润半干旱季风型大陆性气候，具有冬季寒冷雨雪少、春季风大湿度低、夏季雨热集中、秋季凉爽光照足的显著特点，而且具有明显的地域差异。由于雨热同季，适宜多种农作物生长，气候资源较丰富。但因地处冷、暖空气交汇地带，年降水量变幅大，干旱、暴雨、大风、冰雹、寒潮等气象灾害频繁发生。

早在 20 世纪 90 年代后期，北京市就提出了发展都市型农业的要求。21 世纪初，北京市按照“生态、安全、优质、集约、高效”的都市型现代农业发展方向，以服务城市、改善生态和增加农民收入为宗旨，提高农业综合生产能力、社会服务能力和生态保障能力，实现功能多样化、布局区域化、设施现代化、生产标准化、经营产业化、产品安全化、景观田园化、环境友好化。通过十多年的发展和建设，尤其是在“221 行动计划”的指引下，北京都市型现代农业得到了极大的发展。粮食作物播种面积稳定在 22 万 hm^2 左右，蔬菜播种面积稳定在 8 万 hm^2 左右，果树面积达到 16.4 万 hm^2，花卉种植面积 0.45 万 hm^2，不仅成为首都重要的“菜篮子”农产品生产基地，也构成了首都的生产性绿色空间。2013 年北京市农林牧渔业总产值达到 421.8 亿元，农业产值达 166.3 亿元。

6.3.1 光能资源

太阳的光照是大气中和地球上一切物理过程的能量来源，也是各地生物生长发育的基本条件。北京地区的年日照时数为 2135～2780 h，总体呈北多南少的格局，延庆、怀柔北部日照丰富，年日照时数在2600 h以上；昌平、怀柔西南部、密云北部次之，房山、门头沟东部、石景山西部地区最低，年日照时数在2400 h以下(图6.7)。北京地区日照时数年际变化较大，以北京观象台为例，1961年以来，日照最多年份可达3146 h，出现在1962年，日照最少的年份只有2107 h，出现在2014年。

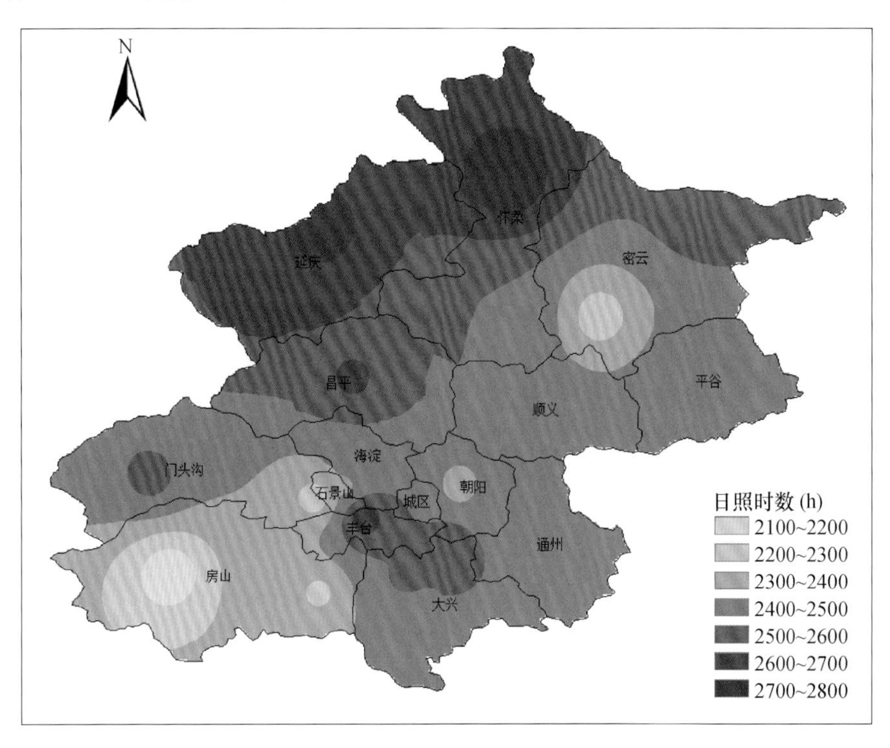

图6.7　北京地区年日照时数空间分布

日照时数季节变化比较明显。一年中以春季光照最丰富，夏季日照时数次之，冬季日照时数最少(图6.8)。

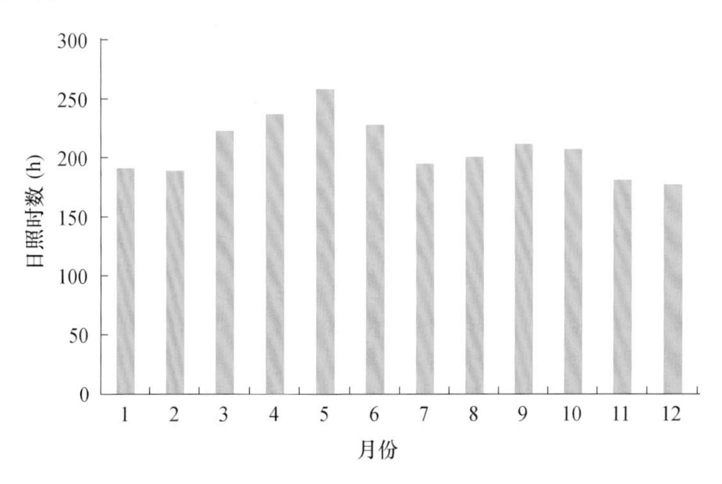

图6.8　北京地区年内日照时数分布

春季月日照时数均在 220 h 以上，常年（1981—2010 年，下同）季日照时数为 716 h。延庆、怀柔北部、昌平中部地区季日照时数在 740 h 以上，房山西部地区季日照时数少于 680 h，全市大部分地区季日照时数为 680～740 h（图 6.9a）。

夏季怀柔北部季日照时数最多，在 655 h 以上，密云南部、房山西部、门头沟东部以及石景山地区季日照时数不足 595 h，全市大部分地区季日照时数为 595～655 h（图 6.9b）。

冬季月日照时数在 190 h 以下，延庆、怀柔、昌平中部地区季日照时数超过 575 h，房山、朝阳、通州、石景山、门头沟东部、大兴西南部地区季日照时数不足 535 h（图 6.9d）。

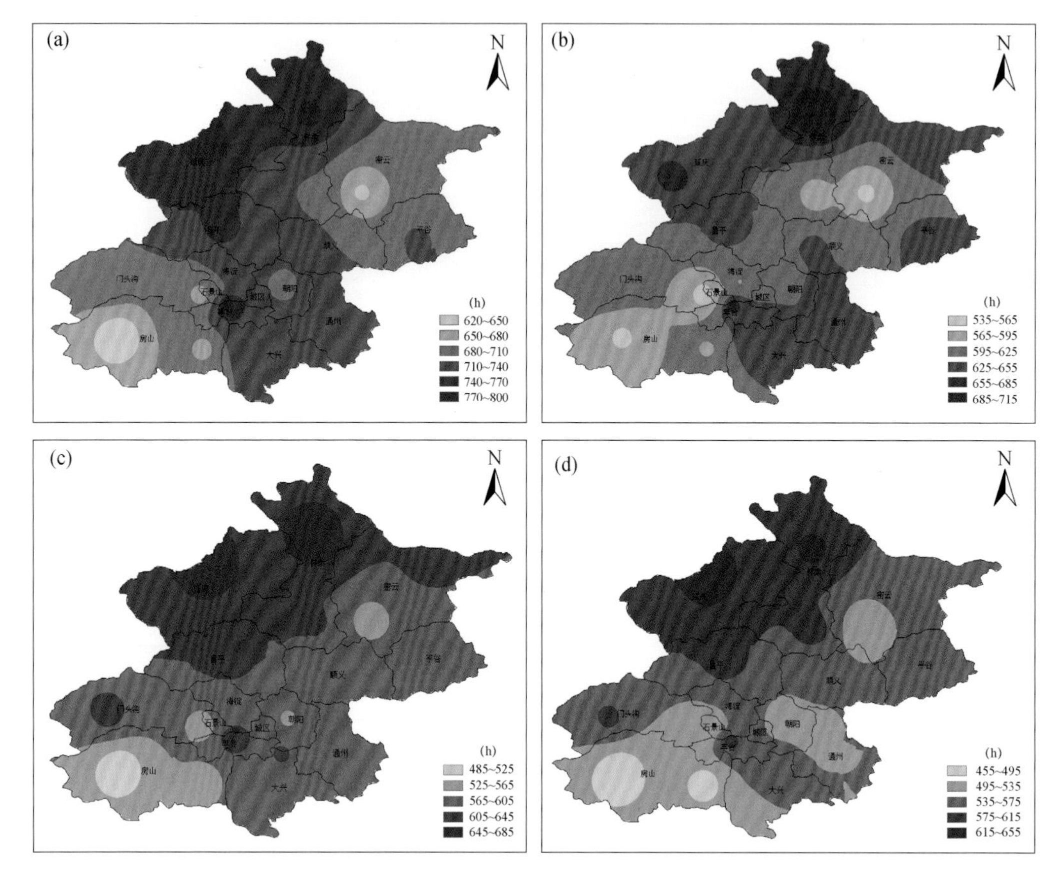

图 6.9　北京地区四季日照时数空间分布

（a）春季；（b）夏季；（c）秋季；（d）冬季

如图 6.10 和图 6.11 所示，1961—2017 年北京市年日照时数呈波动下降趋势（−91.1 h/10 a，$P<0.001$），波动幅度为 180.0 h。春季、夏季、秋季和冬季的日照时数均呈明显下降趋势，其中，夏季下降速度最大（−40.4 h/10 a，$P<0.001$），秋季次之（−27.5 h/10 a，$P<0.001$），冬季和春季相对较小，分别为 −12.6 h/10 a（$P<0.05$）和 −11.4 h/10 a（$P<0.05$）。

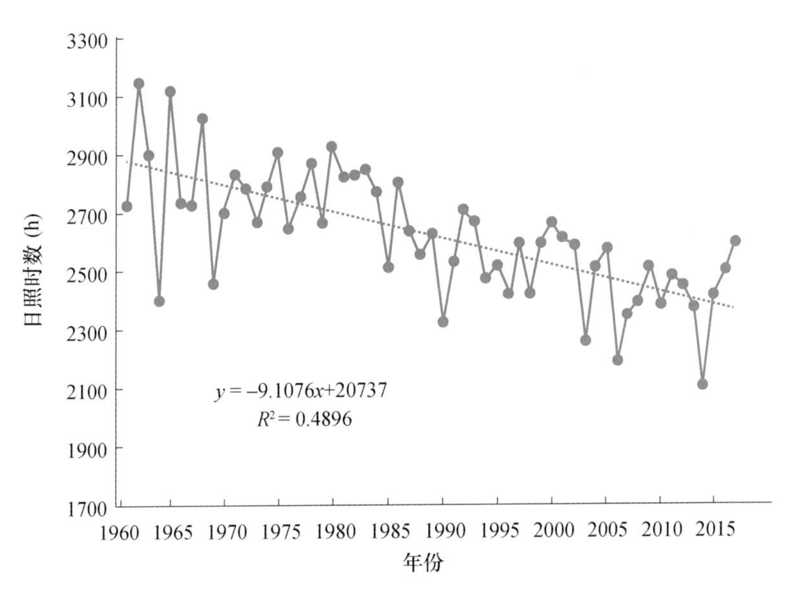

图 6.10　1961—2017 年北京地区年日照时数变化

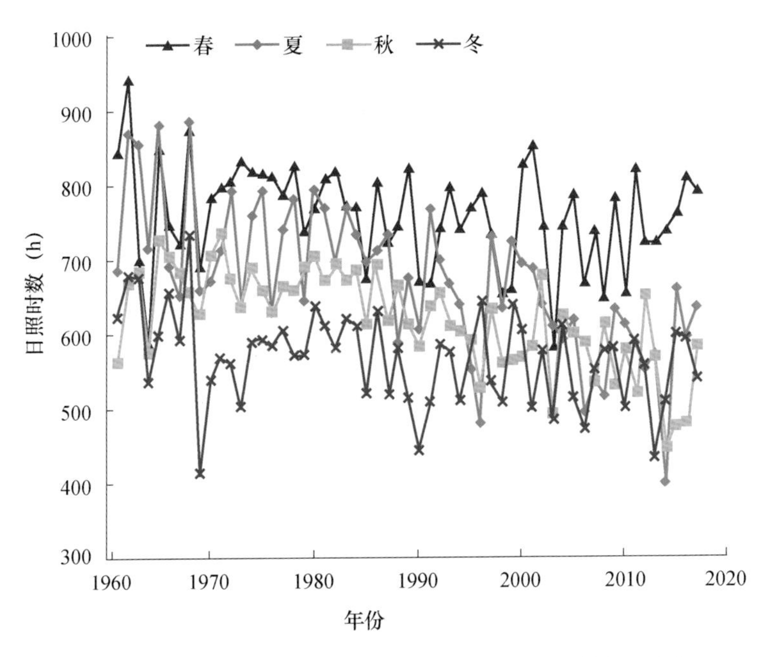

图 6.11　1961—2017 年北京地区各季节日照时数的年际变化

6.3.2　热量资源

热量多寡决定了作物种类、品种和种植制度的布局。北京地区年平均气温为 5.5～12.0 ℃，其中平原地区为 11.2～12.0 ℃。北京地区农耕区的年平均气温为 9.1～12.0 ℃(平原为 11.2～12.0 ℃，延庆山区为 9.0 ℃)。城区(朝阳、海淀、丰台和石景山)

和城镇化较明显的昌平东南部、顺义西南部、大兴和通州年平均气温在 12 ℃以上，平谷、密云、怀柔南部、昌平西部、门头沟和房山大部分地区年平均气温为 10.0～12.0 ℃，怀柔北部地区及延庆地区年平均气温低于 10 ℃。春季日平均气温稳定通过 0 ℃初日为土壤开始化冻、小麦萌动返青、早春作物开始播种的标志，平原大部分地区为 2 月 20 日到 3 月 1 日。秋季日平均气温稳定通过 0 ℃终日为土壤开始封冻、小麦停止生长的标志，平原大部分地区为 11 月 23 日到 12 月 3 日。日平均气温≥0 ℃期间的活动积温是反映作物生长期热量条件的基本指标，如图 6.12 所示，平原地区为 3944.4～4918.5 ℃·d，其中大兴东部地区、通州大部分地区及昌平东南部大于 4800 ℃·d，平谷、顺义、昌平大部分地区、房山东部、怀柔和密云南部为 4500～4800 ℃·d。山区随海拔升高呈减少趋势，怀柔和密云北部、房山西部为 4000～4500 ℃·d，延庆山区低于 3500 ℃·d。

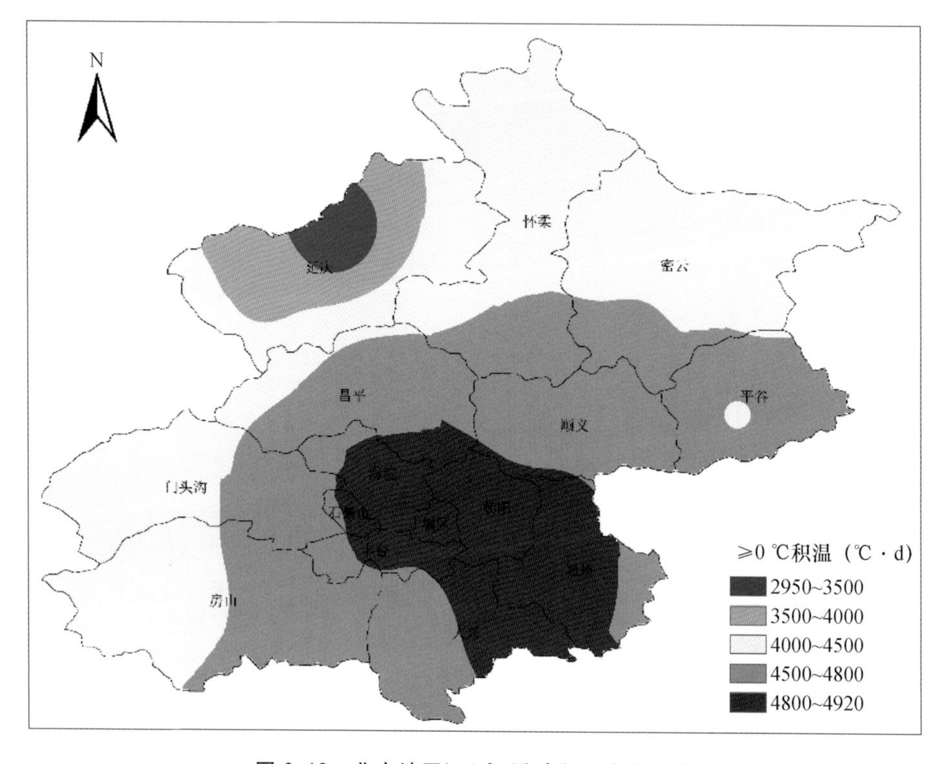

图 6.12 北京地区≥0 ℃活动积温空间分布

无霜期与日平均气温≥0 ℃日数基本吻合，为喜温作物生长期。平原地区为 2 月下旬到 11 月下旬，约 270 d，随着海拔上升，无霜期呈缩短趋势，延庆地区为 250 d。

6.3.3 降水资源

(1)年降水量

北京市年降水量为 546.0 mm，降水资源量为 9.17 亿 m^3。平谷、密云南部、怀柔东南部及房山西部山区为相对多雨区，年降水量在 600 mm 以上，密云北部、顺义大部分地区及房山西南部降水量为 550～600 mm，怀柔中部、延庆西部及门头沟为相对少雨区，降水量为

435～500 mm，其余地区降水量为500～550 mm。北京地区降水量年际变化较大，以观象台为例，最多年达1386 mm，出现在1959年，最少年只有261.8 mm，出现在1965年，相差5倍多。

(2)季降水量

北京地区春季降水量为63.6～81.7 mm，霞云岭最多，昌平最少。全市春季平均降水量为72.7 mm，占全年降水量的13.3%。平谷大部分地区、密云东部及房山西南部地区降水量超过80 mm，通州北部、顺义西部及昌平中部地区降水量少于70 mm(图6.13a)。

夏季降水量为273.7～447.9 mm，密云最多，延庆最少。全市夏季平均降水量为379.6 mm，占全年降水量的69.5%。平谷地区、顺义和密云大部分地区、怀柔东南部及房山西南部山区降水量超过400 mm，怀柔北部、延庆西部山区及门头沟西部山区降水量少于300 mm(图6.13b)。

秋季降水量为73.5～101.1 mm，怀柔最多，斋堂最少。全市秋季平均降水量为85.4 mm，占全年降水量的15.6%。平谷、密云、怀柔东南部、延庆西部山区及房山霞云岭地区降水量超过90 mm，昌平西南部、海淀西部、丰台西部、石景山及门头沟降水量少于80 mm(图6.13c)。

冬季降水量为6.4～11.7 mm，全市仅佛爷顶和怀柔冬季降水量超过10 mm。全市冬季平均降水量为8.4 mm，占全年降水量的1.6%。怀柔南部、延庆西部山区降水量超过10 mm，怀柔北部、门头沟西部山区及房山大部分地区降水量少于7 mm(图6.13d)。

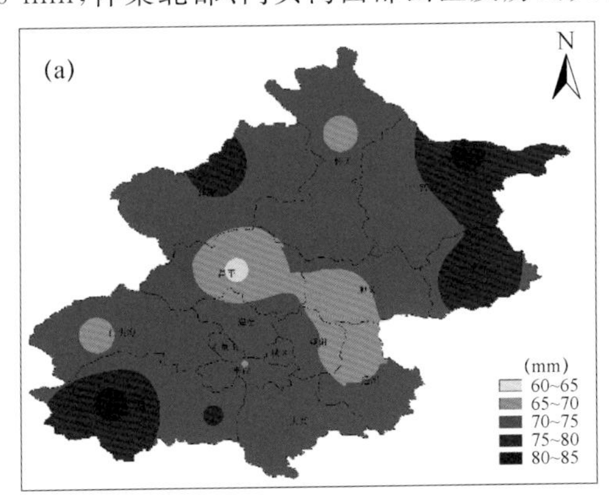

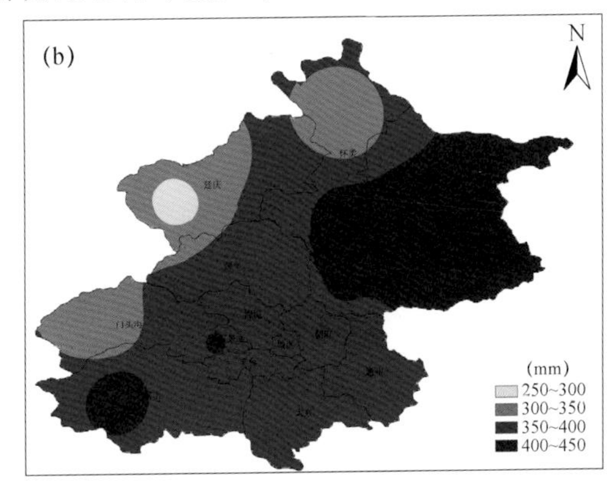

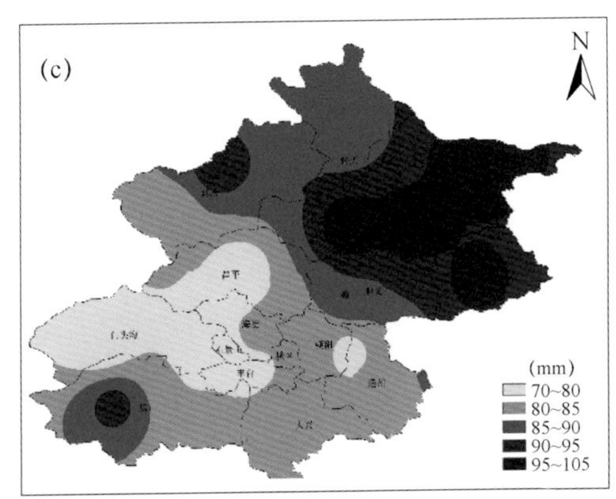

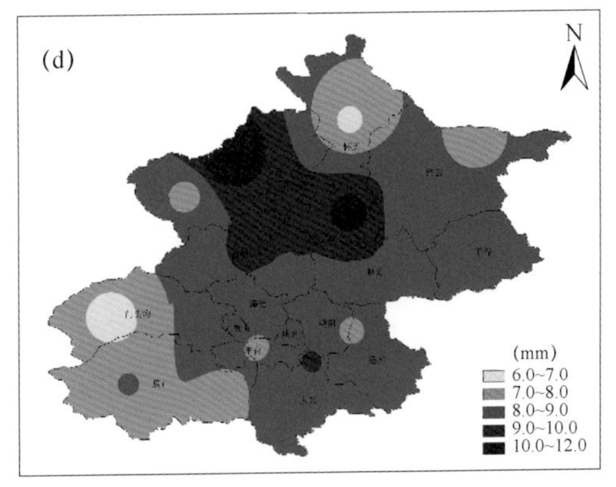

图6.13　北京地区季节降水量空间分布

(a)春季；(b)夏季；(c)秋季；(d)冬季

6.4 北京气候资源在农业中的应用

6.4.1 主要农作物生育期气候分析

6.4.1.1 冬小麦

北京属于华北北部晚熟冬麦区，是冬小麦种植的北界，北京冬小麦主要种植在平原地区和部分区的山前暖区地带。平原地区实行小麦-玉米一年两熟的种植制度，北京冬小麦生育时段为9月下旬至翌年6月中旬，主要生长时段在秋季和春季，正是北京自然降水较少的时段，该时段降水一般年份仅为全年的四分之一，因此自然降水无法满足冬小麦正常的生长发育，需要灌溉才能获得高产。北京光照条件较好，一般能满足冬小麦生育需要，但灌浆后期有时也有连阴寡照伴随高温闷热或连阴雨后出现暴热天气，严重影响小麦千粒重的提高。北京主产麦区冬小麦关键生育期气象条件多年平均值详见表6.4。

表6.4 北京主产麦区冬小麦关键生育期气象条件多年平均值

生育期	常年统计物候期	降水量(mm)	平均气温(℃)	≥0 ℃积温(℃·d)	日照时数(h)
冬前生长期	10月1日—11月28日	32.8	8.8	527.3	376.2
停止生长至返青	11月29日至翌年3月8日	10.5	−2.0	78.6	618.9
返青—起身	3月9日—4月5日	10.3	7.7	215.5	203.3
起身—拔节	4月6日—4月15日	4.4	13.2	132.3	76.1
拔节—抽穗	4月16日—5月8日	21.6	16.8	387.3	188.0
抽穗—开花	5月9日—5月15日	8.4	18.9	132.2	51.9
开花—成熟	5月16日—6月15日	50.8	22.7	703.6	265.5

注：北京小麦区顺义、房山、大兴、通州、昌平、平谷、怀柔、密云8站平均值(下同)，常年气象要素值为1981—2010年30 a平均值。

(1)热量资源

20世纪80年代北京地区小麦播种期集中在9月21日—10月2日，收获期在6月12—17日，但近些年播种期推迟到9月25日—10月8日，且大部分地区在10月1日以后播种，成熟期则推迟到6月15—20日(为了便于比较，各年代小麦全生育期积温统一从上一年9月25日统计到当年6月15日；麦区的积温等气象要素均采用8个小麦主产区的数据，包括顺义、密云、怀柔、平谷、通州、大兴、房山和昌平，麦区平均为此8站平均，下同)。

1961—2018年小麦全生育期麦区平均≥0 ℃积温为2252 ℃·d，1981—2010年(常年值，下同)小麦全生育期麦区平均≥0 ℃积温为2282 ℃·d。1961年以来整体呈现由低到高、再降低的变化趋势(图6.14)。

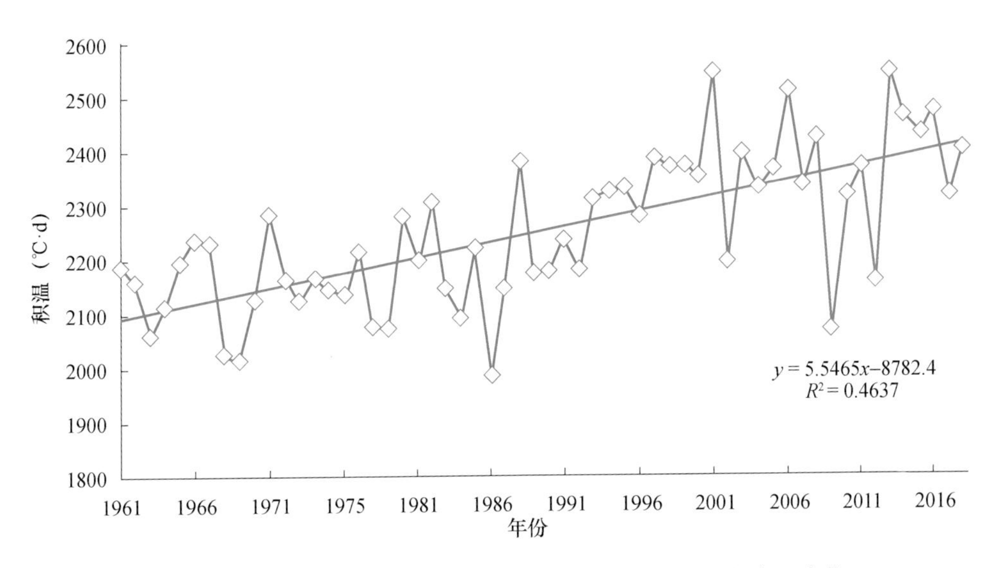

图 6.14　北京地区 1961—2018 年小麦全生育期≥0 ℃积温年际变化

以 10 月 1 日播种为例，常年冬前积温为 534 ℃·d，随着播期的推迟，冬前积温逐渐减少。从已有研究结果看，小麦培育壮苗的积温为 550～650 ℃·d，适宜的播期仍为 9 月 25 日至 10 月 1 日。小麦冬前可长 5～6 片叶、3～5 个分蘖。而 10 月 5 日播种则积温只有 470 ℃·d，小麦只能长 4 片叶、1～2 个分蘖，10 月 8 日播种小麦只能长 3 片叶、0～1 个分蘖，成为典型的晚麦，不利于构建高产群体。

冬小麦越冬期可能遭受冬季长寒，冬季长寒会使小麦越冬期负积温偏多，若没有积雪保护，有发生冻害的风险。常年冬小麦越冬期负积温为－282 ℃·d，1967 年冬季严寒，平原地区顺义曾出现越冬期负积温达－498 ℃·d，东北部山区密云曾达－622 ℃·d。而 2001 年暖冬，顺义越冬期负积温仅－141 ℃·d，1998 年暖冬，东北部山区密云越冬期负积温仅－230 ℃·d，顺义、密云比正常年份高 100～150 ℃·d。

(2)降水

北京市 1961—2018 年 8 个主产区小麦全生育期(9 月 25 日至翌年 6 月 15 日)平均降水量为 145.3 mm；58 a 中，麦区年际降水变化主要集中在 100～200 mm，平均为 57.6 mm，最多降水年份有 1977、1990 年和 1989 年，平均为 262.4 mm；最少降水年份主要有 1995、1971 年和 1985 年，平均为 51.9 mm。常年小麦全生育期平均降水为 145.5 mm，近 10 a(2009—2018 年，下同)平均降水量为 162.2 mm，近 30 a 平均为 155.8 mm。近 10 a 平均较近 58 a 和常年分别增多 16.9 mm 和 16.7 mm。但均不能满足小麦全生育期的 350～400 mm 生理需水，须灌溉才能满足其生育需要。

9 月降水量主要影响小麦播种和出苗。统计表明，1961—2018 年麦区 9 月平均降水量为 53.9 mm。常年为 54.9 mm，近 10 a 为 66.4 mm。9 月累计降水量基本能满足小麦播种出苗，但由于不同年份降水差异较大，且存在降水时间与小麦播种期不一致的问题，部分年份仍存在小麦播种期墒情较差、出苗不好的问题，应通过播前造墒或播后浇出苗水来保证出苗。

11 月降水量主要影响小麦安全越冬。1961—2018 年北京 11 月平均降水量为 9.5 mm，多年平均降水量为 9.4 mm,近 10 a 为 18.1 mm。年际变化较大,但各区之间差异较小,降水分布较均匀。

冬季降水量也跟小麦安全越冬直接相关。据气象资料统计表明,1961—2018 年麦区越冬期(12 月至翌年 2 月)平均降水量为 9.2 mm,常年降水量为 8.7 mm,近 10 a 降水平均为 7.9 mm。越冬期降水总体较少,年际分布差异较大。

春季降水量多少与分布直接关系到春季小麦田间灌溉量和灌溉次数。据气象资料统计,1961—2018 年春季平均降水量为 64.2 mm,常年为 71.2 mm,近 10 a 为 58.9 mm。

(3)日照

1961—2018 年北京地区麦区小麦全生育期平均日照时数为 1856 h,常年为 1821 h。最高出现在 1967 年,为 2196 h,最低为 1527 h,出现在 2002 年。1961 年以来整体呈现由多到少的变化趋势,平均每 10 a 减少约 54.4 h(图 6.15)。

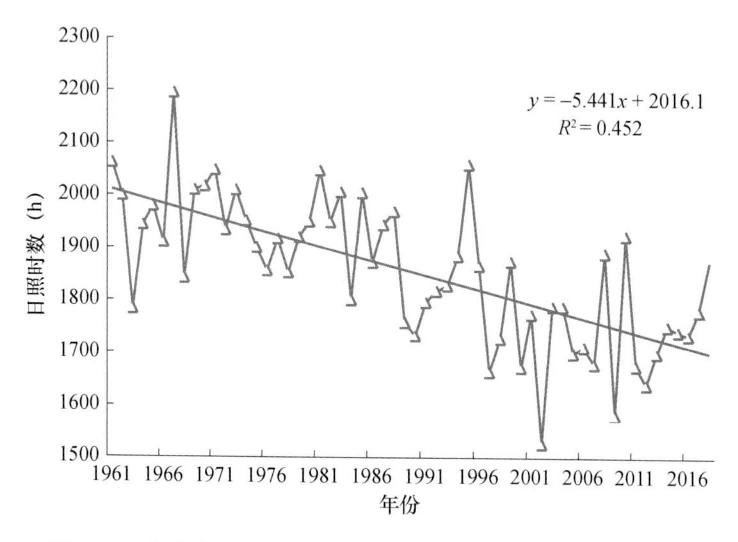

图 6.15 北京市 1961—2018 年小麦全生育期日照时数年际变化

6.4.1.2 玉米

(1)热量资源

玉米是喜温作物,对温度反应敏感,整个生育期要求≥10 ℃有效积温为 1800~2800 ℃·d,不同生育期对≥10 ℃有效积温的要求不同。

北京市春玉米播种至拔节期常年≥10 ℃有效积温为 1213.3 ℃·d,占全生育期的 32.5%,拔节至抽雄吐丝期为 1631.8 ℃·d,占 43.7%,吐丝至成熟期为 885.7 ℃·d,占 23.7%。1961—2018 年,北京春玉米生长季节≥10 ℃ 有效积温整体呈增长趋势,增长速率为 24.4(℃·d)/10 a(图 6.16)。

北京市夏玉米播种至拔节期常年≥10 ℃有效积温为 801.1 ℃·d,占全生育期的 31.7%,拔节至抽雄吐丝期为 1160.8 ℃·d,占 46.0%,吐丝至成熟期为 561.5 ℃·d,占 22.3%。1961—2018 年,北京夏玉米生长季≥10 ℃有效积温整体呈增长趋势,增长速率为 26.9(℃·d)/10 a(图 6.17)。

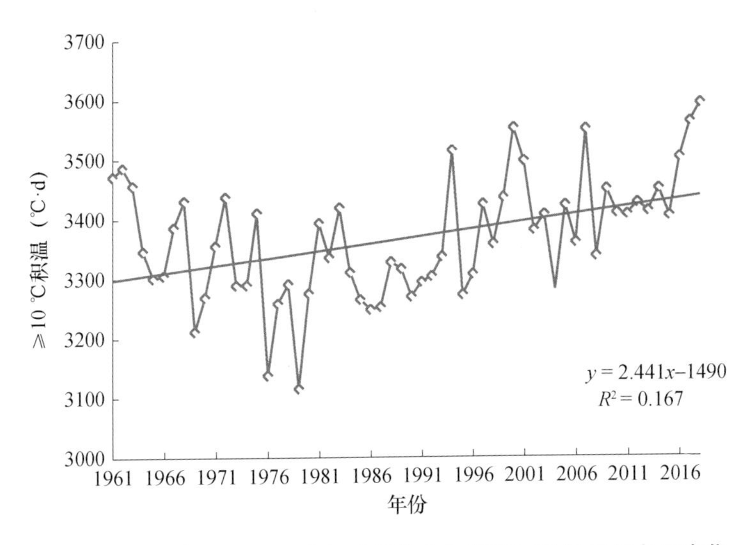

图 6.16 北京市 1961—2018 年春玉米全生育期≥10 ℃积温年际变化

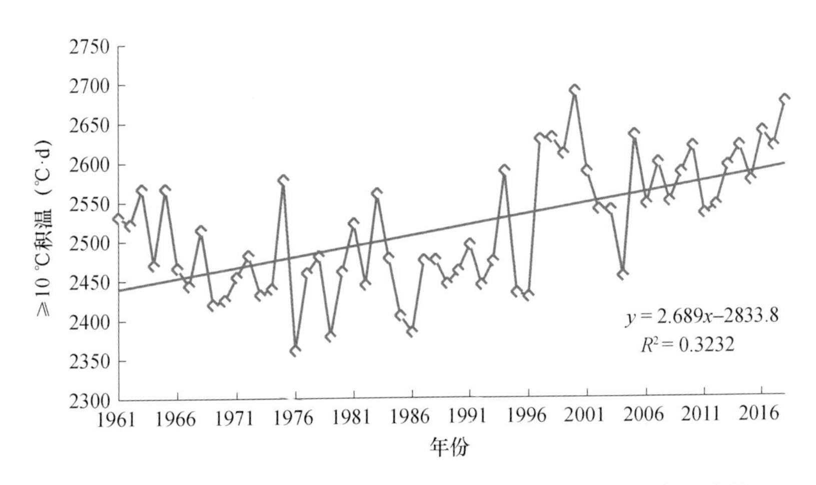

图 6.17 北京 1961—2018 年夏玉米全生育期≥10 ℃积温年际变化

(2)降水资源

北京市玉米主要生长季与雨季同期，1961—2018 年 45％的年份自然降水可满足春玉米生育期需水量，57％的年份自然降水可满足夏玉米生长对水分的需求。

春玉米常年全生育期降水量为 486.9 mm，其中，播种至拔节期降水量为 94.8 mm，占全生育期降水总量的 19.5％，拔节至抽雄吐丝期降水量为 267.0 mm，占 54.8％，吐丝至成熟期降水量为 125.1 mm，占 25.7％。

夏玉米常年全生育期降水量为 401.4 mm，其中，播种至拔节期降水量为 143.5 mm，占全生育期降水总量的 35.7％，拔节至抽雄吐丝期降水量为 211.2 mm，占 52.6％，吐丝至成熟期降水量为 46.6 mm，占 11.7％。夏玉米播种至抽雄期正处于雨水集中时段，降水量充足，夏末季节夏玉米进入吐丝期，此时降水趋于减少，夏玉米进入生殖生长阶段，需水量相应减少，但若遭遇干旱，则不利于夏玉米灌浆，将降低千粒重。

(3)光照资源

玉米喜光,充足的光照有利于产量的形成。

北京市春玉米全生育期常年日照时数为 1103.3 h,根据春玉米全生育期日照时数总量在各生育期内的分布来看,春玉米播种至拔节期日照时数为 503.0 h,占全生育期总日照时数的 45.6%,拔节至抽雄吐丝期日照时数为 316.9 h,占 28.7%,吐丝至成熟期日照时数为 283.5 h,占 25.7%。1961—2018 年春玉米全生育期年日照时数呈下降趋势,平均每 10 a 下降 58.3 h(图 6.18)。

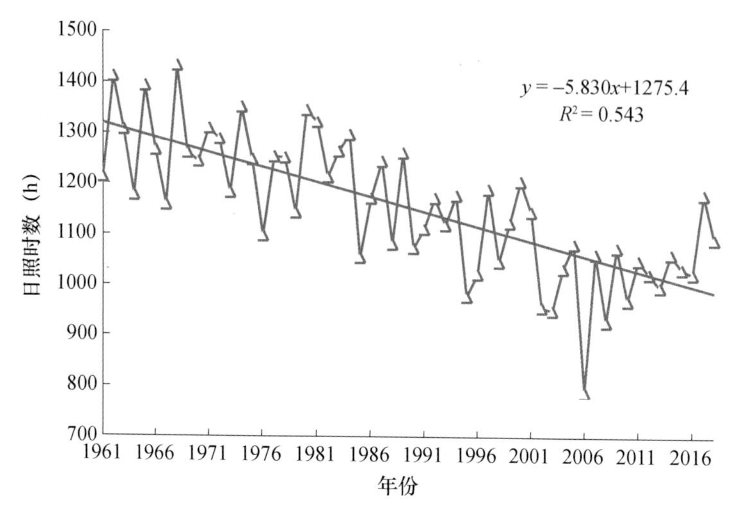

图 6.18 北京市 1961—2018 年春玉米全生育期年日照时数年际变化

北京市夏玉米全生育期常年日照时数为 717.2 h,根据夏玉米全生育期日照时数总量在各生育期内的分布来看,夏玉米播种至拔节期日照时数为 211.0 h,占全生育期总日照时数的 29.4%,拔节至抽雄吐丝期日照时数为 297.2 h,占 41.4%,吐丝至成熟期日照时数为 209.1 h,占 29.2%。1961—2018 年夏玉米全生育期年日照时数呈下降趋势,平均每 10 a 下降 58.3 h(图 6.19)。

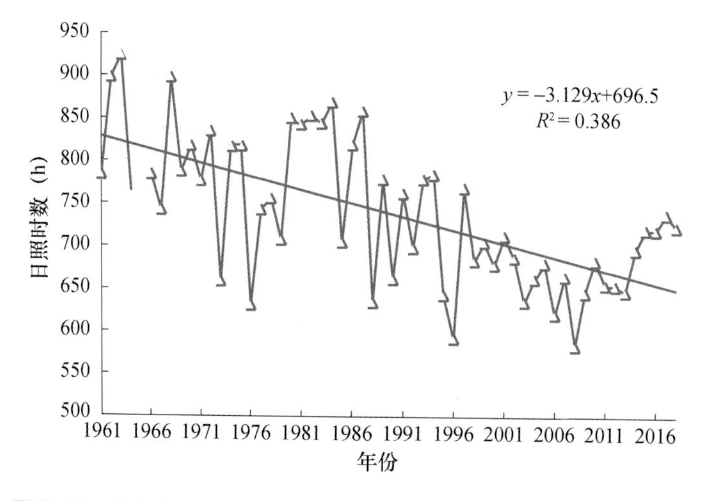

图 6.19 北京市 1961—2018 年夏玉米全生育期年日照时数年际变化

6.4.2 北京市果品气候分析

6.4.2.1 京白梨

京白梨原产于北京郊区，是秋梨树中的优良品种。北京、河北、东北南部、山西及西北各省(区)均有栽培。京白梨耐旱、喜光，对土壤条件要求一般，但对温度的要求较严格，夏、秋季的气温日较差主要影响其品质。京白梨生长季(3—10 月)适宜平均气温为 14.7～18 ℃，北京市门头沟区此阶段多年平均气温为 18.7 ℃；京白梨需水量是梨中最少的，只要产区的年降水量在 500～900 mm 即可，门头沟区常年年降水量为 567.6 mm；梨树喜光，年需日照时数为 1600～1700 h，门头沟区常年年日照时数为 2274.8 h，充分满足京白梨生长所需。在一定范围内，随着光照强度的增加，梨树的光合作用增强，对改进果实色泽、提高果实品质非常重要；在梨果成熟期间，昼夜温差大，有利于梨果着色和糖分积累，夏、秋季气温日较差在 10～13 ℃时，梨果不仅含糖量高，而且果皮光滑、蜡黄，会大幅度提高梨的外观和品质，门头沟区常年夏季气温日较差为 10.0 ℃，常年秋季日较差为 11.3 ℃。

6.4.2.2 桃

桃原产地是海拔较高、生长季日照长、光照强的我国西北地区，长期生长在土层深厚、地下水位低的轻质土壤中，适应空气干燥、冬季寒冷的大陆性气候，形成了桃树喜光、耐旱、耐寒的特性，具有较强适应性。桃的物候期与其他果树一样，分为发芽期、开花期、果实成熟期和落叶期。平谷区位于北京东北部，地处 116°55′～117°24′E，40°02′～40°22′N，冬季平均气温为－3.4 ℃，属于暖温带半湿润半干旱季风气候，按桃的产地划分属于冷冬区和光照较足的半湿润区，其独特的地理位置和气候条件使其发展果树种植，尤其是桃树的种植具有得天独厚的条件。多年来，平谷获得了“中国桃乡”“中国经济林桃乡”“世界种植桃树面积最大区(县)”等荣誉称号，平谷大桃的种植面积超过了 1.467 万 hm^2，年产量超过 1.6 亿 kg。

平谷的桃树种植主要集中于刘家店镇、大华山镇、镇罗营镇的平坝河谷地带，此区域三面环山，背风向阳，冬、春季北方的冷空气被山阻挡后其强度有效减弱，较平原地区不但有效降低了桃受冻害概率，而且保证了春季桃树发芽、开花的热量。从刘家店镇到镇罗营镇海拔从 50 m 到 350 m 梯次上升，利于通风透光和减少病害，并利于南方的暖湿空气输送，降水较足，且由于海拔的升高，日较差增大，光照充足则有利于桃品质的提高。平谷 4—9 月常年降水量为 576.8 mm，降水量较为充足，灌溉需水相对较少，可以节省投入。

平谷自 1971 年以来，年极端最低气温的历史极端值为－22.3 ℃，未出现日最低气温低于－20 ℃持续 2 d 以上的不利天气，在桃树休眠期内几乎无冻害之忧。

平谷各种桃的开花期基本都在 4 月中旬到下旬，每个品种的花期一般在 7 d 左右。此段时间历年极端最低温度为－1.1 ℃，未出现日最低气温低于 0 ℃持续 2 d 以上的不利天气，几乎无低温霜冻之害。平谷桃开花授粉期为 4 月中旬到下旬，期间温度最适宜开花(12～14 ℃)的日数为 4.3 d；日最高气温不低于 24 ℃的不利授粉日数为 4.9 d。

平谷桃各品种果实生长期大都从 4 月下旬开始，不同的是果实发育的时间长短。果实发育期需要一定的高温(25～30 ℃)才能保证优质高产。通过统计庆丰桃4月下旬到7月上旬、大久保桃4月下旬到8月上旬、京艳和瑞蟠4号4月下旬到9月上旬果实生长期间25～30 ℃的适宜日数和气温高于30 ℃的不适宜日数,结果显示,平谷这3个时期的适宜日数分别为18.2、38.5、46.1 d,高温不适宜日数分别为0.6、1.8、1.8 d。

在果实生长发育的4月下旬到9月上旬,平谷大华山(平谷桃主产区)自动气象站近一年的观测表明日较差比平谷站高0.4～1.7 ℃,这显示平谷桃主产区在日较差方面具有明显优势。

6.4.2.3 葡萄

葡萄属于耐寒性果树,对葡萄物候期产生影响的气象因子主要是温度、光照和湿度。

温度直接影响果树的生长、分布、产量和果品品质,还影响其生长发育速度、生育期长短及果实收获的早晚。葡萄树适栽温度为年平均气温8.0～18.0 ℃,年均≥10 ℃积温应在3000～3500 ℃·d。

密云区多年平均气温为11.3 ℃,1961—2018年极端最高气温达40.8 ℃,极端最低气温为−23.3 ℃,≥10 ℃积温在4193.2 ℃·d左右。4—10月是葡萄的主要生长季,此期间多年平均气温为19.8 ℃,其中4—5月平均气温为16.5 ℃,对于葡萄茎叶的生长和抽花蕾较为有利;6—7月的平均气温为24.9 ℃,有利于葡萄浆果的发育。由此可知,密云区的温度条件对于葡萄种植较为有利。

水分是葡萄生长发育过程中的重要影响因子。葡萄叶片通过蒸腾作用消耗大量的水分,从而调节树体温度,增强葡萄树吸收水分和肥料的能力,有利于营养物质运输。若土壤水分不足,会降低叶面光合作用速率,导致叶片发黄、脱落,严重时还会造成植株凋萎死亡;若土壤水分过多,则会造成根系窒息,叶片发黄、脱落,新梢不充实,花芽分化不良,甚至死株。葡萄生长发育以年均降水量600～800 mm较适宜,且不同生长发育期对水分的需求不同。密云区多年平均降水量为628 mm左右,4—7月是葡萄萌芽至幼果膨大期,此时期的常年总降水量为333.6 mm,可以满足葡萄生长过程中对水分的需求。

葡萄喜光,对光照条件要求较高。日照时数直接影响葡萄生长发育、产量和品质。若光照时间不足,则会造成葡萄新梢生长细弱、叶片薄、叶色淡、落花落果率高,影响葡萄的产量和质量。在葡萄果实生长转色期,应确保月日照时数在240 h左右。密云区常年日照时数为2443.2 h左右,其中春季的日照时数最多,冬季日照时数最少,夏季日照时数高于秋季。

6.4.3 北京农业气象灾害

6.4.3.1 冬小麦生育期农业气象灾害

北京冬小麦全生育期经历秋、冬、春和初夏,期间气候复杂多变,常遇到的气象灾害有秋末强降温、冬春低温冻害、冬春持续干旱、灌浆成熟期连阴雨等。随着全球变暖,极端气候事件增加,冬小麦农业气象灾害发生概率也增加,灾害变得十分复杂。受降水、气温、风等气象要素的胁迫，北京地区冬小麦的主要气象灾害，按照冬小麦生育进程来看，在全生育期内可能有：冬前积温不足、晚霜冻、气温骤降型冻害、冬季长寒型冻害、旱冻交加型冻害、倒春寒、早霜冻、孕穗期冷害、干热风、高温逼熟。全年小麦农业气象灾害的气象指标见表6.5。

表6.5 北京地区冬小麦生育期内可能发生的气象灾害及其指标

月份	灾害种类	灾害指标
12月至翌年2月	冬季长寒型冻害	越冬期2个月以上平均气温较常年偏低超2 ℃
	旱冻交加型冻害	越冬期6 mm以下降水，同时气温较常年低
3	早春低温冷害	3月持续低温（较常年）
	倒春寒	返青起身期（正常年份：3月8日—4月初）连续日平均气温达5 ℃后又降至－5 ℃
4	孕穗期冷害	孕穗期（正常年份4月25日—5月1日）气温低于2～3 ℃
	霜冻	日最低气温低于0、－3 ℃分别为轻、重霜冻
5、6	干热风	灌浆期（正常年份：5月21日—6月15日）14时气温≥30 ℃、空气相对湿度≤30%、风速≥3 m/s
	高温逼熟	灌浆期（正常年份：5月21日—6月15日）持续高温
9、10	霜冻	日最低气温低于0、－3 ℃分别为轻、重霜冻
11	冬前积温不足型冷害	正常年份10月1日起至生长停止积温在480 ℃·d以下
	气温骤降型冻害	日平均气温从5 ℃降至－5 ℃以下

北京地区影响小麦最频繁的气象灾害是早晚霜冻、干热风以及高温逼熟，平均每2～3 a发生1次。北京冬季小麦冻害分为三种：旱冻交加型、气温骤降型和冬季长寒型。气温骤降型冻害和旱冻交加型冻害发生频率为5～7 a一次，冬季长寒型最少见，近60 a来只有20世纪60—70年代发生过3次。从历史数据达到指标情况看，旱冻交加型和气温骤降型出现年份较多，分别出现了10次和8次，冬季长寒型只有3 a典型发生，近40 a基本没有发生。春、秋季的低温冷害及霜冻也是影响小麦生育期各阶段的重要不利气象条件，在农业气象灾害监测上不可忽略。包括冬前积温不足、秋季霜冻、早春低温、孕穗期冷害、春季霜冻以及倒春寒。这些灾害中，霜冻最为常见，平均2～3 a就有一次，春霜冻更多一些。从霜冻日数看，春霜冻在20世纪80、90年代最严重，秋霜冻则在60、70年代最严重，不论是从程度还是发生频率上讲，霜冻程度都在减弱或变少。冬前积温不足、早春低温、孕穗期冷害、倒春寒几种灾害发生的频率基本都在5～6 a一次。相对更为常见的其他灾害而言，这几种灾害的发生更具不确定性，因此同样需要密切监测。影响冬小麦的重要气象灾害还有夏季的干热风和高温逼熟，北京夏季常遇此类天气，小麦处于生育后期，灌浆过程会受阻、缩短，进而影响千粒重，在小麦生育最为关键的末期造成产量下降。1979—2011年，麦区干热风的出现较为频繁（通州除外），几乎每2 a之内都会不同程度地受到干热风的影响。高温逼熟的情况也类似，比较常见，尤其是在20世纪90年代后期以后，有逐渐增多的趋势。

（1）冷害

①冬前积温不足型冷害。正常年份内以10月1日起至生长停止积温在480 ℃·d以下为冬前积温不足型冷害发生的标准，发生频率大约每5 a一次。

②早春低温型冷害。3月气温较常年持续偏低，为早春低温的气象判别标准，历史发生频率约6 a一次。

③倒春寒。返青起身期(正常年份:3月8日至4月初)连续日平均气温达5 ℃后又降至−5 ℃为小麦倒春寒的气象指标，历史发生频率约6 a一次。

(2)春、秋季霜冻

小麦早霜冻是指入秋后的气温随冷空气的频繁入侵而明显降低，尤其是在晴朗无风的夜间或清晨，辐射散热较强，地面和植株表面温度迅速下降，当植株体温降至0 ℃以下时，小麦植株体内细胞会脱水结冰，遭受霜冻危害。小麦晚霜冻又称春霜冻，是由寒冷季节向温暖季节过渡时期使小麦植株体温降到0 ℃以下引起伤害的农业气象灾害。它主要危害北方冬麦区幼穗分化进入药隔形成期和四分子期的小麦。由于晚霜冻在管理挽救时间上的限制，它的危害远大于早霜冻与生理霜冻。随着全球气温的上升，暖冬年份增多，小麦晚霜冻的危害已成为小麦生产不安全的重要因素。4月或9—10月，日最低气温低于0 ℃、−3 ℃分别为轻、重霜冻的气象指标。发生频率为:秋季霜冻2～3 a一次，春季霜冻约为2 a一次。

(3)冬季冻害

冻害形成的原因以气候因素为主导，其次还有小麦品种的抗性(小麦春化类型包括冬性、半冬性和春性品种类型)不同、麦苗所处的发育阶段不同对低温忍耐程度的差异以及土壤水分、肥力、土壤结构状况等栽培条件不同等因素。除温度因素外，气候干旱使土壤水分降低，小麦受旱会加剧冻害，反之，多雨、雪年份或灌冻水能缓解冻害。冬、春多风加剧干旱的同时，寒风可直接使麦苗根茎失水风干，加剧冻害。经过抗寒锻炼的麦苗，生长健壮有较多分蘖和根系，生长锥处于伸长期—单棱期的麦苗，比弱苗、旺苗抗寒力强。小麦播种偏早，冬前麦苗过旺，幼穗生长发育超前，遇到寒流和持续低温，更容易发生冻害。

①冬季长寒型冻害。指冬季持续低温并多次出现寒潮(如在北部冬麦区冬季寒冷年份，最低气温到−17 ℃以下，连续天数在10 d以上)，风多雪少则更加重冻害，可导致地上部分严重枯萎甚至成片死苗。从气象角度上讲，此种灾害指标比较难把握，以越冬期2个月以上平均气温较常年偏低超2 ℃为冬季长寒型冻害的气象指标，历史上仅3 a发生过。

②旱冻交加型冻害。越冬期6 mm以下降水，同时气温较常年低1 ℃以下，为旱冻交加型冻害气象指标，历史发生频率为6～7 a一次。

③气温骤降型冻害。播种至入冬前后，如果麦区气温持续偏高，冬前积温高于常年，入冬后，由于连续降雪或冻雨，日均气温骤降程度大于10 ℃，最低气温在0 ℃以下，麦苗因未经抗寒锻炼(麦苗低温适应和糖分积累阶段)，受冻害轻者叶片干枯，重者会冻伤生长锥(早播旺苗生长锥更易受害)。

④冬末早春融冻时也会发生气温骤降型冻害。指气温反常回暖，麦苗冬季休眠后生长锥已开始萌动生长分化，小麦耐寒性已下降，又遭遇早春寒流，冻融交替和冷暖骤变造成死苗。冬季一次降温过程中日平均气温从5 ℃降至−5 ℃以下即为气温骤降型冻害的气象指标，历史发生频率约为7 a一次。

(4)干热风

小麦干热风亦称“干旱风”“热干风”，是小麦生长发育后期的一种高温低湿并伴有一定风力的农业气象灾害。小麦在干热风过程中，蒸腾强度增大，水分供需失调，正常的生理活动受到抑制或破坏，促使小麦灌浆期缩短，千粒重下降。小麦干热风的气象指标是根据小麦灌浆期适宜的气象条件制定的。小麦灌浆期适宜的温度为20～22 ℃，23 ℃以上小麦植株蒸腾量增大，失水加速，灌浆速度加快，干物质积累提前结束，粒重降低。若14时气温高于30 ℃，将基本停止灌浆。高于36 ℃，叶片过早死亡。一般认为：14时气温高于30 ℃，田间相对湿度低于30%，风速≥3 m/s时，即为轻型干热风过程；14时气温高于35 ℃，田间相对湿度低于25%，风速≥3 m/s时，即为重型干热风过程。

以灌浆期（正常年份：5月21日至6月15日）14时气温≥30 ℃、空气相对湿度≤30%，风速≥3 m/s为小麦干热风的气象指标，历史发生频率约为3 a两次。

（5）高温逼熟（热害）

高温逼熟是常出现在小麦灌浆成熟阶段的气象灾害，指遇到高温低湿或高温高湿天气，特别是大雨骤晴后高温，使小麦植株提早死亡，籽粒提前成熟，粒重下降，产量降低。小麦灌浆的适宜温度为20～22 ℃，高于23 ℃不利于灌浆，超过30 ℃则基本停止灌浆，如果灌浆时遇到36 ℃以上高温，再受到湿害就会形成高温逼熟，导致小麦叶片气孔关闭、能力丧失，加快叶片干枯，光合作用受到抑制，同时根系发生早衰，吸水吸肥能力减弱，造成小麦千粒重下降而减产。高温低湿型的危害为小麦叶片出现萎蔫或卷曲，茎秆变成灰绿色或灰白色，灌浆受阻，千粒重下降，麦穗失水变成灰白色；高温高湿型的危害表现为叶面蒸腾强烈，水分供应不足，体内水分收支不平衡，很容易造成脱水死亡，植株受害后茎叶出现青灰色，麦芒灰白干枯，千粒重下降，造成产量和品质下降。一般的高温逼熟气象指标为：灌浆期（正常年份：5月21日至6月15日）日最高气温高于35 ℃持续2 d以上为气象受灾标准，历史发生频率为3～4 a一次。

通过比较历史发生频次与实际影响，发现冬小麦气象灾害中，冻害、干热风和高温逼熟是对北京地区冬小麦影响最大的。冻害是影响冬小麦最重要的气象灾害之一，气温决定分蘖节的正常生长，有效蘖数决定小麦返青后生长和最终产量的高低。冻害情况对冬小麦是否能安全越冬具有重要影响，轻者有效蘖数减少，重者青枯死苗。小麦能否安全越冬至关重要，旱冻交加型、气温骤降型的发生频率相对偏高，是冬季关注的主要气象灾害，而冬季长寒型冻害在近30 a来气候变暖的大背景下几无发生。

夏季是冬小麦生长后期，影响冬小麦的重要气象灾害是干热风和高温逼熟。小麦处于生育后期，气温偏高、湿度偏低、风大即干热风等因素常使蒸腾加剧，往往导致小麦灌浆不足，秕粒严重，甚至枯萎死亡。气温过高，灌浆过程会受阻、缩短，进而过早逼熟，影响千粒重，造成产量下降，北京夏季常遇此类天气。此外，雨后热枯也会造成类似干热风的影响。干热风几乎每年都有，只是发生程度不同，高温逼熟每3～4 a就有一次发生，对小麦后期产量的关注离不开对干热风、高温逼熟、雨后热枯的监测。

春、秋季是季节转换的过渡期，是小麦播种、生长和拔节、孕穗时期，虽然没有冬季冻害和夏季高温害，但在营养生长过程中经常会受到过渡性气候转换的影响，如霜冻和多种冷害均是由于气温不稳定造成的。春季天气转暖前，气温的反复造成了难以防范的冷害，根据气温反复的不同时期有早春低温冷害、倒春寒、孕穗期冷害和晚霜冻。秋季的过早降温或冷空气造成的气温起伏会发生早霜冻和冬前积温不足型冷害，从而影响出苗后小麦的长势、有效蘖数以及越冬的条件。这些低温灾害天气会影响冬小麦的冬前分蘖、返青、起身、拔节和孕穗，决定着穗数、粒数以及结实率，都会体现到最终产量上。因此，小麦春、秋季低温冷害发生的频繁度决定了低温冷害是不可忽视的气象灾害。

6.4.3.2 玉米生育期农业气象灾害

玉米是北京地区最重要的粮食作物，在整个生育期常出现大风天气，尤其是拔节、抽雄到吐丝期，是玉米生育的关键期，也是玉米最易遭受风灾的时期，这一时期遭受风灾易给产量带来严重损失，严重的甚至会造成绝收。

玉米干旱灾害是从播种前一段时间开始至成熟期间，由于阶段性供水不足，导致幼苗生长发育受到影响，且所受影响不能部分或全部得到弥补，最终造成产量降低及品质下降的农业气象灾害。北京地区为半湿润半干旱气候区，山区基本为旱作农业区，平原地区虽有灌溉条件，但由于玉米生育期间气温高、耗水量大，干旱发展迅速，提水成本很高，大多玉米种植以雨养为主。北京地区的降水主要集中在 8—9 月，降水的时空分布不均匀导致北京地区季节性干旱时有发生。根据刘晓英等(2005)研究结果，北京地区雨养夏玉米 1950—2000 年全部处于缺水状态。干旱灾害发生具有频率高、成灾范围大、持续时间长、损失严重等特点。根据《中国气象灾害大典·北京卷》的统计结果，北京地区 1950—2000 年春季干旱和夏秋干旱对玉米产量影响较大，干旱年份一般可造成减产 20%以上，甚至减产 40%～50%。

6.4.3.3 果树生育期农业气象灾害

(1)京白梨

京白梨生育期内常见气象灾害有冻害、旱灾、黑星病、大风、冰雹和腐烂病等。

日最低气温低于－10 ℃时发生轻度冻害，日最低气温低于－18 ℃时重度受灾，可导致部分枝条冻死，须在修剪时处理掉死枝。

发芽后 40 d 以上降水不足 10 mm，易发生轻度旱灾，有条件的应适当浇水，发芽后 40 d 以上降水不足 3 mm 时重度受灾，因梨属于需水较多的水果，应尽力浇水以满足发育所需。

黑星病又称疮痂病，是梨树生产中的主要病害之一，发生比较普遍。受害梨树往往发生早期落叶、落果，不仅降低当年的果实产量和品质，而且严重削弱树势，导致翌年大幅度减产。应对措施主要有：秋、冬季清除残枝落叶，减少园内病菌越冬基数，不偏施氮肥，增施磷钾肥，果园注意通风降湿，树上喷施苯醚甲环唑等药剂控制病害发展。梨树腐烂病又名臭皮病，为害梨树枝干。由于树体冻伤而生病，应清除病灶，涂以石硫合剂(5°以上)或消毒杀菌剂防治。

(2)桃

11 月上旬至翌年 2 月下旬日最低气温低于－20 ℃时发生轻度越冬低温冻害，低于－25 ℃时发生重度低温冻害，应选择抗寒品种，加强水肥管理，生长后期多施磷钾肥，少施或不施氮肥，控制浇水及秋后树体旺长。及时修剪，疏除徒长枝、密挤枝、细弱枝，改善光照条件，促进光合作用，促使枝条充实。及早采取涂白、培土措施等进行预防。

3 月下旬至 5 月上旬日最低气温低于 0 ℃时发生轻度春季晚霜冻害，日最低气温低于－3 ℃时重度受灾，可通过灌水提高果园空气湿度，抑制田间热量的辐射损失，抵御霜冻形成。

(3)葡萄

影响葡萄生长的主要气象灾害有干旱、连阴寡照、冰雹、秋季冷害、高温日灼、大风等(表6.6)。

表6.6　葡萄主要气象灾害指标及应对措施

灾害名称	受灾程度	气象指标	应对措施
秋季冷害	轻度受灾	日最低气温－8～－5 ℃	合理修剪,结果母枝剪留长度根据品种特性而定;加强田间管理,清理果园,减少越冬病虫基数;埋土时,加一层地膜,埋土厚度30～50 cm;浇封冻水,防止冬季冻害
	中度受灾	日最低气温－12～－8 ℃	
	重度受灾	日最低气温低于－12 ℃	
高温日灼	轻度受灾	日最高气温30～32 ℃	设施大棚内开风机降低气温或打开通风口;行间种草,割草覆盖,降低土壤温度,并提高土壤有机质含量;10时前、15时后适当浇水;调整栽培架式结构(由北向南);疏果后及时套袋
	中度受灾	日最高气温32～35 ℃	
	重度受灾	日最高气温高于35 ℃	
大风	轻度受灾	风力5～6级	露地提前绑蔓,设施加固、压紧棚膜
	中度受灾	风力5～7级	
	重度受灾	风力7级以上	
连阴寡照	轻度受灾	连阴2～3 d	提前施杀菌剂;打开通风口透风,同时打开风机;开补光灯,增温增光
	中度受灾	连阴3～5 d	
	重度受灾	连阴5 d以上	

干旱按季节划分,可分为春旱、春末夏初干旱及夏旱,干旱严重年份甚至出现季节性连旱,气象干旱会使大片农田作物受旱灾影响严重。干旱对葡萄生长期造成的危害较为严重,开花期若遇到干旱,会降低葡萄抽穗率,影响坐果,造成30%～50%减产,持续性干旱灾害甚至会造成葡萄绝收。

葡萄开花期遇持续性阴雨寡照天气,会影响葡萄授粉受精;挂果期和生长旺季遇连阴雨天气,会导致葡萄口味降低、着色不良,病虫害发生概率增大;若在葡萄成熟采摘期遇到连阴雨天气,会降低葡萄的光合作用强度,影响葡萄的口味。密云区年内降水主要集中在6—9月,出现降雨的天气较多,相对湿度较高,影响葡萄稳产丰收。

冰雹是密云区夏季常见的气象灾害,造成的危害较为严重,主要出现在5—9月,其中6月出现冰雹灾害的概率较大。冰雹出现时往往伴随有狂风、暴雨等强对流天气,会砸伤或者吹断葡萄的叶片、嫩梢、果穗、果粒等,破坏葡萄藤支架,严重时还会造成葡萄落果。

6.5　天津农业气候资源

天津地处华北平原东北部,北依燕山,东邻渤海,处于山地向滨海平原的过渡地带,境内分布有山地丘陵、平原和海岸滩涂，濒临150多千米的海岸线，境内河流众多。全域面积11966.45 km^2，耕地面积4362.13 km^2（截至2018年），占全市土地总面积的36.5%，有效灌溉面积占总耕地面积的70%以上，农业灌溉条件较好。大部分地区农作物可一年两熟，各区耕作制度差异不大。粮食作物是天津市最主要农作物，全市农作物总播种42.95万 hm^2，粮食播种面积占农作物总播种面积的80%左右，其次为蔬菜，面积占比超过15%，棉花等经济作物播种面积为4%左右。近年来，天津市立足于都市型现代农业定位，重点发展种源农业、绿色生态农业、设施农业、加工农业、海洋农业、口岸农业和休闲观光农业等，推动城乡一体化进程，农业结构进一步优化。蓟州山区的板栗、盘山柿子等果品享有盛誉，沿海对虾养殖和内陆淡水养殖历史悠久。近年来设施农业生产迅速兴起，设施种植的蔬菜、花卉面积和产出不断增大，成为农业发展新的增长点。众多的种植、养殖品种和结构，加之天然环境和设施造就的人为环境，形成了丰富的农业小气候条件，如何合理利用农业气候资源，发展特色农业，趋利避害，就显得尤为重要。

天津市的粮食作物以玉米、小麦和水稻为主，三者合计占粮食总播种面积的97%以上，还有少量的谷子、高粱、豆类（包括大豆、红小豆、绿豆等）和薯类等杂粮种植。玉米的播种面积和产量居各种作物首位，是最主要的粮食作物，一般年份播种面积20多万公顷，占粮食总播种面积的60%左右；产量亦占全市粮食总产量的60%左右。玉米分为春玉米和夏玉米两类，春玉米产区主要在宁河、滨海新区南部、静海部分乡镇等区域，夏玉米集中在蓟州、宝坻、武清和静海部分乡镇种植。小麦是天津市最主要的夏收粮食作物，一般年份播种面积在10.7万 hm^2 上下，占全市粮食播种面积的30%左右；总产量占全市粮食总产量的30%左右。小麦分为冬小麦和春小麦两类，以冬小麦为主，播种面积和产量占小麦面积和产量的90%左右。冬小麦—夏玉米轮作，可一年两熟，该种植方式在天津市的农业生产中具有重要的地位。冬小麦集中在蓟州、宝坻、武清等北部区域种植，春小麦在各区中均有种植，通常与上年秋季收获较晚的大葱、棉花、甘薯等作物轮作种植。天津市水稻种植历史悠久，是著名的“小站稻”的产地，最高种植年份达到6.7万 hm^2，后因水源等原因面积减少，近几年种植面积呈明显增加趋势，播种面积4万 hm^2 左右，占粮食总播种面积的8%以上；产量占全市粮食总产量的10%以上，以宝坻、宁河两个区最为集中，津南和西青两个区的部分乡镇也有种植。天津市杂粮主要包括谷子、高粱、豆类和薯类等作物，一般播种面积1万 hm^2 左右，总产量4万t左右，分别占全年粮食的3%和2%左右，各区均有零星种植，所占比重较小。

天津市的蔬菜是仅次于粮食的第二大作物种类，历史上最多播种面积达到13.3万 hm^2，近几年蔬菜播种面积为8.7万 hm^2 左右，总产450万t左右。天津蔬菜种植分为露地和保护地两大生产类型，设施蔬菜占地面积约3.3万 hm^2，包括温室、大中棚和冷棚等设施类型。2008年以来高标准设施蔬菜生产面积大幅度增加。

天津市大部分地区适于棉花生产，最高种植年份到6.7万 hm^2，总产10万t；近些年棉花种植面积大幅度减少，面积和产量分别为1.3万 hm^2 和2万t左右。棉花种植主要集中在宁河区，占全市总面积的95%左右。

6.5.1 光能资源

6.5.1.1 太阳辐射

天津地处中纬度，太阳辐射年总量平均为 5077 MJ/m^2（以西青站实测资料为准）。从太阳总辐射的季节变化来看，春、夏最强，冬季最弱。辐射的季节变化与气温很相似，同时也存在不同之处。一是月总辐射最大与最小分别出现在 5 月与 12 月，分别为 634 MJ/m^2 和 211 MJ/m^2，月平均气温稍推迟一些，最高与最低分别为 7 月和 1 月；二是 5—7 月温度是上升趋势，但由于进入雨季后空气中水汽含量和天空云量的增多，致使总辐射收入相对减少，而造成辐射为下降趋势。如图 6.20 所示，天津地区太阳总辐射以 4 月下旬至 6 月中旬为最丰富。

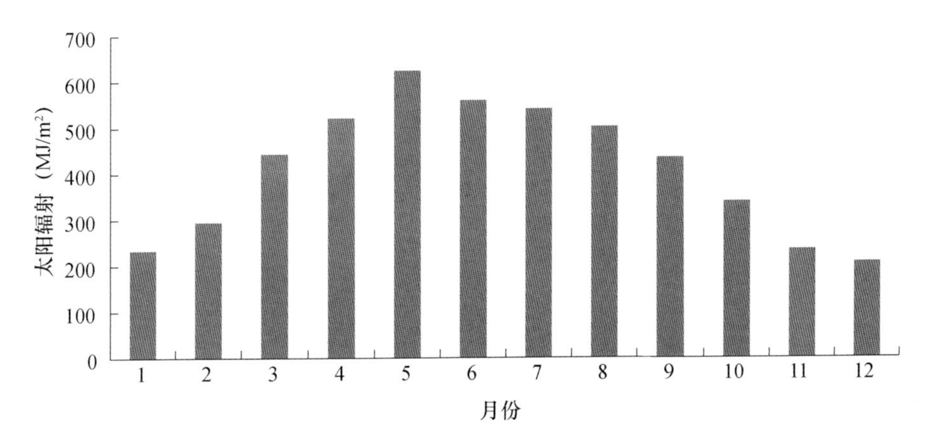

图 6.20 天津市太阳辐射的年内变化

6.5.1.2 日照时数

天津全年的实际可照时数为 2470～2910 h，年日照时数的地理分布不均，其中汉沽盐场最多，为 2912.9 h；市区最少，为 2470.9 h，两地相差约 440 h。如图 6.21 所示，天津地区日照时数存在明显的季节变化，一年中 1、2 月的日照时数较低，为 170～200 h；3、4 月逐渐回升，到 5、6 月日照时数达最多，为 263～287 h；7、8 月进入雨季，天空云量增多，降水日数较多，日照时数有所减少，为 200～240 h，各地差异较大；9、10 月又稍有增多，为 210～240 h；11、12 月达到年内的最小值，为 160～180 h，这与该季节的大雾日数较多有关。整体来说，作物生长旺盛期（3—10 月）的日照时数较多，对作物的生长比较有利，9、10 月的较强光照对大秋作物的成熟较为有利。

随着天津工农业的发展，生态环境遭到一定的破坏，空气污染加重，年日照时数呈逐年下降趋势。20 世纪 70 年代天津地区年平均日照时数约为 2700 h，到 90 年代已下降至 2500 h 左右，光照资源的逐年减少对农业生产较为不利。

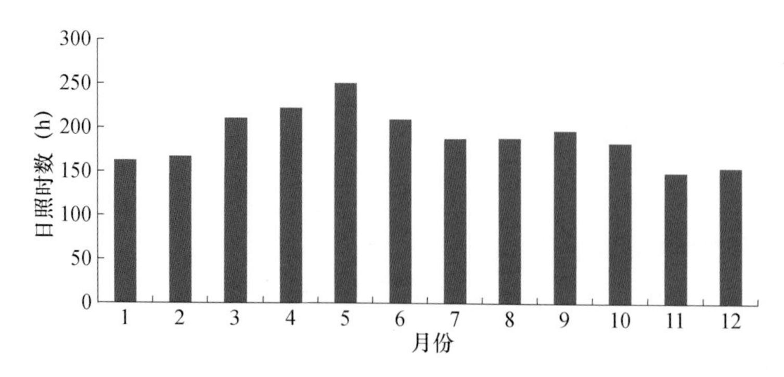

图 6.21 天津地区日照时数年内变化特征

6.5.2 热量资源

6.5.2.1 作物生长期热量条件

(1)农业界限温度

天津稳定通过 0 ℃的起始日期最早为 2 月 23 日,出现在市区,其他地区都在 28 日之前通过。终止日期最晚为 12 月 3 日,出现在塘沽。稳定通过 0 ℃的持续时间为 271～284 d,其中大港、塘沽沿海一带稍多,宝坻、宁河的低洼地区较少(表 6.7)。

表 6.7 天津地区 0 ℃初日、终日(日/月)及持续时间

地区	蓟州	宝坻	武清	宁河	静海	西青	北辰	天津	东丽	津南	大港	汉沽	塘沽
初日(日/月)	24/2	28/2	24/2	27/2	24/2	24/2	24/2	23/2	25/2	25/2	24/2	27/2	23/2
终日(日/月)	28/11	25/11	29/11	29/11	30/11	1/12	30/11	2/12	1/12	1/12	2/12	30/11	3/12
持续时间(d)	278	271	279	276	280	281	280	283	280	280	282	277	284

天津地区稳定通过 10 ℃的初日最早为 4 月 4 日,出现在天津市区、北辰和静海;终止日期最晚为 10 月 30 日,出现在大港和塘沽的沿海地带。稳定通过 10 ℃的日数为 201～210 d(表 6.8)。

表 6.8 天津地区 10 ℃和无霜期的初日、终日及持续时间

区(县)	10 ℃初日(日/月)	10 ℃终日(日/月)	持续时间(d)	初霜日(日/月)	终霜日(日/月)	无霜期(d)
蓟州	5/4	24/10	203	16/10	2/4	196
宝坻	6/4	23/10	201	18/10	4/4	196
武清	5/4	26/10	205	24/10	23/3	214
宁河	7/4	26/10	203	20/10	29/3	203
静海	4/4	27/10	207	22/10	27/3	208
西青	5/4	27/10	206	22/10	24/3	211
北辰	4/4	26/10	206	25/10	19/3	217

续表

区(县)	10 ℃初日(日/月)	10 ℃终日(日/月)	持续时间(d)	初霜日(日/月)	终霜日(日/月)	无霜期(d)
天津	4/4	29/10	209	24/10	25/3	211
东丽	5/4	28/10	207	24/10	25/3	211
津南	5/4	27/10	206	22/10	29/3	206
大港	5/4	30/10	209	8/11	10/3	242
汉沽	6/4	27/10	207	21/10	25/3	203
塘沽	6/4	30/10	210	10/11	18/3	236

对天津地区来说，喜温作物的生长期用 0～10 ℃期间的日数不能完全反映出生长期的长短。由于一般喜温作物是在终霜冻以后日平均气温稳定高于 10 ℃条件下开始生长，到初霜冻到来后停止生长。因此，终霜冻之前及初霜冻到来之后的高于 10 ℃的热量就不能被利用，具体考虑生长期的长短，应把 10 ℃的起止日期与初、终霜冻到来日期结合起来，无霜期即为喜温作物的实际生长期。例如，1973 年蓟县 10 ℃的初日是 4 月 4 日，终日是 10 月 22 日，按 0～10 ℃期间的日数计算生长期为 202 d；1973 年的终霜日是 4 月 17 日，初霜日是 10 月 13 日，无霜期为 178 d。那么在 1973 年喜温作物实际的生长期为 178 d。值得一提的是，随着冬、春季逐渐变暖，终霜日较 10 ℃初日普遍提前，蔬菜、早春的玉米等可适当提早种植；而秋季，大港、塘沽沿海一带，由于受海洋气候的影响，初霜日来得较晚，这对于大白菜或其他一些晚熟作物生长较为有利。

如表 6.9 所示，天津地区稳定通过 15 ℃的初日是在 4 月下旬，最早出现在蓟州，终日在 10 月上旬，最晚出现在塘沽，持续时间为 157～166 d。天津稳定通过 20 ℃的初日是在 5 月下旬，最早出现在市区，终止日期在 9 月中旬，最晚出现在大港、塘沽沿海一带，持续时间为 106～119 d。一般来说，在 9 月中旬天津夏玉米和水稻已经普遍进入灌浆成熟的时期。

表 6.9　天津地区 15 ℃和 20 ℃的初日、终日及持续时间

区(县)	蓟州	宝坻	武清	宁河	静海	西青	北辰	天津	东丽	津南	大港	汉沽	塘沽
15 ℃初日(日/月)	25/4	29/4	27/4	2/5	27/4	25/4	25/4	25/4	28/4	29/4	27/4	30/4	29/4
15 ℃终日(日/月)	7/10	3/10	6/10	6/10	7/10	7/10	7/10	9/10	8/10	7/10	9/10	7/10	11/10
持续时间(d)	166	158	163	158	164	162	162	164	160	158	162	157	162
20 ℃终日(日/月)	25/5	27/5	26/5	31/5	24/5	25/5	25/5	24/5	29/5	27/5	25/5	29/5	28/5
20 ℃终日(日/月)	13/9	10/9	14/9	13/9	15/9	14/9	14/9	17/9	15/9	15/9	20/9	16/9	20/9
持续时间(d)	112	107	112	106	115	113	113	117	110	112	119	111	116

(2)积温

天津≥0 ℃的积温为 4500～4800 ℃·d，≥0 ℃时期的日数为 271～284 d；≥10 ℃的积

温为4140～4430 ℃·d,≥10 ℃时期的日数为201～210 d;≥15 ℃的积温为3550～3870 ℃·d,≥20 ℃的积温为2610～2970 ℃·d。从≥0 ℃、≥10 ℃积温的年际变化来分析,1970—1980年气候偏冷,积温值大都低于多年平均值;1980—1990年冷、暖相间,到90年代,气候偏暖,积温基本为上升趋势。由于气候形式的变暖主要反映在冬季和早春,对≥0 ℃、≥10 ℃的积温影响较大,而≥15 ℃、≥20 ℃的积温在1981—2010年这30 a中总是偏多偏少相间,上升的趋势不如≥0 ℃、≥10 ℃的积温明显。

天津市积温或生长期等在不同年份之间的变化很大,如蓟州0 ℃以上积温最大值为5046 ℃·d,最小值为4313 ℃·d,二者相差超过700 ℃·d。为了恰当安排农业生产,需要考虑地区热量条件的年际变化特点,以及热量的保证程度。以西青区为例,≥0 ℃、≥10 ℃、≥15 ℃、≥20 ℃积温的80%保证率分别为4567.3、4157.5、3602.0、2593.1 ℃·d。

(3)热量强度

作物生长期间的热量强度可从最热月平均气温、日较差等方面来评定,温度日较差是衡量一地农业气候资源质量的一个重要指标。天津市最热月7月的平均气温为26～27 ℃,可以满足棉花(要求开花授粉期的适宜温度为23～25 ℃)、玉米、水稻(开花期要求适宜温度在24～26 ℃)等喜温作物对热量强度的要求。但是在特殊年份,7月的日极端最高气温≥35 ℃的日数较多,且持续时间较长,作物因缺水会出现萎蔫现象,影响作物的正常生长。例如,1971—2000年的30 a中,以1972、1997、1999、2000年出现持续高温的日数较多,以蓟州为例,1972年为11 d,1997年为9 d,1999年为14 d,2000年为19 d。作物生长季节(3—11月)平均日较差为7.7～11.8 ℃,其中塘沽平均日较差最小,为7.7 ℃;宝坻的平均日较差最大,为11.8 ℃。总体来说,离海越远,气温日较差越大,离海越近,气温日较差越小。一般来讲,平均日较差较大的地区,白天温度较高,有利于光合物质的转化、累积和贮存;夜间温度较低,可以减少呼吸的消耗。因此,积温的有效性高,可以利用这种特点合理地安排农业生产。

以西青为例,从全年各月来看,每年4、5月的平均气温日较差较大,为12.4 ℃和12.1 ℃;7、8月气温日较差较小,为8.6 ℃。春季(4—5月)冬小麦及其他作物的光合作用积累较多养分,呼吸消耗较少,生长较快;夏季(7—8月),气温较高,作物虽然生长较快,但是生长积累的同时,呼吸消耗也较多。从各月平均气温日较差的年际变化来分析,各月平均气温日较差逐渐呈缓慢变小的趋势,在20世纪90年代后比较明显,这可能与气候逐渐变暖有关。

秋季(9—10月)的昼夜温差大小直接影响着作物养分的积累,对果树而言,昼夜温差越大,糖分积累越多,经济效益越高。天津市各区中,宝坻区秋季的昼夜温差最大,为11.9 ℃;其次是北辰区,为10.9 ℃;蓟州、武清、静海、西青一带秋季气温日较差相当,为10.6 ℃;沿海一带气温日较差较小,其中塘沽最小,为7.6 ℃。

6.5.2.2 春、秋季热量条件

天津春季回暖、秋季降温早晚各年特点不同,对天津各种作物的年际生长有一定的影响。天津市从0 ℃到10 ℃的升温过程,平均需要37～41 d,最多为54～67 d,最少为17～25 d。一般情况下早春温度从0 ℃升至10 ℃的日数越多,越有利于冬小麦形成大穗,反映比较明显的年份为1980、1995、1999年;而春暖、气温回升快,0 ℃升至10 ℃的日数越少,则幼穗分化加快,提早结束穗分化过程,不利于形成大穗,比如1971年。天津从10 ℃降至0 ℃,即从

初冬进入隆冬平均需要 31～35 d，最多需要 47～55 d，最少为 5～8 d。如果降温太快，会影响大白菜的收获，易造成严重冻害；同时，冬小麦的抗寒锻炼不充分，容易出现大面积的越冬死苗。例如，1971—2000 年的 30 a 中，1979 年和 1998 年降温过快，降温幅度较大，对大白菜、冬小麦及棚菜生长非常不利；1978、1983、2000 年从 10 ℃降至 0 ℃持续时间长，大白菜包心时间长，产量提高，冬小麦有效分蘖和抗寒锻炼比较充分，安全越冬。

6.5.2.3 作物越冬期热量条件

天津多年极端最低温度平均为－17.1～－12.3 ℃，其中宝坻区最低，为－17.1 ℃；塘沽区的最高，为－12.3 ℃。各个区(县)在气候方面都比较适宜种植冬小麦冬性和弱冬性品种。极端最低温度出现在宝坻区，为－23.3 ℃；其次是宁河、津南、西青，为－22.7～－21.2 ℃；市区为－17.8 ℃，塘沽最低为－15.4 ℃，在各区(县)的极端最低气温中是最高的。天津冬小麦越冬期间的负积温为－355～－200 ℃·d，小于冬小麦安全越冬的界限负积温数－400 ℃·d，因此比较适宜种植冬小麦。但是从各站 1971—2000 年的负积温资料来看，主产麦区中，年负积温超过－400 ℃·d 的年份宝坻最多，为 9 a，几乎为 3 a 一遇，表明宝坻区冬小麦遭受冻害的概率较大；蓟县和武清分别为 4 a 和 3 a 一遇，其他地区基本为 10 a 一遇，冬小麦受冻较轻。

6.5.2.4 地温条件

土壤的热状况直接影响作物的生长、发育和产量形成。天津 0～20 cm 浅耕层土壤温度 1 月最低，7 月最高，和气温的季节变化规律相同。冬季 1 月以蓟州、宝坻、宁河一带较低。地面 0 cm 地温多在－6 ℃左右，宝坻最低，为－6.5 ℃；5 cm 深度地温在－4 ℃左右，10 cm 深度地温在－3 ℃左右，20 cm 深度地温在－2～－1 ℃，这三个深度的地温都以蓟州为最低。7 月各地地温差异不大，地面 0 cm 地温在 30 ℃左右，5 cm 深度地温在 28 ℃左右，10 cm、20 cm 深度地温分别为 27 ℃和 26～27 ℃。土壤温度在 0～20 cm 范围内从上到下依次降低。

6.5.3 降水资源

6.5.3.1 降水量情况

天津市年降水量为 520～660 mm，其中降水量较多地区位于北部的蓟州和宝坻，降水较少的地区为大港和津南。天津市日降水量≥0.1 mm 日数的地理分布主要在北部蓟州一带，地形多为迎风坡，雨量与雨日均为全市之冠，年降雨量为 660 mm 左右，≥0.1 mm 的雨日为 70 d 左右；雨量较少的地区在津南和大港，降水量为 520～530 mm。

6.5.3.2 降水季节分布

由于受季风进退的影响，天津市降水量年内分配很不均匀，春、夏、秋、冬四季降水各约占全年降水量的 12%、71%、15%、2%。6—8 月降水量占年总降水量的 70%以上，玉米、水稻、大豆、棉花等作物正值生长旺盛阶段，充沛的降水对作物生长极为有利。雨热同季，形成天津市较优越的农业气候条件。

天津地区春季比较干旱，降水偏少，对旱地作物的春播造成一定困难。秋季降水也较少，如遇上伏旱，则对大田作物的灌浆成熟及冬小麦的及时播种造成不利影响。

6.5.3.3 降水变率

天津市1971—2000年降水资料和7—8月降水变率显示，天津年降水相对变率在19.7%～26.6%，其中市区降水变率较小，为19.7%；宝坻区的最大，为26.6%；7—8月降水相对变率为28.8%～37.5%，其中津南区的变率最小，为28.8%，大港区的变率最大，为37.5%。由7—8月的降水相对变率可说明津南区的年际降水变化相对较小，而大港区年际降水变化较大，降水较多的年份可能出现洪涝，降水较少的年份容易引起伏旱。

6.5.3.4 干燥度

在实际工作中，由于实际蒸散量不易得到，因此常采用条件水分平衡作为指标来分析和评价一个地区的水分干湿程度：

$$K = 0.16 \sum T / P \tag{6-1}$$

式中：$\sum T$ 是≥10 ℃的积温(℃·d)；P 是同期的降水量(mm)；当 $K>1$ 时表示降水量小于蒸发量，气候干燥；$K<1$ 时表示降水大于蒸发量，气候湿润。

根据上述公式计算出天津地区各区(县)的月、年干燥度，结果显示，天津各区(县)的年干燥度(K)均大于1，属较干燥地区；北部的蓟州干燥度(K)较小，为1.03，大港较大，为1.36。各区(县)7月的干燥度均小于1，说明此期的降水量大于蒸发量；8月的干燥度中除大港区大于1(1.02)外，其他各区(县)均小于1。

6.6 天津气候资源在农业中的应用

6.6.1 主要农作物生育期气候分析

6.6.1.1 冬小麦

冬小麦是天津市主要粮食作物之一。自20世纪70年代至2000年初，每年播种面积为250万～300万亩，2003年以后种植面积稳定在160万亩左右，总产量和面积都占全年粮食作物的30%左右。

天津市冬小麦通常于9月下旬至10月上旬播种，近年来播种期推迟到10月上旬至中旬，6

月中旬末收获，历时240～250 d。冬小麦有较强的耐寒性，全生育期所需0 ℃以上积温较少，仅1700～2000 ℃·d，兼之它是越冬作物，因此能较充分利用秋、冬季的农业气候资源。

从农业气候条件看，天津既有适合种植冬小麦的光热条件，又有不利其生长发育、稳产高产的限制因素，概括地说，热量基本够用，水分不足，光能丰富。

(1)热量条件

天津市各地冬小麦全生育期≥0 ℃积温平均为1840～2030 ℃·d，80%保证率为1780～1960 ℃·d，基本满足冬小麦各主要生育时段对积温的要求，不同生长期的积温见表6.10。

表6.10　冬小麦各发育时段与≥0 ℃积温

生育期	时段	天数	积温(℃·d)
全生育期	9月下旬至10月上旬至翌年6月中旬	260～270 d	1700～2000
冬前	9月下旬至10月上旬至12月中旬	60～70 d	350～550
越冬	12月上旬至翌年3月初	90 d左右	−350～−250
冬后	3月初至6月中旬	110 d左右	1350～1650

冬小麦生育期中平均气温与产量表现较好相关关系的关键期有三个(表6.11)。第一个关键期是10月20日至11月20日，此间正值小麦分蘖时期，其中11月5—14日正是天津市小麦冬前分蘖高峰期，热量条件的优劣与分蘖有直接关系，两者表现显著的正相关。可见热量条件的优劣与分蘖的多少有直接的关系，而冬前分蘖的成穗率较高，对苗穗数有决定性的影响，有了足够的苗穗数就奠定了丰收的基础。

表6.11　冬小麦生育期中平均气温与产量有较好关系的三个关键期

生育期	时段	关系	影响
冬前分蘖期	10月20日至11月20日	显著正相关	11月5—14日正是冬麦冬前分蘖高峰时期，热量条件的优劣与分蘖有直接关系。冬前分蘖的成穗率高低，对亩穗数有决定影响
越冬阶段	12月上旬至翌年3月初	正相关	尤其1月中旬至2月上旬严冬时期，正相关显著。冻害是造成小麦越冬死苗的主导因素
灌浆、乳熟	5月下旬至6月上旬	负相关	此时段气温有偏高趋势，易造成高温逼熟。高温、低湿会影响灌浆而降低千粒重，导致减产

第二个关键期是12月上旬至翌年2月中旬。这一阶段天津市绝大多数地区气温与产量表现为正相关。尤其是1月中旬至2月上旬严冬时期，正相关显著。

第三个关键期是冬小麦的生长后期，即灌浆、乳熟期，相当于5月下旬至6月上旬，多数站点平均气温与产量呈负相关。说明此时气温偏高易造成高温逼熟。此期间易发生干热风，尤其武清、蓟州南部及宝坻的大部分地区，因高温、低湿影响灌浆而降低千粒重，导致减产。

(2)水分条件

北方冬小麦需水多的时期是拔节和抽穗到成熟，这两个生育期的总日数约占全生育期的 1/3，但需水量却占总需水量的 70%。在农业气象学中把小麦拔节到孕穗称为水分临界期，如缺水将给产量带来严重影响。从抽穗到成熟是小麦的最大需水期。

表 6.12 为冬小麦各生育期耗水量。据计算，天津市冬小麦各生育阶段水分都明显不足。播种至越冬前缺水 36～105 mm，越冬后的水分差额更大，为 234～306 mm。全生育期缺水绝大多数地区都在 320 mm 以上。冬前不缺水年份为 14～20 a 一遇，冬后则所有年份都是缺水的。自然降水远不能满足冬小麦所需水分，必须辅以灌溉。

表 6.12　冬小麦各发育期的耗水量

生育期	间隔日数(d)	耗水量(m^3/hm^2)	日均耗水量(kg/hm^2)	占总耗水量比重(%)
播种—分蘖	26	365.0	14037	7.2
分蘖—越冬	32	414.9	12966	8.4
越冬—返青	74	531.8	7187	10.7
返青—拔节	29	634.7	21882	12.8
拔节—抽穗	23	876.0	38085	17.6
抽穗—灌浆	20	955.7	47778	19.3
灌浆—成熟	31	1191.8	38448	24.0
全生育期	235	4969.7	180383	100.0

成熟前(5 月下旬后至 6 月上旬)，降水与产量呈显著的负相关。这时产量与温度也呈负相关。这反映小麦要求的是温度不高，但又晴好的天气，以利灌浆成熟。群众的经验是，小麦灌浆期要求“天上有光，地上有水”，即充足的土壤水分配以晴好的天气，而不是较多的阴雨。因为此时降水多，势必恶化其光照条件，此时人们较注意灌溉，由于灌溉的结果较好地满足了小麦对水分的要求，如再遇较多降水反而不利。

(3)光照条件

天津市小麦生长阶段的光照条件较好，小麦生育期间的日照时数占全年总日照时数的 74.4%，同期的太阳辐射占全年总辐射的 71.3%，对小麦生育十分有利。据分析，无论冬前还是冬后，增、减产年的日照互有高低，可见光照条件目前还不是导致产量增减的主要因素，并且天津市冬小麦的光合生产潜力很大。

6.6.1.2　玉米

玉米是天津市种植面积最大的粮食作物，年种植 14.7 万 hm^2，约占粮食播种面积和粮食总产的 50%以上。玉米有较强的适应性，能高产、稳产。玉米按生育期长短分为早熟、中熟和晚熟，按生长季节可分为春玉米、夏玉米和套种玉米，近年来随着种植方式改变，套种玉米的面积越来越少，几乎被夏玉米取代。

(1)春玉米

①热量。春玉米属晚熟类型，全生育期要求 10 ℃以上积温 2700～3000 ℃·d。2000 年以前，天津市各地春玉米生育期一般为 4 月下旬起至 9 月中旬，10 ℃以上积温为 2910～3030 ℃·d，完全可以满足春玉米的要求。近些年来，为了防止“卡脖旱”，播种期已推迟到 5 月上、中旬。即使如此，天津市的积温条件仍能满足玉米生长发育要求。

春玉米出苗—拔节期阶段，要求温度为15～24 ℃，开花—授粉期为24～26 ℃，灌浆—成熟期是22～24 ℃。以天津市各地同期实际温度与之相比较，除后期略高1 ℃外，大部分时间与需求温度相近。可见天津市具有种植春玉米的优良热量条件。

②水分。水分是影响天津市春玉米能否适时播种出苗的关键因素。天津市春玉米水分条件的总体评价是：苗期较差，后期尚可。据有关资料统计，春玉米全生育期耗水350～400 mm。天津市各地同期80%保证率的降水量为304～429 mm，可以满足其需水的82%～115%。

然而就其不同生育时期而言，其水分供应仍有不足。第一是春玉米生长前期即由播种至拔节阶段，由于正处于春旱时期，降水量仅及其需水的30%左右，这将影响玉米播种、出苗和保全壮苗。第二是孕穗开始后的30 d内，相当于6月下旬至7月中旬。这一时期正是春玉米营养生长旺盛和生殖器官形成时期，是需水的关键期。此时各地降水量只有60～90 mm，是需水量的30%～45%，这个时期的干旱即所谓"卡脖旱"，对产量有举足轻重的影响，务必灌溉以补充水分，以免导致减产。

③光照。天津市春玉米生长季(5—9月)的太阳总辐射为336.4 kJ/cm^2，比中国同纬度地区略低。尤其在7月和8月，受阴雨天气影响，日照少，总辐射量偏少更为显著。但在目前的生产水平下，光能利用的潜力还很大，天津市的光能足以满足需要，况且玉米是C_4植物，光补偿点低，光能更可保证。在实际生产中，也出现过由于局部短时的阴雨寡照造成玉米减产的情况。在6月下旬和7月上旬，春玉米处于穗分化期，对外界条件反应最为敏感。据统计，此时连续4 d以上阴雨，可造成玉米大幅度减产。

综上分析，在春玉米生产中主要应注意防止"卡脖旱"。目前使用的适当推迟播种期的方法，是经济有效的措施。如将春玉米的播种期推迟到5月中旬，则其需水关键期就基本上能遇到雨水最丰沛的7月。据统计，雨季来临的概率7月上旬为72%，中旬为89%，分别比6月下旬高31%和48%，同时80%保证率的降水量也增加到100～150 mm，并有半数以上的年份可达189～248 mm，基本可以满足玉米的水分需求。应当指出，上述分析是按80%保证率统计结果，尚有20%的年份即使推迟播种期也不能躲过"卡脖旱"，兼之降水的年际变化较大，遇到干旱的可能性依然存在。因此，视当年天气特点，及时灌溉不容忽视。

(2)夏玉米

①热量。天津市夏玉米生产的主要矛盾是热量资源。一方面，夏玉米生育期内积温不足，因成熟不好而减产；另一方面，夏玉米延时收获会影响冬小麦适时播种。

冬小麦和夏玉米一年两熟的茬口模式，对夏玉米来说，从冬小麦6月中旬成熟收获至秋季20 ℃的终日(平均在9月10—22日)之间，仅有82～94 d的安全生育期，即使选用生长期85 d左右的早熟品种，时间都非常紧张，何况生产中还有5～7 d的农耗。这样夏玉米势必要到秋季20 ℃终日以后才能成熟。可见，天津市的热量条件很难保证夏玉米整个生育期完全处于高产安全阶段之中。

夏玉米灌浆成熟的下限温度是16 ℃，从麦收到此下限期间有105～112 d，积温2300～2500 ℃·d。除去农耗，天津市可供夏玉米生长时间为90～95 d，积温2100 ℃·d左右。

夏玉米灌浆成熟后期(9月中下旬)日平均温度低于16 ℃时，会遭受障碍型冷害。天津市各地的出现概率以蓟州最大，为4 a一遇。其次为宁河和宝坻，为4～5 a一遇。为防止后期冷害，应于麦收后尽量缩短农耗时间，争取早播、快播。近年来，小麦、玉米的收获和播种机械化程度越来越高，收获和播种的农耗时间明显减少，加之秋季气温呈升高趋势，所以夏玉米收获的时间也从原来的9月中旬延迟到9月下旬至10月初，为夏玉米生长争取了10 d左右的时间。从利用热量的总体来看，夏玉米生长期内前期温度偏高，中期适宜，后期偏低，因此抢时早播是合理利用热量资源、稳产高产的关键措施之一。

②水分。夏玉米的水分矛盾没有春玉米突出。在天津市每公顷产量3750 kg以内的水平下，其全生育期的耗水量是350～400 mm。天津市同期(6月20日至9月20日)降水量为265～377 mm，满足程度以宁河最小，为71%；蓟州最大，达102%；其他地区介于其间。在其不同生育时段，一般年份6月下旬普遍缺水，从7月开始水分供应较好，但在需水高峰期(大致相当于8月)只能满足71%～88%的水分，还须视情况灌溉补充。

(3)玉米栽培中的主要农业气象问题

①玉米适期播种。春玉米适时播种期的确定，要考虑两方面的因素：一方面是播种时的水、热条件；另一方面考虑玉米关键生育期能充分利用当地有利因素和避过不利因素。春玉米播期的三要素分别为：10 cm地温稳定通过10 ℃；玉米需水关键期与降水季节一致，躲过“卡脖旱”；灌浆后期不受雨涝和低温影响。根据天津市气候资源的实际状况，建议天津地区春玉米推迟播种期到5月中旬。

②秃尖和空秆问题。玉米空秆现象有两种，一是植株整个生育过程雌穗停止发育，完全空秆；二是有雌穗，但受精不好，全穗几乎无粒，主要原因是在拔节孕穗期以后至抽穗开花期间，水分、养分供应失调，遇“卡脖旱”和高温亢热、大风、大雨等使授粉不良，雌穗发育不好。另外，光照不足、通风透光不良或低洼排水不畅也是造成秃尖、空秆的重要原因。

防止秃尖和空秆要改善供水条件，结合分期追肥以保证雌、雄穗发育良好，合理密植，注意排涝，特别在开花期间进行人工辅助授粉是减少秃顶缺粒的有效措施。

③倒伏问题。苗期水分过多而徒长、软弱、节间细长；光照不足，密度大，互相遮蔽，光合作用差，造成植株细长，茎秆表皮细胞壁薄；受大风、暴雨、冰雹袭击受害。

预防倒伏可选用抗倒伏品种，幼苗期“蹲苗”，合理密植，适时中耕培土。如遇灾害发生倒伏和打坏，如茎顶端未被打坏，幼穗仍完好，加强后期管理，仍能抽穗，获得较好收成。

6.6.1.3 水稻

天津市种植水稻历史悠久，自东汉时期开始，直至清代在天津南郊一带培育出了高产优质的“小站稻”，驰名全国，并在全市种植。20世纪50年代初期水稻面积逐年扩大，至1956年已达到150万亩，1958年后维持在100万亩左右，到1970年又达到140万亩，1972年大旱以后，水稻面积大为缩减，1978年又开始抬头，1980年又近100万亩，1981年春旱又减至50万亩。水稻种植面积的大幅度摆动，完全受水分条件的制约，水源不足成为水稻生产的限制条件。2000年前后，水稻种植面积稳定在25万亩左右，主要分布在宝坻大洼地区和宁河部分乡镇。

(1)热量条件

温度不仅影响水稻的生长，而且也影响其发育。水稻的整个生育期所需热量一般用全生育期的总积温表示，见表6.13。

表 6.13　春稻品种生育期和积温

品种	生育期(d)	积温(℃·d)
早熟	120～130	2600～2800
中熟	150～160	3200～3400
晚熟	170～175	3600～3800

天津市稳定≥10 ℃积温为 4030～4279 ℃·d,完全可以满足晚熟品种对热量的要求,但由于农事安排及水分条件等影响,必然要有一部分中熟或早熟品种搭配使用。

①育秧期。春稻多采用育苗移栽方式,一般分为水育秧、旱育秧、湿润育秧三种育秧方式,天津市采用苗床水育秧方式的较多。

水稻种子发芽的下限温度为 10～12 ℃,可在气温≥6 ℃时开始育秧,加上塑料膜约5 ℃的增温效应,床内温度正好达 10 ℃以上,随着春季气温的自然回升,就可使秧苗茁壮成长。天津市稳定≥6 ℃的初日在 3 月下旬,在 4 月上旬开始育秧较为适宜。

②插秧分蘖期。该时期是决定有效蘖即每亩穗数多少的关键时期。插秧期的下限温度为 15 ℃,插秧后,经缓苗返青十余日后便进入分蘖期,分蘖期的最适温度为 28～31 ℃,当温度低于 18 ℃时分蘖停止,气温超过 22 ℃可满足分蘖要求。天津市稳定≥18 ℃初日出现在 5 月中旬,插秧后经几天缓秧返青,便可达到分蘖要求开始分蘖,因此 5 月下旬是天津市适宜的插秧期,气温逐旬升高至分蘖末期的 6 月下旬,旬平均气温可超过 25 ℃,对分蘖期的进展是十分有利的。该时期正值天津市的干旱少雨期,晴天日数多、光照强,对分蘖的发生十分有利。

③孕穗、抽穗开花期。水稻孕穗期适宜温度为 25～30 ℃,下限温度为 20 ℃,开花期间需要 30～35 ℃的温度,最高气温低于 23 ℃开花数显著减少。当日平均最低气温在 17 ℃以下连续 3 d 以上时,花粉母细胞就不能正常发育。抽穗开花期日平均气温低于 20 ℃,或阴雨天连续 3 d 以上光照不足,颖壳便不能张开,影响受精的正常进行。天津市自 7 月中旬开始至 8 月上旬,累年旬平均气温均在 26 ℃以上,是全年气温最高的 3 个旬,而且最低气温没有连续 3 d<17 ℃的日期出现,正好在孕穗的适温范围内,对水稻的发育非常有利。灌浆的下限温度为 15 ℃,天津市稳定≥15 ℃终日为 10 月 1—10 日,前推 40～50 d 为 8 月 21—31 日,作为安全齐穗期。抽穗开花期一般在 8 月中下旬,平均气温已有所下降,一般在 24～25 ℃,仍可满足抽穗开花需要。但一株稻穗开花的时间并不在一天完成,最多需要 6～7 d,8 月 27 日以前开花,连续 3 d 最低气温<17 ℃概率很小,8 月 28 日以后概率增大,如遇连续 3 d 以上低温,便影响其开花授粉,造成空壳秕粒,所以水稻最好在 8 月 21 日前齐穗。

④灌浆成熟期。灌浆期的适宜温度为 21～25 ℃,15 ℃为下限温度,灌浆的进程与籽粒的饱满程度关系相当密切,而温度的变化又决定了灌浆进程,温度过高,灌浆进程快,籽粒不充实。温度低,干物质积累少,籽粒也不充实。因此,须控制其安全齐穗期使灌浆过程处在适宜温度期中。天津市大部分地区在 8 月下旬至 9 月中旬灌浆,该期均处在适温之间,9 月下旬平均气温降至 20 ℃以下,仍可缓慢积累,可见齐穗期安排在 8 月 21 日或稍后几天还是合适的。天津市日平均气温≥15 ℃终日出现在 10 月 1—10 日,掌握好由齐穗至停止灌浆达 40～50 d,就完全符合水稻的生理需求。灌浆成熟期要求有较大的气温日较差,天津市该期

正值秋季昼温高、夜温低的日较差较大时期，对灌浆极为有利。

(2)水分条件

水稻原产热带沼泽地区，对水的需求远比其他大田作物高，有研究表明，其全生育期生态需水量达 1500 mm，天津市平均年降水量仅 600 mm 上下，远不能满足其一生所需，因此种春稻必须有水源条件。春季 4—5 月正值育苗插秧季节，天津市降水量仅为 50 mm 左右，且多为零散降落，无济于事。拔节孕穗期间正逢雨季，多数年份还可以保证需求，灌浆成熟期雨季已过，水分不足，总之在天津市种植水稻必须有自备水源。

(3)光照条件

天津市光能资源丰富，生长季每日可照时数超过 11 h，除去阴雨天的影响，平均每天实照时数也超过 8 h，完全能满足其生育所需。水稻全生育期以插秧至分蘖高峰期所需光强最大，该期正处在 6 月上、中旬雨季尚未到来的干旱季节内，晴天日数多，对该阶段的生长极为有利。抽穗开花期也需要较充足的光照，天津市该时期正值雨季，有些年份略有影响，最可贵的是夜间下雨白天晴的条件。灌浆成熟期要求光照充足，天津市 9—10 月是生长季晴天日数最多月份，加之昼夜温差大，是成熟期的极好条件。

6.6.2 天津设施农业气候分析

气候环境对日光温室生产的作用，主要表现在外界大气候和日光温室内的小气候对作物生长发育产生影响。温室内小气候可以通过环境调控手段进行调节，而室外大气候的影响只能通过气候区划来合理地布局日光温室，达到趋利避害的目的。

使用天津市 12 个农业区(县)(宝坻、北辰、大港、东丽、汉沽、蓟州、津南、静海、宁河、塘沽、武清和西青)气象站近 30 a(9 月至翌年 5 月)的逐日气象观测数据，对天津日光温室生产的气候资源进行比较分析，从气象观测数据中选取温度、风速和日照等要素，并根据生产实际将持续低温、极端最低气温、大风、连阴天和低温寡照等列为评价指标，对日光温室的农业生产气候条件进行评价。各指标内容见表 6.14。

表 6.14　日光温室农业生产的评价指标

指标	内容
持续低温	日平均气温≤－10 ℃的持续天数
极端最低气温	日极端最低气温的强度
大风	日最大风速≥12 m/s 的天数
连阴天	日照时数≤3 h 的持续天数
低温寡照	日照时数≤3 h，最低气温≤－10 ℃的持续天数

计算 9 月至翌年 5 月逐旬最低气温、日照时数和最大风速的天津市平均值变化，结果如图 6.22 所示。可以看出，三者在生产季内的变化规律不一致。具体而言，旬最低气温的平均值在 11 月下旬至 3 月上旬低于 0 ℃，其中 12 月中旬至 2 月上旬在－5 ℃以下，年内最低出现在 1 月中旬(－8.5 ℃)。日照时数的变化规律虽与理论日照的变化趋势基本一致，但仍有一定差异。生产季内日平均日照时数为 6.9 h，11 月中旬至 1 月中旬的日平均日照时数

不足 6 h,12 月下旬的日平均日照时数为 5.3 h,为年内最低值。平均最大风速的变化规律在日光温室生产季内总体呈增大趋势,秋、冬季风速相对较小,春季为大风频发期,平均最大风速均在 6 m/s 以上,以 4 月下旬最大,达到 7.6 m/s。

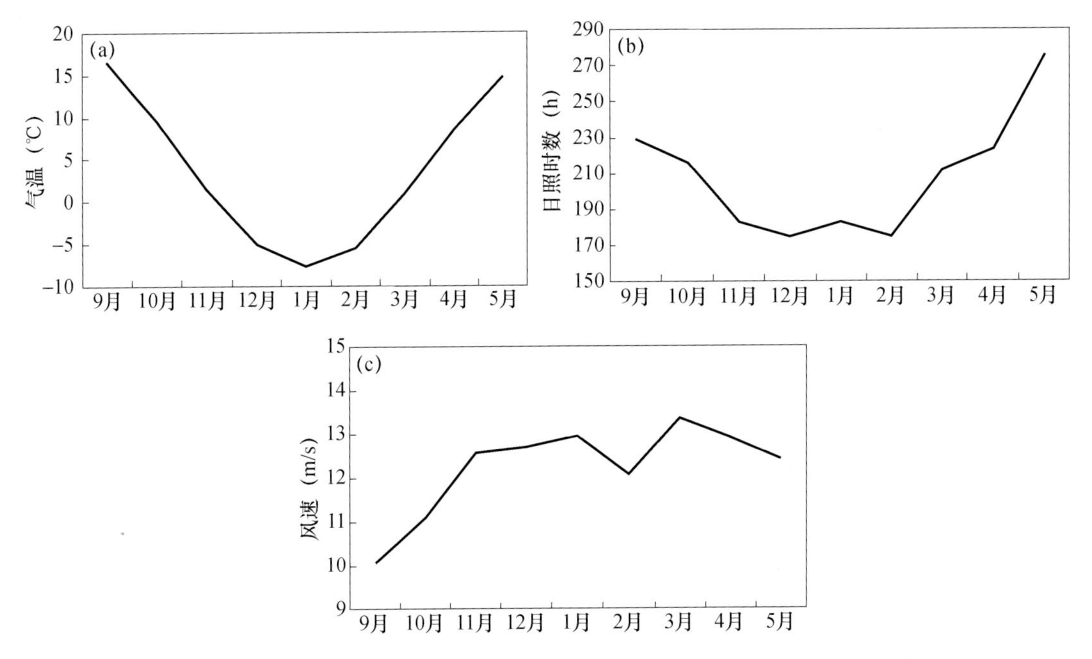

图 6.22 天津市日光温室生产季节(9 月至翌年 5 月)气候资源的时间变化

(a)平均最低气温;(b)平均日照时数;(c)平均最大风速

6.6.3 天津农业气象灾害

天津主要的农业气象灾害有干旱、洪涝、冰雹、大风、倒春寒、冬小麦冻害、麦收连阴雨、小麦干热风、霜冻等,其中以旱灾最为常见,对天津农作物的生长和收成产生不同程度的影响。

6.6.3.1 大宗作物农业气象灾害

(1)干旱

天津位于中纬度欧亚大陆东岸、华北平原东北部,处于暖温带季风气候区,干湿分明是其主要气候特征之一。天津降水量年际变化非常大,统计 1951 年以来天津各区(县)降水资料显示,年降水量年际差值最大的是静海县,达 944.8 mm,地区之间差异最大为 669.9 mm,相当于一年多的降水量。另外,天津降水主要集中在夏季,约占 70%。由于降水的时空分布不均匀,因而旱灾、涝灾时常发生,以旱灾为主。

天津市一年四季均可有干旱发生,干旱范围较大,发生次数较多,素有“十年九旱”之称,并以春旱最严重,还常出现冬春、春夏或夏秋连旱,甚至冬春夏、春夏秋连旱、连续多年干旱等。特别是 20 世纪 80 年代以来,天津进入干旱少雨阶段,干旱发生更为频繁。全市范围最长连旱时间达 4 a(1980—1983 年)。由于降水年内分布不均,有 70%～80%的年份出现阶

段性干旱。根据年降水量统计，全市各区（县）旱和大旱的发生率为30%～48%，其中塘沽最高，北辰区最低。

①春旱。春季是天津旱情最重、影响最大的季节。例如，全市各区（县）1971—2000年30 a的统计中，旱年出现12～19 a。影响范围大、持续时间最长的一次连旱发生在20世纪70年代的1971—1976年，其次是1994—1997年。其中，70年代春旱出现次数最多，其次是90年代，80年代则相对较少。

②夏旱。夏季是天津的多雨季节，各区（县）季降水量在380～500 mm，占全年降水量的73%～76%，故旱情比春季轻。干旱出现的频率少于各季，旱情大多呈间歇性，隔年或隔几年出现一次，并且各地夏季干旱不完全同步，这与降雨地区分布不均关系很大。夏旱严重的年份有1951、1968、1972、1980、1983、1997、1999年和2000年等。例如，1971—2000年的30 a间天津市各区（县）出现夏旱10～16 a，其中90年代出现频率最多，10 a中多达5～7 a，而70年代夏旱出现相对较少，一般仅有2～3 a，80年代居中。盛夏干旱平均约2 a一次，有时也连年发生。夏季，盛夏期正是农作物生长的旺季，水分需求量最多，干旱的出现严重影响了农作物的生长发育，造成严重危害，尤其是进入90年代以来，夏季连年少雨干旱，给农业生产带来极为不利的影响。1989年盛夏干旱，7月下旬和8月上旬降水不足10 mm，全市农作物157万多亩受灾，99万多亩成灾。1999年盛夏干旱，8月降水仅40.9 mm，全市302万多亩农作物受灾，229万多亩成灾。

③秋旱。天津各区（县）秋季降水量一般为77～94 mm，占全年总降水量的13%左右，比春季稍多。统计分析1971—2000年30 a内天津市各区（县）秋季干旱状况，秋旱年份一般有10～15 a。其中，20世纪80年代秋旱出现频率最高，一般为5～6 a，70年代和90年代出现频率大体相近，为3～4 a。干旱较严重的年份主要有1975、1979、1981、1982、1994年和2000年等，秋旱的发生严重影响作物抽穗、灌浆及蜡熟期的生长，是大秋作物产量下降的主要原因，严重秋旱还影响小麦播种等。

④连旱。连旱对农作物影响更大，1971—2000年的30 a间天津出现连旱的年份有22 a，只有1973、1977、1978、1985、1987、1988、1991年和1995年全市无一区（县）出现连旱现象，其他年份都在某区（县）出现过连旱。其中，1972年的春夏连旱、1982年的春夏秋连旱、1989年春夏连旱或春夏秋连旱、1992年春夏连旱、1993年春夏秋连旱、1997年春夏或春夏秋连旱、1999年夏秋连旱以及2000年的夏秋或春夏秋连旱基本上为全市范围内的连旱。进入90年代以来，连旱现象有增多的趋势。

(2)倒春寒

统计天津地区各区（县）1971—2000年春季气温显示，天津出现倒春寒的概率不大，30 a中有仅有7 a出现程度不同的倒春寒。1976年最为严重，全市13个区（县）全部达到严重倒春寒标准，1979年宁河、北辰、市区、东丽、汉沽、塘沽亦出现严重倒春寒。20世纪80年代仅1987年在静海、北辰、市区等部分区（县）出现一般倒春寒。1990年蓟县、宝坻、武清、静海、西青、北辰、天津也出现了一般倒春寒。90年代有3 a出现了一般倒春寒，分别为1991年的蓟县、宁河、静海、市区、东丽、塘沽，1993年的大港，1996年的蓟县、武清、静海。由此可以发现近年来天津倒春寒发生的趋势是：随着春季气温整体升高，气温变幅的加大，倒春寒出现概率增大，不过程度较轻，且范围不大。

(3)干热风

统计1971—2000年天津冬小麦灌浆期(5月上旬至6月中旬)干热风出现情况显示,天津干热风出现的空间分布极不均匀,30 a中,静海高达155 d,而宁河仅有37 d,汉沽也仅有38 d。1971—2000年中,80年代干热风最多,70年代和21世纪00年代基本持平。

从时间段上看,5月下旬和5月上旬最多,约占冬小麦灌浆期干热风的70%,5月上旬至中旬出现较少。其中天津市发生的干热风灾害一般以轻度干热风为主,重度干热风只占全部干热风的23%~41%。

(4)冬小麦冻害

统计天津市1971—2000年冬季极端最低气温低于−14 ℃、−12 ℃、−10 ℃的出现概率显示,北部地区高于南部,市区、塘沽低于郊区。20世纪80年代后期开始,冻害程度低于70—80年代。

(5)麦收连阴雨

指6月上旬和中旬小麦收获期内连续3 d或以上,总降雨量≥20 mm的阴雨天气(过程可有间歇,但这一天的日照时数须≤6 h),将影响小麦收割、打场,严重的使小麦发芽霉烂,造成丰产不丰收。天津麦收期间出现连阴雨天气较少,1971—2000年的30 a间,一般只有3~4 a出现。例如,1979年6月3—6日以及18—20日出现了2次连阴雨天气过程;1989年各区(县)连阴雨天气一般为4 d,蓟县5 d,宝坻多达8 d。

(6)霜冻

天津市初霜冻一般出现在10月中、下旬,最早出现在9月27日,最晚出现在11月19日。天津市各区(县)平均每年的霜冻期为48~77 d,一般情况下北部比中部、南部多,20世纪90年代以来,霜冻日数明显减少,初霜晚、终霜早。终霜冻最早结束在1月30日,最晚于5月2日才结束,一般结束于3月中、下旬至4月初。

6.6.3.2 天津市设施农业气象灾害

低温是制约日光温室生产的首要因素。而持续低温和极端低温则是低温灾害的两个主要表现形式。从天津各区(县)低温持续的年平均次数(图6.23)可以看出,宝坻、宁河和汉沽是全市3个主要的持续低温发生区(县),低于−10 ℃的连续低温事件平均每年发生1.1次以上,也就是说,这3个区(县)几乎每年都会发生低于−10 ℃的持续低温事件。塘沽和大港发生这种持续低温事件的次数最低,两地均不到0.5次/a,其他区(县)为0.6~0.8次/a。低于0 ℃ 的连续低温事件与之略有不同,宝坻、蓟州、汉沽和宁河依次是发生次数最多的区(县),每年发生9次以上。

进一步统计各地气温的历史极端最低值、平均最低值,连续2 a最低气温低于−10 ℃的历史发生次数和最长连续低温天数,如表6.15所示。结果显示,宝坻、宁河和汉沽是全市气温指标最不利的3个区(县),其历史极端最低气温、平均最低气温和持续低温发生次数均位于全市前列。历史数据显示,宝坻和宁河曾出现连续6 d低于−10 ℃的持续低温事件。塘沽、东丽和大港等地是温度条件相对较好的区(县)。

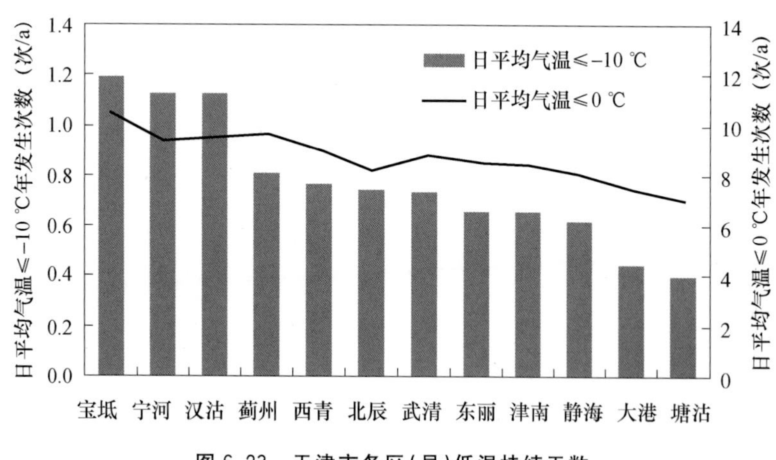

图 6.23 天津市各区(县)低温持续天数

表 6.15 天津市各区(县)极端最低气温、平均最低气温和持续低温发生次数

站点	极端最低气温(℃)	平均最低气温(℃)	持续低温发生次数*
宝坻	−23.3	−16.1	16(6)
北辰	−18.8	−14.4	6(6)
大港	−19.4	−13.2	5(2)
东丽	−17	−13.1	7(3)
汉沽	−20.7	−15.6	14(4)
蓟州	−20.3	−14.5	8(5)
津南	−21.7	−13.9	8(4)
静海	−19.1	−14.2	6(4)
宁河	−22.7	−15.5	14(6)
塘沽	−15.4	−12.2	3(2)
武清	−19.9	−13.8	8(5)
西青	−20.5	−14.3	9(4)

注：* 此列括号内数字代表历史最长持续天数(d)。

大风灾害对日光温室的危害是毁灭性的。大风使室内、外的压力长时间不平衡，易损坏薄膜或造成温室骨架因疲劳而折断坍塌。表 6.16 为天津市各区(县)大风日数的统计值，可以看出，天津市大风日数的空间分布规律十分明显。东部沿海的塘沽、大港和汉沽的大风日数最多，每个生长季分别有 32.1、26.4 和 18.1 d 出现大于 12 m/s 的大风，北部蓟州的大风日数最少，平均每年只有 0.7 d 出现大风。

连阴天和低温寡照对日光温室的栽培生产危害极大，也是实际生产中最常遇到的气象灾害之一。连阴天的危害主要表现在日照不足，作物无法获得足够的太阳光进行光合作用或其他生理活动，可引起落花、落果、畸形等现象，也是导致作物病害和减产的重要原因之一。低温寡照的危害更为严重，很可能造成作物大幅度减产、绝产，甚至死亡。表 6.17 为天津市各区(县)的寡照日数、冬季平均日照时数、连阴天和低温寡照日数。

表6.16 天津市各区(县)大风日数

站点	大风日数(d)	站点	大风日数(d)
宝坻	6.8	津南	8.5
北辰	5.5	静海	3.0
大港	26.4	宁河	10.9
东丽	11.1	塘沽	32.1
汉沽	18.1	武清	6.7
蓟州	0.7	西青	10.3

表6.17 天津市各区(县)连阴天和低温寡照统计

站点	寡照日数(d)	冬季平均日照时数(h)	平均连阴天次数(次)	低温寡照日数(d)
宝坻	56.2	6.0	12.3	4.2
北辰	56.0	5.8	12.7	2.6
大港	58.8	6.1	14.3	1.6
东丽	53.4	5.8	12.1	2.3
汉沽	55.6	6.4	12.1	2.4
蓟州	58.1	5.7	12.7	3.0
津南	60.3	6.7	13.4	2.2
静海	56.9	5.8	13.2	2.0
宁河	51.4	6.0	11.7	2.9
塘沽	54.4	5.8	12.2	1.6
武清	57.8	5.7	13.3	3.1
西青	60.2	5.6	13.4	2.4

从统计结果看，全市日照条件的空间分布特征不明显，连阴天的发生次数总体上呈现西部大于东部、南部多于北部的趋势。低温寡照的发生规律也与之类似，宝坻、蓟州和武清为低温寡照最常发生的3个区(县)，年均发生次数大于3次，塘沽和大港的发生次数全市最少，为1.6次/a。

第 7 章
雄安新区气候

京津冀城市群作为中国继长三角、珠三角之后的第三大城市群，是国家的政治、文化、国际交流和科技创新中心，土地总面积 21.63 万 km^2，常住人口 1.11 亿，GDP 总量达到 66000 余亿元。改革开放以来，该区经济及社会高速发展，城镇体系发展失衡，与此同时，也给区域生态环境造成了极大影响。2015 年 4 月底，中共中央、国务院通过了《京津冀协同发展战略》，将推动京津冀协同发展定为国家重大战略。2017 年 4 月 1 日，中共中央、国务院决定设立国家级新区——雄安新区，以疏解北京市非首都核心功能，调整优化城市空间结构，促进区域生态环境与社会经济的协调发展。

2018 年 4 月，党中央、国务院正式批复《河北雄安新区规划纲要》，明确雄安新区作为北京非首都功能疏解集中承载地，要建设成为高水平社会主义现代化城市、京津冀世界级城市群的重要一极、现代化经济体系的新引擎、推动高质量发展的全国样板，建设绿色生态宜居新城区、创新驱动发展引领区、协调发展示范区、开放发展先行区，努力打造贯彻落实新发展理念的创新发展示范区。到 2035 年，基本建成绿色低碳、信息智能、宜居宜业、具有较强竞争力和影响力、人与自然和谐共生的高水平社会主义现代化城市；到 21 世纪中叶，全面建成高质量、高水平的社会主义现代化城市，成为京津冀世界级城市群的重要一极。雄安新区是新时代中国高质量发展的标志性工程和全国样板，是新时代探索人类高质量发展的未来之城。

7.1 雄安新区概况

雄安新区规划范围涉及河北省保定市雄县、容城、安新三县（以下简称“雄安三县”）及周边部分区域，与北京、天津形成等边三角形格局（图 7.1），距北京、天津均为 105 km，距石家庄 155 km，距保定 30 km，距北京大兴国际机场 55 km。

雄安新区位于太行山东麓、冀中平原中部、南拒马河下游南岸，东边是宽阔的华北平原，面朝渤海湾，在大清河水系冲积扇上，属太行山麓平原向冲积平原的过渡带。全境西北较高，东南略低，地形地貌以低海拔平原、洼地为主，海拔标高 7～19 m，自然纵坡度千分之一左右，为缓倾平原，土层深厚，地形开阔，植被覆盖率很低；海拔高程为 0～44 m，且平均海拔高程为 4 m，其中近 70%的土地处于海拔高程 0～5 m 范围，近 25%的面积处于海拔高程 5～10 m 范围。境内有多处古河道（图 7.1），拥有华北平原最大的淡水湖——白洋淀（图 7.2），其水域面积 360 km^2，主要由白洋淀、马棚淀、烧车淀、藻杂淀等大小不等的 143 个淀泊和 3700 条沟壕组成，是海河流域大清河水系中游缓洪、滞沥的大型平原洼地，也是华北平原最大的湿地，具有平衡生态的功能。构成了淀中有淀、沟壕相连、园田和水域相间的特殊地貌。淀区水生生物具有物种丰富、生物多样性高、净化水质功能强等特点，是华北地区重要碳汇，被誉为“华北之肾”，承载着调节区域气候、维持区域生态平衡以及泄洪蓄洪的重要功能。

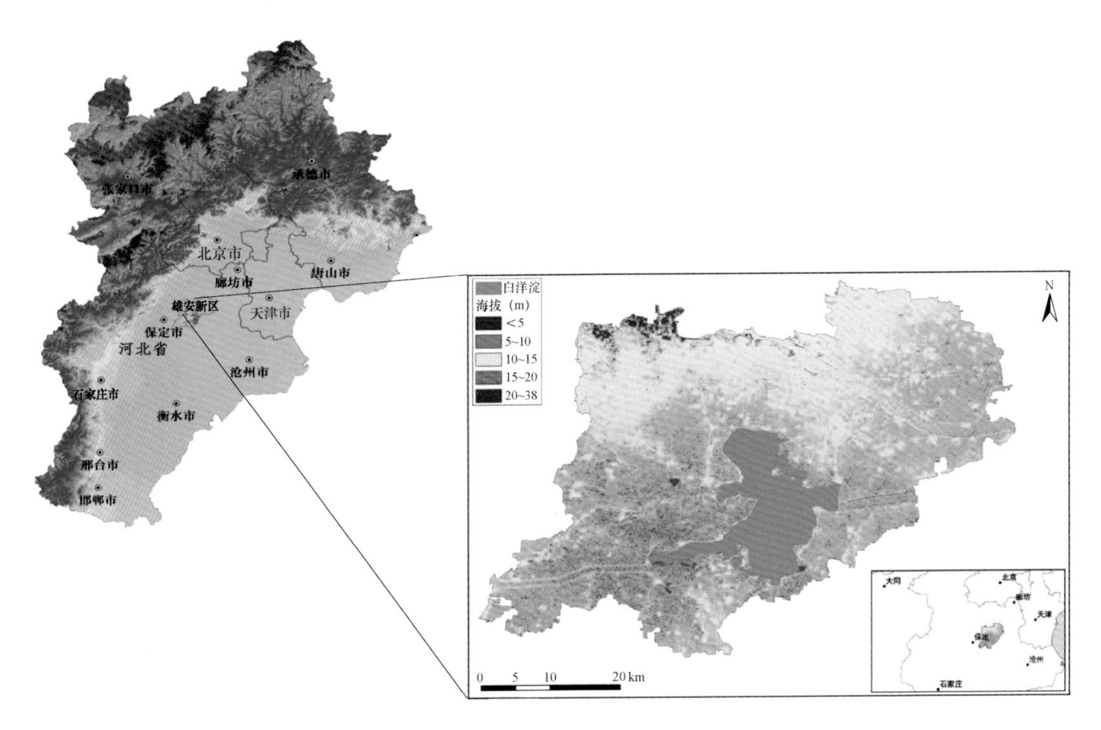

图 7.1 雄安新区地理位置及地形分布

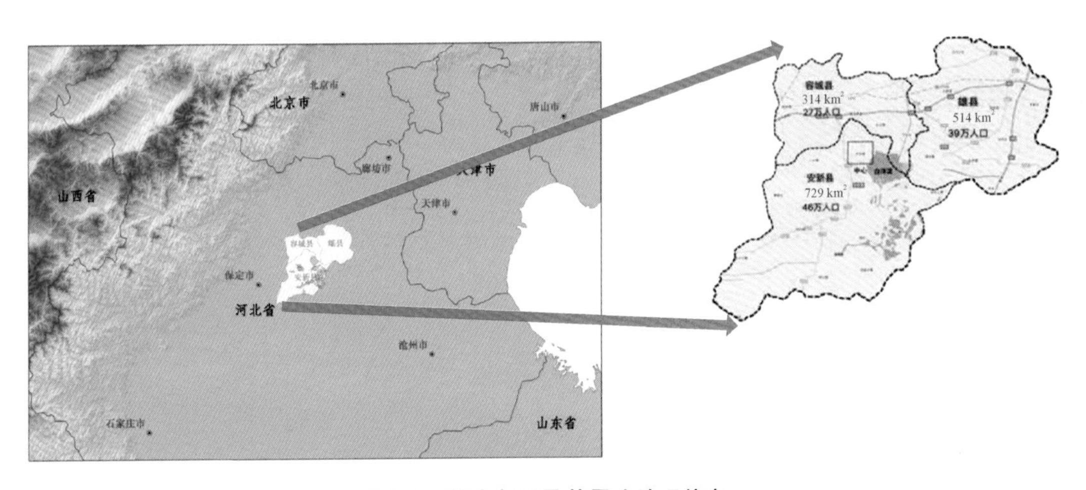

图 7.2 雄安新区及其周边地理信息

（浅蓝色为白洋淀水体）

白洋淀干淀水位 6.5 m，保证水位 8.5 m，此时白洋淀能保持自我调节的生态环境，警戒水位 10.0 m，淀区最大蓄水量 10 亿 m^3。白洋淀控制大清河中、上游地区流域总面积 31199 km^2，占大清河流域面积的 69.1%，按水系可划分为南支山区、北支山区、南支平原、北支平原 4 个流域单元。自古以来承接大清河南支赵王河系潴龙河、孝义河、唐河、府河、漕河、界河、瀑河、萍河等多条河流的来水，目前还有白沟引河、引黄入冀补淀工程等人工河汇入，由赵王河出水，与北支白沟河系汇合，入大清河，最终汇入海河。

雄安新区地处北半球中纬度地带，属暖温带季风型大陆性气候，四季分明，春旱多风，夏热多雨，秋凉气爽，冬寒少雪。全年平均气温 11.9 ℃，极端最高气温 40.9 ℃（1972 年 6 月 10 日），极端最低气温－21.5 ℃（1970 年 1 月 5 日），最高月（7 月）平均气温 26.1 ℃，最低月（1 月）平均气温－4.9 ℃。年日照时数 2685 h，全年无霜期 191 d，最长 205 d，最短 180 d，初霜日平均出现在 10 月 19 日，终霜日平均出现在 4 月 12 日。年日均气温 0 ℃以上的持续时期 273 d。平均年降水量为 522.9 mm，其中 6—9 月占 80％，年极端降水量最大为 1237.2 mm（1954 年），年极端最小降水量 207.3 mm（1975 年）。全年以偏北风最多，年平均风速 2.1 m/s。历史极端最大风速为 20 m/s（1972 年 3 月）。

雄安新区内林地盛产蕨菜、木耳、松籽、榛子等上百种山产品，以及人参、天麻、五味子、大力子等 500 多种野生中药材，雄县半山区的三棱草、狗尾草、山榆枝、柳条等资源年产量达 80 万 t。白洋淀水生生物包括浮游生物、底栖动物、鱼类和水生植物。其中浮游藻类 92 属，底栖动物 35 种，水生束管植物 16 科 34 种，鱼类 17 科 54 种。白洋淀盛产鱼、虾、蟹、贝、芦苇、莲藕、芡实、菱角等，同时有鸟类 19 科 26 种，形成了良好的食物链结构，成为华北地区重要的水产品基地。

2015 年初，雄安三县户籍总人口 113.02 万，其中农业人口 72.20 万，占总人口的 64％；非农人口总数共 40.82 万，占总人口的 36％；三县 GDP 总量为 211.06 亿元，其中一产、二产和三产增加值分别为 28.69、133.75 和 48.62 亿元。

7.2 雄安新区规划布局

新区规划范围包括雄县、容城、安新三县行政辖区（含白洋淀水域），以及任丘市鄚州镇、苟各庄镇、七间房乡和高阳县龙化乡，规划面积 1770 km^2。雄安新区规划建设以特定区域为起步区先行开发，容城、安新两县交界区域作为起步区，面积约 100 km^2，是新区的主城区。新区规划建设坚持生态优先、绿色发展，统筹生产、生活、生态三大空间，构建蓝绿交织、和谐自然的国土空间格局，逐步形成城乡统筹、功能完善的组团式城乡空间结构，布局疏密有度、水城共融的城市空间。新区规划形成“一主、五辅、多节点”的新区城乡空间布局（图 7.3）。

起步区规划为“北城、中苑、南淀”的总体空间格局。“北城”即充分利用地势较高的北部区域，集中布局五个城市组团，各组团功能相对完整，空间疏密有度，组团之间由绿廊、水系和湿地隔离；“中苑”即利用地势低洼的中部区域，恢复历史上的大溵古淀，结合海绵城市建设，营造湿地与城市和谐共融的特色景观；“南淀”即南部临淀区域，通过对安新县城和淀边村镇改造提升和减量发展，严控临淀建设，利用白洋淀生态资源和燕南长城遗址文化资源，塑造传承文化特色、展现生态景观、保障防洪安全的白洋淀滨水岸线（图 7.4）。

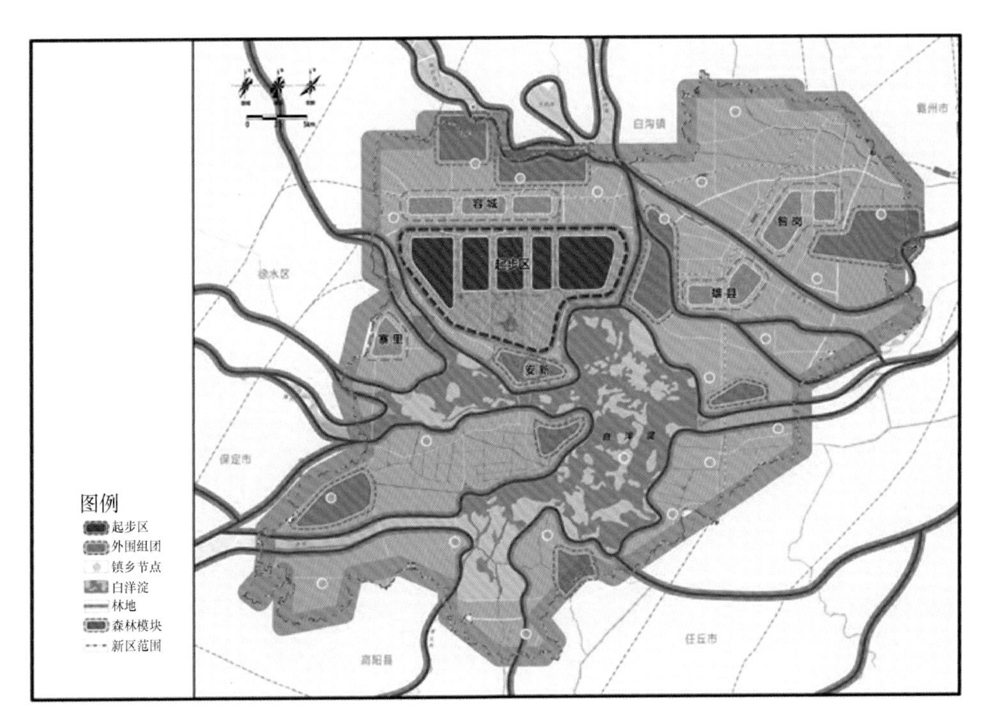

图7.3　雄安新区城乡空间布局结构示意图

(引自《河北雄安新区规划纲要》)

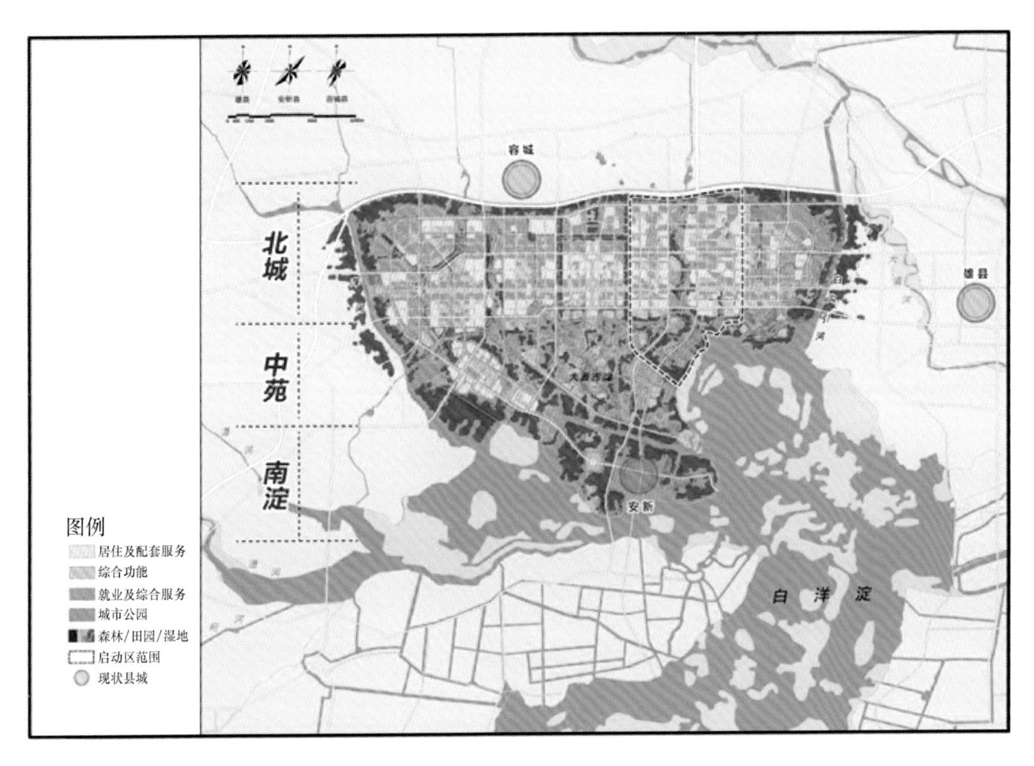

图7.4　雄安新区起步区空间布局示意图

(引自《河北雄安新区规划纲要》)

7.3 雄安新区气候特征

本节内容中涉及雄安新区各气象要素平均值是由容城、安新、雄县三个气象站1981—2010年30 a数据的算术平均获得，各站的极端值是从建站至2017年气象数据中取最大或最小值获得。

7.3.1 气温

雄安新区气温总体呈西北向东南部递增分布。雄安新区年平均气温为12.5 ℃，其中雄县最高，为12.7 ℃；安新最低，为12.2 ℃；容城为12.6 ℃。新区年平均最高气温和年平均最低气温分别为18.7 ℃和7.3 ℃，较石家庄地区偏低较多，与周边保定、天津、北京东南部接近或略低，可能与大城市的热岛效应以及雄安新区白洋淀水体对温度的调节作用有关。

雄安新区年平均最高气温为18.6～18.7 ℃，年平均最低气温东部和西南部部分地区为8.2～8.4 ℃，中部和东部大部分地区为7.5～8.2 ℃（图7.5）。年内，7月气温最高，平均气温、平均最高气温和平均最低气温分别为26.8、31.9 ℃和22.3 ℃；1月气温最低，平均气温、平均最高气温和平均最低气温分别为−4.2、2.1 ℃和−9.3 ℃。

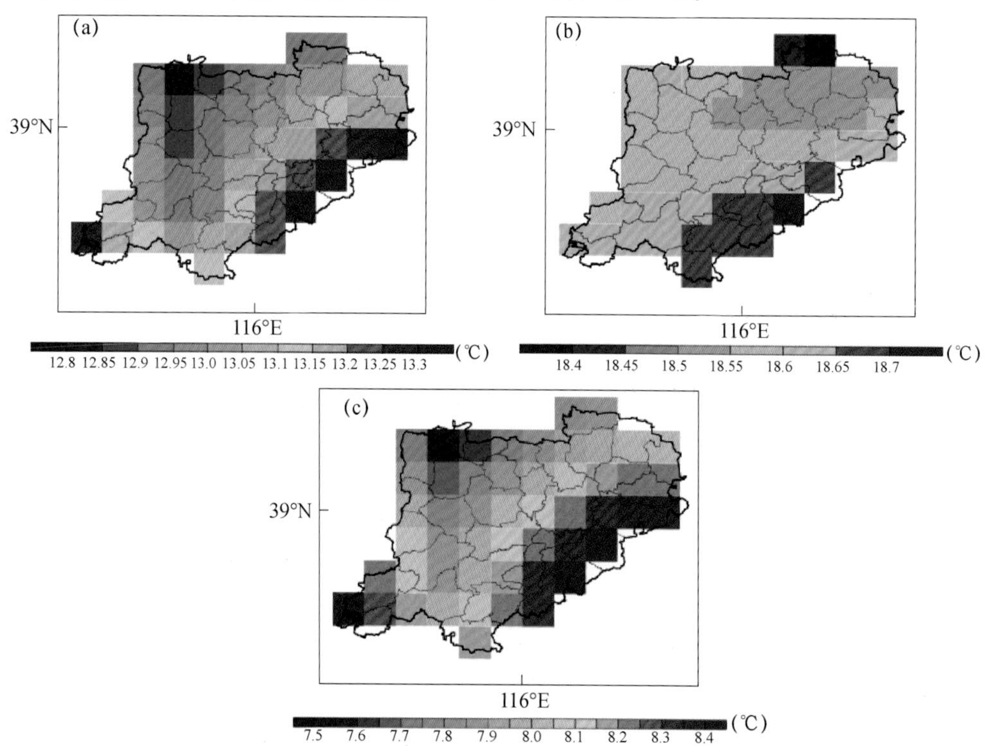

图7.5 雄安新区年平均气温、年平均最高气温和年平均最低气温分布(2008—2017年平均)

1961—2017年，雄安新区年平均气温、年平均最高气温和年平均最低气温总体均呈升高趋势，变化趋势分别为每10 a增高0.17、0.20 ℃和0.21 ℃(图7.6)，低于河北省平均升温水平。

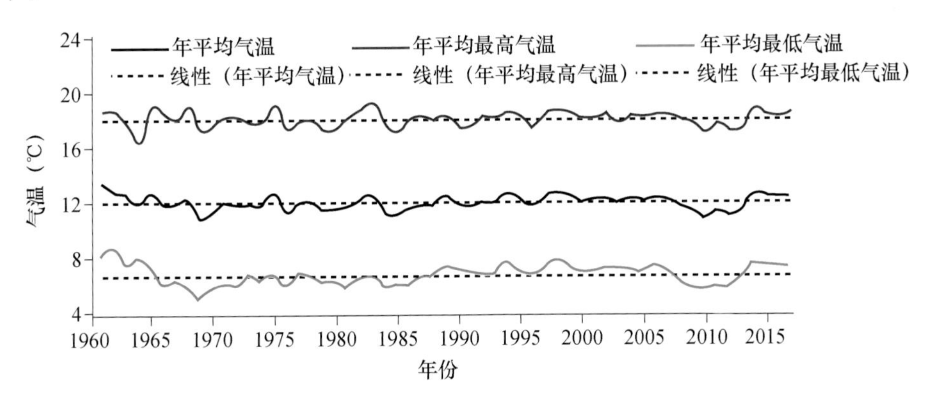

图7.6 1961—2017年雄安新区气温线性变化

雄安新区的平均气温在春季和冬季上升速率最快，分别达0.31 ℃/10 a和0.27 ℃/10 a，其次为夏季，上升速率为0.11 ℃/10 a，而秋季平均气温变化很小；最高气温则在春季和冬季上升明显，线性变化趋势分别为0.32 ℃/10 a和0.31 ℃/10 a，而夏季和秋季变化趋势不明显，线性趋势率在0.1 ℃/10 a以下；最低气温与平均气温类似，在春季和冬季上升速率最快，分别达0.33 ℃/10 a和0.30 ℃/10 a，其次为夏季，上升速率为0.17 ℃/10 a，而秋季平均最低气温变化趋势不明显。

7.3.2 降水

雄安新区降水呈西少东多的分布格局。雄安新区年降水量为467.5～494.8 mm，平均为480.9 mm。雄县降水量最多，为494.8 mm；安新最少，为467.5 mm；容城降水量为480.3 mm。降水主要集中在夏季，降水量占全年的67.6%，暴雨日数占全年的92.9%；冬季降水最少，仅占全年的1.9%。有气象观测记录以来，1988年降水量最多，全区平均为868.8 mm；1975年最少，为258.2 mm。

雄安新区年降水量较周边的北京(532.1 mm)、天津(519.1 mm)、石家庄(516.2 mm)和保定(496.1 mm)等都要少。但雄安新区降水量的年际变化大，最多年(868.8 mm，1988年)是最少年(254.2 mm，1968年)的3倍多，年降水量标准差(159.7 mm)比北京市大部分地区和天津南部的部分地区大，但较石家庄西部、保定中部和天津大部分地区略小。

近10 a，雄安新区除雄县大部分地区平均年降水量在430 mm以上外，其余大部分地区在410～430 mm，部分地区不足410 mm(图7.7)。雄安新区降水主要集中在6—9月，期间降水量占全年降水量的78%，其中7月降水量最多，为153.3 mm，冬季(12月、1月和2月)降水稀少，降水量仅8.9 mm，不足全年降水量的2%，其余月份降水量基本在10～30 mm。

1961—2017年，雄安新区平均年降水量总体呈减少趋势，线性变化趋势为每10 a减少9.2 mm，但年代际变化特征明显，其中20世纪60年代平均年降水量最多，为538.2 mm，21

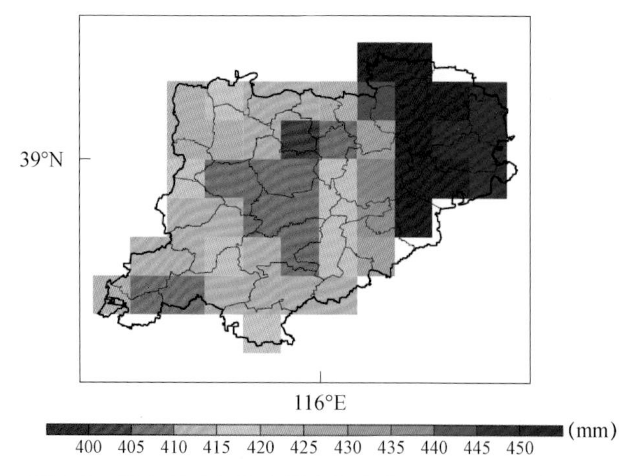

图 7.7　雄安新区年降水量空间分布(2008—2017 年平均)

世纪前 10 a 最少，只有 459.9 mm，最近 7 a，平均年降水量为 519 mm，较 1981—2010 年平均(480.8 mm)偏多 8%(图 7.8)。

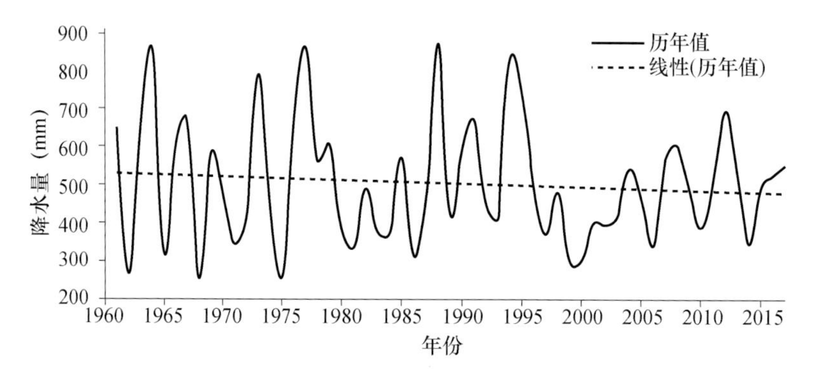

图 7.8　1961—2017 年雄安新区平均降水量变化

不同的季节，雄安新区平均降水量变化特征有所不同，其中夏季和冬季呈减少趋势，线性变化趋势分别为−18.7 mm/10 a 和−0.4 mm/10 a；春季和秋季降水量呈增多趋势，线性变化趋势分别为 2.4 mm/10 a 和 7.4 mm/10 a。

7.3.3　日照

雄安新区日照时数总体呈西北向东南递减。雄安新区年均日照时数为 2335.7 h，各地为 2288.6～2401.6 h。其中，安新日照时数最多，为 2401.6 h；容城最少，为 2288.6 h；雄县日照时数为 2316.9 h。雄安新区日照较北京大部分地区、天津和保定等周边地区偏少，但较石家庄大部分地区多；京津冀地区年日照时数的标准差北部地区小，而中部和南部地区大，其中雄安新区平均为 237 h，与北京、天津大部分地区相差不大，但较保定和石家庄等地偏小。雄安新区年内各月平均日照时数为 149.7～249.8 h，其中 12 月最少，5 月最多(图 7.9)。春季日照时数最多，夏、秋季次之，冬季最少。

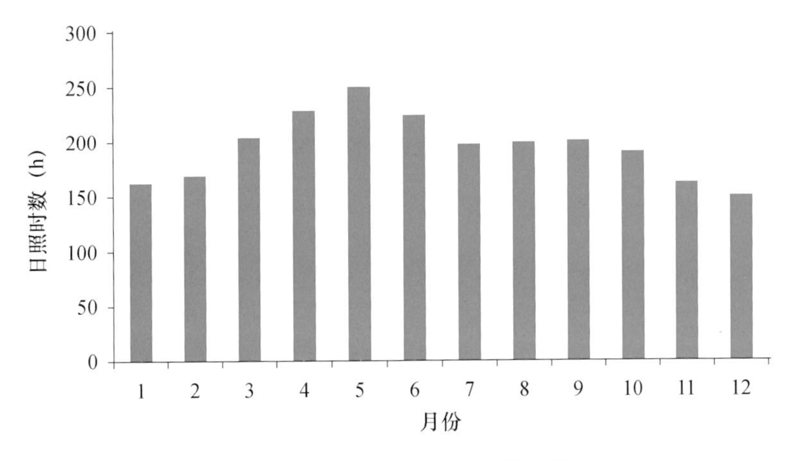

图7.9 雄安新区月平均日照时数

1968—2017年雄安新区日照时数线性变化趋势为每10 a减少104.5 h(图7.10)。从各季节变化看,秋季减少速率最快,达−37.8 h/10 a,其次为冬季和夏季,减少速率分别为−28.4 h/10 a和−26 h/10 a,春季减少速率相对最慢,为−12.3 h/10 a。

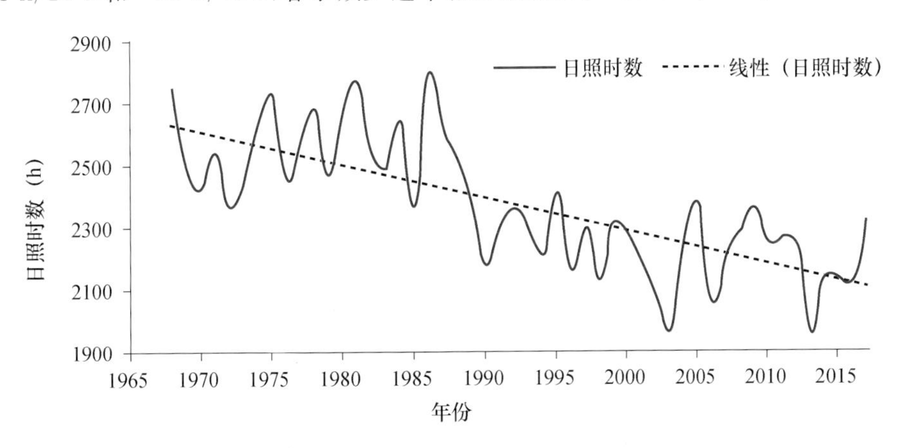

图7.10 1968—2017年雄安新区年平均日照日数变化

7.3.4 蒸发

京津冀大部分地区年蒸发量在1600~1800 mm,其中雄安新区年蒸发量相对较小,大部分地区在1500~1600 mm,平均为1572.4 mm;年蒸发量标准差方面,京津冀北部大部分地区在180 mm以下,中部和南部地区在180~260 mm,部分地区超过260 mm,其中雄安新区大部分地区在200~220 mm,白洋淀地区由于水体的调节作用,标准差更小,只有171 mm。年内,雄安新区3—10月蒸发量基本都在100 mm以上,其中5—7月超过200 mm,6月最大,达241.6 mm,2月和11月雄安新区蒸发量在50 mm左右,1月和12月相对较小,在30 mm左右(图7.11)。

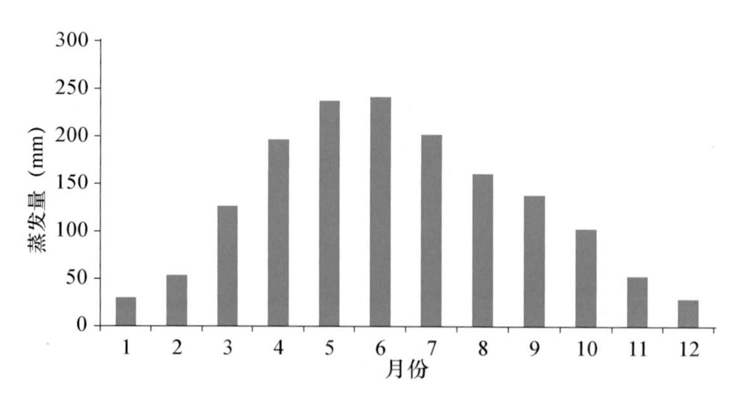

图 7.11　雄安新区年内各月平均蒸发量

7.3.5　风速、风向

7.3.5.1　风速

除西北部和东北部部分地区外，京津冀大部分地区年平均风速在 1.5～2.5 m/s，其中雄安新区年平均风速为 1.63 m/s，与保定和石家庄大部分地区相差不大，但较北京和天津的大部分地区要小。雄安新区年内各月平均风速在 1.34～2.35 m/s，其中 1 月最小，4 月最大(图 7.12)。

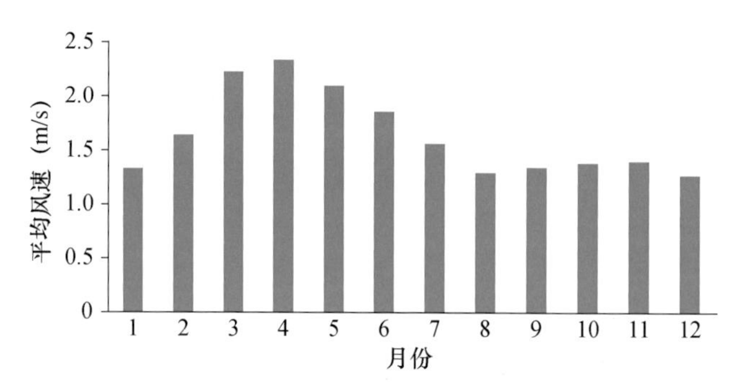

图 7.12　雄安新区年内平均风速

年平均风速变化总体呈减小趋势。1961—2017 年雄安新区年平均风速线性变化趋势为每 10 a 降低 0.22 m/s，但年代际变化特征明显，其中 20 世纪 60 年代年平均风速最大，90 年代最小，21 世纪以来又有缓慢增大的趋势(图 7.13)。年内四个季节平均风速总体均呈减小趋势，其中冬季减小速率相对最大，夏季相对最小。

7.3.5.2　风向

(1)容城

近 30 a(1989—2018 年)，容城气象站累年最多风向为南风，风向频率为 11%，次多风向为南西南，风向频率为 9%(表 7.1)。春、夏、秋、冬四季内出现频率最高的均是南风，分别为 12%、13%、10%和 9%(表 7.2)，容城县年均及四季风向玫瑰图详见图 7.14。

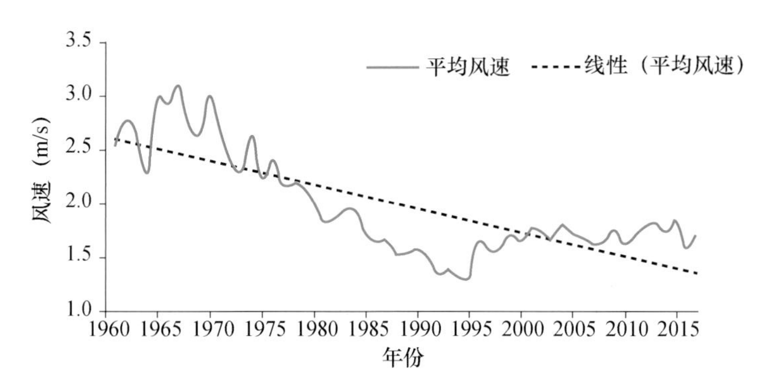

图 7.13　1961—2017 年雄安新区年平均风速变化

表 7.1　容城气象站近 30 a(1989—2018 年)各月及年均最多与次多风向及频率

月份	1 月	2 月	3 月	4 月	5 月	6 月	7 月	8 月	9 月	10 月	11 月	12 月	年均
主导风向	S	S	S	S	SSW	S	S	S	S	S	S	S	S
频率(%)	9	9	12	13	13	12	13	13	11	10	9	8	11
次多风向	NE	NE	SSW	SSW	SSW	SSW	NE	NE	SSW	SSW	NE	SSW	SSW
频率(%)	8	9	11	11	12	10	9	9	11	8	9	8	9

表 7.2　容城气象站近 30 a(1989—2018 年)四季及年均各风向频率(%)

风向	N	NNE	NE	ENE	E	ESE	SE	SSE	S	SSW	SW	WSW	W	WNW	NW	NNW	C
春	6	5	8	4	4	3	4	5	12	12	11	4	3	2	3	3	14
夏	8	5	9	5	4	3	5	4	13	8	7	3	2	2	2	3	21
秋	8	6	8	4	3	2	3	4	10	8	7	3	3	3	3	3	28
冬	6	6	8	5	3	3	4	4	9	7	6	3	3	3	3	4	26
年均	7	6	8	4	3	2	4	4	11	9	8	3	2	2	2	3	11

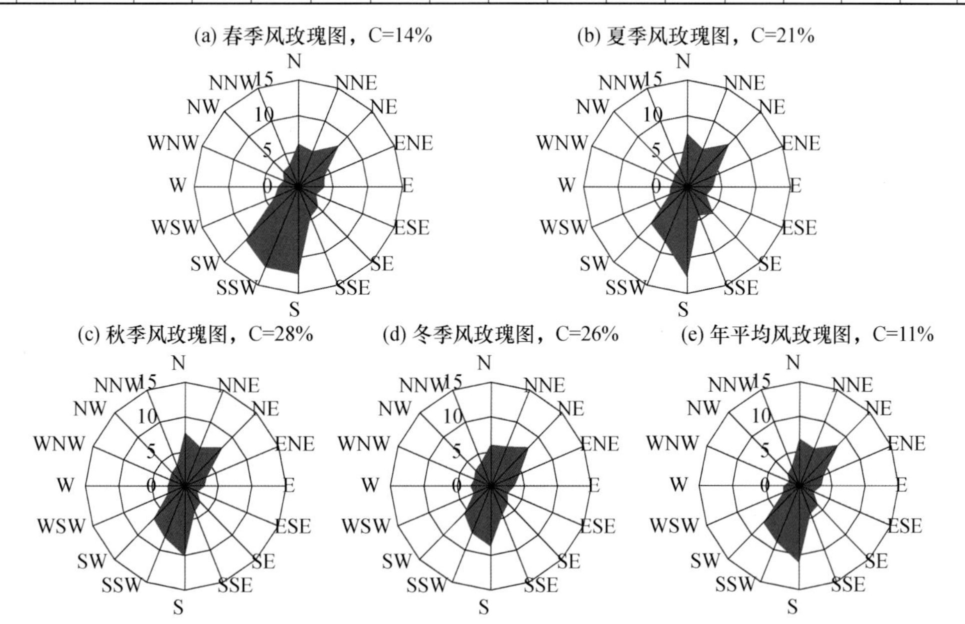

图 7.14　容城气象站累年(1989—2018 年)四季及年均风向频率(%)

(2)安新

近 30 a(1989—2018 年),安新气象站累年最多风向为南西南,风向频率为 19%,次多风向为西南,风向频率为 17%(表 7.3)。春、夏、秋、冬四季内出现频率最高的均是南西南风,分别为 14%、10%、10%和 9%(表 7.4),安新年均及四季风向玫瑰图详见图 7.15。

表 7.3 安新气象站近 30 a(1989—2018 年)各月及年均最多与次多风向及频率

月份	1月	2月	3月	4月	5月	6月	7月	8月	9月	10月	11月	12月	年均
主导风向	SSW	SSW	SSW	SSW	SSW	SSW	S	SSW	SSW	SSE	SSW	SW	SSW
频率(%)	19	20	30	30	32	25	25	27	32	20	22	27	19
次多风向	S	S	S	SSE	S	SW	SSW	SW	N	SW	SW	S	SW
频率(%)	15	18	19	27	26	25	22	22	22	20	21	19	17

表 7.4 安新气象站近 30 a(1989—2018 年)四季及年均各风向频率(%)

风向	N	NNE	NE	ENE	E	ESE	SE	SSE	S	SSW	SW	WSW	W	WNW	NW	NNW	C
春	5	7	5	5	4	4	3	6	11	14	10	4	2	3	3	5	10
夏	6	7	5	6	4	4	5	7	10	10	7	3	2	2	3	5	17
秋	7	7	6	4	3	2	3	5	8	10	7	3	3	3	4	6	23
冬	7	7	5	5	4	3	4	5	8	9	6	3	2	3	3	5	22
年均	6	7	5	5	4	3	3	6	9	11	7	3	2	2	3	5	18

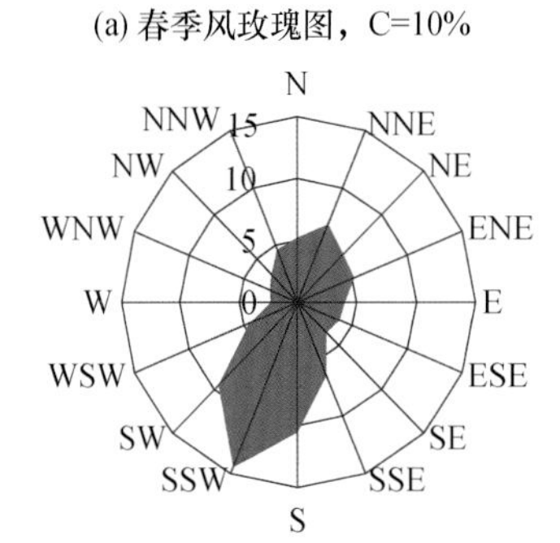

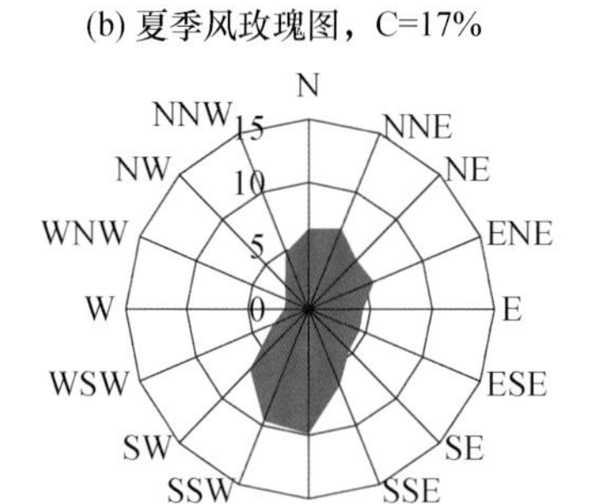

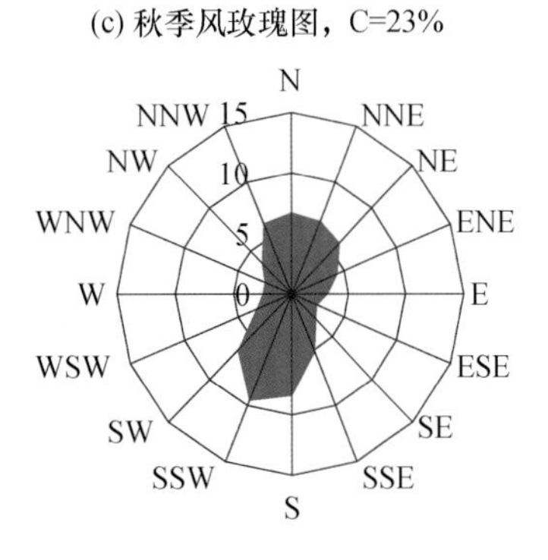

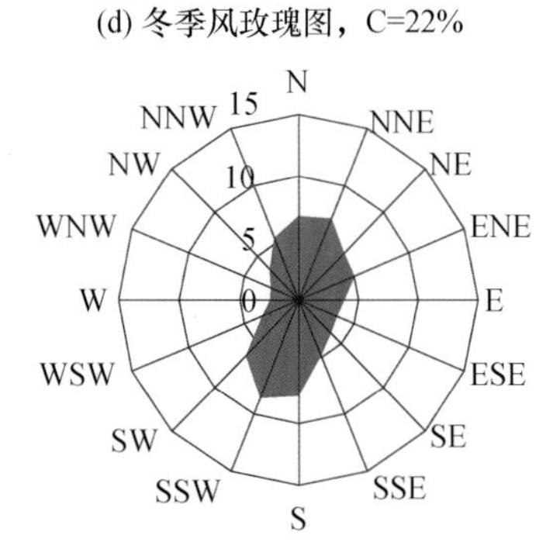

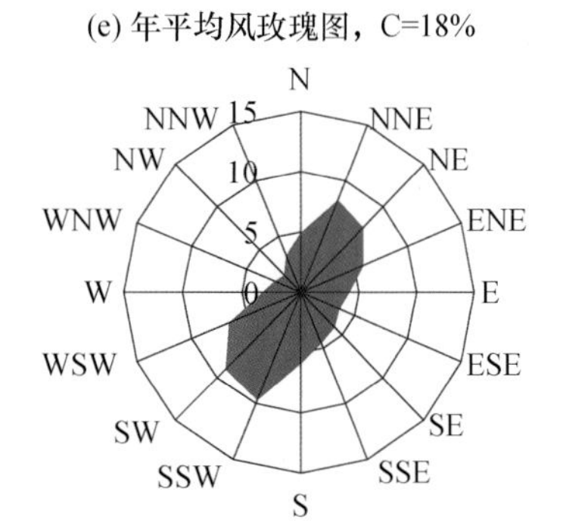

图 7.15 安新气象站累年(1989—2018 年)四季及年均风向频率(%)

（3）雄县

近30 a（1989—2018年），雄县气象站累年最多风向为南西南，风向频率为14%，次多风向为西南，风向频率为13%（表7.5）。春、夏、秋、冬四季内出现频率最高的是南西南风，分别为13%、10%、9%和7%（表7.6），雄县年均及四季风向玫瑰图详见图7.16。

表7.5 雄县气象站近30 a（1989—2018年）各月及年均最多与次多风向及频率

月份	1月	2月	3月	4月	5月	6月	7月	8月	9月	10月	11月	12月	年均
主导风向	SW	SSW	SW	SW	SW	SW	SW	SSW	SW	SSW	NNE	SW	SSW
频率（%）	13	15	23	23	29	19	22	19	19	21	18	15	14
次多风向	NE	NE	SSW	SSW	SSW	SSW	SSW	SW	SSW	NE	NE	SSW	SW
频率（%）	15	15	21	23	24	19	19	15	18	19	16	15	13

表7.6 雄县气象站近30 a（1989—2018年）四季及年均各风向频率（%）

风向	N	NNE	NE	ENE	E	ESE	SE	SSE	S	SSW	SW	WSW	W	WNW	NW	NNW	C
春	4	8	7	6	4	4	4	5	6	13	12	8	4	3	2	4	7
夏	5	8	8	6	6	5	6	5	6	10	9	6	3	2	2	3	12
秋	5	8	8	5	4	3	3	4	6	9	8	7	4	3	3	4	20
冬	5	9	8	6	4	4	4	4	5	7	7	6	4	3	3	4	20
年均	5	8	8	6	4	4	4	5	6	10	9	7	3	2	2	3	15

(a) 春季风玫瑰图，C=7%

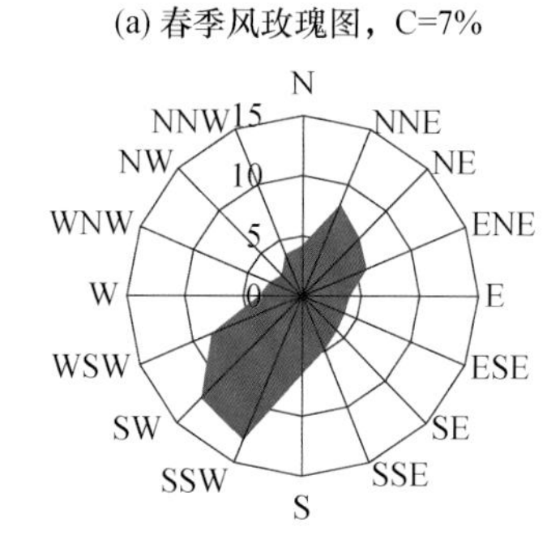

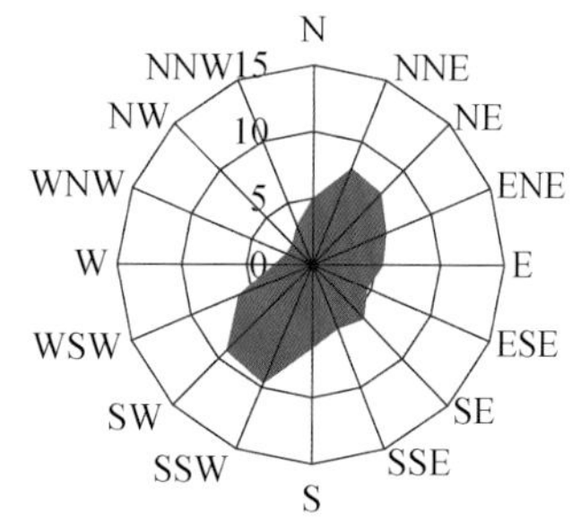

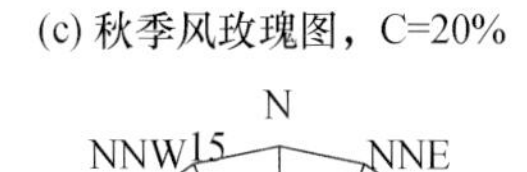

(d) 冬季风玫瑰图，C=20%

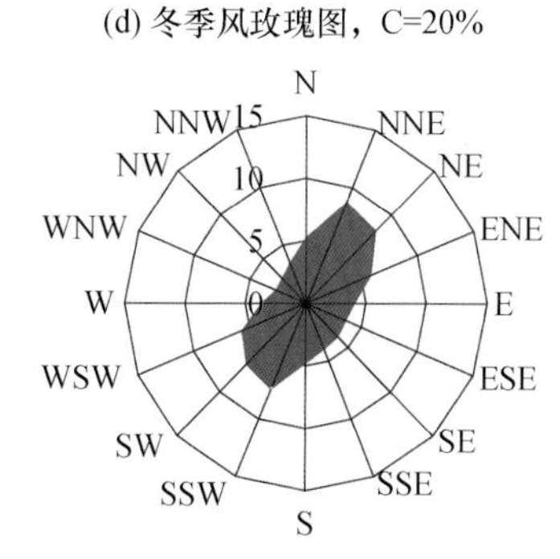

(e) 年平均风玫瑰图，C=15%

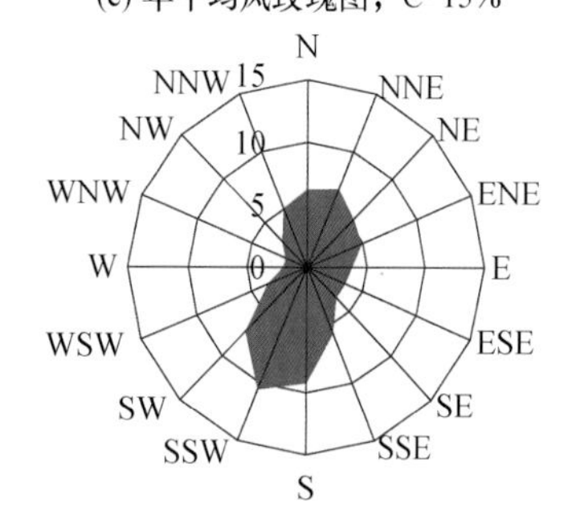

图7.16 雄县气象站累年（1989—2018年）四季及年均风向频率（%）

7.3.5.3 最大风速和极大风速

(1)容城

1975—2018年,容城气象站最大风速为17.0 m/s,分别出现在1976年5月11日(NNW)、1978年4月5日(NNW)、1979年2月16日(NNW)、2010年3月20日(NW)。2011—2018年,容城气象站极大风速最大值为27.2 m/s,出现在2013年7月20日(NNE),详见表7.7和表7.8。

表7.7 容城气象站历年最大风速(1975—2018年)

年份	10 min平均最大风速(m/s)	风向	时间(月-日)	年份	10 min平均最大风速(m/s)	风向	时间(月-日)
1975	14.0	WNW	06-27	1997	7.0	N	02-15
1976	17.0	NNW	05-11	1998	8.0	ENE	03-29
1977	16.7	NNW	04-17	1999	13.0	N	06-09
1978	17.0	NNW	04-05	2000	11.0	N	03-27
1979	17.0	NNW	02-16	2001	11.3	NNW	01-07
1980	14.0	NNE	04-05	2002	12.7	W	08-29
1981	16.0	NNW	03-14	2003	11.7	NE	02-09
1982	14.0	NNW	05-02	2004	15.0	NE	09-06
1983	16.0	NNW	06-27	2005	13.0	NE	03-28
1984	15.0	NNW	03-20	2006	12.0	N	04-19
1985	14.0	NNW	04-21	2007	11.3	NE	04-22
1986	12.0	NNW N NW	01-03 05-13 07-23	2008	11.0	WNW	04-12
1987	14.3	NE	06-05	2009	14.0	NW	10-18
1988	11.0	NNW NNE	01-22 04-13	2010	17.0	NW	03-20
1989	12.0	S	07-13	2011	14.4	NE	03-14
1990	9.7	NNW	12-25	2012	12.9	WNW	03-23
1991	12.0	NNW	07-22	2013	13.1	NNW	03-09
1992	10.3	NNE	08-06	2014	11.8	WNW	11-30
1993	11.7	NNW	06-22	2015	11.4	WNW	06-12
1994	10.0	N	03-16	2016	11.8	NE	07-20
1995	11.7	WSW	07-05	2017	13.4	NNW	08-09
1996	8.7	NNW	11-26	2018	11.8	NW	04-06

表7.8 容城气象站历年极大风速(2011—2018年)

年份	极大风速(m/s)	风向	时间(月-日)	年份	极大风速(m/s)	风向	时间(月-日)
2011	19.5	NE	03-14	2015	18.3	NW	07-23
2012	19.7	NNW	03-23	2016	18.2	NNE	07-20
2013	27.2	NNE	07-20	2017	21.5	NW	06-21
2014	17.8	NNW	06-17	2018	18.5	ENE	03-15

(2)安新

1971—2018 年,安新气象站最大风速为 24.0 m/s,出现在 1977 年 3 月 13 日(WNW)。2011—2018 年,安新气象站极大风速最大值为 27.5 m/s,出现在 2013 年 8 月 5 日(NNW),详见表 7.9 和表 7.10。

表 7.9 安新气象站历年最大风速(1971—2018 年)

年份	10 min 平均最大风速(m/s)	风向	时间(月-日)	年份	10 min 平均最大风速(m/s)	风向	时间(月-日)
1971	18.0	NNW ENE	03-31 04-22	1995	12.7	WSW	05-07
1972	20.0	NNW	05-18	1996	16.7	NNE NNW	01-03 11-26
1973	18.0	NE	02-17	1997	14.0	E	05-06
1974	19.0	WNW	10-21	1998	15.7	WSW	04-01
1975	23.0	NW	06-27	1999	15.7	N	09-06
1976	21.7	WNW	12-17	2000	18.7	NNW	06-01
1977	24.0	WNW	03-13	2001	19.0	NNW	01-07
1978	19.0	NW	04-15	2002	19.0	WSW	08-29
1979	19.0	NW	02-16	2003	13.0	SSE NW NW	09-24 10-21 12-18
1980	17.7	NE	05-14	2004	19.3	NNW	06-09
1981	17.7	NW WNW	05-1 10-08	2005	20.0	NW	03-23
1982	15.0	NW	05-02	2006	15.0	NNW	03-27
1983	22.7	NNW	06-27	2007	16.0	NW	06-26
1984	23.0	NNW	03-20	2008	15.0	ESE	09-19
1985	16.0	NNW	04-18	2009	15.7	E	04-15
1986	18.7	NW	03-01	2010	13.7	NNW NW SW	03-20 04-26 06-02
1987	15.3	WNW	03-24	2011	12.8	NNW	04-17
1988	13.7	WNW	01-22	2012	13.4	NW	03-23
1989	11.0	WNW	06-24	2013	16.5	NNW	05-08
1990	17.3	WNW	12-21	2014	12.2	NW	11-30
1991	15.7	WNW	07-22	2015	10.2	NNW	03-03
1992	12.0	W	07-22	2016	9.5	NNW	10-06
1993	15.0	NW	09-04	2017	12.3	SSE	06-07
1994	10.7	NNE	03-16	2018	11.4	NW	10-04

表 7.10　安新气象站历年极大风速(2011—2018 年)

年份	极大风速(m/s)	风向	时间(月-日)	年份	极大风速(m/s)	风向	时间(月-日)
2011	21.8	S	07-24	2015	15.0	NNW	03-03
2012	21.2	WSW	06-21	2016	19.1	N	06-10
2013	27.5	NNW	08-05	2017	24.8	SE	07-06
2014	21.8	NW	06-10	2018	18.7	NW	10-22

(3)雄县

1974—2018 年,雄县气象站最大风速为 22.3 m/s,出现在 1983 年 6 月 27 日(NNW)。2009—2018 年,雄县气象站极大风速最大值为 28.4 m/s,出现在 2012 年 6 月 21 日(SW),详见表 7.11 和表 7.12。

表 7.11　雄县气象站历年最大风速(1974—2018 年)

年份	10 min 平均最大风速(m/s)	风向	时间(月-日)	年份	10 min 平均最大风速(m/s)	风向	时间(月-日)
1974	20.0	WNW	11-07	1997	10.3	NNE	03-29
1975	14.0	NNE	11-18	1998	11.7	NE	08-29
1976	19.3	NNE	03-17	1999	11.0	NNE	06-17
1977	21.0	NNE	08-03	2000	10.3	NNE	09-04
1978	14.7	NNE	11-26	2001	11.0	NW	01-07
1979	18.0	NW	02-16	2002	12.3	WSW	08-29
1980	20.7	NNE	01-29	2003	11.7	SSE	09-24
1981	16.0	N	04-18	2004	11.7	NW	07-23
1982	17.3	NNE	08-04	2005	10.7	NNW	03-23
1983	22.3	NNW	06-27	2006	10.3	NNW	12-16
1984	17.0	WNW	07-28	2007	11.7	NW NNE	05-17 06-26
1985	12.0	NNE	04-22	2008	9.7	NNW	01-04
1986	12.3	NNE	03-15	2009	10.3	ENE	04-15
1987	13.0	NE	05-06	2010	11.8	W	03-20
1988	10.7	NW	07-23	2011	10.1	NE	04-10
1989	10.7	NNE	09-04	2012	10.9	NNW	03-23
1990	10.7	NE	03-09	2013	13.0	N	09-03
1991	12.0	NNW	07-22	2014	9.2	NNW	01-12
1992	12.0	NNE	02-10	2015	9.2	N	01-07
1993	11.3	NNE W	02-21 04-23	2016	8.9	SW	11-09
1994	10.7	NNE	03-16	2017	12.7	NNE	02-19
1995	10.7	NNE WSW	06-18 07-05	2018	12.5	ESE	03-28
1996	10.3	N	02-01				

表 7.12 雄县气象站历年极大风速(2009—2018 年)

年份	极大风速(m/s)	风向	时间(月-日)	年份	极大风速(m/s)	风向	时间(月-日)
2009	17.3	ENE	04-15	2014	16.2	N	12-01
2010	18.8	W	03-20	2015	18.3	W	06-04
2011	16.7	NNE	03-13	2016	18.0	NE	07-20
2012	28.4	SW	06-21	2017	21.0	NE	03-01
2013	19.7	NNE	03-09	2018	19.0	W	10-22

7.4 雄安新区气象灾害

雄安新区主要气象灾害有干旱、暴雨、高温、雷暴、大风、霾等。近 20 a 来平均每年因气象灾害造成直接经济损失近 4500 万元,较河北全省县级平均值偏低。与华北地区相比,雄安新区受全球气候变化影响幅度不显著,可以认为其气候变化风险小于周边地区。

7.4.1 暴雨

雄安新区年降雨日数与暴雨日数分布差异大。京津冀地区降雨日数的大值中心位于西北部,年平均在 85 d 以上,雄安新区在 65 d 以下;京津冀地区暴雨日数大值中心位于东北部的唐山、秦皇岛,年平均在 2～2.5 d,雄安新区为 1～1.5 d。雄安新区平均年暴雨日数 1.4 d,最多年达 4.3 d(1994 年),平均最长连续降水日数 5.0 d,最长年达 12 d(1977 年);最大日降水量为 263.4 mm(1991 年 7 月 28 日,雄县),最长连续降水过程量为 306.7 mm(1963 年,安新)。

雄安新区平均年暴雨日数、最长连续降水日数、最大日降水量和最大连续降水量总体均呈减少趋势(图 7.17、图 7.18),线性减少趋势分别为 0.14 d/10 a、0.25 d/10 a、1.36 mm/10 a 和 5.68 mm/10 a。但雄安新区(容城)小时最大雨强有增大趋势,平均每 10 a 增加 1.5 mm,不同重现期极端强降水强度增幅在 16%～28%(表 7.13)。

表 7.13 1961—2017 年雄安新区(容城)两个时段 1 h 不同重现期雨量

	10 a 一遇	20 a 一遇	30 a 一遇	50 a 一遇	100 a 一遇
1961—1990 年(前期;mm)	46.5	53.8	58.0	63.2	70.3
1991—2017 年(后期;mm)	53.9	63.8	69.9	78.0	89.8
增加率(%)	16	19	21	23	28

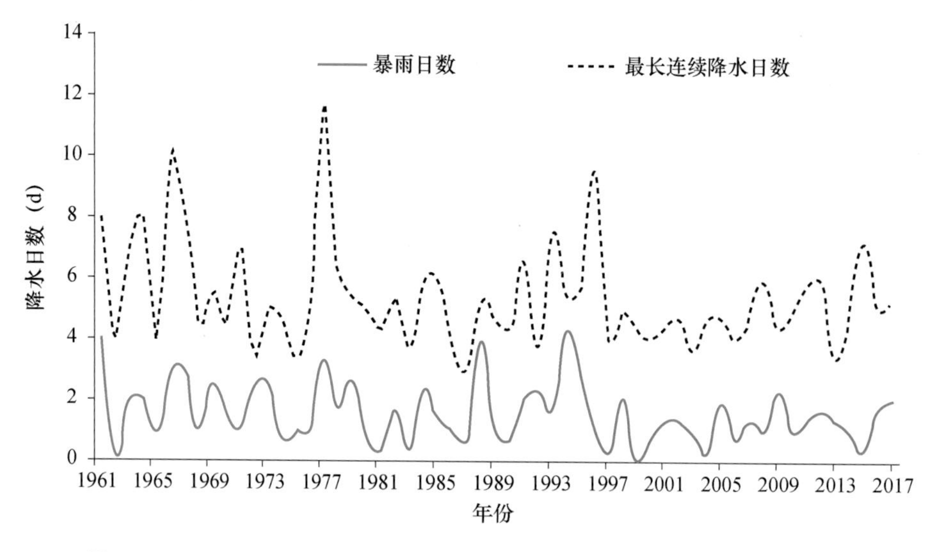

图 7.17　1961—2017 年雄安新区平均暴雨日数、最大连续降水日数历年变化

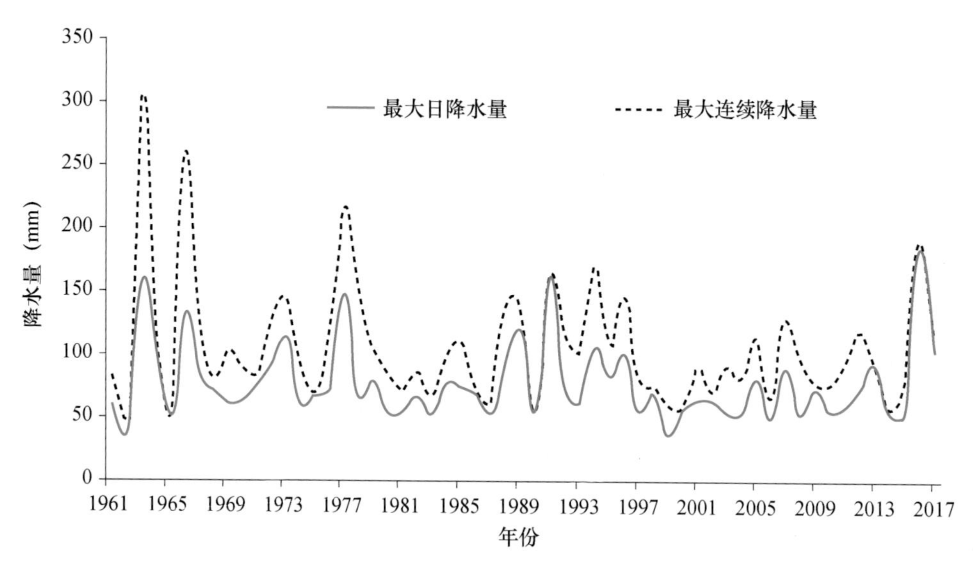

图 7.18　1961—2017 年雄安新区平均最大日降水量、最大连续降水量历年变化

7.4.2　干旱

雄安新区干旱日数分布呈现西北少、东南多的格局。从整个京津冀地区来看，其西北部年平均中旱等级以上的日数低于 50 d，中部和南部地区在 50 d 以上，其中北京东南部、天津、雄安新区等地普遍在 55～60 d。雄安新区平均干旱日数为 57.3 d；最长连续干旱（中旱以上）日数，雄安新区、北京、天津、石家庄南部地区都在 30 d 以上，雄安新区平均为 31.6 d。

1961—2017 年雄安新区平均年干旱日数总体呈减少趋势，线性趋势为每 10 a 减少 13 d。干旱日数最多年份为 1968 年，达 247 d，1975、1999 年和 2006 年也都在 150 d 以上

(图7.19)。20世纪80年代以来,雄安新区发生轻度以上气象干旱日数和区域性干旱事件呈明显的减少趋势,特别是2007年以来,雄安新区的干旱化趋势明显减弱。

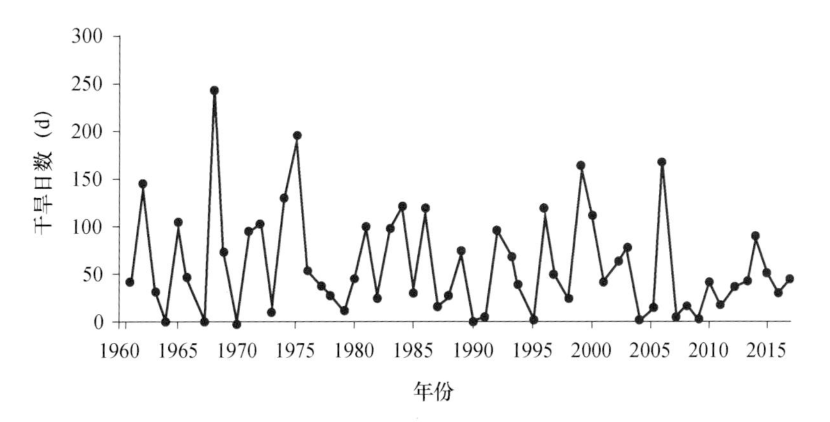

图7.19 1961—2017年雄安新区平均干旱日数历年变化

7.4.3 高温

雄安新区高温日数分布特点为南多北少。京津冀南部地区平均年高温日数在13 d以上,北京和天津大部分地区在5～9 d,雄安新区大部分地区年高温日数为11～13 d。极端最高气温方面,京津冀南部地区在42 ℃以上,北京东南部、天津南部、雄安新区大部分地区在41 ℃以上。

雄安新区年平均高温日数为11.8 d,最多高温日数为33 d(1968年,容城),年际差异大,呈线性增加趋势,每10 a增加0.8 d(图7.20)。极端最高气温为41.2 ℃(2000年7月1日,容城,表7.14)。如图7.21所示,雄安新区平均高温初日出现在6月2日,最早出现在1986年5月7日,雄安新区的容城、安新和雄县分别出现了35.9、36.2 ℃和36.5 ℃的高温;平均高温终日为7月22日,最晚出现在2000年9月16日,雄安新区的容城最高气温达35.1 ℃。

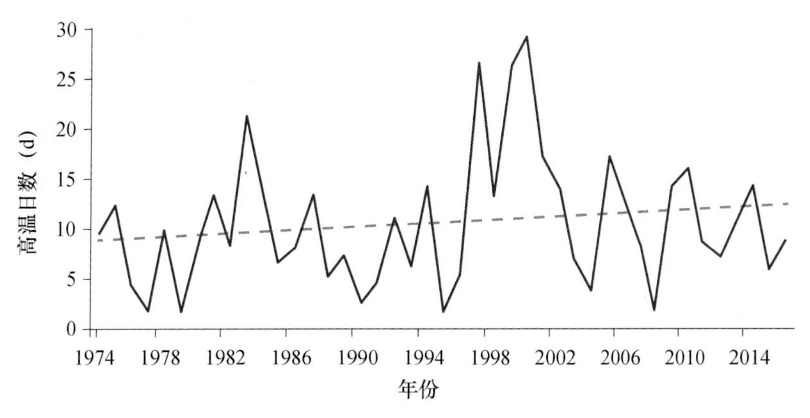

图7.20 雄安新区平均高温日数历年变化

表 7.14 雄安新区各站极端最高气温情况统计(℃)

站名	1月	2月	3月	4月	5月	6月	7月	8月	9月	10月	11月	12月	年最高
容城	16.8	20.6	30.6	33.6	39.3	40.9	41.2	37.7	35.1	31.3	23	15.3	41.2
安新	16.8	20.7	30.2	33.4	38.8	40.7	41.0	38.5	34.4	31.3	23.9	15.3	41.0
雄县	15.3	20.6	30.4	33.5	41.1	40.4	40.9	38.1	34.6	30.9	23.2	14.7	41.1

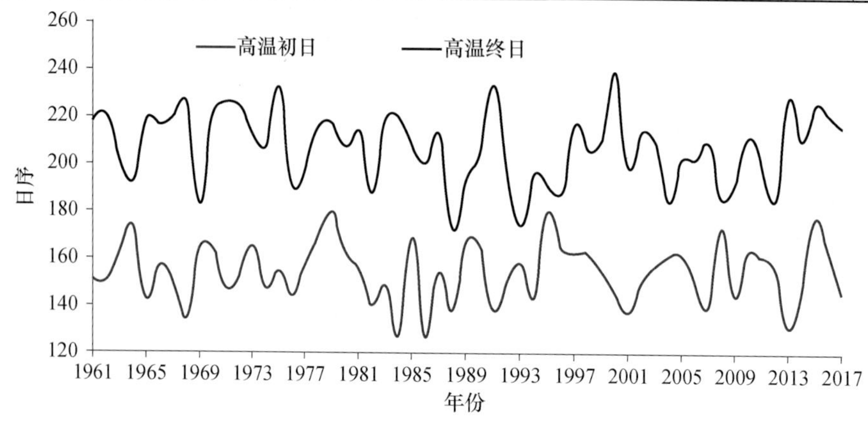

图 7.21 1961—2017 年雄安新区高温初日、终日历年变化

7.4.4 大风

雄安新区多年平均大风日数为 7 d，1967 年大风日数最多，为 34 d。大风日数变化呈减少趋势(图 7.22)，平均每 10 a 减少 2.7 d。雄安新区有正式气象记录以来出现的极大风速是 28.4 m/s(雄县，2012 年 6 月 21 日)。雄安新区多年平均极端大风出现的频次变化不大，大风造成损失的情况时有发生。例如，安新县在 2002 年 8 月 29 日、2004 年 9 月 6 日，雄县在 2006 年 6 月 29 日、2012 年 6 月 21 日、2013 年 7 月 31 日大风天气中受灾严重；毗邻的霸州于 1969 年 8 月 29 日遭受龙卷袭击，死亡 98 人。

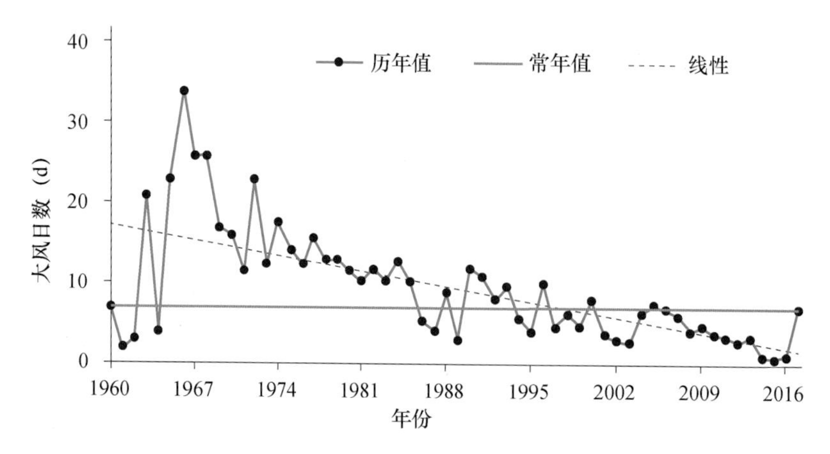

图 7.22 雄安新区年大风日数历年变化

7.4.5 雷暴

雄安新区容城、安新和雄县雷暴日数常年值分别为26.9、29.3 d和28.8 d，区域平均的常年值为28.0 d；容城、安新和雄县自建站至2013年的雷暴日数均呈减少趋势(图7.23)，各站变化趋势分别为－1.3 d/10 a、－1.3 d/10 a和－1.6 d/10 a，区域平均的雷暴日数变化趋势为－1.4 d/10 a。

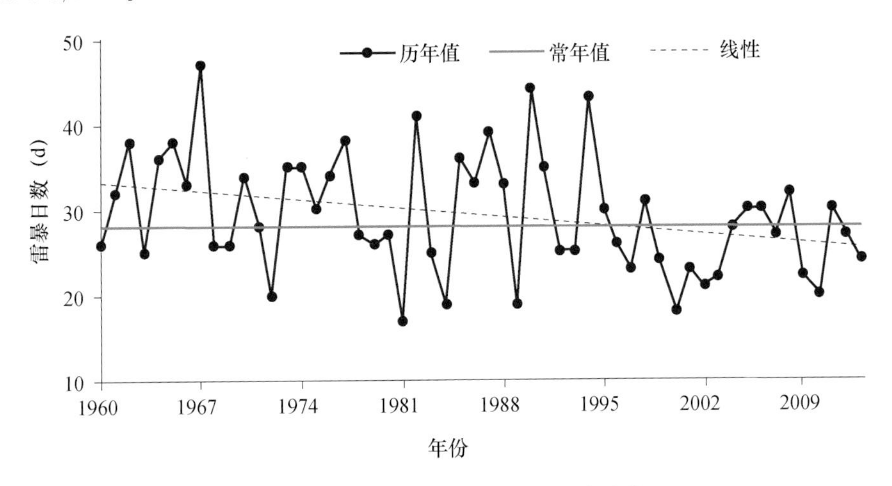

图7.23 雄安新区年雷暴日数历年变化

7.4.6 霾

雄安新区霾日数呈明显增多趋势。平均每10 a增加3.9 d，特别是2013年以来增加速率明显加快，近几年霾日数每年高达40～60 d。与周边地区相比，雄安新区霾日数明显偏少，空气质量相对较好。2017年京津冀地区空气质量优良率大致在38.9%～79.7%，其中雄安新区空气质量优良率为61.9%，$PM_{2.5}$浓度为68.1 $\mu g/m^3$，明显优于石家庄和保定市。

7.4.7 积雪

雄安新区积雪日数呈缓慢减少趋势。其中，容城、安新、雄县积雪日数常年值分别为15.5、16.3 d和14.6 d，区域平均为15.5 d，1963年积雪日数为65 d，为有气象记录以来最高。建站至2015年，容城和雄县年积雪日数分别以0.6 d/10 a和0.1 d/10 a的速率缓慢增加，安新以1 d/10 a的速率减少，区域平均的积雪日数以0.6 d/10 a缓慢减少(图7.24)。1960—2015年，雄安新区最大积雪深度为容城和安新两站的26 cm，出现在1978年2月23日(图7.25)。

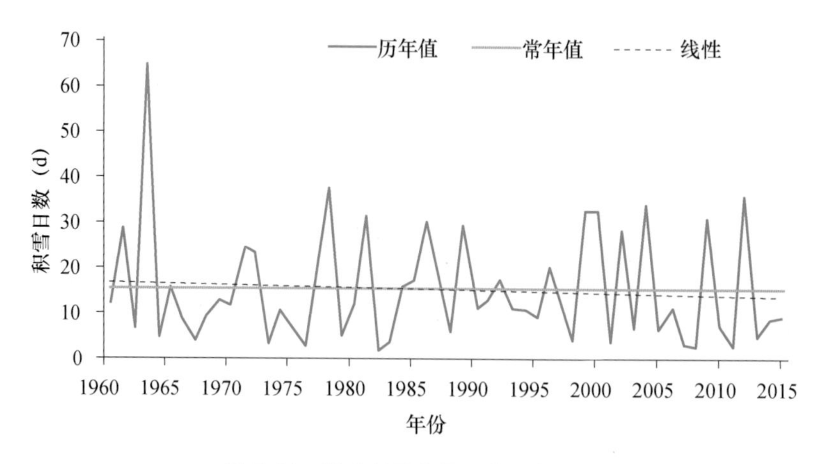

图 7.24　雄安新区积雪日数历年变化

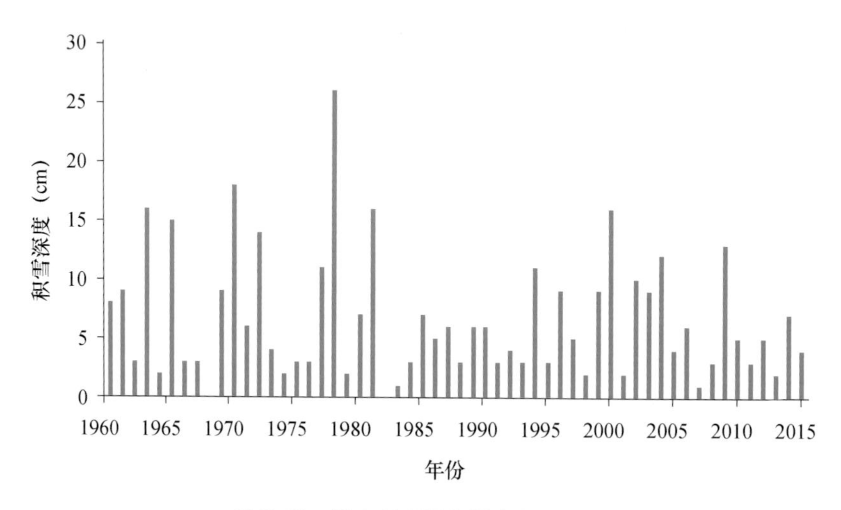

图 7.25　雄安新区历年最大积雪深度

7.5　雄安新区气象灾害风险评估

7.5.1　雷电风险

雷暴受地形地貌、大气环流和局部地区条件等因素影响明显。为此，本节利用雷暴日、闪电定位等气象资料对雄安新区的雷电活动特征进行分析研究，以便为雄安新区的布局、防雷类别与防雷措施确定、雷灾事故应急方案提出有力依据。

7.5.1.1 雷电灾害对雄安新区的影响

据统计，2003—2009 年容城、安新和雄县 3 县共发生雷击事故 21 起，其中容城 7 起、安新 5 起、雄县 9 起。

2005 年 6 月 19 日下午，雄安新区出现强雷暴天气，容城县一农民在田间作业时，被雷电击中拖拉机，造成该农民当场死亡；另有一名儿童在村中树下避雨时被雷击中死亡；同日，在雄县也因雷击造成一人死亡、一人受伤。2009 年 8 月 1 日，雄县米家务乡某废品收购站内一存放原料的库房遭雷击引起火灾，造成直接经济损失约 20 万元。

7.5.1.2 雷暴日时间分布特征

从河北省来看，1951—2013 年累年平均雷暴日数为 31.7 d，最多雷暴日出现在 1959 年，为 47.9 d，最少雷暴日数为 20.4 d，出现在 1981 年；20 世纪 50 年代、60 年代，以及 80 年代中期至 90 年代中期，雷暴日数偏多，多数年份的雷暴日数都在 30 d 以上，但 2000 年以后雷暴日数有所减少，年平均为 26.6 d，较多年平均少 5 d（图 7.26a、表 7.15）。

1970—2013 年容城、安新和雄县累年平均雷暴日数分别为 28.0、29.5、29.1 d，雄安新区的多年平均为 28.9 d；容城、安新和雄县气象站自 1974 年至 2013 年的年雷暴日数均呈减少趋势，速率分别为－1.5 d/10 a、－2.1 d/10 a 和－1.6 d/10 a，雄安新区的年雷暴日数变化趋势为－1.7 d/10 a（表 7.15、图 7.26）。

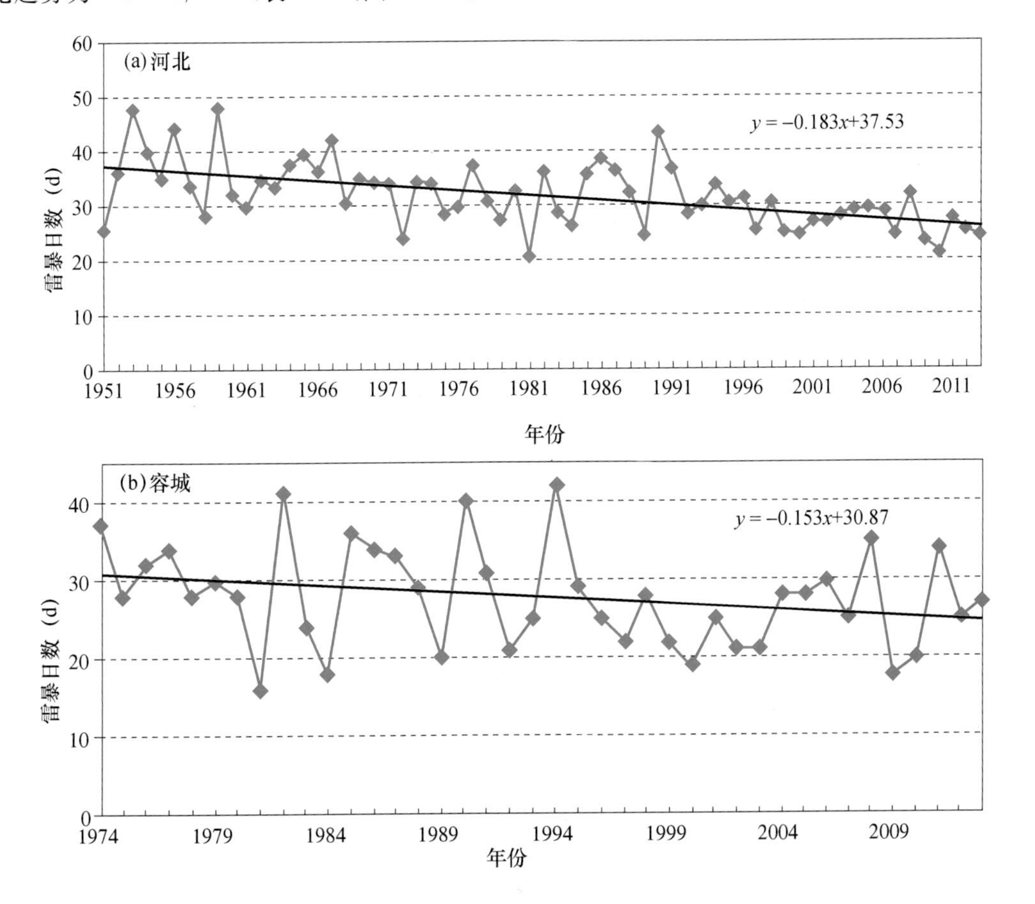

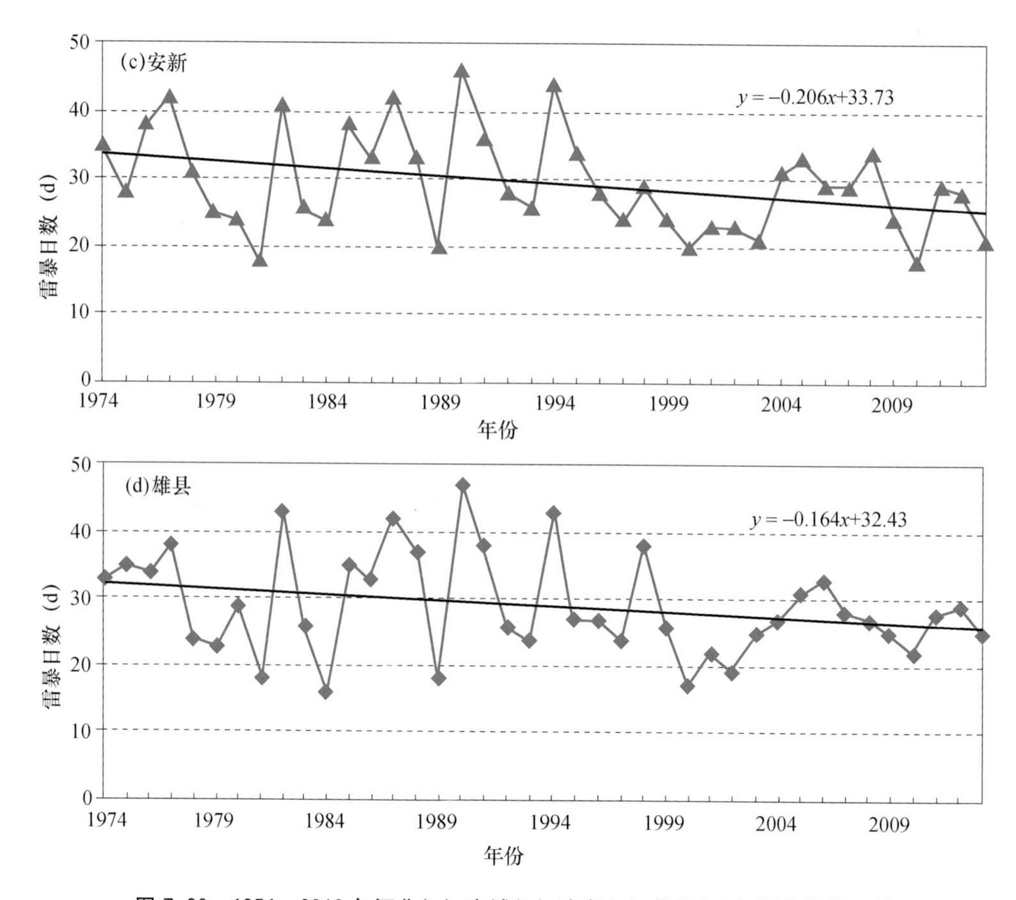

图 7.26 1951—2013 年河北(a)、容城(b)、安新(c)、雄县(d)年平均雷暴日数

表 7.15 1971—2013 年河北、容城、安新、雄县及雄安新区各年代平均雷暴日数(d)

地区	20 世纪 70 年代	20 世纪 80 年代	20 世纪 90 年代	21 世纪 00 年代	年均值
河北	31.3	31.0	31.3	27.4	29.7(31.7*)
容城	31.0	27.9	28.5	25.0	28.0
安新	31.5	29.9	31.9	26.7	29.5
雄县	31.2	29.7	32	25.4	29.1
雄安新区	31.2	29.2	30.8	25.7	28.9

注:雄安新区为容城、安新和雄县三者的平均值;* 为河北省 1951—2013 年雷暴日数的平均值。

同河北省雷暴年内发生特点相似,雄安新区的雷暴主要出现在 4—10 月,其中 7 月雷暴发生日数最多,历年平均为 8.9 d,占全年的 28.8%。在春转夏的季节雷暴日数递增,夏转秋的季节则逐月递减,冬季各月均无雷暴发生(图 7.27)。

7.5.1.3 雷电活动时空分布特征

(1) 年际变化特征

闪电定位系统监测数据可知,2005—2014 年河北地区年平均发生闪电 51.4 万次,其中

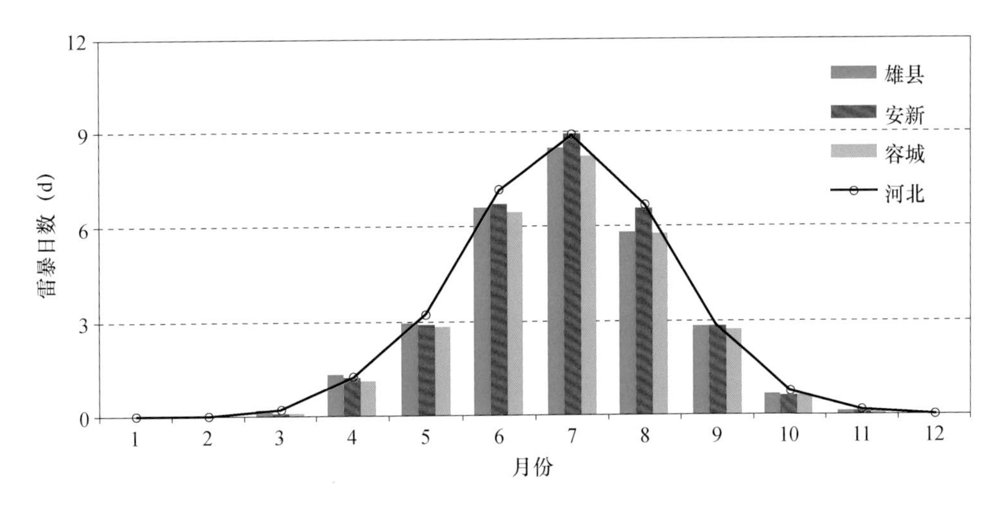

图7.27　多年平均雷暴日数的年内变化

容城、安新和雄县的年平均发生次数分别为668、1493次和889次，雄安新区年平均发生闪电为3049次。根据行政区域面积计算，容城、安新和雄县的平均地闪密度分别为2.1、2.0和1.7次/(km^2・a)(图7.28)。

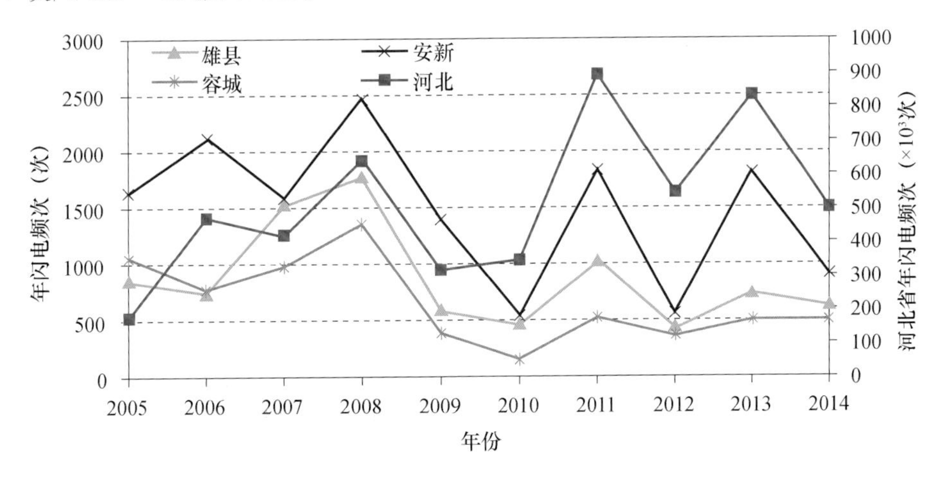

图7.28　2005—2014年地闪频次逐年变化

河北省正地闪的年平均雷电流强度为74.2 kA，负地闪的年平均雷电流强度为−40.46 kA。雄安新区的正地闪年平均雷电流强度为75.2 kA，负地闪的年平均雷电流强度为−41.0 kA。可见，雄安新区的雷电流强度比河北省的要大些。尤其是在2011年，雄安新区的正地闪平均雷电流强度比河北全省的平均值约大20 kA。2007—2013年，雄安新区的正、负地闪平均雷电流强度均大于河北全省的平均情况(图7.29)。

(2)空间分布特征

容城、安新和雄县地区地形、地貌复杂多样，有山地、丘陵、平原和洼地，白洋淀以沼泽为主。从图7.30可见，雄安新区西部的地闪密度相对较大。在白洋淀的淀区地闪密度反而不大，可能是因为高耸的建筑物较少，而周围有城镇的高层建筑物、通信基站等高大建构筑物较多，易形成地面孤立尖端电晕放电。

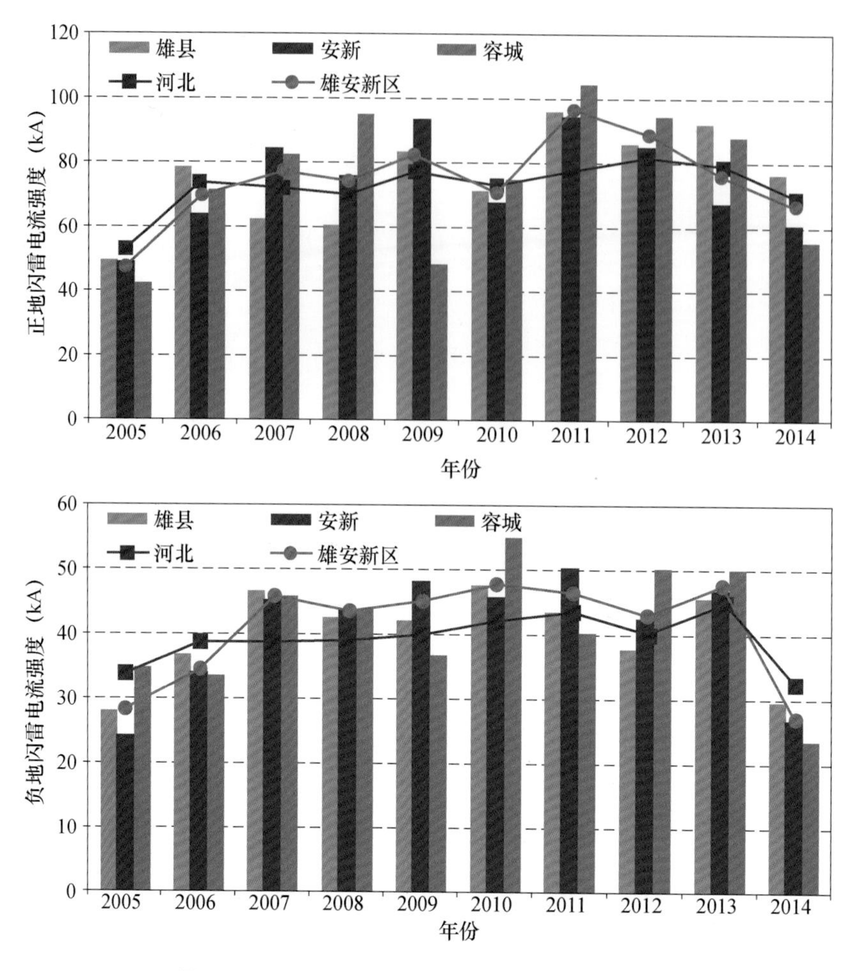

图 7.29　2005—2014 年地闪雷电流强度逐年变化

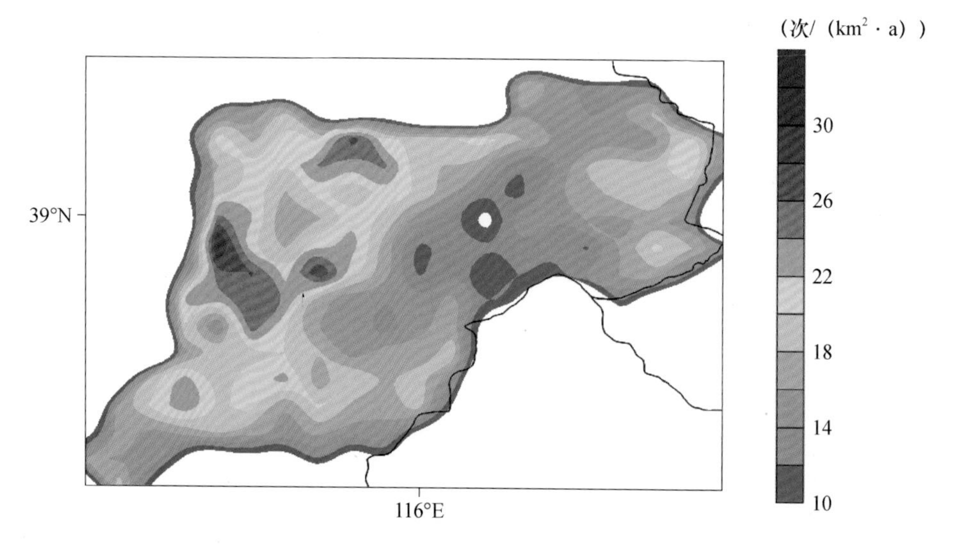

图 7.30　2005—2014 年雄安新区地闪密度空间分布

雷电流的幅值是描述雷电流的一个重要参量，它是建筑物、电气系统、电子系统以及各种其他场所、设施、设备等防雷装置设计时的一个重要设计参数。由图7.31可见，雄安新区大部分地区的平均雷电流强度在40 kA以上，与地闪密度对比分析发现，地闪密度较大的区域，地闪强度也相对较大。

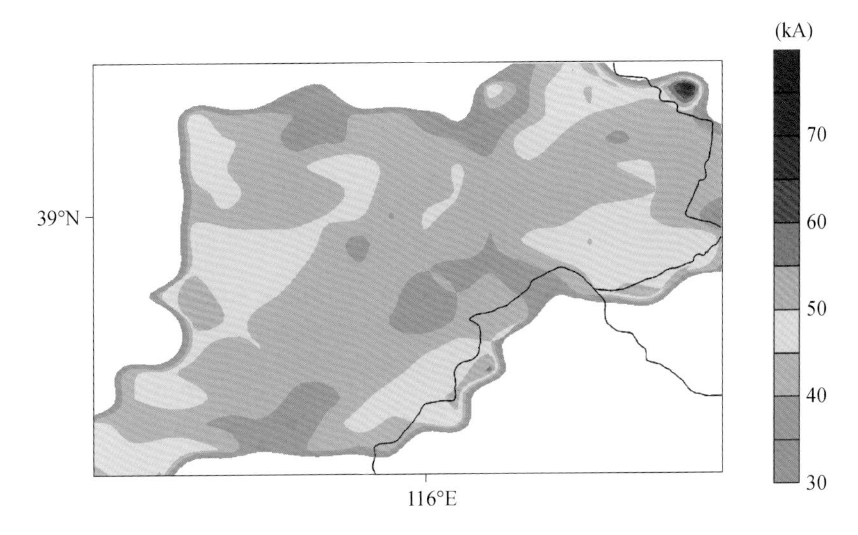

图7.31　2005—2014年雄安新区地闪平均雷电流强度空间分布

7.5.2　暴雨洪涝风险评估

雄安新区历史上也发生过严重的洪涝。1963年8月，白洋淀及附近地区发生了严重的洪涝，“63·8”特大暴雨过程致白洋淀水位上涨迅猛并达到了历史最高11.58 m(超过1954年11.31 m的最高纪录)，遭受了近2个月大面积长时间的洪涝灾害。2016年7月20日京津冀地区大范围暴雨过程，雨量大、极端性强、影响范围广、灾情重，河北部分县(市)24 h雨量达到或超过450 mm，雄安新区也出现了大暴雨，容城、雄县和安新日降水量分别为167.7、178.6 mm和205.3 mm。

由于城市建成区面积不断扩大，导致不透水面积大幅度增加，致使相同降雨条件下，直接径流比重加大，径流系数增大，洪峰提前，洪量增大，对城市排水和河道行洪构成巨大的压力，如果城市排水能力过低，则会发生严重的城市内涝。雄安新区作为非首都功能疏解区，必将集中大量社会经济承灾体，加上城市建设对下垫面的改变，都将影响内涝灾害的发生、发展。因此，针对极端降水不同情景，利用水动力学模型开展典型过程敏感试验，来模拟暴雨内涝的动态淹没过程，结合基于影响的内涝风险评估标准，得出雄安新区内涝风险评估结果，对确保雄安新区防涝安全(起步区内涝防治标准整体为50 a一遇，5个外围组团内涝防治标准为30 a一遇，其他特色小城镇为20 a一遇)提供科学支撑。

7.5.2.1　历史降水和径流特征分析

过去300 a，雄安新区发生洪涝灾害共计139次，平均2～3 a发生1次，其中灾情最为严重的特大洪涝灾害发生4次，平均每76 a发生一次，发生年份分别为1738、1801、1892年和1954年。在年代际尺度上，1796—1827年、1886—1898年和1948—1965年3个时期洪涝灾害发生频繁且灾情重。空间上，偏涝年份，雄安新区濒临河湖、地势低洼地段容易被淹没，占全区面积的20%～30%，而特大洪涝年份，除了容城地势较高之处，雄安新区约80%面积被淹。

暴雨是导致区域洪水最直接的致灾因素。雄安新区年均暴雨日数为：安新1.5 d，暴雨日年平均降雨量131.7 mm；雄县1.5 d，暴雨日年平均降雨量134.6 mm；容城1.4 d，暴雨日年平均降雨量130.3 mm。暴雨雨量日最大值为263.4 mm(1991年7月28日雄县站)，小时最大雨量262.8 mm(1991年7月28日雄县站)，3 h最大雨量262.8 mm(1991年7月28日雄县站)，过程最大降水量306.7 mm(1963年8月1—10日安新站)，详见表7.16。

表7.16　白洋淀流域主要洪水和山洪过程的降水极值特征

年份	极端降水过程	站点最大过程降水		最长持续时间		小时最大雨量	
		降水量(mm)	出现站点	时长(h)	出现站点	雨量(mm)	出现站点
1959	8月1—5日	289.4	阜平	13	涞源、阜平	61.8	定州
1963	8月1—10日	887.2	唐县	63	阜平	79.6	易县
1977	8月2—3日	234.5	安新	12	高碑店、易县	72.2	安新
1988	7月29日—8月4日	169.5	涿州	14	阜平	120.5	行唐
1989	7月21—23日	362.0	顺平	19	唐县、徐水	76.3	顺平
1991	7月27—28日	264.8	雄县	13	涿州	262.8	雄县
1996	8月3—6日	233.6	高碑店	17	涞源、阜平、唐县	52.4	高阳
1997	7月31日—8月1日	226.1	新乐	17	涞源	84.9	新乐
2011	6月23日	71.6	高碑店	5	曲阳	66.8	高碑店
	7月24—25日	82.7	安新	9	雄县	41.0	高碑店
	8月9日	72.6	涞源	2	涞源	67.0	涞源
2012	7月21—22日	270.4	高碑店	19	涞源、易县	107.0	高碑店
2016	7月18—21日	285.5	涿州	46	顺平	34.2	唐县
	8月12—15日	117.8	定州	13	曲阳、行唐	37.2	易县

7.5.2.2　内涝风险评估方法

本节模拟模式采用由德国Geomer公司研制，基于GIS的二维水动力模型——FloodArea，用于界定洪水淹没范围，以评估可能的内涝风险。

采用雄安新区的气象站小时降水数据，统计分析极端强降水变化规律，构建极端强降水情景；建立研究区地形、土地利用等数据库，建立不同强降水情景下研究区暴雨内涝灾害动态模拟模型，分析不同等级(*T*年一遇：100 a、50 a、30 a、20 a和10 a一遇)暴雨诱发内涝动态演变过程；采用综合考虑发生频率和内涝水深双要素确定的风险评估标准，对研究区暴雨内涝灾害进行风险评估(图7.32)。

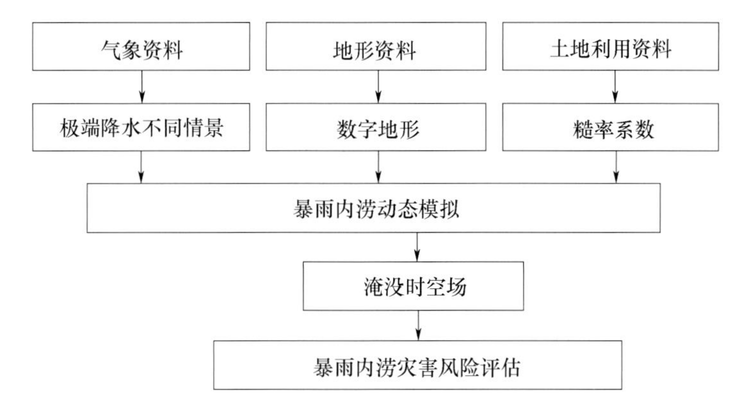

图 7.32 暴雨内涝评估技术路线

7.5.2.3 暴雨内涝动态模拟

以 2016 年 7 月 20 日暴雨过程为例，本次暴雨过程从 7 月 19 日开始零星降水，7 月 19 日 15 时开始降雨量逐渐增大，到 7 月 20 日 05 时降水量达最大，为 32 mm；到 7 月 20 日 18 时基本结束，此次过程累计降雨量达 208.2 mm(图 7.33)。鉴于降水主要集中在 7 月 19 日 15 时至 20 日 14 时，本次模拟中二维水动力模型中降水输入以此段时间为准。

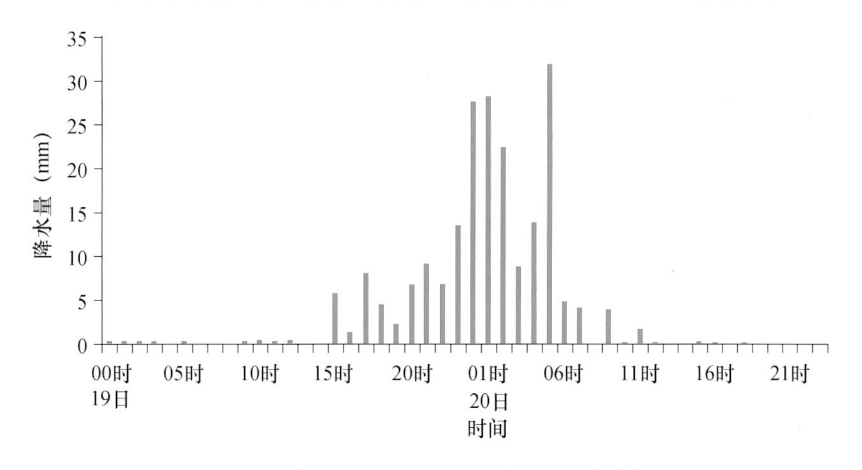

图 7.33 2016 年 7 月 19—20 日安新逐时降水量

模型所需降水曲线以 2016 年 7 月 20 日暴雨过程的降水曲线为依据，首先计算各小时降水比例，再根据不同重现期降水量分别计算 10 a、20 a、30 a、50 a 和 100 a 一遇降水的小时降水曲线(图 7.34)，以这 5 种降水曲线为输入，分别进行雄安新区暴雨内涝动态模拟。由于气象灾害风险需要考虑可能遇到的最坏情况，模型输入降水权重栅格将整个雄安新区降水权重设置为 1。

以雄安新区出现 100 a 一遇降水为例，内涝模拟动态发展随时间变化如图 7.35～7.37 所示。从 7 月 19 日 15 时开始到 21 时，由于降水较小，所以模型输出结果显示雄安新区全区域内涝水深均小于 0.05 m，考虑到该水深对各类承灾体影响极小且叠加雄安新区排水能力，该水深可以说几乎无风险(图 7.35)。

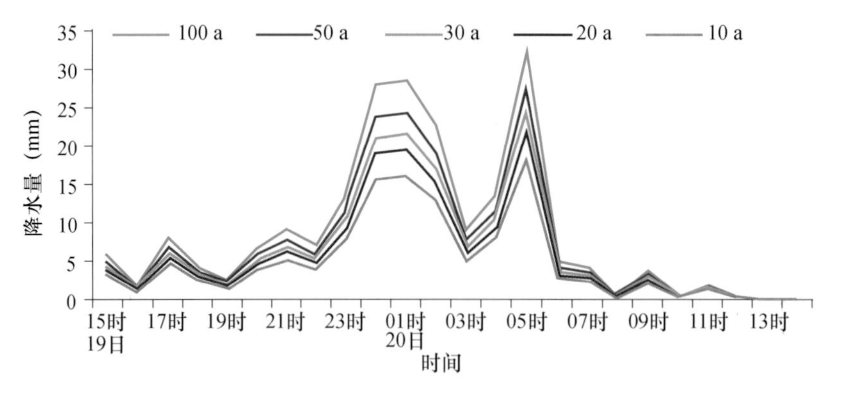

图 7.34　雄安新区 *T* 年一遇暴雨小时降水曲线

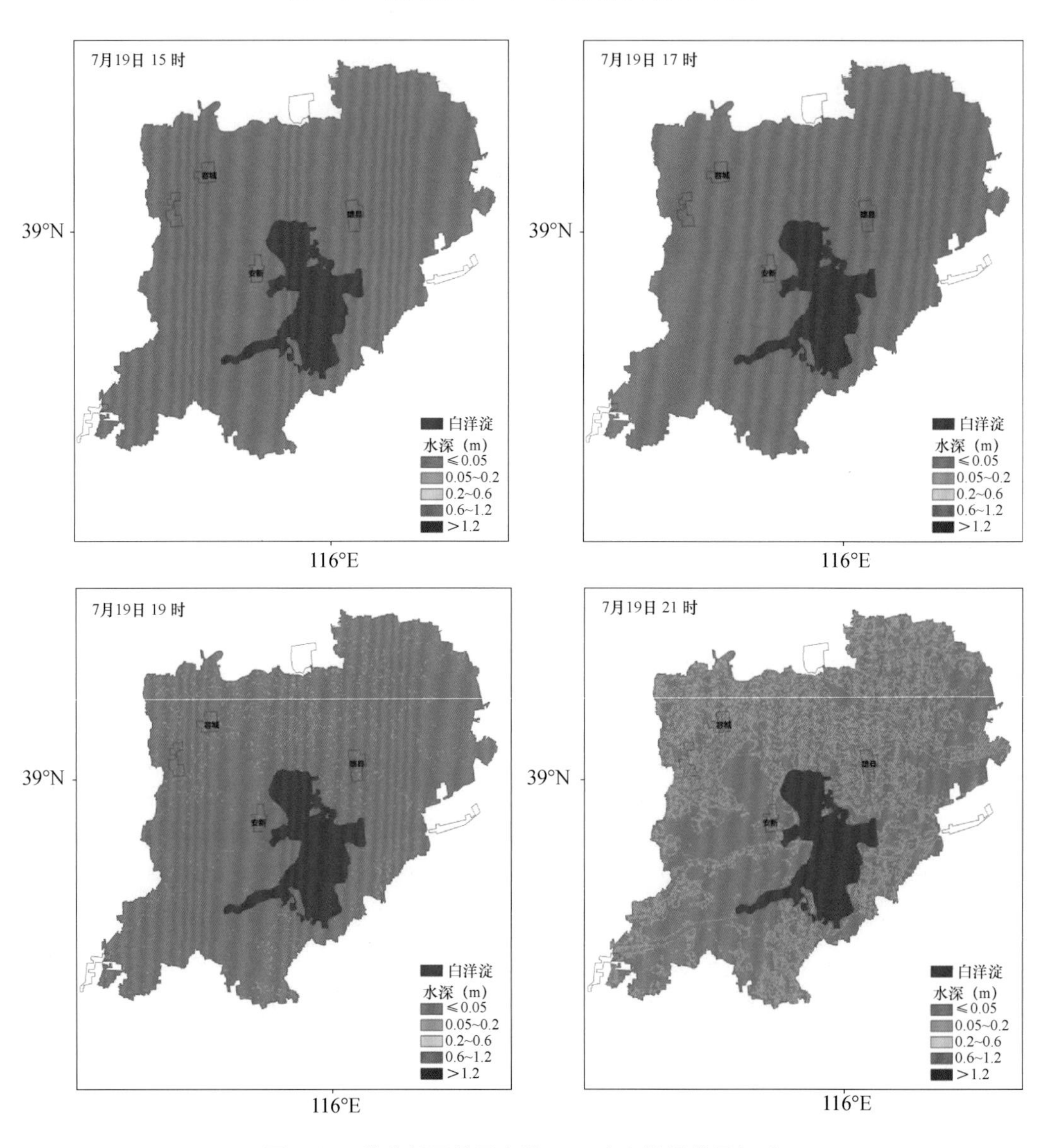

图 7.35　雄安新区暴雨内涝 24 h 动态模拟结果(一)

7月19日21时后，随着降雨增大，雄安新区部分区域开始出现淹没现象；23时，水深0.05～0.2 m的面积达1059.6 km^2，水深0.2 m以上面积为5.6 km^2(图7.36)。

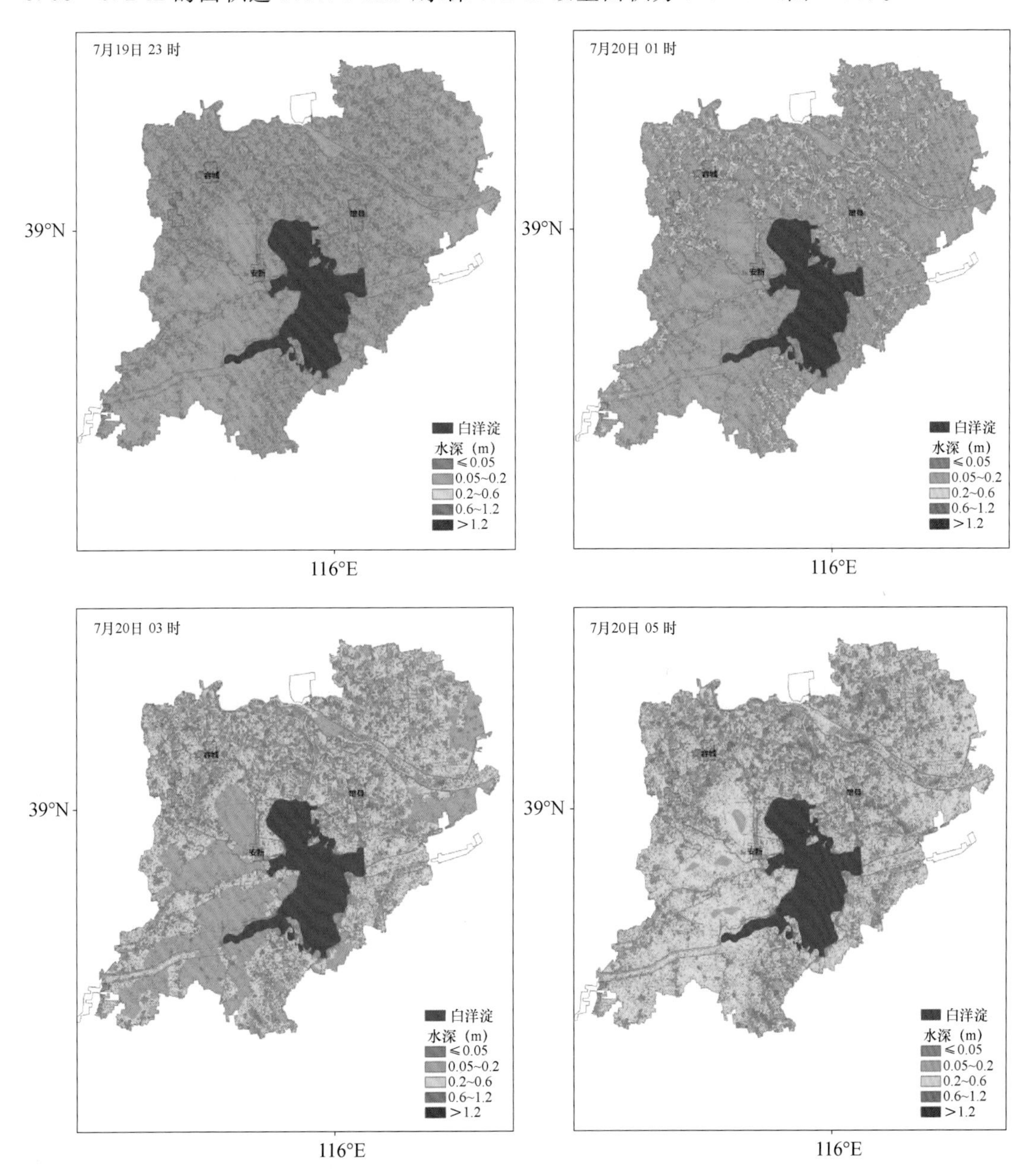

图7.36 雄安新区暴雨内涝24 h动态模拟结果(二)

7月20日01时后，随着降水增大，水深超过0.2 m的区域持续扩大，并有部分区域水深开始超过0.6 m，局地超过1.2 m；到7月20日14时，水深0.05～0.2 m区域面积减少到86.5 km^2，0.2～0.6 m的区域面积扩大到900.9 km^2，0.6～1.2 m区域面积有62.5 km^2，水深超过1.2 m的区域面积有2.0 km^2(图7.37、图7.38)。

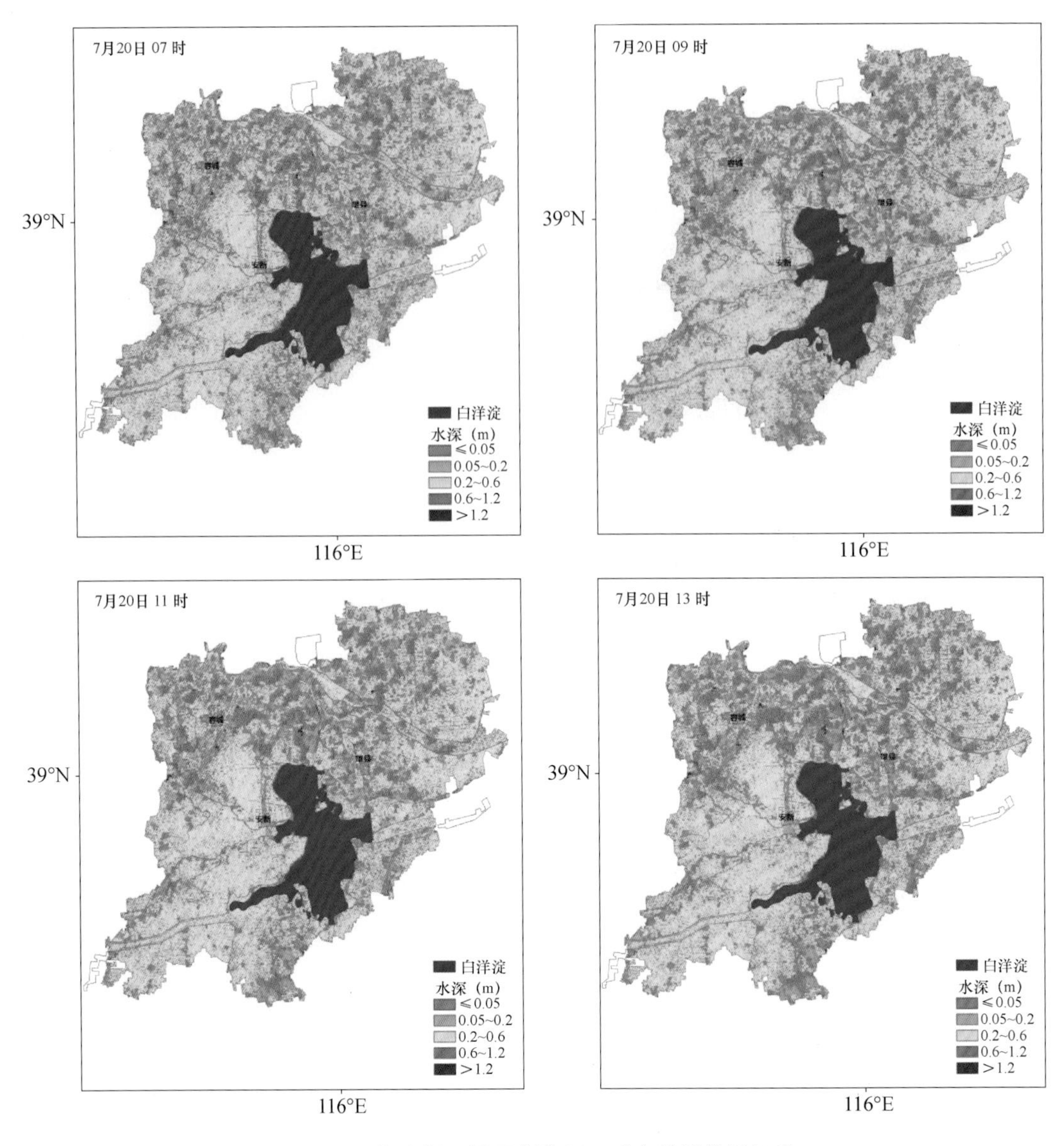

图 7.37 雄安新区暴雨内涝 24 h 动态模拟结果(三)

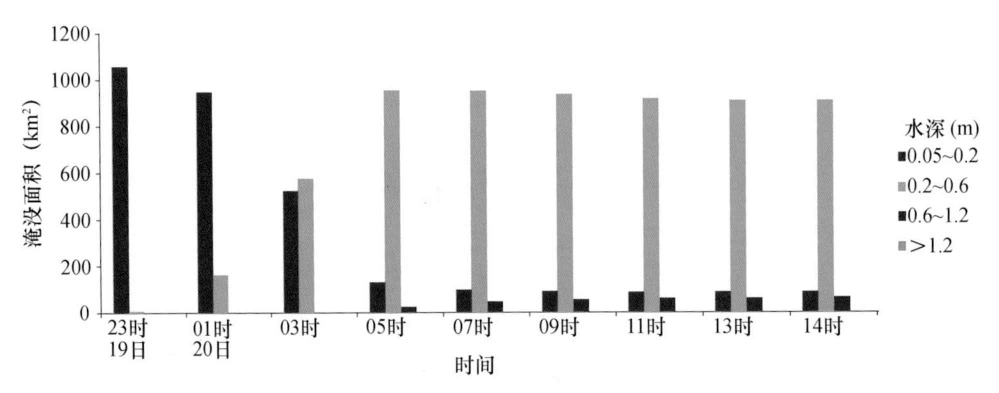

图 7.38 2007 年 7 月 19 日 23 时—20 日 14 时不同深度水深淹没面积

7.5.2.4 不同重现期降水的淹没模拟

输入不同重现期暴雨后，模拟了雄安新区暴雨内涝淹没范围和淹没水深(图 7.39)。随着暴雨等级加强，雄安新区内受影响的高风险等级(内涝水深大)的区域越来越大，但从 5 个重现期内涝模拟结果来看，安新、雄县和容城三个城区均处在内涝影响较低的区域，暴雨内涝深度多在 20 cm 以下。10 a 一遇暴雨重现期情景下，雄安新区全区 80%的面积内涝深度在 20 cm 以下，对整个区域内承灾体影响较低；随着暴雨重现期由 10 a 一遇向 100 a 一遇加大，影响高和影响极高的区域面积逐渐加大，当降水达 100 a 一遇时，20～60 cm 内涝深度的面积有 900.9 km^2，内涝深度大于 60 cm 的面积有 64.6 km^2，多集中于雄安新区北部和西南部局部地区(图 7.39、表 7.17)。

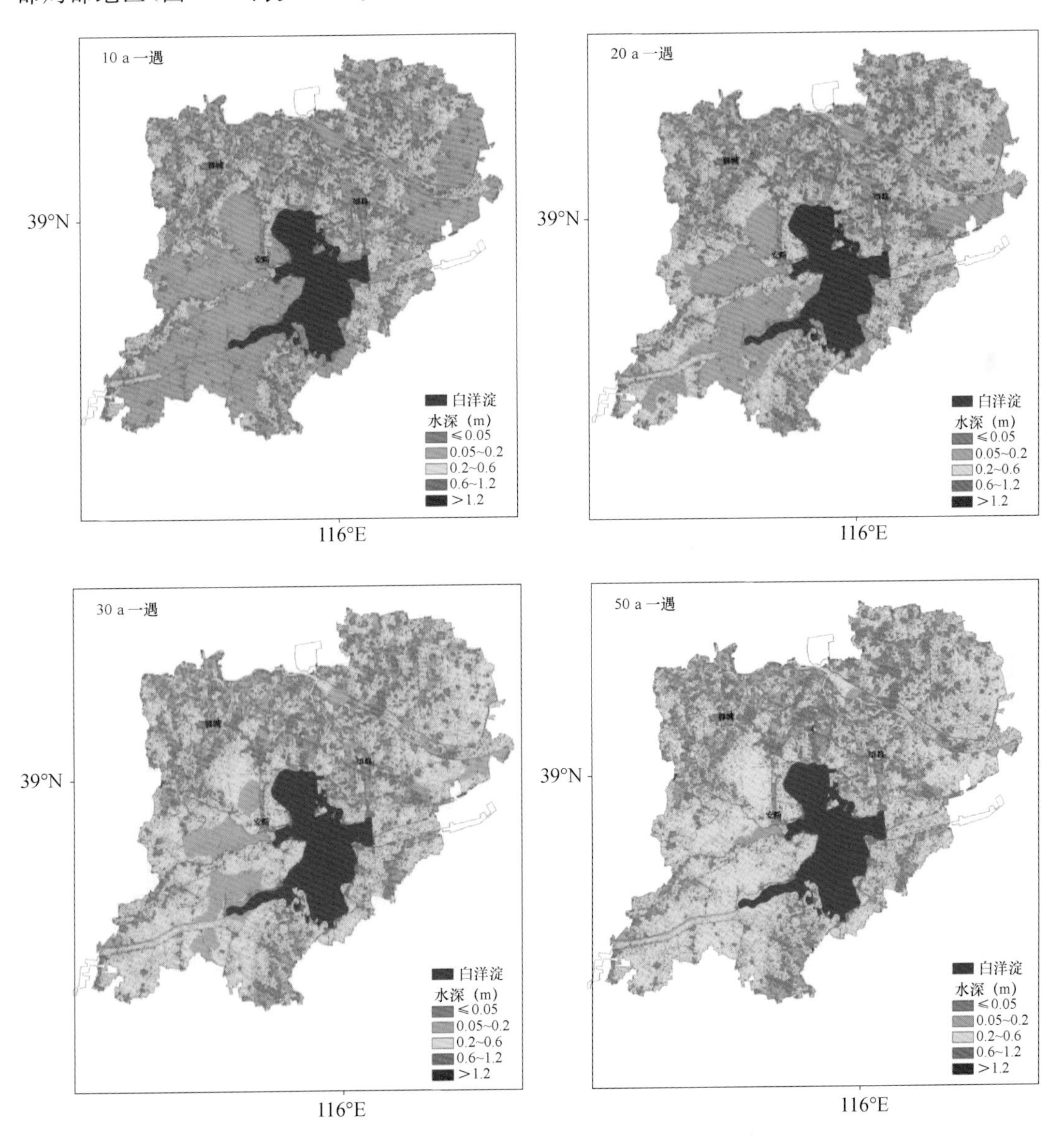

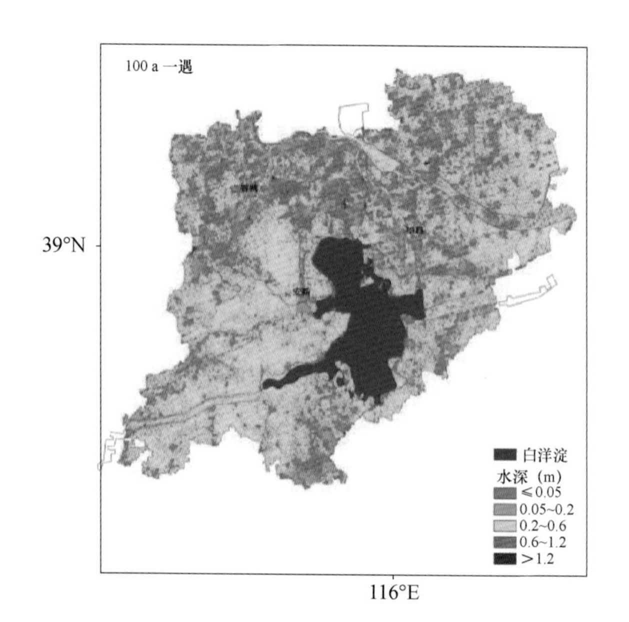

图 7.39　不同重现期暴雨下雄安新区内涝水深

表 7.17　*T* 年一遇暴雨下雄安新区不同内涝深度淹没面积(km^2)

不同重现期	<5 cm 影响极低	5～20 cm 影响低	20～60 cm 影响高	>60 cm 影响极高
10 a 一遇	735.1	686.8	340.8	7.2
20 a 一遇	729.9	449.5	572.6	17.9
30 a 一遇	728.0	249.3	766.0	26.7
50 a 一遇	723.7	104.5	904.6	37.1
100 a 一遇	717.9	86.6	900.9	64.6
200 a 一遇	708.8	83.0	860.0	118.3

7.5.2.5　暴雨内涝风险综合评估

依据基于影响的气象灾害风险预警业务标准，将内涝淹没深度按照影响程度分为四个等级标准(图 7.40)：

①低风险——四个重现期下内涝有极低影响(淹没水深低于 5 cm)或发生概率较低(50 a 和 100 a 一遇)且影响低(淹没水深 5～20 cm)；

②中风险——发生概率高(20 a 和 10 a 一遇)但影响低(淹没水深 5～20 cm)，或发生概率较低(50 a 和 100 a 一遇)但影响高(淹没水深 20～60 cm)，或发生概率极低(100 a 一遇)但影响极高(>60 cm)；

③高风险——发生概率高(20 a 和 10 a 一遇)且影响高(淹没水深 20～60 cm)，或发生概率较高(20 a 和 50 a 一遇)且影响极高(淹没水深>60 cm)；

④极高风险——发生概率极高(10 a 一遇)且影响极高(淹没水深>60 cm)。

按照上述指标，得到雄安新区暴雨诱发的内涝综合风险分布，如图 7.41 所示。从图中可知，安新、容城和雄县建成区多处于内涝风险低的区域，部分建成区内涝风险可达中等风险。内涝风险高的区域多位于新区北部和东南部。对比雄安新区规划图，起步区所处区域局部内涝风险较低，但大部分地区位于内涝风险中、高等级区域，且有部分区域处于内涝风险极高的区域。

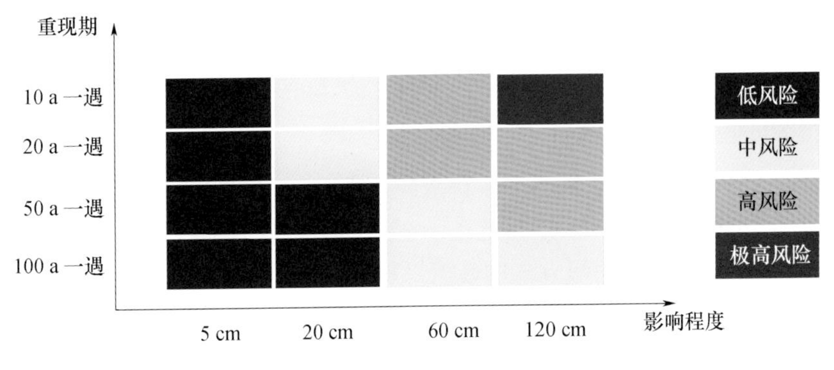

图 7.40　内涝风险评估等级标准

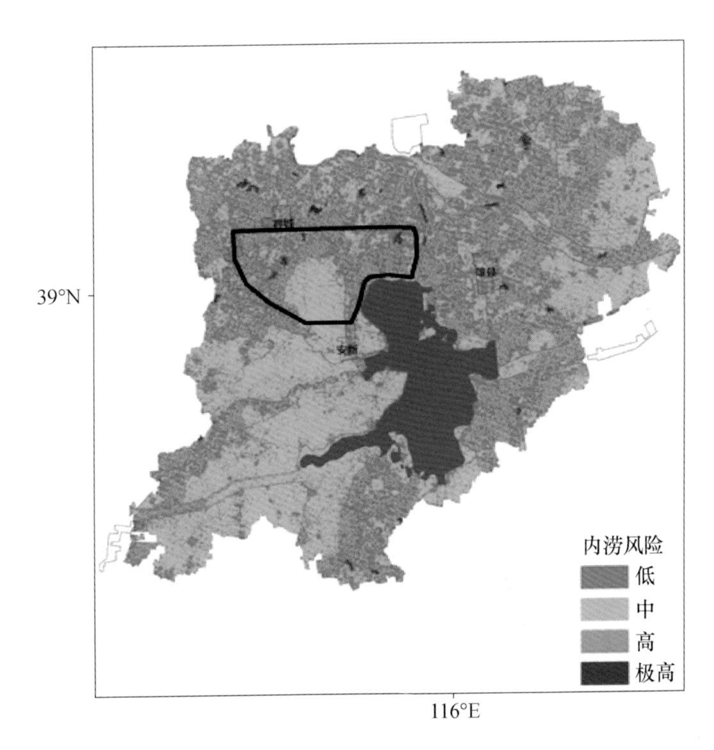

图 7.41　雄安新区暴雨诱发内涝风险分布评估结果

本节模拟分析仅考虑了暴雨诱发内涝这一因素，雄安新区地处多条河流流域下游，暴雨发生时，如果叠加上游洪水，城市内涝灾害风险会更加严重。此外，研究中输入的百年一遇的小时降水量为 30 mm，且降水分布为双峰，如果出现小时降水量超过 30 mm 的降水且持续时间较长，则发生城市内涝的风险会更大。可以认为，雄安新区内涝风险较高，需要有针对性地开展内涝防治工作，避免内涝对雄安新区产生不利影响。

7.6 雄安新区气候资源开发与利用的潜力评估

7.6.1 雄安新区生态环境现状

(1)雄安新区土地利用方式由水体转耕地的占比高

自20世纪80年代末以来，京津冀地区4.2%国土面积的土地利用方式发生了明显变化(图7.42)。京津冀地区土地利用方式的转变以耕地转为建设用地为主，而雄安新区的土地利用方式转变比例最高的为水体转变耕地，占所有土地利用方式转变的72%，其次为耕地向建设用地转变，占22%。这两种转变方式占了雄安新区土地利用转变方式的近95%(图7.43)。

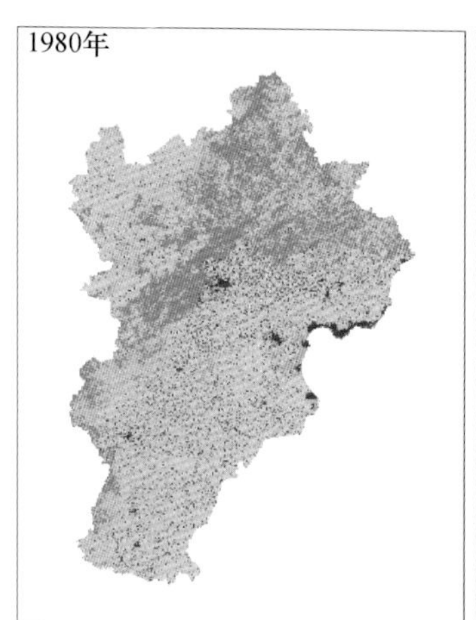

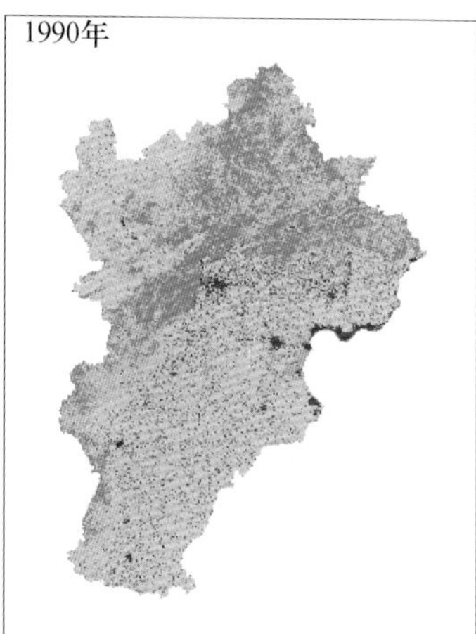

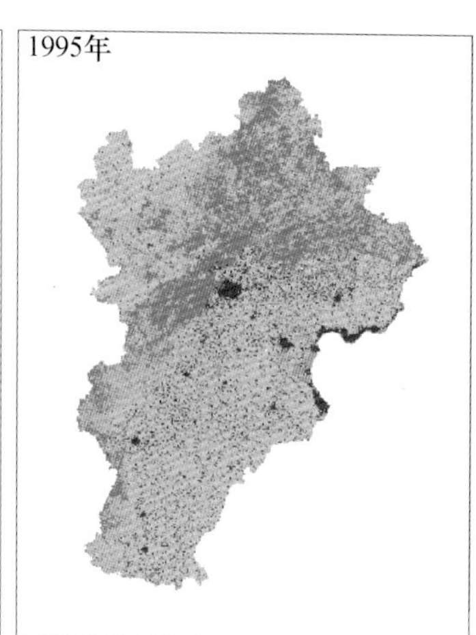

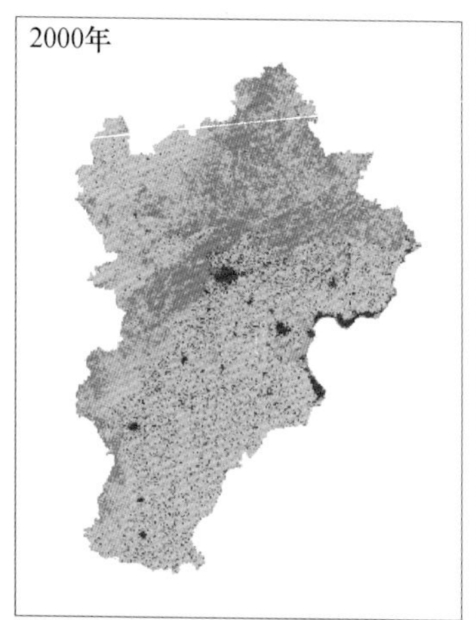

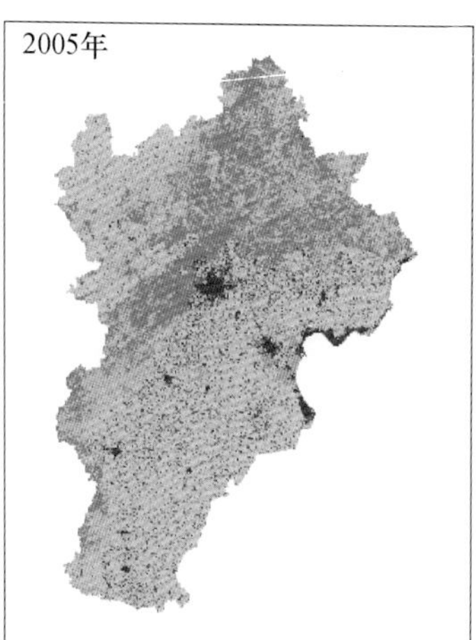

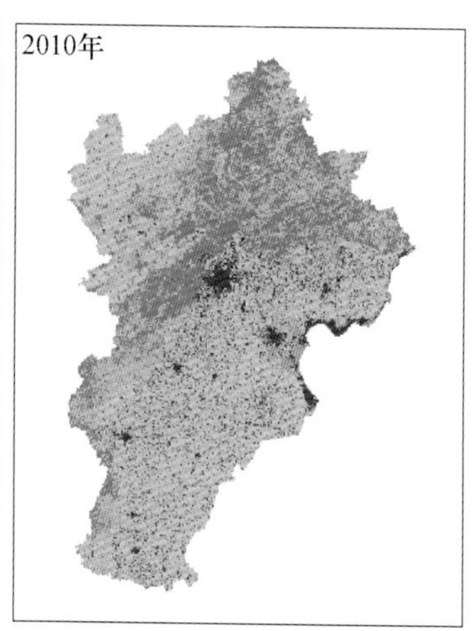

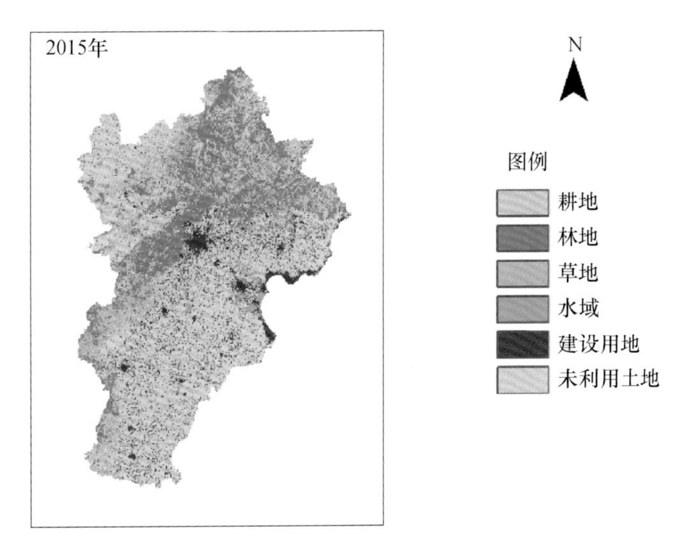

图 7.42 京津冀地区不同时期土地利用变化

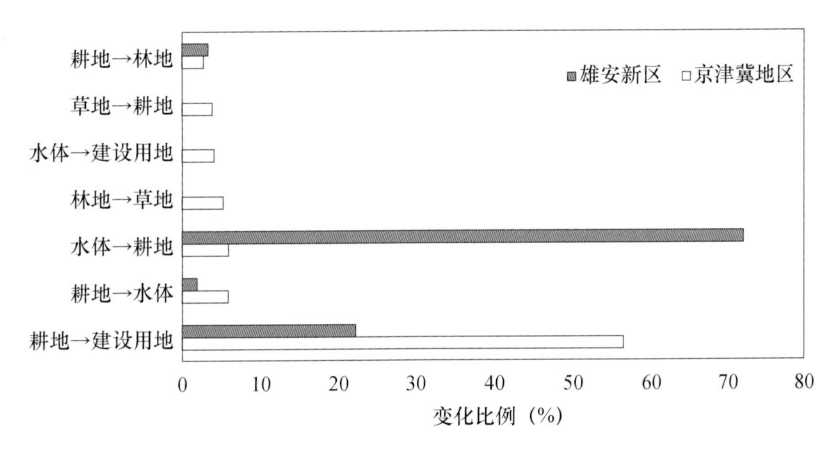

图 7.43 2015 年较 20 世纪 80 年代土地利用方式的变化情况

(2)雄安新区生态环境较好

白洋淀水生生物具有物种丰富、生物多样性高、特有和珍稀濒危物种多、起源古老、区系复杂、南北物种交汇区、经济价值高、净化水质功能强等特点。白洋淀共有藻类 136 属 243 种,水生植物 47 属 71 种(包括 2 个特有种),浮游动物 86 属 170 种,底栖动物 27 属 35 种,鱼类 50 属 54 种,两栖类 2 属 3 种,爬行类 7 属 11 种,鸟类 102 属 192 种,哺乳类 12 属 14 种。白洋淀芦苇生物量相比国内其他地区大,芦苇湿地的碳汇功能显著,对减缓大气中温室气体起重要作用。

7.6.2 雄安新区植被评估

雄安新区植被生态质量趋好。利用气象监测和卫星遥感数据分析表明,雄安新区的植被生态质量指数 2017 年(79.1,图 7.44)比 2000 年提高了 40%,其中,陆地植被净初级生产力(NPP)2000 年以来平均每年增加 10.5 gC/m^2。植被生态质量指数呈增高趋势,说明白洋淀区域水源涵养能力增大,白洋淀区域植被生态质量趋好,“绿色”程度增强。

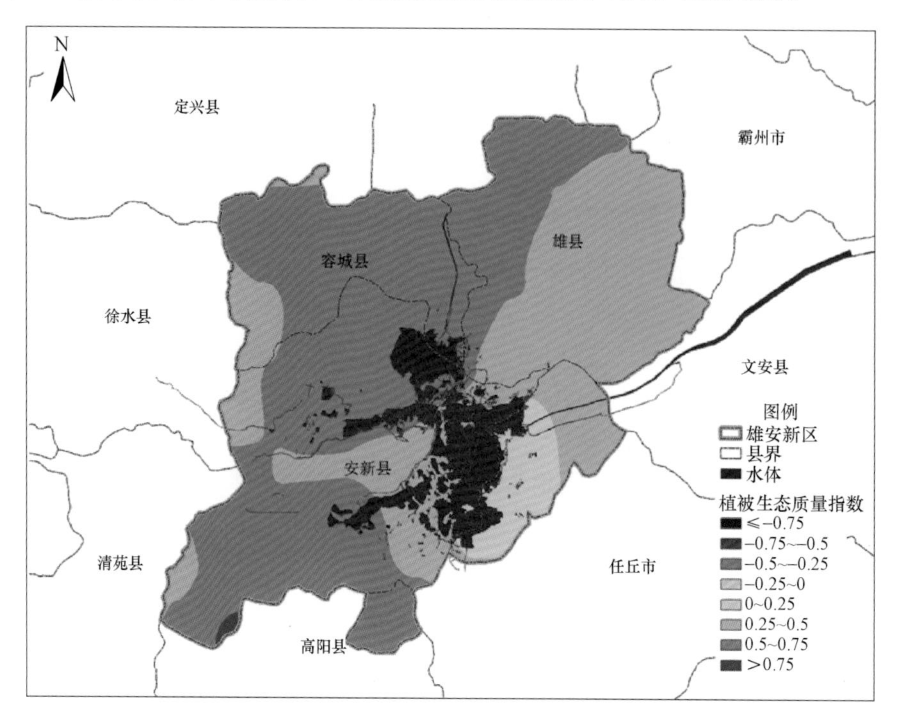

图 7.44 2000—2017 年雄安新区植被生态质量指数空间分布

植被生长状况的变化情况,可以用逐年归一化植被指数(NDVI)的线性变化斜率表示。考虑到植被对气候要素响应可能存在滞后,分别对前 1 年、前 2 月、前 1 月建立月 NDVI 与气温、降水以及累积降水的相关分析,获取研究区内与植被生长状况关系最为密切的气候因素。

7.6.2.1 植被指数的时间变化

21 世纪以来,京津冀地区及雄安新区的植被生长状况均有变好,其中新区年平均植被指数每 10 a 增加 0.021(图 7.45)。2000—2017 年,京津冀地区的平均植被指数为 0.70,雄安新区的最大月植被指数为 0.74,高于京津冀地区平均水平。最近 5 a,雄安新区的最大月植被指数为 0.73,稍低于多年平均水平,但仍高于京津冀地区同期平均水平。总体上,雄安新区的植被生长状况稍优于京津冀地区的平均水平,但无明显优势。

7.6.2.2 植被指数的空间分布

从空间上来看,京津冀地区植被生长状况以燕山山脉地区,即冀北山区和北京北部地区最优,具体包括承德、秦皇岛北部、唐山北部和北京北部;其次为太行山山脉沿线,即北京西部及冀西山地地区,呈东北—西南—南北走向的条带状分布。植被生长状况较差的区域主要分布在冀西北草原区、东部沿海地带、冀东平原盐碱地地区以及城市及周边区(图 7.46)。

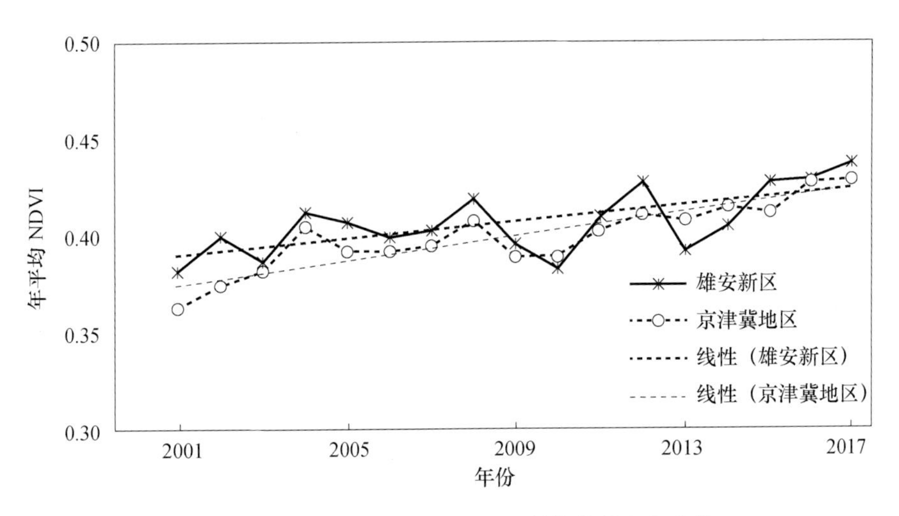

图 7.45　2001—2017 年年平均植被指数的年际变化

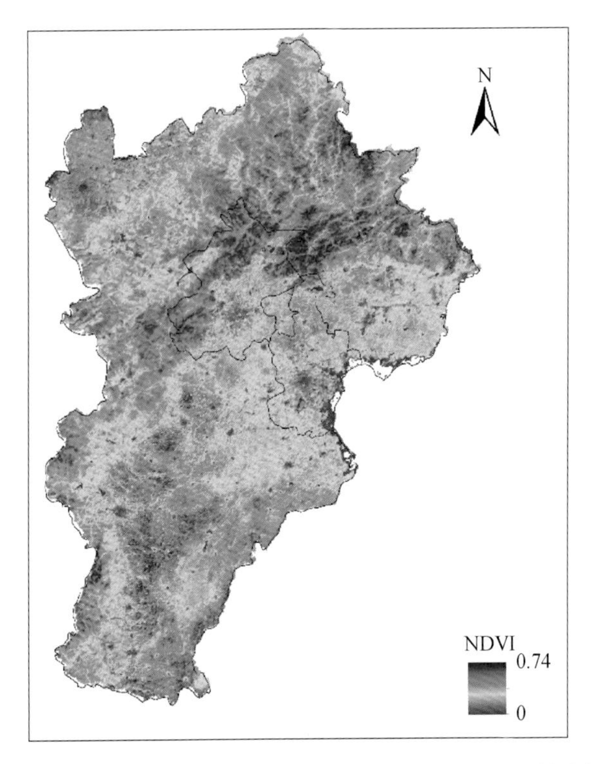

图 7.46　2014—2018 年京津冀地区年平均最大月植被指数的空间分布

近 5 a，雄安新区的植被生长状况接近或稍高于京津冀地区的平均水平，西部优于东部，其中安新县境内植被生长状况最优，容城县和雄县相对较差(图 7.47)。

7.6.2.3　植被改善差异性分析

尽管京津冀地区植被生长状况总体上呈改善趋势，但在空间上存在着明显的差异，仍有

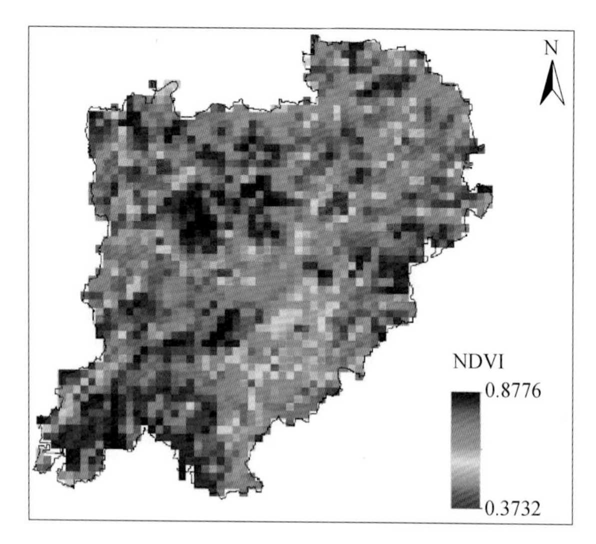

图 7.47　2014—2018 年雄安新区年平均最大月植被指数的空间分布

不少植被生长呈退化趋势的地区(图 7.48)。2000—2017 年京津冀地区植被生长有所改善的区域占京津冀地区总面积的 34.2%,呈退化状态的区域占 18.3%(表 7.18)。植被改善区主要分布在冀西北地区、东部沿海地区。退化地区表现出明显的空间聚集特征,主要聚集在人类活动比较强烈的区域,即京津冀地区主要城市的外围区,包括北京、天津、唐山、秦皇岛、石家庄、保定、邯郸和邢台等,与当下城镇化扩展的热点区高度一致。

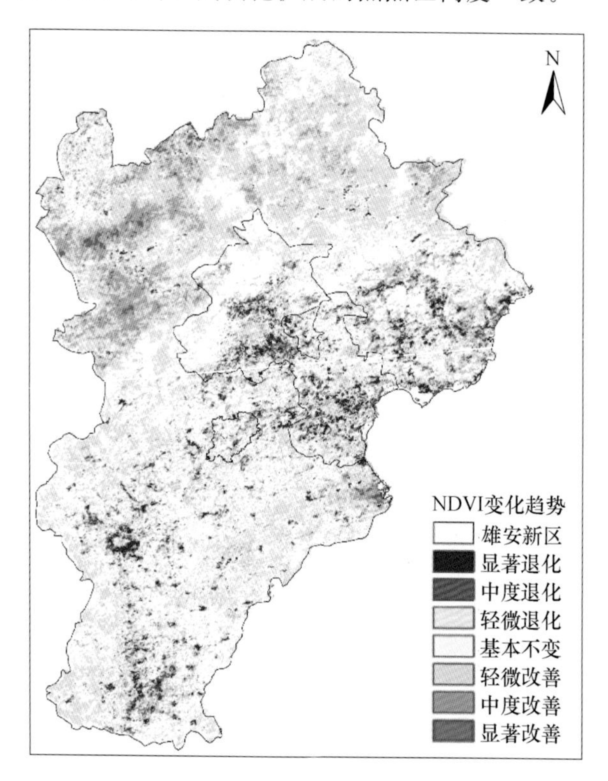

图 7.48　京津冀地区植被生长状况变化趋势的空间分布

雄安新区植被生长状况总体以改善为主(图 7.49),改善区占雄安新区总面积的30.9%,退化区占25%(表 7.18)。植被改善区主要位于雄安新区的南部及中部,退化区主要为白洋淀及周边区域,以及雄县北部地区。

表 7.18　2000—2017 年京津冀地区及雄安新区植被变化趋势统计

植被变化程度	京津冀地区		雄安新区	
	面积(km^2)	百分比(%)	面积(km^2)	百分比(%)
显著退化	3251	1.5	25.8	1.3
中度退化	9085	4.3	107.3	5.4
轻微退化	26754	12.5	360.6	18.3
基本不变	101483	47.5	689.5	34.9
轻微改善	60372	28.3	487.7	24.7
中度改善	11000	5.2	85.0	4.3
显著改善	1632	0.8	37.8	1.9

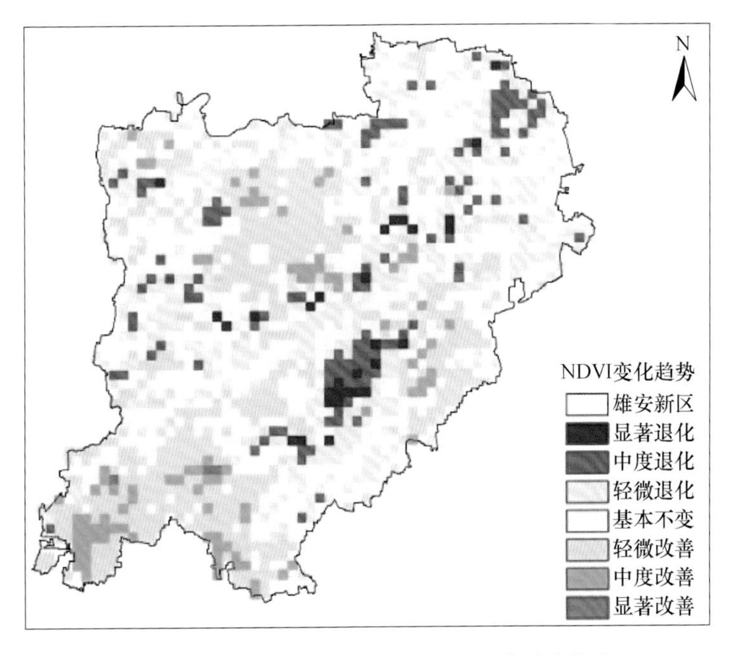

图 7.49　雄安新区植被生长状况变化趋势的空间分布

7.6.2.4　气候对植被生长的影响

李节采用残差分析法解析气候因素和人类活动对雄安新区植被生长状况的相对贡献率。通过对每个栅格像元的归一化植被指数(NDVI)与气候指标做回归拟合,获得每个像元基于气候指标的 NDVI 拟合值,该值视为气候因子决定的 NDVI 水平,其与遥感观测获取的 NDVI 真实值之差为残差,认为是人类活动对 NDVI 的影响所致,进而分解出气候因素和人类活动对植被生长状况的相对贡献率。

从整体上来看,雄安新区植被生长状况的气候因素贡献率为41.1%(图7.50),人类活动的贡献率为58.9%(图7.51),总体上以人类活动对植被生长状况的影响更大。在植被改善区,气候因素的平均贡献率为40%,而在植被退化区,气候因素的平均贡献率为12.1%,气候因素对植被改善的贡献率要明显高于对植被退化的贡献率。从植被改善程度来看,在植被明显改善地区气候贡献率要高于其他地区的贡献率。随着植被改善程度的增加,气候因素的贡献率也有所增加。因此,尽管气候因素不是京津冀地区植被改善的主导因素,但对植被改善程度有明显的促进作用。

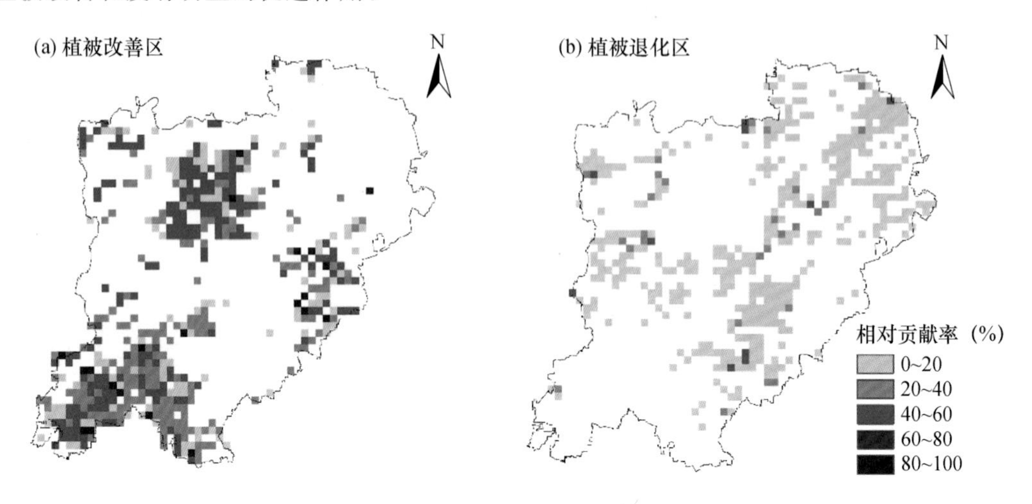

图7.50 气候因素对雄安新区植被生长状况的相对贡献率

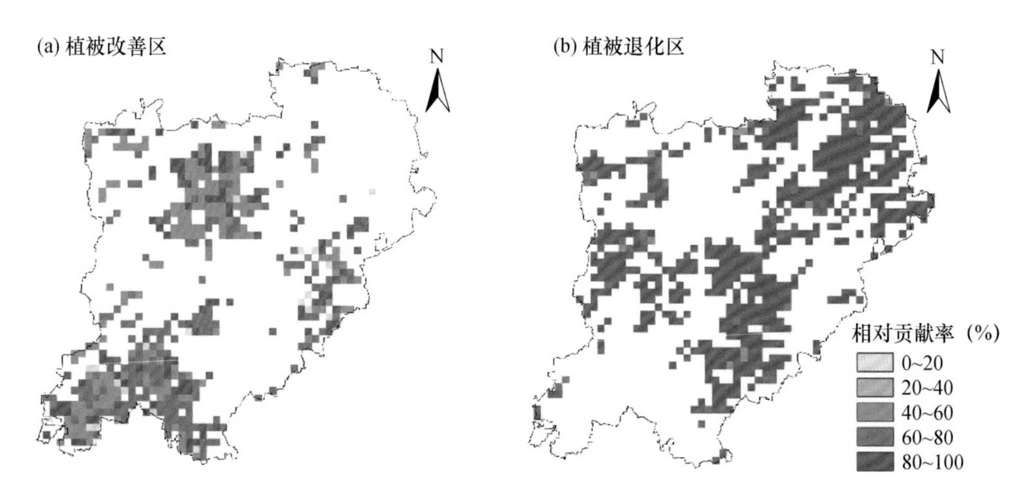

图7.51 人类活动对雄安新区植被生长状况的相对贡献率

2000年以来,雄安新区植被变化的气候因素贡献率为30.4%,人类活动的贡献率为69.6%,人类活动的影响程度高于京津冀地区平均水平。雄安新区植被显著改善区的气候贡献率为34.2%,低于京津冀地区的平均水平(40%),同样也表明人类活动的影响在雄安新区的相对作用更大。在雄安新区植被显著退化地区,气候因素的相对作用更低,仅占3.2%,人类活动是造成雄安新区植被退化的首要因素,且相对作用强度高于京津冀地区的平均水平。总体而言，雄安新区植被生长状况受人类活动影响更为强烈，雄安新区气候因素对植被生长的相对作用较弱。

7.6.3 水资源评估

雄安新区位于海河流域大清河水系，境内主要河流有大清河、白沟引河、萍河、瀑河、漕河、府河、唐河和孝义河。除大清河、白沟引河和府河丰水年有水外，其余河流都属于季节性河流，境内河段几乎常年断流。除大清河外，其余几条河流全部汇入白洋淀。因此，本节采用观测数据分析大清河流域地表径流量的多年变化特征和地下水位的变化特征，基于遥感观测数据分析近年来白洋淀水体的变化。基于当前雄安新区三县供水和需水数据，明确供水来源（地表水、地下水），开展供需关系分析以及不同行业用水现状分析，分析气候对缺水率的可能影响。

本节采用的2005—2017年水文数据来源于保定市水文局，用水数据来源于保定《水资源公报》，包括保定及各县年供水量（地表水资源、地下水资源量、污水回用量）以及农业、工业、城镇生活和生态环境需水数据，时间序列为《水资源公报》发布（2005年）至2017年。人口、GDP等社会经济数据来自于统计年鉴。雄安新区建设规模、规划人口、产业布局等信息来自于雄安新区规划方案。大清河流域的观测径流数据来自河北省水文局，站点信息见表7.19、图7.52。

表7.19 水文站点基本信息

河流	水文站	集水面积（km^2）	资料时间
沙河	阜平	2210	1958—2017年
沙河	王快水库	3770	1961—2017年
唐河	倒马关	2770	1957—2017年
唐河	中唐梅	3480	1959—2017年
唐河	西大洋水库	4220	1960—2017年
拒马河	紫荆关	1760	1951—2017年
南拒马河	北河店	—	1951—2017年
白沟引河	新盖房	10000	1970—2017年

7.6.3.1 水文和水资源现状

白洋淀位于太行山东麓永定河冲积扇和滹沱河冲积扇相夹峙的低洼地区，是华北平原上常年积水的最大淀泊。上承大清河南支9条河流的洪水和沥水，自西向东，汇流一处，由南至北构成扇形河网，形成天然洼淀。淀区主要由143个淀泊和3700余条沟壕组成。

白洋淀自古以来承接大清河南支赵王河系潴龙河、孝义河、唐河、府河、漕河、界河、瀑河、萍河等多条河流的来水，目前还有白沟引河、引黄入冀补淀工程等人工河汇入，由赵王河出水，与北支白沟河系汇合，入大清河，最终汇入海河。除拒马河、唐河、沙河为常年性河流外，其余均为季节性河流。大清河白洋淀流域多年平均径流量约22.3亿m^3，径流多产自山区，山区年径流量约占年总径流量的85%。受降水影响，年地表径流量的60%～80%集中

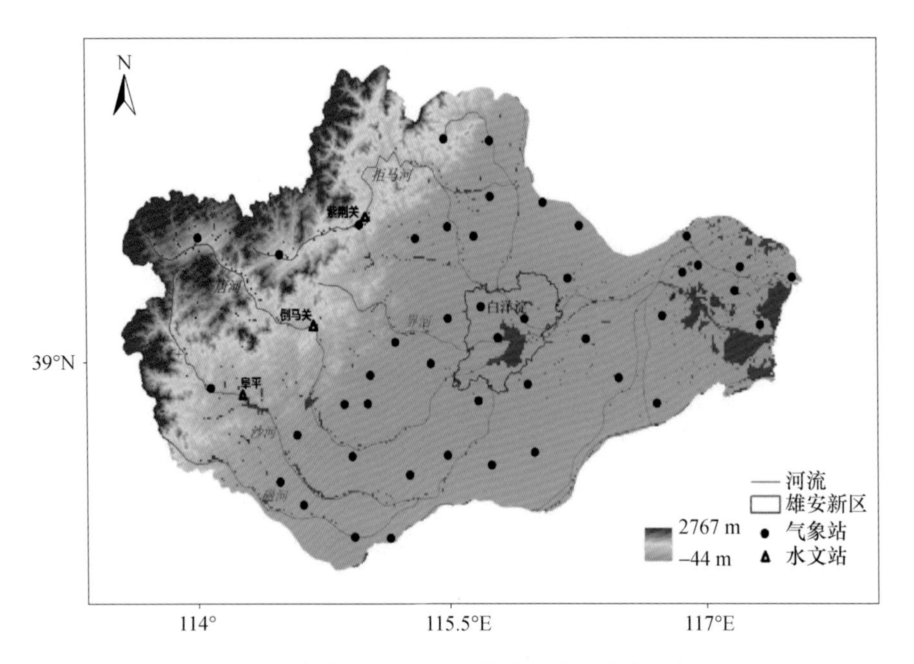

图 7.52　大清河流域水系及气象和水文站点分布图

在 6—9 月，洪水也主要产生于这一时段的暴雨期。受东亚季风气候影响，径流丰枯变化剧烈，年最大径流量和最小径流量之比达 15。

7.6.3.2　雄安新区流域水文分析

大清河流域升温速率高，降水量和降水日数减少，极端降水发生概率增大。受全球气候变化影响，1961 年以来，大清河流域年平均气温每 10 a 升高 0.33 ℃(图 7.53)，雄安新区平均气温每 10 a 上升 0.17 ℃。流域平均年降水量总体呈减少趋势，每 10 a 减少约 9 mm(图 7.54)，其中夏季降水减少最为显著(每 10 a 减少 16 mm)，除中雨外，其他各等级的降水量也都有不同程度的下降趋势。

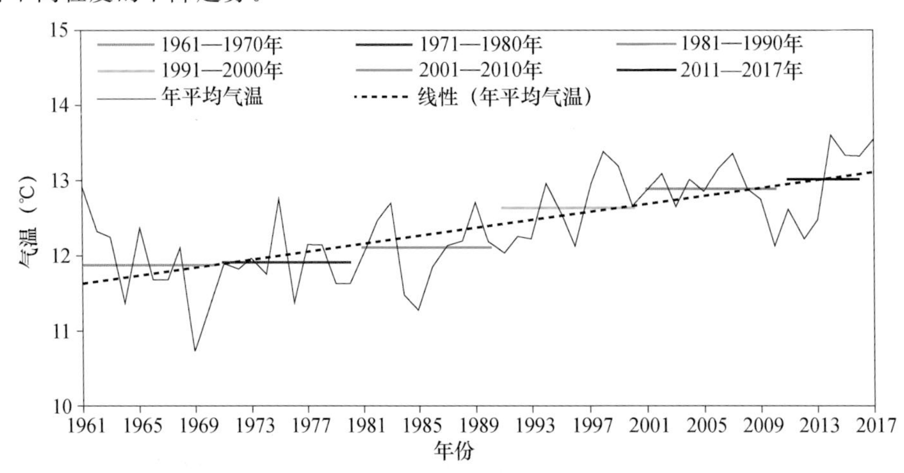

图 7.53　1961—2017 年大清河流域年平均气温历年变化

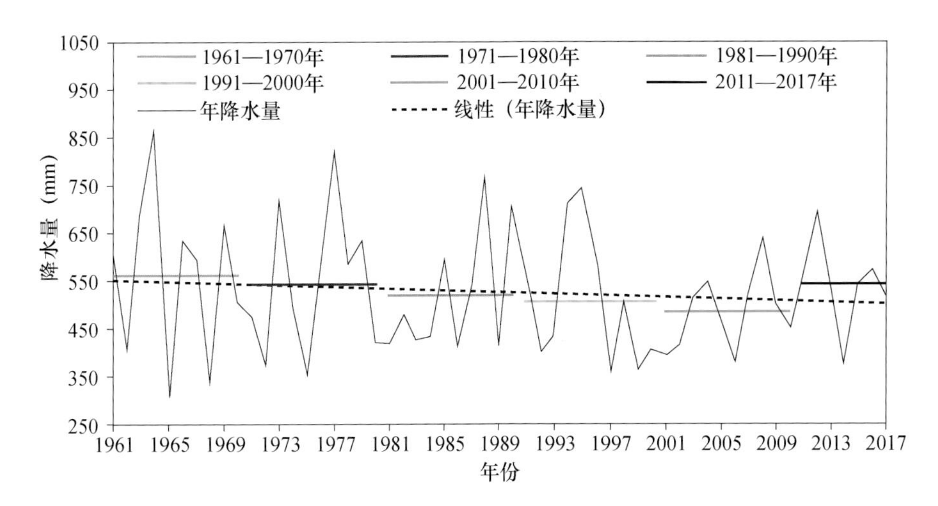

图 7.54　1961—2017 年大清河流域年降水量历年变化

小雨和中雨占年降水量的比例有增大趋势，而大雨和大暴雨的比例有减少趋势。同时，大清河流域年降水日数每 10 a 减少 1.5 d，各等级的降水日数都呈减少趋势(图 7.55)。但不同等级的日降雨强度都有所增大，并且小时最大雨量也有增大趋势，以雄安(容城)为例，平均每 10 a 小时最大雨量增加 1.5 mm，不同重现期极端强降水强度增幅在16%～28%，且降雨强度大的增幅更大，预示着极端强降水更强。

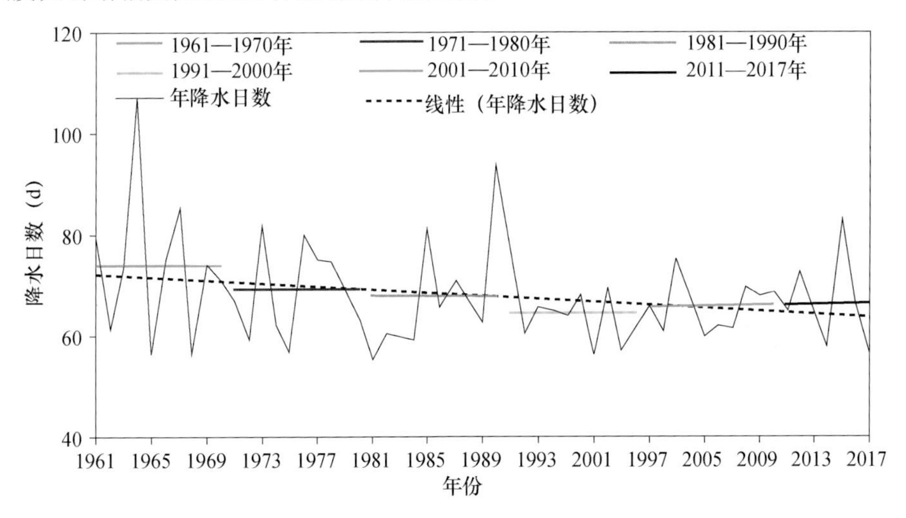

图 7.55　1961—2017 年大清河流域年降水日数历年变化

年降水量减少导致大清河流域山区天然径流量急剧减少。以拒马河的紫荆关、沙河的阜平和唐河倒马关三个山区水文站为代表，对 1961—2016 年大清河白洋淀流域山区的天然年径流量进行分析表明，3 站的年径流量均呈减少趋势，总径流量平均每 10 a 减少约 1.3 亿 m^3 (图 7.56)，且以夏季径流量减少为主。

气温升高、年降水量减少，特别是汛期降水减少是导致年径流量减少的原因之一。同时，随着人类活动加剧，一方面，农业用水量不断增加，另一方面，流域上游水库建设，总库容已经超过 36 亿 m^3，工程拦蓄也会导致进入白洋淀的水量减少，进而加剧了白洋淀干淀现象。

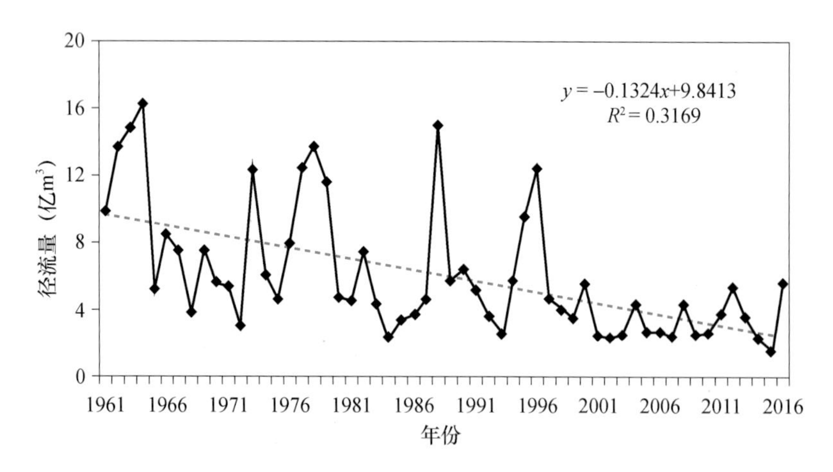

图 7.56　1961—2016 年大清河流域总径流量年际变化

白洋淀流域径流的年内分配极不均匀，与降水的年内分布一致。汛期径流量占全年径流量的 70%，一般 8 月径流量最大，最大值为 24.48 亿 m^3(1956 年)，4 月或 5 月径流量最小，枯水年份为 0。随着近年实施的白洋淀生态补水，最大径流量出现的时间一般在补水期间。径流随降水量变化而变化，年际变化也非常大。最大年径流量出现在 1956 年，为 45.40 亿 m^3，而最大瞬时流量发生在 1963 年，为 3540 m^3/s。20 世纪 80 年代以前多为丰水期，而到了 80 年代以后，除了 1995 年和 1996 年径流量较大外，其余年份河道径流较小，且断流时有发生，更甚者是全年断流。进入 21 世纪后，完全进入枯水期。

天然入淀水量决定着白洋淀的生态环境，调水工程一定程度上缓解了白洋淀水资源紧张的局面。20 世纪 50 年代以来，随着入淀河流天然径流量的逐年减少，淀区先后多次出现干淀现象。例如，1984—1988 年白洋淀连续 5 a 干淀，为了维持白洋淀的生态环境，80 年代以来多次实施从上游水库向白洋淀补水；2003—2005 年白洋淀连续 3 a 干淀，2004 年首次实施了跨流域调水，从海河水系的岳城水库开闸放水，为白洋淀补水 1.6 亿 m^3；2006—2012 年共实施了 5 次"引黄济淀"工程，一定程度缓解了白洋淀水资源的紧张局面。基于历年 3 月的卫星遥感监测数据分析发现，2001 年以来，淀区水体面积增加趋势明显，平均每年增加 4.1 km^2，表明白洋淀补水效果明显(图 7.57)。

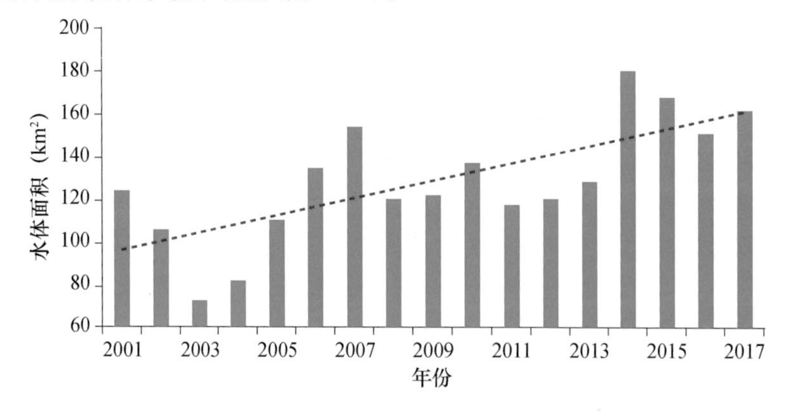

图 7.57　2001—2017 年白洋淀历年水体面积变化(基于 3 月卫星遥感监测数据)

雄安新区水资源供需矛盾突出，供水结构不合理导致地下水位持续下降。雄安新区地表水资源不足，为满足供水需求，长期大量超采地下水，导致雄安新区三县地下水位快速下降，已被划入河北省地下水超采区范围。1976—2016年，安新县深层地下水位呈长期下降趋势(图7.58)，其中，2006—2015年，安新地下水埋深由7.8 m下降到10.2 m，下降幅度达38%；同期，容城地下水埋深由9.2 m下降到22.5 m，雄县地下水埋深由17.8 m下降到19.2 m。

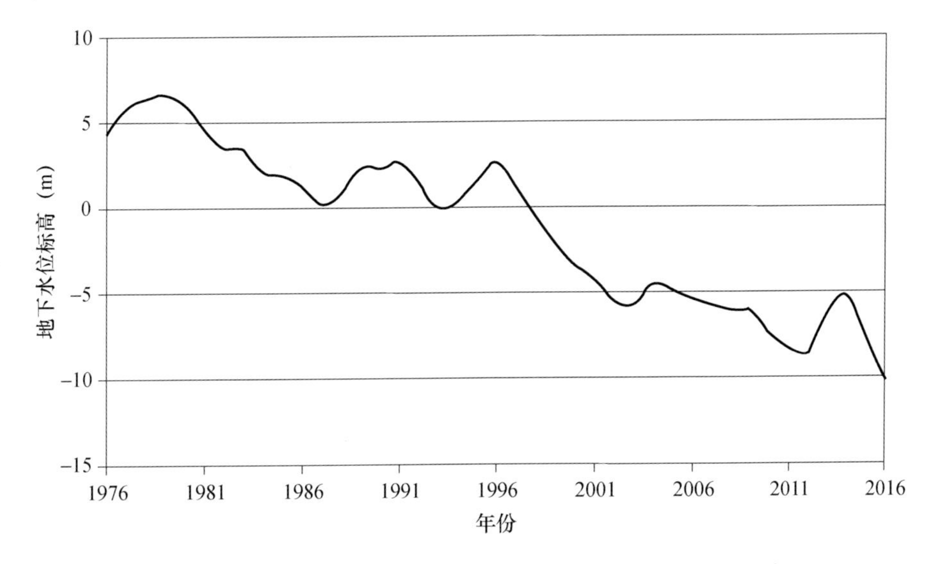

图7.58　1976—2016年雄安新区深层地下水位多年动态变化(安新县)

通过对包括大清河在内的海河流域南系(大清河、子牙河、漳卫南运河)近20 a的水资源承载力评估发现，海河流域南系一直处于水资源超载状态，且由于人口稠密，超载较海河流域北系、滦河平原及冀东沿海诸河流域都更为严重。流域人均耗水量变化不大，超载主要是由于人口不断增加，导致承载压力增大。

7.6.4　太阳能资源评估

太阳能具有取之不尽、用之不竭、分布广、无处不在、清洁无污染、不受能源危机或燃料市场不稳定影响等优点。联合国政府间气候变化专门委员会(IPCC)2011年发布的研究报告《可再生能源资源与减缓气候变化特别报告》中对6种可再生能源(生物能、太阳能、地热能、水电、海洋能、风能)进行评估，结果表明，太阳能资源可开发潜力是所有可再生能源中最高的。人类已经开发出多种把太阳能直接转化为可利用能源的新方法，近几年太阳能行业在各国政策的支持下得到了迅猛发展，太阳能资源以其独有的优势将成为优化能源结构、推进资源节约和循环利用的重要应用方式。按照规划，雄安新区建设要突出7个方面的重点任务，其中多次提到绿色、生态、智慧。太阳能资源的开发利用作为新能源的重要组成，相信未来在雄安新区绿色建筑体系、储能系统，分布式屋顶光伏、分布式地面光伏停车场等新能源开发利用中将扮演重要的角色。

7.6.4.1 太阳能资源空间分布特征

雄安新区太阳能资源呈现东部和南部高、西部和北部低的特征，安新最高，平均为1400.8 (kW·h)/m²，雄县次之，平均为 1389.4 (kW·h)/m²，容城最低，平均为1367.8 (kW·h)/m²。安新南部的芦庄乡、同口镇、刘李庄镇、老河头镇、圈头乡南部、端村镇南部、安州镇南部、寨里乡南部以及雄县东部的双堂乡、龙湾镇东部、张岗乡东部、昝岗镇东部、米家务镇东部等地区的年太阳总辐射量在 1400 (kW·h)/m² 以上（等级为很丰富），雄县龙湾镇的东部最大，达 1427.6 (kW·h)/m²（图 7.59、图 7.60）。

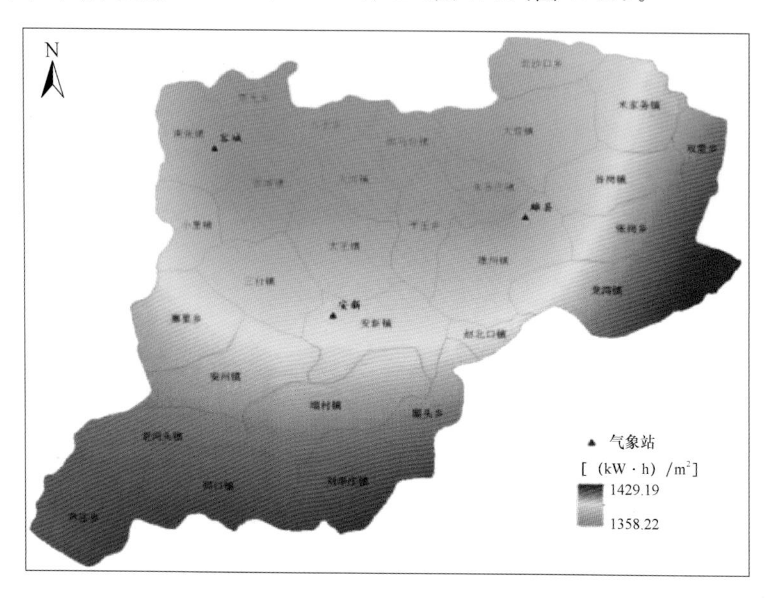

图 7.59 雄安新区太阳总辐射空间分布

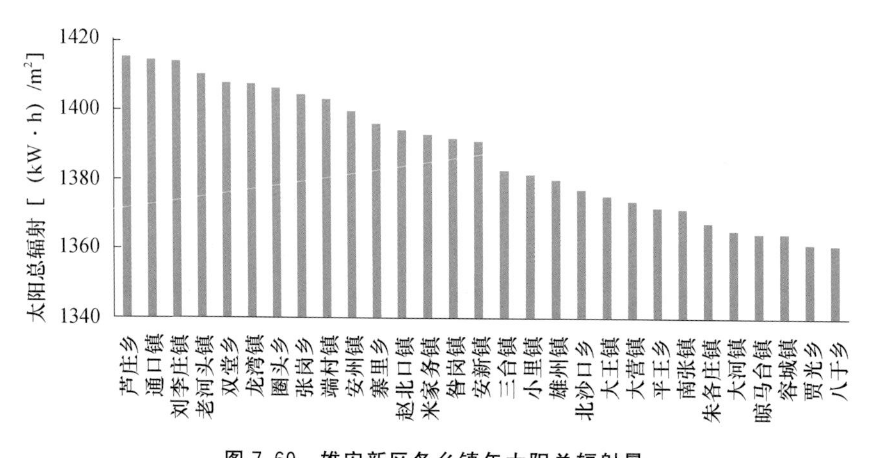

图 7.60 雄安新区各乡镇年太阳总辐射量

7.6.4.2 太阳能资源时间分布特征

1981 年以来，雄安新区年太阳总辐射量整体呈略微下降趋势，平均每年下降

2.8 (kW·h)/m²,其中容城下降趋势最大,每年下降 5.8 (kW·h)/m²,其次为安新,每年下降 4.4 (kW·h)/m²,雄县下降趋势最小,每年下降 2.9 (kW·h)/m²。从太阳总辐射量的年代际变化看(图 7.61),20 世纪 80 年代年平均太阳总辐射量最高,为 1431.2 (kW·h)/m²,90 年代年平均太阳总辐射量为 1345.8 (kW·h)/m²,21 世纪以来年平均太阳总辐射量较低,为 1319.1 (kW·h)/m²。

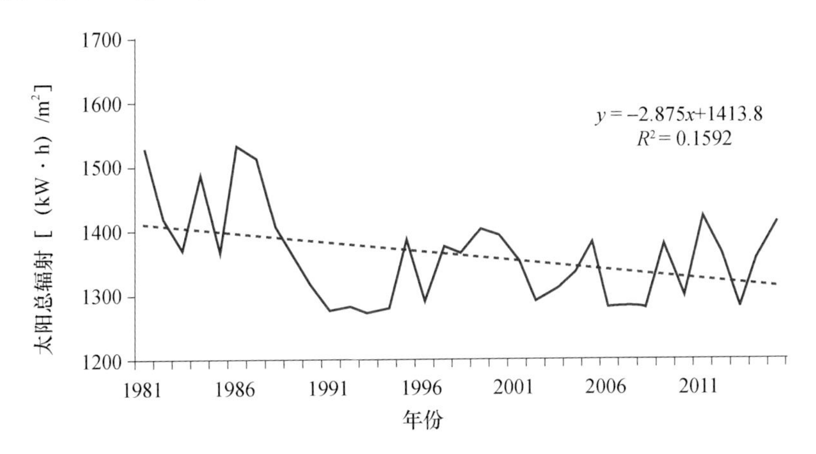

图 7.61 1981—2015 年雄安新区年平均太阳总辐射量年际变化

从太阳总辐射量的季节变化来看,春季太阳总辐射量最大,为 446.4 (kW·h)/m²,占全年总辐射量的 32.1%;夏季次之,为 445.0 (kW·h)/m²,占全年总辐射量的 32.0%;冬季最小,为 221.8 (kW·h)/m²,占全年总辐射量的 15.2%。

从太阳总辐射量的月变化来看,5 月太阳总辐射量最大(图 7.62),为 171.6 (kW·h)/m²,占全年总辐射量的 12.3%,6 月次之,为 160.7 (kW·h)/m²,占全年总辐射量的 11.6%;12 月最小,为 58.8 (kW·h)/m²,占全年总辐射量的 4.2%。

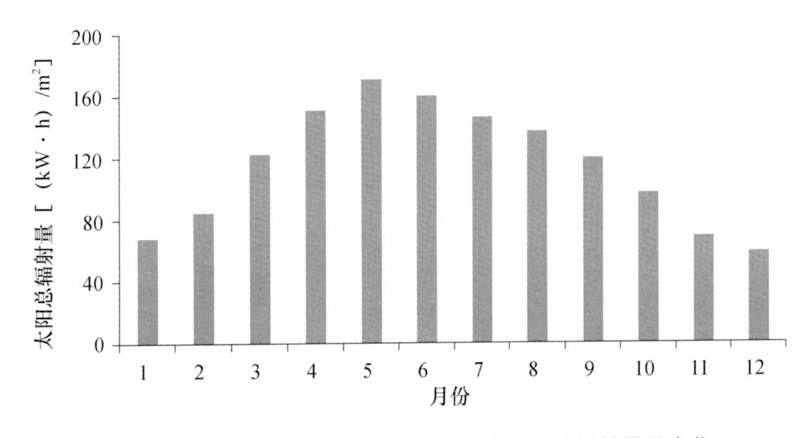

图 7.62 1981—2015 年雄安新区月平均太阳总辐射量月变化

7.6.4.3 太阳能资源利用等级评估

雄安新区年太阳总辐射量在 1358.2～1427.6 (kW·h)/m²,根据国家标准《太阳能资

源等级 总辐射》(GB/T 31155—2014)中太阳总辐射年辐照量等级标准(表 7.20),雄安新区太阳能资源介于丰富和很丰富等级,具备太阳能资源开发利用潜力。

表 7.20 太阳能资源丰富程度等级

等级名称	分级阈值[(kW・h)/(m²・a)]	分级阈值(MJ/(m²・a))	等级符号
最丰富	$G \geqslant 1750$	$G \geqslant 6300$	A
很丰富	$1400 \leqslant G < 1750$	$5040 \leqslant G < 6300$	B
丰富	$1050 \leqslant G < 1400$	$3780 \leqslant G < 5040$	C
一般	$G < 1050$	$G < 3780$	D

注:G 表示太阳总辐射年总量,采用多年平均值(一般取 30 a 平均)。

7.6.5 风能资源评估

风能是可再生而又无污染的自然能源,是地球上"取之不尽,用之不竭"的气候资源之一,其特点是潜力巨大、分布广泛、不需运输、便于获取、利用方便。但风能资源分布分散,单位面积上平均能量的密度较低,受天气、气候的变化影响较大,具有不稳定性,不能和煤、石油、天然气等能源相比。近年来,在全球气候变化背景下,世界上许多国家将风能资源的开发利用作为国家的一项重要战略,我国已经成为世界上风能资源开发利用大国,其风力发电累计并网装机容量位居全球第一。按照雄安新区建设绿色低碳城市的目标,除了利用特高压输电线路从张家口、承德风能资源丰富地区外调新能源电量以外,还可以根据不同的用途深入挖掘雄安新区本地的风能资源并加以开发利用。在气候资源分析中,衡量某地风能资源潜力的大小通常以平均风速和风功率密度来表示风能资源的丰富等级。

7.6.5.1 平均风速的分布特征

从雄安新区不同高度年平均风速模拟结果来看,风速随高度升高而增大。如表 7.21 所示,70 m 高度上,雄安新区年平均风速为 5.0 m/s,各地在 4.6~5.4 m/s。雄县风速相对较大,基本在 5.0 m/s 以上,容城和安新风速较小,大部分地区在 5.0 m/s 以下(图 7.63)。

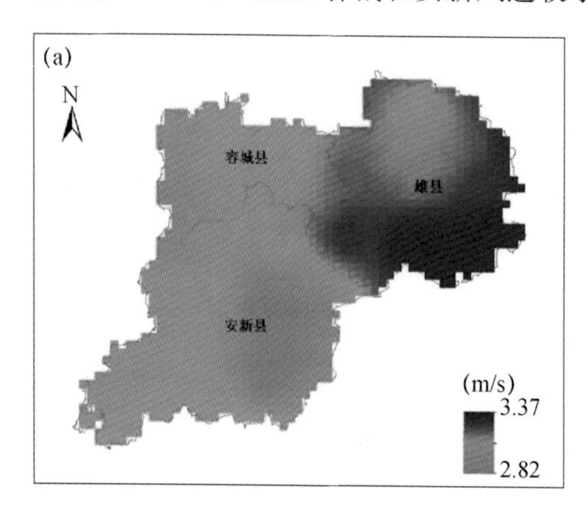

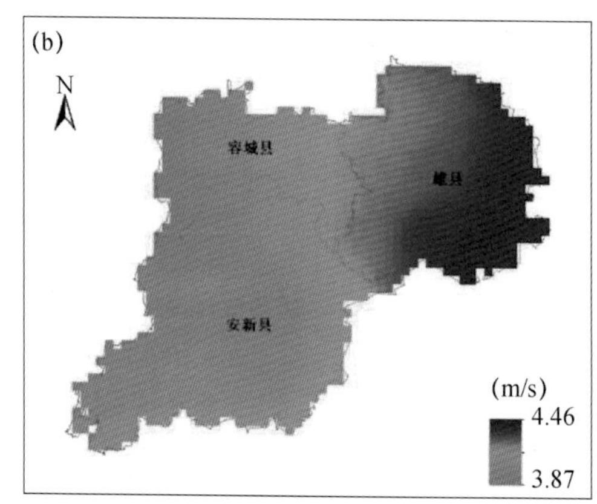

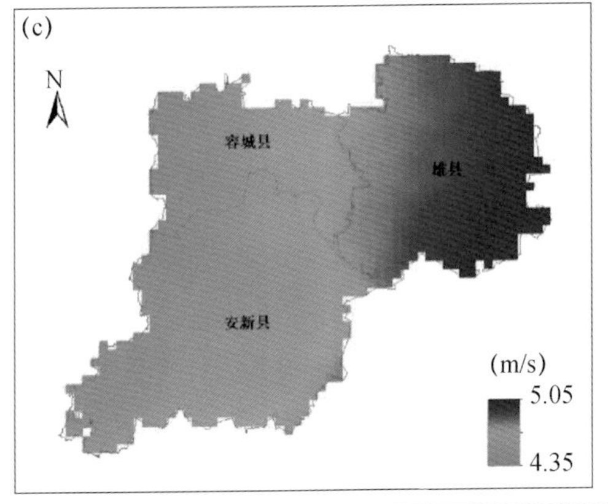

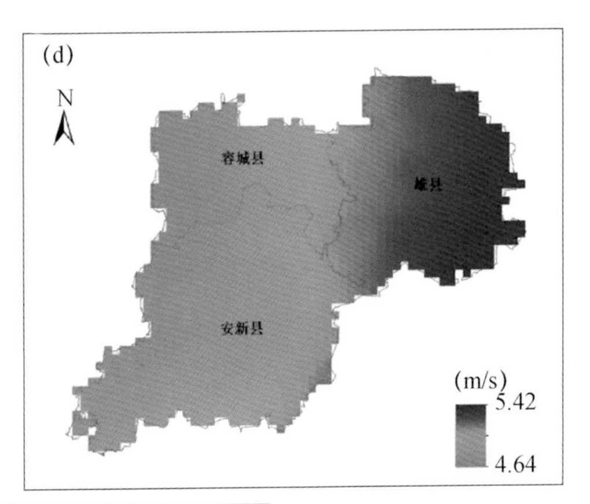

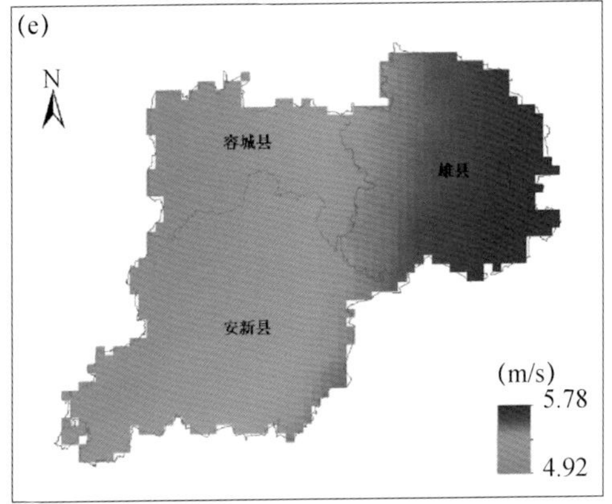

图 7.63　雄安新区各高度年平均风速分布

(a)10 m;(b)30 m;(c)50 m;(d)70 m;(e)100 m

表 7.21　雄安新区平均风速(m/s)

高度	10 m	30 m	50 m	70 m	100 m
平均值	3.1	4.1	4.7	5.0	5.3
最大值	3.4	4.5	5.1	5.4	5.8
最小值	2.8	3.9	4.4	4.6	4.9

7.6.5.2　平均风功率密度分布特征

70 m高度上,雄安新区年平均风功率密度为184.2 W/m²,各地在150.7～225.8 W/m²。雄县东部平均风功率密度相对较大,在200 W/m²以上,容城和安新风速较小,基本在200 W/m²以下(表7.22、图7.64)。

表 7.22　雄安新区平均风功率密度(W/m²)

高度	10 m	30 m	50 m	70 m	100 m
平均值	41.8	98.0	146.5	184.2	224.9
最大值	53.5	120.9	179.7	225.8	274.9
最小值	29.6	85.3	123.1	150.7	182.0

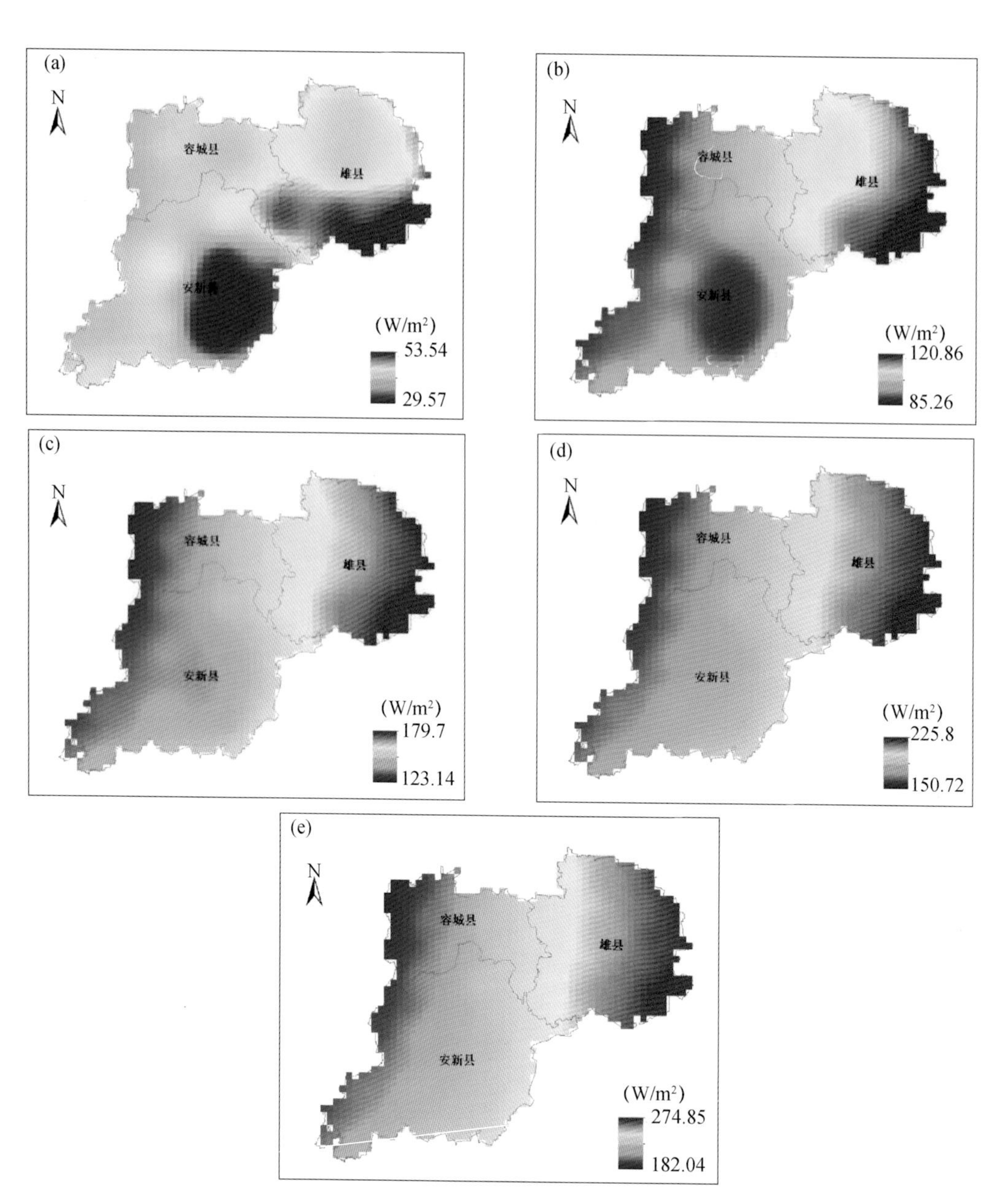

图 7.64 雄安新区各高度年风功率密度分布

(a)10 m;(b)30 m;(c)50 m;(d)70 m;(e)100 m

7.6.5.3 风能资源利用等级评估

依据雄安新区不同高度平均风速和风功率密度的分布特征，按照国家标准《风电场风能资源评估方法》(GB/T 18710—2002)中风功率密度等级(表 7.23)，雄安新区风能利用等级为 1 级，属于风能资源利用等级的最低一级，不利于大规模并网发电应用，但在风能分布式应用方面具备一定的可开发潜力。

表 7.23 风功率密度等级表

风功率密度等级	10 m高度		30 m高度		70 m高度		应用于并网风力发电
	风功率密度(W/m²)	年平均风速参考值(m/s)	风功率密度(W/m²)	年平均风速参考值(m/s)	风功率密度(W/m²)	年平均风速参考值(m/s)	
1	<100	4.4	<160	5.1	<230	5.81	—
2	100~150	5.1	160~240	5.9	230~345	6.73	—
3	150~200	5.6	240~320	6.5	345~460	7.39	较好
4	200~250	6.0	320~400	7.0	460~575	7.92	好
5	250~300	6.4	400~480	7.4	575~690	8.45	很好
6	300~400	7.0	480~640	8.2	690~920	9.24	很好
7.0	400~1000	9.4	640~1600	11.0	920~2300	12.41	很好

注:①不同高度的年平均风速参考值是按风切变指数 1/7 推算的;

②与风功率密度上限值对应的年平均风速参考值,按海平面标准大气压及风速频率符合瑞利分布的情况推算。

7.6.5.4 雄安新区风能资源及太阳能资源开发利用建议

雄安新区内年总太阳辐射量在 1358.2~1427.6 (kW·h)/m²,太阳能资源介于丰富和很丰富等级,考虑到雄安新区面积较大,用电需求高,建议充分利用当地太阳能资源开展分布式新能源电站建设。可以在绿色节能建筑屋顶尽可能多地铺设光伏组件,开展分布式光伏电站建设,在储能系统、分布式地面光伏停车场等新能源开发利用中可以扮演重要角色。与山区风电开发相比,平原地区开展分散式风电开发有空气密度大使得风功率密度较大,覆冰等气象灾害影响相对较轻,道路、场坪、集电线路等建设成本相对较低等优点。可以根据不同的用途深入挖掘雄安新区相对丰富的风能资源,在不与规划冲突的情况下加以开发利用,开展分布式风电建设,有效利用低风速地区的风能资源。

7.7 雄安新区城市规划中的气象参数

雄安新区发展定位是建设绿色生态宜居新城区。坚持把绿色作为高质量发展的普遍形态,充分体现生态文明建设要求,坚持生态优先、绿色发展,贯彻绿水青山就是金山银山的理念,划定生态保护红线、永久基本农田和城镇开发边界,合理确定新区建设规模,完善生态功能,统筹绿色廊道和景观建设,构建蓝绿交织、清新明亮、水城共融、多组团集约紧凑发展的生态城市布局,创造优良人居环境,实现人与自然和谐共生,建设天蓝、地绿、水秀美丽家园。

在雄安新区规划建设过程中很多工程建设项目都与气候条件密切相关,例如,雄安新区在建设防洪安全体系中明确提出:“起步区防洪标准为 200 a 一遇”。因此,为避免或者减轻规划和建设项目实施后可能受气象灾害、气候变化的影响,需要进行气候适宜性、大气环境分析、风险性分析。通过历史气象观测资料开展工程气象参数设计，计算各类气象灾害的不同重现期的设计标准，为研究制定相关基础设施防御标准提供科学依据，提高新区交通、建筑、电力、供排水管网等城市生命线工程的抗灾能力。

7.7.1 大气环境承载力

大气环境承载力即某一时期、某一区域、在某种状态下环境对人类活动所排放大气污染物的最大可能负荷，可用大气环境容量来描述。大气环境容量是指在满足大气环境目标值(即能维持生态平衡并且不超过人体健康要求的阈值)的条件下，某区域大气环境所能承纳污染物的最大能力，或所能允许排放的污染物的总量。大气环境容量的大小基本代表了该区域的大气承载力和环境自净能力，可为控制和治理大气污染提供重要的依据，若超过了容量的阈值，大气环境就不能发挥其正常的功能或用途，生态的良性循环、人群健康及物质财产将受到损害。

为了定量评估气象条件对空气污染的作用，定义了大气自净能力指数这个指标，它是表示大气自身运动对大气中污染物的扩散、稀释和湿清除的能力。由于大气自净能力与大气污染源排放无关，可用于量化气象条件变化对空气污染的贡献。

7.7.1.1 资料和方法

选用2007—2016年京津冀平原地区北京、天津、唐山、石家庄、保定、邢台、邯郸、南宫(代表衡水)、沧州共9个地面气象站的每日4次风向、风速、气温以及14时总云量和低云量观测数据。同时，采用15 km分辨率的中尺度模式WRF(Weather Research and Forecast Model)对京津冀区域的三维气象场进行模拟。

根据国家标准《制定地方大气污染物排放标准的技术方法》(GB/T 3840—91)，采用地面气象站观测资料以及WRF模型模拟结果，计算大气环境容量和自净能力指数。

为了表达京津冀平原地区山谷风和海陆风低空局地风场的气候特征，需要去除天气系统过境对局地风场的影响。因此，对2007—2016年中尺度模式WRF的数值模拟数据进行如下处理：用逐时水平风速u和v减去对应的日平均风速$\bar{u}$、$\bar{v}$，得到可以体现日变化的逐时风速距平值u'、v'；然后，逐一求出全天24 h的逐时风速距平的10 a平均值$\bar{u}'$和$\bar{v}'$。逐时风速距平平均值$\bar{u}'$和$\bar{v}'$可以体现低空局地风场的日变化特征。为论述方便起见，将逐时风速距平平均值$\bar{u}'$和$\bar{v}'$合成后的矢量风速，称为局地风场表征风速。采用气象站观测资料分析低空局地风场气候特征时也采用同样的分析方法。

7.7.1.2 大气自净能力和风场特征

雄安新区地理位置靠近太行山和燕山，向西距太行山60～90 km，向北距燕山约90 km。由于太行山东侧坡度较大，西风气流经过后容易在太行山东侧形成“死水区”(图7.65)，受地形影响风速长年偏低，雄安新区近30 a平均风速只有1.63 m/s，低于北京市区(1.94 m/s)和天津市区(2.56 m/s)，且雄安新区风速低于1.0 m/s对大气污染物没有清除作用的小风出现频率为27%～28%，通风情况弱于北京和天津，非常不利于大气污染扩散和城市通风。

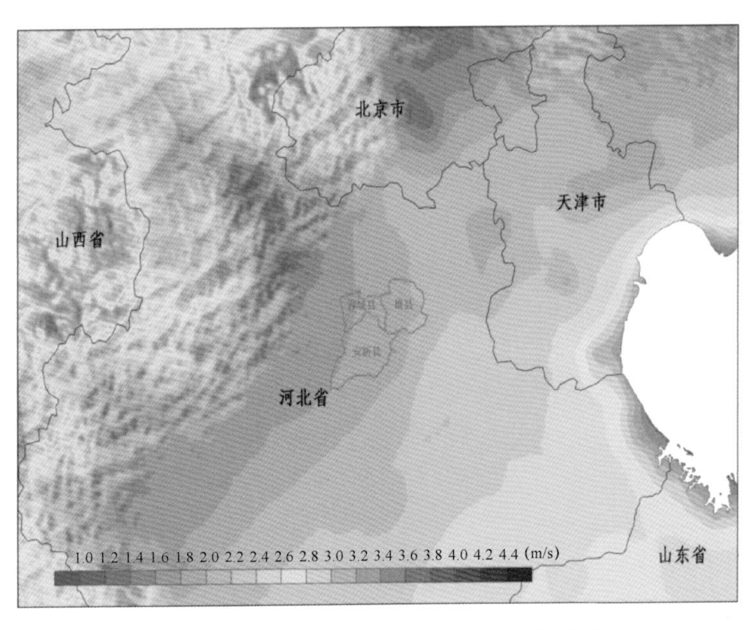

图 7.65　京津冀大部分地区近 30 a 平均风速分布

雄安新区大气通风量和自净能力低于北京、天津和石家庄。石家庄北侧和保定是京津冀平原地区的大气自净能力和大气通风量低值中心（图 7.66、图 7.67）。雄安新区位于保定低值中心的东侧，2007—2016 年平均大气自净能力为 1.63 t/(km^2 · d)、平均大气通风量为 1749 m^2/s 左右（表 7.24）。通风潜力高于保定市，低于北京、天津和石家庄。大气通风量在一年中变化幅度较大，雄安新区 1 月大气通风量最小，约为 975 m^2/s；4 月最大，可达 2790 m^2/s（图 7.68）。由于雄安新区自身的大气自净能力和通风条件较差，城市规划须注重大气污染物零排放的环境保护措施。

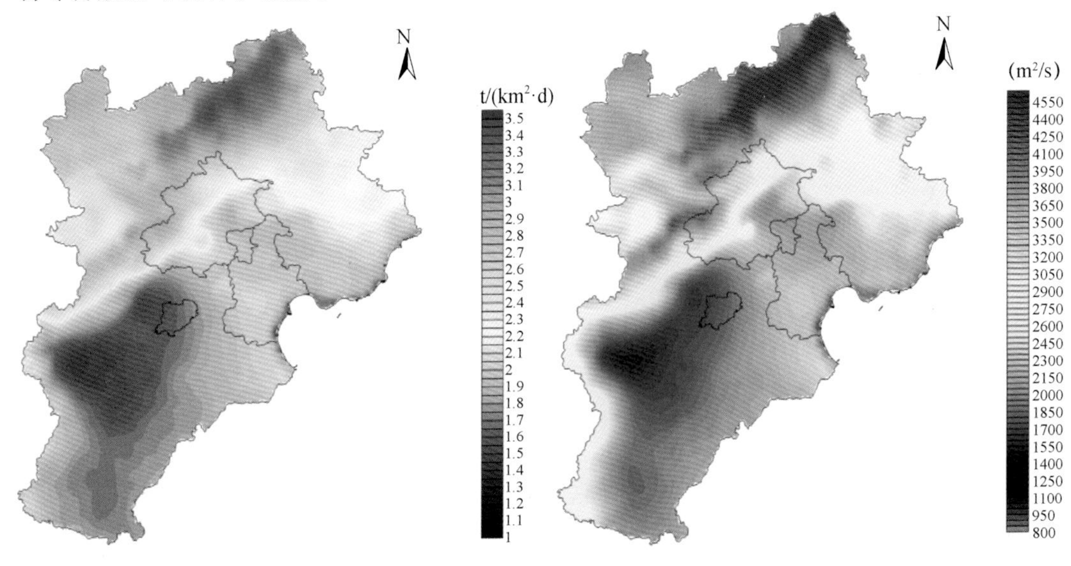

图 7.66　2007—2016 年京津冀地区平均大气自净能力指数空间分布

图 7.67　2007—2016 年京津冀地区平均大气通风量空间分布

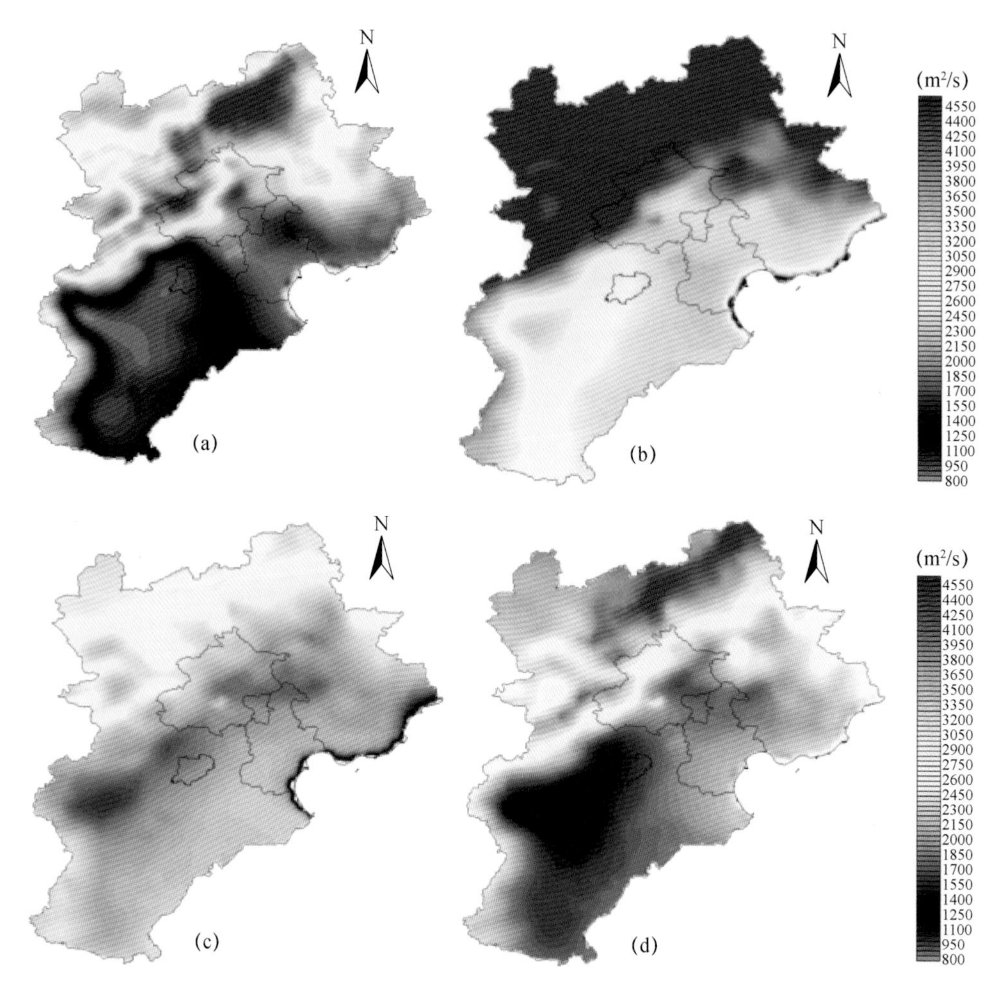

图 7.68　2007—2016 年京津冀地区 1 月(a)、4 月(b)、7 月(c)、10 月(d)平均大气通风量空间分布

表 7.24　雄安新区及周边城市的大气通风量和大气自净能力指数

城市	大气通风量(m^2/s)	大气自净能力指数[$t/(km^2 \cdot d)$]
雄安新区	1749	1.63
北京市	2380	2.24
天津市	2320	2.06
石家庄市	1908	1.6
保定市	1662	1.58
沧州市	2075	1.87
衡水市	1930	1.68
邢台市	2054	1.75

7.7.1.3　低空风场对大气污染输送的影响

雄安新区主导风向为西南—东北向，且不随季节变化。其中，雄县和容城主导风向为偏

西南和偏东北，安新主导风向为偏南和偏北。京津冀平原地区低空风场变化是天气系统与局地大气环流共同作用的结果，山谷风环流的作用使太行山和燕山沿线平原地区的长年主导风向为偏北和偏南。

雄安新区及周边低空风场呈顺时针转动的日变化特征，须防止来自周边城市的大气污染输入。局地风场表征风速是逐时风速与日平均风速距平的长期平均值，其去除了天气系统运动对局地风场的影响，可以反映京津冀地区山谷风和海陆风环流对局地低空风场的综合作用。分析结果表明，京津冀平原地区具有呈顺时针旋转的低空风场日变化特征。尤其是在靠近燕山和太行山地区，夜间至早晨谷风转向山风；午后至夜间山风转向谷风(图7.69)。雄安新区距太行山北段60多千米，在没有明显天气系统过境的情况下，主要受山谷风环流的影响。午后至夜间维持偏南风；后半夜至黎明迅速转为西风，再转为偏北风；中午之前维持偏北风；中午开始迅速向南方偏转。因此，雄安新区容易受到来自北京、保定以及河北南部大气污染输送的影响。为了保证雄安新区的空气质量，需要对周边城市大气污染进行综合治理。

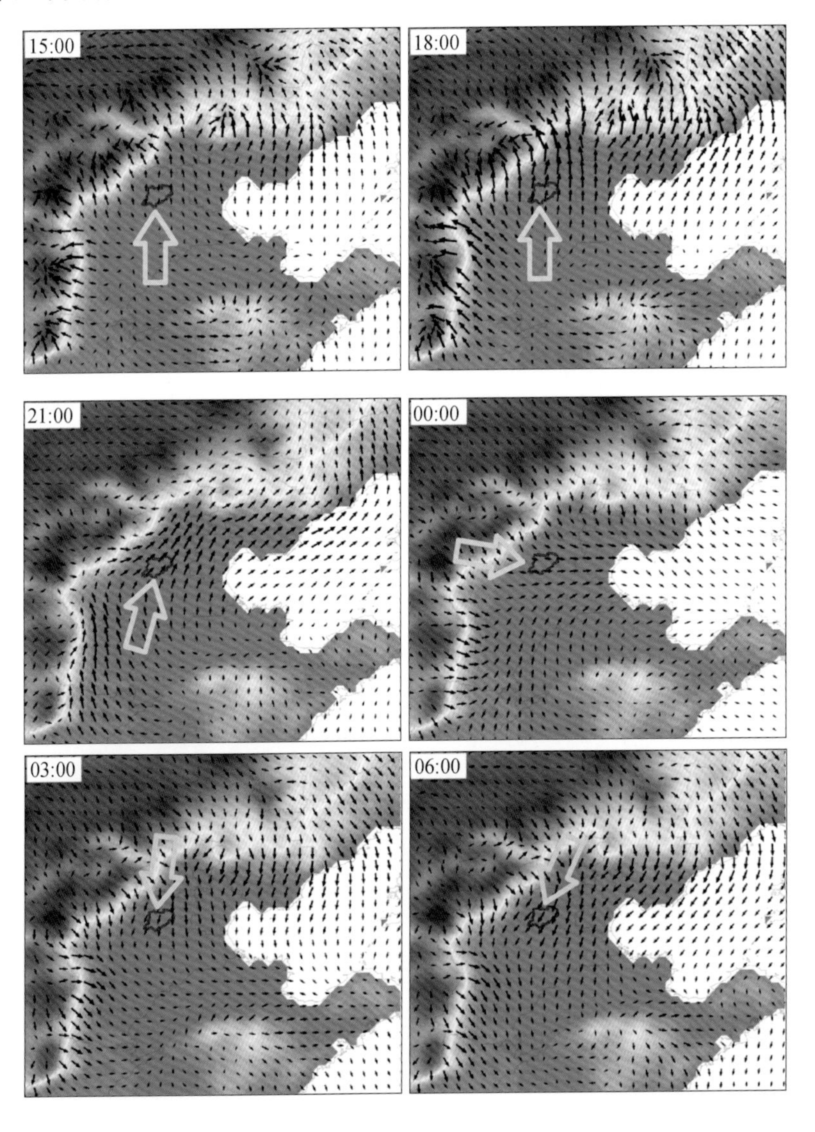

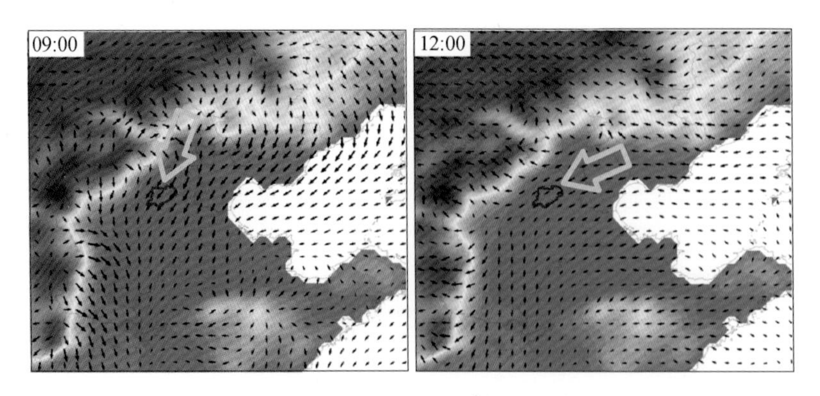

图 7.69　1 月京津冀平原地区局地风场表征风速分布的日变化

7.7.1.4　大气环境容量特征

(1)雄安新区大气环境容量总体不高

雄安新区多年平均大气环境容量为 368.2～446.2 t/(km^2 · a)(表 7.25),大气自身对污染物的清除能力一般。与近 30 a 相比,近 10 a 大气环境容量平均值普遍偏低。

表 7.25　各站平均大气环境容量[t/(km^2 · a)]

年限	安新	容城	雄县
年平均	368.2	446.2	388.9
近 30 a	353.5	392.4	368.8
近 10 a	335.2	298.8	367.3

(2)雄安新区大气环境容量总体呈下降趋势

1980 年以来,安新、容城和雄县 3 地的大气环境容积整体呈下降趋势(图 7.70),其中容城和雄县下降趋势十分明显,平均每 10 a 分别下降 92.4 t/km^2 和 32.4 t/km^2。安新整体的下降趋势不显著。

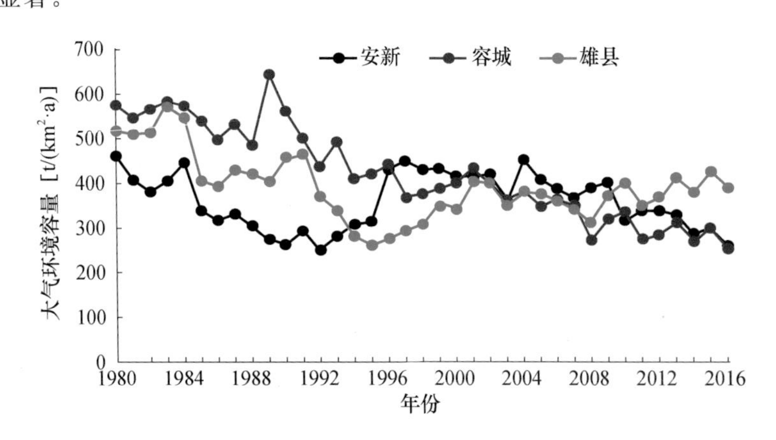

图 7.70　1980—2016 年雄安新区大气环境容量的历年变化

雄安新区秋、冬季大气环境容量偏低。由于春季风速较大、夏季降水量大,导致春、夏季大气环境容量较高，4月达到最大值；秋、冬季大气环境容量较低，12月最低，大气对污染物的清除能力较差(图7.71、图7.72)。

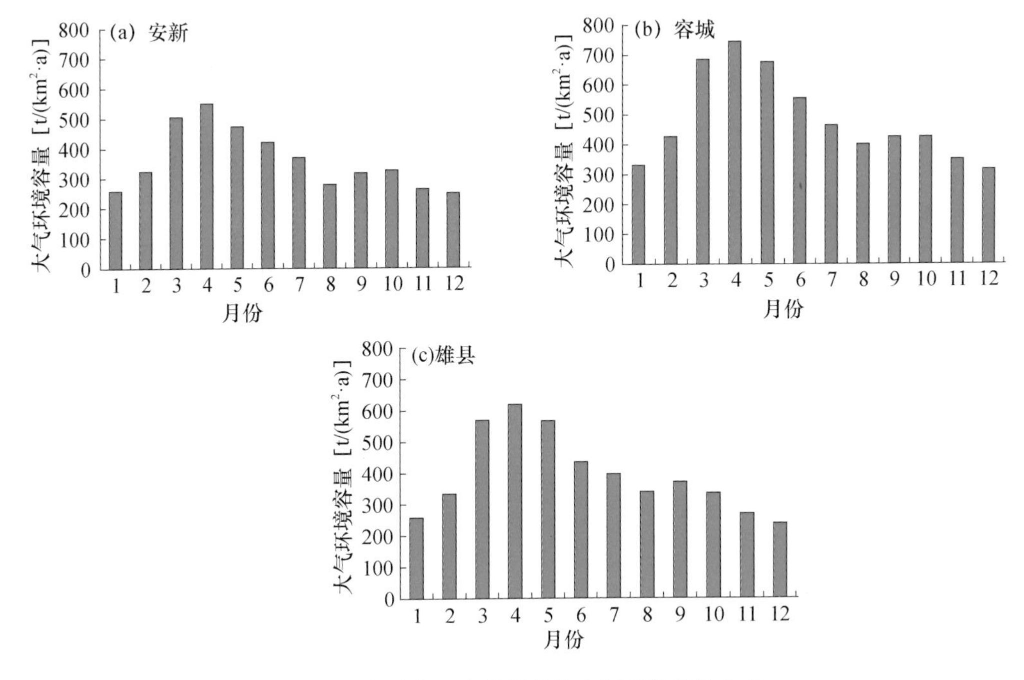

图7.71　雄安新区各地月平均大气环境容量分布

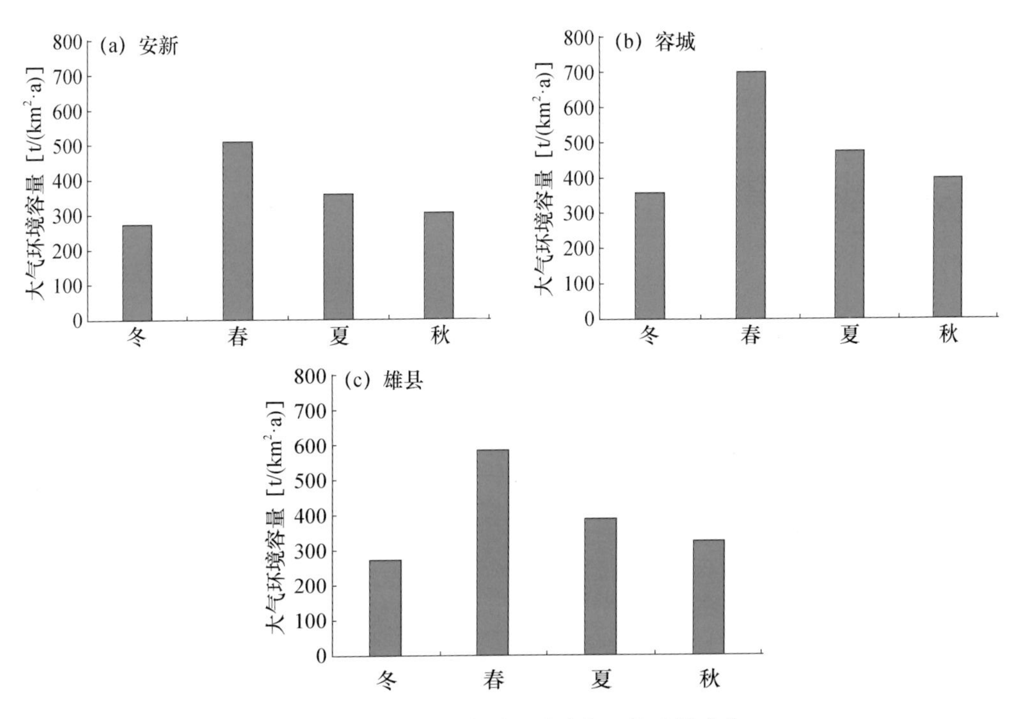

图7.72　雄安新区各季平均大气环境容量分布

7.7.2 风速极值推算

7.7.2.1 概率计算方法

《电力工程气象勘测技术规程》(DL/T 5158—2012)中对基本风速的确定方法有明确的要求："当气象站有连续 25 a 以上的年最大风速资料时，可直接进行频率计算推求气象站设计风速。当气象站风速资料短缺时，可选择邻近地区地形、气候条件相似，有长期风速资料的气象站进行相关分析，展延资料序列后计算设计风速。气象站设计风速应采用 P-Ⅲ(皮尔逊Ⅲ)型分布或极值Ⅰ型分布进行频率计算，气象站风速资料为定时观测 2 min 平均最大值时，应进行观测次数和风速时矩的换算，统一订正为自记 10 min 平均最大风速。"

按标准的规定，也为了有一个相互比较、相互验证的结果，本节同时采用极值Ⅰ型分布(又称为耿贝尔(Gumbel)分布)和 P-Ⅲ型分布进行频率计算。

(1) 极值Ⅰ型分布计算基本风速

极值Ⅰ型的分布函数是：

$$F(x) = p(X_{\max} < x) = e^{-e^{-\alpha(x-u)}} \tag{7-1}$$

其超过保证率函数是：

$$p(x) = 1 - e^{-e^{-\alpha(x-u)}} \tag{7-2}$$

① 耿贝尔分布法估计参数 α 和 u

令 $y=\alpha(x-u)$，求得 y 的保证率函数为：

$$\begin{gathered} p(y) = p(Y \geq y) = 1 - e^{-e^{-y}} \\ E(Y) = \alpha[E(X_M) - u] \\ D(Y) = \alpha^2 D(X_M) \end{gathered} \tag{7-3}$$

由此得到：

$$\alpha = \frac{\sigma_y}{\sigma_{X_M}} \tag{7-4}$$

$$u = E(X_M) - \frac{1}{\alpha}E(y) = E(X_M) - \frac{\sigma_{X_M}}{\sigma_Y}E(y) \tag{7-5}$$

以最大风速序列的均值及标准差作为 $E(X_M)$ 及 σ_{xM} 的近似估计值。而 $E(y)$ 和 σ_y 的近似估计值 $\bar{y}$ 及 S_y 只与 N 有关，有表(略)可查。将上述四个估计值代入式(7-4)和式(7-5)求出 $\hat{\alpha}$、$\hat{u}$，再将其代入式(7-3)可得：

$$X_p = \hat{u} - \frac{1}{\alpha}\ln[-\ln(1-p)] \tag{7-6}$$

由式(7-6)可算出 4 个重现期的基本风速。

② 矩法参数估算法

中国气象科学研究院的专家在 1999 年给出了矩法参数估算法，用该方法再进行一次计算，目的是用来检验以上的计算结果。

极值Ⅰ型分布函数也可以写成：

$$F(x) = \exp\{-\exp[-\alpha(x-u)]\} \tag{7-7}$$

式中：u 是分布的位置参数，即其分布的众值；α 是分布的尺度参数。它们与矩的关系为：

$$一阶矩（均值）：E(x)=\frac{a}{\alpha}+u \qquad a=0.57722$$

$$二阶矩（方差）：\sigma^2=\frac{C^2}{\alpha^2} \qquad C=\frac{\pi}{\sqrt{6}}=1.28255$$

因此得：

$$\alpha=\frac{1.28255}{\sigma} \tag{7-8}$$

$$u=E(x)-\frac{0.57722}{\alpha} \tag{7-9}$$

计算出年最大风速平均值和标准差作为参数 $E(x)$ 和 α 的估计值，计算出参数 $\hat{\alpha}$、$\hat{u}$ 后，仍用式(7-6)计算出不同重现期的基本风速。

（2）P-Ⅲ分布计算基本风速

P-Ⅲ型曲线在包括水文、气象等领域的研究中被广为引用。P-Ⅲ型曲线是一条一端有限一端无限的不对称单峰、正偏曲线，数学上常称伽马分布，其概率密度函数为：

$$f(x)=\frac{\beta^{\alpha}}{\Gamma(\alpha)}(x-\alpha_0)^{\alpha-1}\mathrm{e}^{-\beta(x-a_0)} \tag{7-10}$$

式中：$\Gamma(\alpha)$ 为 α 的伽马函数，α、β、a_0 分别为皮尔逊Ⅲ型分布的形状尺度和位置未知参数，$\alpha>0$，$\beta>0$。

显然，三个参数确定以后，该密度函数随之可以确定。可以推论，这三个参数与总体三个参数 $\bar{x}$、C_v、C_s 具有如下关系：

$$\alpha=\frac{4}{{C_s}^2} \tag{7-11}$$

$$\beta=\frac{2}{\bar{x}C_vC_s} \tag{7-12}$$

$$a_0=\bar{x}\left(1-\frac{2C_v}{C_s}\right) \tag{7-13}$$

$$C_v=\frac{\sigma}{\bar{x}}=\frac{1}{\bar{x}}\sqrt{\frac{1}{n}\sum_{i=1}^{n}(x_i-\bar{x})^2}=\sqrt{\frac{1}{n}\sum_{i=1}^{n}(K_i-1)^2} \tag{7-14}$$

$$C_s=\frac{1}{n\sigma^3}\sum_{i=1}^{n}(x_i-\bar{x})^3=\frac{1}{n{C_v}^3}\sum_{i=1}^{n}(K_i-1)^3 \tag{7-15}$$

式中：C_v 为变差系数，比较两个不同均值系列的离散程度时，采用均方差与均值之比值，用于衡量系列相对离散程度，C_v 越大，随机变量 x 的分布越分散，概率分布曲线的左侧抬高，右侧降低；反之，左侧下降，右侧上抬。C_s 为偏态系数，反映密度曲线的对称特征，衡量系列在均值的两侧分布对称或不对称（偏态）程度的系数。对于正偏，$C_s>0$（P-Ⅲ曲线）。当其他参数不变时，C_s 值越大，则概率曲线的凹度越大，两端都在正态直线以上，中间部分向下。

（3）拟合适度检验

采用参数检验法（柯尔莫戈洛夫拟合适度检验）来校核上述概率分布模型的合理性。

柯尔莫戈洛夫拟合适度检验指标：

$$K_f=D_n\sqrt{n} \tag{7-16}$$

式中：N 为样本容量，D_n 表示拟合出来的理论分布与经验分布的最大偏差。

D_n 由下式计算：

$$D_n = \max\{|F^*(x_i) - F(x_i)|\} \tag{7-17}$$

式中：$F(x_i)$为理论分布函数，$F^*(x_i)$为经验分布函数，即把气候要素的 n 个观测值从小到大的顺序排列为：

$$x_1^* \leqslant x_2^* \leqslant \cdots \leqslant x_m^* \leqslant \cdots \leqslant x_n^*$$

则

$$F_n^*(x) = \frac{m}{n+1} \tag{7-18}$$

这里 x_i 为有序样本，D_n 表示在所有各点上，经验分布与假设的理论分布之差的最大值。取信度为0.05，查表（略）得只要 $K_f<1.35$，则认为样本序列服从该型概率分布。

设 $F(X_i)$为概率分布函数的理论值，$F^*(x_i)$为概率分布函数的经验值，令理论值与经验值的最大绝对偏差为 D_n。

以安新气象站10 m高度最大风速的极值Ⅰ型分布为例，表7.26为各点的理论分布与经验分布的偏差，从中可得到极值Ⅰ型概率分布下 $D_n=0.115$，从而算得 $K_f=0.797<1.35$，因此样本序列服从该型概率分布。

表7.26　极值Ⅰ型分布(耿贝尔参数估算法)下风速的绝对偏差

$F(x_i)$	$F^*(x_i)$	$\|F^*(x_i)-F(x_i)\|$	$F(x_i)$	$F^*(x_i)$	$\|F^*(x_i)-F(x_i)\|$
0.036	0.020	0.016	0.436	0.510	0.074
0.052	0.041	0.011	0.436	0.531	0.095
0.058	0.061	0.003	0.436	0.551	0.115
0.060	0.082	0.022	0.498	0.571	0.073
0.083	0.102	0.019	0.524	0.592	0.068
0.102	0.122	0.020	0.524	0.612	0.088
0.130	0.143	0.013	0.537	0.633	0.096
0.149	0.163	0.014	0.591	0.653	0.062
0.149	0.184	0.035	0.631	0.673	0.042
0.166	0.204	0.038	0.631	0.694	0.063
0.166	0.224	0.058	0.672	0.714	0.042
0.209	0.245	0.036	0.802	0.735	0.067
0.209	0.265	0.056	0.802	0.755	0.047
0.231	0.286	0.055	0.802	0.776	0.026
0.231	0.306	0.075	0.836	0.796	0.040
0.316	0.327	0.011	0.896	0.816	0.080
0.316	0.347	0.031	0.904	0.837	0.067
0.316	0.367	0.051	0.934	0.857	0.077
0.316	0.388	0.072	0.941	0.878	0.063
0.326	0.408	0.082	0.978	0.898	0.080
0.357	0.429	0.072	0.988	0.918	0.070
0.378	0.449	0.071	0.993	0.939	0.054
0.401	0.469	0.068	0.997	0.959	0.038
0.436	0.490	0.054	1.000	0.980	0.020

7.7.2.2 年最大风速的概率计算

本节使用的资料是安新气象站、容城气象站及雄县气象站建站有资料以来至2018年最大风速序列，由于安新气象站1960—1970年与容城气象站1968—1974年只有4次定时2 min最大风速观测，而没有10 min平均最大风速观测，根据《应用气候手册》(朱瑞兆，1991)中的换算公式，对以上时段的风速进行时距换算后，插补最大风速序列。

《应用气候手册》给出的适用于华北地区的换算关系式：

$$y = 0.88x + 7.820 \tag{7-19}$$

式中：x为4次定时2 min平均最大风速，y为10 min平均最大风速。

风速仪标准高度应为10 m，由于气象站风速仪几经更迭，风速资料的观测高度并不是10 m标准高度，根据气象站风速仪的高度变更记录，对风速序列进行高度换算，得到10 m标准高度的风速序列。《建筑结构荷载规范》(GB 50009—2012)给出了不同高度风速的换算公式：

$$v = v_z\left(\frac{10}{z}\right)^{\alpha} \tag{7-20}$$

式中：z是风速仪实际高度，v_z是风速仪观测风速，α是空旷平坦地区地面粗糙度指数，取0.15。

由于安新、容城气象站时距订正后的插补风速序列无法通过t分布的持续性检验，在实际使用时，直接采用自记式风速仪记录的10 min平均风速资料，具体情况如表7.27所示。

表7.27 雄安新区3站最大风速资料情况

气象站	容城	雄县	安新
资料序列长度	44 a	45 a	48 a
建站时间	1968年	1974年	1960年
资料年限	1975—2018年	1974—2018年	1971—2018年

目前对设计基本风速的计算一般用极值Ⅰ型分布来拟合，本节同时用极值Ⅰ型和P-Ⅲ型分别计算出各站不同重现期的10 m最大风速(表7.28～7.30)。

表7.28 容城气象站10 m高度不同重现期的最大风速(m/s)

参数估算法		100 a年一遇	50 a一遇	30 a一遇	10 a一遇
容城	极值Ⅰ型	21.5	20.5	20.1	19.1
	P-Ⅲ型	20.3	19.4	18.7	16.9

表7.29 雄县气象站10m高度不同重现期的最大风速(m/s)

参数估算法		100 a年一遇	50 a一遇	30 a一遇	10 a一遇
雄县	极值Ⅰ型	25.0	23.0	21.5	18.3
	P-Ⅲ型	26.0	23.8	22.3	18.6

表 7.30　安新气象站 10m 高度不同重现期的最大风速(m/s)

参数估算法		100 a 年一遇	50 a 一遇	30 a 一遇	10 a 一遇
安新	极值Ⅰ型	27.3	25.4	24.0	21.0
	P-Ⅲ 型	24.9	23.9	23.1	21.1

7.7.2.3　设计风速的估算

根据表 7.27～7.29，为了安全起见，推荐采用安新气象站极值Ⅰ型分布计算的 100 a 一遇最大风速 27.3 m/s、50 a 一遇最大风速 25.4 m/s。

查《建筑结构荷载规范》(GB 50009—2012)，参考保定地区 50 a 一遇风压值为 0.40 kN/m^2，换算成设计风速为 25.5 m/s，100 a 一遇风压值为 0.45 kN/m^2，换算成设计风速为 27.0 m/s，与推荐值基本一致。可见，推算得到的研究区域不同重现期的最大风速是合理可信的。

7.7.2.4　平均最大风速的估算

基于安新气象站极值Ⅰ型的 10 m 高度最大风速计算结果，估算研究区域不同高度不同重现期的最大风速。

查阅和参考《公路桥梁抗风设计规范》(JTG/T 3360-01—2018)关于地表粗糙度分类(表 7.31)，安新气象站所处区域属Ⅱ类地表粗糙度，α 取 0.16。

估算结果见表 7.32，其中各高度 50 a 重现期的最大风速值为设计基准风速。

表 7.31　地表状况及地表粗糙度分类

地表类别	地表状况	α
A	海面、海岸、开阔水面、沙漠	0.12
B	田野、乡村、丛林、平坦开阔地及低层建筑物稀少地区	0.16
C	树木及低层建筑物密集地区、中高层建筑物稀少地区、平缓的丘陵地	0.22
D	中高层建筑物密集地区、起伏较大的丘陵地	0.30

表 7.32　研究区域不同高度不同重现期 10 min 平均最大风速(m/s)

高度(m)	100 a 一遇	50 a 一遇	30 a 一遇	10 a 一遇
10	27.3	25.4	24.0	21.0
20	30.5	28.4	26.8	23.4
30	32.5	30.3	28.6	25.0
50	35.3	32.9	31.1	27.1
70	37.3	34.7	32.8	28.6
100	39.4	36.7	34.7	30.3

注：表内风速值为不同高度对应的设计基准风速。

7.7.2.5　不确定性分析

本节采用安新、雄县、容城三个气象站建站至今的 10 min 最大风速来推算设计风速，考虑到风速序列的持续性，舍弃了安新气象站及容城气象站的时距订正风速数据，可能存在一定误差；当观测风速仪高度与标高相差较大时，风速进行10 m标准高度的换算，按照《建筑结构荷载规范》(GB 50009—2012)，粗糙度指数采用0.15，可能存在一定误差；使用极值Ⅰ型和P-Ⅲ型分布对年最大风速进行概率计算时，拟合曲线的头尾与散点较离散，会漏掉小概率出现的散点，存在一定的误差；对不同高度不同重现期最大风速进行推算时，根据《公路桥梁抗风设计规范》(JTG/T 3360-01—2018)关于地表粗糙度分类，选取风廓线指数为0.16，可能存在一定误差。

7.7.3 雪压极值推算

7.7.3.1 年最大积雪深度的概率估算

本节使用的资料是安新气象站、容城气象站及雄县气象站建站有资料以来至2018年最大积雪深度序列(年最大积雪深度统计时段均为当年7月到次年6月)，具体情况如表7.33、图7.73所示。

表7.33 雄安新区3站积雪深度资料情况

气象站	容城	雄县	安新
资料序列长度	48 a	45 a	59 a
资料年限	1971—2018年	1974—2018年	1960—2018年

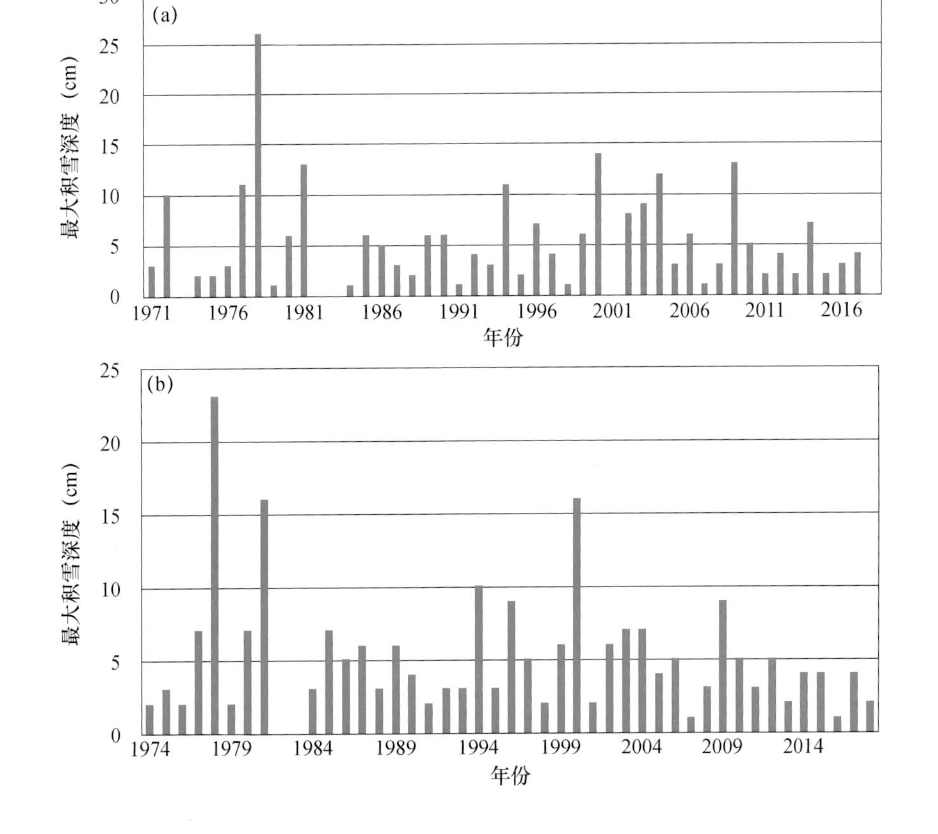

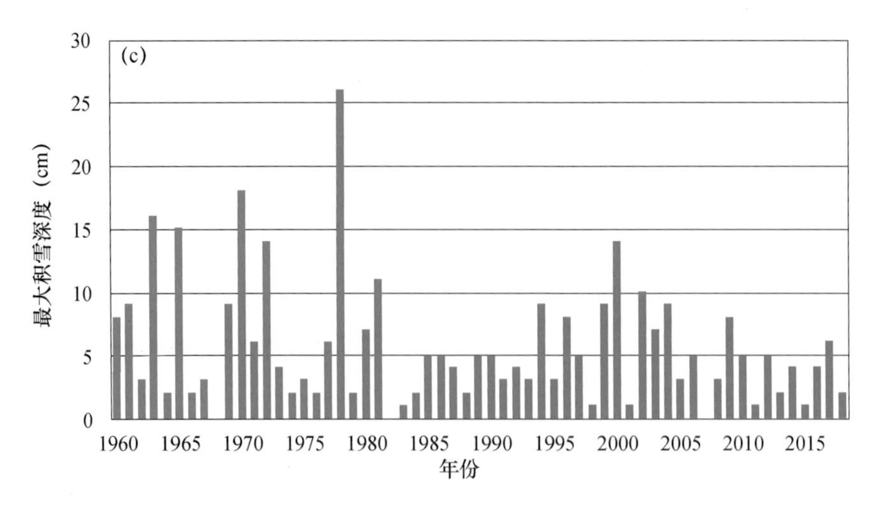

图 7.73　1960—2018 年容城(a)、雄县(b)、安新(c)气象站年最大雪深变化

按《中国积雪地面观测规范》中的规定，用极值Ⅰ型和 P-Ⅲ型分别计算出各站不同重现期的最大积雪深度(车涛 等，2020)为了安全起见，各站均推荐使用较大值，并根据积雪密度和不同重现期的最大积雪深度计算雪压。

计算公式如下：

$$S_O = h\rho g \tag{7-21}$$

式中：S_O为雪压(kN/m^2)，h 为积雪深度(m)，ρ 为积雪密度(t/m^3)，g 为重力加速度(9.8 m/s^2)。按照《建筑结构荷载规范》(GB 50009—2012)，当缺乏平行观测的积雪密度时，均以当地的平均密度来估算雪压值，华北地区积雪的平均密度取 130 g/cm^3。结果如表 7.34～7.36 所示。

表 7.34　容城气象站不同重现期的最大积雪深度和雪压

参数估算法	100 a 年一遇	50 a 一遇	30 a 一遇	10 a 一遇
极值Ⅰ型雪深(cm)	30.1	25.8	22.6	15.5
P-Ⅲ 型雪深(cm)	32.3	26.1	21.8	12.6
雪压(kN/m^2)	0.41	0.33	0.28	0.16

表 7.35　雄县气象站不同重现期的最大积雪深度和雪压

参数估算法	100 a 年一遇	50 a 一遇	30 a 一遇	10 a 一遇
极值Ⅰ型雪深(cm)	26.2	22.5	19.8	13.9
P-Ⅲ 型雪深(cm)	28.9	23.4	19.6	11.5
雪压(kN/m^2)	0.37	0.30	0.25	0.15

表 7.36　安新气象站不同重现期的最大积雪深度和雪压

参数估算法	100 a 年一遇	50 a 一遇	30 a 一遇	10 a 一遇
极值Ⅰ型雪深(cm)	28.9	24.9	21.9	15.4
P-Ⅲ 型雪深(cm)	30.3	25.0	21.4	13.3
雪压(kN/m^2)	0.39	0.32	0.27	0.17

如上表所示，计算得到的三组结果均推荐采用 P-Ⅲ型分布计算的不同重现期最大积雪深度，并据此结果分别计算得到对应雪压。

7.7.3.2 设计雪压的估算

对雄安新区 3 个气象站计算结果进行对比，推算研究区域的设计雪压，为了安全起见，推荐使用容城气象站 P-Ⅲ型分布计算的 50 a 一遇最大积雪深度为 26.1 cm，雪压 0.33 kN/m^2。

查《建筑结构荷载规范》(GB 50009—2012)，得距离研究区域最近的保定市 50 a 一遇雪压参考值为0.35 kN/m^2，与推荐结果接近，设计雪压推荐值在合理范围内。

7.7.4 气温及其特征值分析推算

7.7.4.1 资料来源

按照《建筑结构荷载规范》(GB 50009—2012)，选取安新、雄县、容城气象站历年来最高气温月的月平均最高气温和最低气温月的月平均最低气温来计算基本气温。

本节使用的资料是安新气象站、容城气象站及雄县气象站建站有资料以来至 2018 年气温序列，具体资料年限如表 7.37 所示。

表 7.37 雄安新区 3 站气温资料情况

气象站	容城	雄县	安新
资料序列长度	51 a	45 a	59 a
资料年限	1968—2018 年	1974—2018 年	1960—2018 年

从图 7.74、图 7.75 变化曲线可看出，建站至今月平均最高气温、月平均最低气温呈波动变化，分别集中在 29～36 ℃与－14～－6 ℃。

7.7.4.2 多年月平均最高、最低气温的概率计算

为了有一个相互比较、相互验证的结果，本节将同时采用极值Ⅰ型和 P-Ⅲ型分布进行频

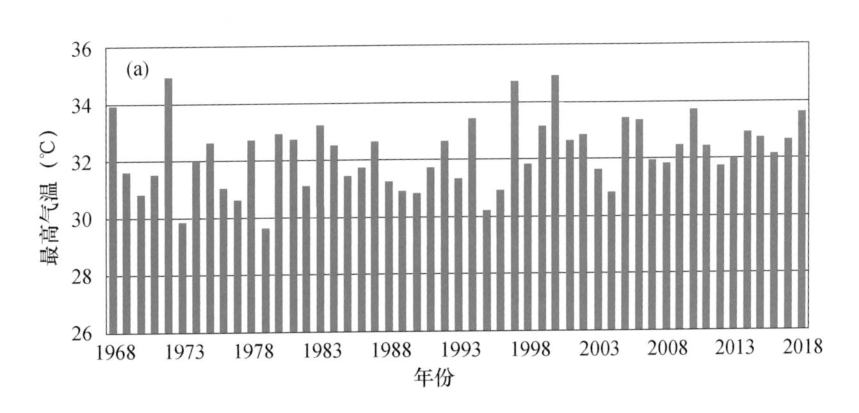

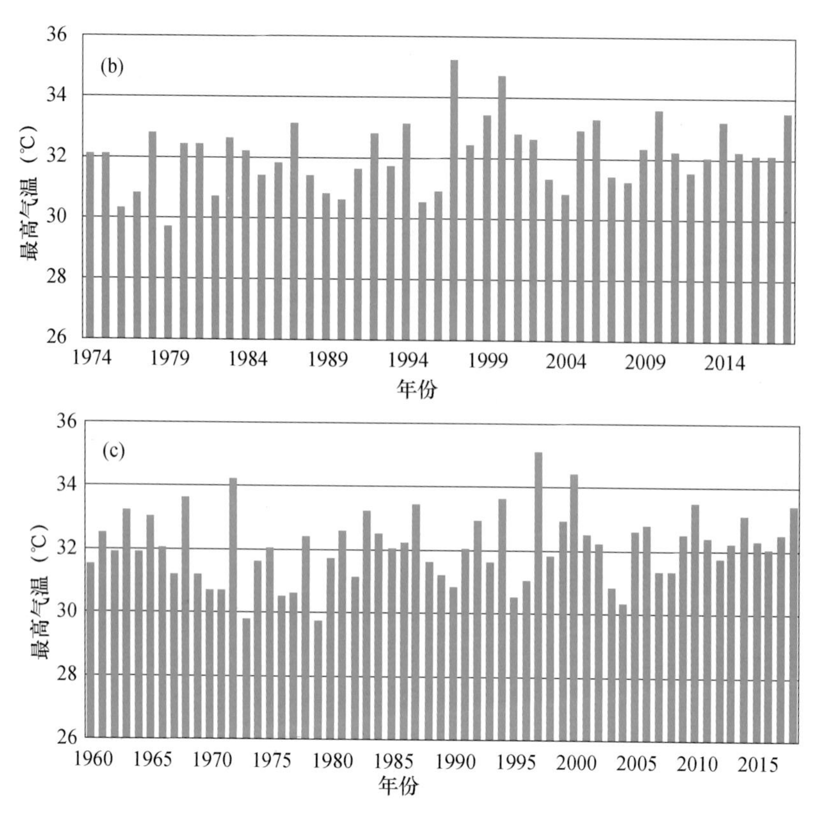

图 7.74　1960—2018 年容城(a)、雄县(b)、安新(c)气象站最高气温月的月平均最高气温历年变化

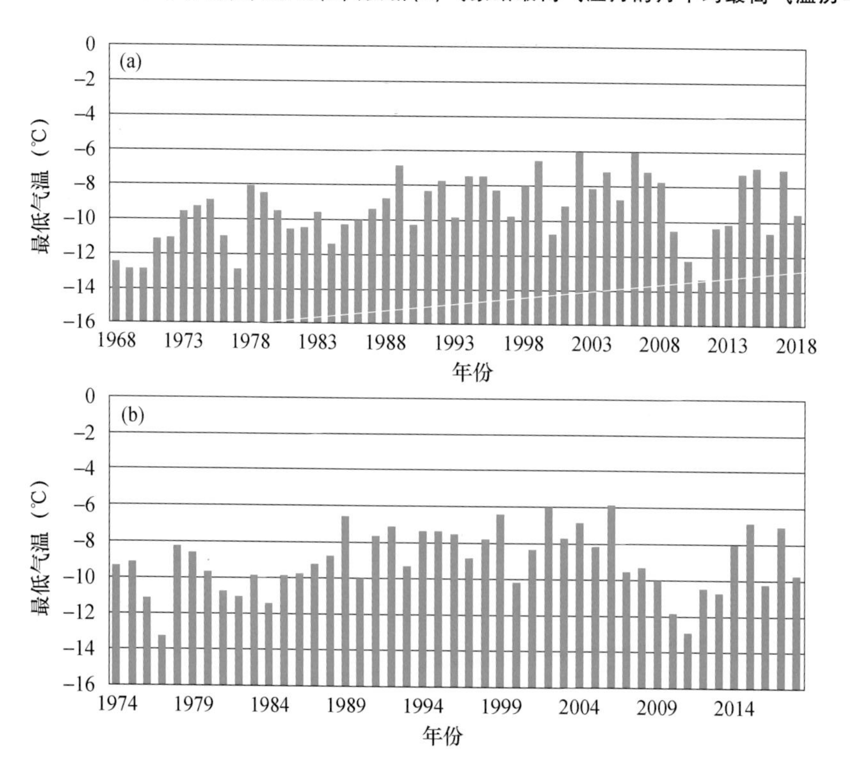

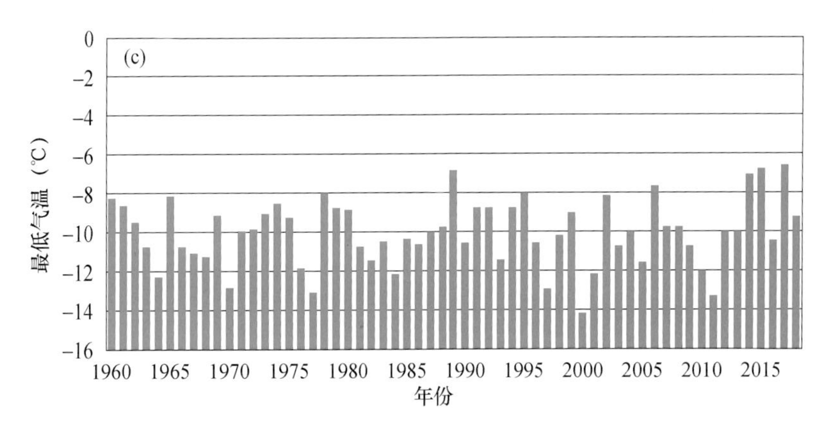

图 7.75　1960—2018 年容城(a)、雄县(b)、安新(c)气象站最低气温月的月平均最低气温历年变化

率计算。为了安全起见，本节推荐使用最高气温的较高值和最低气温的较低值。雄安新区不同重现期的多年月平均最高、最低气温见表 7.38～7.40。

表 7.38a　容城气象站不同重现期的月平均最高气温(℃)

参数估算法	100 a 一遇	50 a 一遇	30 a 一遇	10 a 一遇
极值Ⅰ型	36.2	35.5	35.0	33.9
P-Ⅲ 型	35.4	35.0	34.7	33.9

表 7.38b　容城气象站不同重现期的月平均最低气温(℃)

参数估算法	100 a 一遇	50 a 一遇	30 a 一遇	10 a 一遇
极值Ⅰ型	−15.3	−14.3	−13.5	−11.9
P-Ⅲ 型	−14.4	−13.7	−13.2	−12.0

表 7.39a　雄县气象站不同重现期的月平均最高气温(℃)

参数估算法	100 a 一遇	50 a 一遇	30 a 一遇	10 a 一遇
极值Ⅰ型	36.1	35.4	34.9	33.8
P-Ⅲ 型	35.6	35.1	34.7	33.8

表 7.39b　雄县气象站不同重现期的月平均最低气温(℃)

参数估算法	100 a 一遇	50 a 一遇	30 a 一遇	10 a 一遇
极值Ⅰ型	−15.1	−14.0	−13.3	−11.6
P-Ⅲ 型	−14.1	−13.5	−13.0	−11.7

表 7.40a　安新气象站不同重现期的月平均最高气温(℃)

参数估算法	100 a 一遇	50 a 一遇	30 a 一遇	10 a 一遇
极值Ⅰ型	36.1	35.4	34.9	33.7
P-Ⅲ 型	35.3	34.9	34.5	33.7

表 7.40b　安新气象站不同重现期的月平均最低气温(℃)

参数估算法	100 a 一遇	50 a 一遇	30 a 一遇	10 a 一遇
极值Ⅰ型	−15.4	−14.5	−13.8	−12.3
P-Ⅲ 型	−14.5	−14.0	−13.5	−12.4

7.7.4.3　设计气温的估算

根据表 7.37～7.39，3 个气象站均推荐极值Ⅰ型算法的计算结果，对 3 个气象站计算结果进行对比，为了安全起见，研究区域推荐使用容城气象站极值Ⅰ型分布计算的最高气温与安新气象站极值Ⅰ型分布计算的最低气温。

综上，研究区域估算的 50 a 一遇基本气温分别为 35.5 ℃和−14.5 ℃。

查《建筑结构荷载规范》(GB 50009—2012)可得，距离研究区域最近的保定市基本气温参考值为 36 ℃和−12 ℃，与推荐的结果较为接近。

7.7.4.4　室外空气调节计算参数

按照《工业建筑供暖通风与空气调节设计规范》(GB 50019—2015)和《供暖通风设计手册》(陆耀庆，1987)的有关规定和统计方法，以安新、雄县、容城三个气象站近 30 a(1989—2018 年)的观测数据为基础计算了研究区域室外空气调节计算参数。室外空气计算参数计算结果如表 7.41 所示。

表 7.41　室外空气调节计算参数——温度要素一览表(℃)

站点	容城	雄县	安新
冬季空气调节室外计算温度	−10.3	−10.4	−11.9
夏季空气调节室外计算日平均温度	26.0	26.1	25.7
冬季通风室外计算温度	−3.8	−3.9	−4.5
夏季通风室外计算温度	30.7	30.7	30.7

7.7.5　暴雨强度公式编制

本节主要介绍暴雨强度公式定义、暴雨强度样本的选取、曲线拟合、公式参数推算方法、误差控制及雄安新区暴雨强度公式编制结果等。

7.7.5.1　暴雨强度公式简介

(1)公式的定义及参数介绍

依据《室外排水设计规范》(GB 50014—2006，2016 年版)，暴雨强度公式的定义为：

$$q=\frac{167A_1\times(1+c\times\lg P)}{(t+b)^n} \tag{7-22}$$

式中：q 为设计暴雨强度[$L/(s\cdot hm^2)$]；t 为降雨历时(min)，取值范围为 1～180 min；P 为

重现期(a),取值范围为2～100 a,重现期越长、历时越短,暴雨强度就越大;A_1、b、c、n是与地方暴雨特性有关且需求解的参数:A_1为雨力参数,即重现期为1 a时的1 min设计降雨量(mm);c为雨力变动参数;b为降雨历时修正参数,即对暴雨强度公式两边求对数后能使曲线化成直线所加的一个时间参数(min);n为暴雨衰减指数,与重现期有关。

从(7-22)式可以看出,暴雨强度公式为已知关系式的超定非线性方程,公式中有A_1、c、b、n这4个参数,显然常规方法无法求解,因此参数估计方法的设计和减少估算误差尤为关键。本节运用最小二乘法、高斯牛顿法两种方法对(7-22)式进行参数估算。

(2)雨强单位的转换

室外排水设计采用的雨水参数是以体积(容量)来表达,须将以毫米(mm)为单位的降水强度,转换为以升(L)为单位的降水体积(容量)。单位时间(min)单位面积(hm^2)1mm降水量转换为容量(L)时,经过以下换算过程:1 mm=0.001 m;1 hm^2=10000 m^2;1 m^3=1000 L;1 hm^2×0.001 m =10 m^3=10000 L。即单位时间(min)单位面积(hm^2)的1 mm降水换算成容量为10000 L,单位时间为1 s时,单位面积为1 hm^2的降水容量为10000/60≈167[L/(s·hm^2)],则雨强q[L/(s·hm^2)]与雨强i(mm/min)之间可以用$q \approx 167i$来进行换算。

(3)频率和重现期的计算

暴雨强度重现期P是指相等或超过它的暴雨强度出现1次的平均时间,单位为年(a)。对于年最大值法,其经验频率(P_m)及重现期(T_m)分别按照下式计算:

$$P_m = \frac{M}{N+1} \tag{7-23}$$

$$T_m = \frac{N+1}{M} \tag{7-24}$$

式中:N为样本总数(N = 资料年限×k,k为每年平均取样个数,对于年最大值法$k=1$);M为样本的序号(样本按从大到小排序)。

7.7.5.2 有效样本的选取

根据国家标准《室外排水设计规范》(GB 50014—2006,2016年版)要求,年最大值法适用于具有20 a以上自记雨量记录的地区,有条件的地区可用30 a以上的雨量系列。本节结合雄安新区内3个地面常规气象观测站(容城、安新和雄县)现有的分钟降雨数据,根据要求,采用年最大值法进行暴雨强度公式的计算选样。

年最大值法:选取5、10、15、20、30、45、60、90、120、150 min和180 min等各历时降水的逐年最大值,作为年最大值法暴雨强度公式的统计样本。

7.7.5.3 数据的频率曲线拟合

根据国家标准《室外排水设计规范》(GB 50014—2006,2016年版),年最大值法计算降水重现期宜按1 a、2 a、3 a、5 a、10 a、20 a、50 a、100 a共8个重现期计算。由于设计采用的重现期(100 a一遇)大于资料年限,故采用理论频率分布曲线进行调整,选用何种分布曲线关键是看分布曲线对原始数据的拟合程度,误差越小、精度越高的分布越有代表性,拟合精度以平均绝对均方根误差和平均相对均方根误差作为判断标准。当精度要求较高时,国家规范推荐采用指数分布、耿贝尔分布和P-Ⅲ型分布曲线。

7.7.5.4 暴雨强度公式计算结果的精度检验

根据国家标准《室外排水设计规范》(GB 50014—2006,2016年版),采用年最大值法选取样本,编制完成的暴雨强度公式,须重点保证重现期2～20 a区间的计算精度,要求在一般强度的地方,平均绝对均方根误差不宜大于0.05 mm/min。在降水强度较大的地方,平均相对均方根误差不宜大于5%。

平均绝对均方根误差:

$$X_m = \sqrt{\frac{1}{n}\sum_{i=1}^{n}\left(\frac{R'_i - R_i}{t_i}\right)^2} \tag{7-25}$$

平均相对均方根误差:

$$U_m = \sqrt{\frac{1}{n}\sum_{i=1}^{n}\left(\frac{R'_i - R_i}{R_i}\right)^2} \times 100\ \% \tag{7-26}$$

式中:R'为根据暴雨强度公式计算出来的理论降雨量,R为i-t-P三联表对应的降雨量,t为降水历时,N为参与误差计算的样本数。

7.7.5.5 暴雨强度公式编制结果

(1)容城暴雨强度公式

利用容城气象站1990—2019年共30 a的分钟雨量数据,采用年最大值法进行有效样本的选取,通过耿贝尔分布曲线进行频率拟合,得出降雨量、降雨历时、重现期三者的关系,即i-t-P三联表(表7.42)。基于最小二乘法对(7-22)式进行参数估算,最终得到容城的暴雨强度公式(式(7-27)),其计算结果精度符合相关规范要求(表7.43)。

$$q = \frac{4894.908 \times (1 + 0.984\lg P)}{(t + 27.794)^{0.885}} \tag{7-27}$$

①i-t-P三联表

表7.42 耿贝尔分布下雨量、历时、重现期(i-t-P)三联表(mm)

P(a) \ T(min)	5	10	15	20	30	45	60	90	120	150	180
1	7.093	11.494	14.527	16.286	19.764	21.772	23.338	25.576	26.571	26.291	25.6
2	9.256	15.459	20.169	23.859	29.889	34.295	38.24	42.228	45.239	47.584	49.955
3	10.478	17.698	23.354	28.135	35.605	41.365	46.654	51.63	55.779	59.606	63.705
5	11.838	20.192	26.902	32.898	41.972	49.24	56.025	62.101	67.518	72.995	79.021
10	13.548	23.325	31.359	38.882	49.972	59.134	67.8	75.259	82.269	89.82	98.265
20	15.188	26.331	35.636	44.622	57.645	68.626	79.095	87.881	96.418	105.958	116.724
30	16.131	28.06	38.096	47.925	62.06	74.086	85.593	95.141	104.558	115.243	127.343
50	17.31	30.221	41.171	52.053	67.578	80.911	93.715	104.218	114.733	126.848	140.618
100	18.901	33.136	45.318	57.62	75.022	90.118	104.671	116.46	128.457	142.502	158.523

②暴雨强度总公式及误差检验

表 7.43　容城重现期 2～20 a 区间暴雨强度总公式误差

公式形式	公式参数估算方法	耿贝尔分布曲线	
		平均绝对均方根误差(mm/min)	平均相对均方根误差(%)
总公式	最小二乘法	0.05	7.40

③相关分布图

容城气象站不同重现期下各历时降水量分布和降水强度分布分别见图 7.76、图 7.77。

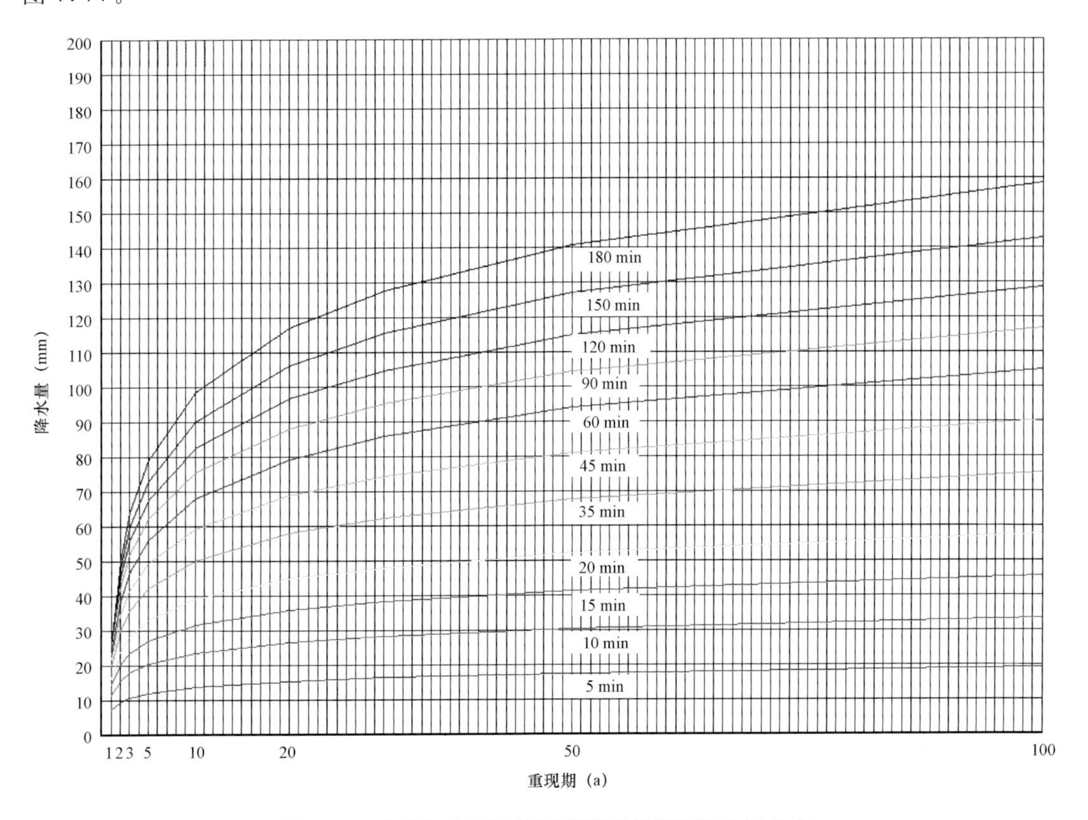

图 7.76　容城气象站不同重现期下各历时降水量分布

(2)安新暴雨强度公式

利用安新气象站 1991—2020 年共 30 a 的分钟雨量数据，采用年最大值法进行有效样本的选取，通过指数分布曲线进行频率拟合，得出降雨量、降雨历时、重现期三者的关系，即 i-t-P 三联表(表 7.44)。基于最小二乘法对(7-22)式进行参数估算，最终得到安新的暴雨强度公式(式(7-28))，其计算结果精度符合相关规范要求(表 7.45)。

$$q=\frac{3489.573\times(1+0.997\lg P)}{(t+21.846)^{0.83}} \tag{7-28}$$

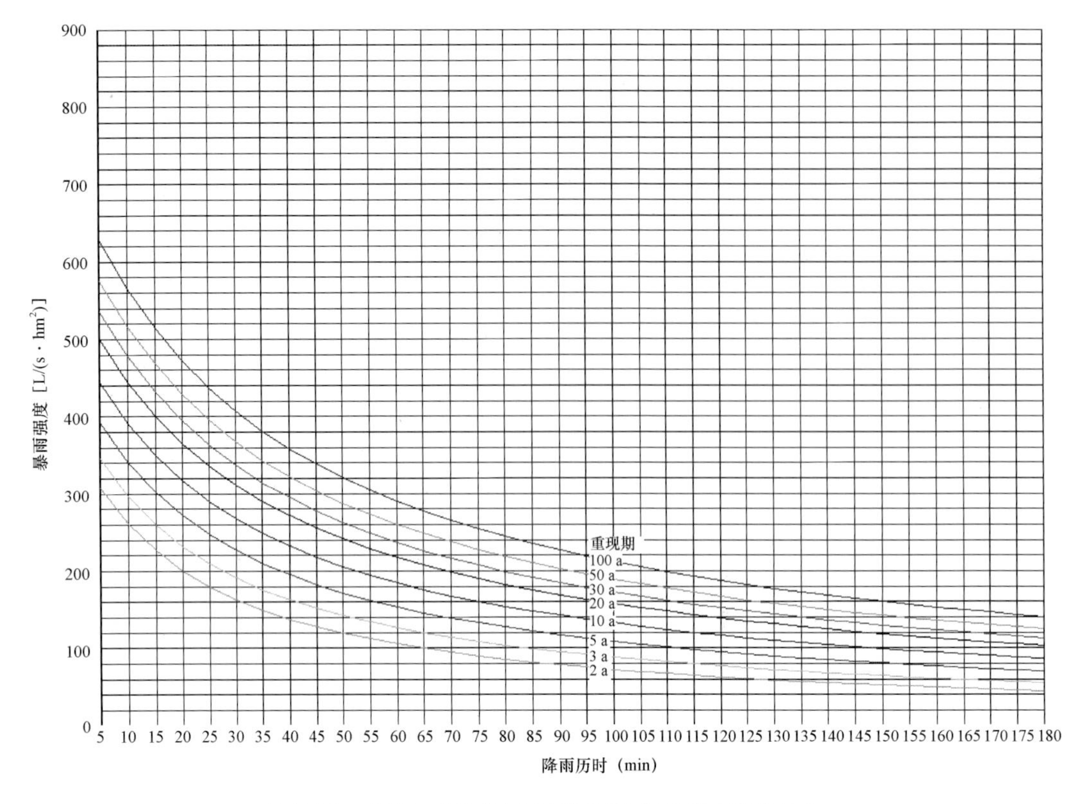

图 7.77　容城气象站各历时不同重现期的降水强度分布

①*i*-*t*-*P* 三联表

表 7.44　指数分布下雨量、历时、重现期(*i*-*t*-*P*)三联表(mm)

T(min) / *P*(a)	5	10	15	20	30	45	60	90	120	150	180
1	7.592	12.69	16.152	18.165	20.915	24.8	26.364	27.157	29.441	32.281	34.028
2	9.431	15.846	20.85	24.316	29.205	34.557	37.383	42.174	45.915	49.18	51.356
3	10.506	17.692	23.598	27.915	34.055	40.265	43.829	50.958	55.551	59.065	61.492
5	11.861	20.018	27.06	32.448	40.164	47.456	51.949	62.026	67.691	71.519	74.261
10	13.699	23.174	31.758	38.599	48.455	57.214	62.968	77.043	84.164	88.418	91.589
20	15.538	26.331	36.456	44.75	56.745	66.971	73.986	92.06	100.637	105.317	108.916
30	16.613	28.177	39.204	48.349	61.594	72.679	80.432	100.845	110.274	115.202	119.052
50	17.968	30.503	42.666	52.882	67.704	79.87	88.552	111.912	122.414	127.656	131.822
100	19.806	33.659	47.363	59.033	75.994	89.627	99.571	126.929	138.887	144.555	149.149

②暴雨强度总公式及误差检验

表 7.45　安新重现期 2～20 a 区间暴雨强度总公式误差

公式形式	公式参数估算方法	耿贝尔分布曲线	
		平均绝对均方根误差(mm/min)	平均相对均方根误差(%)
总公式	最小二乘法	0.046	6.2

③相关分布图

安新气象站不同重现期下各历时降水量分布和降水强度分布分别见图7.78、图7.79。

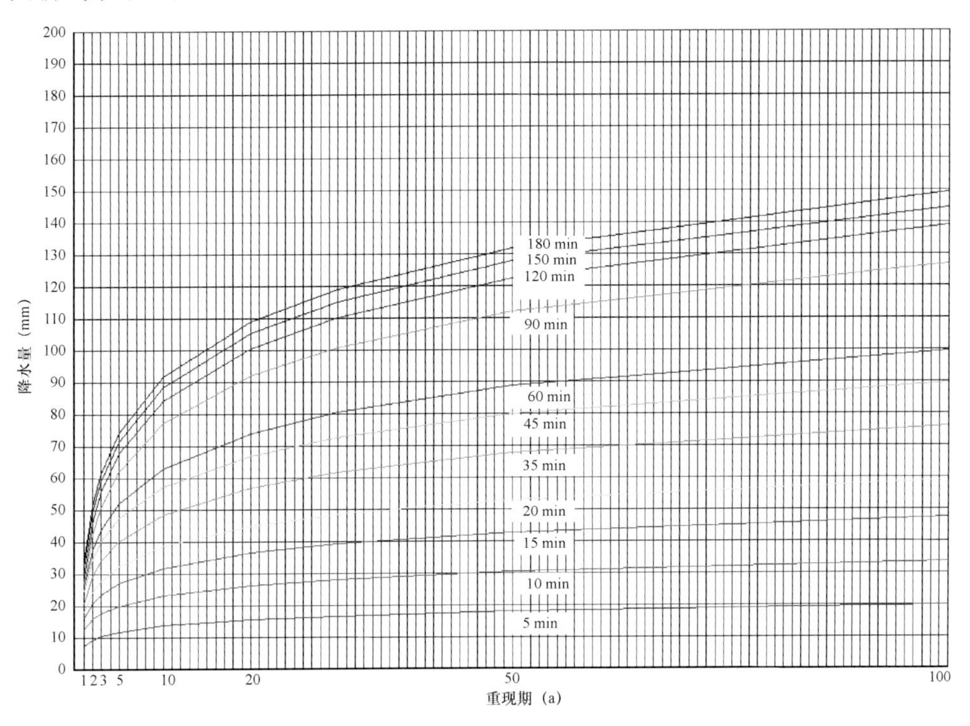

图7.78 安新气象站不同重现期下各历时降水量分布

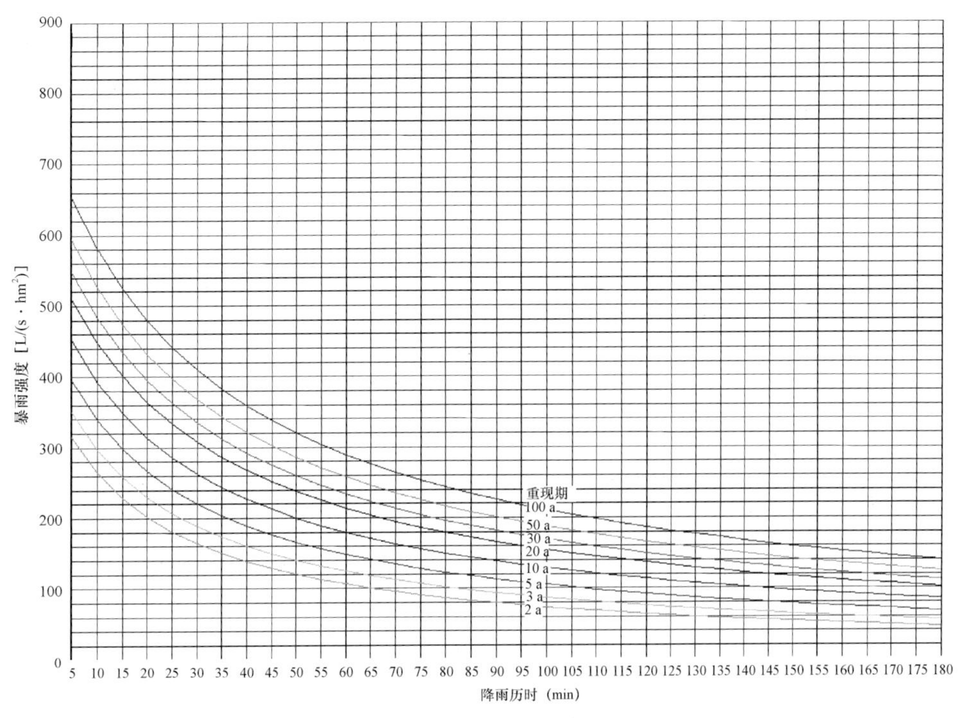

图7.79 安新气象站各历时不同重现期的降水强度分布

(3)雄县暴雨强度公式

利用雄县气象站 1990—2019 年共 30 a 的分钟雨量数据,采用年最大值法进行有效样本的选取,通过耿贝尔分布曲线进行频率拟合,得出降雨量、降雨历时、重现期三者的关系,即 i-t-P 三联表(表 7.46)。基于高斯-牛顿法对(7-22)式进行参数估算,最终得到雄县的暴雨强度公式(式(7-29)),其计算结果精度符合相关规范要求(表 7.47)。

$$q=\frac{7602.029\times(1+0.775\lg P)}{(t+30.95)^{0.961}} \tag{7-29}$$

①i-t-P 三联表

表 7.46　耿贝尔分布下雨量、历时、重现期(i-t-P)三联表(mm)

P(a) \ T(min)	5	10	15	20	30	45	60	90	120	150	180
1	7.671	12.777	16.254	19.048	22.57	25.251	26.911	30.349	34.679	36.66	38.1
2	9.611	16.044	21.091	25.348	30.935	36.293	39.663	44.412	48.73	51.503	53.691
3	10.706	17.889	23.821	28.905	35.659	42.527	46.863	52.352	56.664	59.884	62.494
5	11.926	19.943	26.862	32.866	40.919	49.471	54.882	61.196	65.5	69.217	72.298
10	13.459	22.525	30.683	37.844	47.529	58.196	64.958	72.308	76.602	80.946	84.618
20	14.929	25.001	34.349	42.619	53.87	66.565	74.623	82.967	87.252	92.196	96.435
30	15.775	26.425	36.458	45.366	57.518	71.38	80.183	89.099	93.379	98.667	103.233
50	16.833	28.206	39.094	48.8	62.077	77.398	87.133	96.764	101.038	106.758	111.731
100	18.259	30.608	42.649	53.431	68.227	85.516	96.508	107.103	111.368	117.67	123.193

②暴雨强度总公式及误差检验

表 7.47　雄县重现期 2～20 a 区间暴雨强度总公式误差

公式形式	公式参数估算方法	耿贝尔分布曲线	
		平均绝对均方根误差(mm/min)	平均相对均方根误差(%)
总公式	高斯-牛顿法	0.048	4.66

③相关分布图

雄县气象站不同重现期下各历时降水量分布和降水强度分布分别见图 7.80、图 7.81。

7.7.5.6　结论

表 7.48 为雄安新区容城、安新和雄县的暴雨强度总公式汇总表,根据各站降水资料拟合的暴雨强度总公式平均绝对均方根误差均满足规范要求的小于 0.05 mm/min 的要求,适用于雄安新区范围内的排水排涝工程设计,可以根据实际需要分别采用不同区域的暴雨强度公式来计算所在区域的暴雨强度设计值。对比容城、安新和雄县三个暴雨强度总公式的计算结果显示,总体上容城暴雨强度总公式的计算值最大,为最大可能保证规划建设的安全度,建议工程使用时首选由容城气象站资料编制的暴雨强度总公式。

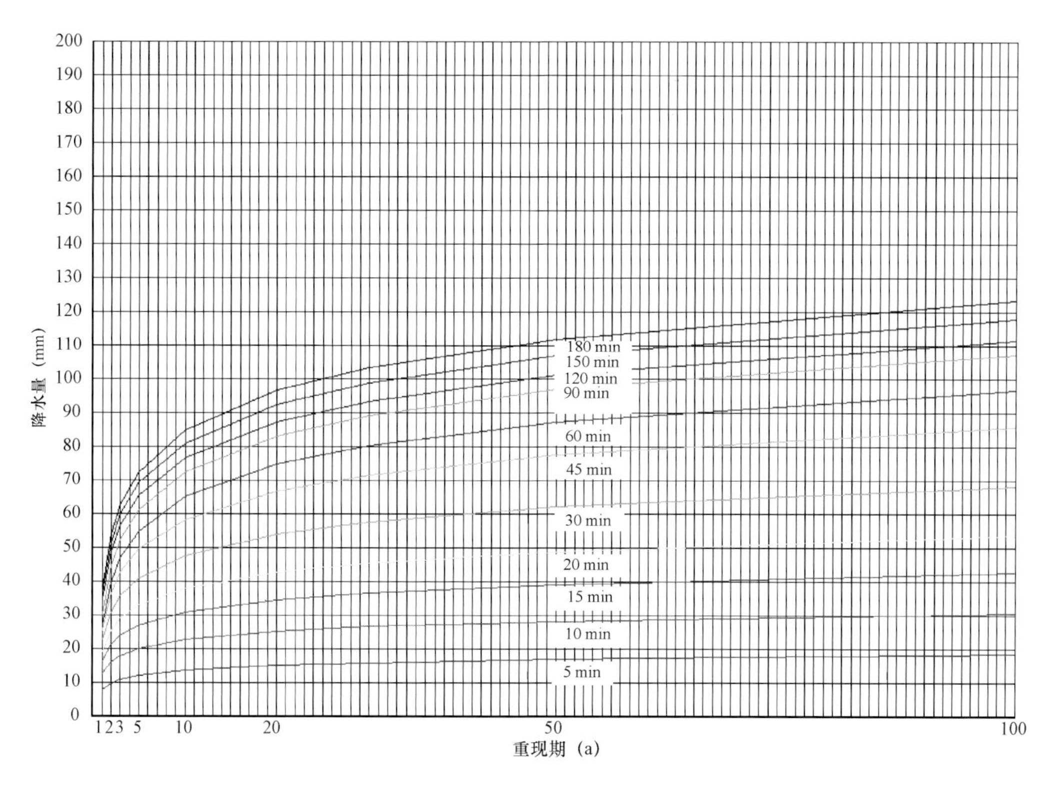

图 7.80　雄县气象站不同重现期下各历时降水量分布

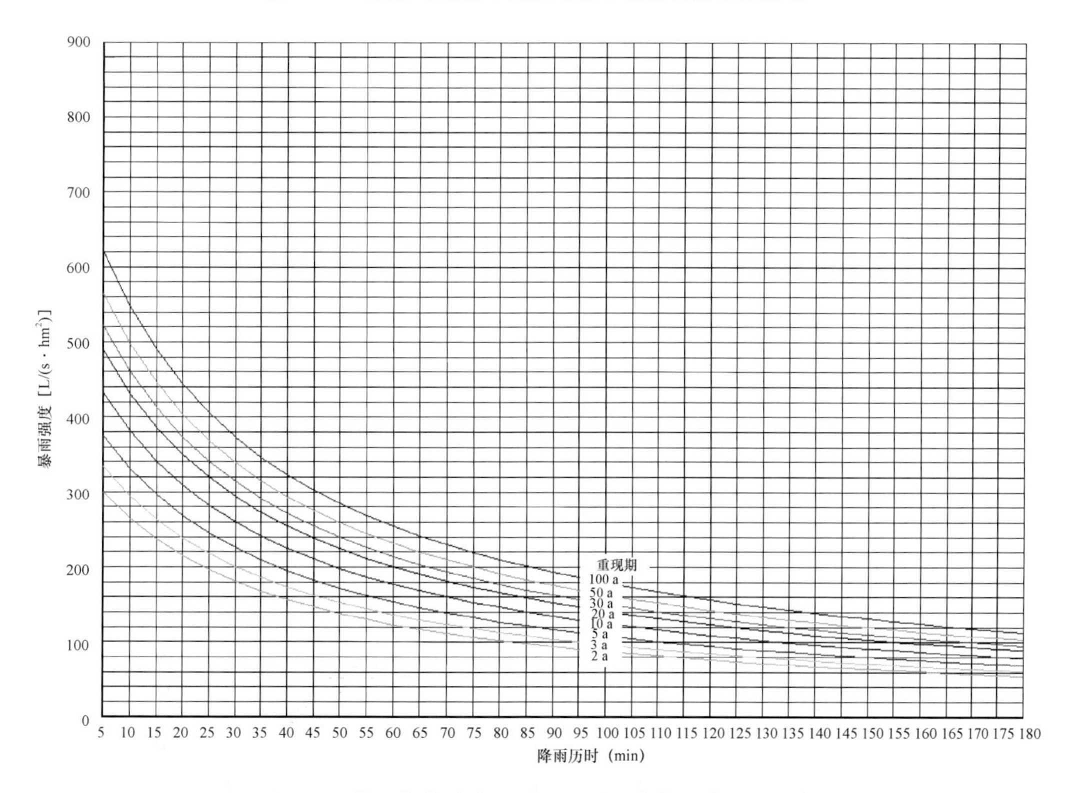

图 7.81　雄县气象站各历时不同重现期的降水强度分布

表 7.48 雄安新区暴雨强度总公式汇总表

站名	频率曲线拟合方法	参数估算方法	暴雨强度总公式	平均绝对均方根误差(mm/min)	平均相对均方根误差(%)
容城	耿贝尔	最小二乘	$q=\frac{4894.908\times(1+0.984\lg P)}{(t+27.794)^{0.885}}$	0.05	7.40
安新	指数	最小二乘	$q=\frac{3489.573\times(1+0.997\lg P)}{(t+21.846)^{0.83}}$	0.046	6.2
雄县	耿贝尔	高斯-牛顿	$q=\frac{7602.029\times(1+0.775\lg P)}{(t+30.95)^{0.961}}$	0.048	4.66

7.8 雄安新区生态系统宏观结构特征

通过2000—2015年每隔5 a的生态宏观结构变化遥感监测发现，2015年末，雄安地区的农田、乡镇及农村聚落和水域面积相对较大(图7.82)。其中，农田生态系统面积最大，共1067.79 km^2，占区域总面积的69%，且以旱地为主，仅在雄县有51.56 km^{2}水田分布；其次为城镇和乡村聚落生态系统，面积共303.39 km^2，占全区的19.49%，特别是乡镇及农村聚落类型占其面积的80%以上；再次为水域与湿地生态系统，面积共175.08 km^2，占全区的11%，且以白洋淀淡水湖泊为主(表7.49)。

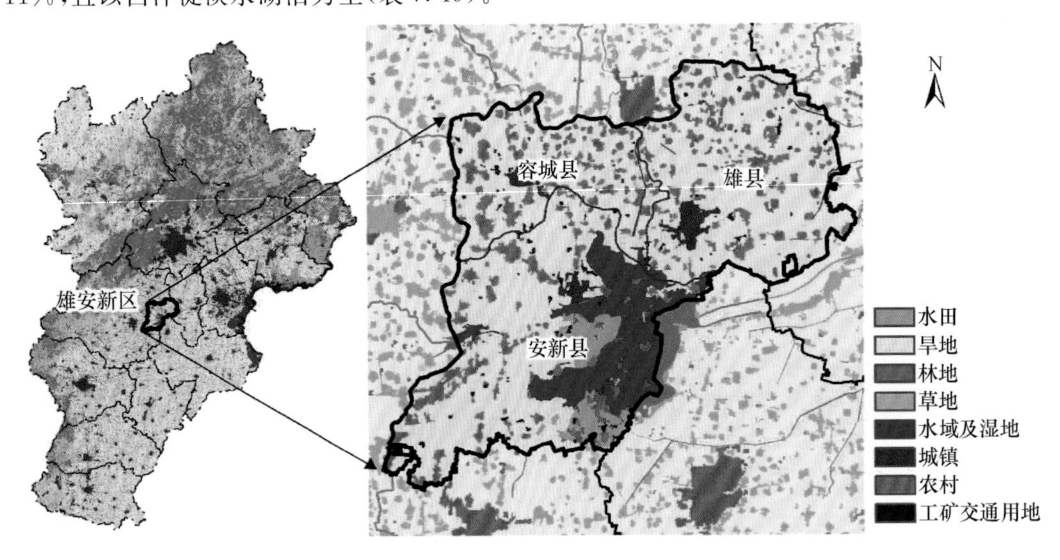

图7.82 京津冀地区及雄安新区生态系统宏观结构现状

表 7.49 2015 年雄安地区生态系统类型面积统计表(km^2)

县名称	农田		林地	水域及湿地	城镇和乡村聚落		
	水田	旱地			城镇建成区	乡镇及农村聚落	独立工矿
容城县	0	224.72	1.59	5.70	9.22	67.29	5.22
雄县	51.56	391.61	1.02	163.90	7.56	99.79	10.55
安新县	0	399.90	6.51	5.48	17.58	79.74	6.42
总计	51.56	1016.23	9.12	175.08	34.36	246.82	22.19

分析发现，雄安地区近 15 a 来城镇和乡村聚落扩张显著，总计扩张了 113.89 km^2，其中城镇建成区、乡镇和农村聚落以及独立工矿用地分别扩张了 15.11、82.99 km^2 和 15.79 km^2。与此同时，雄安地区耕地面积、水域和湿地面积相应分别减少了 65.90 km^2 和 96.80 km^2。

由 2015 年雄安地区非农业人口比例(36%)和城镇建成区面积(34.37 km^2)状况可知，雄安地区城镇化水平较低；而根据雄安新区规划涉及三县城镇与乡村建设用地不透水地表遥感监测发现，2015 年该区不透水地表总面积为 110.45 km^2，占雄安地区三县城镇和乡村聚落用地面积的 36%。其中，安新、容城和雄县县城所在地建成区内不透水地表的面积为 23.98 km^2，平均不透水地表面积比例为 70%；而由于城市建设用地范围较小，无明显的城市热岛形成。

7.8.1 雄安新区生态系统服务现状

基于 2000—2015 年遥感数据产品、模型模拟结果等，对雄安新区生态系统植被覆盖状况、农田生产能力、土壤侵蚀等生态系统因子进行评估。结果表明：雄安新区生态系统植被覆盖状况、农田生产能力及土壤保持等生态系统服务良好。其中，由于各项人为活动对植被的干扰程度增加，导致雄安新区 15 a 间的植被覆盖状况稍有退化，到 2015 年植被指数基本稳定在 0.79(图 7.83a)；该区农田生态斑块以高产田为主，约占全区农田总面积的 76.4%，

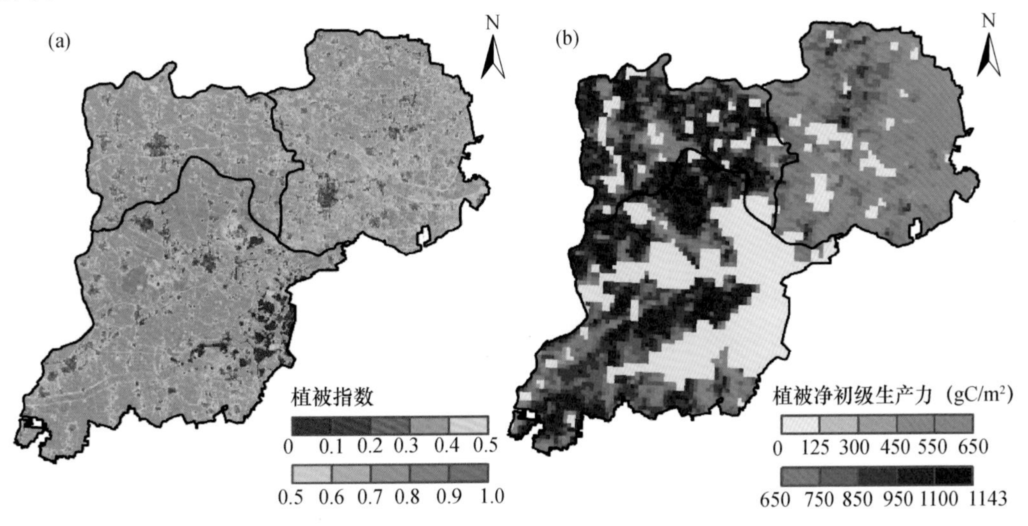

图 7.83 雄安新区涉及三县生态系统植被指数(a)和净初级生产力(b)现状

农田生态系统较为优质(图 7.83b)。由于植被覆盖状况较好、农田生态系统较为优越,因此有效遏制了该区土壤侵蚀的发生,其土壤侵蚀状况以微度水蚀和风蚀为主,属于我国土壤侵蚀最微弱的区域。

7.8.2 雄安新区建设未来生态潜在影响分析与预估

基于对雄安新区未来不同开发阶段生态环境潜在影响的综合分析与评价结果可知,雄安新区建设开发具有优良的生态环境和较强的资源环境承载力。但从地形地势来看,该区属于平原低洼地带(雄安地区平均海拔高程为 4 m,70%的地域处于海拔高程 0～5 m);而从生态系统类型来看,除白洋淀淡水湖泊外,该区周边近 80 km 范围内均以耕地为主,故从城市足迹更大范围的生态源地考虑,其周边缺乏森林等大型生态斑块或生态源地的保障。故对雄安新区未来建设规划需要围绕实现疏解非首都功能人口和产业目标,适度控制人口、产业规模,建设人口在 500 万以内的生态健康城市,不宜发展特大或超大城市。针对上述因素,提出雄安新区建设中对生态环境的潜在影响及其控制策略如表 7.50 所示。

表 7.50 雄安新区建设生态环境潜在影响与控制策略

新区建设预期影响与调控指标	近期新区建设	中期新区建设		远期新区建设
	预期到 2020 年	预期到 2025 年	预期到 2030 年	预期到 2050 年
城市建成区人口规模	50 万～100 万	100 万～200 万	200 万～500 万	500 万以上
城市建成区用地规模	60～120 km^2	120～240 km^2	240～600 km^2	600 km^2 以上
城市土地利用与产业调控模式	以疏解非首都功能人口和产业为主,除此以外须适度控制		加强边缘区生态隔离带建设,严控连绵集聚蔓延式增长	
地面硬化不透水地面控制	建成区硬化不透水地面占比控制在 60%以内		建成区硬化不透水地面占比控制在 50%～60%,城市绿化率高于 40%	
土地利用	以占用耕地和乡镇农村居民点为主,构建城区与白洋淀湖泊生态保护隔离带		加强与保定、北京和天津城市绿化生态斑块和生态廊道管控,防止沿交通轴线连续成片发展	
城市热岛	城市热岛空间范围扩展,但通过城市生态结构管控,热岛强度应控制在 1 ℃以内		城市热岛空间范围继续扩展,通过科学规划,热岛强度应控制在 1～1.5 ℃	
生态潜在影响与控制策略	地势低洼,易受暴雨洪水的影响;建筑、人口、产业等集聚会降低生态系统水源涵养等服务功能		城市硬化不透水地面连绵式扩展,加之地势较低,会增加洪水等灾害的风险性。必须考虑生态斑块和廊道镶嵌式的生态城市规划设计	
环境潜在影响与控制策略	地势低洼平坦,高大建筑会影响局地大气扩散能力,会加剧灰霾等污染,除点源污染外,城市不透水地面会造成城市面源污染,影响白洋淀淡水水质。必须严格制定产业准入制度,高标准处理“三废”		所在子流域不透水地面面积比例超过 15%～25%,严重影响流域生态系统健康状况,甚至对白洋淀水质产生严重影响。必须制定城市绿色发展路线图,指导“一张蓝图绘到底”的生态城市建设	

其中,在雄安新区规划初期,应将其纳入国家海绵城市建设试点范围,实施国际上成功的低影响度开发模式,加强城市绿色基础设施建设;各类规划从区域整体考虑,构建新区与

保定、北京和天津城市之间的绿化生态斑块和生态廊道，防止城市边缘区和交通沿线不透水下垫面集聚连绵式发展；建议雄安新区开发除考虑绿化率指标外，建成区内不透水地面整体比例应不超过60%，核心区不超过70%。

而根据国际惯例，城市所在子流域不透水地面大于25%会对地表水环境和生态系统健康带来严重影响，甚至破坏整个生态系统。新区开发预期会导致数百平方千米的地面硬化，引发不透水地面(包括建筑、道路、广场等)增加，加之不利的地形、地势条件，会导致地表雨洪增加，引发暴雨洪涝灾害；同时，面临高强度城市热岛及大气扩散能力减弱等问题。此外，通过对比中国和美国典型城市不透水下垫面，发现当城市内特定区域不透水地面超过70%时，城市热岛会呈现指数上升；城市所在子流域内不透水地面比例超过25%，受城市面源污染等影响，河流污染物氨氮、COD等指标会显著升高。因此，必须防止大规模连片城市建设导致的城市热环境损害，以及对白洋淀淡水湖泊水质的不利影响。对于雄安新区的城市内部而言，必须充分考虑防控低洼地带带来的暴雨洪灾、盛行风向风场强度弱带来的大气扩散差，以及城市热岛加剧等问题。

最后，尽管雄安新区拥有华北平原最大的淡水湖——白洋淀作为水资源保障，但是从水资源状况方面统筹考虑，雄安新区地处海河流域的大清河子流域，水资源总量为24620.74万 m^3，人均为217 m^3；同时，依据水利部门资料，安新、雄县和容城的地下水资源分别为轻度、中度和严重超采。因此，支撑雄安新区开发的地表水资源和地下水资源相对欠缺。故雄安新区的开发须确定“以水定城”的规划理念，充分考虑水资源承载力状况，并尽可能采取“海绵城市”建设思路及国际上推行的“低影响度开发”模式，在新区基础设施建设、供排水方面充分考虑雨水收集和循环利用，提高新区水资源、水生态和水环境的综合利用与保护水平。

7.9 气候变化背景下雄安新区发展存在的问题与措施

7.9.1 雄安新区发展存在的问题

根据气候模式预估的结果，到21世纪末，中国气候变暖趋势继续，高温热浪会更加频繁。在东亚夏季风的增强阶段，中国夏季雨带向北推移，北方降水及降水强度增大，最大的将会增加30%；最大降水量将由现在的50 a一遇变为12 a一遇，100 a一遇的1 h降水减小为不足30 a一遇。在这样的背景下，到2050年，雄安新区及其周边地区气温将升高，降水略有增加，强降水日数增多近1 d，连续干旱日数将减少近2 d；年均小风日数增多，大气自净能力有所降低，冬季尤为明显。此外，城市热岛效应将进一步凸显，城区气温升高的速率可能更快，降水更加集中，须防范短时强降水和阶段性干旱风险。

已有研究表明，当降水量不变而温度升高1 ℃时，海河流域的径流减少8%；当降水量减

少10%而温度不变时，海河流域径流减少26 %；如果气温升高1 ℃，降水量减少10%，那么径流的减少幅度达30%～35% 。暖干化趋势给雄安新区长远发展的水资源安全造成极大威胁。

雄安新区气候年际波动将加剧水资源安全。雄安新区所在的海河流域降水量的年际变化大，多雨年和少雨年的年降水量相差在400 mm以上，如果按400 mm降水差计算，那么整个海河流域因年际变化水资源量的差异就达1272亿 m^3，这相当于京津冀地区每年人类用水总量(以年用水374亿 m^3计算)的3倍多。1951—2016年整个海河流域年降水量平均减少85 mm，相当于海河流域水资源65 a共减少了270.3亿 m^3，是北京市年用水量(36亿 m^3)的7.5倍。长期极端暖干化气候导致生态储水急剧减少。1951—2016年，号称“华北之肾”的白洋淀干淀达10次之多；海河流域包括各支流的河道断流长度从20世纪50年代的1000 km到现在的4000 km以上；湖泊湿地面积从1500 km^2锐减到122 km^2，年入海量从116亿 m^3急剧减少到25亿 m^3。受气候变化和人类用水的影响，京津冀地区河流的径流急剧减少，几乎是到了“有河皆干”的严重程度。

快速城镇化显著影响雄安新区水安全。雄安新区所处区域水资源短缺、水资源供需矛盾突出。京津冀地区人均水资源不足300 m^3/a，是全国人均水资源拥有量的1/7，是世界人均水资源量的1/24，京津冀地区属于极度缺水的地区，其根本原因在于人口数量远远超过水资源的承载力。雄安新区所处的保定市多年平均降水量和水资源总量分别为566.9 m^3和29.78亿 m^3，其中地表水资源量为16.20亿 m^3，地下水资源量为22.23亿 m^3。保定市人均水资源量2016年为287 m^3，远低于国际公认的人均500 m^3 的极度缺水线标准。

随着京津冀地区社会经济的飞速发展和雄安新区的建设，人们用水量将急剧增大。2002—2016年海河流域人均年生活用水从51.6亿 m^3增加到60.6亿 m^3，而年生态用水从0增加到22亿 m^3，生活用水和生态用水总计增加了31亿 m^3，这相当于北京市(以2011年16.3亿 m^3为准)和天津市(以2011年5.4亿 m^3为准)年生活用水量的2倍和6倍，接近于2015—2016年“南水北调”中线的年调水量38.3亿 m^3。地表水资源量已经远远超过健康河流的生态标准，如果人类使用河流总流量的20%，人与自然可达到一个和谐的状态；超过40%将会对生态环境产生破坏，这是国际标准的极限，而京津冀地区已用到90%以上，地表水过度使用已严重危及河流生态安全。

京津冀地下水严重超采危及雄安新区水资源安全。华北平原遍布着200多万眼机井，京津冀地区地下水的超采总量已超过1200亿 m^3，相当于200多个白洋淀的水量。过度开采形成了20多个漏斗区，漏斗区面积达5万 km^2。地下水的超采使得地下水的埋深越来越深。雄县、安新大部分地区和容城东南部为深层一般超采区，而全境其他地区均为浅层一般超采区。地下水过度开采会导致一系列严重的环境灾害，如地面沉降、土壤变干、海水倒灌、湖泊湿地干涸等。雄安新区毗邻的白洋淀水资源明显减少，造成白洋淀流域水资源量匮乏的主要因素是人类活动的过度干扰。这将诱发一系列相关次生灾害，严重威胁到未来美丽雄安新区的建设，尤其是地下轨道交通和城市管网的建设。

雄安新区毗邻白洋淀，水污染风险形势不容乐观。白洋淀大部分水域水质属重度污染，且入淀河流和淀区水质呈恶化趋势，府河入淀口及安新县端村和南刘庄一带污染最严重。周围城市生产、生活污水无序排放，以及淀区居民生产生活、农业水土流失等是白洋淀流域水质恶化的主要原因。雄安新区建设将是一个快速城镇化的过程，这将进一步加大生活污水和工业废水的排放总量。

7.9.2 雄安新区发展的气候影响应对措施

雄安新区地处北京、天津和保定腹地，包括河北雄县、容城、安新三县及周边部分区域。这一地区的优势表现为三个方面：一是交通便捷、通畅，具有区位优势；二是生态环境优良、资源环境承载能力较强，具有生态、资源优势；三是现有开发程度较低，具有发展空间优势。雄安新区建成后，将与北京、天津形成一个正三角形的布局。作为一个疏解北京非首都功能的“虹吸”高地，雄安新区无疑会吸引大量的人才和资源流入，缓解北京、天津的大城市病，同时带来河北经济社会的更好发展，盘活京津冀协同发展这盘棋，意义十分重大。

在城市建设和运行管理过程中，充分考虑气候的因素，保证生态环境向好趋势发展，形成“生态优先、绿色发展、绿色宜居”为基本特色的城市标签。注重城市的气候生态安全问题，提升社会防灾减灾意识和能力，确保城市在低能耗、绿色环保的情况下，生态与经济平稳、协调、可持续发展。

加快气象灾害风险管理的制度化进程，将其作为“新经济”建设的重要内容，发展相关技术和产业，营造更多就业机会。构建气象灾害风险管理系统，研制高精度城市内涝等气象灾害风险图谱，充分利用保险等金融手段实现气象灾害风险转移，打造“智慧气象”城市。

将适应气候变化纳入城市发展规划，根据气候及气象灾害的变化特点和趋势，规避周边城市已经发现的弊端（如城市通风问题、城市热岛问题等），科学设计城市功能布局和重大基础设施的建设标准，减少全球变暖背景下气候变化带来的不利影响。

附表　近百年来雄安新区气象灾害情况

时间	灾害	灾害发生地	灾害情况
1912年	暴雨	容城	容城大水，黑龙口等三十余村田禾均被冲淹
1915年	暴雨	安新	安新县属之南冯村、北冯村、同口村、韩村、南曲堤、北曲堤、东向阳、西向阳、西垒头、南祭头、北祭头、小寨村、大寨村、独连村、石塚村、七级村、九级村、马家庄、建昌村、辛立村、李家庄、圪上村、席家庄、张家村、东街关、南街、西街、北街、桥南、桥北、白家庄、何家庄、北杨庄、北马庄、陈家庄、孟家庄、张家庄、北王庄、寨里村、西马村，徐水县之迪城村所处东北两淀共积涝地32879亩，悉被水淹，成灾十分。6—7月阴雨连绵、河水涨溢，加以天时不齐，虫蚀旱雹迭为灾害，安新积涝成灾，淀地、大洼地被淹，秋禾被灾
1924年8月1日	暴雨	安新	安新县120个村庄被水围困，水深几尺
1924年8月6日	暴雨	安新	西淀水位上涨，超过1917年最高水位。安新县所有村庄变成洪水中心小岛群，庄稼没顶8～10尺，居民纷纷离家弃屋，或乘船逃命，或爬上屋顶
1925年8月1日	暴雨	安新	安新8月1日夜大雨如注，水又涨，加以狂风浪，杨寄庄毗连之东向阳村南堤漫决五六里，南曲北曲毗连之韩村、任丘县关城村业堤漫决七八里，经过之处田庐淹没

续表

时间	灾害	灾害发生地	灾害情况
1939年	暴雨	安新、容城、雄县	安新县因蠡县万安堤掘开，水入县境，加以漕河、暴河水涨，全县被淹，灾情奇重。受灾村117个，淹地210000亩，灾民45700人，倒房17500间，受灾10成；容城受灾村数99个，淹地175000亩，灾民14700人，倒房584间，受灾7成；雄县受灾村数180个，淹地465000亩，灾民54700人，倒房9800间，受灾10成。1939年7月12日22:30，雄县大清河临近城关各险堤，于阴雨连绵、河水暴涨、抢获力竭之际，南岸一铺村附近、北岸二铺村附近均漫溢决口各一道，宽度均在三四丈①，涉及雄县第一、二、四、五等区，均被水淹，一片汪洋，尽成泽国，灾情之重，为近代所未有
1946年	暴雨	安新、容城、雄县	安新掘堤，大清河雄县李家营决口，县城以东各村被淹，灾民40000人；容城县大清河决口，县城以东多被淹没。大清河雄县李家营决口掘堤，新安镇以北各村被淹，灾民20000人；由于河水涨发，南运河沧县大官庄、静海县马圈村、北运河武清县等筐儿港、永定河武清县周大营、大清河新城县高桥村、良乡县石辛庄、清苑县仙人桥、静海县独流镇、子牙河献县侧家桥等19处堤决，致沧县、青县、静海、清苑、文安、新镇、霸县、雄县、安次、固安、永清、新城等20余县大部分地方横被灾浸，庐舍倒塌，田禾淹没，灾民灾难深重。雄县掘堤，大清河雄县李家营决口，县城以西各村被淹，灾民19000人
1947年	干旱	容城	容城县不完全统计24村15000余人370余顷土地受灾，全县种麦99顷②，可能收获三成者1/10，收获一成者2/10，其余被旱灾；秋禾仅种60顷，且被灾六成多
1984年7月11日	冰雹	安新	损失35万元，苇田1695亩，农田及其他463亩
1985年1月1日	干旱	安新	农田受灾面积10.3万亩，成灾8.4万亩
1985年5月31日	冰雹	容城、雄县	5月31日，保定地区降密集型冰雹，最大冰雹直径27 mm(容城)，灾情严重。雄县南十里铺受灾面积1.5万亩，砸毁小麦2000余亩，砸折芦苇1600亩，瓜果、蔬菜尤为严重
1986年6月1日至11月1日	干旱	安新	17.7万亩农田受灾
1987年5月30日	冰雹	安新	影响面积15万 hm^2
1987年6月1日至8月31日	干旱	容城	损失34万亩秋作物，地下水下降1.5 m
1987年8月18日	冰雹	雄县	受灾面积11.6万亩。其中风灾4.7万亩，雹灾6.9万亩。倒塌房屋57间，倒折树木1.2万棵。毁坏输电通信线路7.45万m，伤6人

① 1丈≈3.3米。

② 1顷=1000亩。

续表

时间	灾害	灾害发生地	灾害情况
1988年8月	暴雨	安新	1988年8月初，连续的暴雨使白洋淀内最高水位达10.5 m，超过了警戒水位，水面达265.7 km^2。致使农作物受灾12340 hm^2，苇田3402 hm^2被淹，倒房943间，危房5239间，养鱼池、公路被冲毁。 8月5—6日，安新县36村24000户89000人被水围困，4667 hm^2苇田淹没，鱼、鸭、羊损失惨重，危房5049间，经济损失5000万元
1991年7月22—29日	暴雨、大风	安新、容城、雄县	7月22日，容城、雄县遭受特大暴风雨灾害，最大风力12级，雨量不大。7月27日。安新普降大暴雨，雄县降特大暴雨，降雨264 mm，7个乡镇2万 hm^2作物受灾，5万kg粮食被水浸泡。7月28—29日，为雄县有气象记录以来绝无仅有，坑塘沟渠漫溢，一片汪洋。农田积水面积30万亩，受灾面积16.5万亩，成灾面积10.5万亩，倒塌房屋225间，围墙2700 m，受损较重81间
1992年1月1日	大风、干旱	雄县	全县遭受大风、干旱灾害，受灾面积15万亩，成灾9万亩，绝收4万亩，因大风造成部分电力、通信等基础设施不同程序损坏，经济损失7000多万元
1997年8月31日	冰雹	安新	8月31日，安新县不同程度地遭受大风、冰雹和暴雨的袭击，31日19时50分，安新县寨里乡、三台镇2个乡镇遭受暴风雨灾害，阵风达8级以上，农作物受灾面积1万 hm^2，成灾面积4067 hm^2，其中绝收1000 hm^2；林果受灾533 hm^2，直接经济损失800万元
1998年6月21日	冰雹	雄县	农田果树受灾面积5万亩，毁坏房屋40间，电力、通信线路8200 m，砸伤2人
1998年6月29日	冰雹	雄县	受灾4.7万亩，重灾3万亩，绝收1.7万亩
1999年1月1日至6月8日	干旱	雄县	旱情十分严重，因干旱受灾农作物25.4万亩、成灾15万亩、绝收10.8万亩，农业损失6270万元
2000年	干旱	雄县	入春以来，雄县遭受多年少遇的旱灾。几个月来，由于没有出现一次有效降雨过程，地下水位急剧下降，多数浅水井已不能发挥作用，土壤失墒进一步加剧，旱情严重。据统计，全县小麦受灾26.58万亩，成灾13万亩，绝收0.5万亩，粮食减产664.5万kg；春播和夏播的白地及播种未出苗的有36万亩，严重受旱7万亩；夏荒期间有0.5万户1.4万人受灾，缺粮105万kg
2001年5月3日	冰雹	雄县	造成大部分瓜果菜绝收、减产，据调查，受灾有43000亩，其中果树5500亩，绝收4000亩，减产5成的1520亩；瓜菜类减产5成的6480亩；小麦、杂粮31000亩，农业直接经济损失1060万元
2001年7月13日	冰雹	雄县	遭受了近几年来罕见的雹灾，给雄县农业生产造成巨大损失。经统计，雄县受灾村数达51个，土地受灾达5.5万亩，成灾4万亩，重灾2.5万亩。其中受灾的瓜菜类作物面积占重灾面积的三分之一，经济损失达1490万元

续表

时间	灾害	灾害发生地	灾害情况
2001年8月25日	冰雹	雄县	粮食作物倒折严重，受灾2.6万亩，重灾1.1万亩，轻灾1.5万亩，经济作物500亩，直接经济损失314.8万元
2002年4月23—25日	霜冻	雄县	全县农作物受灾面积41700亩，成灾27800亩，直接经济损失近3000万元。其中果树12119亩，绝收564亩，减产5～7成，达11555亩
2002年6月29日	冰雹	雄县	双堂乡北片发生比较严重，仅在双岔公路立新闸至乐善庄高速公路两侧40余株直径20～30 cm杨树被连根拔起，部分房屋瓦被掀起。同时，老岗、乐善庄、大魏庄、东岔河、中岔河、西岔河、宫岗、刘庄等村普降冰雹，对农业生产造成严重损失，八村受灾6800亩，其中甘薯3100亩，减产8成；果园180亩，减产6～7成；玉米2500亩，绝收1000亩，减产6～7成的1500亩；棉花120亩，绝收；豆类540亩，绝收；芝麻380亩，绝收，预计造成经济损失364万元
2002年7月17日	冰雹	雄县	农作物受灾约15000亩，成灾7000亩，其中绝收4000亩，主要包括苹果、桃、梨、李子、瓜、菜等经济作物。玉米杂粮3000亩减产4～6成，刮倒刮断直径5～7 cm杨树5000棵，经济损失约690万元。此次风雹灾害给农民带来损失较大，受灾人口约12000人，没有人员伤亡
2002年8月28—29日	大风、冰雹	安新、雄县	安新县端村镇全镇34000余亩耕地受灾，90%农作物绝收；雄县受灾达33万亩，成灾22万亩，绝收11万亩。其中玉米、高粱等高秆作物11万亩绝收，2.1万亩减产50%以上；3.5万亩果树减产60%以上；4万亩瓜菜减产40%以上；其他农作物受灾1.4万亩。部分通信、电力线路及建筑物受到不同程度的损坏。其中通信线路5000 m被风破坏，刮倒、刮折电杆90余根，造成通信中断；电力线路4300 m，刮倒电线杆70根，部分村庄企业停电长达14 h；刮倒临时建筑房屋400余间，损坏民房3200间，没有人员伤亡，总计经济损失达1.46亿元
2003年	干旱	雄县	由于近几年来连续干旱，地下水位下降，绝大部分机井不能正常发挥作用，水浇地面积逐年减少，致使农作物大面积因干旱灾害而减产，导致部分群众因灾返贫。据调查，统计全县受灾面积350125亩，成灾面积227685亩，占全县总面积的48%。全县受灾267894人，成灾181968人，占总人口的55%。因灾返贫10192人，农业经济损失达8000多万元。雄县因4年连续干旱，造成夏荒缺粮人口6.3万，缺粮324万kg，当年农业经济损失1.2亿元
2003年5月28日	大风	雄县	小麦倒伏现象严重。据统计，米北乡小麦实播21600亩，受灾21600亩，成灾4590亩。近20亩树木被风刮倒，经济损失68万元
2003年7月4日	冰雹	雄县	受灾较严重的有15个村。此次风雹灾害密度大、风力强、融化慢、气温低、持续时间长、危害重。经调查，农作物受灾57700亩，成灾31240亩。其中大田作物成灾27880亩，减产3～5成的24340亩，绝收3540亩；瓜果类减产5成的2000亩。全县直接经济损失727万元

续表

时间	灾害	灾害发生地	灾害情况
2003年7月23日	大风	雄县	据统计，农作物受灾23万亩，成灾8.46万亩，受灾人口18万，成灾人口9万。其中大田作物主要是玉米、高粱、芝麻等高秆作物，倒伏严重，造成减产3～5成的6万亩，5～7成的0.8万亩，绝收0.3万亩。果树掉果严重，成灾1.36万亩，刮倒各种树木600棵，农业直接损失1850万元
2004年6月23日	大风	雄县	此次风雹灾害密度大，风力强，持续时间长，危害重。经据统计，农作物受灾106390亩，成灾24400亩，受灾人口10.427万，其中粮食作物受灾78590亩，成灾4500亩，瓜菜类受灾4900亩，成灾2400亩，绝收1000亩。经济作物类受灾22900亩，成灾18500亩。全县农业直接经济损失2200万元
2004年6月24日	冰雹	安新	损失6000万元
2004年7月23日	大风	雄县	农作物受灾31万亩，成灾11.36万亩，受灾人口18万，成灾人口10万。其中大田作物主要是玉米、高粱、芝麻等高秆作物，倒伏严重，造成减产3～5成的8万亩，5～7成的1.4万亩，绝收6000亩。果树类掉果严重，成灾13600亩，刮倒多种树木600棵，农业直接损失2880万元。
2004年9月6日	大风	安新、雄县	安新县直接经济损失5154万元。雄县受灾7万亩，其中成灾3万亩，减产3～5成，农业直接经济损失约560万元
2005年5月31日	大风	雄县	其中小麦在一定程度上遭受损失，但未成灾；对果树、地膜甘薯等经济类作物造成的损失较大，约2500亩林果成灾，经济损失约125万元；其他损失约75万元，总经济损失200万元
2005年7月11日	大风	雄县	农作物受灾17025亩，成灾13025亩；受灾人口2万，成灾16000人；其中粮食作物受灾12300亩，成灾8300亩，经济损失250万元；瓜菜类受灾12300亩，成灾8300亩，经济损失250元；瓜菜类受灾面积2190亩，预计损失343万元。经济类作物受灾2535亩，减产5～7成，经济损失78万元；另有部分房屋、小树受损，经济损失4万元；总经济损失675万元
2005年8月2日	大风	雄县	大秋作物，主要是春玉米、高粱等高秆作物倒伏严重，受灾达20000亩，成灾12000亩，减产3～5成，经济损失约360万元；林果受灾3000亩，成灾2000亩，经济损失300万元。受灾15000人，成灾9000人。总经济损失660万元
2006年6月29日	大风	雄县	林果受灾严重，果树落果率60%～70%，面积3900亩，树木12000棵折断，总计直接经济损失800多万元
2007年5月22日	大风	雄县	受灾作物主要是小麦，据统计，受灾15300亩，成灾8000亩，成片受灾，倒伏严重，造成减产3～5成的3000亩，5～7成的3000亩，绝收的2000亩。受灾人口6万，成灾人口2万。农业直接经济损失400万元

续表

时间	灾害	灾害发生地	灾害情况
2007年6月26日	大风	雄县	受灾作物主要是玉米、果树，据统计，受灾25000亩，成灾3700亩，其中玉米1700亩，直接经济损失50万元；果树2700亩，直接经济损失90万元，受灾人口2万，成灾人口0.5万，总经济损失140万元
2007年7月30日	大风	雄县	受灾作物主要是玉米、果树，据统计，受灾15500亩，成灾8255亩，其中玉米8000亩，成片受灾，倒伏严重，造成减产3～5成的6000亩，5～7成的2000亩，经济损失160万元；果树255亩，经济损失10万元。受灾人口4万，成灾人口2万。农业直接经济损失170万元
2008年7月14日	暴雨	雄县	全县9个乡镇不同程度遭受风灾，受灾较严重的是龙湾镇、大营镇、张岗乡、双堂乡和昝岗镇，其中重点村有59个。受灾作物主要是玉米，受灾46000亩，成灾18000亩，成片受灾，倒伏严重，造成减产3～5成的13000亩，5～7成的5000亩。受灾人口6万，成灾人口2万。农业直接损失400万元
2009年4月14日	冰雹	雄县	2009年4月14日傍晚，雄县大营镇、昝岗镇、龙湾镇遭受风雹灾害，受灾125 hm²，成灾48 hm²，经济损失86万元，主要为农作物、果树受灾
2009年6月26日	大风	雄县	大树被刮断、蔬菜大棚顶被刮飞，围栏被刮歪，行驶在葛各庄附近的轿车车面被冰雹砸出很多明显的凹坑；张岗乡青年路西侧大广高速施工现场大桥墩柱钢筋因大风变形，道路被雨冲毁，一辆铲车遭雷击着火，经济损失约10万元。据民政局统计，龙湾镇受灾较严重，造成550 hm²农作物受灾，成灾280 hm²，受灾8000余人，成灾6000余人，直接经济损失228万元，其中农作物损失168万元、基础设施损失60万元
2011年7月24—30日	暴雨	安新	农作物受灾2723 hm²，成灾1844 hm²，农作物绝收926 hm²，经济作物受灾2069 hm²，受灾48850人，经济损失2069万元
2011年9月1日	暴雨	雄县	造成980 hm²果树、玉米受灾，成灾170 hm²，受灾52000余人，直接经济损失280万元
2012年6月21—22日	大风	雄县	经调查，张岗乡、朱各庄镇、双堂乡、米家务镇等遭受风雹灾害，树木被拦腰折断，有的甚者被连根拔起，通信线杆被刮断，活动房、彩钢屋顶、大型广告牌被刮倒。造成农作物受灾352 hm²，经济作物受灾56 hm²，树木折断3218棵，严重倒损房屋203间，部分电力、通信设施损毁，张岗乡张一村道路损毁严重，村民无法出行。此次灾害造成6179人受灾，经济损失共计约280万元
2013年6月25—26日	冰雹	雄县	经初步了解，境内9个乡镇局部有冰雹出现，降雹时间持续3～5 min，最大冰雹直径约10 mm，雹粒稀疏，地面未见累积。此次冰雹天气过程对春播作物、果树和设施蔬菜有一定影响
2013年7月31日至8月1日	大风	雄县	此次灾害造成的农作物受灾面积广、程度深。根据各乡镇上报统计情况，农作物受灾达3707 hm²，成灾2447 hm²，受灾农作物主要是玉米、果树，受灾45450人，造成直接经济损失约1709万元

续表

时间	灾害	灾害发生地	灾害情况
2014年5月10日至8月20日	干旱	雄县	此次灾害造成的农作物受灾面积广、程度深。截至9月1日，根据各乡镇上报统计情况，农作物受灾达5485 hm^2，成灾2723 hm^2，受灾农作物主要是玉米绝收280 hm^2，造成直接经济损失约695万元
2014年6月6日	大风	雄县	此次灾害造成的农作物受灾面积广、程度深。截至6月7日16时，根据各乡镇上报统计情况，农作物受灾达1247 hm^2，成灾650 hm^2，受灾农作物主要是玉米、果树，受灾14000人，造成直接经济损失约168万元
2015年8月18日	冰雹	安新	受灾人口5.5185万，受灾4507.4 hm^2，成灾2647 hm^2，绝收892.5 hm^2，直接经济损失2874万元，农业经济损失1180万元
2016年7月18日	暴雨	容城、雄县	容城县农作物受灾面积11636.7 hm^2，受灾人口15万余，直接经济损失4434.9万元；雄县农作物受灾9772 hm^2，倒塌房屋32间，损坏房屋122间，直接经济损失1060.26万元
2017年5月50日	冰雹	雄县	农作物受灾1395.9 hm^2，成灾744.6 hm^2，农业经济损失433.95万元

第 8 章
渤海气候

8.1 渤海概况

渤海在辽东半岛南与山东半岛北连线以西，三面环陆，为一半封闭型中国内海，包括辽东湾、渤海湾、莱州湾3个湾和中部海区，海域面积7.7万km^2，占中国海域面积的1.63%。渤海由河北、山东、辽宁3省和天津市环抱，通过渤海海峡与黄海相通，海峡北起辽宁大连老铁山，南至山东烟台蓬莱，南北两端最短距离约109 km，是渤海和黄海的分界线。渤海古称沧海，又因地处北方，也有北海之称。渤海平均水深25 m，沿岸水浅，特别是河流注入地仅几米深，东部的老铁山水道最深，达到86 m。渤海水温变化受北方大陆性气候影响，平均水温11 ℃，其中2月最低，约1 ℃左右，8月可达24.9 ℃。冬季除秦皇岛和葫芦岛外，沿岸大都结冰。

渤海海面上缺少长时间的气象观测，只有一个1988年建站的A平台气象台站，位于滨海新区东南渤海埕北，距滨海新区约90 km，平台距海平面30.3 m，属于国家气象站（站号54646）。本章使用A平台1988—2018年气象站观测资料，分析气温、降水、风等气象要素的变化特征，来初步了解渤海的气候状况，利用天津站、塘沽站来做对比分析，站点分布见图8.1。

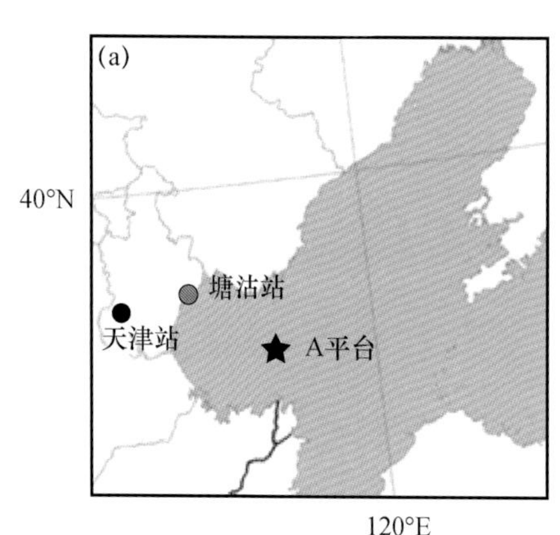

图8.1 A平台在渤海中的位置(a)及平台图片(b)

8.2 气候特征

8.2.1 气温

1988—2018年渤海年平均气温为13.2 ℃，渤海月平均气温呈单峰型分布（图8.2a），

1月气温最低，平均为−0.9 ℃，8月气温最高，平均为25.5 ℃，呈现出冬季属于大陆性气候特征，夏季具有海洋性气候特征。与内陆同纬度的天津站相比，年平均气温仅比天津站高0.1 ℃，最低气温均出现在1月，但最高气温受海洋的影响比天津站晚了1个月。从两地各月气温差异上来看(图8.2b)，天津站7月气温达到一年的最高值后，呈逐月下降趋势，而渤海上由于受海洋热容量的影响，气温下降较陆地慢，因此从8月开始渤海上的气温高于陆地，进入秋季温差逐渐增大，11月正偏差达到最大(达3.3 ℃)。冬季的12月、1月一直维持较高的差异，基本上在2.0 ℃以上，2月陆地气温开始回升，温差变小。春季开始陆地气温回升较快，高于海上的气温，5月温差达到最大，陆地比海上高3.3 ℃，5—6月维持在2.8 ℃以上，7月温差变小。

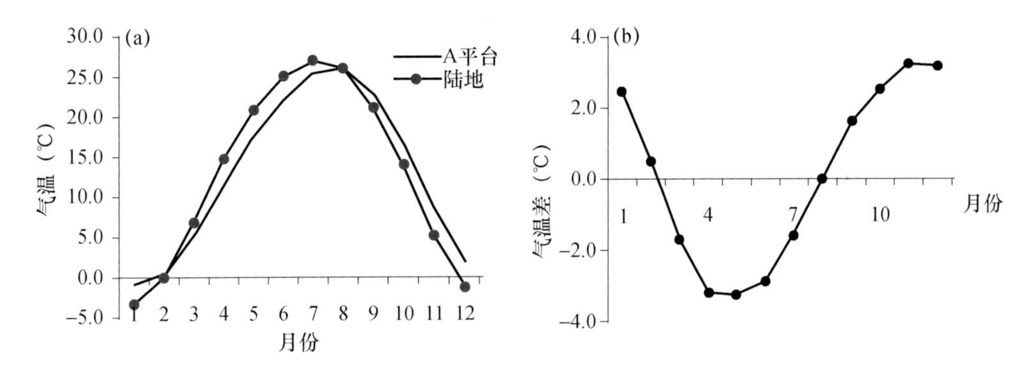

图8.2 1988—2018年渤海、陆地各月平均气温(a)及气温差(b)年内分布

1988—2018年A平台平均最高气温为16.4 ℃，平均最低气温为11.0 ℃，与平均气温一样，属于单峰型分布(图8.3)。其中月平均最高气温是8月最高，为28.6 ℃；同样，月平均最低气温也是8月，为24.4 ℃。而天津站的最高气温与最低气温出现的最高月份均在7月。2—9月陆地(天津站)月平均最高气温比海上(A平台)要高，最大温差可达4.7 ℃(4—6月)；11—12月海上比陆地高，但温差很小，10月、1月二者基本一致。而月平均最低气温除了4—6月陆地略高外，其他各月渤海平均最低气温均比陆地上高，特别是冬半年(10月至翌年1月)的温差可达4.9～5.6 ℃

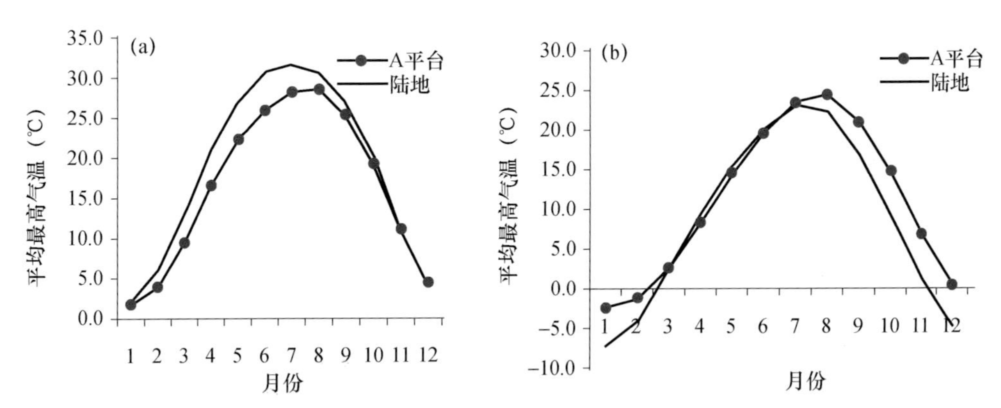

图8.3 1988—2018年渤海与陆地月平均最高气温(a)、平均最低气温(b)年内分布

8.2.2 降水

1988—2018 年渤海湾年平均降水量为 332.8 mm，年内各月降水量呈单峰型分布，属于典型的大陆型气候特征，与内陆的天津站相比，年降水量偏少 185.8 mm（图 8.4）。从变化趋势上看，海上（A 平台）降水量呈增大趋势（2.36 mm/a），陆上（天津站）则呈微弱增大趋势（0.15 mm/a）（均未通过显著性检验），二者的相关系数仅为 0.28。除了 1989、2006 年和 2013 年渤海上降水量比陆地大以外，其余各年均比陆地小，其中有 15 a 少 200 mm 以上，1994 年偏少约 400 mm。从各月来看，7 月海上降水量比陆地偏少最多，约为 58.7 mm，其次是 8 月偏少 34.6 mm。

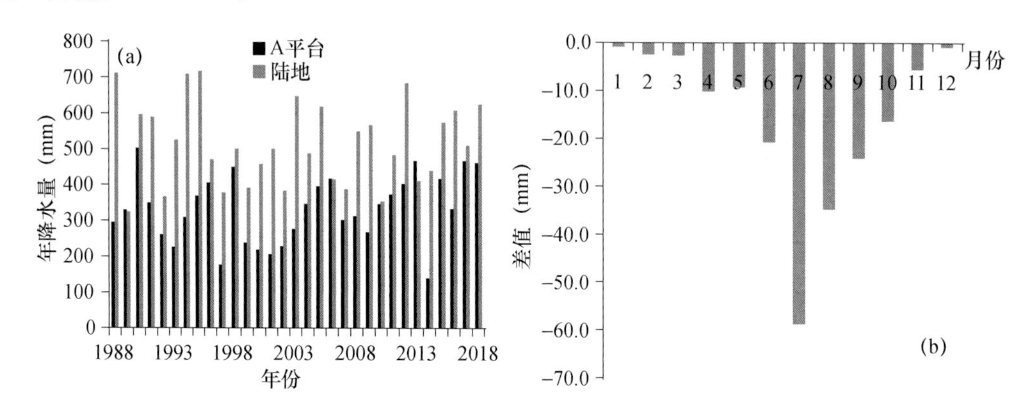

图 8.4　渤海与陆地逐年降水量(a)和各月降水量差值(b)分布

从降水日数上看，1988—2018 年 A 平台大于 0.1 mm 降水日数为 50.8 d，天津站为 58.2 d，相差 7.4 d。夏季（6—9 月）A 平台降水日数比天津站少 9.1 d。进一步分析发现，A 平台大于 10 mm 降水日数平均为 9.7 d，比天津站少 5.0 d，主要集中在夏季，可以认为海上降水量比陆地少主要是因为海上夏季降水日数偏少造成的。

8.2.3 风向、风速

渤海海上（A 平台）1988—2018 年平均风速为 6.3 m/s，年际差异较小（图 8.5a），1988—2003 年为 6.8 m/s 左右，2004—2018 年年平均风速在 5.9 m/s 左右，这是由于 2004 年更换测风仪器造成的风速变小。1988—2018 年比天津站年平均风速高约 4 m/s。从各月的风速来看（图 8.5b），渤海海上（A 平台）月均风速变化呈双峰型，一年中 4 月和 11 月为风速大值月份，月平均风速分别为 7.3 m/s 和 7.2 m/s；8 月风速最小，仅为 4.8 m/s。天津站月平均风速呈单峰型，最大值出现在 4 月，全年仅 3—5 月风速在 2.9 m/s 以上，其他月份均在 2 m/s 左右。

从主导风向看，冬季 1 月多为西北（NW），春季（4 月）为南东南（SSE），夏季（7 月）为东东南（ESE）和南东南（SSE），秋季（10 月）为南东南（SSE）。可以看出，渤海上多南到偏南风（图 8.6）。

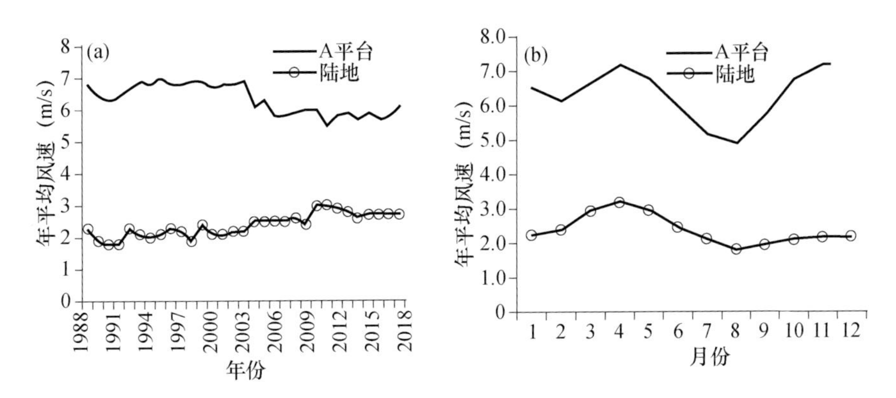

图 8.5 渤海与陆地逐年平均风速(a)和月平均风速(b)对比

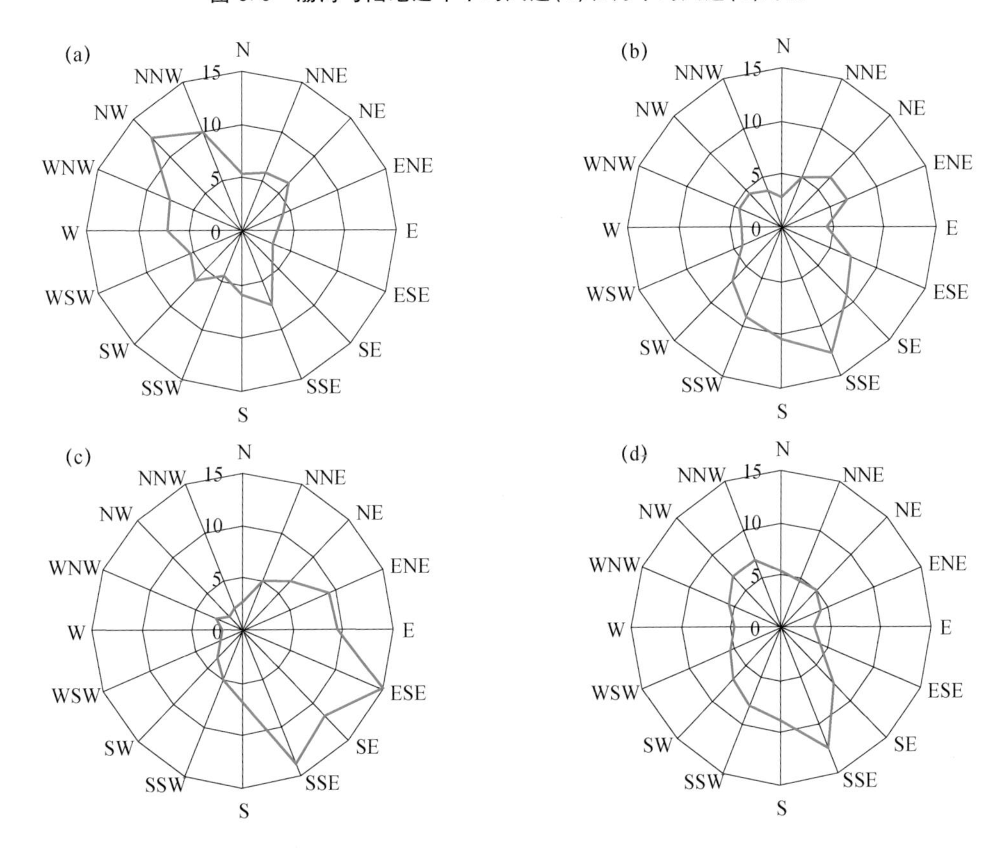

图 8.6 渤海四季风向玫瑰图

(a)冬季；(b)春季；(c)夏季；(d)秋季

8.2.4 海表温度

8.2.4.1 海表温度的时间变化特征

渤海湾为鱼虾洄游、索饵、产卵的良好场所，尤其在河口附近，浮游生物和底栖生物多，出产多种鱼、虾、蟹、贝。所以研究渤海湾海表温度变化特征及趋势对于掌握渤海湾生态环境变化和综合利用海洋资源有重要意义。

图 8.7 给出了渤海中部观测站(A 平台)观测的海表温度年变化曲线,表明渤海海表温度呈规则余弦波变化,年变化的振幅最大可达 23 ℃,其最低值、最高值分别出现在 2 月和 8 月,年变化曲线呈对称分布表明渤海升温和降温期相等。渤海相对较为封闭,其海表温度的年变化主要取决于太阳辐射的年变化和邻近大陆气候的年变化(鲍献文 等,2002)。从日变化统计来看,海表温度最高值和最低值出现的时间在一年四季大致相近,无明显的季节变化,最高值多出现在 13—16 时,其中 14 时出现的最多;日最低值多见于 04—08 时,且较集中于 06 时。

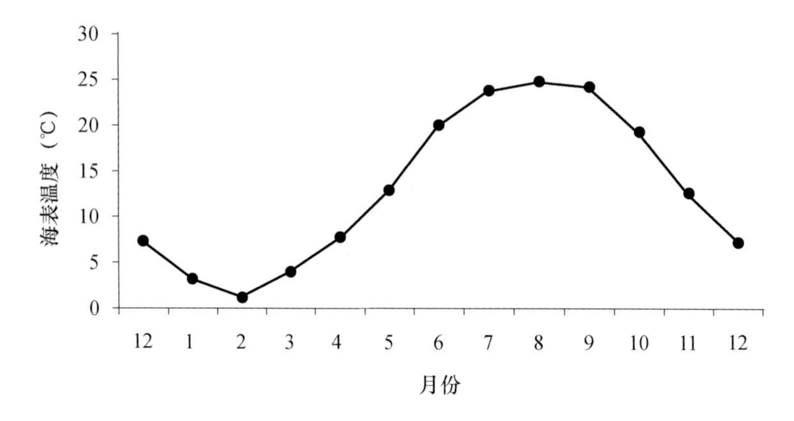

图 8.7 渤海各月平均海表温度

图 8.8 为渤海海表温度冬季、夏季的分布情况。由于渤海表层海水受冷空气的影响而迅速冷却,对流混合使整个海区上、下水层温度呈均一状态,表层水温分布代表了渤海各水层的水温分布。冬季渤海表层温度变化不大,为 1.5～4 ℃,最低温出现在辽东湾顶,总体上看,海域从北至南,温度分布依次由低至高。比较 1—3 月的温度变化,渤海最低温度出现在

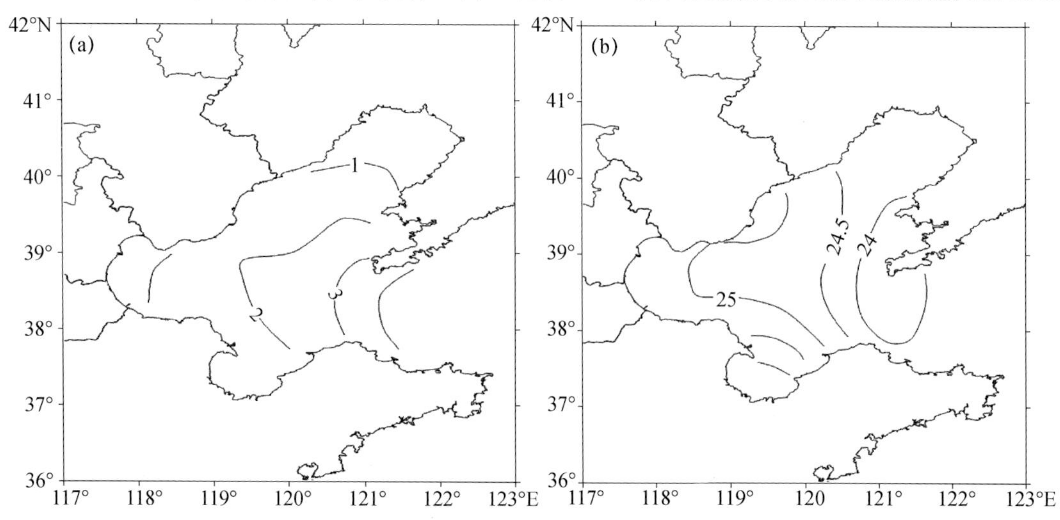

图 8.8 渤海冬季(a)和夏季(b)海表温度(℃)空间分布

2月,渤海冬季温度主要表现为南北和东西向的变化,从辽东湾至莱州湾,表层温度可升高2 ℃。从渤海湾至渤海海峡,受水深的影响,其海表温度表现出浅水低温、深水高温的分布特征(贾瑞丽 等,2002;鲍献文 等,2002;张松 等,2009)。

春季是典型的冬季型温度分布向夏季型温度分布的过渡时期,渤海春季的温度分布形态与冬季已有很大的差别。4月、5月最高温度首先出现在渤海湾,6月则出现在莱州湾。冬季从西至东的升温势态,春季已经完全相反,而南北向的温度递减分布状态亦不复存在。春季整个渤海的温度分布基本上是以渤海海峡为中心的圆弧形分布,这一温度分布特征与渤海的地形分布极为相似,近岸浅水区温度高,中央深水区温度低。渤海春季海表温度变化主要受控于地形与太阳辐射,环流的影响已退居次要地位。

进入夏季(7—9月)后,强烈的太阳辐射使整个海区表层温度分布趋于一致。但是,由于海域存在复杂的动力、热力过程,使得整个海域水温分布呈现出一年四季最复杂的分布结构,渤海夏季最高温度出现在水深较浅的辽东湾、渤海湾和莱州湾,而渤海中部的温度较低。在辽东半岛顶部水域出现一个十分明显的冷水区,其温度比周围海域低1~2 ℃,这一低温中心在整个夏季一直存在,8月最为明显,这一冷水区的出现是由强潮流在半岛处的海水上升所引起的。

秋季(10—12月)是海域温度由夏季型分布向冬季型分布的过渡期,也是海表温度下降最快的季节,该时期的月平均温度下降近5 ℃,并逐渐形成了由南向北温度呈递减分布的态势。到12月,夏季沿岸多个低温中心已基本消失,冬季型海表温度分布的结构初步形成。10月,南北温度呈递减趋势首先在渤海的辽东湾出现。随着海面降温,垂向对流混合逐渐加强,因沿岸水浅,受大陆气温影响较大,使得海水降温较深水海域快且幅度大。因此,在11月渤海已基本形成近岸浅水低温、远岸深水高温的分布状况,等温线的走势基本与等深线一致。12月渤海表层温度的水平梯度在一年中最大,渤海海峡的海表温度比辽东湾和渤海湾高出4 ℃左右。

8.2.4.2 影响海表温度的因素

(1)太阳辐射强度

太阳辐射是太阳以电磁波的形式向太空辐射巨大的能量,也是地球最主要的能量源泉。射达海面的太阳辐射是太阳直达辐射和散射辐射两部分之和,与太阳高度有关。太阳辐射总量在一个月或一年中的分布变化,对整个世界大洋水温的分布与变化有极大的影响。以6月代表北半球夏季,太阳高度随纬度的升高而变低,因此海洋所接受的太阳辐射能随纬度的升高而减少,但其日照时间却随纬度的升高而增加,两者对太阳辐射量的作用是相反的,因此总辐射量随纬度的分布差异不明显。12月可以代表北半球的冬季,太阳高度随纬度的升高迅速变低,甚至在北极圈内出现24 h黑夜,从赤道到高纬度之间辐射量的梯度很大。辐射量的这种冬、夏变化是导致北半球大洋水温南北方向的梯度冬季大于夏季的主要原因。

(2)海洋内部热交换

海洋内部的热交换分为在铅直方向上和水平方向上的热量输送。铅直方向主要通过湍流进行,是通过海面上的风、浪和流等引起的涡动混合,把海面的热量向下输送。在水平方向上的热输送主要通过海流来完成,整个世界大洋的海面热平衡呈纬度向带状分布,从而水温分布亦相似。海洋正是由于具有这样的内部热交换系统使得其海水温度趋于稳定而不至于畸形分化。另外，由于内部热交换，一天中的水温最高值出现的时间不是中午太阳高度最大的时刻，而是出现在局地时间 13—15 时，在一年中水温极大值同样不是出现在太阳高度最大的月份(北半球为 6 月)，而是 8 月前后，最低值则出现在 1—2 月。研究海洋热平衡的重要意义在于分析海洋水温的时空变化时，能把握主要矛盾。

(3) 海域地形分布及海流的影响

渤海海域地处太平洋西部边缘，三面环陆，为典型的半封闭陆架浅海，其中渤海封闭性最大，海底地势自西北向东南倾斜。此水陆分布和海底地形特点，通过海陆影响及动力效应，明显制约着表面海温的大面积分布和变化。分析海域地处中纬度，气候季节分明，冬季盛行偏北风，冷空气频繁入侵，极有利于水温急剧降低(尤其是浅海区)；夏季盛行偏南风，有利于表面海水升温，上述气候因素与水陆分布、地形等因素的综合效应造成了分析海域冬、夏表面水温分布和变化的特定型式。另外，在渤海海域，其东侧有北向流动的环流暖分支——黄海暖流及其延伸部分，在朝鲜半岛西岸外也有一支向南的沿岸流。分析海域上述环流形势冬、夏季的变化不大。

8.3 海洋灾害

海洋灾害是指海洋自然环境发生异常或激烈变化，导致在海上或海岸发生的灾害。渤海沿海地区海洋灾害分为水文气象灾害(风暴潮、海冰、台风、海雾等)、海洋地质灾害(相对海平面上升、海域地震、海岸侵蚀、沉降引起的海水内侵、海湾淤积等)和海洋环境灾害(赤潮、海洋环境污染等)三大类型。

8.3.1 海洋灾害的特点

(1)渤海沿海地区致灾因子十分活跃，并且随着环渤海地区和海洋经济的发展，海洋灾害造成的损失也越来越大。如风暴潮灾害，1950 年以前平均 7～8 a 发生一次；1950—2003 年共发生 10 次较大风暴潮，平均 5～6 a 发生一次。2003 年 10 月 11 日和 11 月 25 日，渤海沿海地区出现两次风暴潮，共造成直接经济损失约 1.2 亿元。

(2)海洋灾害的形成及各灾害的相互关系比较复杂。渤海沿海地区容易受海洋致灾因子和陆源致灾因子的双重作用及相互影响。一种海洋灾害常常是由多种致灾因素相互叠加而引起；同时由于区域独特的地理环境，灾害链的延续性比较强，一个灾害事件又常伴随一系列次生灾害发生。如相对海平面上升就是在全球海平面上升、局部构造沉降和沉积层压实以及人类活动引起的地面沉降等因素共同作用下形成的，而相对海平面上升则又会导致风暴潮灾害加重、滨海湿地损失、海水入侵、土壤次生盐渍化等灾害发生。

8.3.2 风暴潮灾害

风暴潮是强烈的大气扰动在近岸水域引起的海面异常升降现象，也称为“风暴海啸”或“气象海啸”，是指由于剧烈的大气扰动，如热带气旋、温带气旋或者暴发性气旋等天气系统所伴随的强风和气压骤变导致海面异常升高的现象。其主要致灾因子是风暴增水。当风暴增水和暴雨、天文大潮叠加时会给沿海地区造成更大的危害。近些年来，由特殊的地理位置、地形、气象、天文潮、地面沉降等多种因素相互作用引发的风暴潮成为渤海沿海地区发生频率较高、危害程度最大的海洋灾害。

8.3.2.1 风暴潮形成的原因

(1) 地理位置和地形因素。渤海沿海地区属于中纬度大陆边缘季风气候区，天气过程复杂，冷、暖空气活动十分频繁，温带气旋和北上热带气旋或台风等一些天气过程的扰动，容易在沿海引发风暴潮。渤海湾呈喇叭形，是深入大陆的半封闭浅海，海底坡度在 1/2000 左右，这种海岸地形使风暴潮能量容易聚集，非常有利于风暴潮的发展。天津市滨海地区属于沿海低平原，地面坡度平缓，平原高程一般较低，平均为 2～3 m，沿岸海堤为 4～5 m，因而，容易受到风暴潮的侵袭，使灾情加重。

(2)气象因素。渤海沿海地区冷、暖空气活动频繁，春、秋季多温带气旋过境；在盛夏和初秋，北上热带气旋或台风往往又影响该地区。受这两种天气系统产生的持续偏东大风的作用，在渤海湾这一超浅海域内极易形成 1 m 以上的风暴增水，导致渤海沿海风暴潮灾害的发生。同时，伴随这两种天气系统产生的较强降水，沿海地区受潮水顶托而排涝不畅，使风暴潮灾害更加严重。

(3)天文潮因素。如果风暴潮高峰时正和天文大潮相遇，两者的潮势叠加就会使水位暴涨，导致特大风暴潮灾害的发生。据统计，天津市滨海地区历史上风暴潮最大值发生在天文潮高潮时的次数，占风暴潮发生总数的 68.6%。可见，多数风暴潮灾害的发生是由风暴增水与天文潮高潮叠加引起的。

(4)地面沉降因素。1950 年以来，由于严重超采地下水，天津市沿海地区普遍发生地面沉降，并形成了部分地区沉降漏斗。地面沉降不仅使沿海地面标高损失，同时还降低了海堤的防潮能力和河道的泄洪、排涝能力，加大了灾害性潮位出现的机会和灾害强度，为风暴潮灾害的发生提供了有利条件。

8.3.2.2 风暴潮的影响

由于受全球气候变暖和海平面上升的影响，近年来中国因风暴潮灾害而造成的损失每年都在百亿元左右。我国风暴潮一般具有以下几个特点：一年四季均有发生；发生次数较多；风暴潮位较高；规律较复杂，特别是在潮差大的浅水区，天文潮与风暴潮具有较明显的非线性耦合效应，致使风暴潮的规律更为复杂。渤海是中国风暴潮最严重的地区之一，严重的风暴潮灾害导致水位暴涨、堤岸决口、咸潮倒灌，直接危及当地的经济建设，威胁沿海居民的生命财产安全。渤海海域的地形、地貌及其地理位置的特殊性使其一年四季均有风暴潮发生。天津市沿海地区是天津市现代化经济新区，区内有港口、油田、开发区和众多大型企业，盐业、水产养殖业发达，因而风暴潮灾害的直接经济损失和影响非常大。

1992 年 9 月 1 日 02 时，9216 号台风进入渤海湾。该风暴与渤海西部海岸平行，此时渤海受热带风暴前半部偏东气流影响，形成持久的向岸风，北方有冷空气进入，减慢了 9216 号台风继续北上的速度，延长了风暴在渤海的滞留时间，相应地加大了东风的强度和持续时间，为强潮提供了有利条件。8 月 31 日—9 月 2 日，渤海湾持续偏东大风，根据石油钻井平台(A 平台)气象观测，风速大于 26 m/s 的偏东大风持续了 24 h。9 月 1 日风暴潮发生期，六号钻井平台出现气压最低值，低压中心所形成的海水隆起也有利于潮水向岸边的输送。9 月 1 日又正值“朔日”后的大潮期和农历的“秋分”期。所以诸多因素组合使这次风暴潮成为自 1895 年以来最大的风暴潮。9 月 1 日 14 时，闸下潮位仅为大沽高程水位 2.30 m，到 16 时 30 分潮位涨至 4.52 m，2.5 h 潮位上涨了 2.22 m，上涨率为 0.89 m/h。至 17 时 42 分，风暴潮出现极值高潮位(4.83 m)。此次风暴潮因强向岸风的风程长、风场大、风力大和持续时间长成为形成风暴潮的气象因素最有利的组合。另外，还有天文大潮期的共同作用，从而形成了百年一遇的特大风暴潮。天津沿海也在这次风暴潮灾害中遭受到惨重损失，部分海挡被海潮冲毁，大量的水利工程被毁坏。沿海的塘沽、大港、汉沽和大型企业均遭受严重损失，直接经济损失达 4 亿元。

1997 年 8 月 20 日，受“9711”台风影响，天津沿海发生风暴潮灾害。塘沽海洋环境监测站监测到最高潮位 559 cm，天津沿海地区损失近 2 亿元。

2003 年 10 月 11 日，天津近岸海域出现温带风暴潮灾害。最高潮位为 533 cm，超警戒水位(490 cm)43 cm，最大增水 160 cm。潮灾波及天津沿海 3 个区，共造成直接经济损失约 1.2 亿元。

2005 年 8 月 8 日，受第 9 号台风“麦莎”北上影响，天津沿海出现风暴潮灾害。塘沽海洋环境监测站监测到最高潮位为 520 cm，超过警戒水位 30 cm。

2009 年 2 月 13 日，受黄海气旋影响，天津近岸海域出现了超警戒水位的高潮位。本次过程最高潮位为 513 cm，超警戒潮位 23 cm，高潮时增水 94 cm；4 月 15 日，受强冷空气和低压倒槽共同影响，塘沽海洋环境监测站监测显示最高潮位为 504 cm，超警戒潮位 14 cm，最大增水 114 cm。由于此次风暴潮过程有风、浪配合，造成损失较大。

吴少华等(2002)依据塘沽逐月增水和高潮位、年极值分布资料，采用耿贝尔方法，分别计算出风暴增水和高潮位的不同重现期，见表 8.1 和表 8.2。

表 8.1　塘沽风暴增水的重现期值(cm)

重现期	10000 a	1000 a	500 a	200 a	100 a	50 a	20 a	10 a	2 a
1 月	348	285	267	242	223	204	179	159	108
2 月	385	311	288	259	237	214	185	161	101
3 月	320	263	246	223	206	189	166	148	101
4 月	372	297	275	245	223	201	170	147	86
5 月	238	195	182	165	152	139	121	108	73
6 月	249	201	186	167	152	138	118	103	64

续表

重现期	10000 a	1000 a	500 a	200 a	100 a	50 a	20 a	10 a	2 a
7月	289	229	210	186	168	150	126	107	58
8月	306	245	227	202	184	166	141	122	73
9月	316	255	237	213	194	176	151	132	82
10月	368	302	282	255	235	215	188	167	113
11月	427	347	323	291	267	243	210	185	120
12月	295	247	233	214	199	185	165	150	111
年均	394	333	314	290	271	253	228	209	158

表8.2 塘沽高潮位的重现期值(cm)

重现期	10000 a	1000 a	500 a	200 a	100 a	50 a	20 a	10 a	2 a
1月	601	554	540	521	507	493	474	459	421
2月	594	549	535	517	504	490	472	458	421
3月	604	559	545	527	513	499	480	466	428
4月	573	537	526	512	501	490	475	464	434
5月	561	530	521	509	500	490	478	468	443
6月	569	538	529	519	507	498	485	475	450
7月	615	575	563	547	535	523	507	494	462
8月	648	603	589	571	557	544	525	511	474
9月	682	625	608	585	568	550	527	509	463
10月	644	596	581	562	547	533	513	498	458
11月	691	628	609	584	565	546	521	501	450
12月	590	547	535	518	505	492	475	461	427
年均	702	647	631	609	593	576	554	537	492

资料分析表明，风暴潮过程最大增水可发生在天文潮的任何时段，最严重的是发生在与天文潮高潮相叠加。当不同重现期的风暴增水发生在天文潮高潮时，塘沽验潮站可能出现超过警戒水位的高潮位。

8.3.3 相对海平面上升

20世纪由于全球气候变暖导致全球海平面平均以1～2 mm/a的速度上升。该报告还根据温室气体的不同排放情况预测，全球海平面高度在1990—2100年将上升9～88 cm。全球加速上升的海平面与区域构造沉降、沉积层压实、人为地面沉降相叠加，使包括天津市沿海在内的中国若干三角洲和滨海平原相对海平面大幅度上升。近50 a来，中国沿海海平面平均上升速率为2.5 mm/a，略高于全球海平面上升速率；与2000年相比，2003年天津沿海海平面上升幅度最大，达25 mm。相对海平面上升是一种缓发性累进型海洋灾害，其形成原因复杂,危害比较大。20 世纪以来,天津滨海地区相对海平面上升幅度比较大,除了全球海平面上升因素外,区域构造沉降、沉积层压实,尤其是超采地下水引起的地面沉降是造成本区相对海平面大幅度上升的主要原因。

8.3.3.1 相对海平面上升的形成因素

(1)区域构造沉降和沉积层压实因素。渤海沿海地区坐落在新华夏构造体系的黄骅拗陷构造带上,自晚新生代以来,地壳长期处于下沉状态,沉积厚度达数千米,其中可压缩性土层占 60%以上。天津市滨海地区由于区域构造活动和地层压缩作用产生的地壳沉降速率一般达到 2.0 mm/a 左右。

(2)人为地面沉降因素。如前所述,天津市沿海地区由于长期超量开采地下水,已形成了三大沉降中心。尽管 1986 年以来天津市"控沉"计划的实施,使地面沉降的恶性发展势头得到控制,但是,2002 年天津沿海大部分地区地面沉降速率仍达到 25～35 mm/a,远高于 2.5 mm/a 这一全国平均海平面上升速率。可见,人为地面沉降是导致天津沿海地区相对海平面大幅度上升的主要原因。

8.3.3.2 相对海平面上升的影响

相对海平面上升对沿海地区社会、经济和生态环境的影响是相当严重的。正如周光召院士指出的:"海平面上升是一个缓慢过程,但长期的积累又足以对沿海经济发展、市政建设和人民的生活环境带来多方面的严重影响,这种影响比任何一种自然灾害都要广泛和深入。"

(1)对地区社会经济的影响。如前所述,渤海沿海地区在现今海平面条件下,每当特大高潮或风暴潮侵袭时,就有部分岸段海水冲上堤岸,使国民经济和人民财产受到巨大的直接损失。可以设想,如果海平面以 25～35 mm/a 幅度持续上升,将会对天津市沿海地区未来社会经济发展构成较大的潜在威胁。

对渤海湾西岸平原海平面上升所做的危害性评估结果表明,在不加任何防护条件下,如果海平面上升 0.3 m,海水侵入危险区面积将占天津市的 44%,受影响人口占 56%,其中滨海新区被淹面积和人口则是 100%,同时盐业全部受损,34%的农业也将受到影响。

(2)对港口和沿海堤防工程的影响。相对海平面上升将对港口与码头工程、海堤与防潮闸工程以及河道、河堤等防洪工程设施产生直接而长远的影响,同时,也会加大城市防洪与排涝困难,使风暴潮灾害和洪涝灾害加剧。渤海沿海地区经过多年建设虽然已基本形成了比较有效的海堤防护体系,但随着海平面上升,潮位升高以及潮流与波浪作用加强,不仅会导致风浪直接侵袭和淘蚀海堤的概率大幅度增加,同时也使出现同样高度风暴高潮位所需的增水值大大减小,从而明显缩短极值高潮位的重现期、增大海水漫溢海堤的概率,使现有海堤防御能力下降甚至遭到破坏。其后果直接威胁码头、防波堤等设施的安全与使用寿命,使码头、港区道路、堆场以及仓储设施等受淹频率增加、范围扩大。海平面上升还可使海河防潮闸闸下潮位抬高,潮流顶托作用加强,这将导致涵闸自然排水能力降低,使洪涝灾害加剧。

(3)对沿海地区生态环境的影响。相对海平面上升对沿海地区生态环境的影响也是不容低估的。随着海平面上升，一是加大了海水入侵强度，使沿海地下淡水层咸化，增高地下水矿化度，使土壤发生次生盐渍化；二是造成岸滩破波点上移，其结果是高潮滩变窄、沉积物粗化，进而使滩面消浪和抗冲能力变弱，引起海岸侵蚀；三是将淹没大片滨海湿地，破坏自然生态保护区和赖以存在的旅游和生物等资源，也使沿岸生态系统改变，生态环境恶化。

8.3.4 赤潮

赤潮是海洋环境质量恶化的一种表现，它的发生涉及海区的生物、水文、气象、化学和人为影响等多种因素，其中海区污染造成的富营养化和某些微量元素的存在被认为是诱发赤潮的主要原因。赤潮的发生，不仅使海洋渔业、海水养殖业受损，同时还破坏海洋生态系统的平衡，引起海洋环境变异。渤海湾属于超浅水内海，水体与外海交换较弱，自然净化能力差。渤海湾不仅每年接纳来自天津和北京两个城市的大量污水和工农业废水，同时港口船舶、海上石油开采和海水养殖业也给海域带来污染，造成本海域海水经常处于富营养化、低溶解氧状态，极易引发赤潮灾害。天津市沿海海域的赤潮多发生在5—10月；赤潮生物主要为夜光藻(*Noctiluca scintillans*)、微型原甲藻(*P. minimum*)、叉角藻(*Ceratium furca*)，2004年还出现了有害赤潮生物种米氏凯伦藻(*Karenia mikimotoi*)。自20世纪70年代以来，天津市沿海海域赤潮发生次数和范围有逐渐增多的趋势。

8.3.4.1 赤潮形成的因素

赤潮是一种复杂的生态异常现象，其发生机理比较复杂，主要形成因素有以下几方面。

(1)海水化学成分

随着渤海湾经济的迅速发展和人口的增多，工业废水、生活污水和携有大量陆源污染物质的地表径流排入海洋，海水中大量氮和磷等微量元素和有机营养物质的增加，导致海水富营养化，为赤潮生物快速生长繁殖提供了充足的物质基础。另外，海水盐度变化也是促使赤潮发生的因素之一。

(2)水文因素

渤海湾为内海海湾，水体流动较弱，波浪和潮差小，自身水体交换缓慢。随着天津滨海新区近些年的建设，天津近岸海域围填海规模空前增大，导致海水动力条件减弱，自身纳污净化能力降低，为赤潮的发生提供了必要的水文环境。另外，天津市附近海域由于径流、海流的交汇作用，可使深层较冷但富含营养物质的海水输向表层，为赤潮生物的生长和繁殖提供了物质基础。

(3)气象因素

海水温度是赤潮发生的重要环境因子，20～30 ℃为赤潮发生的适宜温度范围。而天津市近海表层水温的年平均水温为13.5 ℃，其中，1月和2月最低而稳定，平均在0 ℃左右；从3月起，水温很快回升，3—6月平均每月升高6 ℃；7月和8月较稳定，平均在27 ℃左右；9—12月又以每月平均7 ℃下降。因此天津市海域的赤潮多发生在5—10月，7月和8月是赤潮的频发月份。

总之，渤海特殊的天文和气象条件是赤潮发生的主要因素，人类不合理的生产、排污活动则为赤潮生物的暴发提供了充足的营养物质。在有赤潮生物存在的海域，在高温、闷热和无风的条件下，当营养物质、海水理化性质和局部水文气象条件耦合到一个合适的阈值时，赤潮生物便开始暴发性繁殖和聚集，导致赤潮灾害的发生。

8.3.4.2 赤潮造成的影响

天津市海域赤潮事件开始于1977年，自此之后，天津市共发生赤潮事件数十起，尤其是近些年，赤潮事件暴发较为频繁，覆盖面积也较大。据统计，2005—2009年共发生10次赤潮事件，平均每年发生两次，累计面积约2130 km^2，其中，2009年发生两次赤潮，累计面积超过1000 km^2，其次是2006年发生3次赤潮事件，累计面积约840 km^2，2008年赤潮发生次数和面积均最少，仅发生一次，面积约30 km^2。赤潮发生时，海水水质恶化、溶解氧含量急剧下降，营养盐含量、有害物质及毒素升高，海洋经济生物大量死亡，生态平衡失调。

8.3.5 海上大风

渤海是我国北方半封闭的内陆浅海，环渤海地区是我国北方经济最发达的地区，海上交通运输、渔业以及各类海上工程作业日益增多。由于其特殊的地理环境，海面大风造成的灾难性事故也非常多。由图8.9可以看出，1988—2015年天津站阵风风速≥17 m/s的大风日数共有357 d，大风日数呈逐年减少趋势；1990年最多出现23次，之后振荡减少。1988—1993年平均为19.2 d，1993—2000年平均为13.3 d，2001年以后平均为9.9 d。1988—2015年渤海海面A平台站阵风风速≥17 m/s的大风日数共有2249 d，大约是内陆的6倍。1988—2001年大风日数每年都在80 d以上，且呈上升趋势，2001年达到最多，为113 d。2002—2011年呈显著减少趋势，从每年102 d(2002年)迅速下降到每年42 d(2011年)。2011—2015年稳定在55 d左右。从大风日数可以看出海面A平台站远高于内陆，这是因为A平台观测高度较高(19 m)，下垫面摩擦小，另有海面空旷建筑物和遮挡物较少的缘故。

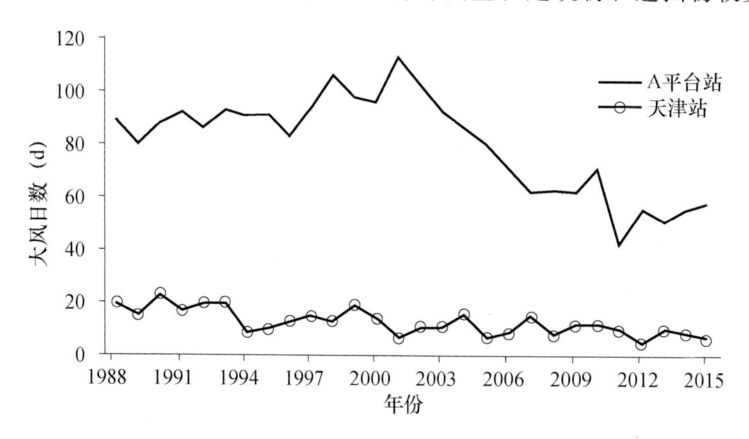

图8.9 1988—2015年渤海海、陆大风日数年变化

从各月大风日数分布看，天津站4月最多，为1.9 d，占全年大风总数的16%，12月和3月略少，分别为1.4 d、1.3 d；8月最少，仅为0.3 d。A平台站大风日数年内分布与陆地上略

有差异，为双峰型，11 月最多，为 10 d，占全年总数的 12.5%，10 月、12 月分别为 8.1 d 和 9.1 d；第二个峰值是 4 月，为 7.8 d；同样是 8 月大风日数最少，为 3.5 d。

从图 8.10 可以看出，渤海湾海面大风主要出现在 3—5 月和 10—12 月，6—9 月渤海海面大风较少，只占 A 平台站大风总数的 22%；另有强对流产生的短时大风占 6—9 月大风总数的 28%。因此，渤海湾阵风大于 17 m/s 的大风是以冷空气影响为主的系统性大风。濒临渤海湾的内陆大风主要在 4—5 月；6—9 月大风明显减少，只占全年大风总数的 30%；且强对流产生的短时大风较多，占 6—9 月大风总数的 43%。

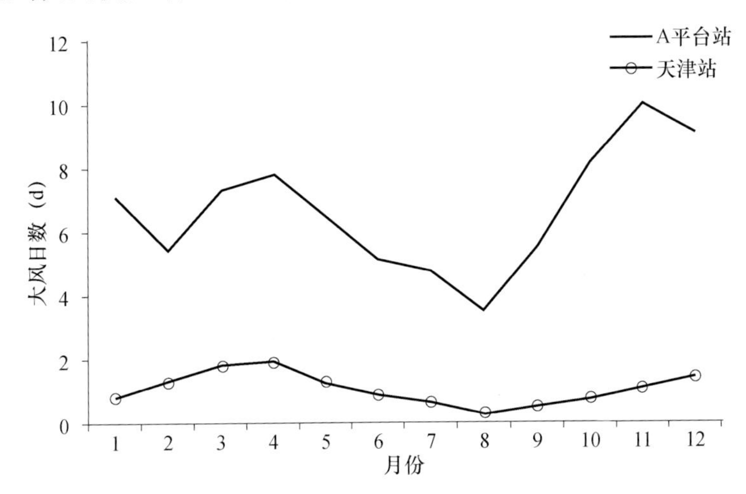

图 8.10 1981—2015 年渤海海、陆大风日数月变化趋势

从表 8.3 可以看出，内陆系统性大风西北风最多，占 23%，东风次之，占 19%，另有北风占 15%，西北西风占 10%，其他风向均小于 10%。A 平台站系统性大风最多风向很集中，北北西风占 26%，东北东风占 19%，北风占 17%，其他风向都小于 10%(赵金霞 等，2014)。

表 8.3 系统性大风各风向频率(%)

风向	W	WNW	NW	NNW	N	NNE	NE	ENE	E	ESE	SE	SSE	S	SSW	SW	WSW
内陆（天津站）	3	10	23	12	15	0	3	1	19	9	1	0	3	0	0	1
A 平台站	1	1	7	26	17	9	9	19	3	1	1	1	3	1	0	1

8.3.6 海雾

海雾是海洋上低层大气中的水汽凝结现象，是影响海面大气能见度的重要因素，由于水滴或冰晶的大量积聚，使水平能见度下降到 1 km 以下，对航海活动和海上作业有很大的影响。近年来，随着我国经济的高速发展，船舶运输量剧增，通航密度的增大导致船舶碰撞事故率增加，而雾中航行发生碰撞事故的概率远大于能见度良好的情况。统计表明，约 70%的海上灾害事故是由海雾造成的。根据国家标准《雾的预报等级》(GB/T 27964—2011)，依据能见度可分为大雾(0.5 km<*vis*(能见度)≤1 km)、浓雾(0.2 km<*vis*≤0.5 km)、强浓雾

(0.05 km<vis≤0.2 km)和特强浓雾(vis≤0.05 km)四个等级。

统计1988—2015年观测资料发现,期间A平台站总雾日天数为606 d,占总天数的6.3%。其中,浓雾出现日数为132 d,占总雾日的21.8%;强浓雾出现日数为118 d,占总雾日的19.5%;特强浓雾出现日数为51 d,占总雾日的8.4%。1990年的雾日最多,达到了45 d,其次是1998年,为32 d,其他年份均不超过30 d。2011年的雾日天数最少,仅有7 d。1993年和2005年雾日次少,均为14 d。从图8.11a中可以看出A平台站雾日明显比沿海的塘沽站多。

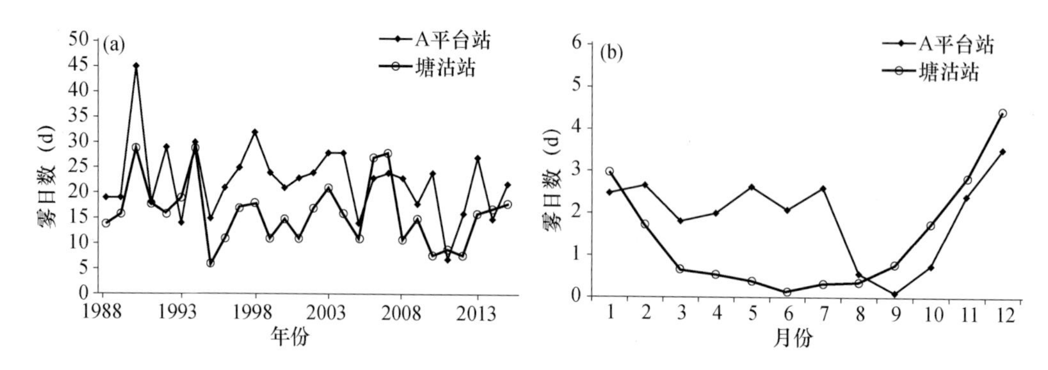

图8.11 1988—2010年A平台站与塘沽站年雾日数(a)与月平均雾日数(b)

从各月来看(图8.11b),8—10月雾日较少,平均不到1 d,其他各月平均为2 d左右,12月最多,达3.6 d。而塘沽站秋、冬季雾日较多,比海上偏多1 d左右;而春、夏季则明显少于海上。

A平台站与塘沽站雾日年际变化、月变化的差异,反映出海洋雾与陆地雾的差异。从我国近海不同海区海雾的年变化和月变化可以看出,A平台的雾日在春、夏、秋季与烟台、砣矶岛、长岛的变化趋势相近,具有明显的海洋特征;而在冬季与塘沽的变化趋势相近,受陆地影响较大。

为了了解雾日的日内变化,将雾日分时次进行统计。由于资料限制,仅根据08时、14时、20时三个时次的能见度资料进行分析。在选取的雾日样本中(只要雾日样本中的该时刻能见度小于1000 m,就统计1次),渤海湾海雾在一天中的各个时段都可能出现。一年四季海雾主要发生在08时,其次是14时,20时出现雾的频次最少。不同能见度等级的海雾在一天中最常发生的时段在各个季节存在差异。大部分情况下,大雾和浓雾天气在一天中的08时出现概率最大;强浓雾在春、秋季的08时和20时出现概率一样;而特强浓雾在春季最常出现在08时,冬季最常发生在20时(郭玲 等,2015)。

8.3.7 渤海海冰

海冰是海水在一定天气条件下大面积冻结形成的。历史上天津市海域发生过多次海冰灾害,给沿海海域经济活动带来灾难,不过由于在全球气候变暖背景下,天津冬季气温不断升高,海冰冰情有逐年减轻的趋势。目前,渤海浅水养殖和渔业生产迅速发展,沿岸有许多优良港口,交通运输,尤其是煤炭、石油的海上运输极其繁忙。渤海湾、辽东湾和莱州湾已经探明和开发出多个浅海大油田，渤海沿岸还分布着辽河、大港和胜利油田。这标志着渤海资源开发和利用已达到一个崭新阶段，由于渤海和黄海北部处于中纬度地带，受冬季西伯利亚南下冷空气的直接影响，出现海冰也成为北半球海洋结冰的南边界。受特定地理环境作用，这些海冰一直被视为渤海开发的潜在灾害。渤海沿海每年都有不同程度的结冰现象，对捕鱼、航运都有较大的影响。在一般气候正常的年份里，冰情并不十分严重，但在某些气候特别严寒的年份里，渤海和黄海北部可能出现极其严重的冰冻现象，使航道冰封，交通中断，作业停顿，轮船被冰冻在海上，对船舶安全威胁极大。

8.3.7.1 渤海海冰变化特征

渤海每年秋末冬初开始结冰，翌年春天融冰，冰期长达3个多月。正常年份11月中、下旬至12月上、中旬，我国北方沿海自北向南逐渐开始结冰，至次年2月下旬或3月上、中旬，海冰逐渐融化，冰情通常在1月至2月上、中旬比较严重，称之为盛冰期。渤海以辽东湾的冰期最长，冰情也最重，其次是渤海湾、莱州湾。

渤海冰情等级是根据每年12月至翌年3月的渤海海冰范围、厚度等指标综合确定的，它反映了渤海海冰的状况。冰情等级共分为5级：1级为轻冰年，2级为偏轻冰年，3级为常冰年，4级为偏重冰年，5级为重冰年。图8.12为1950/1951—2014/2015年间渤海冰情等级的年际变化。可以看到，渤海冰情等级具有明显的年际变化特征。其中在1952/1953、1955/1956、1956/1957、1967/1968、1968/1969、1976/1977、2000/2001年和2009/2010年冰情较重，均在4.0级以上；而在1952/1954、1972/1973、1974/1975、1975/1976、1988/1989、1992/1993、1994/1995、1998/1999、2001/2002、2006/2007、2013/2014年和2014/2015年冰情较轻，均在2.0级以下。周期分析发现，冰情等级的主周期分别为2.6 a、4.0 a、5.8 a、6.8 a和11.0 a。很显然，渤海海冰不仅具有2～7 a的年际变化周期，而且还存在着11 a的年代际变化周期(郑冬梅 等，2015)。

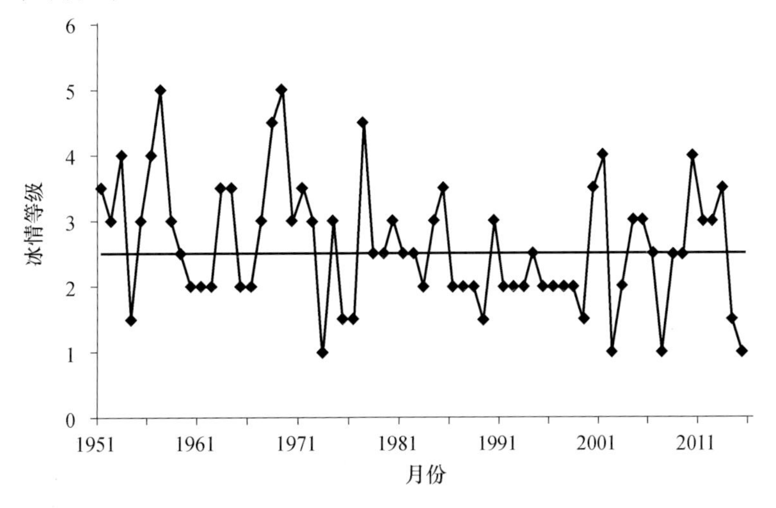

图8.12 1950/1951—2014/2015年渤海冰情逐年变化

冰情等级的年代际变化较为明显。其中，在20世纪70年代初期以前，冰情等级围绕3级冰情线振荡，而且偏重冰年较多，即渤海处于冰情偏重时期，而在70年代初期之后，冰情等级

大都在 3 级冰情线以下，即渤海处于冰情偏轻时期。应用滑动平均 t 检验法对渤海冰情等级时间序列诊断结果表明，1972 年(即 1971/1972 年)的 t 统计值最大，为 2.814，超过了信度为 0.01 的显著性检验(t 临界值为 2.656)。因此可以认为，渤海冰情等级在 1972 年前后经历了一次由重到轻的气候跃变。在跃变前的 22 a(1950/1951—1971/1972 年)，渤海冰情等级的平均值为 3.1 级，而在跃变后的 42 a(1972/1973—2014/2015 年)则为 2.4 级，平均降低了 0.7 级。

8.3.7.2 海冰灾害的成因

(1)寒潮侵袭

我国地处欧亚大陆的东边缘，渤海又是伸入陆地的浅海，海岸附近滩涂宽阔、水浅、盐度低，水温受陆地影响显著，且每年冬季都受西伯利亚寒冷空气的侵袭，加之入侵所造成的长时间持续低温，导致渤海近岸海域出现局部甚至大范围的严重冰封，造成海冰灾害。

(2)大量的降雪

大量降雪对海面上的冰情也能产生明显影响。大量降雪有助于冰封的形成，雪降到海水中能促使水温迅速降低并增加凝结核，使海表温度接近冰点，海水中的雪可以不被融化而直接形成“糊状冰”或“黏冰”；降到冰面上的雪，能促使海冰厚度增加，使冰情进一步加重。冰面上的雪，能够使海冰减少对太阳辐射的吸收，从而增加海冰的厚度，延缓海冰的融化过程。

(3)海冰异常的环流因子

副热带高压是影响东亚气候的重要天气系统，它是暖气团，其范围、强度、脊线以及西伸点和北边界都是重要指标。研究表明，西北太平洋副热带高压与渤海冰情的相关系数置信度超过 98%。西北太平洋副高是影响渤海的重要天气系统，它的范围、强度、中心位置、西伸点和北边界对渤海冰情具有重要影响。当副高越强、它的面积和强度指数越大(正值)、脊线和北边界偏北、西伸点偏西时，暖气团强于冷气团，渤海和北黄海冰情偏轻，但是渤海冰情与副高间更长时间的相关较复杂。

极涡又称“绕极环流”“绕极涡旋”，是绕南极或北极的高空气旋性大型环流，代表北方冷空气。北半球极涡指数与冰情呈显著的正相关(置信度超过 98%)，极涡中心前 6 月和强度指数前 30 月与冰情的相关系数皆最大，表明极涡越强，渤海气候越冷，冰情越重。

太阳黑子也是表示全球气候变化的显著因子，它反映了太阳辐射的变化。渤海和北黄海冰情与前 13～40 个月的太阳黑子的显著负相关的检验置信度皆超过 98%。它对冰情的影响不是立竿见影的，而是在 2～3 a 内相关显著，这个规律对于发展长期海冰统计预报很有帮助，尽管影响机制还不是很清楚，但太阳黑子的变化影响大气和海洋的变化是众所周知的。太阳活动峰值年大气经向环流增强，冬季乌拉尔山的环流脊和东亚大槽稳定，利于北方冷空气南下，渤海地区寒冷，冰情严重。

8.3.7.3 海冰灾害的影响

据历史记载分析，渤海海冰灾害的发生比较频繁，严重的和比较严重的渤海海冰灾害每 5 a 发生一次，而局部海区出现海冰灾害几乎年年都有发生。

1969 年冬渤海海域发生罕见的特大冰封，流冰边缘接近渤海海峡，除老铁山水道、猴矶水道外，整个渤海几乎封冻，造成了我国有记录以来最严重的一次海冰灾害。冰封期间，19艘船被冰夹住不能动弹，7艘船被冰推移搁浅，5艘万吨海轮被冰挤得船体变形，舱内进水。海冰摧毁了由15根2.2 cm厚锰钢板卷成的直径0.85 m、长41 m、打入海底28 m深的空心圆筒桩柱全钢结构的“海二井”石油平台(重550 t)，“海一井”石油平台(重500 t)支座拉筋被海冰割断。塘沽、秦皇岛、葫芦岛、营口和龙口等港受到海冰堵塞和封锁，海上所有舰船受阻被困，致使渤海海上交通运输处于瘫痪状态。一月内进出塘沽港的123艘客货轮有58艘受到不同程度的破坏，严重的船体变形甚至被挤裂，船舱进水(陆钦年，1993)。

2001年1—3月，特别是1月底至2月中旬，渤海海域发生了自1969年以来30 a未遇的最大一次冰冻和流冰灾害。在这次流冰袭击中有多艘中外籍大、中、小型各类船舶受困遇险，秦皇岛港船舶分公司“秦港9号”和“秦港11号”救助脱险多艘船只，这些船只有的因冰走锚失控，面临触礁的危险；有的因冰偏离预定航线，濒危搁浅；有的被冰封冻多日打坏车舵动弹不得。在此期间，“秦港9号”和“秦港11号”还为多艘油轮、货轮集装箱船破冰护航拖浅，外籍货轮“BIG BLUE”被冰推压上曹妃甸浅滩，经烟台打捞船“芝罘”号全力救助才得以脱险。锦州港、营口港也都发生了多起同样险情，海上井架和钻井平台都受到很大的威胁，被风流带到港池内泊位边的碎冰，给船舶靠离泊作业带来极大的困难。

2005/2006年冬季莱州湾海域的冰情为近25 a来最为严重的一年，特别是2005年12月的冰情为历史同期罕见。莱州湾近海一般冰厚10～20 cm，最大冰厚40 cm，岸边堆积冰厚达1 m。在此期间，莱州湾沿岸多个港口处于瘫痪状态，冰情给海上交通运输、海岸工程和沿海水产养殖等行业造成严重危害和较大经济损失。2005年12月15—22日山东省莱州市芙蓉岛外海有20艘渔船被海冰包围，53名船员被困，当地渔业、公安和渔政等有关部门及时采取措施，使遇险渔船和船员安全获救。在冰情严重期，位于辽东湾的石油平台被海冰挤压，发生了剧烈震动，中国海洋石油总公司的破冰船日夜不停地在平台周边破冰，确保了海上石油平台的安全。

2009/2010年冬季渤海及黄海北部冰情属偏重冰年，于2010年1月中下旬达到近30 a同期最严重冰情。2009年11月下旬辽东湾底即出现大面积初生冰，时间较常年提前了半个月左右；1月上旬辽东湾发展迅速，浮冰范围从12月31日的38海里[①]迅速增加到1月12日的71海里；1月中旬莱州湾冰情发展迅速，浮冰范围从1月9日的16海里迅速增加到1月18日的39海里，1月22—24日连续维持在46海里，为莱州湾40年来最大海冰范围；辽东湾2月上旬浮冰范围从1月31日的52海里迅速发展到2月13日的108海里，最大单层冰厚超过50 cm。此次海冰对沿海地区产生严重影响，造成巨大损失。辽宁、河北、天津、山东等沿海三省一市受灾人口6.1万，船只损毁7157艘，港口及码头封冻296个，水产养殖受损20.787万hm^2。因灾直接经济损失63.18亿元。

8.3.8 渤海海洋灾害应对措施

近年来，渤海沿海海洋灾害发生频繁，给经济社会带来严重影响，因此，应当加强海洋灾

① 1海里≈1852 m。

害研究、管理和海洋防灾工程建设，尽快建立和完善快速准确的海洋环境和灾害监测、预报、预警系统以及高效有力的海洋防灾救助、应急系统，最大限度减轻海洋灾害威胁和损失，以保障渤海海洋资源可持续利用和沿海地区可持续发展。

(1) 风暴潮灾害防治措施

减轻海洋灾害这一任务相当艰巨，主要是因为渤海沿海地区是工业发展和经济增长最快的地区，海洋开发和滩涂开发十分迅猛。为避免和减轻风暴潮灾害造成的损失，在减轻海洋灾害的对策方面包括以下方面的内容。

依据海洋灾害的长期预测修筑防潮海挡工程，这一点渤海沿海地区已经基本完成。用于监测风暴潮的验潮网点的建设也需要进一步完善和加强。完善已有的海洋灾害预警系统，加大海洋环境监测预报中心、防潮联网验潮井等机构和设施的建设力度。加强防灾工作的领导和健全相关的法律、法规，如海挡工程的保护条例、海洋预警设施的保护条例等，制定沿海占地规划、海域使用规划和防灾减灾规划，特别是建立防灾减灾的应急预案和指挥中心，加强科技知识教育与培训，以提高防灾、减灾意识和普及抗灾科技知识。

(2)海浪灾害防治措施

天津沿岸近海海浪一年四季都受气旋影响，特别是春、秋二季，发展强烈的气旋与冷空气配合，常常在海上形成破坏性很强的海浪，严重威胁海上交通船舶平台作业和渔业生产等活动。海浪灾害几乎年年都有发生，其中渤海湾大浪每年发生频率超过90%。因此，需要建立和完善快速准确的海洋灾害预报、预警系统；建立高效有力的海洋风灾救助、应急系统，最大限度减轻海洋灾害威胁和损失；加强海洋防灾工程建设，提高设计标准；健全防御海洋灾害的强有力指挥系统。

(3) 赤潮灾害

加大对赤潮的监控力度，增建赤潮监控区，开展高频率、高密度监测，与现有的海洋环境监测网和渔业环境监测网相结合，增加监测内容，形成赤潮监测和信息网，建立一支由专业人员和业余人员相结合的赤潮监测队伍，在监测工作中尽量采用遥感、自动、连续观测等高新技术手段。

营养盐是构成生物资源的基础物质，有效控制富营养化是治理赤潮的一个重要途径。同时，要提高养殖技术，优化养殖结构，控制废水排放，减少养殖业对海洋环境的污染。

加强赤潮监测、监视和预测、预报，赤潮的预报必须对海洋环境中各种理化、水文、气象要素和赤潮生物等进行长期定点监测，通过开展对海洋环境变化与赤潮发生、扩展、迁移和消失关系的研究，找出赤潮发生、扩展、迁移和消失所需要各种环境参数，这样就可以尽早地发现赤潮可能发生、扩展、迁移和消失的征兆，及时提出防治方案，实施防治措施，防患于未然。

制定与之相一致的政策和法规，把发展海洋产业与沿海环境保护有机地结合起来，做到开发和发展与环境保护并重。加强陆源排污的管理与治理，严把排污标准关，不达标不准排放。

第9章 京津冀地区冰雪旅游气候资源分析

9.1 国内外及京津冀地区冰雪旅游现状

2013年9月7日，习近平总书记在哈萨克斯坦纳扎尔巴耶夫大学发表演讲时，阐述了关于“金山银山”与“绿水青山”关系的“两山”理论，引起了强烈反响。习近平总书记以“两山”理论为基础的绿色发展思想，科学回答了发展经济与保护生态二者之间的辩证统一关系，是指导中国生态文明建设的重要理论，并得到世界的高度关注和认可。2017年10月18日在中国共产党第十九次全国代表大会上，习近平总书记讲话中提出“我们要建设的现代化是人与自然和谐共生的现代化”“我们要广泛开展全民健身活动，加快推进体育强国建设，筹办好北京冬奥会和冬残奥会”。

冰雪旅游作为绿色和生态发展中的重要内容，是建设美丽中国与生态文明社会的重要支撑，它的快速发展既会带来区域经济的增长，又会对区域环境造成一定的影响。如何在绿色和生态发展的背景下实现冰雪旅游生态化建设的快速发展是近年来国家重点关注的问题，也是建设美丽中国与生态文明社会必须解决的核心问题。国家提出的大力推进生态文明建设，加快改善生态环境战略对冰雪旅游发展提出更高的要求，使北京冬奥会促进京津冀冰雪旅游生态化发展担负起前所未有的历史使命，对冰雪旅游资源的研究不仅对保护京津冀冰雪旅游事业、区域经济社会发展、历史文化传承具有重要的应用价值，而且对推动京津冀地区的社会、经济和体育建设的快速发展，保障2022年北京冬奥会的成功举办都具有重要的实践意义和历史意义。

9.1.1 国内外冰雪旅游现状

冰雪旅游最早源于寒地民族的生存和发展，是一项充满了浪漫与刺激的古老运动。自20世纪50年代以来，世界各国均掀起了冰雪旅游的开发热潮，纷纷辟建大量的滑雪场，开发度假类旅游产品。冰雪旅游融运动、娱乐、观光、度假、购物与商务等功能于一体，极具刺激性和挑战性，深受世界各国旅游者的喜爱。目前，全世界已建成滑雪场6000多个，每年有近4亿人次参与冰雪旅游，每年冰雪旅游带来的经济收入达700多亿美元。冰雪旅游发展能够在旅游、体育、经济以及人类文化等诸多领域发挥重要的作用，已经在全球范围内产生了重大影响，国际冰雪旅游产业正呈现出多样化、高水平的发展态势。欧美地区冰雪旅游开发历史悠久，传统的冰雪旅游地大都拥有几十年甚至上百年的发展历史，这些著名的冰雪旅游胜地不仅资源条件良好，拥有灿烂的民族文化和优美的自然风光，同时还是世界性冰雪体育赛事的重要举办地和世界冰雪体育用品的畅销地。例如，瑞士、奥地利等国的冰雪产业已成为国民经济的重要支柱。众多优势因素使欧美冰雪旅游占据了世界冰雪旅游市场的大半江山。

中国最早有关滑雪的文字记录资料是1300年前大兴安岭地区室韦族的生活记载，他们在山野雪地上“骑木而行”，进行射猎。进入21世纪以来，随着经济的发展，人们的生活方式也在发生着巨大的改变，滑雪运动褪去了“贵族化”的外衣，迅速走入寻常百姓家。2017年底，全国已建成滑雪场500多家，分布在27个省(区、市)，其中具有高危险性体育项目经营许可证的滑雪场新疆有44家、黑龙江42家、河北36家，居前三位。据《冰雪蓝皮书：中国冰上运动产业发展报告(2017)》(孙承华 等，2017)统计，2016—2017年我国雪季滑雪人数1210万，总滑雪人次1750万，人均滑雪次数由上个雪季的1.33次增加到1.45次，其中河北滑雪出票人次约200.46万。2017年中国冰雪产业总规模约为3976亿元。从最初的只有观光、滑雪产品到大批投资巨大的冰雪旅游目的地横空而出，形成了河北崇礼、吉林长白山、黑龙江哈尔滨为主的三大旅游目的地鼎立的局面。哈尔滨的冰雪节、长白山的冰雪度假、河北崇礼的冰雪运动，以及中国雪乡的冰雪与民俗文化结合的过大年产品，都使冰雪旅游产品结构逐步趋于合理。

9.1.2 京津冀地区冰雪旅游现状

京津冀地区冰雪旅游起步较晚，约于2013年开始，目前正处于发展的初期阶段，因此缺乏成熟的经验和完善的规划。2022年北京冬奥会的申办成功，使得京张地区掀起了一股“冰雪热”，冰雪场地如雨后春笋般破土而出，开始大规模修建经营。当前京津冀地区冰雪体育旅游的产业布局以北京为核心，呈放射状分布，滑雪场主要集中在河北最北部的张家口、承德地区，中南部的石家庄、秦皇岛、唐山、保定和邯郸等区域也有涉及，但是发展规模和知名度远不如北京、张家口和承德地区，显现出北盛南弱的局势。

河北省地处中纬度沿海与内陆交接区，地形、地貌复杂多样，有高原、山地、丘陵等，特别是太行山和燕山两大山脉，可以依靠山脉的不同地段进行合理的开发建设和改造，由于近几年河北省对冰雪旅游的开发有了一定的规模，以张家口塞北滑雪场为例，占地10 km^2，是华北平原和内蒙古高原过渡带所形成的有利地形，是有利的先天条件，同时地势开阔、视野宽广，有天然植被、雪质优良，每年有成千上万的游客光顾。河北省冬季漫长寒冷、降雪量大，为开展河北省冰雪旅游提供有利条件。以冰雪为主，动静结合为特色发展道路，利用基础建设的优势，多方面的发展客源形成影响力，为群众路线打下基础。河北省冰雪产业尽管有了一定的基础，但仍存在一些不足和短板：一是冰雪产业基础薄弱，产业链条不完整，冰雪企业大多处于成长初期，滑雪产业收入主要来自于滑雪场地及设施、器材的出租及衍生的旅游业等；二是参与冰雪运动的群众普及率不高，远低于瑞士、奥地利等冰雪产业发达国家；三是冰雪场馆总量不足，大型综合场馆少，经营模式较为单一，综合服务设施滞后，服务和接待能力不足；四是滑雪旅游产品趋同，大多以滑雪运动体验为主，休闲度假型旅游项目较少，四季旅游产品尚未形成体系。

天津滑雪运动开展的历史悠久，有着深厚的群众基础。目前天津市拥有各类大小滑雪场十几个，大规模山地滑雪场有4个，总面积200万 m^2。2014—2015年度冬季各滑雪场接待总量就达到了35万人次。由于滑雪运动在津城不断升温，吸引了京津冀地区大批游客和滑雪爱好者。同时，天津市相继举办过五届雪地马球世界杯赛、十二届天津市冬季冰雪运动大会、三届天津市滑雪运动大会。此外，天津市有嘉里溜冰场、全明星大悦城溜冰场等7个室内滑冰场。据初步统计，天津市有专门滑雪装备的发烧友级别的滑雪会员2000多人，其他旅游式的体验型参与者每年都在5万人以上。

北京市滑雪市场是随着体育业和旅游业的发展而发展起来的。目前北京共有20多家滑雪场。大、中型滑雪场主要分布于北部和西部山地与平原过渡地区。近年来，北京市滑雪爱好者数量不断增加。滑雪产品从单一滑雪发展到滑雪、雪地摩托、雪圈、雪上飞碟等多种产品。北京市大部分滑雪场已经集滑雪、餐饮、住宿、休闲、娱乐为一体，成为综合性的旅游休闲场所。北京是中国的首都，拥有快速便利的交通网络系统，铁路方面，北京南站、北京西站、北京站等的高铁、动车和普快列车连接了全国各地，四通八达；公路方面，京藏高速公路、京津高速公路等使北京成为中心枢纽，向四周延伸，具有冰雪旅游交通便利、快捷服务等优势。飞机航空方面，北京首都国际机场、大兴国际机场，天津东通机场、塘沽机场，河北正定国际机场、秦皇岛北戴河机场、张家口宁远机场等，将京津冀各个区域紧密相连，在雪场的建设、开发、运输上，以及雪场间的交流、合作、沟通上都起到至关重要的作用。

随着冰雪运动的不断升温，冰雪基础设施的建设不断加快。《全国冰雪场地设施建设规划(2016—2022年)》中提出，到2022年中国滑雪场将达到800个、滑冰场馆达到650个。国家《冰雪运动发展规划(2016—2025年)》提出，2020年我国冰雪产业总规模将达到6000亿元，到2025年总规模将达到1万亿元；直接参加冰雪运动人数超过5000万，并带动3亿人参与冰雪运动。在全国冰雪产业加快发展的大好形势下，京津冀地区冰雪旅游面临京津冀协同发展、雄安新区规划建设、筹办2022年北京冬奥会等千载难逢的历史机遇，又具有自然资源、区位交通等得天独厚的优势，必须坚定不移地走改革创新之路，坚持问题导向，统筹推进协同发展、开放发展、融合发展，加快冰雪产业建设步伐，努力为实现经济转型升级、高质量发展做出积极贡献。

9.2 气候对冰雪旅游的影响

9.2.1 气候与旅游资源的关系

气候是孕育旅游资源的基础条件之一，决定着旅游点的吸引力以及旅游活动的适宜性，是旅游需求季节性变化的首要驱动因子，对旅游季节的长度和品质、游客对旅游目的地的选择和消费、旅游活动的决策、旅游业的运作成本有重要影响。对于旅游业以及一些旅游目的地来说，气候既是一种“推动”因素，也是一种“吸引”因素，例如，加拿大有23%受访者首要的旅行动机是“逃离冬季严寒天气”。因此，旅游业和旅游点对气候非常敏感，气候变化引起的旅游季长度和品质的变化对旅游经营者的收益、旅游点的竞争力及可持续发展有着相当大的影响。气候在旅游目的地选择中的重要性很早就已被人们所认识，从20世纪60年代开始人们开始关注与气候有关的旅游问题(climate-related tourism issues)，20世纪80年代后期全球气候变化对旅游影响的研究逐渐增加。近年来，国际社会对全球变化的高度重视使得这个命题备受关注，世界旅游组织将2008年世界旅游日的主题定为："旅游应对气候变化的挑战(Tourism Responding to the Challenge of Climate Change)"，标志着政府层面开始将这个问题提上了议事日程。

中国的旅游资源是中国旅游产业体系中首先受气候变化影响的物质基础之一。气候变化会导致我国许多旅游资源的数量、质量及其空间分布等方面发生变化，尤其是水域类、生物类、建筑遗址人文类旅游资源，这些变化往往是通过影响旅游资源的生成与赋存环境而实现的。

(1)气候变化将通过加速大气环流和水文循环而在一定程度上改变水资源量在时空上的分布，进而加剧区域洪涝和干旱灾害。这一过程将影响到我国水域类旅游资源的品质及其开发利用，突出表现在滨海地区海平面上升，据《第三次气候变化国家评估报告》，我国海平面到2050年将上升12～15 cm，珠江、长江、黄河三角洲附近海面将上升9～107 cm(《第三次气候变化国家评估报告》编写委员会，2015)。如此一来，我国滨海型旅游资源如海岛、海湾、沙滩、礁石、山石峭壁、海蚀岩洞、红树林等均可能受损，从而影响旅游目的地的吸引力。气候变暖将导致我国的一些冰川范围将向高纬度收缩，高山雪线明显收缩，很大程度上影响冰雪旅游景观效果，使冰雪旅游资源品质与空间格局发生变化。小冰期以来中国西部冰川面积缩小量占现代冰川面积的20.9%左右，其中阿尔泰山冰川面积缩小量为目前冰川面积的53.8%。唐古拉山东段布加岗日地区小冰期以来冰川面积和储量分别已减少了23.7%和15.1%。与此同时，冻川融化的雪水导致高原湖泊面积增大，使得湖泊更为壮观。气候变化将影响河流、湖泊、温泉、瀑布等水文类旅游资源的格局。

(2)气候变化将更有利于我国高山地区的夏季旅游，因为温度的升高常意味着夏季旅游季的延长。在全球变暖的情景下，夏季我国海滨型、江河型、湖泊型、森林型等旅游目的地的旅游市场需求会增大，而冬季冰雪旅游目的地的市场需求也将呈现上升趋势。

(3)极端气候事件直接导致旅游业难以开展，旅游经济效益也就无从谈起，而极端气候事件将大幅度增加旅游基础设施维护成本，削减旅游业经济收益。例如，2008年中国南方低温雨雪冰冻灾害对旅游业造成的经济损失就达69.7亿元。

9.2.2 气候对冰雪旅游资源的影响

气候变化会引起游客流向在地理空间上和季节上的重新分配，对旅客有吸引力的气候条件可能向高纬度和高海拔地区转移。在高海拔地区，冬季滑雪旅游是一个重要的旅游项目，据有关统计，目前世界上滑雪旅游者每年达3.3亿人，全球滑雪旅游的直接收入每年约达90亿美元。而滑雪旅游是对气候依赖性最强的旅游活动项目之一，未来全球气候转暖引起的降雪减少、滑雪季缩短对低纬度和低海拔地区的滑雪场来说是致命威胁。气候对冰雪旅游的影响研究最早出现于北美洲的加拿大，尤其是20世纪80年代末期出现的连续数年暖冬天气对欧洲阿尔卑斯山地区滑雪旅游的不利影响引起了欧洲学者的高度重视。有学者曾提出滑雪的"百日规则(100-day rule)"，所谓"百日规则"，是指滑雪场在每年冬季的12月1日至翌年4月30日这段时间内，至少须维持30 cm积雪厚度达100 d，才能保证滑雪场的经济效益。如瑞士施布吕根(Spliigen)地区的滑雪场1988/1989年和1989/1990年两个暖冬季 30 cm 以上的积雪天数均低于 40 d，游客数量减少过半，缆车收入从 1986/1987 年的 190 万瑞士法郎下降到 1988/1989 年的 100 万瑞士法郎。对瑞士阿尔卑斯山的调查发现，当时在海拔高度 1200 m 以上的滑雪场才具备可靠的积雪，也就是说，在所调查的全部滑雪区中有 85％拥有可靠的积雪。如果未来温度上升 2 ℃，拥有可靠积雪的海拔高度将提升到 1500 m，届时将只有 63％的滑雪区（144 个）仍保持可靠的积雪。总之，随着全球气候的转暖，海拔较低的滑雪场可能因积雪不足遭受损失，甚至面临倒闭的威胁，但海拔较高的滑雪场往往可以从竞争中获利。如 20 世纪 80 年代末欧洲阿尔卑斯山地区的暖冬曾使许多滑雪者涌向海拔高度更高的滑雪场，瑞士海拔 3000 m 以上的冰川滑雪场因拥有更可靠的积雪而游客数量激增。

对于滑雪旅游者而言，对气候变化采取的适应措施比较灵活机动，主要包括改变滑雪时间、改变滑雪地点或放弃滑雪。澳大利亚的 3 个滑雪场对滑雪旅游者进行了调查，调查的问题为："如果您知道在未来 5 个冬季本地只有很少自然降雪，您将选择什么地方滑雪，滑雪的次数如何?"只有 25％的滑雪者表示将不改变他们的滑雪计划，31％虽不改变滑雪目的地，但将减少滑雪次数，38％将选择其他国家的滑雪场，6％将不再滑雪，有学者对瑞士中部阿尔卑斯山地区 5 个滑雪场滑雪旅游者进行了同样调查，结果表明，有 28％的滑雪旅游者表示将选择其他拥有更可靠积雪的地区滑雪，32％将减少滑雪的次数，4％将放弃滑雪。

对于滑雪经营者而言，以开展人工造雪和滑雪场向高海拔地区发展最为重要。人工造雪技术于 1952 年在美国纽约州的格瑞斯吉尔（Grossinger）滑雪场最早得到应用。由于人工造雪可以有效地延长滑雪季，目前已发展成为许多滑雪场的重要措施。对北美洲东部 6 个滑雪场的调查证实，1961—1990 年人工造雪使滑雪场的滑雪天数延长了 55～120 d，并预测到 2010—2039 年延长天数将达 71～129 d。但人工造雪不是"包治百病的策略"，如对奥地利蒂罗尔州的研究表明，虽然人工造雪在目前能够提供期望的滑雪季长度，但即使加强人工造雪也不能解决将来低海拔地区滑雪季缩短的问题。另外，人工造雪有许多限制性条件，它首先需要 0 ℃以下的气温，而且需要大量淡水，具有耗电大、产生噪音、引起地面冻结不易融化而减缓来春植被生长等缺点，因而一些国家对人工造雪控制甚严。

滑雪场向积雪更可靠、滑雪季更长的高海拔地区发展是应对气候变化的另一种基本适应措施。2002—2003 年，奥地利的 36 个滑雪场被准许向高海拔地区扩展。但高山生态环境的脆弱性与海拔高度成正比，因而滑雪场向高海拔发展常遭到环保部门和公众舆论的极大压力，如英国哥伦比亚南部的大冰川（Jumbo Glacier）区曾计划在 1991 年建设世界级的四季滑雪场，但因受到环保团体和当地居民的反对而被迫停止。

9.3 京津冀地区冰雪旅游气象条件分析

京津冀地区冬季气候条件对冬季冰雪旅游和冰雪运动的开展、运动场地的经营、冰雪旅游业的发展有巨大的影响。考虑到冰雪旅游和冰雪运动的特殊性，影响的气象要素主要有：

温度、降雪量、风等。温度指标包括气温和湿球温度，气温对冰雪活动的影响表现为：气温持续高于0 ℃ 不利于冰雪的保存，气温及其变化对人体舒适度的影响显著，过低的气温会导致人冻伤。湿球温度是指同等焓值空气状态下，空气中水蒸气达到饱和时的空气温度，是包含相对湿度和气温的综合指标，是衡量造雪条件的最佳变量。京津冀地区冬季降雪稀少，滑雪场的运营主要靠人工造雪，而空气湿度影响水滴凝结的速度，较低的气温又有助于土地表层形成冻土，有利于造雪。由上述分析发现，气温、降雪等气象要素是主要的冰雪旅游气象指标。

9.3.1 京津冀冬季及各月气温特征分析

9.3.1.1 不同等级温度日数分布特征

已有研究发现，人工造雪最适温度阈值为－6 ℃，－10～－5 ℃适时开展人工造雪作业，可以提前开展冰雪旅游项目，并且可以有效延长滑雪季。而滑雪适宜的室外温度则为－15～－10 ℃，温度过低则雪质过硬，不利于专业运动员水平的发挥。气温在－15 ℃以下，天气越寒冷，滑雪体验的舒适度越低，但是却非常适合雪雕和冰雕的制作和维护，适合开展观雪、戏冰等旅游项目的开展。本节充分考虑人工造雪所需温度以及冰雪景观建筑技术标准中针对雪体和冰体抗压强度的温度等级划分制定了京津冀地区寒冷等级（表 9.1）。

表 9.1 京津冀地区寒冷等级划分

温度范围(℃)	寒冷等级	适宜冬季旅游项目
－9.9～－6	小寒	休闲和竞技滑雪、冰雪娱乐体验
－14.9～－10	中寒	竞技滑雪、冰雪娱乐
－19.9～－15	大寒	滑雪圈、马拉爬犁滑雪、雪地足球、冰雪赛车、冬钓、射箭、雪地狩猎
－20 以下	严寒	适合森林雪原观雪景、看雪凇、汽车冰雪试乘试驾

京津冀地区寒冷日数均沿西北—东南向呈减少趋势。其中保定、北京、天津以北地区寒冷日数在 40 d 以上，其中张家口和承德地区寒冷日数在 60 d 以上，其北部地区在 80～100 d。石家庄和衡水以南地区寒冷日数小于 10 d。不同等级的寒冷日数分布情况也有所不同，小寒日数在京津冀各地区均有出现，其中张家口、承德地区小寒日数最多为 30～35 d，北京、天津、保定北部地区小寒日数为 10～30 d，河北南部地区小寒日数较少，基本在 0～5 d。中寒日数和大寒日数集中出现在京津冀的北部地区。中寒日数仅出现在保定、北京、天津以北，高值地区出现在承德北部的围场，中心值大于 40 d。大寒日数仅在张家口和承德地区出现，张家口的北部是高值中心，中心值为 30 d（图 9.1）。

京津冀寒冷日数呈下降趋势，其中中部的下降趋势最为显著，包括保定和张家口交界处、北京东南部、唐山部分地区寒冷日数减少趋势显著，最高值0.6 d/10 a，张家口和承德地区减少较少，其中承德地区的寒冷日数几乎不变。对于不同等级的寒冷日数变化趋势分布特点是不同的。小寒日数减少最显著的地区主要位于京津冀东部的部分地区，包括北京东南部、天津和唐山北部等地区，高值中心为－0.2 d/10 a。中寒日数减少最显著的集中在两

个区域——张家口西南部、唐山和秦皇岛北部地区。大寒日数仅在张家口的东北地区存在减少地区，但减少的趋势不显著(图 9.1)。

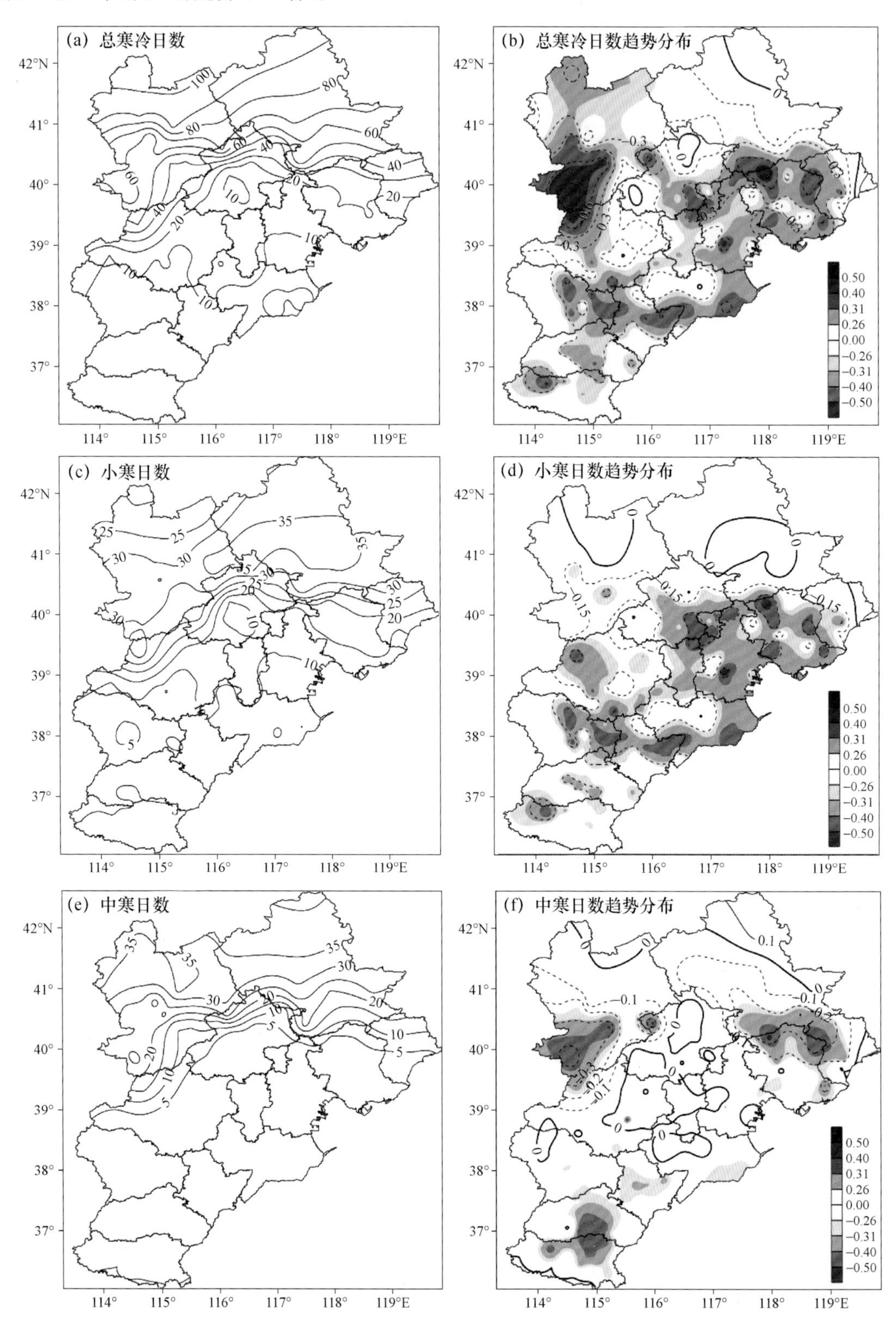

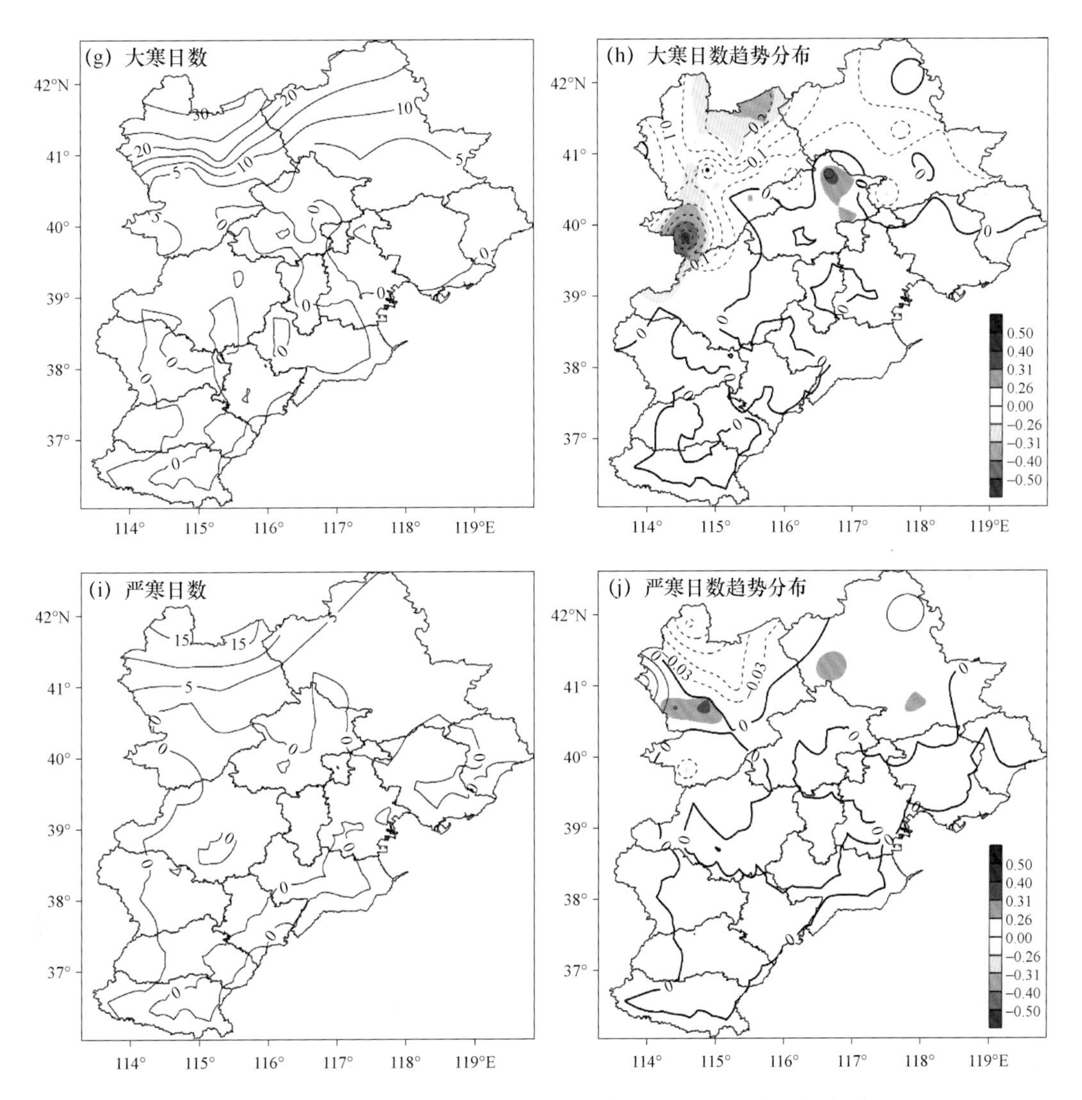

图 9.1 1981—2018 年京津冀地区不同寒冷等级多年平均日数(左列,单位:d)及趋势分布(右列,单位:d/10 a)

最适宜寒冷等级出现最早日期分布特点与寒冷日数的分布特征一致,其中张家口和承德北部地区进入 11 月之后,寒冷日期就开始出现,而在石家庄和衡水以南地区则在 12 月末开始出现寒冷日。小寒日数最晚出现日期在 3 月底,石家庄和衡水以南地区最晚日期出现在 1 月底(图 9.2)。

由上文分析可知,京津冀地区最适宜开展冰雪旅游的地区是张家口和承德,寒冷日数平均在 100 d 左右,小寒、中寒、大寒日数均存在并有相当长的持续时间,适宜开展丰富多彩的冰雪旅游。其次是北京和天津北部地区,适宜冰雪旅游开展的时间在 60～80 d。而在京津冀地区南部的适宜日期小于 40 d,可以开展小规模的冰雪旅游。

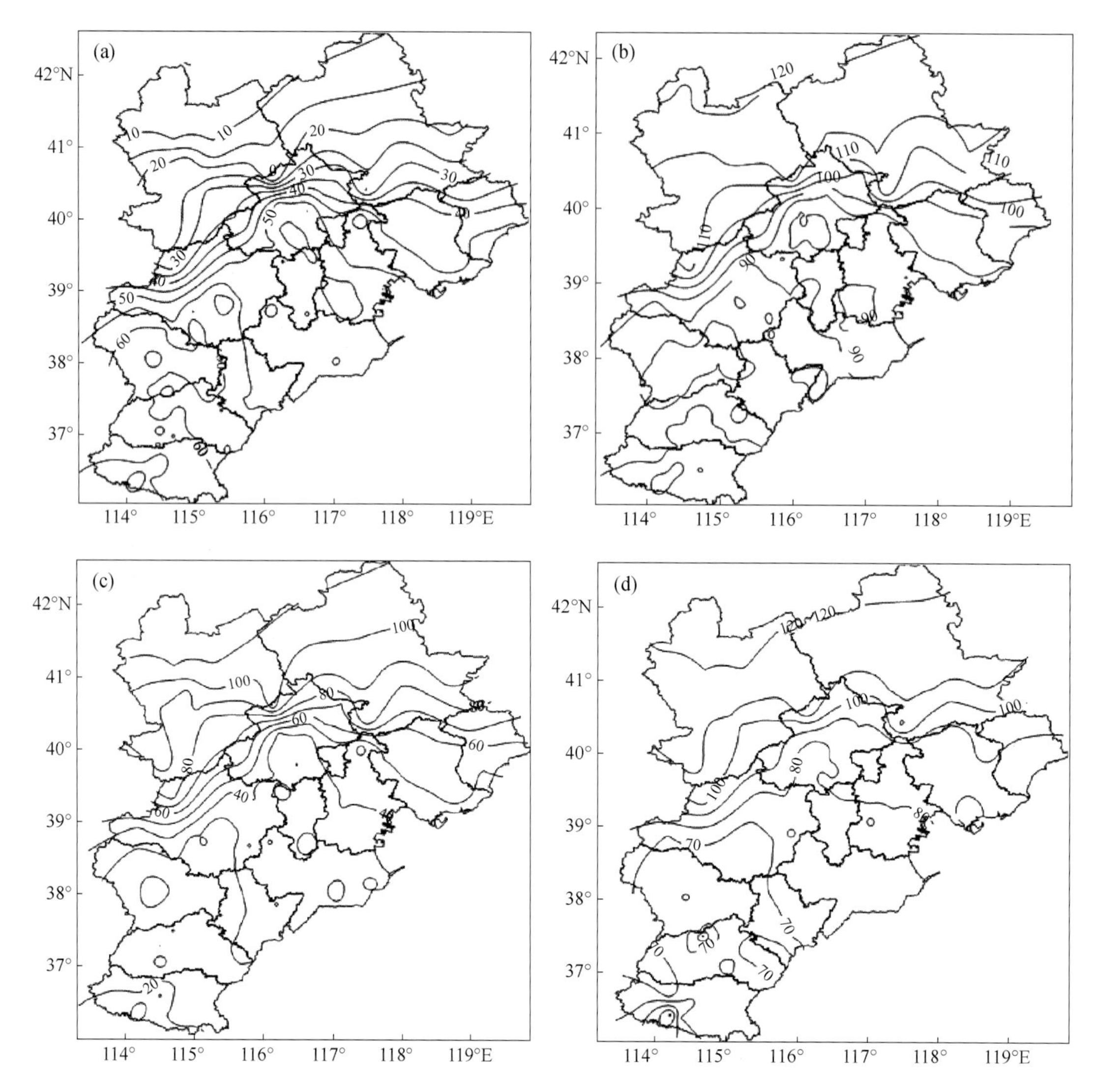

图 9.2　(a)小寒等级最早出现日期(多年平均,图中数字为年日序);(b)小寒等级最晚出现日期(多年平均,图中数字为年日序);(c)适宜期长度最晚—最早(多年平均寒冷期长度,单位:d);(d)历年最长寒冷期日数(单位:d)

9.3.1.2　京津冀西北地区不同等级寒冷日数分布特征

从前文的分析中发现,京津冀西北地区最适宜开展冰雪旅游,为了更好地了解上述地区的冰雪旅游资源,有必要对不同等级温度日数做进一步分析。因此,选择承德、围场、北京延庆、张家口崇礼的云顶滑雪场四个具有代表性的地区,重点分析寒冷日数的变化特征。

从图 9.3 中我们可以发现,四个地区冬季气温的变化趋势不同,其中延庆和云顶站呈现上升趋势,延庆上升趋势最为显著(通过 95%的信度检验),为 0.6 ℃/10 a;张家口和承德冬季气温均没有明显变化趋势;围场则呈现下降趋势,为-0.2 ℃/10 a。由此可见,京津冀西北地区冬季气温受气候变化影响较小,适宜开展冰雪旅游。

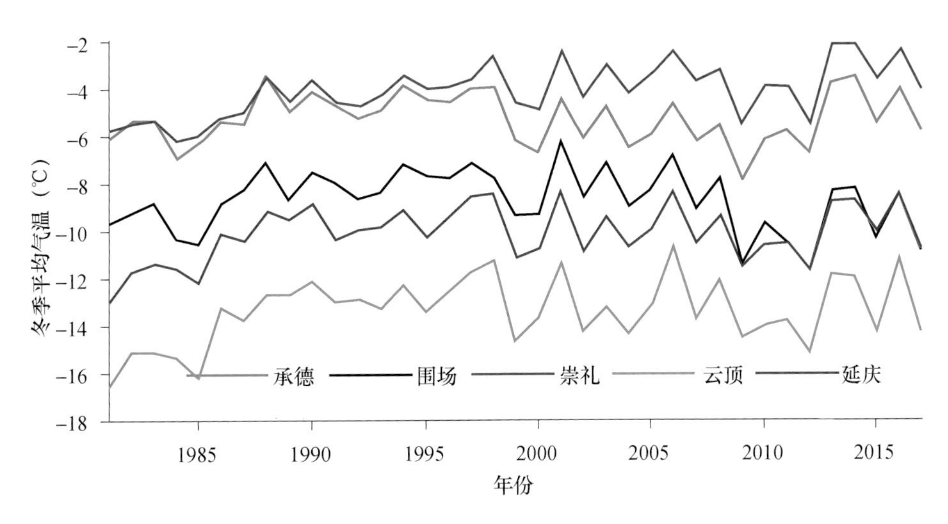

图 9.3　1981—2017 年冬季平均气温时间序列

从寒冷日数的变化(图 9.4)发现,除了围场地区外(0.8 d/10 a),其他地区寒冷日数均呈下降趋势。延庆寒冷日数下降最为显著,为－6.4 d/10 a,其次是云顶雪场－1.4 d/10 a。张家口崇礼和承德寒冷日数减少趋势基本一致,分别为－0.5 d/10 a 和－0.8 d/10 a。

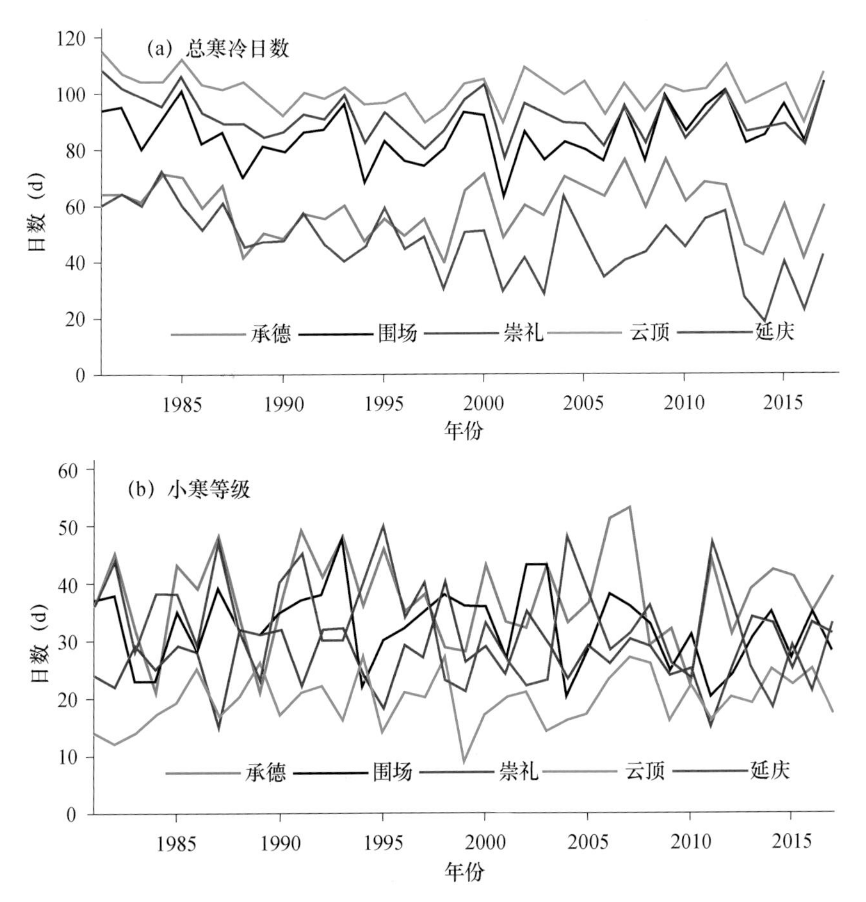

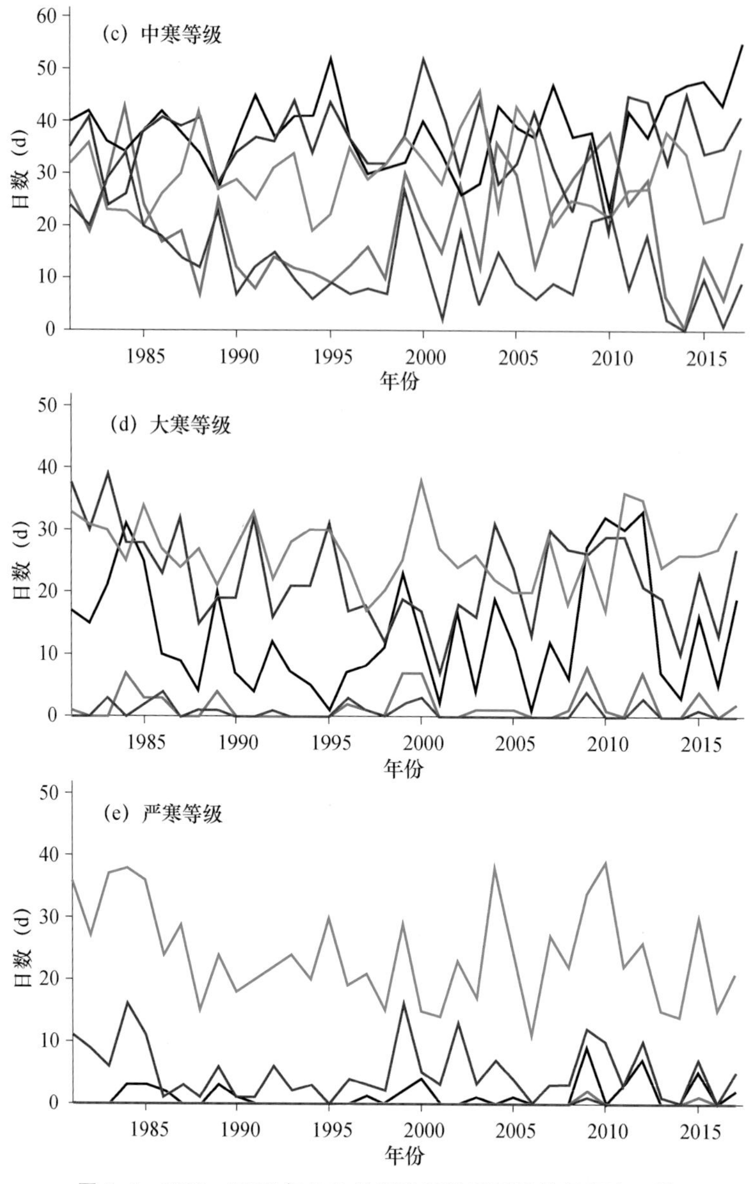

图 9.4 1981—2017 年 5 站总寒冷日数及不同等级寒冷日数

表 9.2 列出了 6 个站寒冷日数的开始、结束日期，其中，云顶雪场的寒冷日数最多，平均达到 117 d，平均开始日期在 11 月 4 日，结束日期在 2 月 28 日，其次是围场，延庆的寒冷日数最少为 76 d。

表 9.2 小寒开始、结束日期及可时间长度

站名	平均最早日期	平均最晚日期	平均适宜期(d)	历年最短(d)	历年最长(d)
围场	11 月 13 日	2 月 25 日	105	85	119
张家口	11 月 23 日	2 月 19 日	89	54	112
延庆	12 月 2 日	2 月 15 日	76	53	99

续表

站名	平均最早日期	平均最晚日期	平均适宜期(d)	历年最短(d)	历年最长(d)
承德	11月27日	2月16日	82	54	112
云顶	11月4日	2月28日	117	104	120
崇礼	11月11日	2月26日	108	92	119

由图9.5可知,京津冀西北地区寒冷日数主要以小寒和中寒日数为主,大寒和严寒日数主要分布在云顶雪场和围场,其中严寒日数基本发生在云顶雪场。其他3个站点以小寒和中寒日数为主,大寒以上天气偶有发生。12月、1月、2月小寒日数总体偏多,其次是中寒日数。12月、1月承德地区的小寒日数最多,其次是延庆和围场地区;中寒日数围场最多。2月围场的小寒日数最多,崇礼的中寒日数最多。

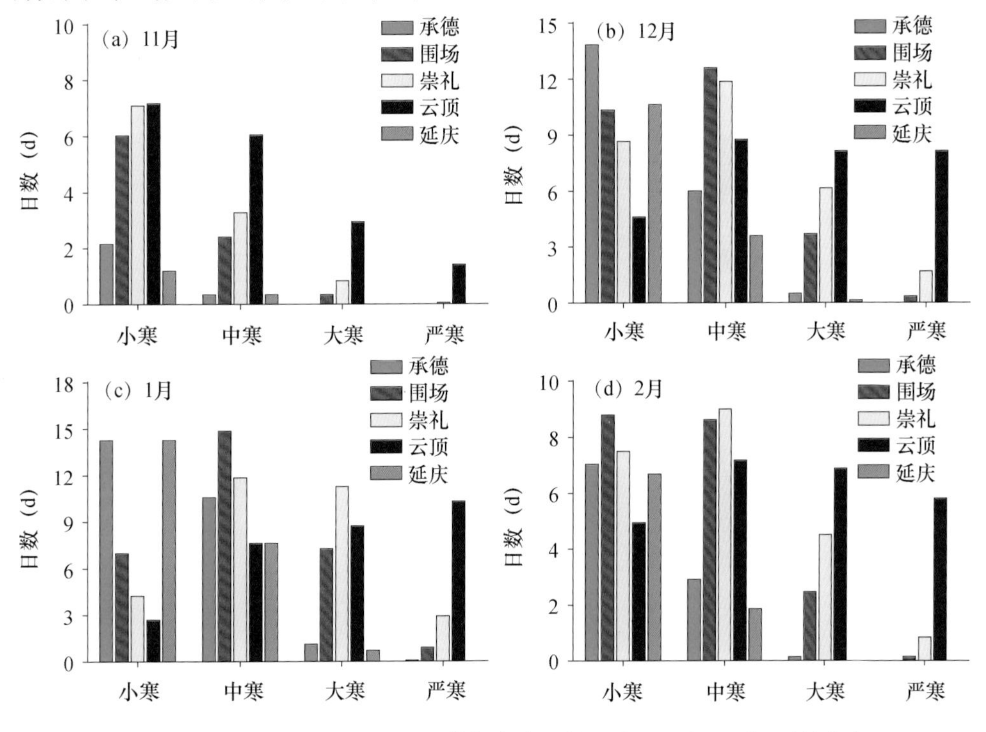

图9.5 1981—2017年5站不同等级寒冷日数逐月(11月至翌年2月)分布

9.3.2 京津冀地区降雪特征分析

中国多雪带主要位于东北大部分地区、内蒙古东部、新疆北部、青藏高原大部分地区、秦岭等地区。强降雪量、日数主要出现在青藏高原东部、新疆和东北北部,降雪存在着明显的季节性特征且多发生于初冬和初春,其中青藏高原东部牧区降雪期最长,从10月至翌年5月长达8个月。随着气候变暖,中国大部分地区年强降雪量增大,强降雪日数增多、强度增强,北方降雪的增多可能与东亚冬季风的减弱有关。东北地区暴雪主要集中出现在东南部的长白山区、辽东平岛和大兴安岭山区,内蒙古发生大(暴)雪频率最高的地区是东部和南

部，而白灾最重的地区却是北部。青藏高原东部牧区强降雪主要发生在巴颜喀拉山南缘和东麓地区。新疆北部及天山山区则是新疆的强降雪高发区。

由上述分析发现，对于京津冀地区冬季降雪的研究目前较少，而面临即将到来的冬奥会，也仅有很少的文字涉及，因此本节利用京津冀地区冬季降雪资料，尽可能全面地分析京津冀地区冬季降雪的时空变化特征、气候变暖对京津冀地区降雪的影响，对于科学发展京津冀地区冬季冰雪旅游，合理规划雪场建设是十分必要的。

9.3.2.1 资料

本节整理了1981—2018年京津冀地区资料序列完整的170个站(图9.6)的冬季(11月至翌年2月)逐日降雪资料。降雪资料定义：从逐日降水量和降雪天气现象数据中提取出逐日降雪资料(该降雪资料包含雨夹雪)，当某日有降雪天气现象，则认为当日降水量为降雪量。

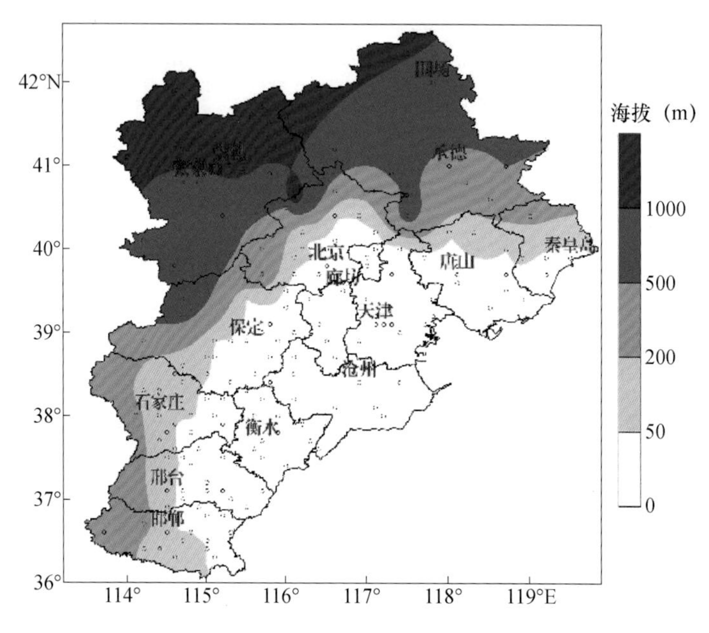

图9.6 京津冀地区气象站点分布

9.3.2.2 降雪指标

定义当年11月1日至次年2月28日为一个降雪年，建立年降雪序列。若一个月累计缺测达7 d或以上，则该月所在年份资料剔除。降雪量为降雪年内日降雪量＞0.1 mm的降雪量累计，降雪日数为降雪年内出现降雪天气现象的日数，降雪强度为降雪量与降雪日数的比值。

9.3.2.3 京津冀地区冬季降雪气候特征

(1)京津冀降雪空间分布特征

1981—2018年京津冀地区冬季平均总降雪量一般在12～20 mm，由北向南逐渐增大，北部的承德地区总降雪量最少，为12～15 mm；中部的保定、廊坊、衡水和沧州为15～18 mm；其余东部和南部地区总降雪量超过18 mm，石家庄降雪量最多，部分地区超过21 mm(图9.7a)。

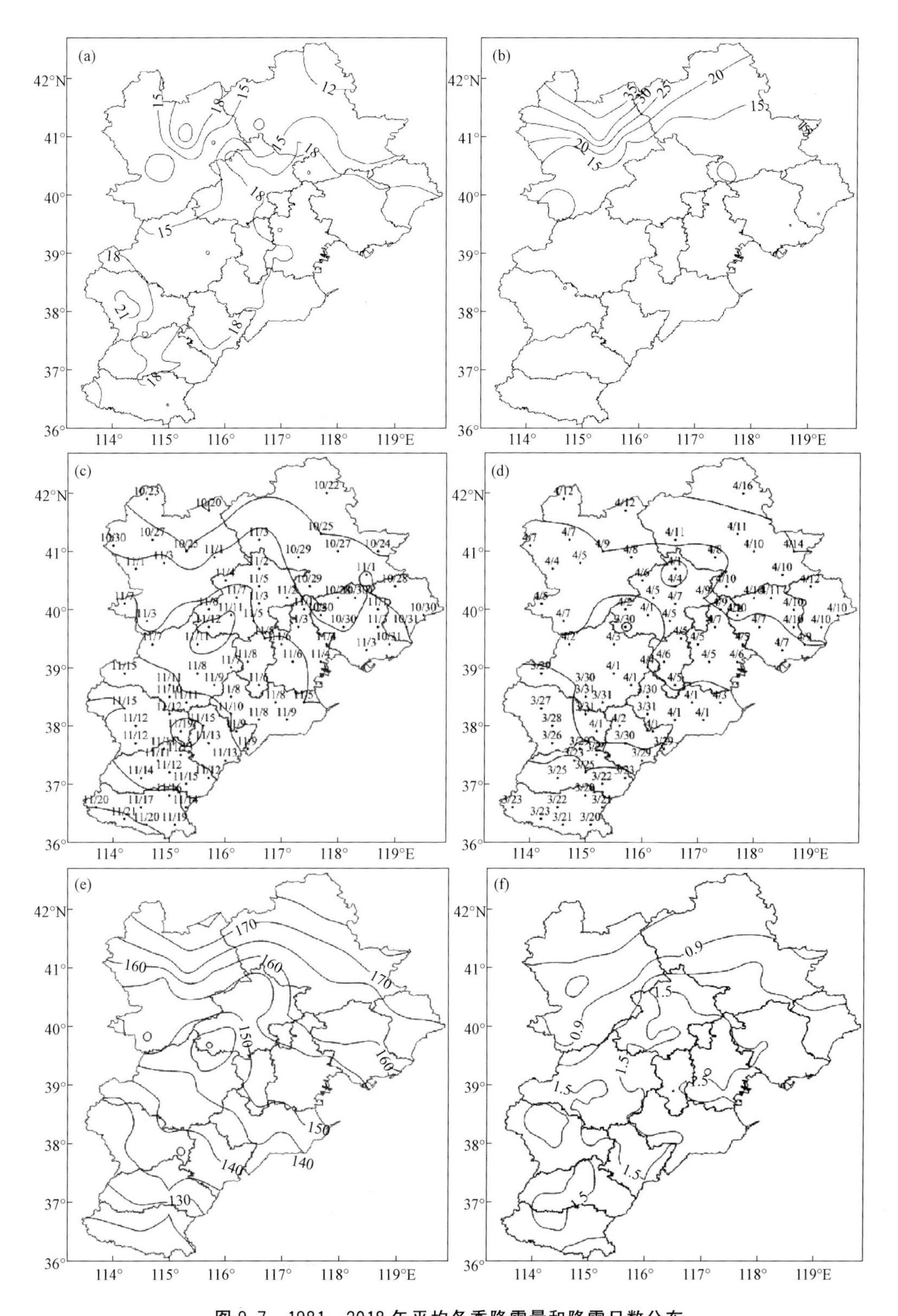

图 9.7　1981—2018 年平均冬季降雪量和降雪日数分布

(a)总降雪量(mm);(b)总降雪日数(d);(c)降雪初日(月/日);(d)降雪终日(月/日);

(e)雪季长度(d);(f)降雪强度(mm/h)

京津冀地区的降雪日数与降雪量分布特征相反，由北向南呈减少趋势，张家口和承德北部的降雪日数平均超过 15 d，随着海拔的升高，降雪日数逐渐增多，崇礼、张北、沽源和康保地区总降雪日数超过 30 d(图 9.7b)。

京津冀地区降雪初日由北部(10 月 20 日)至南部(11 月 20 日)逐渐推迟(图 9.7c)，张家口北部的康保和承德的围场是出现降雪最早的地区，京津冀中部大部分地区降雪初日出现在 11 月上旬，京津冀南部的邯郸降雪出现最晚。降雪终日发生在 3 月下旬至 4 月中旬(图 9.7d)，终日与初日的分布相反，终日最早出现在邯郸，平均在 3 月 20 日前后，最晚出现在承德的围场，平均在 4 月 15 日前后。京津冀地区雪季长度由北向南逐渐减少(图 9.7e)，京津冀北部地区雪季一般在 150 d 以上，南部的邯郸地区雪季最短也在 120 d 左右。京津冀地区降雪强度分布与雪季的分布特点一致，北部的降雪强度较小，南部的降雪强度较大(图 9.7f)。

(2)京津冀不同等级降雪空间分布特征

京津冀地区冬季小雪雪量和小雪日数均呈北多南少分布。张家口和承德地区的小雪雪量一般在 5 mm 以上，张家口北部海拔高的崇礼及以北山区超过 10 mm，承德西北部分地区小雪雪量也偏多，除张家口、承德外的其余地区不足 5 mm。小雪日数北部平均在 6 d 以上，西北部部分地区超过 20 d，其余地区一般不足 6 d(图 9.8a、b)。

冬季中雪雪量地区差异不大，一般都在 3～4 mm，崇礼及以北山区略大，存在超过 5 mm 的地区。中雪日数平均在 0.8～1.8 d。京津冀地区中雪日数分布特征与中雪量非常相似，崇礼及以北山区超过 1.2 d，其他地区基本在 1 d 左右(图 9.8c、d)。

冬季大雪雪量和日数分布呈北少南多的特点，京津冀北部海拔高度超过 500 m 的地区大雪雪量小于 6 mm，海拔在 300～500 m 的地区大雪雪量一般为 6～8 mm，南部的其他地区雪量在 8 mm 以上。大雪日数多年平均一般都不足 2 d，西北部山区最少，个别地区不足 0.5 d(图 9.8e、f)。

由前文分析发现，京津冀地区冬季总降雪量和大雪雪量分布特征基本一致，均为西北略少、东南略多；小雪雪量则是西北多、东南少，中雪雪量除西北山区偏多外，其他地区差异不大。

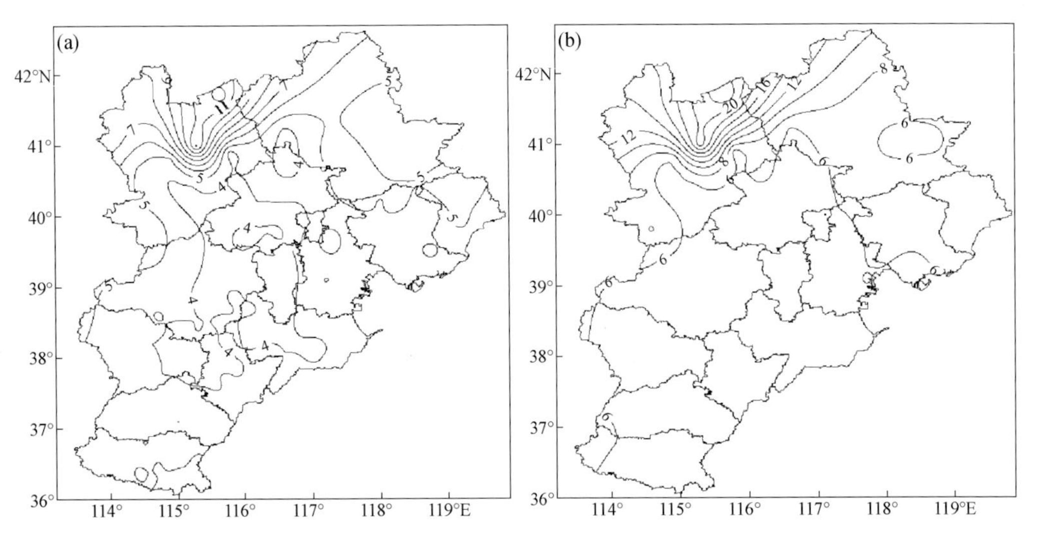

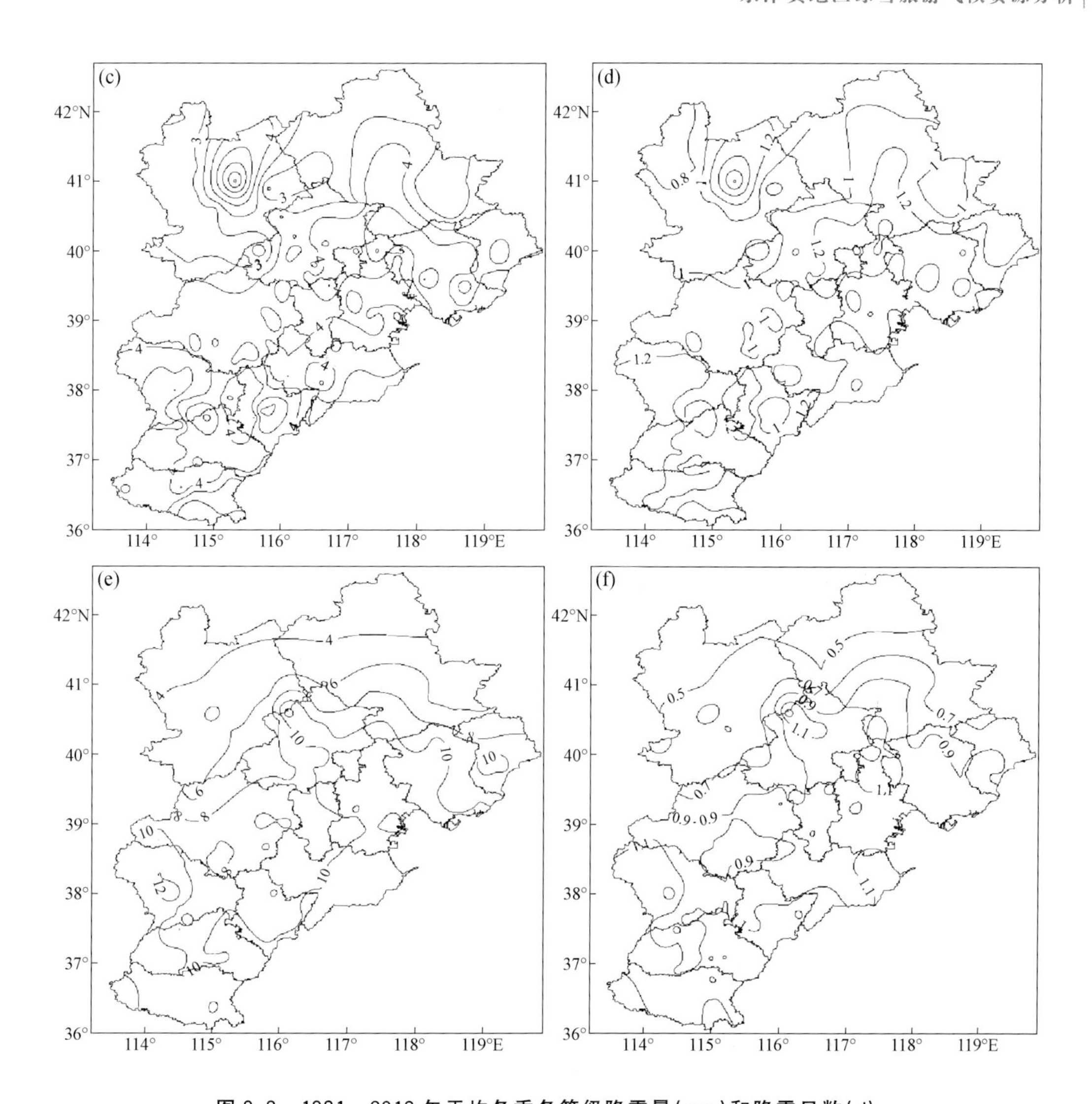

图9.8 1981—2018年平均冬季各等级降雪量(mm)和降雪日数(d)

(a)小雪雪量;(b)小雪日数;(c)中雪雪量;(d)中雪日数;(e)大雪及以上雪量;(f)大雪及以上日数

通过分析各等级降雪量占总降雪量的比例发现,张家口和承德北部地区小雪总量大,占比超过40%,中雪和大雪雪量占比相当,为17%~26%;张家口和承德地区南部的小雪雪量占比下降(30%~40%),大雪雪量占比明显上升(35%~50%),中雪量占比较北部变化不大。北京及其以南地区,大雪雪量占比较大,约为60%,小雪和中雪雪量各占20%左右。

冬季总降雪日数和小雪日数分布特征一致,西北多、东南少,中雪日数和大雪日数则是西北略少、东南略多。小雪日数占比均较大,张家口—承德北部山区均在80%以上,张家口—承德南部地区占比为70%~80%,北京以南地区为65%~70%。中雪日数北部山区较少,占比5%~10%,其余地区基本在10%~20%。大雪日数北部山区明显偏少,均不足5%,北京以南地区明显偏多,占比10%~17%。

综上分析可知，京津冀各地区冬季降雪量分布差异不大。张家口—承德北部山区小雪的贡献率最大，南部地区小雪和大雪对雪量的贡献率最大，而京津以南地区则是大雪对总雪量贡献最大，小雪和中雪贡献接近。京津冀地区降雪日数呈西北多东南少的分布特点，张家口—承德北部山区降雪日数最多，小雪日数占比最大；南部地区降雪日数整体较少，其中中雪和大雪日数占比增大。

9.3.2.4 京津冀降雪时间变化特征

京津冀地区冬季降雪量平均为 17.6 mm，呈双峰型变化特征。降雪量最多的是 11 月（平均为 7.6 mm），其次是 2 月（平均为 4.7 mm），12 月和 1 月的降雪量基本相同（分别为 2.9 mm、2.4 mm）。各等级降雪的季内分布也不一致。小雪雪量冬季各月差异不大（平均为 1 mm 左右），中雪雪量量在 11 月和 2 月最大（平均为 1.3 mm 和 1.2 mm），大雪量 11 月最多（平均 5.4 mm），2 月（平均 2.2 mm），12 月和 1 月最少。

小雪日数 11 月最少，平均为 1.2 d，其余月份在 1.6 d 左右。中雪雪量和日数在 11 月和 2 月最多，大雪雪量和日数 11 月最多，为 5.4 mm 和 0.5 d，2 月其次，为 2.2 mm 和 0.3 d，12 月和 1 月较少，为 0.7～0.9 mm 和 0.1 d。

1981—2018 年，呈弱增加趋势（1.5 mm/10 a）。京津冀地区降雪呈现出年际振荡特点，但是存在着年代际变化特征。2010 年之后京津冀地区降雪处于偏多期。京津冀地区降雪的季内变化存在双峰型变化特征，由此可以说明在京津冀的秋、冬和冬、春转换时降雪量要大于隆冬时的降雪量。

京津冀地区各月降雪量长期变化趋势并不相同，其中 11 月和 2 月为弱的增加趋势，12 月和 1 月为弱的下降趋势（冬季和各月降雪量的变化趋势均没有通过 95%置信度水平的显著性检验）。多年平均冬季总降雪日数 12.6 d（包含微量降雪 4.6 d），各月降雪日数差别不大，平均为 3 d 左右，2 月最多，约 3.5 d。总降雪日数冬季和各月均呈弱的下降趋势。

小雪雪量冬季各月差异不大，为 1 mm 左右，冬季和各月均为微弱的增大或减少趋势。小雪日数 11 月最少，平均为 1.2 d，其余月份在 1.6 d 左右，以弱减少趋势为主。中雪雪量和中雪日数 11 月和 2 月最多，冬季和 2 月略有增加趋势，11 月、1 月为略减少趋势。大雪雪量和大雪日数 11 月最多，为 5.4 mm 和 0.5 d，2 月其次，为 2.2 mm 和 0.3 d，12 月和 1 月偏少，为 0.7～0.9 mm 和 0.1 d。冬季和 11 月、2 月的大雪雪量和大雪日数呈略增加趋势。各月及冬季京津冀地区平均的各等级总降雪量和降雪日数变化趋势均不显著。

从京津冀地区冬季降雪量的趋势分布（图 9.9）可以看到，除唐山南部、天津南部和沧州的部分地区冬季降雪量呈微弱减少趋势外，其余大部分地区冬季降雪量呈增加趋势，线性趋势系数一般为 1～3 mm/10 a，张家口西北和南部、北京南部的部分区域增加趋势超过 3 mm/10 a（通过了 95%信度的显著性检验）。冬季降雪日数全区以减少趋势为主（图 9.10），由南向北减少幅度明显增大，北京以南大部分地区减小速度在 0～2 d/10 a，张家口和承德地区中北部减小幅度在 2 d/10 a 以上，随着海拔高度升高，降雪日数减少明显，最大在 5 d/10 a 以上。北部山区的降雪日数减少趋势通过了 99%的信度检验。1981 年以来，京津冀地区冬季降雪量呈略增加趋势，降雪量年际差异大，最大值为 61.6 mm（2013 年），最小值仅为 2.4 mm

(1984 年)。总降雪日数则呈明显减少趋势,降雪日数年际、年代际变化均比较明显。降雪量增加、降雪日数减少表明京津冀地区降雪强度有增大的趋势。

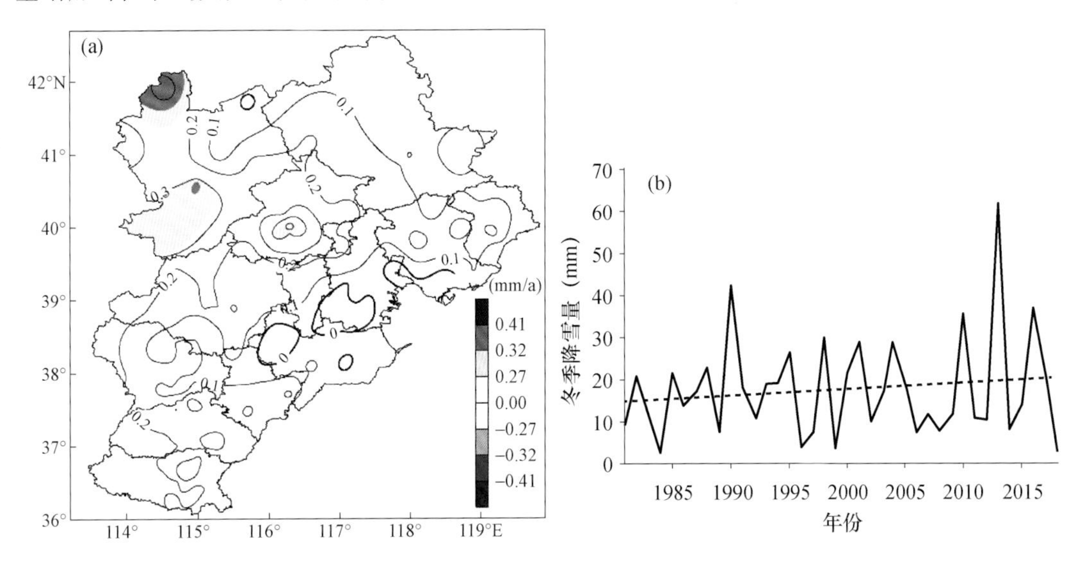

图 9.9 冬季降雪量的趋势分布(a)和时间变化(b)

(图(a)中数值±0.27、±0.32、±0.41 分别为相关系数通过 90%、95%、99%的显著性检验值,阴影部分代表通过相应信度的显著性检验。余同)

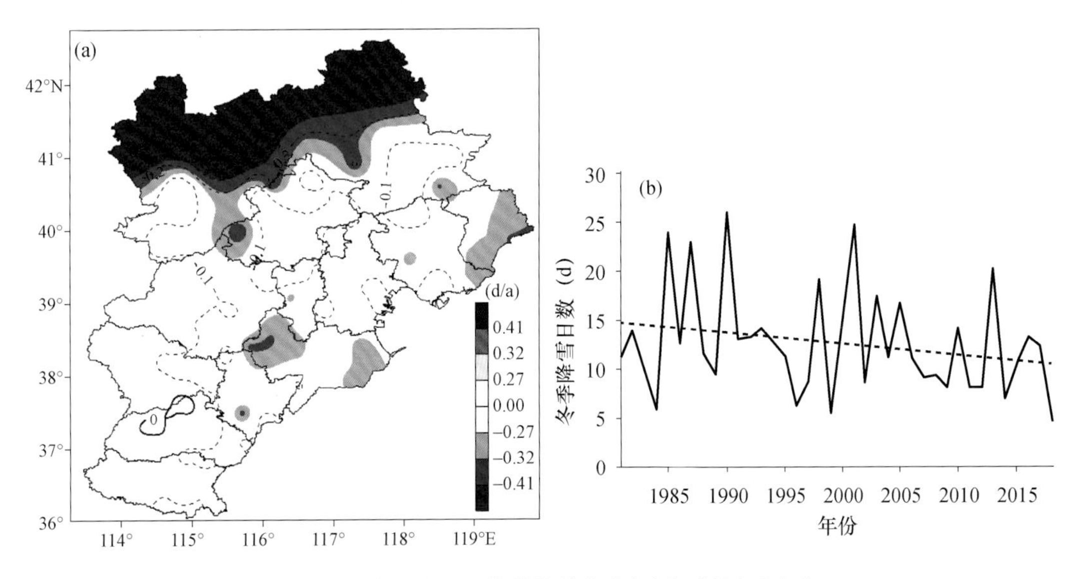

图 9.10 冬季降雪日数的趋势分布(a)和时间变化(b)

从各等级降雪量和降水日数的趋势分析(图 9.11)可以看出,小雪雪量和小雪日数只在张家口北部和承德西北部山区有显著变化趋势,西部增加,东部减少。中雪雪量和中雪日数北部和中部略有减少,南部和东部地区略有增加,但变化趋势不显著。大雪雪量和大雪日数全区以增加为主,张家口地区和北京南部增加趋势显著,通过了 95%的置信度检验。

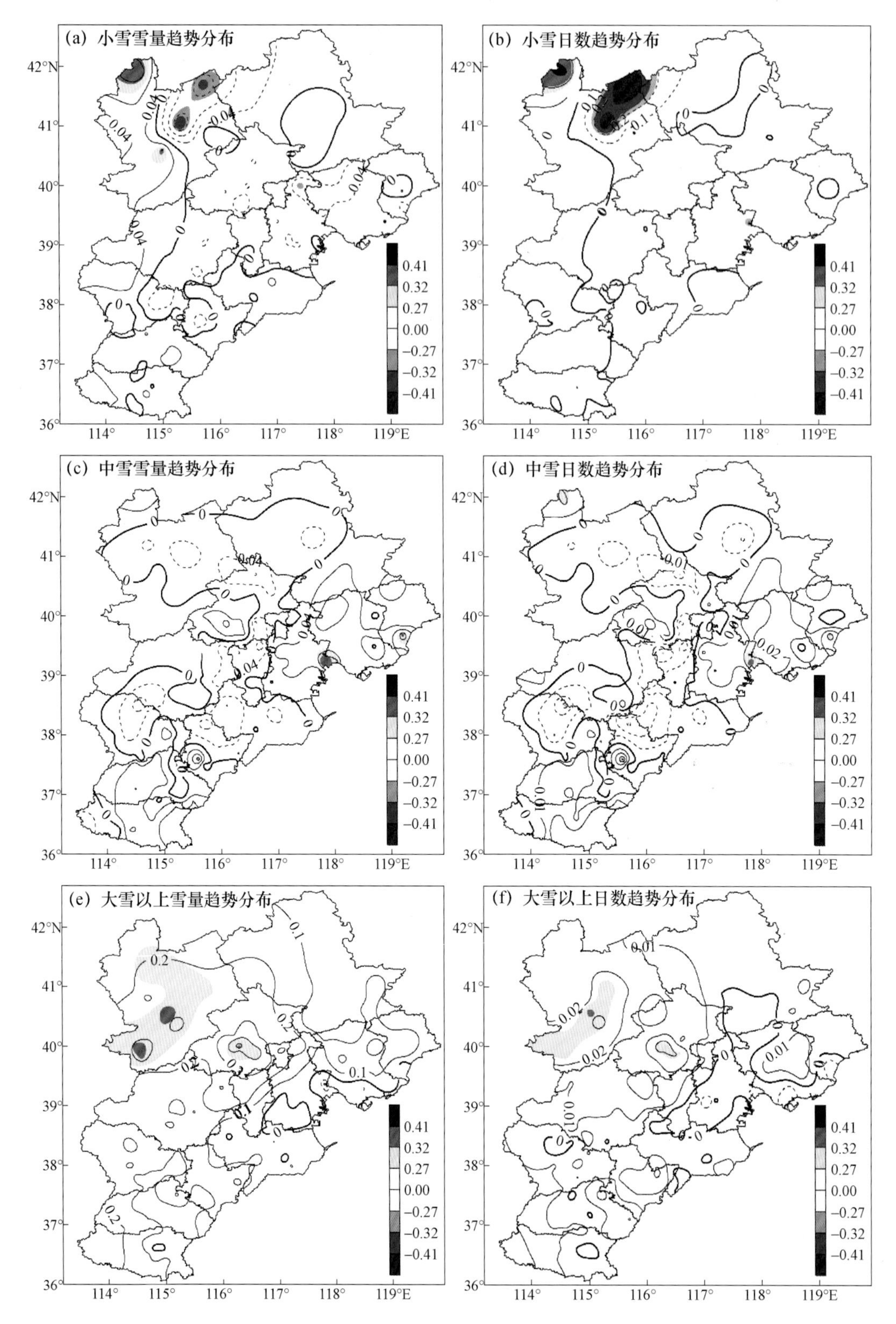

图 9.11 冬季各等级降雪量(mm/a)和降雪日数(d/a)的趋势分布

9.4 京津冀地区冰雪旅游资源综合分析

京津冀冰雪产业发展规划指出，京津冀地区应因地制宜、重点突破，引导各地依据自然条件和经济发展水平，发挥优势，宜冰则冰，宜雪则雪，错位发展，创建知名品牌，打造热点区域。具体的发展目标：立足于培育京津冀地区经济新的增长极，以冰雪场馆设施为基础，加快形成"冰雪体育运动、冰雪装备研发制造、冰雪旅游、冰雪人才培训、冰雪文化"为核心的冰雪全产业链，努力打造世界冰雪体育运动的胜地、世界冰雪旅游目的地、世界冰雪装备制造的聚集区、世界冰雪人才培养基地、世界冰雪论坛会展的高地。因此，京津冀地区冰雪旅游的适宜条件不仅限于适宜滑雪的气候条件，冰上活动、冰雪摄影、冰雪乐园等一系列与传统文化、红色文化、民俗节庆、品牌体育赛事活动等相结合的冰雪旅游产业带建设均需要适宜的气候条件。

京津冀地区冬季平均气温呈显著上升趋势，京津冀东南部地区上升趋势非常明显，其中保定、张家口交界处以及邯郸地区气温上升趋势最为显著，中心值达 0.8 ℃/10 a。张家口大部分地区、承德以及保定西北冬季气温的上升趋势最弱。京津冀地区冬季寒冷日数沿西北—东南向逐渐减少。张家口和承德地区寒冷日数最多，石家庄和衡水以南地区寒冷日数小于 10 d。张家口和承德地区的不同等级寒冷日数均为最多，京津冀南部地区仅存在小寒，日数基本在 0～5 d。京津冀地区总寒冷日数呈减少趋势，其中京津冀中部的总寒冷日数减少趋势最为显著，张家口和承德地区减少趋势较弱。小寒日数减少最显著的地区主要位于京津冀东部的部分地区。中寒日数减少显著区在张家口西南部、唐山和秦皇岛北部。大寒日数仅在张家口的东北部存在微弱的减少趋势。

京津冀地区冬季总降雪量由北向南逐渐增加，承德地区总降雪量最少，石家庄降雪量最多。京津冀地区的降雪日数与降雪量分布特征相反，张家口和承德北部的降雪日数平均超过 15 d，随着海拔的升高，降雪日数逐渐增多，崇礼、张北、沽源和康保总降雪日数超过30 d。京津冀地区降雪初日由北部（10 月 20 日）向南部（11 月 20 日）逐渐推迟，张家口北部的康保和承德的围场是出现降雪最早的地区，邯郸是降雪出现最晚的地区。降雪终日发生在 3 月下旬至 4 月中旬，终日与初日的分布相反。京津冀地区雪季长度由北向南逐渐缩短，京津冀北部地区雪季一般在 150 d 以上，南部的邯郸地区雪季最短也在 120 d 左右。京津冀地区冬季小雪雪量（日数）均呈北多南少分布。冬季中雪雪量以崇礼及以北山区略大，京津冀北部海拔高度超过 500 m 的地区大雪雪量小于 6 mm，海拔 300～500 m 的地区大雪雪量一般在 6～8 mm。京津冀地区冬季降雪呈双峰型变化特征。降雪量最多的是 11 月，其次是 2 月，12 月和 1 月的降雪量较少。各等级降雪的季内分布也不一致。小雪雪量冬季各月差异不大，中雪雪量在 11 月和 2 月最大，大雪雪量 11 月最多，12 月和 1 月较少。

通过对京津冀地区冬季气温和降雪的分析发现，张家口和承德冬季适宜开展丰富多样的冰雪旅游，可以满足不同需要的旅游人群。其次是北京和天津北部地区。而在京津冀南部地区尽管雪量较北部大，但寒冷期较短，对于冰雪旅游的开展规模要有所控制。保定、邢

台等靠近太行山的高海拔地区可以开展一定规模的滑雪旅游。张家口崇礼地区滑雪资源丰富，气候特征适宜大力发展滑雪旅游产业，围场地区中寒以上等级的日数不断增加，则适合观雪、赏雪等深度游。因此，崇礼和承德地区适合合理扩大冰雪旅游开发规模，其中崇礼地区适合开展滑雪旅游，而承德、围场则适合开展冰灯、滑冰、森林赏雪等丰富多彩的活动。北京地区的雪场基本位于山区，因此可以合理开展滑雪旅游。

参考文献

白春礼，2014. 中国科学院大气灰霾研究进展及展望[J]. 中国科学院院刊，29(3):275-281.

柏晶榆，2004. 青藏高原冬季降雪异常与长江中下游夏季降水相关特征[D]. 北京:中国气象科学研究院.

鲍献文，万修全，高郭平，等，2002. 渤海、黄海、东海 AVHRR 海表温度场的季节变化特征[J]. 海洋科学，24(5):125-133.

车涛，等，2020. 中国积雪地面观测规范[M]. 北京:科学出版社.

陈婧，马志强，胡天洁，等，2019. 华北背景地区大气能见度变化特征及影响因素分析[J]. 气候与环境研究，24(2):277-288.

陈丽娟，吕世华，罗四维，1996. 青藏高原春季积雪异常对亚洲季风降水影响的数值试验[J]. 高原气象，15(1):122-130.

陈隆勋，朱乾根，罗会邦，等，1991. 东亚季风[M]. 北京:气象出版社.

陈乾金，高波，李维京，等，2000a. 青藏高原冬季积雪异常和长江中下游主汛期旱涝及其与环流关系的研究[J]. 气象学报，58(5):582-595.

陈乾金，高波，张强，2000b. 青藏高原冬季雪盖异常与冬夏季风变异及其相互联系的物理诊断研究[J]. 大气科学，24(4):477-492.

陈文，2002. El Niño 和 La Niña 事件对东亚冬、夏季风循环的影响[J]. 大气科学，26:595-610.

陈文，丁硕毅，冯娟，等，2018. 不同类型 ENSO 对东亚季风的影响和机理研究进展[J]. 大气科学，42:640-655.

陈兴芳，宋文玲，2000a. 冬季高原积雪和欧亚积雪对我国夏季旱涝不同影响关系的环流特征分析[J]. 大气科学，24(5):585-592.

陈兴芳，宋文玲，2000b. 欧亚和青藏高原冬春积雪与我国夏季降水关系的分析和预测应用[J]. 高原气象，19(2):215-223.

陈峪，黄朝迎，2000. 气候变化对能源需求的影响[J]. 地理学报，55(增刊):11-19.

程念亮，李云婷，张大伟，2016a. 2004—2015 年北京市清洁点臭氧浓度变化特征[J]. 环境科学，37(8):2847-2854.

程念亮，李云婷，张大伟，等，2016b. 2014 年北京市城区臭氧超标日浓度特征及与气象条件的关系[J]. 环境科学，37(6):2041-2051.

《第二次气候变化国家评估报告》编写委员会，2012. 第二次气候变化国家评估报告[M]. 北京:科学出版社.

《第三次气候变化国家评估报告》编写委员会，2015. 第三次气候变化国家评估报告[M]. 北京:科学出版社.

丁一汇，李崇银，何金海，等，2004. 南海季风试验与东亚夏季风[J]. 气象学报，62(5):561-586.

丁一汇，柳艳菊，2014. 近 50 年我国雾和霾的长期变化特征及其与大气湿度的关系[J]. 中国科学:地球科学，44:37-48.

丁一汇，司东，柳艳菊，等，2018. 论东亚夏季风的特征、驱动力与年代际变化[J]. 大气科学，42(3):533-558.

董文杰，1996. 我国夏季降水异常的统计分析、模式研究及预测方法探讨[D]. 兰州:兰州大学.

段丽瑶，荣艳淑，梁平德，2008. 西太平洋副热带高压位置对华北盛夏降水的影响[J]. 气象科技，36(3)：273-276.

范广洲，罗四维，吕世华，1997. 青藏高原冬季积雪异常对东、南亚夏季风影响的初步数值模拟研究[J]. 高原气象，16(2)：140-152.

付祥钊，陈敏，2011. 关于民用建筑通风室内外计算参数的思考[J]. 暖通空调，41(5)：26-31.

高辉，2007. 东亚冬季风指数及其对东亚大气环流异常的表征[J]. 气象学报，65(2)：272-279.

高荣，王凌，高歌，2008. 1956—2006 年中国高温日数的变化趋势[J]. 气候变化研究进展，4(03)：177-181.

龚道溢，何学兆，2002. 西太平洋副热带高压的年代际变化及其气候影响[J]. 地理学报，57(2)：185-193.

郭玲，汪靖，吴振玲，2015. 渤海湾海雾气候特征及气象要素分析[C]. 第 32 届中国气象学会年会 S1 灾害天气监测、分析与预报.

郭其蕴，1983. 东亚夏季风强度指数及其变化的分析[J]. 地理学报，38(3)：207-217.

郭其蕴，王继琴，1986. 青藏高原的积雪及其对东亚季风的影响[J]. 高原气象，5(2)：116-124.

郭其蕴，王继琴，1988. 中国与印度夏季风降水的比较研究[J]. 热带气象学报，4(1)：53-60.

郭志梅，缪启龙，李雄，2005. 中国北方地区近 50 年来气温变化特征的研究[J]. 地理科学，25(04)：66-72.

韩桂明，翟盘茂，2015. 1961—2008 年京津冀地区暴雨的气候变化特征分析[J]. 沙漠与绿洲气象，9(4)：25-31.

郝吉明，许嘉钰，吴剑，等，2017. 我国京津冀和西北五省(自治区)大气环境容量研究[J]. 中国工程科学，19(4)：13-19.

郝立生，侯威，2018. 华北夏季降水变化及预测技术研究[M]. 北京：气象出版社.

郝立生，闵锦忠，丁一汇，2011. 华北地区降水事件变化和暴雨事件减少原因分析[J]. 地球物理学报，54(5)：1160-1167.

郝立生，向亮，张婧，2015. 中国气候变化预估数据在河北地区的检验分析[J]. 大气科学学报，38(3)：362-370.

何春，何金海，2003. 冬季北极涛动和华北冬季气温变化关系研究[J]. 南京气象学院学报，26(1)：1-7.

何金海，温敏，丁一汇，等，2006. 亚澳“大陆桥”对流影响东亚夏季风建立的可能机制[J]. 中国科学(D 辑)，36(10)：959-967.

何金海，宇婧婧，沈新勇，等，2004. 有关东亚季风的形成及其变率的研究[J]. 热带气象学报，20(5)：449-456.

侯政，2007. 用度日法分析气候变化对建筑采暖能耗的影响[D]. 西安：西安建筑科技大学.

胡庆芳，张建云，王银堂，等，2018. 城市化对降水影响的研究综述[J]. 水科学进展，29(1)：138-150.

贾海鹰，尹婷，瞿霞，2017. 2015 年北京及周边地区臭氧浓度特征及来源模拟[J]. 中国环境科学，37(4)：1231-1238.

贾瑞丽，孙璐，2002. 渤海、黄海冬夏季主要月份的海温分布特征[J]. 海洋科学，21(4)：1-8.

江滢，罗勇，赵宗慈，等，2007. 近 50 年中国风速变化及原因分析//中国气象学会 2007 年年会论文集[C]. 中国气象学会.

李栋梁，王春学，2011. 积雪分布及其对中国气候影响的研究进展[J]. 大气科学学报，34(5)：627-636.

李庆，陈月娟，2006. 青藏高原积雪异常对亚洲夏季风气候的影响[J]. 解放军理工大学学报(自然科学版)，7(6)：605-612.

李双双，杨赛霓，刘宪锋，2017. 面向非过程的多灾种时空网络建模——以京津冀地区干旱热浪耦合为例[J]. 地理研究，36(8)：1415-1427.

李双双，杨赛霓，刘炎序，等，2016. 1960—2013 年京津冀地区干旱-暴雨-热浪灾害时空聚类特征[J]. 地理科学，36(1)：149-156.

李维京，2012. 现代气候业务[M]. 北京:气象出版社.

李艳，栗晗，叶培龙，等，2014. 1980—2010 年华北地区极端高温天气气候事件特征分析[J]. 兰州大学学报(自然科学版)，50(6)：832-837.

李英华，姚立英，姚青，等，2018. 2013—2016 年天津城区大气能见度的变化特征与影响因素[J]. 环境工程技术学报，8(4):349-358.

李云川，2007. 燕山、太行山地形作用下的河北暴雨//中国气象学会 2007 年年会论文集[C]. 中国气象学会.

梁建茵，1994. 6 月西太平洋副高脊线的年际变化及其对华南降水的影响[J]. 热带气象学报，10(3)：274-279.

廖清海，高守亭，王会军，等，2004a. 北半球夏季副热带西风急流变异及其对东亚夏季风气候异常的影响[J]. 地球物理学报，47(1):10-18.

廖清海，陶诗言，2004b. 东亚地区夏季大气环流季节循环进程及其在区域持续性降水异常形成中的作用[J]. 大气科学，28(6):835-846.

廖荃荪，1967. 西太平洋副热带高压和我国东部地区夏季降水[C]//1967 年全国长期天气预报经验交流会技术材料选编.

刘丽丽，王莉莉，2015. 天津冬季重霾污染过程及气象和边界层特征分析[J]. 气候与环境研究，20 (2)：129-140.

刘晓英，李玉中，郝卫平，2005. 华北主要作物需水量近 50 年变化趋势及原因[J]. 农业工程学报，21(10)：155-159.

刘学锋，李元华，秦莉，2007. 河北省近 50 年最高气温及高温日数变化特征[J]. 气象科技(01)：31-35.

刘屹岷，吴国雄，2000. 副高研究回顾及对几个基本问题的再认识[J]. 气象学报，58(4):500-512.

刘芸芸，李维京，艾帨秀，等，2012. 月尺度西太平洋副热带高压指数的重建与应用[J]. 应用气象学报，23(4):414-423.

陆钦年，1993. 我国渤海海域的海冰灾害及其防御对策[J]. 自然灾害学报，2(4):53-59.

陆耀庆，1987. 供暖通风设计手册[M]. 北京:中国建筑工业出版社.

罗哲贤，2005. 中国西北干旱气候动力学引论[M]. 北京:气象出版社.

马京津，于波，高晓清，等，2008. 大尺度环流变化对华北地区夏季水汽输送的影响[J]. 高原气象，27(3)：517-523.

马志强，王跃思，张小玲，等，2011. 北京城区与下游地区臭氧对比研究[J]. 环境科学，32(4)：924-929.

马柱国，符淙斌，任小波，等，2003. 中国北方年极端温度的变化趋势与区域增暖的联系[J]. 地理学报，58(S1)：11-20.

毛建西，陈玉兴，王波，2005. 建筑节能应与地区气候结合[J]. 四川建筑科学研究，31(1)：121-123.

孟亚楠，孙建华，卫捷，等，2019. 1981—2015 年华北地区持续霾事件的特征及其环流分类研究[J]. 气候与环境研究，24(3):341-358.

钱永甫，张艳，郑益群，2003. 青藏高原冬春季积雪异常对中国春夏季降水的影响[J]. 干旱气象，21(3)：1-7.

秦大河，周波涛，效存德，2014. 冰冻圈变化及其对中国气候的影响[J]. 气象学报，72(5):869-879.

任国玉，郭军，徐铭志，等，2005. 近 50 年中国地面气候变化基本特征[J]. 气象学报，63(6):934-956.

沙万英，郭其蕴，1998. 西太平洋副热带高压脊线变化与我国汛期降水的关系[J]. 应用气象学报，9(增刊):31-38.

沈洪艳，吕宗璞，师华定，等. 2018. 基于 HYSPLIT 模型的京津冀地区大气污染物输送的路径分析. 环境工程技术学报，8(4):359-366.

史岚，王翠花，李雄，等，2003. 中国近 50 a 来日最低气温的时间演变特征[J]. 气象科学，23(03):300-307.

宋明,韩素芹,张敏,等,2013. 天津大气能见度与相对湿度和PM_{10}及$PM_{2.5}$的关系[J]. 气象与环境学报,29(2):34-41.

宋燕,张菁,李智才,等, 2011. 青藏高原冬春积雪年代际变化及对中国夏季降水的影响[J]. 高原气象,30(4):843-851.

孙承华,杨占武,刘戈,等,2017. 冰雪蓝皮书:中国冰上运动产业发展报告(2017)[M]. 北京:社会科学文献出版社.

孙继松,2005.气流的垂直分布对地形雨落区的影响[J].高原气象,24(1): 62-69.

孙韧,肖致美,陈魁,等, 2017. 京津冀重污染大气污染物输送路径分析[J]. 环境科学与技术,40(12):159-164.

孙圣杰,李栋梁, 2016. 近60年气候冷暖波动背景下西太平洋副高特征的变异及其与海温关系的变化[J]. 热带气象学报,32(5):697-707.

孙圣杰,李栋梁, 2019. 气候变暖背景下西太平洋副热带高压体形态变异及热力原因[J]. 气象学报,77(1):102-112.

所玲玲,黄嘉佑,谭本馗, 2008. 北极涛动对我国冬季同期极端气温的影响研究[J]. 热带气象学报,24(2):163-168.

谭畅,孔锋,郭君,等,2018.1961—2014年中国不同城市化地区暴雨时空格局变化——以京津冀、长三角和珠三角地区为例[J].灾害学,33(3):132-139.

谭方颖,王建林,宋迎波,2010.华北平原近45年气候变化特征分析[J].气象,36(5): 40-45.

汤绪,陈葆德,梁萍,等,2009. 有关东亚夏季风北边缘的定义及其特征[J]. 气象学报,67(1):83-89.

唐贵谦, 李昕, 王效科, 等, 2010. 天气型对北京地区近地面臭氧的影响[J]. 环境科学, 31(3):573-578.

陶诗言,卫捷, 2006. 再论夏季西太平洋副热带高压的西伸北跳[J]. 应用气象学报,17(5):513-525.

陶诗言,赵煜佳,陈晓敏,等,1958. 东亚的梅雨期与亚洲上空大气环流季节变化的关系[J]. 气象学报,29(2):119-134.

汪宏宇,龚强,孙凤华,等,2005.东北和华北东部气温异常特征及其成因的初步分析[J].高原气象,24(6):1024-1033.

王会军,贺圣平,2012.ENSO和东亚冬季风之关系在20世纪70年代中期之后的减弱[J].科学通报,57(19):1713-1718.

王冀,蒋大凯,张英娟,2012.华北地区极端气候事件的时空变化规律分析[J].中国农业气象,33(2):166-173.

王婧,李裕瑞, 2017. 京津冀地区主要污染物排放变化趋势及启示[J]. 地域研究与开发, 36(4):136-170.

王绍武,1994.近百年气候变化与变率的诊断研究[J].气象学报,52(3): 261-273.

王淑英, 徐晓峰, 2001. 北京地区低能见度的气候特征及影响因素[J]. 气象科技, 29(4):23-26.

王晓彦,王帅,朱莉莉,等,2018. 2014—2016年京津冀沿山城市空气质量首要污染物特征分析[J]. 环境科学, 39(10):32-39.

王占山, 李云婷, 陈添, 等, 2014. 北京城区臭氧日变化特征及与前体物的相关性分析[J]. 中国环境科学, 34(12):3001-3008.

王遵娅,丁一汇 ,何金海,等,2004.近50年来中国气候变化特征再分析[J].气象学报,62(2): 228-236.

王遵娅,丁一汇,2008.中国雨季的气候学特征[J].大气科学,19(1): 1-13.

韦志刚,罗四维,董文杰,等, 1998. 青藏高原积雪资料分析及其与我国夏季降水的关系[J]. 应用气象学报,9(增刊):39-46.

文远高,连之伟, 2003. 气候变暖对建筑能耗的影响[J]. 建筑热能通风空调(3):37-39.

吴萍,丁一汇,柳艳菊, 2017. 厄尔尼诺事件对中国夏季水汽输送和降水分布影响的新研究[J]. 气象学报,

75(3):371-383.

吴少华,王喜年,宋珊,等,2002. 天津沿海风暴潮灾害概述及统计分析[J]. 海洋预报,19(1):29-35.

武炳义,黄荣辉,1999. 冬季北大西洋涛动极端异常变化与东亚冬季风[J]. 大气科学,23 (6):642-651.

武卫玲,薛文博,王燕丽,2019.《大气污染防治行动计划》实施的环境健康效果评估[J]. 环境科学,40(7):2961-2966.

谢元博,陈娟,李巍,2014. 雾霾重污染期间北京居民对高浓度 $PM_{2.5}$ 持续暴露的健康风险及其损害价值评估[J]. 环境科学,35(1):1-8.

谢志祥,秦耀辰,郑智成,等,2019. 京津冀大气污染传输通道城市 $PM_{2.5}$ 污染的死亡效应评估[J]. 环境科学学报,39(3):843-852.

徐大海,王郁,朱蓉,2018. 中国大陆地区大气环境容量及城市大气环境荷载[J]. 中国科学:地球科学,48:924-937.

徐敬,张小玲,赵秀娟,等,2009. 夏季局地环流对北京下风向地区臭氧输送的影响[J]. 中国环境科学,29(11):1140-1146.

许启慧,范引琪,井元元,等,2017. 1972—2013 年河北省大气环境容量的气候变化特征分析[J]. 高原气象,36(6):1682-1692.

轩春怡,高燕虎,李慧君,2003. 北京市冬季采暖气候条件分析[J]. 气象科技,31(6):373-375.

薛文博,付飞,王金南,等,2014. 基于全国城 $PM_{2.5}$ 达标约束的大气环境容量模拟[J]. 中国环境科学,34(10):2490-2496.

严茹莎,陈敏东,高庆先,等,2013. 北京夏季典型臭氧污染分布特征及影响因子[J]. 环境科学研究,26(1):43-49.

杨柳,2003. 建筑气候分析与设计策略研究[D]. 西安:西安建筑科技大学.

杨霞,赵逸舟,赵克明,等,2010. 冬季变暖对乌鲁木齐市采暖气象条件的影响及气象节能法力分析[J]. 干旱区研究,27(1):148-152.

姚青,孙玫玲,刘爱霞,2009. 天津臭氧浓度与气象因素的相关性及其预测方法[J]. 生态环境学报,18(6):2206-2210.

叶笃正,1975. 长期天气预报的一些物理因子[J]. 气象,1(3):10-13.

尹晓惠,2009. 我国沙尘天气研究的最新进展与展望[J]. 中国沙漠,29(4):728-733.

尹志聪,王会军,郭文利,2015a. 华北黄淮地区冬季雾和霾的时空气候变化特征[J]. 中国科学:地球科学,45:649-655.

尹志聪,王会军,袁东敏,2015b. 华北黄淮冬季霾年代际增多与东亚冬季风的减弱[J]. 科学通报,60:1395-1400.

张昂,李双成,赵昕奕,2017. 基于 TRMM 数据的京津冀暴雨风险评估[J]. 自然灾害学报,26(2):160-168.

张莉,任国玉,2003. 中国北方沙尘暴频数演化及其气候成因分析[J]. 气象学报,61(6):744-750.

张庆云,陶诗言,1999. 夏季西太平洋副热带高压北跳及异常的研究[J]. 气象学报,57(5):539-548.

张庆云,陶诗言,陈烈庭,2003. 东亚夏季风指数的年际变化与东亚大气环流[J]. 气象学报,61(4):559-568.

张人禾,闵庆烨,苏京志,2017. 厄尔尼诺对东亚大气环流和中国降水年际变异的影响:西北太平洋异常反气旋的作用[J]. 中国科学:地球科学,47:544-553.

张人禾,张若楠,左志燕,2016. 中国冬季积雪特征及欧亚大陆积雪对中国气候影响[J]. 应用气象学报,27(5):513-526.

张顺利,1999. 青藏高原对我国东部气候与天气异常的影响以及雅鲁藏布江流域的水平衡研究[D]. 北京:中国科学院大气物理研究所.

张顺利，陶诗言，2001. 青藏高原积雪对亚洲夏季风影响的诊断及数值研究[J]. 大气科学，25(3)：372-390.

张松，于非，刁新源，等，2009. 渤、黄、东海海表面温度年际变化特征分析[J]. 海洋科学，33(8)：76-81.

张一驰，吴凯，于静洁，等，2011. 华北地区1951—2009年气温、降水变化特征[J]. 自然资源学报，26(11)：1930-1941.

张自银，龚道溢，胡淼，等，2012. 多种东亚冬季风指数及其与中国东部气候关系的比较[J]. 地理研究，31(6)：987-1003.

赵金霞，曲平，何志强，等，2014. 渤海湾大风的特征及其预报[J]. 气象科技，42(5)：847-851.

赵振国，1999. 中国夏季旱涝及环境场[M]. 北京：气象出版社.

郑冬梅，王志斌，张书颖，等，2015. 渤海海冰的年际和年代际变化特征与机理[J]. 海洋学报，37(6)：12-20.

郑益群，钱永甫，苗曼倩，等，2000. 青藏高原积雪对中国夏季风气候的影响[J]. 大气科学，24(6)：761-774.

周雅清，任国玉，2009. 城市化对华北地区最高、最低气温和日较差变化趋势的影响[J]. 高原气象，28(5)：1158-1166.

周雅清，任国玉，2010. 中国大陆1956—2008年极端气温事件变化特征分析[J]. 气候与环境研究，15(4)：405-417.

朱乾根，林锦瑞，余绍文，等，2007. 天气学原理和方法(第四版)[M]. 北京：气象出版社.

朱瑞兆，1991. 应用气候手册[M]. 北京：气象出版社.

朱秀迪，张强，孙鹏，2018. 北京市快速城市化对短时间尺度降水时空特征影响及成因[J]. 地理学报，73(11)：38-56.

朱玉祥，丁一汇，刘海文，2009. 青藏高原冬季积雪影响我国夏季降水的模拟研究[J]. 大气科学，33(5)：903-915.

朱玉祥，丁一汇，徐怀刚，2007. 青藏高原大气热源和冬春积雪与中国东部降水的年代际变化关系[J]. 气象学报，65(6)：946-958.

竺可桢，李良骐，1934. 华北之干旱及其前因后果[J]. 地理学报，1(2)：1-9.

竺可祯，1934. 东南季风与中国之雨量[J]. 地理学报，1(1)：1-27.

宗雪梅，王庚辰，陈洪滨，等，2007. 北京地区边界层大气臭氧浓度变化特征分析[J]. 环境科学，28(11)：2615-2619.

宗燕，王艳君，翟建青，2013. 海河流域气象干旱时空特征分析[J]. 干旱区资源与环境，27(12)：198-202.

BALDWIN M P, DUNKERTON T J, 1999. Propagation of the Arctic Oscillation from the stratosphere to the troposphere[J]. J Geophys Res, 104(24)：30937-30946.

CHEN H, WANG H J, 2015. Haze days in North China and the associated atmospheric circulations based on daily visibility data from 1960 to 2012[J]. J Geophys Res Atmos, 120：5895-5909.

CHEN L T, WU R G, 2000. Interannual and decadal variations of snow cover over Qinghai-Xizang Plateau and their relationships to summer monsoon rainfall in China[J]. Adv Atmos Sci, 17(1)：18-30.

COHEN J, RIND D, 1991. The effect of snow cover on the climate[J]. J Climate, 4：689-706.

DAI X G, WANG P, CHOU J F, 2003. Multiscale characteristics ofthe rainy season rainfall and interdecadal decaying ofsummer monsoon in North China[J]. Chinese Science Bulletin, 48(12)：2730-2734.

DING Y H, SUN Y, WANG Z Y, et al, 2009. Inter-decadal variation of the summer precipitation in China and its association with decreasing Asian summer monsoon. Part Ⅱ：Possible causes[J]. Inter J Climatol, 29(13)：1926-1944.

DING Y H, Wang Z Y, Sun Y, 2007. Interdecadal variation of thesummer precipitation in East China and its associationwith decreasing Asian summer monsoon. Part Ⅰ：Observed evidences[J]. International Journal of Climatology, 28(9)：1139-1161.

DING Y H,1994. Monsoons over China[M]. Dordrecht: Kluwer Academic Publisher.

DU Y J,LI T T, 2016. Assessment of health-based economic costs linked to fine particulate($PM_{2.5}$) pollution: A case study of haze during January 2013 in Beijing,China[J]. Air Qual Atmos Health,9:439-445.

GONG C, LIAO H, 2019. A typical weather pattern for ozone pollution events in North China[J]. Atmospheric Chemistry and Physics, 19 (22): 13725.

GONG D Y, HO C H, 2002. Shift in the summer rainfall over the Yangtze River valley in the late 1970s [J]. Geophy Res Lett, 29(10):78-81.

HE J H, SUN C H, LIU Y Y, et al,2007. Seasonal transition features of large-scale moisture transport in the Asian-Australian monsoon region[J]. Advances in Atmospheric Sciences, 24(1): 1-14.

HE J H, WEN M, WANG L J, et al,2006. Characteristics of the onset of the Asian summer monsoon and the importance of Asian-Australian "Land Bridge"[J]. Advances in Atmospheric Sciences, 23(6): 951-963.

HUANG R H, CHEN J L, HUANG G,2007. Characteristics and variations of the East Asian monsoon system and its impacts on climate disasters in China[J]. Advances in Atmospheric Sciences, 24(6): 993-1023.

HUANG R H, WU Y F,1989. The influence of ENSO on the summer climate Change in China and its mechanism[J]. Advances in Atmospheric Sciences, 6(1): 21-32.

LAU K M, KIM K M, Yang S, 2000. Dynamical and boundary forcing characteristics of regional components of the Asian summer monsoon[J]. J Climate, 13:2461-2482.

LI C,YANAI M, 1996. The onset and interannual variability of the Asian summer monsoon in relation to land-sea thermal contrast[J]. J Climate, 9(2):358-375.

LIU J D,WANG L L,LI M G,et al,2019. Quantifying the impact of synoptic circulations on ozone variations in North China from April-October 2013-2017. Atmos Chem and Phys,19(23):14477-14492.

MA Z,XU J,QUAN W J,et al, 2016. Significant increase of surface ozone at a rural site,north of eastern China[J]. Atmospheric Chemistry and Physics,16(6):3969-3977.

PHILANDER S G H, 1983. El Niño Southern Oscillation phenomena[J]. Nature, 302:295-301.

QIAN W H, KANG H S, LEE D K,2002. Distribution of seasonal rainfall in the East Asian monsoon region[J]. Theoretical and Applied Climatology, 73(3-4): 151-168.

QIAN Y F, ZHENG Y, ZHANG Y, et al, 2003. Responses of China's summer monsoon climate to snow anomaly over the Tibetan Plateau[J]. Int J Climatol, 23(6):593-613.

RASMUSSON E M, CARPENTER T H, 1982. Variations in tropical sea surface temperature and surface wind fields associated with the Southern Oscillation/El Niño[J]. Mon Weather Rev, 110:354-384.

TAO S Y, CHEN L X,1987. A review of recent research on the East Asiansummer monsoon inChina[M]// Chang C P, Krishnamurti T N. Monsoon Meteorology. Oxford: Oxford University Press:60-92.

THOMPSON D W J, WALLACE J M, 1998. The Arctic Oscillation signature in the wintertime geopotential height and temperature fields[J]. Geophy Res Lett, 25(9):1297-1300.

THOMPSON D W J, WALLACE J M, 2000. Annular modes in the extratropical circulation Ⅰ:Month to month variability[J]. J Climate, 13(5):1000-1016.

WALKER G T, BLISS E W, 1930. Some applications to seasonal forecasting[J]. World Weather IV, 3:53-84.

Wallace J M, 2000. North Atlantic Oscillation/Northern Hemisphere annular mode, one phenomenon, two paradigms[J]. Quart J Roy Meteor Soc, 126:791-805.

WANG B, WU Z W, LI J P, et al,2008. How to measure the strength of the East Asian summer monsoon [J]. Journal of Climate, 21(17): 4449-4463.

WANG H J,2001. The weakening of the Asian monsoon circulation after the end of 1970s[J]. Advances in Atmospheric Sciences, 18(3): 376-386.

WANG T,XUE L K,BRIMBLECOMBE P,et al,2017. Ozone pollution in China: A review of concentrations,meteorological influences,chemical precursors,and effects[J]. Science of the Total Environment, 575:1582-1596.

WANG Y H,HU B,JI D S,et al,2014. Ozone weekend effects in the Beijing-Tianjin-Hebei metropolitan area,China[J]. Atmospheric Chemistry and Physics,14(5):2419-2429.

WEBSTER P J, MAGANA V O, Palmer T N, et al, 1998. Monsoon:Processed. predictability, and the prospects for prediction[J]. J Geophys Res, 103(C3):14451-14510.

WU P,DING Y H,LIU Y J,2017. Atmospheric circulation and dynamic mechanism for persistent haze events in the Beijing-Tianjin-Hebei region[J]. Adv Atmos Sci,34(4): 429-440.

WU R G, WANG B, WANG A,1999. Interannual variability of summer monsoon onset over the western North Pacific and the underlying processes[J]. Journal of Climate, 13(14): 2483-2501.

WU T W,QIAN Z A, 2003. The relation between the Tibetan winter snow and the Asian summer monsoon and rainfall:An observational investigation[J]. J Climate, 16(12):2038-2051.

XUE T,LIU J,ZHANG Q,et al, 2019. Rapid improvement of $PM_{2.5}$ pollution and associated health benefits in China during 2013-2017[J]. Science China (Earth Sciences),62,https://doi.org/10.1007/s11430-018-9348-2.

YANAI M, LI C, SONG Z, 1992. Seasonal heating of the Tibetan Plateau and its effects on the evolution of the Asian summer monsoon[J]. J Meteor Soc Japan, 70(1B):319-351.

YANG H,ZHI X,GAO J,et al,2011. Variation of East Asian summer monsoon and its relationship with precipitation of China in recent 111 years[J]. Agricultural Science & Technology, 12(11):1711-1716.

YIN Z C,LI Y Y,WANG H J, 2019a. Response of early winter haze in the North China Plain to autumn Beaufort sea ice[J]. Atmos Chem Phys,19:1439-1453.

YIN Z C,WANG H J,LI Y Y, 2019b. Links of climate variability in Arctic sea ice,Eurasian teleconnection pattern and summer surface ozone pollution in North China[J]. Atmos Chem Phys,19:3857-3871.

ZHANG R H, SUMI A, KIMOTO M, 1999. A diagnostic study of the impact of El Nino on the precipitation in China[J]. Adv Atmos Sci, 16:229-241.

ZHANG Y S, LI T, WANG B, 2004. Decadal change of the spring snow depth over the Tibetan Plateau: The associated circulation and influence on the East Asian summer monsoon[J]. J Climate, 7(14): 2780-2793.

ZHANG Z Y,GONG D Y,MAO R,et al, 2019. Possible influence of the Antarctic oscillation on haze pollution in North China[J]. Journal of Geophysical Research: Atmospheres,124: 1307-1321.

ZHAO P, ZHANG R H, LIU J P, et al,2007a. Onset of southwesterly wind over eastern China and associated atmospheric circulation and rainfall[J]. Climate Dynamics, 28(7-8):797-811.

ZHAO P, ZHOU Z J, LIU J P, 2007b. Variability of the Tibetan spring snow and its associations with the hemispheric extratropical circulation and East Asian summer monsoon rainfall:An observational investigation[J]. J Climate, 20(15):3942-3955.